中文版 3ds Max 2016 基础教程

▶ ▶ ▶ ▶

凤凰高新教育　江奇志◎编著

北京大学出版社
PEKING UNIVERSITY PRESS

内容提要

3ds Max 是 3 Dimension Studio Max 的简称，又称 MAX，是当前市面上流行的三维设计软件和动画制作软件，被广泛地应用于室内外装饰设计、建筑设计、影视广告设计等相关领域。

本书以案例为引导，系统全面地讲解了 3ds Max 2016 三维设计与动画制作的相关功能应用。内容包括 3ds Max 2016 基础知识与入门操作，基本体的建模方法，二维、三维、复合体的建模与修改编辑，摄影机、环境与渲染应用，材质与贴图应用，灯光技术，动画的设计与制作，粒子系统与空间扭曲应用。本书的第 13 章讲解了商业案例实训的内容，通过该章学习，可以提升读者 3ds Max 三维设计与动画制作的综合实战技能水平。

全书内容安排由浅入深，语言通俗易懂，实例题材丰富多样，每个操作步骤的介绍都清晰准确。特别适合广大计算机培训学校作为相关专业的教材用书，同时也可以作为广大 3ds Max 初学者、设计爱好者的学习参考书。

图书在版编目(CIP)数据

中文版3ds Max 2016基础教程 / 江奇志编著. — 北京：北京大学出版社，2016.12

ISBN 978-7-301-27698-3

Ⅰ.①中… Ⅱ.①江… Ⅲ.①三维动画软件—教材 Ⅳ.①TP391.414

中国版本图书馆CIP数据核字(2016)第263737号

书　　名	中文版3ds Max 2016基础教程 ZHONGWEN BAN 3ds Max 2016 JICHU JIAOCHENG
著作责任者	凤凰高新教育　江奇志　编著
责任编辑	尹　毅
标准书号	ISBN 978-7-301-27698-3
出版发行	北京大学出版社
地　　址	北京市海淀区成府路205 号　100871
网　　址	http://www.pup.cn　　新浪微博：@ 北京大学出版社
电子信箱	pup7@ pup. cn
电　　话	邮购部62752015　发行部62750672　编辑部62580653
印 刷 者	山东百润本色印刷有限公司
经 销 者	新华书店
	787毫米×1092毫米　16开本　26.5印张　531千字
	2016年12月第1版　2020年8月第5次印刷
印　　数	8001–9500册
定　　价	58.00元

前言

3ds Max 是 3 Dimension Studio Max 的简称，又称 MAX，是当前市面上流行的三维设计软件和动画制作软件，被广泛地应用于室内外装饰设计、建筑设计、影视广告设计等相关领域。

本书内容介绍

本书以案例为引导，系统全面地讲解了 3ds Max 2016 三维设计的相关功能与技能应用。内容包括 3ds Max 2016 基础知识与入门操作，基本体的建模方法，二维、三维、复合体的建模与修改编辑，摄影机、环境与渲染应用，材质与贴图应用，灯光技术，动画的设计与制作，粒子系统与空间扭曲应用。本书第 13 章为商业案例实训的内容，通过该章学习，可以提升读者 3ds Max 2016 三维设计的综合实战技能水平。

本书具体内容如下。

第 1 章　3ds Max 基础知识

第 2 章　3ds Max 入门操作

第 3 章　基本体建模

第 4 章　修改器建模

第 5 章　二维建模

第 6 章　复合对象建模

第 7 章　多边形建模

第 8 章　摄影机、环境与渲染

第 9 章　材质与贴图

第 10 章　灯光技术

第 11 章　制作基本动画

第 12 章　粒子系统与空间扭曲

第 13 章　商业案例实训

附录 A　3ds Max 2016 常用操作快捷键　　附录 B　综合上机实训题

附录 C　知识与能力总复习题 1　　附录 D　知识与能力总复习题 2

附录 E　知识与能力总复习题 3

本书特色

全书内容安排由浅入深，语言通俗易懂，实例题材丰富多样，操作步骤的介绍都清晰准确。特别适合广大计算机培训学校作为相关专业的教材用书，同时也可作为广大3ds Max初学者、设计爱好者的学习参考用书。

内容全面，轻松易学。本书内容翔实，系统全面。在写作方式上，采用“步骤讲述＋配图说明”的方式进行编写，操作简单明了，浅显易懂。图书配有一张多媒体教学光盘，包括本书中所有案例的素材文件与最终效果文件，同时还配有与书中内容同步讲解的多媒体教学视频，让读者能轻松学会3ds Max三维设计与动画制作的技能。

案例丰富，实用性强。全书安排了20个“课堂范例”，帮助初学者认识和掌握相关工具、命令的实战应用；安排了36个“课堂问答”，帮助初学者排解学习过程中遇到的疑难问题；安排了12个“上机实战”和12个“同步训练”的综合例子，提升初学者的实战技能水平；并且每章后面都安排有“知识与能力测试”的习题，认真完成这些测试习题，可以帮助初学者对知识技能进行巩固（提示：相关习题答案在光盘文件中）。

本书知识结构图

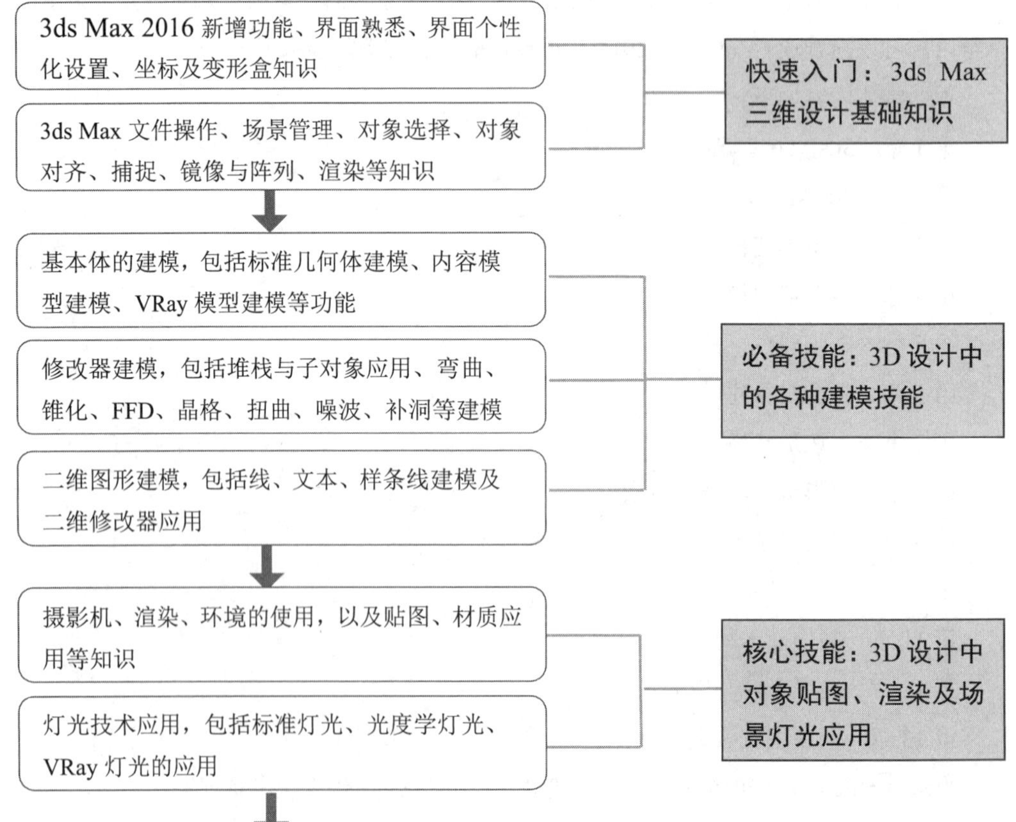

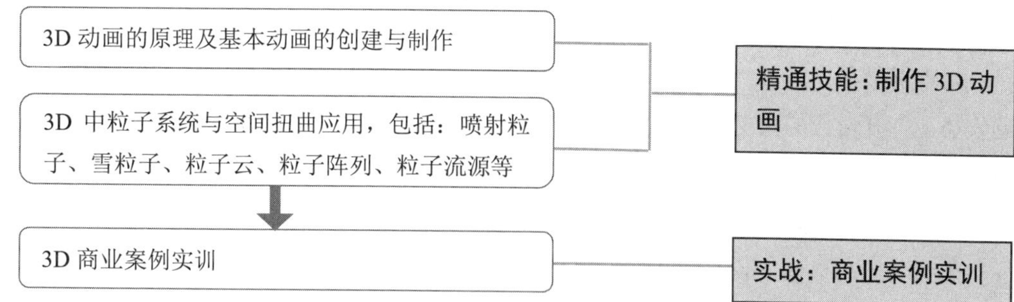

教学课时安排

本书综合了 3ds Max 2016 软件的功能应用，现给出本书教学的参考课时（共 80 个课时），主要包括教师讲授 50 课时和学生上机实训 30 课时两部分，具体情况如下表所示。

章节内容	课时分配	
	教师讲授	学生上机
第 1 章　3ds Max 基础知识	2	1
第 2 章　3ds Max 入门操作	2	1
第 3 章　基本体建模	4	2
第 4 章　修改器建模	5	3
第 5 章　二维建模	4	3
第 6 章　复合对象建模	5	2
第 7 章　多边形建模	3	2
第 8 章　摄影机、环境与渲染	6	4
第 9 章　材质与贴图	4	2
第 10 章　灯光技术	4	3
第 11 章　制作基本动画	3	2
第 12 章　粒子系统与空间扭曲	4	3
第 13 章　商业案例实训	4	2
合　计	50	30

光盘内容说明

本书附赠了一张超值多媒体光盘，具体内容如下。

一、贴图及素材

指本书中所有章节实例的素材文件。此部分全部收录在光盘中的“贴图及素材”文件夹中。读者在学习时，可以参考图书讲解内容，打开对应的素材文件进行同步操作练习。

二、案例

指本书中相关章节对应的实例结果文件。此部分全部收录在光盘中的“案例”文件夹中。读者在学习时，可以打开文件，查看其实例效果，为自己在学习中的练习操作提供帮助。

三、综合上机实训

指本书最后安排的“综合上机实训题”中的素材文件与结果文件，读者可以根据习题安排，打开对应的素材文件进行上机实训练习，同时也可以打开结果文件，参考案例效果。

四、视频教学文件

本书为读者提供了长达 400 分钟的与书同步的视频教程。读者可以通过相关的视频播放软件（Windows Media Player、暴风影音等）打开每章中的视频文件进行学习。每章视频配有语音讲解，非常适合无基础读者学习。

五、PPT 课件

本书为教师们提供了非常方便的 PPT 教学课件，各位教师选择本书作为教材，不用担心没有教学课件，自己也不必再制作课件内容。

六、习题答案汇总

光盘中的“习题答案汇总”文件，主要为教师及读者提供了每章后面的“知识与能力测试”习题的参考答案，还包括本书附录“知识与能力总复习题”的参考答案。

七、其他赠送资源

本书为了提高读者对软件的实际应用，综合整理了“设计软件在不同行业中的学习指导”，方便读者结合其他软件灵活掌握设计技巧、学以致用。同时，本书还赠送《高效能人士效率倍增手册》，帮助读者提高工作效率。

温馨提示

请用微信扫描下方二维码，关注微信公众号，在对话框输入代码 3D2016，获取学习资源的下载地址及密码。

创作者说

在本书的编写过程中，我们竭尽所能地为您呈现最好、最全的实用功能，但仍难免有疏漏和不妥之处，敬请广大读者不吝指正。若您在学习过程中产生疑问或有任何建议，可以通过 E-mail 或 QQ 群与我们联系。

投稿信箱：pup7@pup.cn

读者信箱：2751801073@qq.com

读者交流群：218192911（办公之家）、363300209

编者

CONTENTS 目录

3ds Max

第 1 章 3ds Max 基础知识

本章介绍 3ds Max 的基础知识，包括软件概况、绘图流程、公司对模型的评价标准、视图与视口、视图控制技巧等，以便为后面的学习做好铺垫。

学习目标

- 了解 3ds Max 的发展历程及应用领域
- 了解 3ds Max 2016 对操作系统的要求
- 了解 3ds Max 2016 的新增功能
- 熟悉三维效果图以及三维动画的制作流程
- 熟悉制图要领
- 掌握界面与视图的控制技巧
- 能熟练运用坐标系统及变形盒（Gizmo）

1.1 初识 3ds Max

在 Windows 出现之前，工业级的 CG 制作几乎被 SGI 工作站垄断，而 3ds Max 的出现，则改变了这一格局。因为它是一款针对 PC 用户的三维动画及渲染制作软件，它大大降低了 CG 制作门槛，涉足效果图绘制、游戏动漫、影视特效制作等诸多领域。

1.1.1 3ds Max 概述

3ds Max 是一款基于 PC 系统的三维动画渲染和制作软件，其前身是基于 DOS 操作系统的 3D Studio 系列软件。

在 Windows 操作系统出现之后，Gary Yost 将一群志同道合的编程专家召集起来开始 3D Studio MAX 的开发工作。1996 年，Autodesk 公司的 Kinetix 分部推出了 Kinetix 3ds Max 1.0；2000 年，被 Autodesk 公司收购的 Discreet Logic 与 Kinetix 合并成立了新的 Discreet 分部，并推出了 Discreet 3ds Max 4；2005 年，推出了 Autodesk 3ds Max 8，从此，3ds Max 的前缀公司名都叫 Autodesk；2008 年，推出了 Autodesk 3ds Max 2009，自此开始以年份命名，并且每年升级一次版本。版本升级概况如表 1-1 所示。

表 1-1　3ds Max 版本升级概况

版本	支持系统	发布日期
3D Studio DOS（1–4）	MS–DOS	1990—1994 年
3D Studio MAX（R1–R3）	Windows	1996—1999 年
Discreet 3ds Max（4–7）	Windows	2000—2004 年
Autodesk 3ds Max（8–9）	Windows	2005—2006 年
Autodesk 3ds Max（2008–2016）	Windows	2007—2015 年

3ds Max 2016 只能安装在 64 位 Windows 7 以上的操作系统上。

1.1.2 3ds Max 2016 新增功能

3ds Max 2016 中文版是目前 Autodesk 官方针对中国用户而开发的一款三维设计制图软件，全称为 Autodesk 3ds Max 2016，软件提供了功能更强、更丰富的工具集，无论美工人员所在的行业有什么需求，都能为他们提供所需的三维工具来创建富有灵感的体验。其主要新增功能如下。

1．易用性方面的新功能

（1）新的设计工作区

随着使用 3ds Max 创建逼真可视化效果的用户越来越多，3ds Max 2016 推出了新的设计工作区，从而为 3ds Max 用户带来了更高的工作效率。设计工作区采用基于任务的逻辑系统，用户可以很方便地访问 3ds Max 中的对象放置、照明、渲染、建模和纹理工具。通过导入设计数据来快速创建高质量的效果图和动画的过程也更加容易。设计工作区如图 1-1 所示。

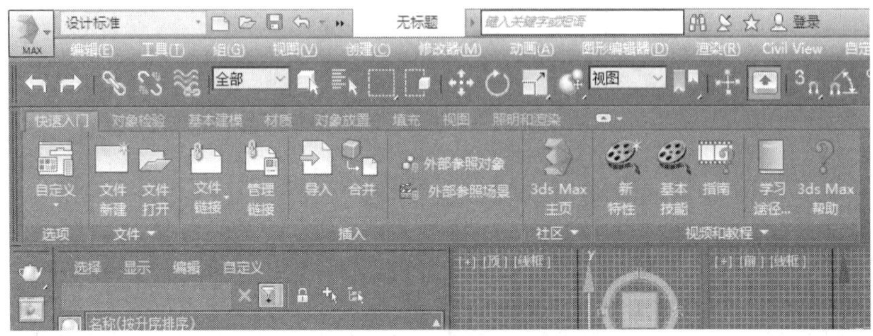

图 1-1　3ds Max 2016 设计工作区

（2）新的模板系统

新的按需模板为用户提供了标准化的启动配置，这有助于加速场景创建流程。借助简单的导入 / 导出选项，用户可以快速地跨团队共享模板。用户还能够创建新模板或修改现有模板，针对各个工作流自定义模板。渲染、环境、照明和单位的内置设置，意味着更快速、更精确、更一致的 3ds Max 项目结果。预设模板如图 1-2 所示。

图 1-2　3ds Max 2016 预设模板

（3）多点触控支持

3ds Max 2016 现在具有多点触控三维导航功能，让美工人员可以更自由地与其 3D 内容进行交互。支持的设备包括 Wacom Intuos 5 触摸板、Cintiq 24HD 和 Cintiq Companion 以及 Windows 8 触控设备。通过这些设备，可以一只手握笔进行自然交互，同时另一只手执行多手指手势来环绕、平移、缩放或滚动场景，如图 1-3 所示。

图 1-3 3ds Max 2016 多点触控示意图

2．场景管理中的新增功能

（1）摄影机序列器

现在使用新的【摄影机序列器】，可通过高质量的动画可视化、动画和电影制片更加轻松地讲述精彩故事，从而使 3ds Max 用户可以更多地进行控制。通过此新功能，用户能够轻松地在多个摄影机之间剪辑，修剪和重新排序动画片段且不具有破坏性——保留原始动画数据不变，同时让用户可以灵活地进行创意，如图 1-4 所示。

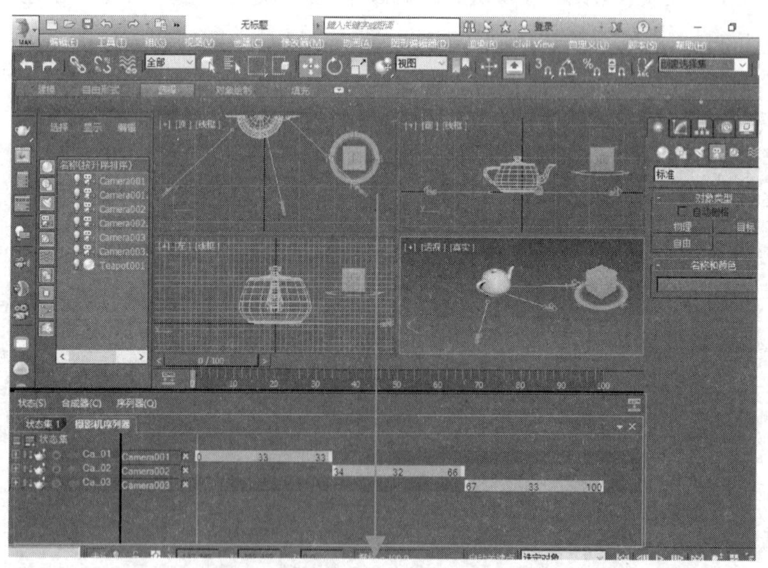

图 1-4 3ds Max 2016 摄影机序列器

（2）外部参照对象更新

凭借新增支持外部参照对象中的非破坏性动画工作流且稳定性提高，现在团队间和整个制作流程中的协作变得更加轻松。3ds Max 用户现在可以在场景中参照外部对象，并在源文件中对外部参照对象设置动画或编辑材质，而无须将对象合并到场景中。在源文件中所做的更改将自动继承到其本地场景中。用户可以在所需的节点上发布可设置动画的参数，并根据需要组织参数。其他用户可以外部参照具有可设置动画参数的内容来填充其场景，这样有助于节省时间，并为其提供有关要使用的关键参数的指导。

3．建模中的新增功能

（1）【折缝】修改器

新的【折缝】修改器与【OpenSubdiv】相关联，使用户可以指定从堆栈程序式折缝的边和顶点，如图 1-5 所示；而【CreaseSet】修改器使用户可以管理子对象组的折缝，甚至可以跨多个对象进行管理，如图 1-6 所示。

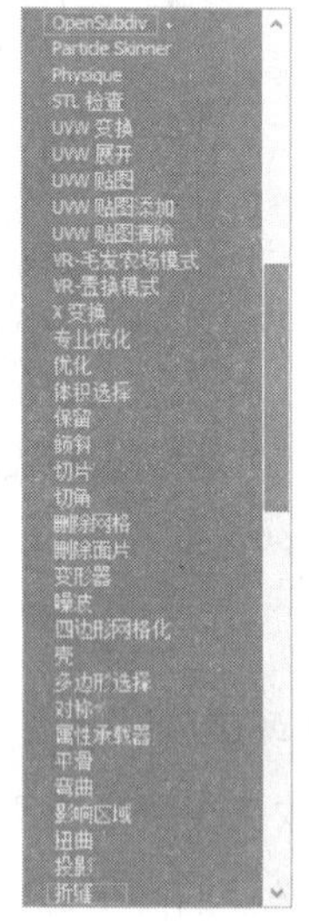

图 1-5　新增修改器

图 1-6　【CreaseSet】修改器

（2）【切角】修改器

新的【切角】修改器使用户可以在堆栈上应用顶点和切角操作，而不是以前那样明确的可编辑多边形操作。选项包括以下几个。

- 对边执行切角操作时，可以选择仅生成四边形输出，并且能够控制切角区域的拉伸或曲率。
- 各种输入选项包括【从堆栈】、【选定面的边】和【已平滑的边】。
- 为生成的面设置材质 ID。
- 通过限制程序式设置的【数量】的效果，防止泛光化边。
- 通过指定面之间的最小和最大允许的角，限制进行边切角的区域。
- 将平滑延伸到与切角区域相邻的面。
- 四边形切角也是一个新选项，具有可编辑的多边形对象和【编辑多边形】修改器。修改器参数如图 1-7 所示。

（3）【规格化样条线】

【规格化样条线】修改器现在具有新的精度参数。修改器参数如图 1-8 所示。

（4）【镜像】工具

【镜像】工具新增了一个【几何体】选项，这对于建模非常有用。这使用户可以镜像对象，而无须重置其可能产生反转法线的变换。修改器参数及效果如图 1-9 所示。

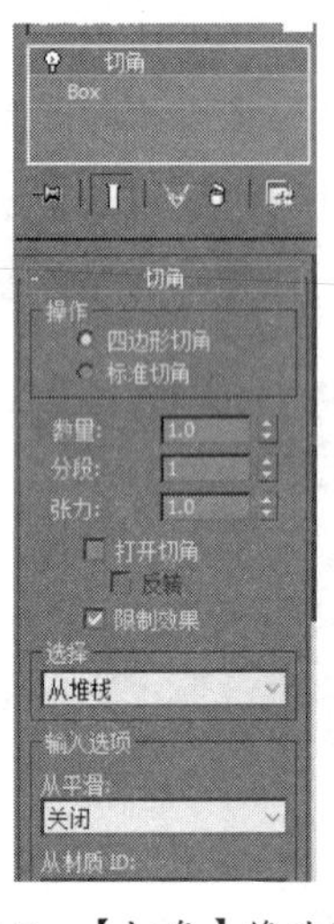

图 1-7 【切角】修改器

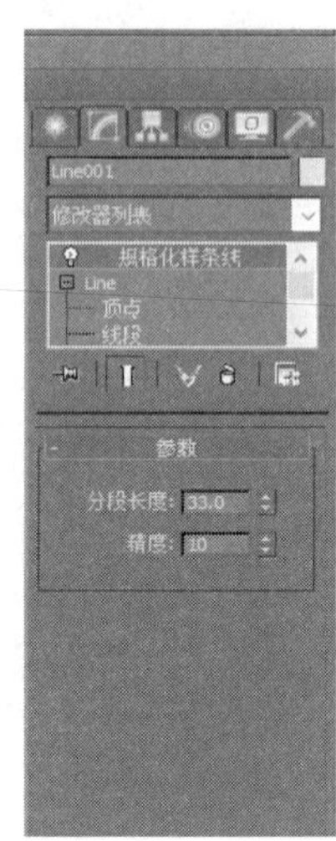

图 1-8 【规格化样条线】修改器

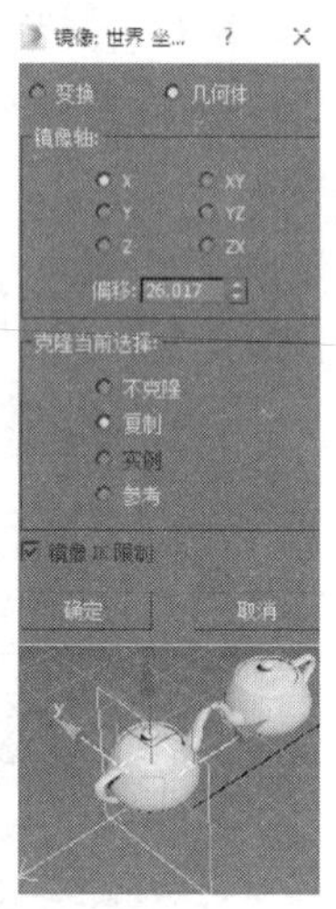

图 1-9 3ds Max 2016【镜像】工具

4. 其他新功能

①双四元数蒙皮。由于增添了专用于避免当变形器扭曲或旋转时网格丢失体积的“蝴蝶结”或“糖果包裹纸”效果的双四元数，3ds Max 平滑蒙皮得到了改善。这在角色的肩部或腕部最常见，这种新的平滑蒙皮方法有助于减少不必要的变形瑕疵。作为蒙皮修改器中的新选项，双四元数允许用户绘制蒙皮将对曲面产生的影响量，以便它们可以在需要时使用它，在不需要时将其逐渐减少为线性蒙皮权重。

②数据交换方面，与 Alembic（ABC）文件、Revit（RVT）文件、 SketchUp （SKP）文件、SolidWorks（SLDPRT、SLDASM）文件、Autodesk Inventor（IPT、IAM） 文件等可以更好地交换。

③硬件渲染方面，增强了 ShaderFX 实时视觉明暗器编辑器的功能。用户还可以创建 Stingray 明暗器。

④在摄影机方面，增加了【物理摄影机】，可模拟用户可能熟悉的真实摄影机设置，如快门速度、光圈、景深和曝光。新的【物理摄影机】使用增强型控件和其他视口内反馈，可以更加轻松地创建真实照片级图像和动画。

⑤在渲染方面，用户现在可以直接在 3ds Max 中访问 A360 的云渲染。A360 利用云计算的强大功能，使 3ds Max 用户可以创建令人印象深刻的高分辨率图像，而无须占

用桌面或者需要专门的渲染硬件，帮助他们节省时间和降低成本。除此之外，还增强了 mental ray 和 iray 的渲染功能。

1.1.3 3ds Max 应用领域

3ds Max 从它诞生的那一天起，即受到了全世界无数三维动画制作爱好者的热情赞誉，广泛应用于广告、影视、工业设计、建筑设计、多媒体制作、游戏动漫、辅助教学以及工程可视化等领域。以下是 3ds Max 常用的几个行业。

1．建筑表现

绘制建筑效果图是 3ds Max 系列产品最早的应用之一。除了静态效果图之外，其实最核心的功能是制作三维动画或虚拟现实，这方面最新的应用是制作大型的电视动画广告、楼盘视频广告、宣传片等。

2．室内设计或展示设计

与建筑表现类似，可用 3ds Max 绘制室内设计的效果图或漫游动画，让客户很直观地看到设计方案的最终效果，如图 1-10、图 1-11 所示。

图 1-10　展场设计效果图

图 1-11　室内设计效果图

3．影视动画

《阿凡达》《诸神之战》《2012》等热门电影都引进了先进的 3D 技术。最早 3ds Max 系列还仅仅只是用于制作精度要求不高的电视广告，现在随着 HD（高清晰度电视）的兴起，3ds Max 毫不犹豫地进入这一领域，制作电影级的动画一直是奋斗目标。现在，好莱坞大片中常常需要 3ds Max 参与制作。如图 1-12 所示就是一个影视动画场景。

图 1-12　《杀牛》（作者：赵兴民）

4. 游戏美术

3ds Max 可大量应用于游戏的场景、角色建模和游戏动画制作。3ds Max 参与了大量的游戏制作，其他的不用多说，大名鼎鼎的《古墓丽影》系列就是3ds Max 的杰作。

5. 其他领域

在工业设计中，可用 3ds Max 绘制产品外观造型设计图。现在最新的 3D 打印技术，其模型也可用 3ds Max 制作，如图 1-13 所示。

图 1-13　3D 打印（作者：赵兴民）

1.1.4 三维效果图及动画绘制流程

三维效果图特别是三维动画，是一个特别需要耐心的工作，尤其是一些大项目，往往需要几个月时间完成。在 CG 行业中，一般把三维效果图（包括静态的和动态的）分为前期、中期和后期三个流程，也叫作建模、渲染和后期处理，但在正式制作之前还有个准备工作。以效果图为例，先要准备好设计图纸，然后根据设计图纸建模，渲染又包括材质/贴图，灯光，摄影机，渲染等流程，后期主要是添加配饰品、美化处理，如图 1-14 所示。

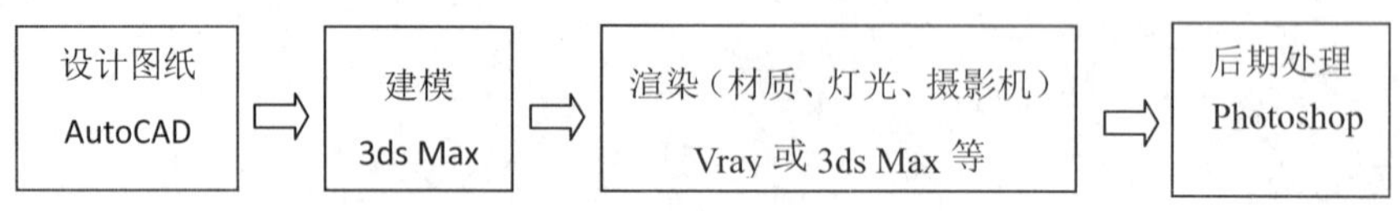

图 1-14　效果图绘制流程

以上是效果图的绘制流程，可以由一个人完成，而在大型公司，往往是一个团队负责其中一个流程，对于每个人来说，或许分工更细。

而对于三维动画来讲，则要复杂一些。

首先，需要项目策划和脚本制作，好的故事需要好的剧本，好的剧本需要好的创意，这是这个阶段需要解决的问题；然后，建模、材质、绑定，制作动画、布置灯光，然后分镜头渲染，加上特效；最后，合成，剪辑，输出。

1.1.5 绘图小贴士

三维绘图之前，最好养成一个良好的习惯，把制图中的容易出问题的关键地方有个认知，下面还是以绘制效果图为例，讲讲各个流程中需要重点注意的地方。

1. 建模阶段

在 3ds Max 中有很多建模方法，包括基本建模法、多边形建模法、网格建模法、

NURBS 建模法等。而现代工作，除了讲质量之外，效率也是不得不考虑的问题，所以为了减少渲染时间，需要尽量减少模型的面数，因此请注意以下几个方面。

①在建模时尽量不要用高级运算，而采用【挤出】、【车削】、【倒角】、【放样】等简单的修改命令完成。

②注意优化曲面模型的精度，看不到的面可以不绘制。

③建模时需要考虑渲染器。线扫描渲染对于模型要求不高，若使用光能传递技术的渲染器，就对模型要求很高，如面数要少，不能有交叉面、重叠面等。

2．渲染阶段

3ds Max 2016 和 VRay 3.0 的材质编辑功能都非常强大，通过编辑几乎可以表现现实中的所有物体的质感。但需要注意以下几点。

①有些模型经过建模编辑后，贴图会错误甚至消失，这时就需要指定贴图坐标。

②用户应该根据使用的渲染系统来决定用什么样的材质类型。如用 3ds Max 自带的线扫描渲染器渲染时，最好就使用标准材质；要用 VRay 渲染器时就最好用 VRay 材质；要用光能传递渲染器最好使用建筑材质。

③灯光中最重要的就是漫反射灯光，在标准渲染中可用泛光灯阵列来表现，而用 VRay 等插件来表现则相当简单。

④摄影机的构图最好用九宫格构图法，焦距需合适。

⑤在建模中尽量减少渲染次数，从透视图中就能看出大致效果。即使渲染也是先渲染草图，效果满意了再出大图。

3．后期处理阶段

这时的主要任务是美化效果图，室内主要是调整色彩，室外则是配景。需要注意的是，调整的思路是先调亮度，再调色彩，最后调其他的方面。

1.2 3ds Max 2016 界面与视图介绍

1.2.1 工作界面简介

所有软件的操作方式无外乎键盘与鼠标的组合，由于三维软件的特殊性，往往会变得更加灵活。3ds Max 2016 界面除了增加了工作区之外，基本保持原有的界面布局，启动并进入 3ds Max 2016 中文版系统后，即可看到如图 1-15 所示的初始界面。它主要包括以下几个区域：标题栏、菜单栏、主工具栏、视图区、命令面板、视图控制区、动画控制区、状态栏和轨迹栏等。

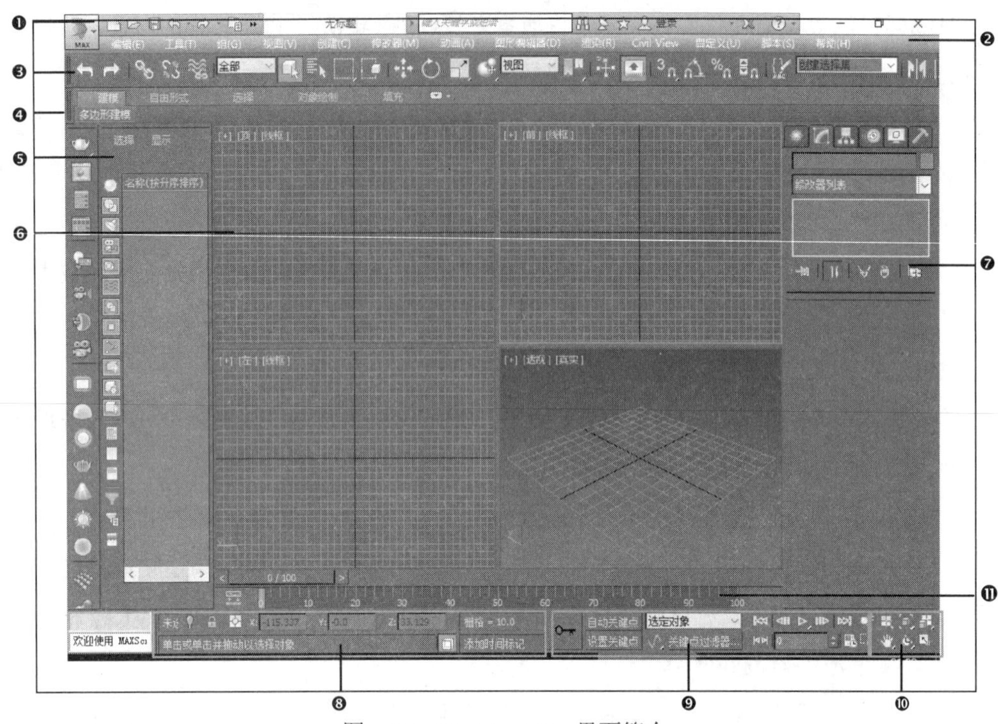

图 1-15　3ds Max 2016 界面简介

❶ 标题栏	左边可进行新建、打开、保存、撤销、重做等操作；中间可切换工作区及显示文件名；最右边可进行最小、还原、关闭操作
❷ 菜单栏	位于标题栏下方，紧接着是主工具栏，它将菜单中常用的命令用按钮的形式显示出来，方便使用
❸ 主工具栏	通过主工具栏可以快速访问 3ds Max 中很多常见任务的工具和对话框
❹ 功能区	可将常用的功能定义在此栏
❺ 工作区	在绘图过程中可以帮助用户快速选择、显隐对象以及快速进行 VRay 渲染操作
❻ 视图区	是工作场地，默认分为 4 个视口，分别装着 3 个正交视图和一个透视图，当前视口外有一个黄色线框
❼ 命令面板	包含制图过程中的各种命令，它是按树状结构层级排列的
❽ 状态栏	显示当前的坐标、栅格、命令提示等信息
❾ 动画控制区	主要对动画的记录、播放、关键帧锁定等进行控制
❿ 视图控制区	能对视图进行缩放、平移、旋转等操作
⓫ 轨迹栏	可显示选定动画的关键帧并可直接编辑，如复制、移动、删除关键帧等

1.2.2 命令面板介绍

3ds Max 命令面板包含创建、修改、层次、运动、显示、实用程序 5 个子面板，如图 1-16 所示。

1．【创建面板】

【创建面板】可创建三维几何体、二维图形、灯光、摄影机、辅助对象、空间扭曲和系统，每个类型下面又分为若干子类型，如图 1-17 所示。

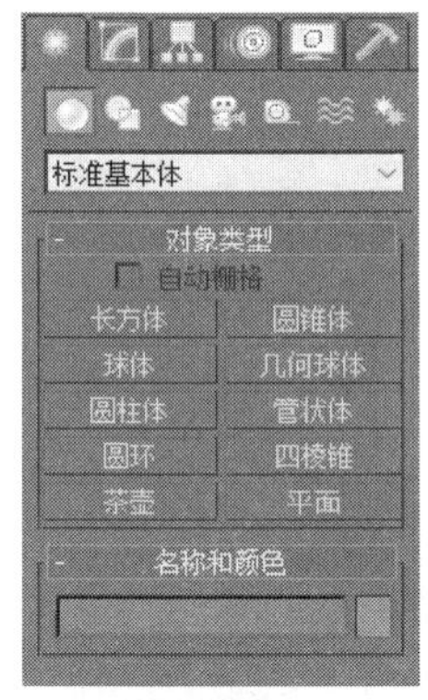

图 1-16　3ds Max 命令面板

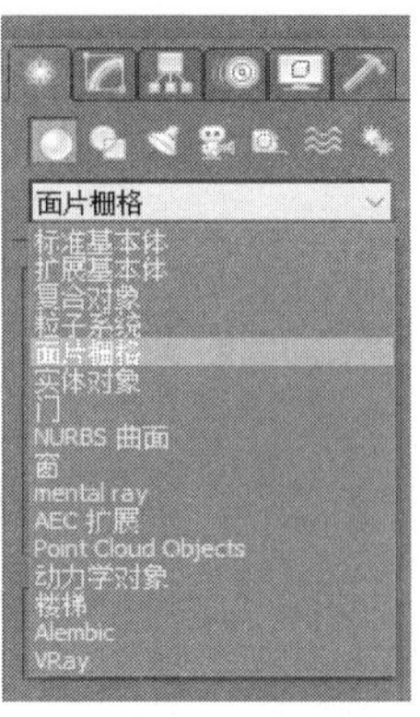

图 1-17　3ds Max 创建几何体面板

选择想要的对象，在视口中拖拉即可创建。

2．【修改面板】

【修改面板】可以有两方面的修改：一是修改创建参数，如图 1-18 所示，对于创建好了的对象，可以修改其长宽高及段数；二是可以添加各种修改器进行其他修改，如图 1-19 所示。

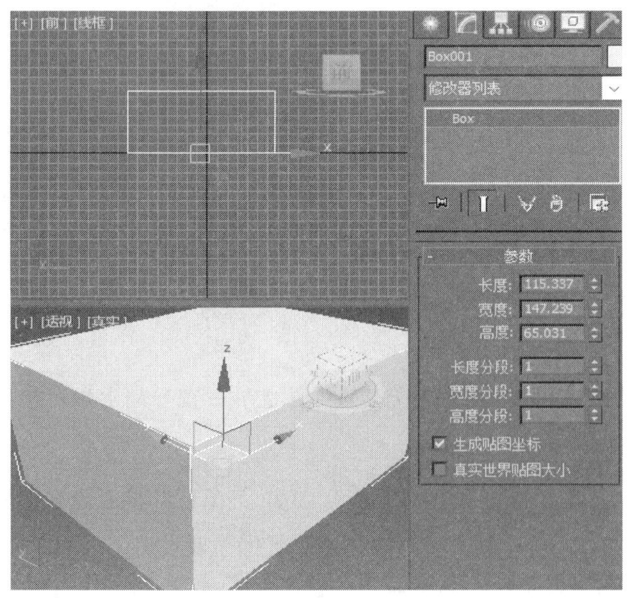

图 1-18　修改创建参数

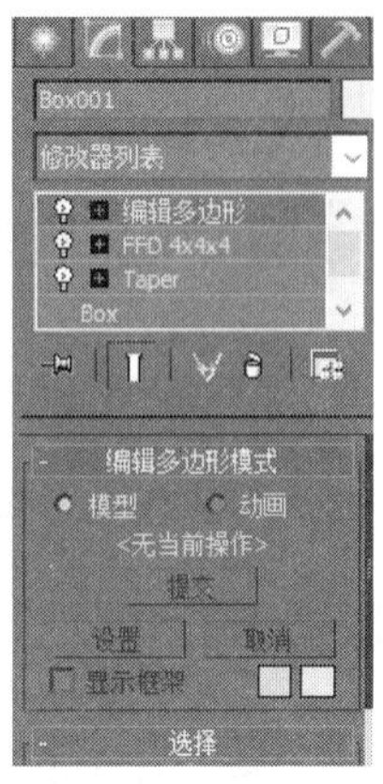

图 1-19　添加修改器

①修改创建参数时，可以按上下方向键切换。

②由于修改器很多，可把常用的定制为面板。方法是：单击【配置修改器集】按钮 →配置修改器集→设置按钮总个数→把左边常用的修改器拖到按钮上→单击【配置修改器集】按钮 →单击【显示按钮】即可，如图 1-20、图 1-21 所示。

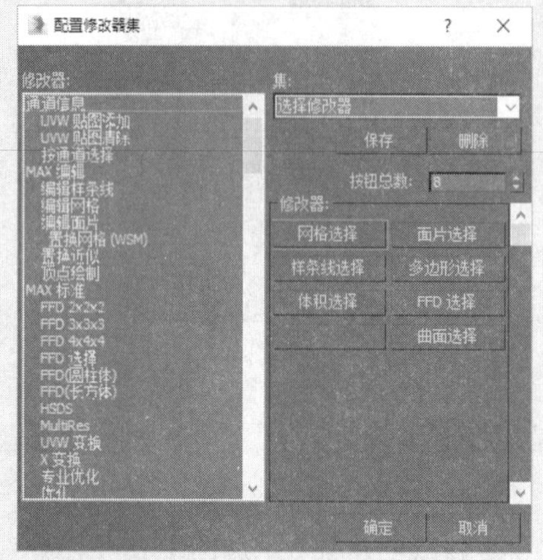

图 1-20 【配置修改器集】对话框

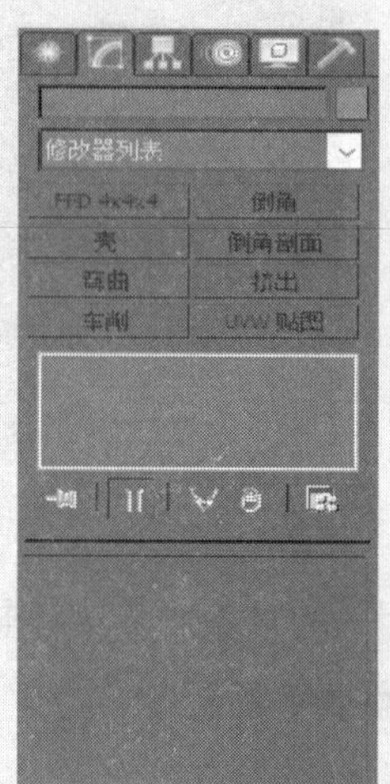

图 1-21 配置完成修改器集

3. 其他面板

除了使用频率最高的创建和修改面板外，还有【层次面板】、【运动面板】、【显示面板】和【实用程序面板】。

【层次面板】主要调整坐标轴和 IK（反向运动）；【运动面板】主要是做动画时使用，绘制静帧效果图时用不到；【显示面板】主要控制场景中对象的显示、隐藏与冻结；【实用程序面板】提供了很多实用工具。读者可自行查看，在后面的实例中会有相关的操作演示。

1.2.3 用户界面定制

3ds Max 是一个开放性的软件，除了支持众多的插件之外，在界面上也可根据个人喜好和习惯来定制。具体操作步骤如下。

步骤 01 【显示 UI】。在【自定义】→【显示 UI】菜单下有显示命令面板、浮动工具栏、主工具栏、轨迹栏、功能区等 5 个命令，可以根据需要设定。

步骤 02 【自定义用户界面】。单击【自定义】→【自定义用户界面】菜单，就会弹出对话框，用户可对快捷键、鼠标、工具栏、四元菜单（即单击鼠标右键弹出的菜单）、菜单、颜色等进行自定义，如图 1-22 所示。

步骤 03 其他界面命令。将以上用户界面自定义了后，可以用【保存自定义用户界面方案】命令将其保存为界面方案文件（*.UI）。以后若是要用，则用【加载自定义用户界面方案】命令载入，还可用【还原为启动布局】命令复位。为了方便切换界面，还有个【自定义 UI 与默认设置切换器】，另外，为避免误操作，还可以使用【锁定 UI 布局】命令锁住布局，如图 1-23 所示。

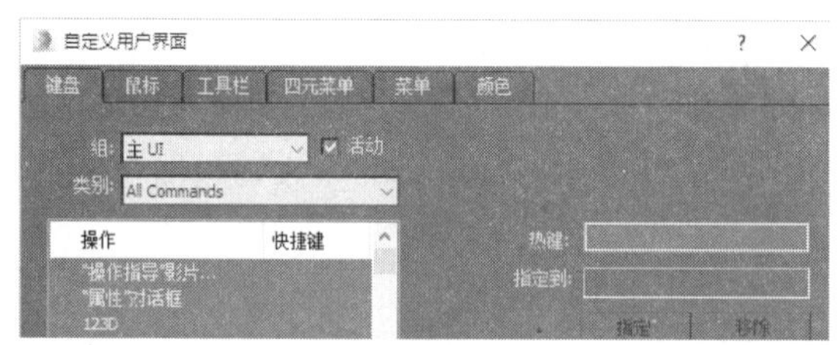

图 1-22 【自定义用户界面】对话框

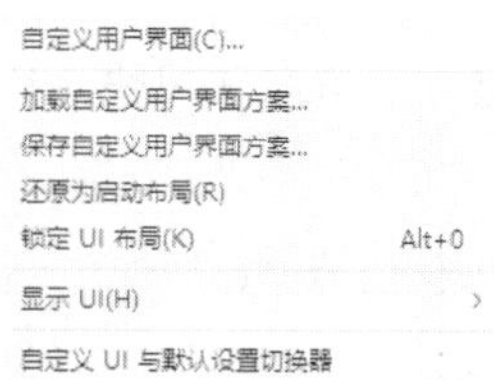

图 1-23 3ds Max 2016 用户界面相关命令

1.2.4 视图与视口控制技巧

熟练地控制视图是运用图形图像软件的一项基本功，不同于二维软件，3ds Max 有多个视图，下面就从视图、视口及其控制技巧几方面来简述一下。

1. 视图的类别

根据投影绘图法，视图分为“正投影”视图和“斜投影”视图。简单地说，正投影视图就是从上下、左右、前后 6 个特殊的角度去观察，而斜投影视图则是通常角度观察。3ds Max 的 4 个视口就是由 3 个正投影视图加上 1 个非正投影视图组成，其中默认情况下，顶底、左右、前后分别取前者（顶、左、前），非正投影视图为“透视图”，如图 1-24 所示。

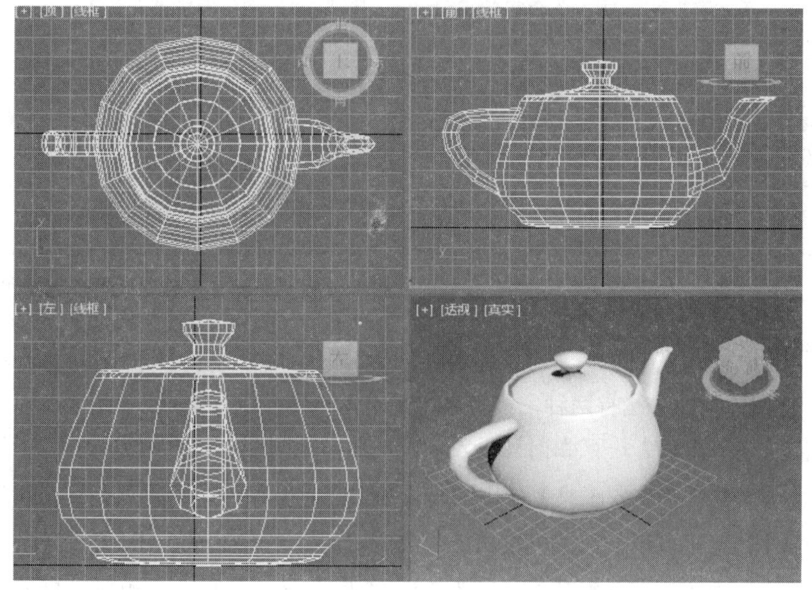

图 1-24 3ds Max 默认视图布局

温馨提示

切换视图的方法有3种。

①左键单击视图右上方的【视立方（viewcube）】按钮上的箭头，按住左键拖动则可三维动态观察。

②左键单击视图左上方的视图名称，然后选择要切换的视图。

③推荐直接使用快捷键。一般是英文的首字母，如顶的英文是Top，则切换到顶视图的快捷键即是“T”。同样，左视图为“L”，前视图为“F”，透视图为“P”，摄影机视图为“C”。

2．视口的操作

视图是装在视口里的，默认是4个视口，也可以是1～3个。可以将光标放于视口边缘拖拉来确定视口的大小，也可以根据个人使用习惯或实际需要来设置视口。方法如下。

单击视图名称左边的“+”号→选择【配置视口】→单击【布局】选项卡→选择一种布局样式即可，如图1-25所示。还可以在视口图像中单击重新选择视图类型，如图1-26所示。

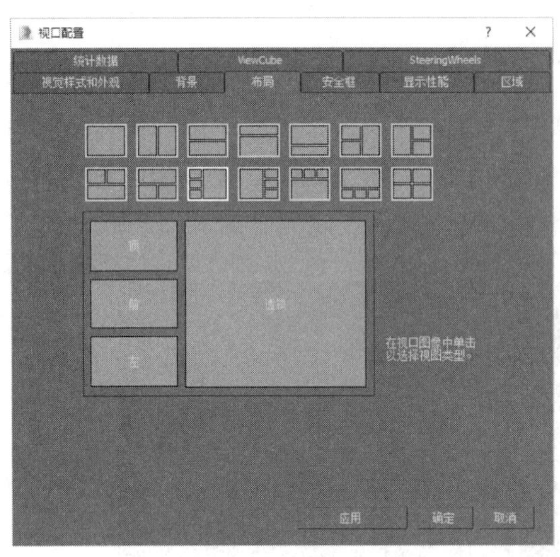

图1-25　3ds Max视口配置对话框

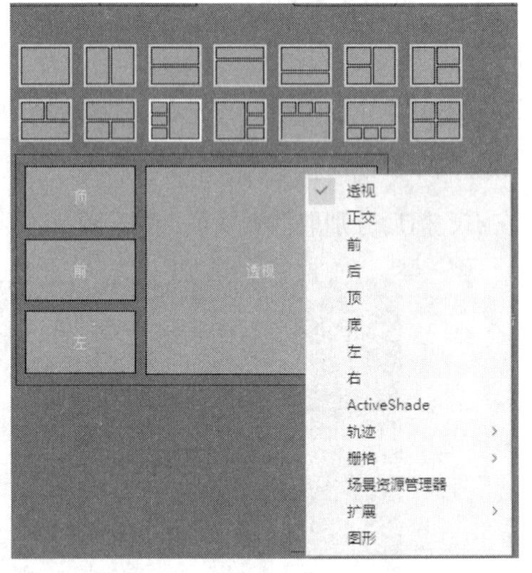

图1-26　在布局选项卡中选择视图

3．视图控制技巧

对于视图控制的方法有两种，最基本的是单击视图控制区的图标。

- 【缩放工具】：在当前视口内，按住左键拖则缩小，推则放大。
- 【缩放所有视图工具】：用法与【缩放工具】相似，只不过是针对所有视口。
- 【最大化显示】：单击视口后，将所有对象在当前视口最大化显示。
- 【所有视图最大化显示】：用法与【最大化显示】工具相似，只不过是针对所有视口。

- 【最大化显示选择对象】：选择某对象后，单击此图标，该对象就会在当前视口最大化显示。
- 【所有视图最大化显示选择对象】：用法与【最大化显示选择对象】工具相似，只不过是针对所有视口。
- 【缩放区域】：通常说的“窗口缩放”，单击图标，在视图中拖一矩形窗口，则会放大到矩形窗口大小。
- 【平移视图】：单击图标，在视图中按住左键拖动即可。
- 【环绕】：单击图标，在视图中即可三维动态观察场景。
- 【环绕选定对象】：用法同【环绕】工具，不同的是其环绕中心变为选定的对象。
- 【环绕子对象】：用法同【环绕】工具，不同的是其环绕中心变为选定的子对象。
- 【最大化视口切换】：单击图标，则可把当前视口最大化显示，再次单击则还原。

技能拓展

以上是视图控制的基本方法，而制图中更有效率的毫无疑问是键盘，下面就讲述一下控制视图的快捷键。

①鼠标控制方法：滚动鼠标中轮可以以光标为中心缩放，按住中轮则可平移视图。

②缩放：【Alt+Z】。

③所有视图最大化显示：【Shift+Ctrl+Z】。

④最大化显示：【Alt+Ctrl+Z】。

⑤最大化显示选择对象：【Z】。

⑥缩放区域：【Ctrl+W】。

⑦环绕：【Ctrl+R】。

⑧平移：【Ctrl+P】。

⑨最大化视口切换：【Alt+W】。

1.2.5 显示模式

3ds Max 提供了很多的显示模式，视图名称右侧显示的就是当前显示模式，只要单击显示模式就会弹出如图 1-27 所示的菜单，上面就列出了所有的显示模式；图 1-28 则列出了这些模式下的显示效果。需要说明的是，显示效果与显示速度是成反比的，显示效果越好刷新速度越慢，反之则越快。所以，在保证工作效率的前提下，一般将 3 个正投影视图设为【线框】模式，仅将透视图设为【真实】模式。

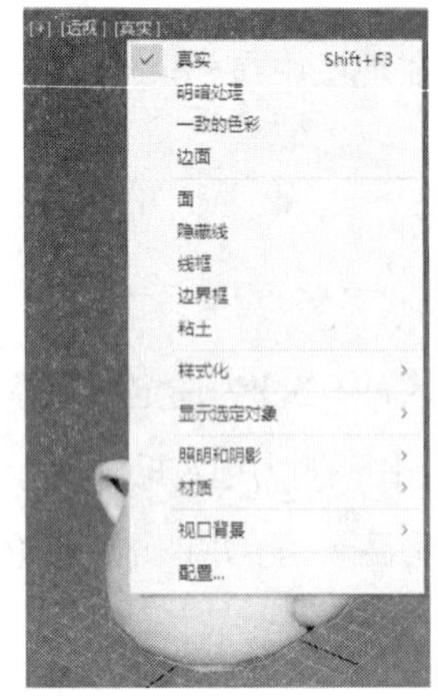

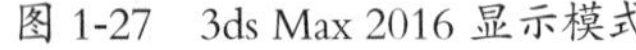
图 1-27　3ds Max 2016 显示模式

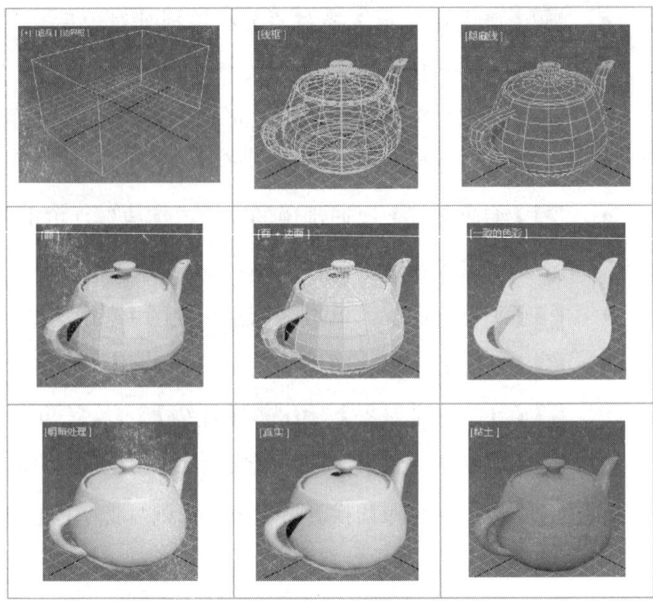

图 1-28　3ds Max 2016 主要显示效果

技能拓展

除了单击显示模式在弹出菜单中选择需要的模式外，常用的模式还有快捷键。

①【线框】模式与【真实】模式的切换：【F3】。

②【真实 + 边框】模式：【F4】（这种模式在编辑多边形时非常重要）。

课堂范例——定制个性界面

这里以一个绘制效果图的界面为例，讲解一下界面的定制方法。

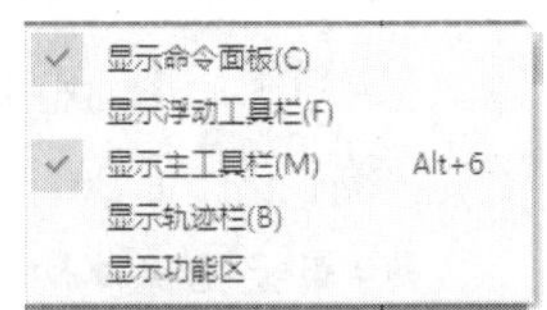

图 1-29　设置【显示 UI】

步骤 01　选择【自定义】菜单→【显示 UI】菜单，去掉【显示轨迹栏】和【显示功能区】前面的对号，让视图编辑区更宽阔，如图 1-29 所示。

步骤 02　右击【ViewCube（视立方图）】，选择【配置】选项，在弹出的对话框内选择【ViewCube】选项卡，取消对【显示 ViewCube】选项的勾选，让视图更加简洁，并且避免误操作，如图 1-30 所示。

步骤 03　选择【自定义】菜单→【自定义用户界面】命令，以【阵列】为例，学习自定义快捷键。如图 1-31 所示，命令不一定有快捷键和图标，如【阵列】就没快捷键，那么就可以设一个快捷键，如【Shift+R】（注意一定要显示“< 未指定 >”，否则快捷键会冲突），单击【指定】按钮即可。其他快捷键可如法炮制。

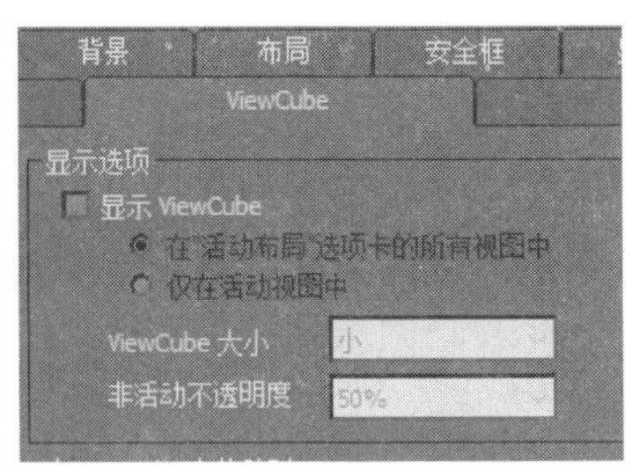

图 1-30 隐藏【ViewCube】

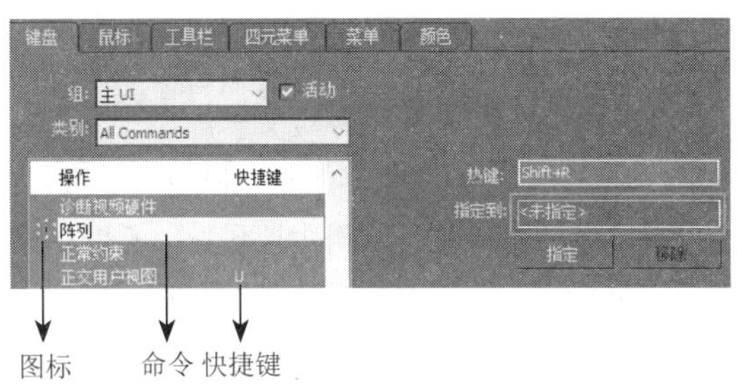

图 1-31 自定义快捷键

步骤 04 单击【四元菜单】选项卡，单击四元菜单的右上角使之变为黄色（意即把菜单定义到右上角），找到【按点击解冻】命令，然后按住鼠标左键拖动到如图 1-32 所示的位置（完成后单击鼠标右键就会有此菜单）。其他四元菜单的增删可如法炮制。

步骤 05 其他的选项卡都可以根据个人习惯或需要定制。关闭对话框，单击【自定义】→【保存自定义用户界面方案】，在弹出的【自定义方案】中勾选要保存的选项，单击【确定】按钮，如图 1-33 所示，自定义界面即完成。

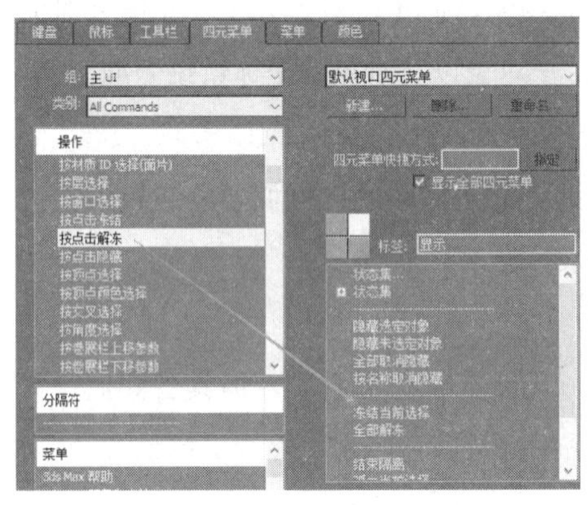

图 1-32 自定义【四元菜单】

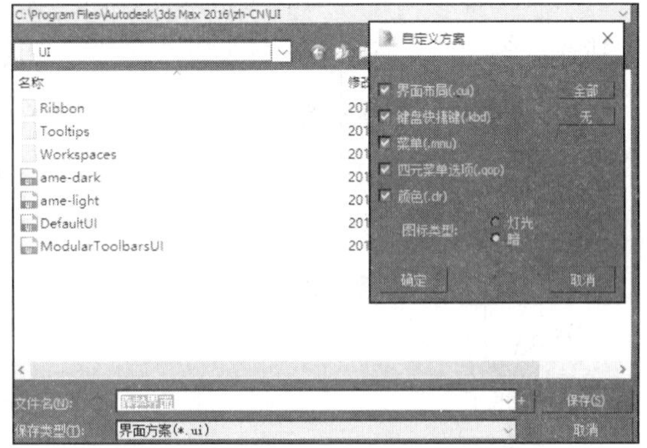

图 1-33 保存自定义用户界面方案

步骤 06 若界面被改过，可以通过【自定义】菜单→【加载自定义用户界面方案】命令或【自定义】菜单→【自定义 UI 与默认设置切换器】命令加载或切换。

1.3 坐标及变形盒

为了便于应对建模中的复杂情况，3ds Max 为用户提供了 9 种坐标类型和 3 种坐标中心，有了它们，建模变得更方便、精确。

1.3.1 坐标系统

为了制图的便利，在 3ds Max 中有多种坐标系统，单击 视图 下拉菜单即可选择需要的坐标系统。其各个坐标系统的原理如下。

1. 【世界】坐标系统

在 3ds Max 中，从前方看，*x* 轴为水平方向，*z* 轴为垂直方向，*y* 轴为景深方向。这个坐标轴向在任何视图中都固定不变，所以以它为坐标系统可以固定在任何视图中都有相同的操作效果。

2. 【屏幕】坐标系统

各视图中都使用同样的坐标轴向，即 *x* 轴为水平方向，*y* 轴为垂直方向，*z* 轴为景深方向，即把计算机屏幕作为 *x*、*y* 轴向，计算机内部延伸为 *z* 轴向。

3. 【视图】坐标系统

这是 3ds Max 的内定坐标系统。它其实就是【世界】坐标系统和【屏幕】坐标系统的结合，在正投影视图中（如顶视图，前视图，左视图等）使用【屏幕】坐标系统，在透视图中使用【世界】坐标系统。

4. 【父对象】坐标系统

这种坐标系统与后面的【拾取】坐标系统功能相似，但【父对象】坐标系统针对的是所连接物体的父对象，也就是说，连接对象后，子对象以父对象的坐标系统为准。

5. 【局部】坐标系统

这是一个很有用的坐标系统，它是物体自身拥有的坐标系统。例如要将斜板沿它的自身倾斜角度上斜或下滑时，必须要用到这个坐标系统。

6. 【栅格】坐标系统

在 3ds Max 中有一种可以自定义的网格物体，无法在着色中看到，但具备其他物体属性，主要用来做造型和动画的辅助，这个坐标系统就是以它们为中心的坐标系统。

7. 【拾取】坐标系统

这种坐标系统是由用户设定的，它取自物体自身的坐标系统，即【局部】坐标系统，但可以在一个物体上使用另一个物体的【自身】坐标系统，这是非常有制作意义的。在后面的实例中会用到。

8. 【万向】坐标系统

这种坐标系统仅用于旋转对象，旋转后各个坐标轴可以不两两垂直，如图 1-34 所示。

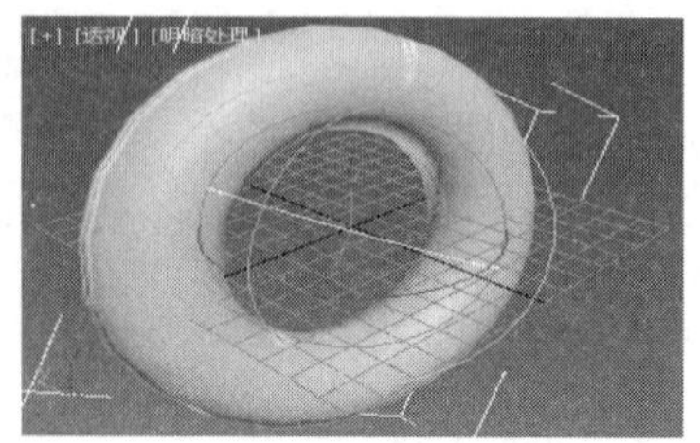

图 1-34 【万向】坐标系统

9. 【工作】坐标系统

这种坐标系统需在【层次】面板中先【编辑工作轴】，再单击【使用工作轴】后，坐标轴即变为【工作】坐标系统，如图 1-35 所示。

图 1-35 【工作】坐标系统

1.3.2 坐标中心

在 3ds Max 中，除了有丰富的坐标系统，还有三类坐标中心，这样制作动画或效果图就更加得心应手，这三类坐标中心的简介如下。

- 【使用轴点中心】，即通常说的“使用各自中心”，在变换时以其【局部】坐标系统中心为准，如图 1-36 所示。
- 【使用选择中心】，即通常说的“使用共同中心”，把所选择的对象当作一个对象，然后以其几何中心为中心，如图 1-37 所示。
- 【使用变换坐标中心】，即通常说的“使用设定中心”，当改变坐标系统后，再切换至此中心，将会以改变后的坐标中心为准，如图 1-38 所示。

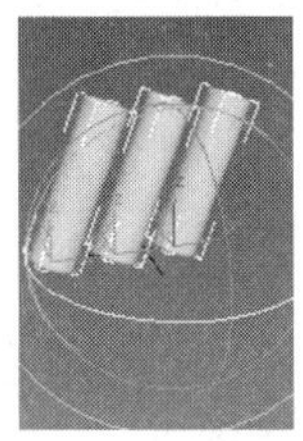

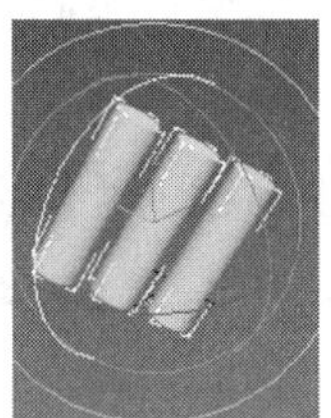

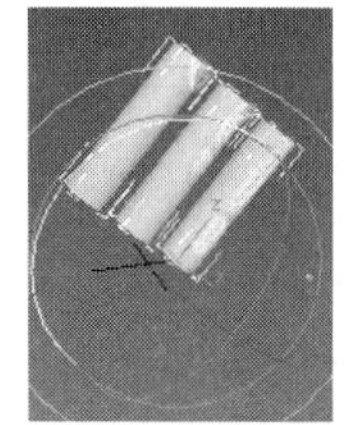

图 1-36 【使用轴点中心】　图 1-37 【使用选择中心】　图 1-38 【使用变换坐标中心】

1.3.3 变形盒操作技巧

变形盒，即变换 Gizmo，是视口图标，当使用鼠标变换选择时，使用它可以快速选择一个或两个轴。通过将鼠标指针放置在图标的任一轴上来选择轴，然后拖动鼠标沿该轴变换选择。此外，当移动或缩放对象时，可以使用其他 Gizmo 区域同时执行沿任何两个轴的变换操作。使用 Gizmo 无须先在“轴约束”工具栏上指定一个或多个变换轴，同时还可以在不同变换轴和平面之间快速而轻松地进行切换。只要是选择并移动、旋转和缩放，都可以很容易地变换，如图 1-39、图 1-40、图 1-41 所示。

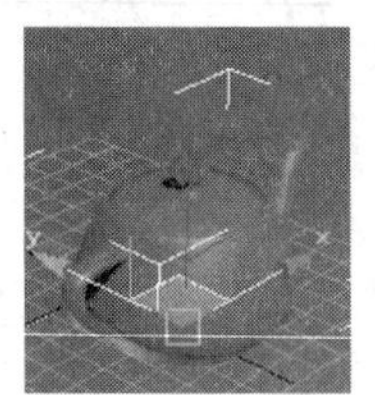
图 1-39　移动 Gizmo

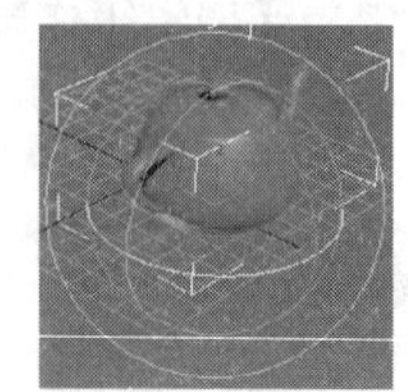
图 1-40　旋转 Gizmo

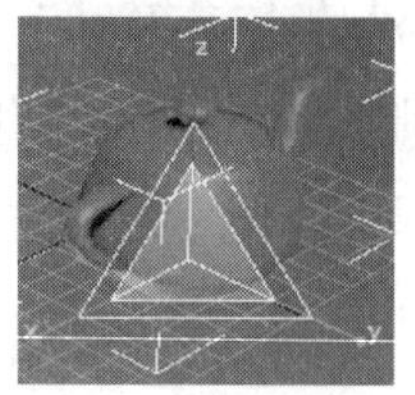
图 1-41　缩放 Gizmo

温馨提示

①变形盒的红、绿、蓝色箭头分别对应着锁定 x、y、z 轴，而黄色轴则表示锁定轴向。

②有时开启变形盒反而影响操作（如编辑贝塞尔节点时），这时可以将其关闭，最简捷的方法就是按【X】键。这时如何锁定轴向呢？方法是：按【F5】、【F6】、【F7】键就能锁定 x、y、z 轴；按【F8】键则可以锁定面，按第一次锁定 xy 面，按第二次锁定 yz 面，按第三次锁定 xz 面，如此循环。

③变形盒的大小是可以调节的，最简捷的方法是按“+”增大，按“-”缩小。

1.3.4 调整轴

一般来说，对象的坐标位置是创建时就设定好了的，即使能改变坐标中心，但也并非随意改变，若改变坐标系统、坐标中心都达不到满意的效果，则可用【调整轴】的方法来实现。例如，要将“茶壶”几何体的坐标中心改到其几何中心或其他任何位置，我们就可以这样操作。

调整轴到几何中心：单击【层次】面板→【仅影响轴】→【居中到对象】，坐标就调整到了其几何中心，如图 1-42 所示，再单击【仅影响轴】即可。

调整轴到任意位置：单击【层次】面板→【仅影响轴】，然后按【W】键切换到【选择并移动】工具，锁定 z 轴，拖到壶盖顶部，再按【E】键切换到【选择并旋转】工具，锁定 z 轴，任意旋转一定角度，如图 1-43 所示，然后再单击【仅影响轴】即可。

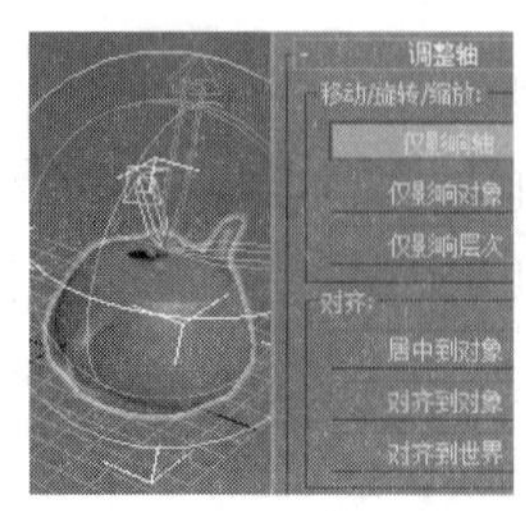

图 1-42　调整轴到几何中心

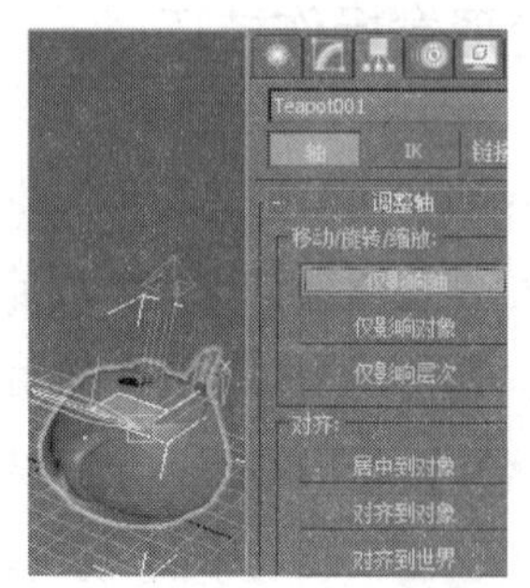

图 1-43　调整轴到任意位置

课堂问答

通过本章的讲解，用户对 3ds Max 的特点及应用、发展概况、视图、视口和坐标系统等有了一定的了解，下面列出一些常见的问题供学习参考。

问题❶：为什么视口名称会变为“正交”？

答：一定是因为有意或无意环绕观察了正投影视图。需要切记的是，【环绕】命令（快捷键【Ctrl+R】）原则上只能在【透视图】中使用，只要在正投影视图中使用，就会变成“正交”视图，就不能准确地绘图。若没有有意在正投影视图中使用【环绕】命令，极有可能是对【ViewCube】的误操作，建议将其关闭，方法参照“课堂范例”步骤 02。

遇到此种情况，可按相应的视图切换快捷键将视图切换回去。

问题❷：命令面板、主工具栏、状态栏等同时隐藏了，是怎么回事?

答：那是用户无意间按了【Ctrl+X】组合键切换到了“专家模式”。所谓“专家模式”就是隐藏了命令面板、主工具栏和状态栏，几乎是全快捷键操作，如图 1-44 所示。只需再按一次【Ctrl+X】组合键或单击右下角【取消专家模式】按钮即可。

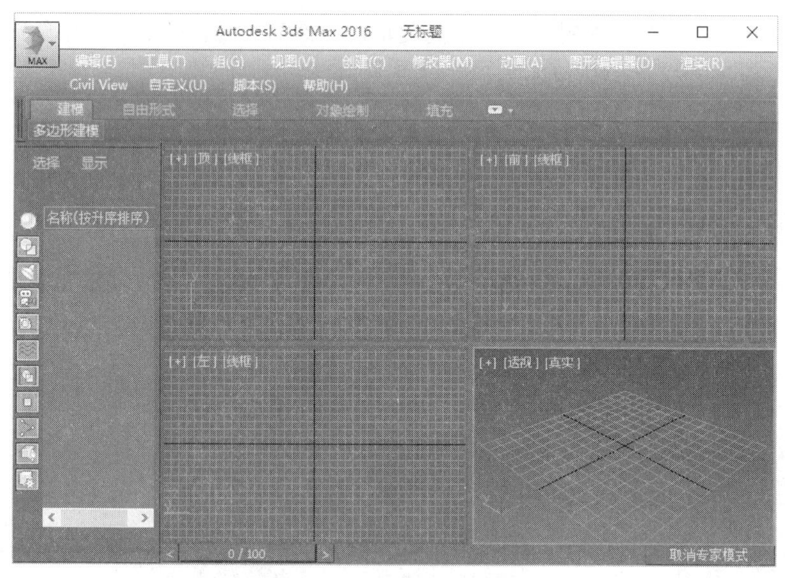

图 1-44 专家模式界面

问题❸：定界框不见了怎么办?

答：那是不小心隐藏了定界框，按快捷键【J】即可显示出来。

上机实战——绘制积木房子

为了让读者能巩固本章知识点，下面讲解一个技能综合案例，使大家对本章的知识有更深入的了解。效果展示如图 1-45 所示。

效果展示

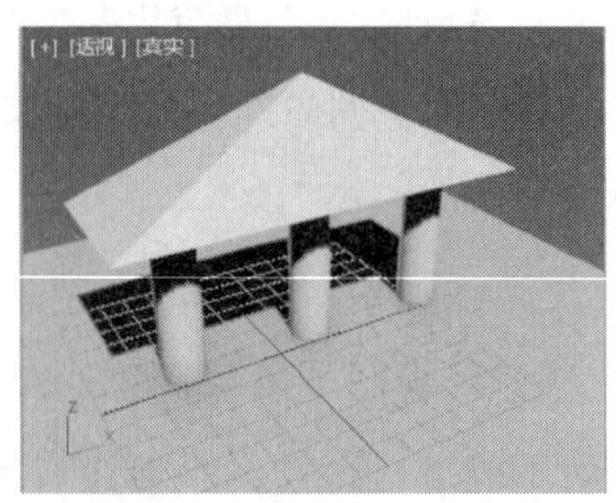

图 1-45　积木房子参考图

思路分析

这是一个仅用基本几何体就能搭建的简单场景，地板用【长方体】创建，柱子用【圆柱体】创建，屋顶用【四棱锥】创建。

制作步骤

步骤 01 在【顶视图】中，单击【创建】面板→单击【长方体】按钮，按住左键拖出一个矩形，然后松开左键拖出一定高度单击，然后在【修改】面板中的【参数】卷展栏中输入如图 1-46 所示的尺寸。

步骤 02 在【顶视图】中，单击【创建】面板→单击【圆柱体】按钮，按住左键拖出一个圆形，然后松开左键拖出一定高度，单击，然后在【修改】面板中的【参数】卷展栏中输入如图 1-47 所示的尺寸。

步骤 03 按【W】键，切换到【选择并移动】工具，按住【Shift】键锁定 x 轴拖动一段距离松开左键，在弹出的对话框中将复制【副本数】改为 2，如图 1-48 所示，然后单击【确定】按钮。

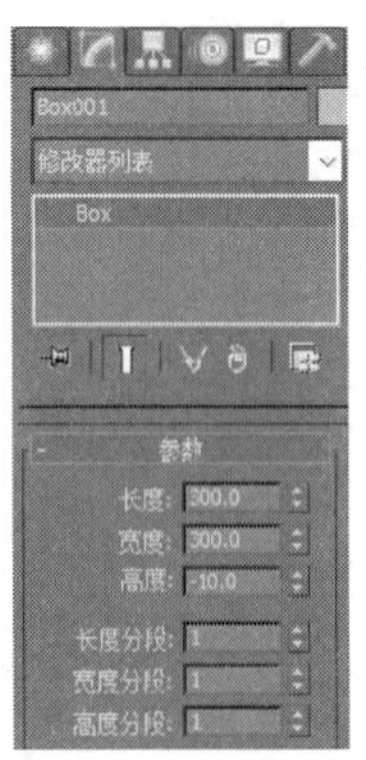

图 1-46　长方体参考尺寸

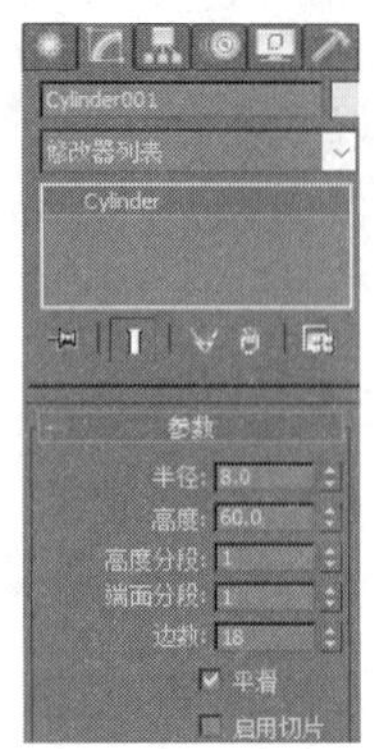

图 1-47　圆柱体参考尺寸

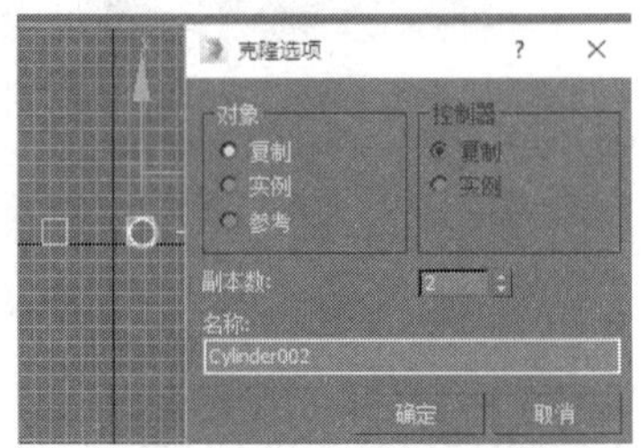

图 1-48　复制圆柱体

步骤 04 在【透视图】中，单击【创建】面板→单击【四棱锥】按钮，勾选【自动栅格】复选框（见图 1-49），左键单击中间圆柱体的顶面，按住【Ctrl】键拖出一个正方形，然后松开左键拖出一定高度，单击，然后在【修改】面板中的【参数】卷展栏中输入如图 1-50 所示的尺寸。这个简单的模型就完成了。

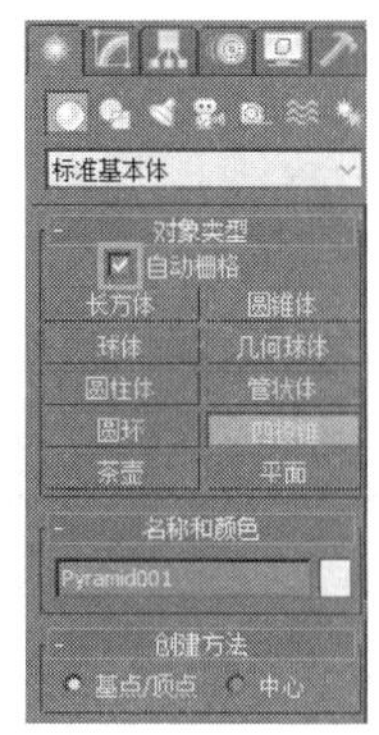

图 1-49　创建四棱锥

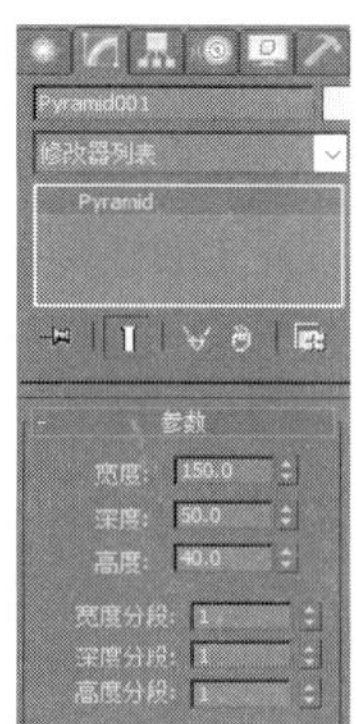

图 1-50　修改四棱锥参数

同步训练——绘制积木卡车

通过上机实战案例的学习，为了增强读者动手能力，下面安排一个同步训练案例，让读者达到举一反三、触类旁通的学习效果。图解流程如图 1-51 所示。

图解流程

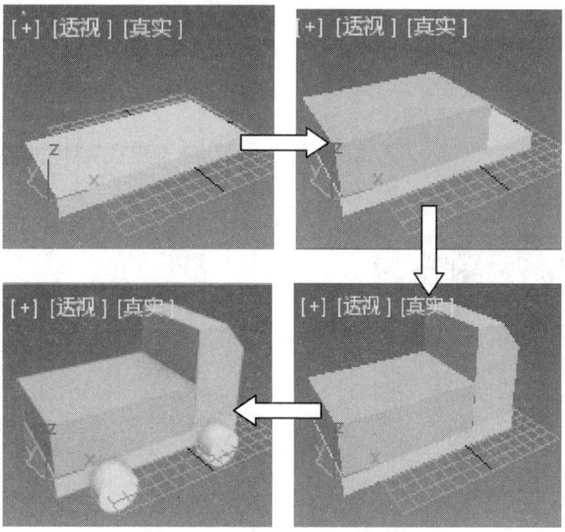

图 1-51　绘制积木卡车的图解流程

思路分析

与积木房子类似，都是属于用基本几何体绘制简单图形，达到熟悉 3ds Max 2016 基本操作的实例。本例用【长方体】绘制底盘，然后通过复制修改绘制车厢和车头，但车头还需要用【编辑多边形】命令的【切角】子命令绘制。用圆柱体绘制车轮并复制。

关键步骤

步骤 01　在【顶视图】中绘制出底盘后，按快捷键【Ctrl+V】复制一个，选择【复制】，然后在【修改】面板中把宽度和高度修改一下，再按【W】键，切换到【选择并移动】工具移到合适的位置，得到车厢模型，如图 1-52 所示。

步骤 02　为了区别颜色和名称，可以在【修改】面板里修改，如图 1-53 所示。

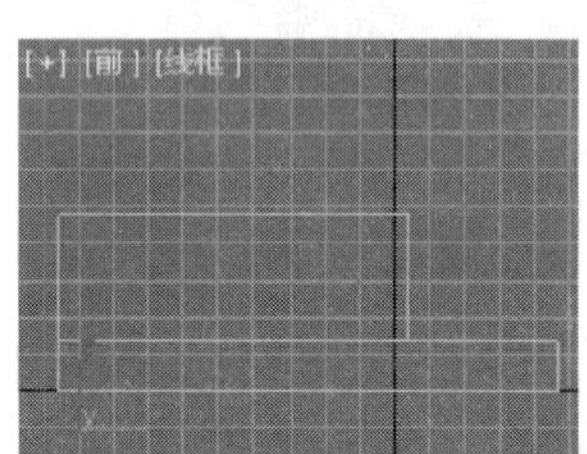

图 1-52　绘制车厢

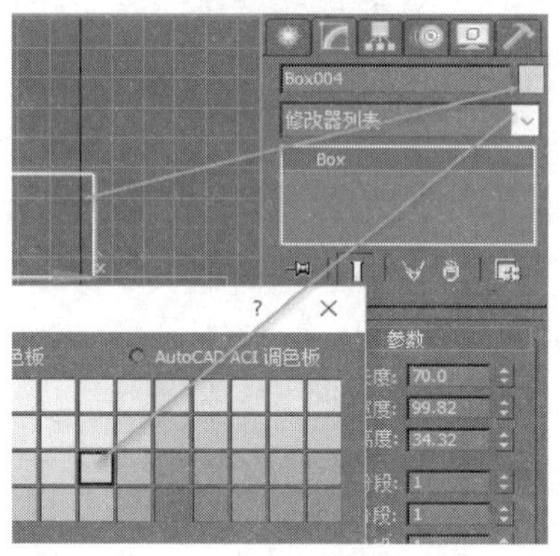

图 1-53　修改车厢颜色

步骤 03　用同样的方法绘制车头，然后在【修改】面板中选择【编辑多边形】，单击【边】子对象，选择右上角的边，单击【切角】按钮，按住左键推拉一段距离即可，如图 1-54 所示。

步骤 04　在【前视图】中绘制圆柱，然后复制移动得到车轮，简单的积木卡车就搭建完成，如图 1-55 所示。

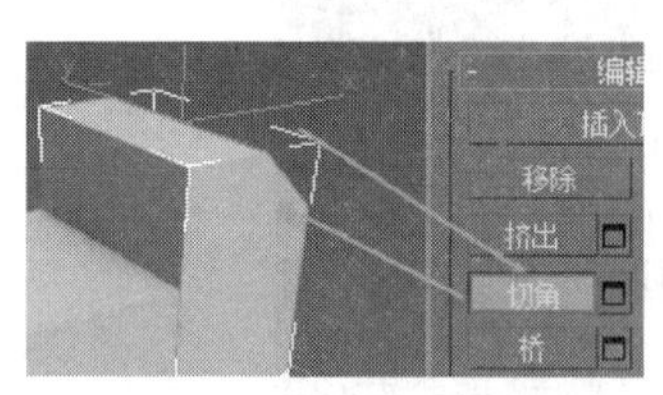

图 1-54　绘制车轮

图 1-55　绘制车头

知识与能力测试

本章旨在让读者对 3ds Max 2016 有一个全面的认知，为对知识进行巩固和考核，布置相应的练习题。

一、填空题

1．3ds Max 中可使用______、______、______三种中心进行绘图。

2．绘制三维效果图的一般流程是______、______、______。

3．3ds Max 2016 在易用性方面新增的功能有______、______、______等。

4．3ds Max 2016 中将线框模式与真实模式相互切换的快捷键是____，带边框显示的快捷键是____。

5．在 3ds Max 中显示主工具栏的快捷键是______。

6．关闭变形盒 Gizmo 的快捷键是____，锁定 x 轴向的快捷键是____。

7．切换到顶视图、前视图、左视图、透视图的快捷键分别是____、____、____、____。

二、选择题

1．视图坐标系统是以下哪两个坐标系统的组合（　　）。

A．【万向】+【工作】　　B．【世界】+【屏幕】

C．【父对象】+【局部】　　D．【世界】+【拾取】

2．切换到摄影机视图的快捷键是（　　）。

A．L　　B．Shift+4　　C．C　　D．T

3．隐藏所有灯光的快捷键是（　　）。

A．Shift+G　　B．Shift+C　　C．Shift+L　　D．Shift+S

4．在所有视图最大化显示所有对象的快捷键是（　　）。

A．Alt+Shift+Z　　B．Ctrl+ Shift+Z

C．Z　　D．Alt+Shift+Z

5．【环绕】命令最好只在透视图中使用，其快捷键是（　　）。

A．R　　B．Ctrl+R　　C．Shift+R　　D．Alt+R

6．3ds Max 的应用领域有哪些？（　　）

A．建筑表现　　B．影视动画　　C．游戏动漫　　D．以上都是

7．【最大化视口】命令的快捷键是（　　）。

A．Alt+W　　B．W　　C．Ctrl+W　　D．Shift+W

三、判断题

1．在保证效果的前提下，模型的面数越少越好。（　　）

2．在【正交】视图里也能够精确绘制图形。（　　）

3．定义快捷键时可以任意设置快捷键，即使没有提示 <未指定> 也行。（　　）

4．3ds Max 2016 中可以通过【摄影机序列器】，轻松地在多个摄影机之间剪辑，修剪和重新排序动画片段且不具有破坏性。（　　）

5．3ds Max 2016 的新【镜像工具】可以保持法线不变。（　　）

6．3ds Max 2016 的【规格化样条线】可以生成相等长度线段的样条线。（　　）

7．3ds Max 2016 可以安装在 32 位的 Windows7 以上系统上。（　　）

8．3ds Max 的视口只能是 4 个。（　　）

3ds Max 2016

第 2 章 3ds Max 入门操作

本章主要介绍 3ds Max 的基础操作，包括文件操作、场景管理、对象选择与变换、对齐、精确制图、镜像、阵列、快速渲染等。读者一方面需要熟悉 3ds Max 的基本工作方式，另一方面，更要理解其中所包含的诸多概念和原理，这些知识对于初学者是有重要意义的。

学习目标

- 熟悉文件的常规操作
- 能熟练运用显隐、冻结、群组、锁定选择等命令管理场景
- 能使用合适的方法快速准确地选择对象
- 掌握对齐对象的技巧
- 掌握精确制图技术
- 熟悉阵列与间隔工具的使用
- 能快速渲染草图

2.1 文件的基本操作

在主菜单的【文件】菜单中包含了众多命令，我们在这里了解其中的一些常用命令。

2.1.1 新建与重置文件

3ds Max 2016 的【新建】文件命令有 4 个子命令，如图 2-1 所示，可根据具体情况新建场景文件。默认情况下是【新建全部】（快捷键【Ctrl+N】）。【重置】命令用于重置 3ds Max 程序，实际上用于重新打开 starup.max 默认文件，并不会修改界面的工具栏布置。

图 2-1　3ds Max 2016【新建】文件命令

2.1.2 打开与关闭文件

【打开】文件命令也有两个，如图 2-2 所示。默认的情况下是【打开现有的文件】（快捷键【Ctrl+O】）。【从 Vault 中打开】命令可以直接从 Autodesk Vault（3ds Max 中包含的数据管理提供程序）打开 MAX 文件。这可以对创建数字内容时使用的资源进行安全控制和版本管理，而无须使用 Vault 客户端。

另外，单击【文件】菜单，就会弹出如图 2-3 所示的【最近使用的文档】列表，用于打开最近使用的文件（这个列表记录在 3dsmax.ini 文件里）。至于关闭文件，一般单击【关闭】按钮 ×，或单击【文件】菜单下的【退出 3ds Max】按钮 退出 3ds Max。

图 2-2　3ds Max 2016【打开】文件命令

图 2-3　3ds Max 2016【最近使用的文档】命令

2.1.3 保存文件

单击【保存】按钮（快捷键【Ctrl+S】）就能保存文件，在弹出的对话框里可以选择低版本，如图 2-4 所示，但仅限于 3ds Max 2013 以上，若是要所有版本都能打开，就只能用【导出】命令。

至于【另存为】命令，则包含了如图2-5所示的几个命令。【保存副本为】命令与【另存为】命令不同，这个命令并不改变当前使用的场景，而是相当于把当前场景文件复制一份。【保存选定对象】命令仅用于把选中的物体保存出去，实际也会保存当前场景的一些整体设置参数，如渲染和材质编辑器。这个保存命令同样不改变当前使用的场景。

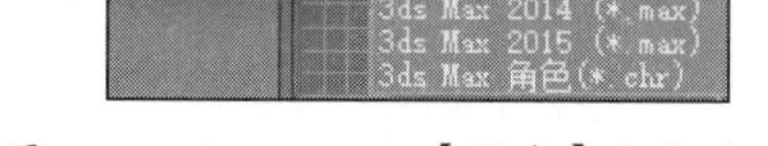

保存一个 3ds Max 文件副本

另存为
以新名称保存当前的 3ds Max 文件。

保存副本为
以增量名称保存当前的 3ds Max 文件。

保存选定对象
以新名称仅保存当前 3ds Max 文件选定的对象。

归档
压缩当前 3ds Max 文件和所有相关资源到一个文件。

图 2-4　3ds Max 2016【保存】文件对话框　　图 2-5　3ds Max 2016【另存为】系列命令

需要特别强调的是【归档】命令。前面讲的所有保存命令都只能保存非外部文件，若有位图贴图、光域网等，在第三方电脑打开时就会丢失。要解决这一问题，就可用【归档】命令，它可以把与文件有关的所有外部文件打包压缩成一个 ZIP 文件，到时候解压后打通外部文件路径即可（具体方法后面会讲）。

2.1.4 导入与导出

3ds Max 2016 把很多相近的命令都整合到【导入】系列命令里了，如图 2-6 所示。对于非 max 或 chr 文件，则需要【导入】命令输入，如 CAD 图纸（dwg 格式）和 AI 格式是绘制效果图导入频率非常高的两种格式。若是需要把另外的场景和模型导入进来，则需用【合并】命令；若不需要现在的场景，可用【替换】命令直接以另外的场景替换。其他可将 Revit、FBX、AutoCAD 文件的链接插入当前文件。

同样，其他相关软件也不能直接打开 max 或 chr 文件，要想与其他软件有效地进行数据交换，就可用【导出】命令，如图 2-7 所示。

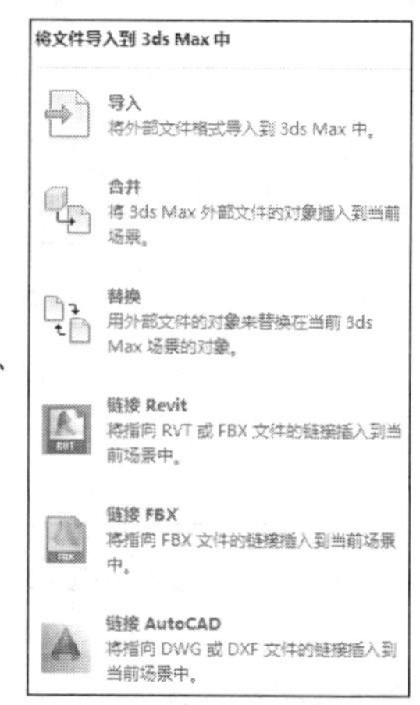

图 2-6　3ds Max 2016【导入】系列命令

图 2-7　3ds Max 2016【导出】系列命令

2.1.5 参考

这里要重点提到的是两个参考命令，它们是关于载入外部参考的 max 场景文件的命令，如图 2-8 所示。【外部参考场景】命令用于使外部场景的物体只能看不能选择。【外部参考对象】命令可使外部物体进行移动而做动画，或修改材质等属性，但是不能修改其形状。【参考】命令相当于把多个 max 文件链接到一起，每个文件又保持独立性。例如，A 和 B 两个人共同制作一个包含众多建筑和植物的动画场景，那么 A 可以先建立一个文件 build.max 并开始制作建筑模型，B 也建立一个 all.max 并通过【外部参考场景】命令把 build.max 文件外置进来。这样 B 就能在 all.max 制作的同时也看到 A 制作的建筑模型，并且可以通过更新按钮来看到 A 新制作的建筑模型。

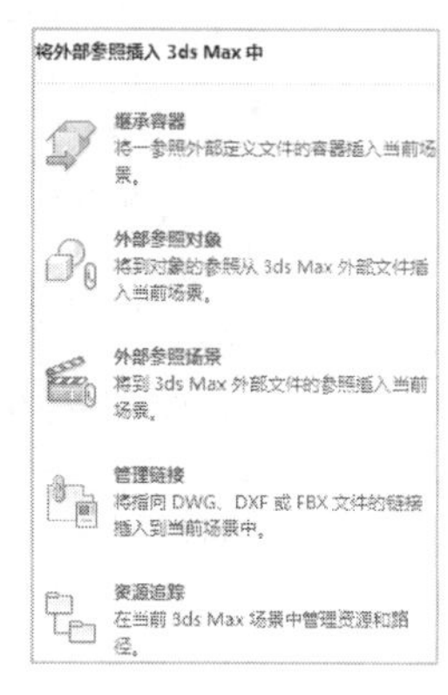

图 2-8　3ds Max 2016【参考】系列命令

温馨提示

【参考】命令的优点如下。

①文件小。特别是场景里有很多复制的模型时，【参考】对象再复制比【合并】对象再复制的文件小很多。如绘制一个教室，里面有几十套相同的桌椅，就可建一个教室主场景文件，然后再建一个桌椅文件，回到主场景，再将桌椅【参考】进来复制或阵列。

②有关联。接着上面的例子，若是桌椅需要编辑，只需要打开桌椅文件修改，然后【保存】，主场景只需要【更新】一下即可。

③效率高。就像前面所说的动画场景一样，可以由 A 和 B 两个人合作完成。需要注意的是【参考】命令不可循环，即 B 可以看到 A，但 A 看不到 B。

2.1.6 其他操作

【发送到】命令可以将对象发送到 Maya、Motion Build、Mudbox 等外部应用程序。

【管理】命令可以将一个文件夹设置为3ds Max当前项目的根文件夹。

【属性】命令可以编辑当前文件的摘要信息或显示打开文件的摘要信息。

这里重点讲述一下文件【选项】。在任何一个文件子菜单当中都有【选项】按钮，或者单击【自定义】→【首选项】也可弹出同样的对话框，如图2-9所示。在【文件】选项卡里，可设置最近打开文件数量、是否备份、自动备份时间等。

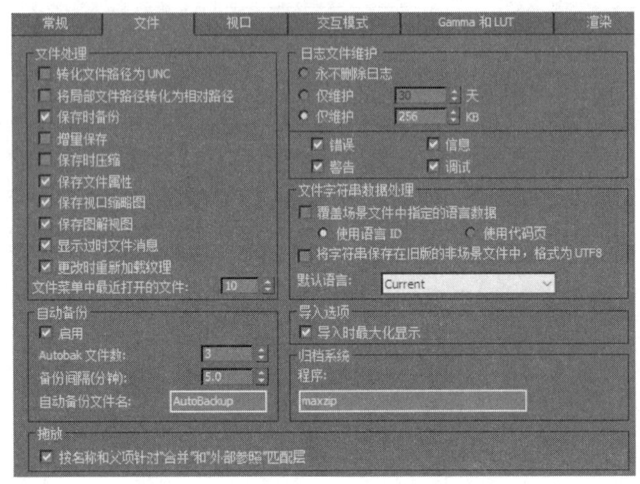

图2-9　3ds Max 2016【文件选项】对话框

2.2 场景管理

一个3ds Max的场景往往包含了太多的物件：太多的几何体，太多的灯光，太多的图形，太多的摄影机……这往往都是让人头疼的事情，因为如果要提高工作效率，我们就必须努力把精神集中到那些需要我们修改变更的物体上，同时减少其他物体带来的干扰。

2.2.1 群组对象

用户如需对多个对象同时进行相同的操作，可以考虑将这些对象组合成一个整体。对象被组合后，群组中的每个对象仍然保持其原始属性。移动群组对象时各对象之间的相对位置也保持不变。

- 建组：需要群组对象时，先选择要群组的对象，然后选择【组】菜单下的【组】命令即可，如图2-10所示。
- 解组：选择群组对象，单击【组】菜单下的【解组】命令即可。
- 打开和关闭：群组后原则上是一个组作为一个整体对象被编辑，但在不解组的情况下编辑组内对象，就可用【打开】命

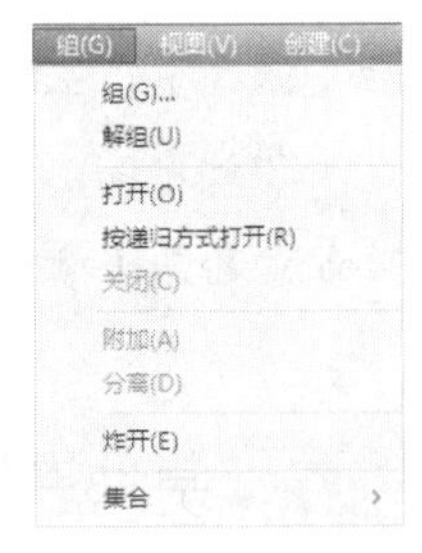

图2-10　群组菜单

令，编辑完毕后单击【关闭】命令则又恢复到群组状态。

- 附加与分离：先把 2 个以上的对象群组，然后在选择单个对象的时候【附加】被激活，此时选择【附加】命令就能把新选择的对象添加到组中。【分离】时选择群组对象，选择【打开】，然后单击打开后组内的某一对象，然后再单击【分离】，这个物体就从组中分离出来。要是操作顺序不对，菜单项不会被激活。
- 集合：最适用于诸如照明设备的关节模型；角色集合专门用于建立两足动物角色的模型。一般情况下都用“群组”命令而非【集合】命令。

①群组可嵌套，即群组对象可以和其他对象再次群组。

②【解组】命令只能解散上一次群组，若要一次性解散所有群组，则用【炸开】命令。

2.2.2 显隐与冻结对象

对于对象的管理，其实需要做的主要是分类和分组。通过分类和分组就可以很容易地把需要的对象选择出来，而把其他对象随时隐藏或冻结。【隐藏】命令可以把多余的复杂物体进行隐藏，大大加快视口的刷新速度，进而提高效率。冻结某些对象，一方面可以避免错误选中物体，另一方面仍然可以使它们可见，进而用于参考。例如，冻结物体仍然是可以捕捉的。当然，冻结也有利于加快视口更新，但不如隐藏更有效。

我们可以简单地从视口右键的四联菜单右上部访问【隐藏】或【冻结】命令，如图 2-11 所示。

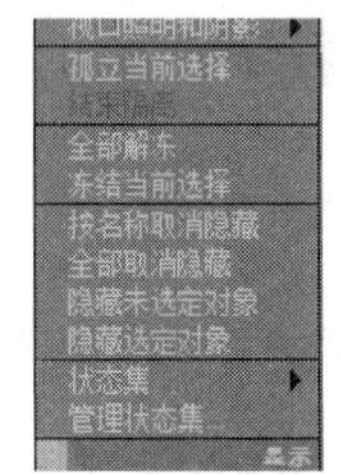

图 2-11 “显示”四元菜单

- 【隐藏选定 / 未选定对象】命令用于把选中或未选中的物体隐藏起来。
- 【全部取消隐藏】命令用于不隐藏或显示全部对象。
- 【按名称取消隐藏】命令用于打开一个关于所有处于隐藏状态对象的列表，让我们选择其中一些并显示出来。
- 【冻结当前选择】命令用于冻结选择对象。
- 【全部解冻】命令用于解冻所有冻结物体。

在【显示】面板中还有一个仅解冻部分物体的命令，如【按名称解冻】或【按点击解冻】命令。【显示属性】卷展栏包含了很多类似物体右键属性面板的一些显示属性，如透明模式、方框显示和背面精简等。另外，还有关于对象颜色显示的【显示颜色】选项和关于链接关系显示的【显示链接】选项。

①单独显示（孤立当前选择对象）：【Alt+Q】（此模式在制图后期或对象繁多时常用）。

②分类隐藏的快捷键是Shift+该类别的英文首字母，故隐藏几何体、图形、灯光、摄影机的快捷键分别是：【Shift+G】、【Shift+S】、【Shift+L】、【Shift+C】。

③显隐网格。按快捷键【G】即可。

2.2.3 3ds Max的层

3ds Max的“层”和AutoCAD的层是一样的概念，也类似于Photoshop的层。读者可以在主工具栏的空白处右击，执行【层】命令来打开【层】工具栏，如图2-12所示。

图2-12 【层】工具栏

❶ 切换到层资源管理器	单击此按钮就会弹出如图2-13所示的【场景资源管理器】
❷ 隐藏图层	单击此按钮就会隐藏当前图层
❸ 冻结图层	单击此按钮就会冻结当前图层
❹ 可渲染图层	单击此按钮就不会渲染当前图层
❺ 层颜色	单击此按钮可修改当前图层的颜色（不影响层内物体）
❻ 新建层	单击此按钮可新建一个图层
❼ 将当前选择添加到当前层	选择对象后切换到当前层，再单击此按钮可将选择对象添加到当前层
❽ 选择当前层中的对象	单击此按钮可选择当前图层的所有对象
❾ 设置当前层为选择的层	设置当前层为选择的层

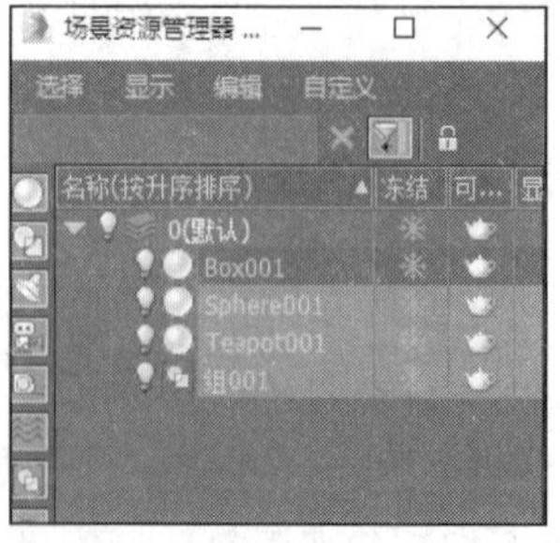

图2-13 【场景资源管理器】

层是一个相当重要的工具，我们可以把不同类型的物体，如建筑、景观、汽车和植物等放入不同的层，然后随时按层选择出来进行修改。

2.3 选择对象

从某种意义上说，“建模就是选择的技巧”。3ds Max 提供了多种选择模式，在主工具栏里有一段选择按钮区，分别是过滤器、点选、按名称选择、选择区域形状、框选 / 交选、选择并变换、选择并放置等按钮。这里主要从基本选择、按名称选择、选择并变换、选择过滤器等方面讲解一下选择对象的技巧。

2.3.1 基本选择方法

初学者要掌握的最基础的选择方法有点选，框选 / 交叉选，加选减选，锁定选择等。

- 点选：单击按钮即可点选对象，快捷键为【Q】。按住【Ctrl】键可以加选，按住【Alt】键可以减选。
- 框选 / 交叉选：这种状态表示交叉选择，只要选择框挨到对象即可选择；这种状态表示框选，必须要在选择框内才能选择。而选择框也很丰富，除默认的矩形外，还可以切换为圆形、围栏、套索、绘制选择区域等多种选择框，便于用户在各种复杂对象中轻松选择。
- 锁定选择：锁定选择一般是单击状态栏上的锁定按钮，也可以直接按空格键锁定选择。
- 全选：【全选】的快捷键是【Ctrl+A】，【取消选择】的快捷键是【Ctrl+D】，【反选】的快捷键是【Ctrl+I】。

2.3.2 按名称选择

这个就是【按名称选择】工具的按钮，其快捷键是【H】，弹出的对话框如图 2-14 所示。Select Objects 对话框主要分为以下几个部分。

- 输入框部分：在这里可以直接输入要选择的对象的名称。例如，对于图 2-14，如果我们输入“b”，那么“Box01”和“Box02”等名称以“B”开头的对象都会显示为选择状态。这里支持通配符“*”，如输入“*02”，包含“02”的对象都会被选中。

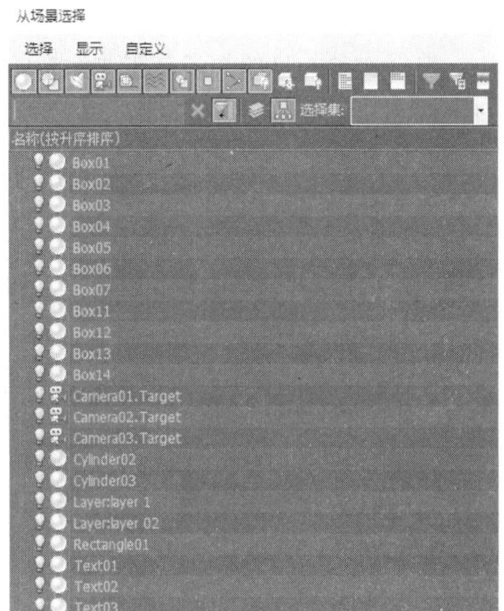

图 2-14　按名称选择对话框

- 【显示】按钮：【显示所有】按钮，单击后就会显示所有类型，包含隐藏或冻结的物体。在这里可以直接点选，【Ctrl】键为加选，【Alt】键为减选，【Shift】键为连选。
- 【不显示】按钮：取消显示所有类型。
- 【反转显示】按钮：把已显示和未选择显示的类型反选。
- 分类显示按钮：在列表内仅出现某些类型的物体。默认除隐藏和冻结对象之外都已勾选，如果我们只需要选择所有灯光，那么可以先单击灯光按钮，然后单击右侧的【反转显示】按钮，这样就只有灯光被选中。其他类型对象也可如此操作。
- 选择集:【选择集】下拉列表：实际上和主菜单中的选择集下拉列表是一样的。
- 名称(按年龄升序排序)【排序方式】：可以按“升序”“降序”和“年龄”调整排序，直接单击即可切换。

2.3.3 选择过滤器

在主工具栏有个选择过滤器下拉菜单，从这里可以限定我们只能在视口选择某一类型的物体，如图 2-15 所示。如在布灯光时容易对模型误操作，此时就可以选择【灯光】过滤器，这样就只会选择灯光，不会选到其他类型。

图 2-15　选择过滤器

2.3.4 选择并变换

选择对象的目的大多是需要编辑的，而“变换”是一基本内容。在 3ds Max 中，提供了移动、旋转和缩放等几种方式。

- 【选择并移动】按钮：单击此按钮（快捷键【W】）后单击对象就能选择对象，锁定一个轴或一个面就可移动对象。
- 【选择并旋转】按钮：单击此按钮（快捷键【E】）后单击对象就能旋转对象，锁定一个轴就可绕此轴旋转对象。
- 【选择并缩放】：单击此按钮（快捷键【R】），分为三个按钮，即等比缩放可以在 x、y、z 轴都等比缩放对象，不等比缩放可以在不同的轴向上缩放不同的比例，等体积缩放是指随便怎么缩放但原始体积不变。

温馨提示

以上都是随意变换，若要精确变换，则需右击变换按钮，输入数字，如图 2-16 所示。左边是绝对变换，即系统内定的坐标，原点是固定的；右边是相对变换，始终相对于当前状态。实际操作中多数时间都用相对变换。

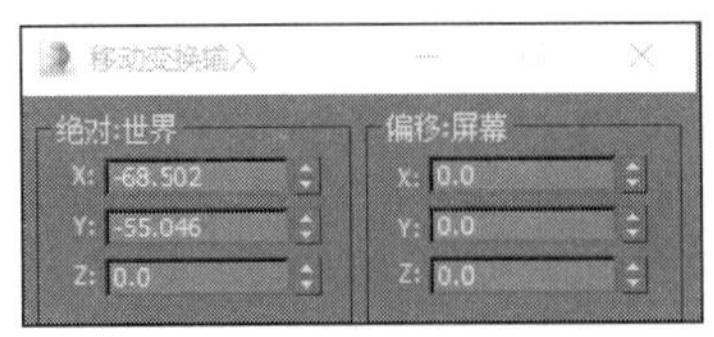

图 2-16　精确变换对话框

①变换之前按住【Shift】键可复制。

②复制时会弹出如图 2-17 所示的对话框，需要注意【复制】、【实例】、【参考】的区别。【复制】后的对象与源对象没有关联；【实例】后的对象与源对象相互关联，即修改一个参数，其他的都一齐修改；【参考】后的对象原则上不会影响源对象，而源对象一定影响【参考】对象。若要不关联，只需单击修改面板上的【使唯一】按钮即可。套用数学上的表示方法描述如下。

【复制】A　　A'

【实例】A　　A'

【参考】A　　A'

③原地复制的快捷键是【Ctrl+V】。

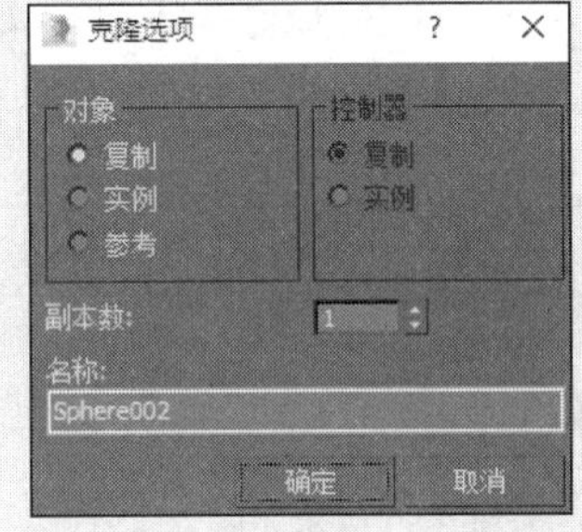

图 2-17　【克隆选项】对话框

2.3.5 其他选择方法

除了以上选择方法外，3ds Max 2016 还提供了一些其他的选择方法作为补充，这样使 3ds Max 2016 的选择方法更加丰富，熟练运用这些方法将会使制图变得轻松自如。

- 【选择类似对象】命令（快捷键【Ctrl+Q】）：能按创建对象类型选择，例如，先选择场景中的一个【球体】，执行此命令后就能把场景中的所有球体选中。
- 按颜色选择对象：每个对象在创建时就有一个名称和颜色，选择【编辑】菜单→【选择方式】子菜单→【颜色】命令后，单击一个对象，然后只要跟此对象颜色相同的都会被选中。

- 【选择实例】：能选择【实例】或【参考】复制的对象。单击【实例】复制对象或源对象后，再选择【编辑】菜单→【选择实例】命令，就能选择所有通过【实例】或【参考】复制的对象。

2.4 对齐

3ds Max 2016 提供了丰富的对齐方式，能帮助用户精确制图。

2.4.1 对齐对象

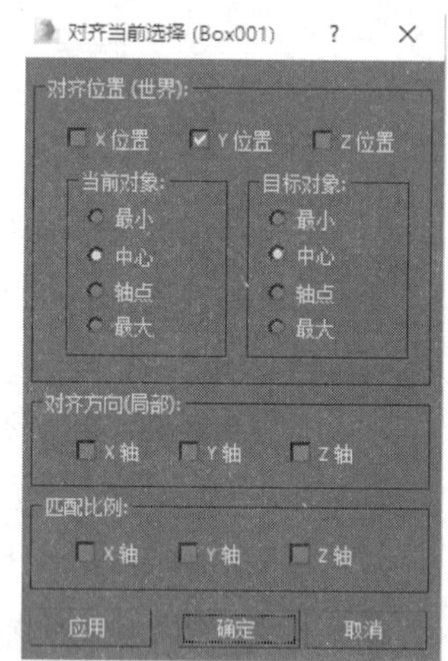

图 2-18　对齐对象对话框

由于是三维空间，所以不能以“上中下左中右”来描述位置，要对齐对象，就要用更精确的描述方式——3ds Max 则采用了坐标及轴心点的方式。

要对齐对象，首先要创立多个对象，然后选择源对象，单击【对齐】按钮（快捷键【Alt+A】），再单击目标对象，就会弹出如图 2-18 所示的对话框。3ds Max 是以轴向上【当前对象】与【目标对象】的“最大、中心、轴点、最小”来描述对齐的。

温馨提示

如图 2-19 所示，以 x 轴为例，箭头正方向为大，壶嘴最右边的点就是【最大】；相应地，壶把最左边的点就是【最小】；坐标中心即【轴点】；从左边到最右边的中点即【中心】。

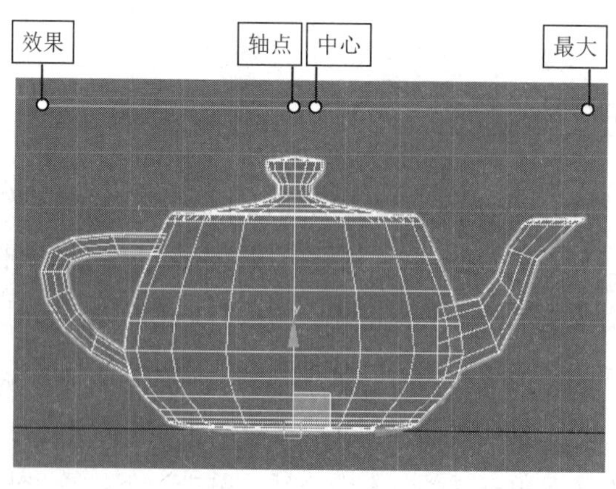

图 2-19　对齐对象

接下来通过使用【对齐对象】将球体底部对齐圆锥顶部，具体操作方法如下。

步骤 01　用【选择并移动】工具单击球体，球体目前就是当前对象，然后单击圆锥体，此时圆锥体就是目标对象，就会弹出如图 2-20 所示的对话框。

步骤 02　勾选【X 位置】和【Y 位置】复选框，选择当前对象和目标对象的【中心】，单击【应用】按钮；然后勾选【Z 位置】复选框，选择当前对象的【最小】和目标对象的【最大】单选项，如图 2-21 所示，单击【确定】按钮即可。

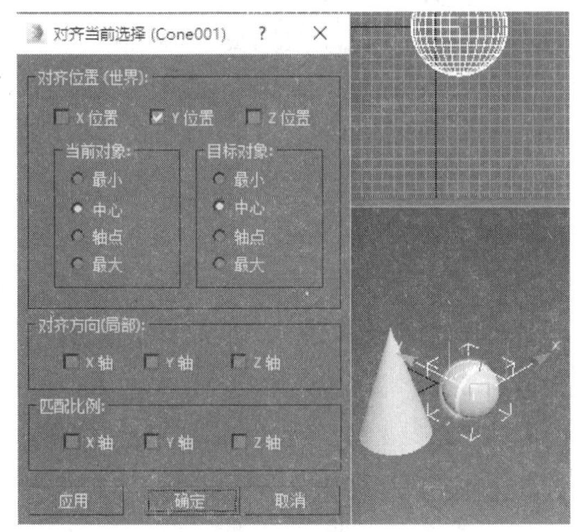

图 2-20　对齐 *xy* 轴

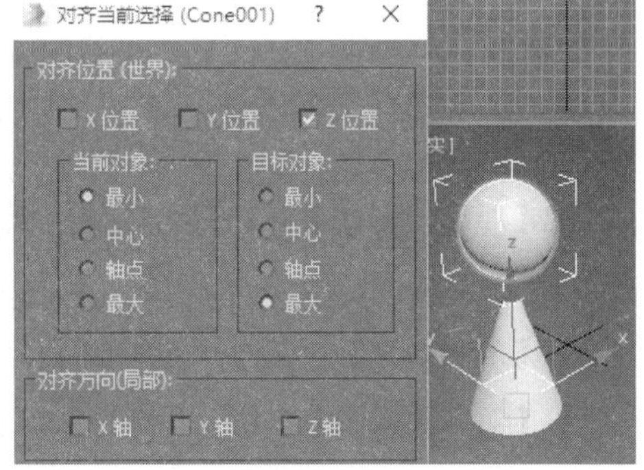

图 2-21　对齐 *z* 轴

若是仅对齐 *xy* 面的中心，可用【快速对齐】按钮。

2.4.2 对齐法线

法线就是垂直于一个平面的线，这个线称为这个平面的法线。若要两个非正交的面贴齐，就可以运用【法线对齐】命令（快捷键【Alt+N】）。如要把茶壶放到四棱锥的斜面上，就可使用【法线对齐】命令，方法如下。

步骤 01　用【环绕】命令（快捷键【Ctrl+R】）将视图旋转到看得清茶壶底部，然后按【W】键切换到【选择并移动】工具选择茶壶，如图 2-22 所示。

步骤 02　按快捷键【Alt+N】，单击茶壶底面，当显示出一根蓝色的线（即茶壶底面的法线）后再单击四棱锥的斜面，出现一条绿色的线（即四棱锥斜面的法线）后茶壶底面立即对齐四棱锥斜面（蓝、绿法线合二为一），如图 2-23 所示。当然还可以在此面上进行偏移、镜像或旋转等操作。

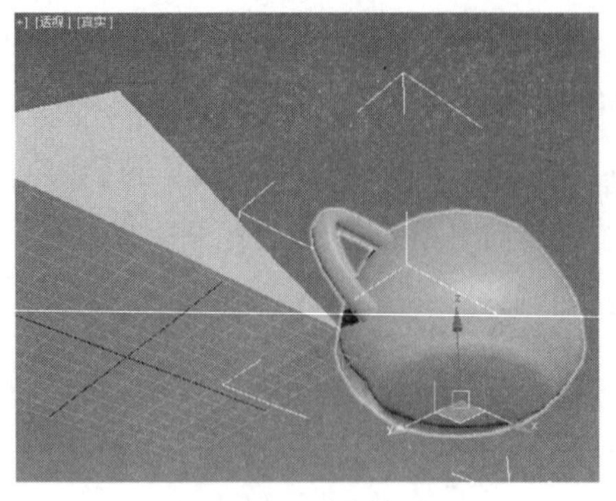

图 2-22 环绕到能看到茶壶底部

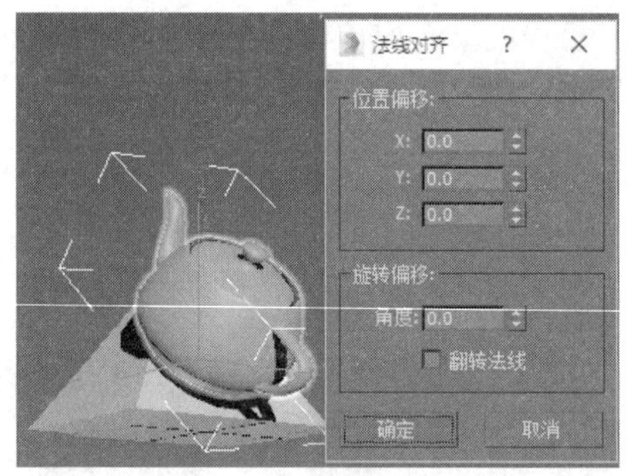

图 2-23 对齐法线

2.4.3 其他对齐命令

①【对齐摄影机】按钮可以使用视口中心的法线和摄影机轴上的法线，使摄影机视口朝向选定的面法线。

②【放置高光】按钮可使对象面法线面向灯光。

③【对齐到视图】按钮可使对象或子对象选择的局部轴朝向当前视口。

2.5 捕捉

3ds Max 为用户提供了很多精确制图的途径，捕捉与栅格就是其重要的手段之一。

2.5.1 捕捉的类型

①捕捉对象：捕捉对象开关可以单击【捕捉】按钮（快捷键【S】），一般配合【选择并移动】命令。在 3ds Max 中，捕捉对象有三维、二维和 2.5 维之分。

- 三维捕捉可以在三维空间内捕捉。
- 二维捕捉仅能在 *xy*、*yz*、*zx* 面内捕捉。
- 2.5 维捕捉意即虽在三维空间内捕捉，但是其结果却是投影到 *xy*、*yz*、*zx* 面内的，如图 2-24 所示（紫色的为 3D 捕捉，蓝色的线为 2.5D 捕捉）。

②角度捕捉：单击【角度捕捉】按钮就能锁定一定的角度旋转，一般配合【选择并旋转】命令。

③百分比捕捉：单击【百分比捕捉】按钮就能锁定一定的角度缩放，一般配合【选择并缩放】命令。

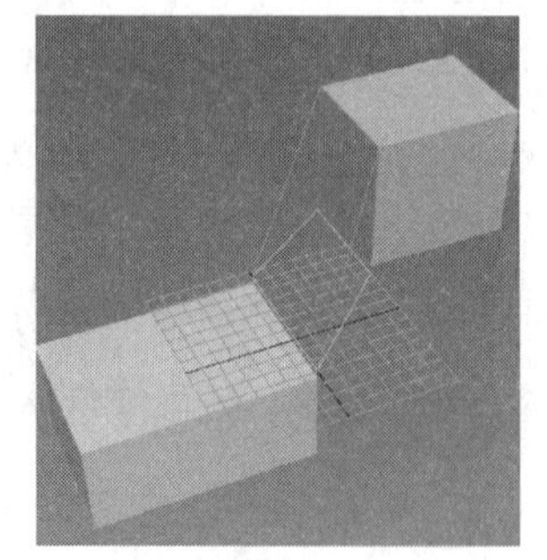

图 2-24 三维捕捉与 2.5 维捕捉

技能拓展

【捕捉】的快捷键开关是【S】，【角度捕捉】的快捷键开关是【A】，【百分比捕捉】的快捷键开关是【Ctrl+Shift+P】。

2.5.2 捕捉设置

要用好捕捉，需先会设置捕捉，其方法是右击【捕捉】按钮，就会弹出如图 2-25 所示的对话框。在此读者可以选择需要的捕捉，去掉不需要的捕捉，一般用【顶点】的时候居多。

单击【选项】选项卡，则可设置【角度捕捉】的度数和【百分比捕捉】的百分数，以及其他选项，如图 2-26 所示。

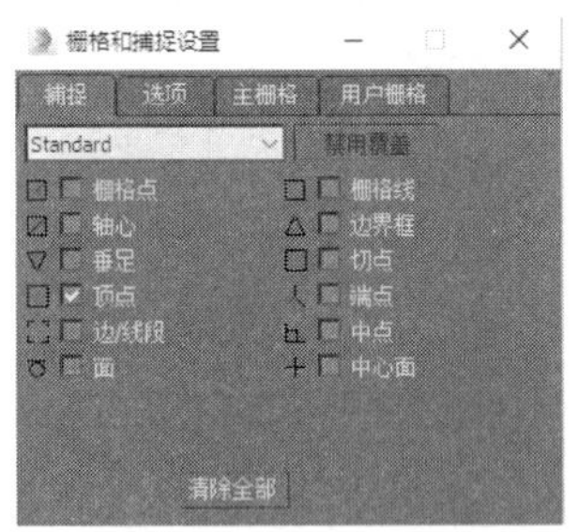

图 2-25 捕捉设置对话框

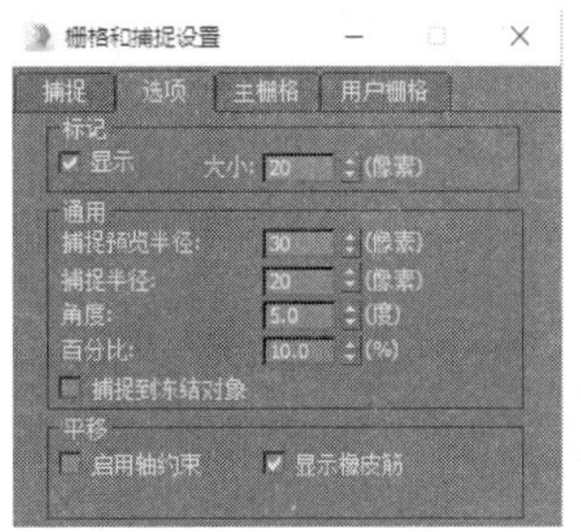

图 2-26 捕捉选项设置对话框

课堂范例——对齐顶点

在实际工作中，【对齐对象】命令使用频率是比较高的，但如何对齐样条线的顶点则是一个常用的技巧。下面以图 2-27 为例，要求 5 号节点对齐 2 号节点，方法如下。

步骤 01 选择 5 号节点，右击【捕捉】工具，在弹出的对话框中勾选【顶点】复选框，如图 2-28 所示。

步骤 02 单击【选项】选项卡，勾选【启用轴约束】复选框，如图 2-29 所示。

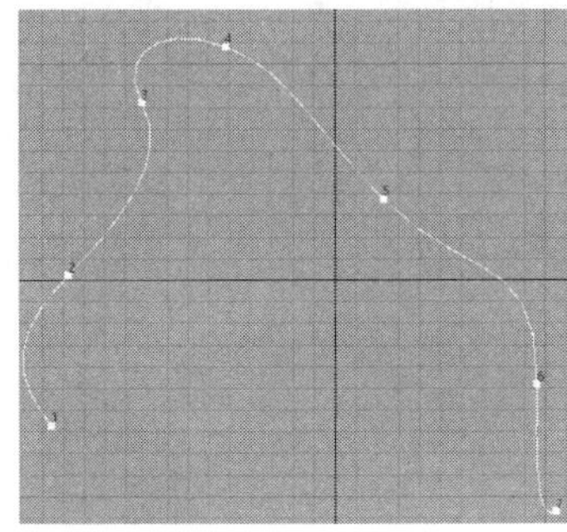

图 2-27 对齐节点之前

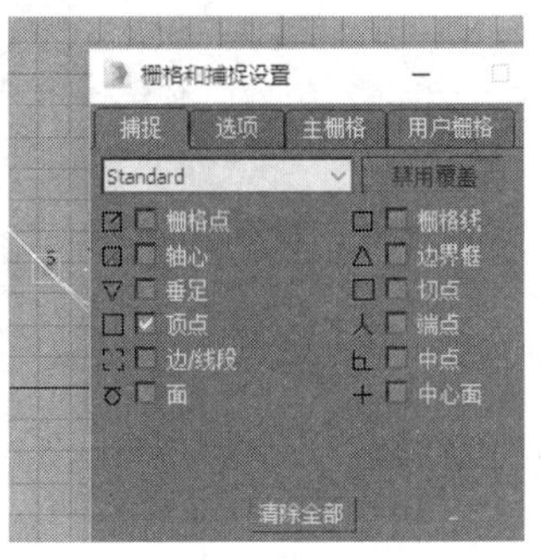

图 2-28 设置捕捉

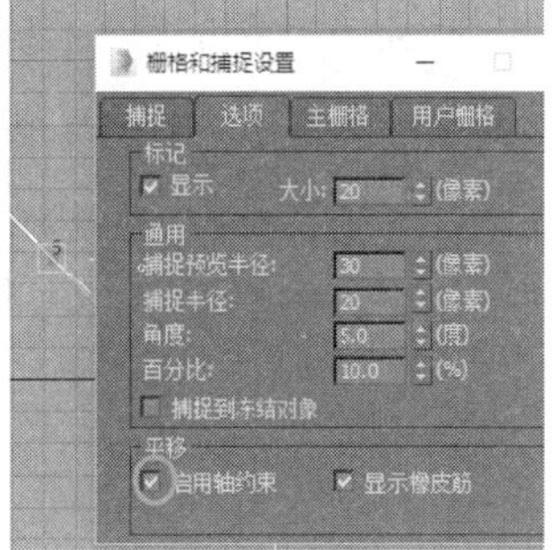

图 2-29 设置捕捉选项

步骤 03 关闭【栅格和捕捉设置】对话框，单击【捕捉】按钮，选择 5 号节点并锁定 y 轴，如图 2-30 所示。

步骤 04 按住鼠标左键，拖动 5 号节点到 2 号节点释放左键即可，如图 2-31 所示。

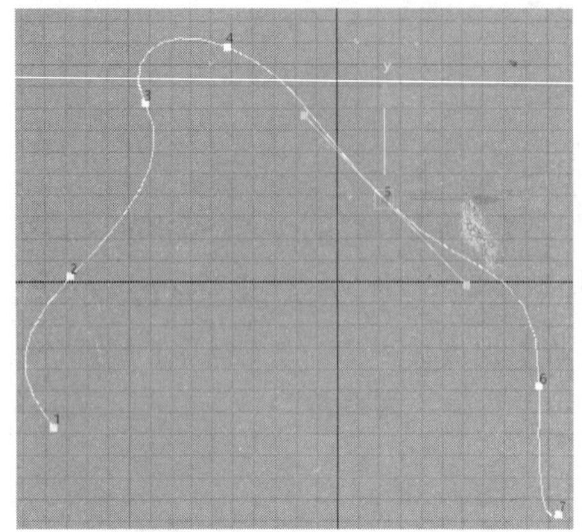
图 2-30 选择 5 号节点

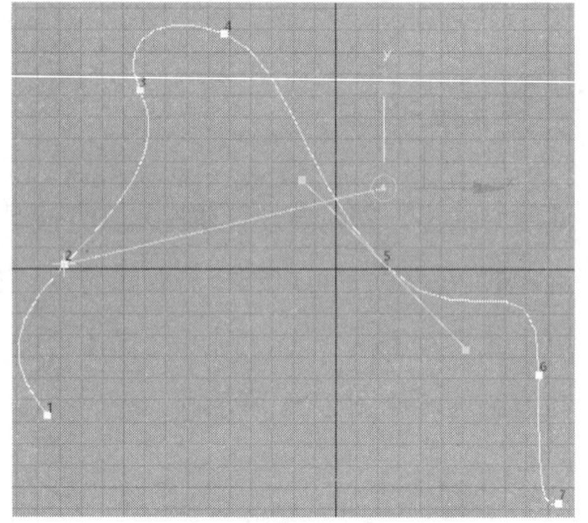
图 2-31 捕捉 2 号节点

2.6 镜像与阵列

镜像是图形软件中的一项基本编辑命令，阵列则是一个强大的命令，下面就讲解一下这几个命令的基本用法。

2.6.1 镜像

可以就选定的轴或面镜像复制选定对象，且可以进行【偏移】操作和克隆选项选择，3ds Max 2016 版中增加了【几何体】选项，可以在镜像时保持法线不变。

2.6.2 阵列

阵列实际上也是一种复制方式，选择【工具】菜单下的【阵列】命令，就能弹出如图 2-32 所示的对话框。

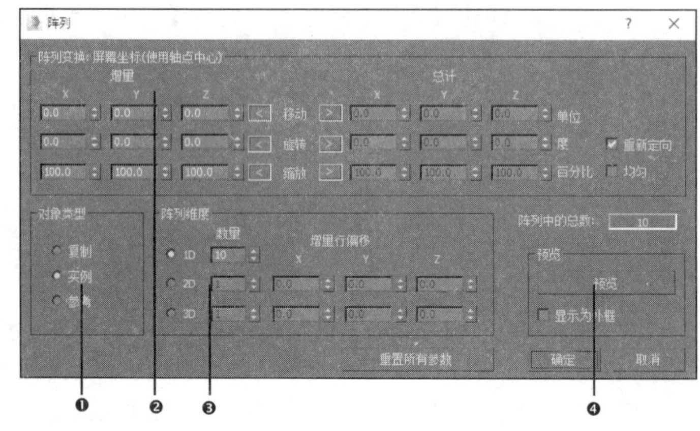

图 2-32 【阵列】对话框

❶ 克隆选项	与其他复制选项相同
❷ 轴向增量	纵向选择需要阵列的轴向，横向选择阵列的变换方式；左边是每个轴间的增量，若不便计算，就可以按 切换到【总计】
❸ 阵列维度	可以选择一维（线），二维（面），三维（体）阵列
❹ 阵列总数及预览	设置好以上参数后可以看到阵列对象的总数，单击【预览】按钮就可预览阵列效果。

1．矩形阵列

矩形阵列需要分清维数和轴向，因为在【增量】和【阵列维度】里都有轴向选择，又有斜向阵列和矩形阵列之分，如图 2-33 和图 2-34 所示。

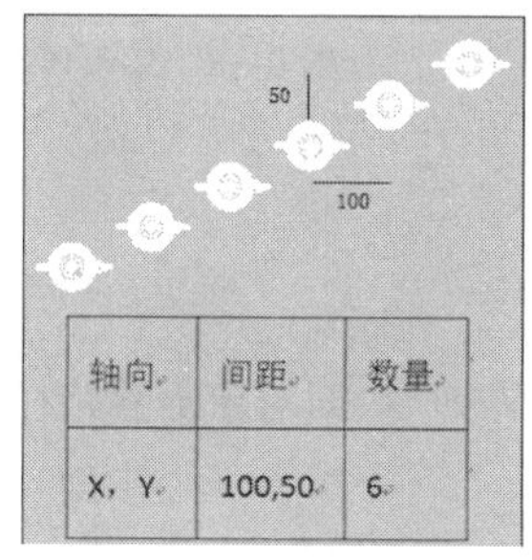

轴向	间距	数量
X，Y	100,50	6

图 2-33　斜向阵列

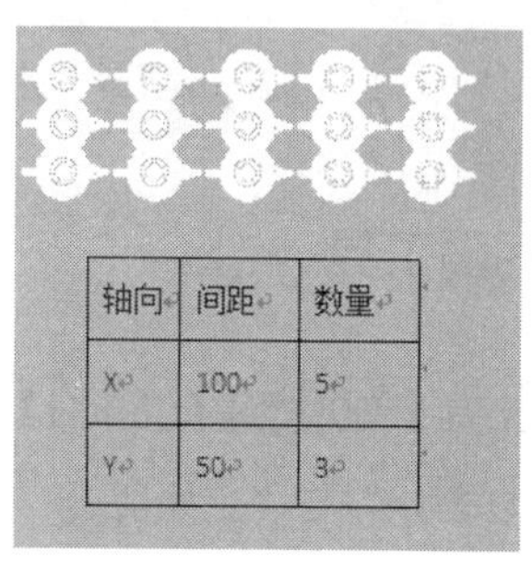

轴向	间距	数量
X	100	5
Y	50	3

图 2-34　矩形阵列

2．环形阵列

环形阵列主要运用【旋转】的变换方式，需要注意的是需要改变轴心，否则就会绕着自身轴心阵列，如一张圆桌平均放置了 7 个茶壶，其操作方法如下。

步骤 01　创建一个圆柱和茶壶，如图 2-35 所示。

步骤 02　选择茶壶，选择【参考坐标系统】下拉菜单→选择【拾取】→单击圆柱体→选择【使用变换坐标中心】，坐标轴心即改变成功，如图 2-36 所示。

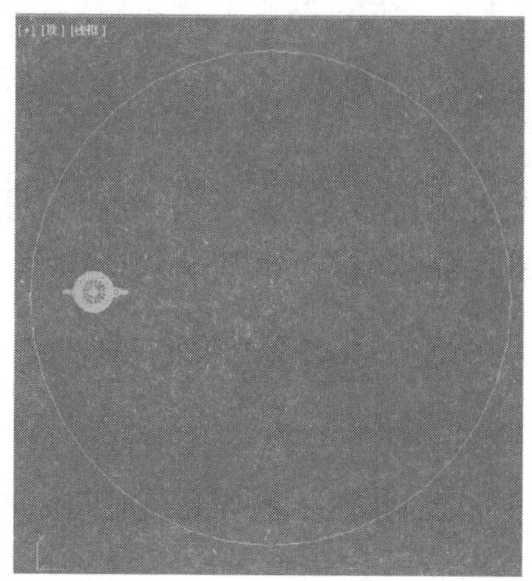

图 2-35　创建圆柱体和茶壶

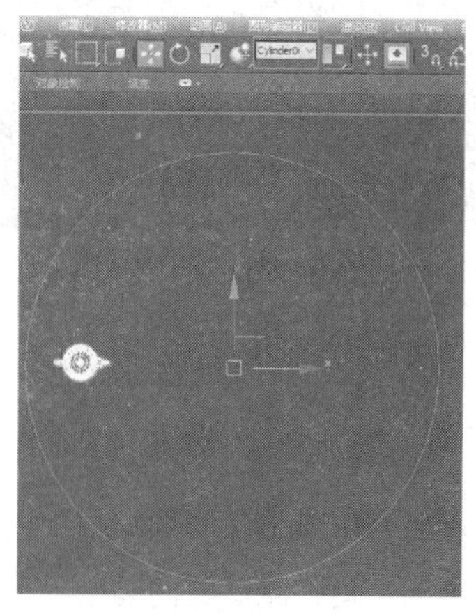

图 2-36　改变坐标系统和坐标轴心

步骤 03　选择【工具】菜单→选择【阵列】命令，在【阵列】对话框中设置参数如图 2-37 所示，单击【确定】按钮即可，如图 2-38 所示。

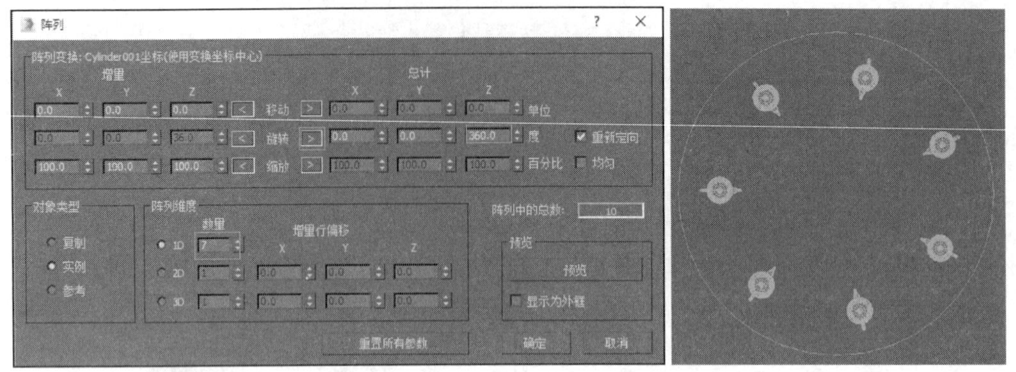

图 2-37　设置阵列参数　　图 2-38　环形阵列效果

2.6.3 间隔工具

【间隔工具】（快捷键【Shift+I】），又俗称“路径阵列”，即对象沿着路径阵列之意，可实现“定数等分”与“定距等分”。其操作方法如下。

步骤 01　绘制好路径与物体，选择物体，选择【工具】菜单→【对齐】子菜单→【间隔工具】命令，弹出如图 2-39 所示的对话框。

步骤 02　设置好数目或间距，单击【拾取路径】，拾取场景中的路径，即完成了路径阵列，如图 2—40 所示。

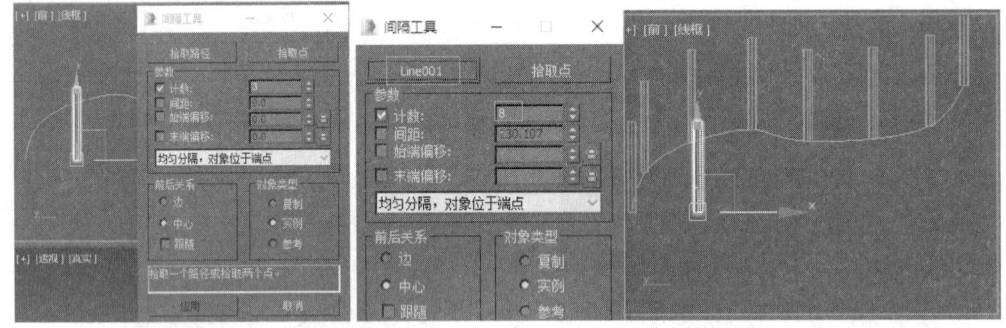

图 2-39　设置路径阵列参数　　图 2-40　路径阵列效果

2.6.4 快照

快照可以当作是记录动画过程中的状态的命令，在制图中，也可用随时间克隆对象的工具。换句话说，就是【间隔工具】是通过定数或定距来克隆对象，而【快照】则可通过时间来克隆对象。继续刚才的例子，若在路径中 30% ～ 65% 的区域复制 9 个对象，就可用此命令，具体方法如下。

步骤 01 绘制好路径与物体，选择物体，选择【运动】面板→【指定控制器】→【位置】，再单击【指定控制器】按钮，在弹出的对话框中选择【路径约束】控制器，如图 2-41 所示。

步骤 02 把面板往上推移，单击【添加路径】按钮，拾取场景中的路径，如图 2-42 所示。

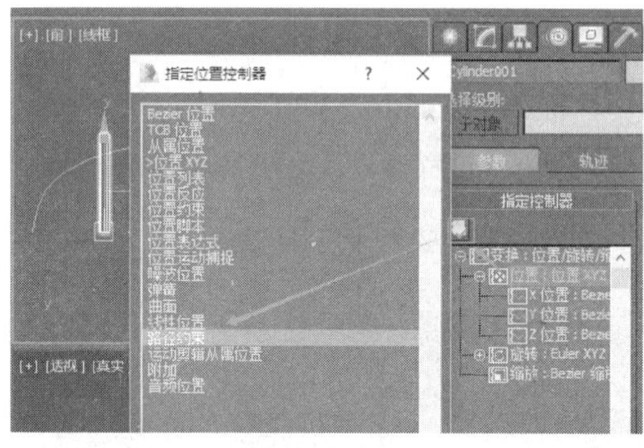

图 2-41 添加控制器

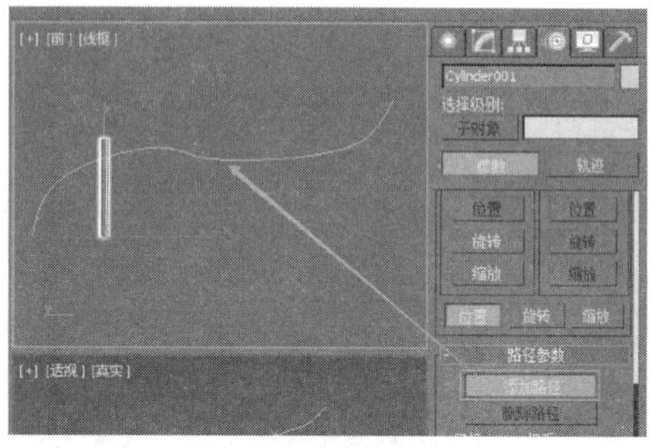

图 2-42 拾取路径

步骤 03 选择【工具】菜单→【快照】命令，在弹出的对话框中设置参数如图 2-43 所示。单击【确定】按钮后，即可完成，如图 2-44 所示。

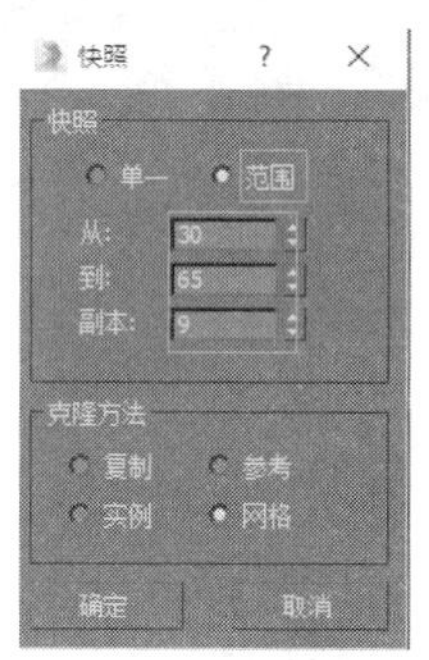

图 2-43 添加控制器

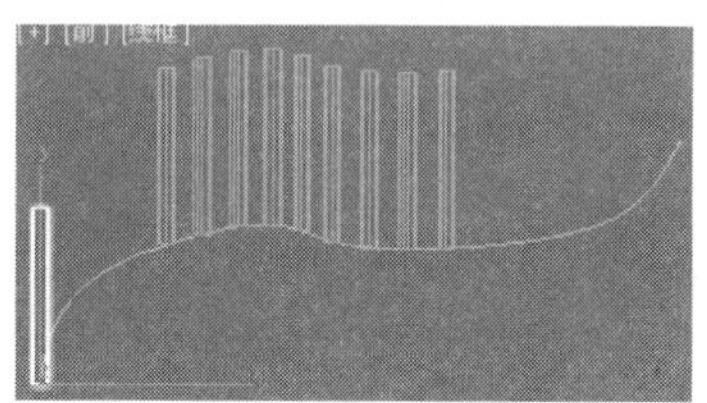

图 2-44 拾取路径

课堂范例——绘制链条

步骤 01 在顶视图中创建一个【圆环】，如图 2-45 所示。

步骤 02 右击【圆环】→【转换为可编辑多边形】，如图 2-46 所示。

步骤 03 选择【点】子对象，框选一半的点，锁定 x 轴拖移一定距离，如图 2-47 所示。

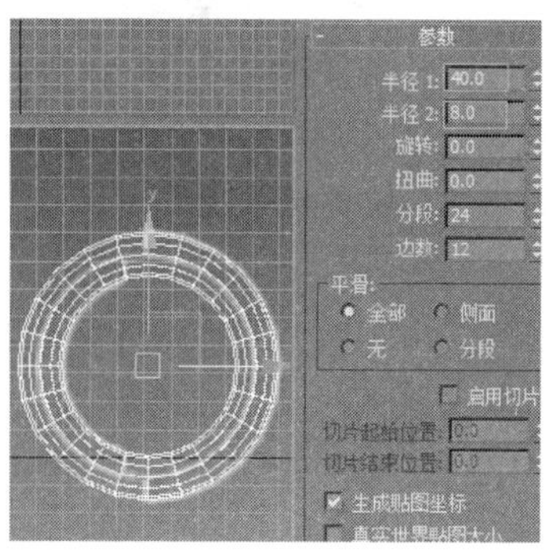

图 2-45 拾取路径

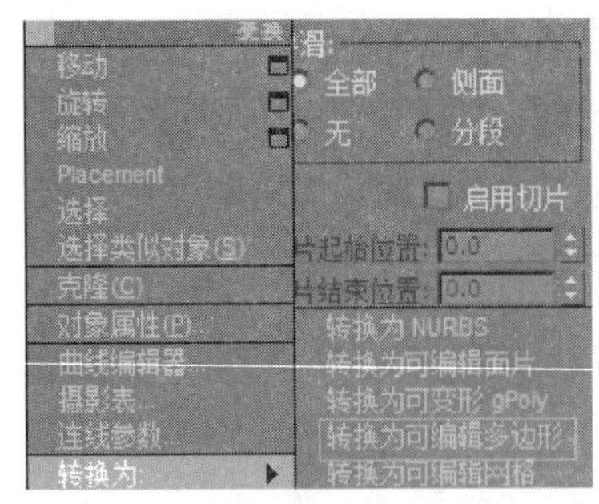

图 2-46　转为可编辑多边形

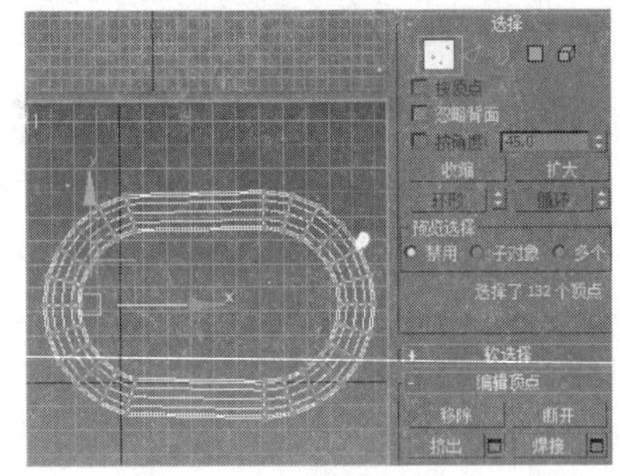

图 2-47　编辑多边形

步骤 04　单击⬚，取消【点】子对象■，按【Ctrl+Shift+Z】组合键最大化显示，选择【工具】菜单→【阵列】命令，在弹出的对话框中设置参数，如图 2-48 所示。

步骤 05　单击【确定】按钮，链条绘制成功，如图 2-49 所示。

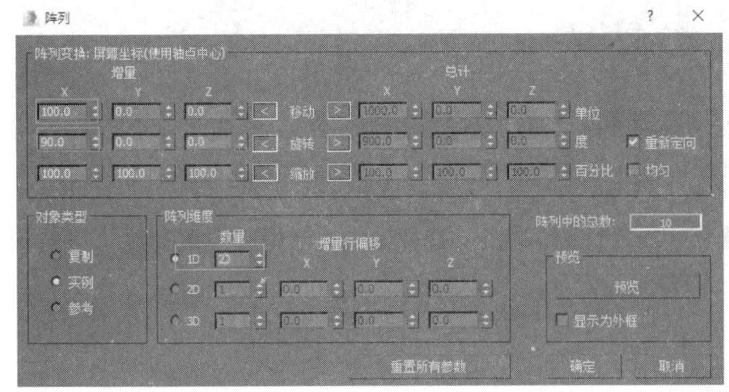

图 2-48　设置阵列参数

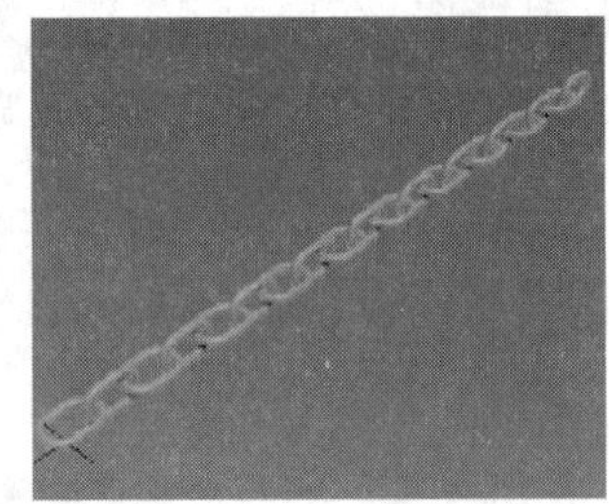

图 2-49　链条效果

2.7 快速渲染

3ds Max是一款矢量图软件，其标准保存格式本身就非点阵的位图，也无法打印，只有通过【渲染】命令来将其输出为像素图（即位图），这里先讲讲最基础的快速渲染方法，详细的渲染在后面有专门的章节讲解。

1. 快速渲染当前视图

即把当前视图快速渲染为像素图，其快捷键是【Shift+Q】。

2. 快速渲染上次视图

即渲染上次渲染的视图，而不论当前视图是哪一个，其快捷键是【F9】。

课堂问答

问题❶：可以把 3ds Max 高版本格式转为低版本格式吗？

答：前面讲过，3ds Max 2016 只能另存为 3ds Max 2013 以上的版本，不能存为更低的版本，若是要 3ds Max 2013 以前的版本都能使用，则只能用【导出】命令，将文件导出为 *.3ds 格式，然后再在低版本中用【导入】命令导入 *.3ds 格式即可。

问题❷：文件有自动保存吗，若出现意外在哪里找到自动保存文件?

答：有。选择【自定义】菜单→【首选项】命令，就弹出如图 2-50 所示的对话框，在这对话框里就能设置备份文件数量和自动备份的时间。

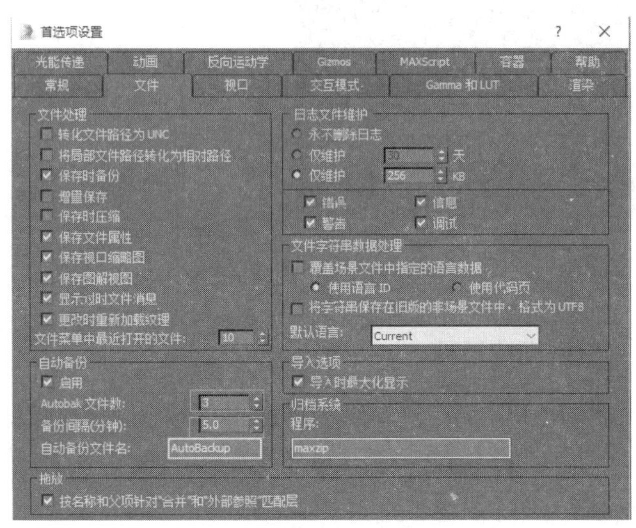

图 2-50　自动备份文件选项设置

若是作图过程中出现了意外，需要找备份文件，就打开 X：\3dsMax\autoback 文件夹，最新自动备份的文件就在那里，如图 2-51 所示。

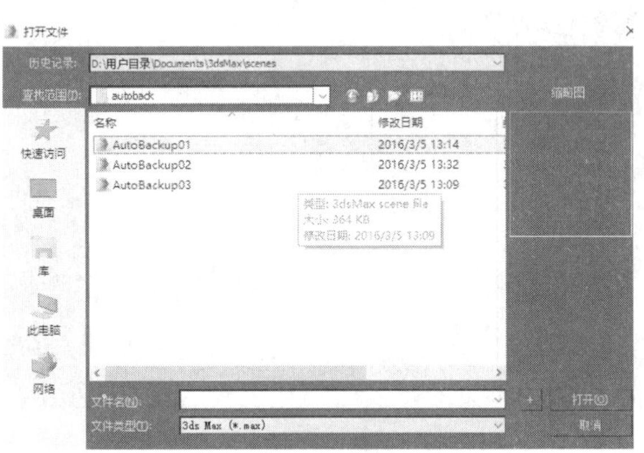

图 2-51　自动备份文件保存位置

问题❸：3ds Max 的图形如何转到 Photoshop 里?

答：后面的专题会讲到，可以在渲染设置里设置，但就快速渲染而言，渲染完后，单击渲染对话框左上的【保存】按钮，如图 2-52 所示。然后在弹出的对话框中选择一个图像格式，如 JPEG、TIFF 等，保存即可，如图 2-53 所示。

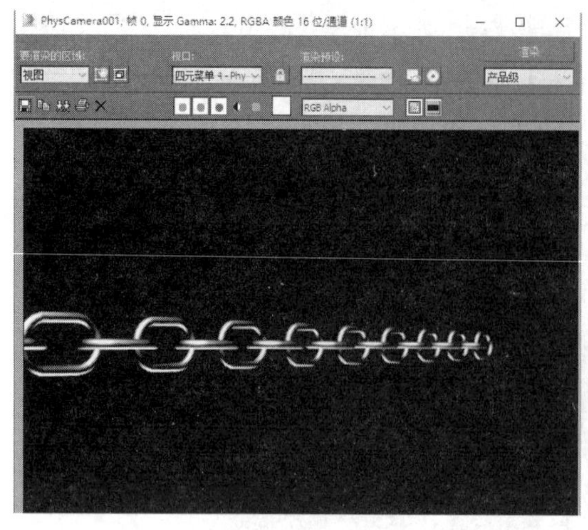

图 2-52　渲染为图像

图 2-53　渲染图像

上机实战——绘制简约茶几

为了让读者能巩固本章知识点，下面讲解两个技能综合案例，使大家对本章的知识有更深入的了解。

简约茶几模型参考效果，如图 2-54 所示。

效果展示

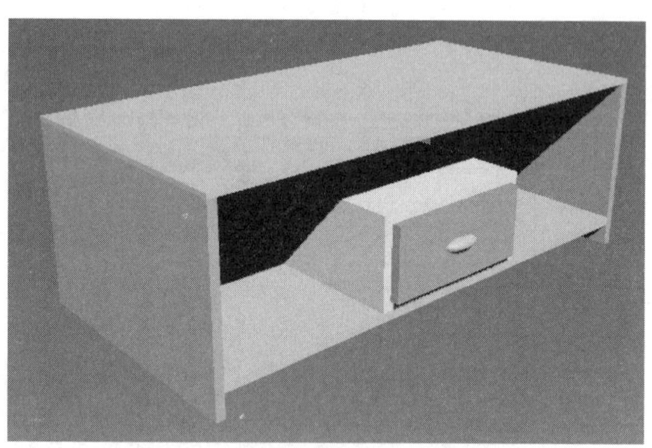

图 2-54　简约茶几模型参考效果

思路分析

这是一个典型的现代造型茶几，建模非常简单。各个构件几乎都用【长方体】绘制，然后用【对齐】、【选择并移动】、【克隆】等命令搭建即可。

制作步骤

步骤 01 绘图准备。选择【自定义】→【单位设置】命令，在弹出的对话框中设置为公制的毫米，然后再单击【系统单位设置】按钮，将系统单位比例设置为毫米，如图 2-55 所示。

步骤 02 绘制茶几桌面。在顶视图绘制一个【长方体】，参数如图 2-56 所示。

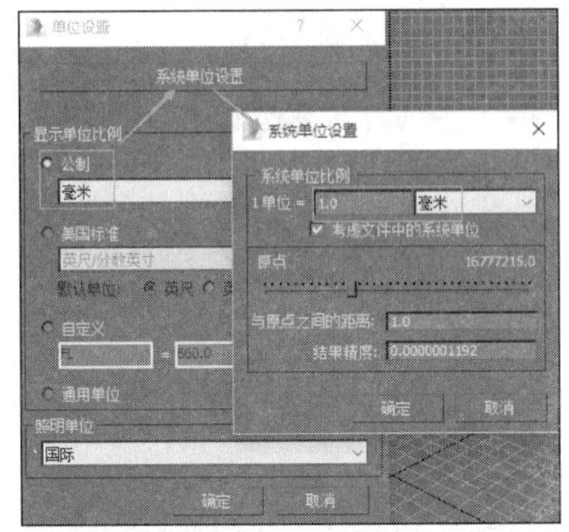

图 2-55 设置单位

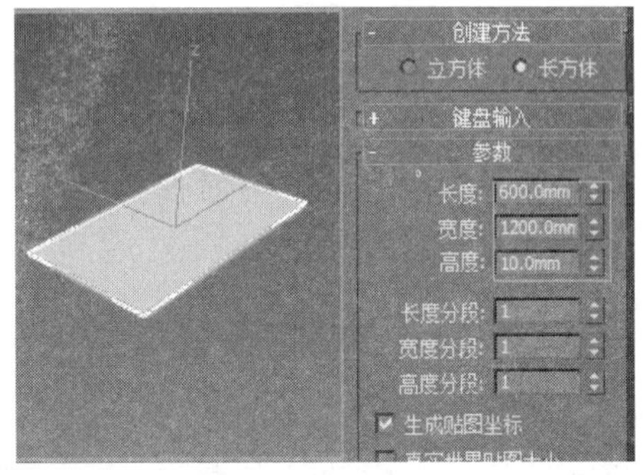

图 2-56 绘制桌面

步骤 03 绘制茶几底板。选择茶几桌面，按快捷键【Ctrl+V】复制一个，修改参数如图 2-57 所示，然后右击【选择并移动】按钮，往 z 轴移动 -350mm，如图 2-58 所示。

图 2-57 底板尺寸

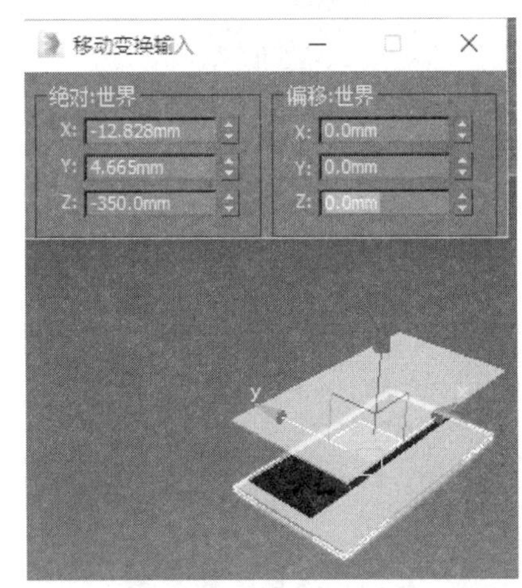

图 2-58 移动底板

步骤 04 绘制左右挡板。右击【捕捉】按钮，只勾选【顶点】复选框，按【S】键打开捕捉，在顶视图捕捉绘制一个如图 2-59 所示的长方体，高度为 -400 毫米。按【S】键关闭捕捉，然后按【W】键开启【选择并移动】按钮，按住【Shift】键，锁定 x 轴按住鼠标左键拖动复制一个并对齐，如图 2-60 所示。

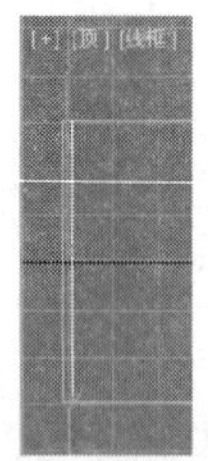

图 2-59 绘制挡板

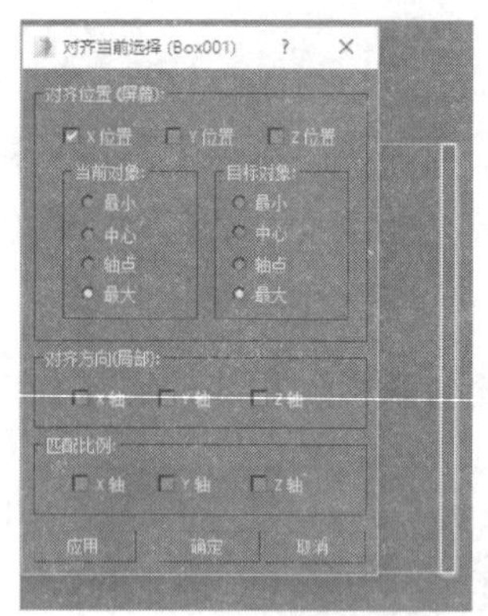

图 2-60 复制挡板并对齐桌面

步骤 05 绘制抽屉。在顶视图绘制一个【长方体】，参数如图 2-61 所示，然后对齐底板。

步骤 06 绘制抽屉板。在前视图绘制一个【长方体】，参数如图 2-62 所示，然后对齐抽屉。

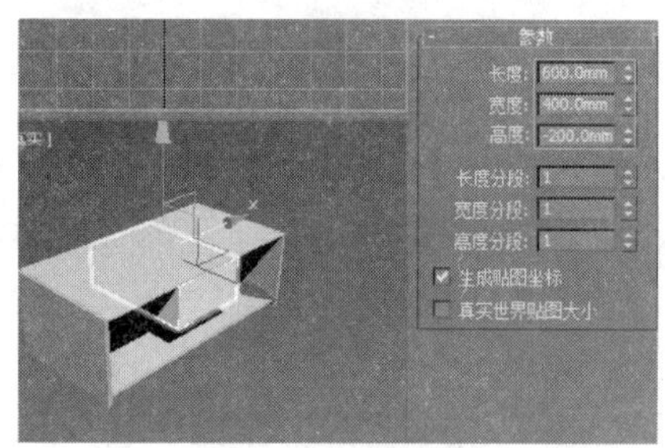

图 2-61 绘制抽屉

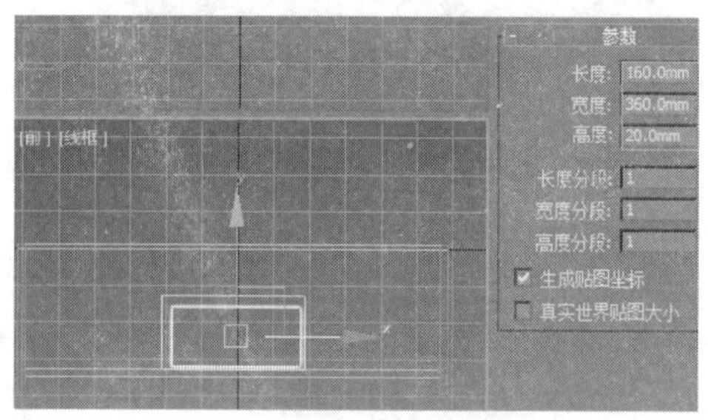

图 2-62 绘制抽屉板

步骤 07 绘制拉手。在前视图绘制一个【球体】，然后对齐抽屉板，参数如图 2-63 所示。

步骤 08 编辑拉手。选择【球体】，然后按【R】键切换到【选择并缩放】按钮，锁定 *x* 轴放大，再锁定 *z* 轴适当缩小，如图 2-64 所示，简约茶几模型绘制完成。

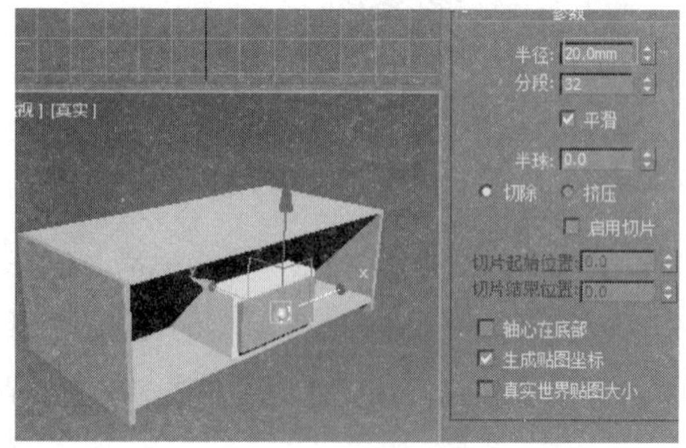

图 2-63 绘制拉手

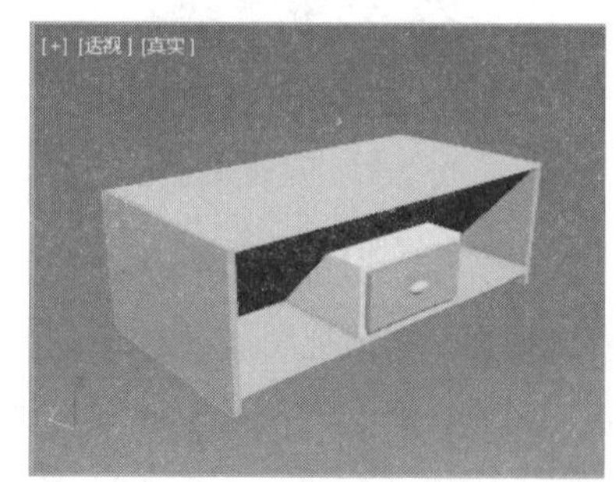

图 2-64 缩放拉手

同步训练——绘制简约办公桌

绘制简约办公桌的图解流程如图 2-65 所示。

图解流程

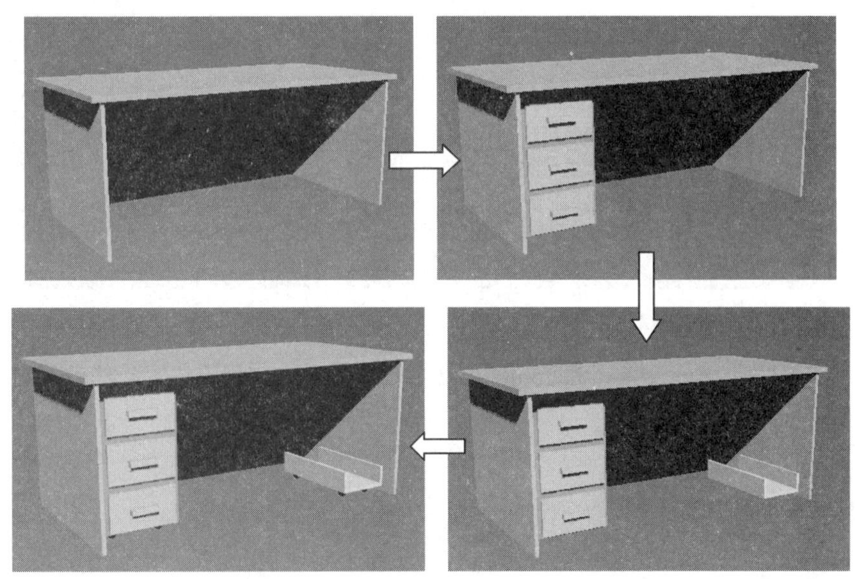

图 2-65 绘制简约办公桌的图解流程

思路分析

此办公桌造型很简约，只用【长方体】和【球体】两种基本几何体就可完成。可以先绘制桌面、侧板和前板，然后绘制柜子，再绘制电脑主机托，最后加上滑轮即可。

关键步骤

步骤 01 桌面、侧板、前板的尺寸如图 2-66 所示。侧板需对齐桌面后再按【W】键开启【选择并移动】工具，右击【选择并移动】工具，左边侧板把【偏移：屏幕】的 x 轴偏移 50，如图 2-67 所示，相应地，右侧板则偏移 -50。

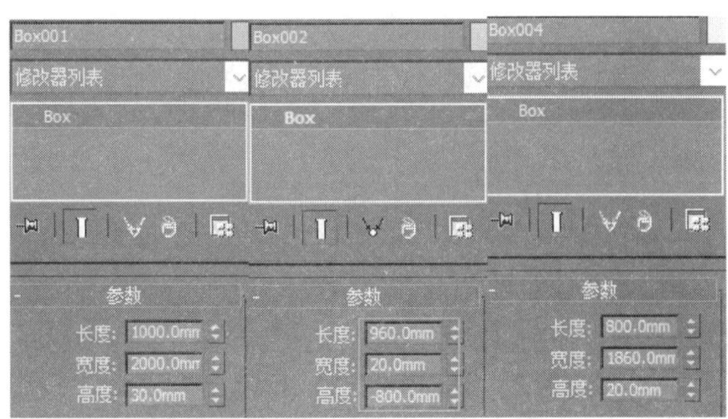

图 2-66 桌面、侧板、前板的参考尺寸

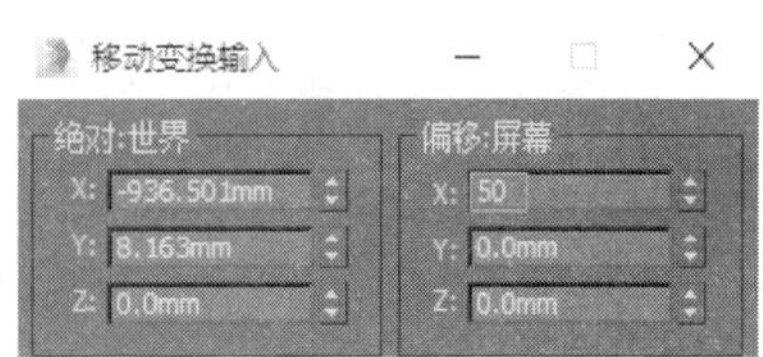

图 2-67 侧板需向内偏移 50mm

步骤 02 柜体、抽屉板、拉手的参考尺寸如图 2-68 所示。需注意对齐，画好一个抽屉板和拉手后，锁定 y 轴按住【Shift】键拖动复制两个。

步骤 03 电脑主机托也是由三个【长方体】构成，参考尺寸如图 2-69 所示。

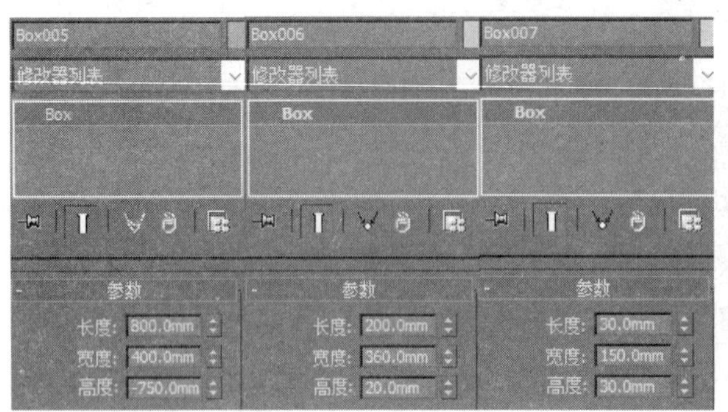

图 2-68 柜体、抽屉板、拉手的参考尺寸

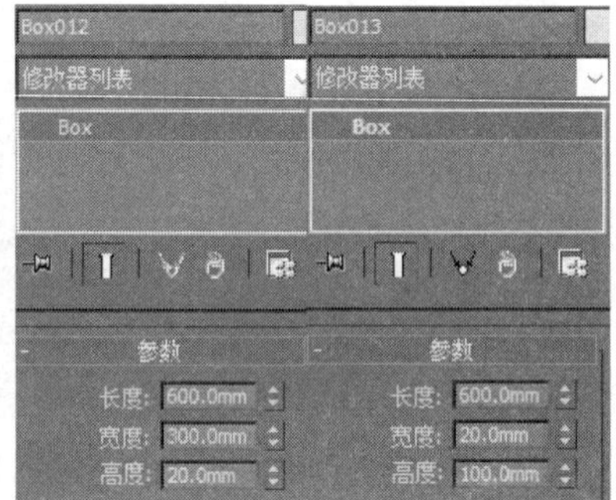

图 2-69 主机托的底板与挡板尺寸

步骤 04 创建一个半径为 25mm 的【球体】，对齐到相应位置，然后复制，为柜子和主机托加上滑轮即可。

知识与能力测试

一、填空题

1．【选择并缩放】工具包含______、______、______。

2．【锁定选择】的快捷键是______。

3．【外部参考场景】命令的优点是______、______、______。

4．反选的快捷键是________，取消选择的快捷键是______。

5．在 3ds Max 中，加选时按住______键，减选时按住______键。

6．按名称选择的快捷键是______。

7．垂直于物体表面的线叫作______。

8．3ds Max 中的捕捉有______、______、______等三种类型。

9．对齐对象的快捷键是______，对齐法线的快捷键是______。

二、选择题

1．下面哪个命令用来输入扩展名是 DWG 的文件？（　　）

A．文件 / 打开　　B．文件 / 合并

C．文件 / 导入　　D．文件 / 外部参考对象

2．文件 / 合并命令可以合并哪种类型的文件？（　　）

A．max　　B．dxf　　C．dwg　　D．3ds

3．3ds Max 不能输入哪种扩展名的文件？（　　）

A．SHP　　B．DXF　　C．3DS　　D．DOC

4．点选的快捷键是（　　）。

A．R　　B．Q　　C．W　　D．E

5．下列没有复制功能的命令是（　　）

A．镜像　　B．阵列　　C．对齐　　D．变换并缩放

6．绘制钟表上的刻度最好用哪个命令？（　　）

A．旋转　　B．复制　　C．快照　　D．阵列

7．用（　　）命令可以一次性解散所有群组？

A．解组　　B．炸开　　C．打开　　D．分离

8．单独显示选定对象的快捷键是（　　）。

A．H　　B．Q

C．Alt+Q　　D．Alt+H

9．开启角度捕捉的快捷键是（　　）。

A．A　　B．S

C．Ctrl+Shift+P　　D．Alt+H

10．快速渲染上次视图的快捷键是（　　）。

A．Shift+I　　B．Shift+Q

C．F9　　D．F10

三、判断题

1．3ds Max 不能按一定的间隔自动保存文件。（　　）

2．文件 / 打开命令和文件 / 合并命令都只能是 max 文件，因此在用法上没有区别。（　　）

3．对于参考复制对象的编辑修改一定不影响原始对象。（　　）

4．3ds Max 2016 可以存为任何一种低版本格式。（　　）

5．冻结的对象不能被捕捉。（　　）

6．要编辑群组内的对象就必须先解组。（　　）

7．不能向已经存在的组中增加对象。（　　）

8．对于实例对象的编辑修改一定影响原始对象。（　　）

9．若只想编辑某类对象时可用选择过滤器。（　　）

10．若只需要对齐 *xy* 面的中心，可用【快速对齐】命令。（　　）

11．用对齐命令可以对齐顶点。（　　）

3ds Max 2016

第 3 章 基本体建模

从本章起，将正式进入 3ds Max 的制作内容，首先是建模。本章先总体讲述一下 3ds Max 的建模思想，然后主要介绍基本几何体建模，包括标准基本体、扩展基本体、AEC 扩展体以及 VRay 基本模型等。读者通过对这些建模思想的理解和建模方法的学习，从而为后面的高级建模打下基础。

学习目标

- 理解 3ds Max 的建模思想和标准
- 能熟练地运用标准基本体和扩展基本体创建基本模型
- 能适当控制模型的段数，使之既满足制图需要，文件又尽量小
- 能熟练使用 AEC 扩展模型快速绘制建筑室内模型
- 熟悉 VRay 模型的使用

3.1 理解建模

要理解建模，首先要深刻理解计算机三维模型和实际生活中物体的差别：三维模型都是空的，只是“壳子”，三维模型之间是可以任意交叉重叠的，三维模型都是先由点和线构成面，然后再像糊灯笼一样糊成“空壳子”。

因此，建模的根本就成了放置三维空间中的点、线和面的问题。如果针对于当下流行的网格或多边形建模来说，根本就是放置空间中的点以及连接成面的问题。因此，我们就只需要4个步骤：创建点，移动点，删除点，以及连接点成面。

建模是一个近乎纯技术的工作，因为它仅仅是把图纸或设计图稿进行三维化的过程。建模有3个标准：一是准确，二是精简，三是速度。

简单地说，准确就是精确，一方面是尺寸上的，例如我们对室内模型的要求是精确到毫米，室外建模也要精确到厘米。但这个绝不是说可以容忍0.1厘米的墙体接缝，而只是说窗户的宽度可以比图纸宽1厘米。实际上无论室内外，即使半毫米的墙体接缝都是不合格的模型，因为这样的模型很可能对后来的工作造成巨大威胁，这不是危言耸听。除了尺寸，更要注意结构的准确，这既需要具有一定的读懂图纸的能力，更需要对现实世界实物的留心观察。因此，我建议新人或对建模不甚掌握的初学者随身携带一把尺子，随时测量和观察身边的一切。例如，多去推测和测量窗户的高度，椅子的高度，门把手的直径等，这样可以比较快速地形成周围世界的尺寸概念，这是一个必要的过程。

精简有两方面的含义。精，就是去掉任何多余的点线面，而只去建造那些必要的几何结构。例如，我们通过“创建”面板创建一个【圆柱体】，默认状态它的【高度分段】是5，按【7】键显示【点】共110个，而我们把这个段数改为1，圆柱的形状丝毫没有改变，而点数只有38个，几乎是原来的1/3，如图3-1所示，类似的段数还有其他几何体的段数。可以看出，有些段数完全是多余的。“简”，就是点数少、面数少。但是精简到何种程度合适？往往是根据模型的最终用途来决定的。例如，我们建立一个默认段数为32的【球体】，如果这只是远处珠帘上的一颗，那么它应该设置为8段甚至更低，因为视觉上根本无法区别32段和8段有何不同。但如果这个球是近处的一个灯具，而且即使32段仍能看到棱角，大概只能设置为36或者更高了。因此，精简意味着满足最终视觉需要的最小面数。

速度，就是模型制作的速度要快。一方面我们要掌握一些加速的技巧，如良好的快捷键设置和使用，良好的物体管理策略，要记住“效率往往是半秒钟半秒钟地提高的”。另一方面要选择便捷的建模方式，灵活的思维往往能事半功倍。

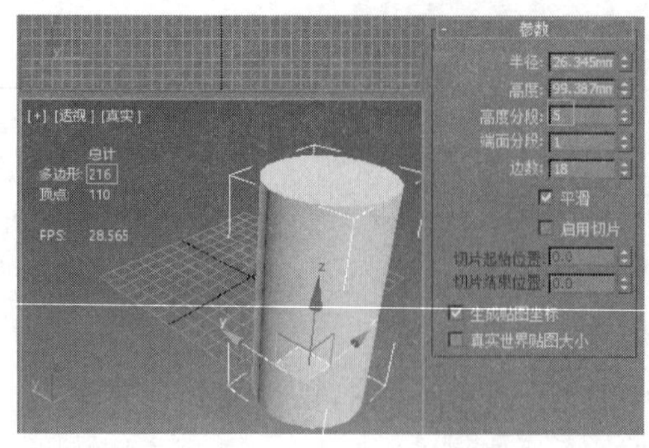

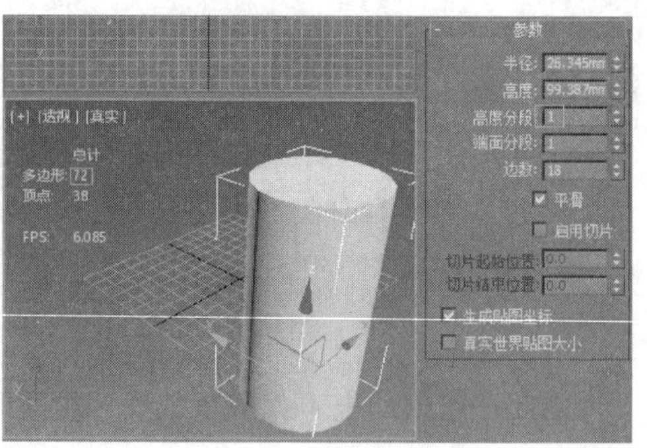

图 3-1　在视觉效果相同的情况下，尽量精简点线面

3.2 标准基本体

无论是创建复杂的场景还是制作动画，其最基本的组成元素都是对象，而创建对象的基础便是基本体。3ds Max 提供了多种创建基本体的命令，本节主要介绍标准基本体的创建方法和技巧。

3.2.1 长方体和平面

长方体是通过设置长宽高的值来实现的，单击一个【长方体】按钮 长方体 ，然后在视口中单击并拖曳鼠标，先拉出长方体的底面，然后松开鼠标向上移动指针来定义长方体的高， 然后单击确认完成。之后的鼠标状态仍以十字表示还处于创建长方体的命令中，可以继续创建一个新的长方体，右击可取消创建命令。在【创建方法】卷展栏里 立方体 长方体 可选择绘制立方体。

同样的方法也可创建【平面】，只是 3ds Max 中的平面没有高度。在【创建方法】卷展栏里 矩形 正方形 可选择绘制正方形。

技能拓展

①创建时勾选 自动栅格 ，可在选择的面上直接绘图，而不用对齐法线。

②在 3ds Max 中，创建对象时按住【Ctrl】键可绘制正方形。

3.2.2 旋转体

旋转体是由一条闭合曲面， 绕固定轴旋转而形成的实体，如【球体】、【圆锥体】、【圆柱体】、【管状体】、【圆环】等。在 3ds Max 中创建方法也很简单，就是需要注意其中的一个参数 启用切片 。默认的旋转体都是旋转 360°，但实际上可以旋转 360° 以内的角度，如图 3-2 所示。

另外就是需要注意☑平滑选项，因为在 3ds Max 中一般都是以直线片段模拟曲线，以平面模拟曲面，这个【平滑】选项实际就是把平面在显示上处理一下看起来更光滑，而实际上不是真正的旋转体，如图 3-3 所示，去掉【平滑】选项，“圆柱”实际是一个 18 棱柱模拟的。

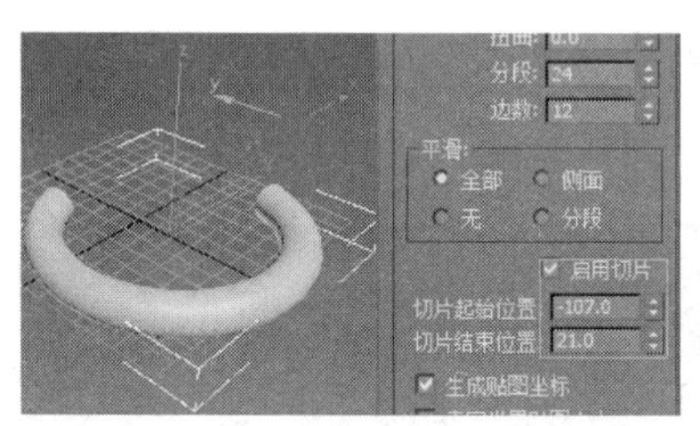

图 3-2　启用切片示例

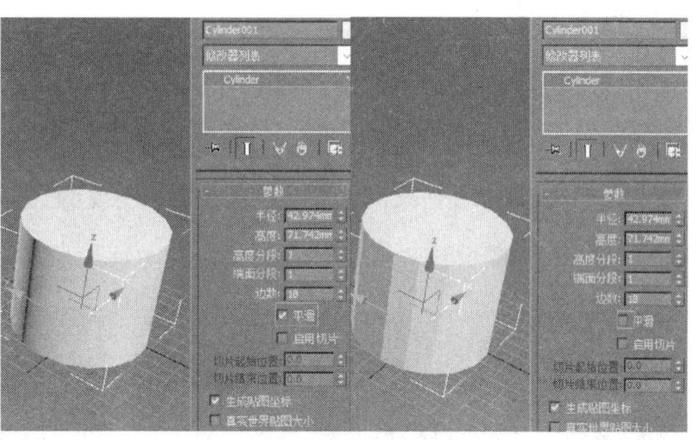

图 3-3　平滑选项效果对比

3.2.3 其他基本体

除了以上类型，还有【几何球体】、【四棱锥】和【茶壶】。需要注意的是【几何球体】与【球体】的创建原理有本质的区别。

①从面的形状上看，【球体】是四边形，而【几何球体】是三边形，如图 3-4 所示。

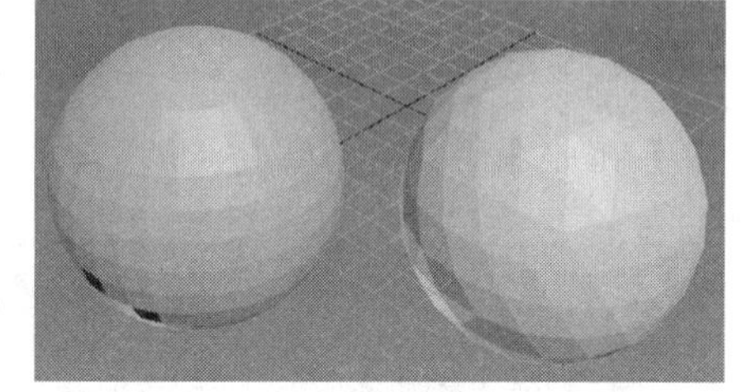

图 3-4　面形不同

②【球体】属于旋转体，可以【启用切片】，而【几何球体】属于多面体，图 3-4 就是一个 20 面体分为 4 段的几何球体。

③选中【半球】选项后，【球体】会随着半球的多少而减少面数，但【几何球体】不会，如图 3-5 所示。

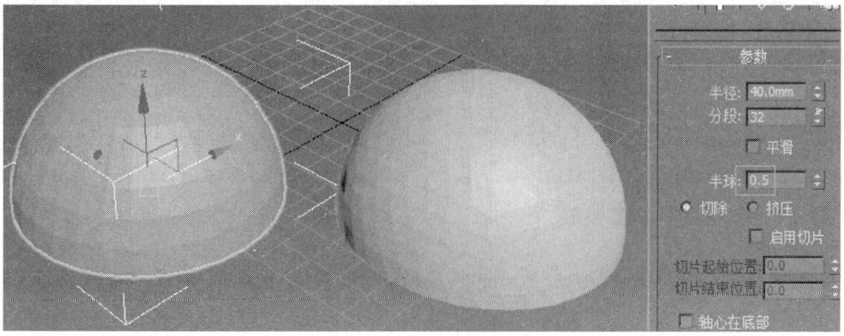

图 3-5　半球效果对比

【茶壶】在 3ds Max 基本体里面基本是个另类，并不像一般模型那么简单，通常情况下，除了作为建模工具之外，因其模型相对复杂，而制作又非常简单，所以还会作为调试工具，测试环境、材质、灯光等方面的测试模型品。

【四棱锥】的创建与【长方体】类似，只是顶面缩为一点而已。

课堂范例——绘制小方桌模型

步骤 01　绘制桌框。在【自定义】菜单→【单位设置】里把显示单位和系统单位都设为毫米后，在顶视图绘制一个【管状体】，参数如图 3-6 所示。

步骤 02　绘制桌面。在顶视图创建一个【圆柱体】，参数如图 3-7 所示，然后使用【快速对齐】工具将其与桌框快速对齐。

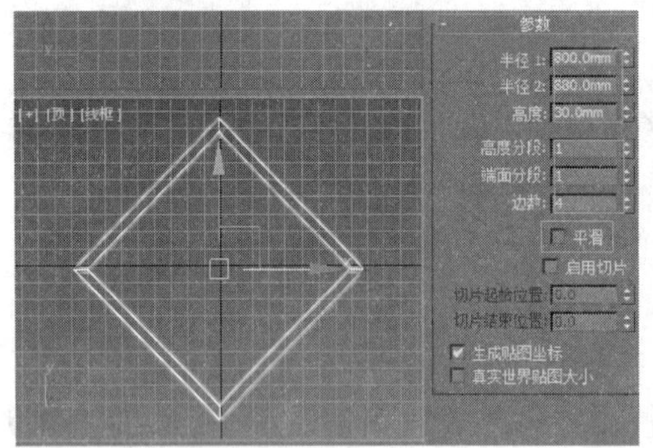

图 3-6　用管状体绘制桌框

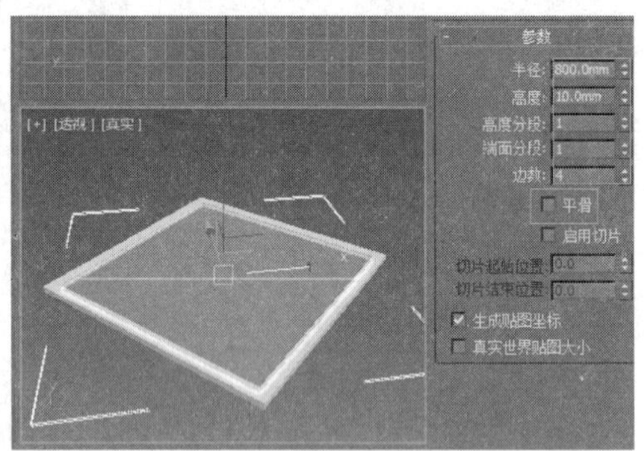

图 3-7　用圆柱体绘制桌面

步骤 03　绘制桌腿。继续用【圆柱体】创建一个桌腿，参数如图 3-8 所示。然后按【Alt+A】组合键，单击桌框，与之对齐，参考对齐如图 3-9 所示。

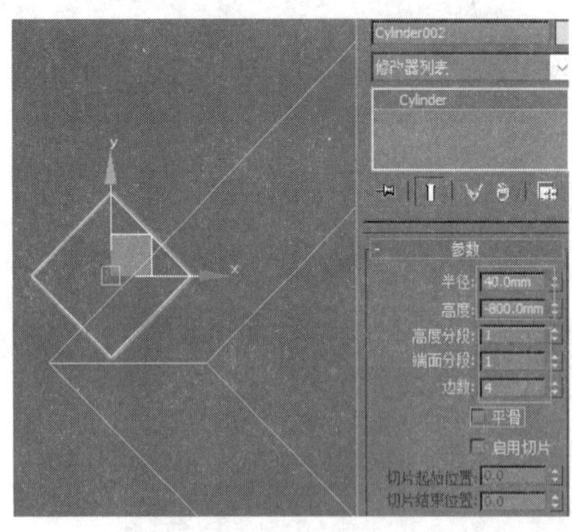

图 3-8　用圆柱体绘制桌腿

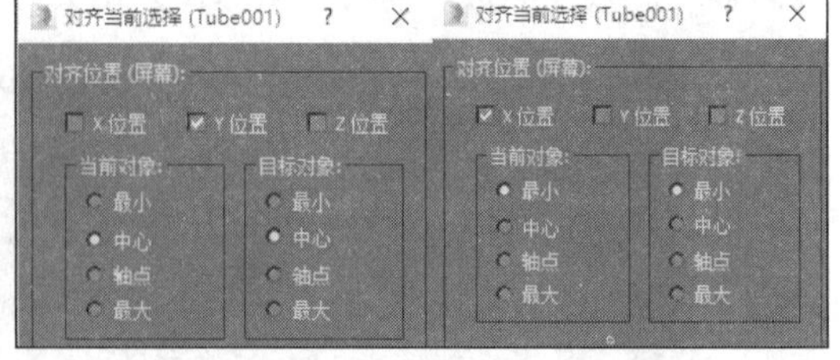

图 3-9　对齐桌腿

步骤 04　改变桌腿坐标中心。选择桌腿，单击主工具栏的【参考坐标系】下拉菜单，选择【拾取】坐标系统，单击桌框。然后单击其后的，选择第三个【使用变换坐标中心】按钮，这样就将桌腿的坐标中心设置成了以桌框的坐标中心为准，如

图 3-10 所示，为阵列桌腿做好了准备。

步骤 05 阵列桌腿。选择【工具】菜单→【阵列】命令，在弹出的对话框中设置参数，单击【确定】按钮即可，如图 3-11 所示。

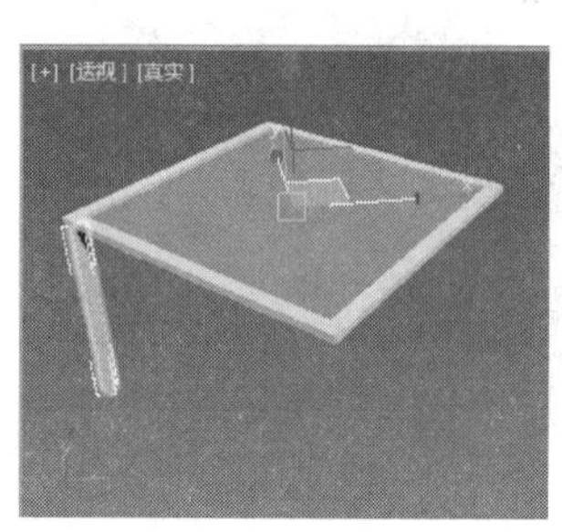

图 3-10 改变桌腿坐标中心

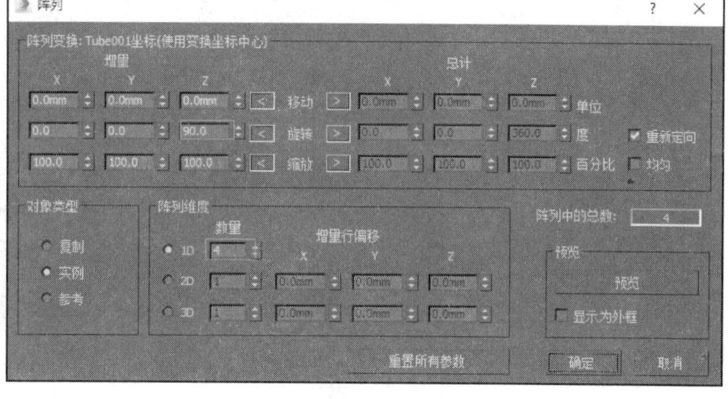

图 3-11 设置阵列参数

步骤 06 绘制茶具。选择【创建】面板→【几何体】面板→【标准几何体】→【茶壶】，勾选【自动栅格】复选框，在桌面上创建一个茶壶。再用同样的方法创建一个小一些的茶壶，但在【茶壶部件】中去掉一些部件，如图 3-12 所示，使之成为茶杯。最后按【W】键切换到【选择并移动】工具，按住【Shift】键复制 3 个茶杯，最终参考效果如图 3-13 所示。

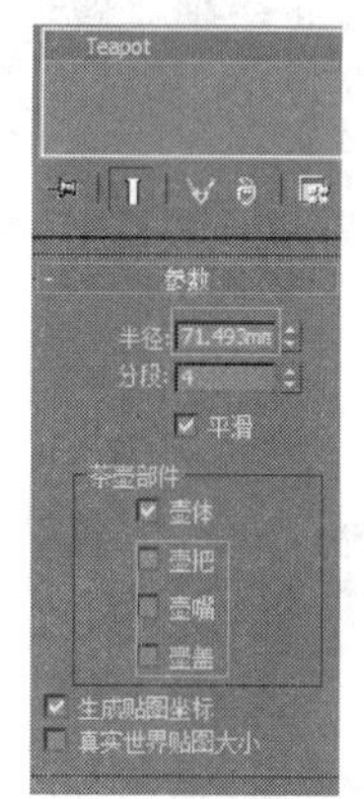

图 3-12 绘制茶杯

图 3-13 小方桌模型效果

3.3 扩展基本体

扩展基本体的使用频率不是很高，创建方法和标准基本体都很类似，扩展基本体是 3ds Max 中复杂基本体的集合，如图 3-14 所示，有 13 种基本体。

而且即使是一种扩展基本体，因其参数不同，也会做出很多不同的几何体，如图3-15

所示，从下到上，分别是【异面体】“四面体”“八面体”“十二面体”“星形 1”和“星形 2”的模型效果；左边是 P 和 Q 都为 0 时的效果，右边则是 P 和 Q 都为 0.3 时的效果。

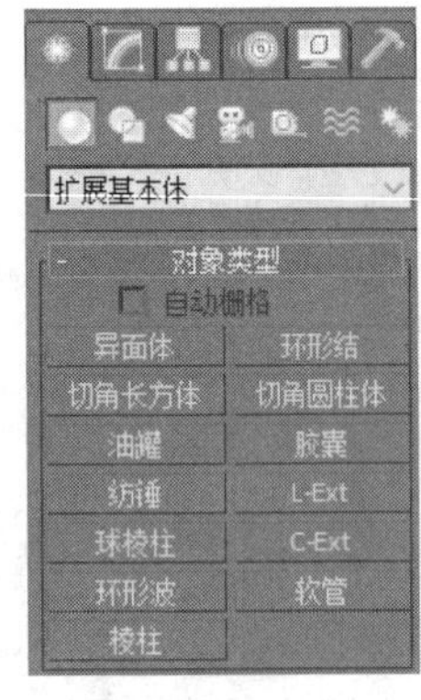

图 3-14　扩展基本体

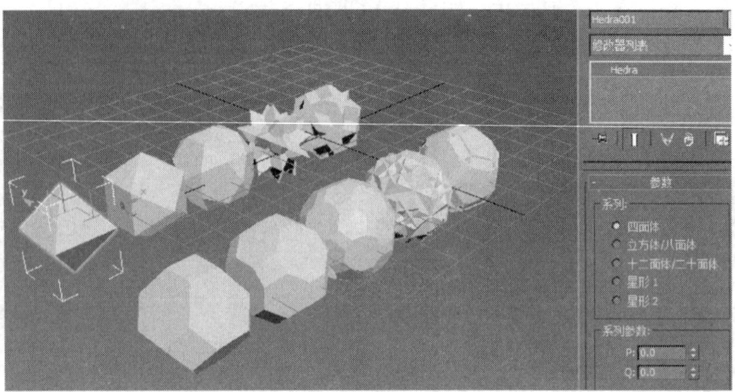

图 3-15　异面体

【环形结】因其类型和 P、Q 参数的不同，也会有丰富的变化，如图 3-16 所示。

【软管】因参数的不同，也会创建出如图 3-17 所示的两种模型。

图 3-16　环形结

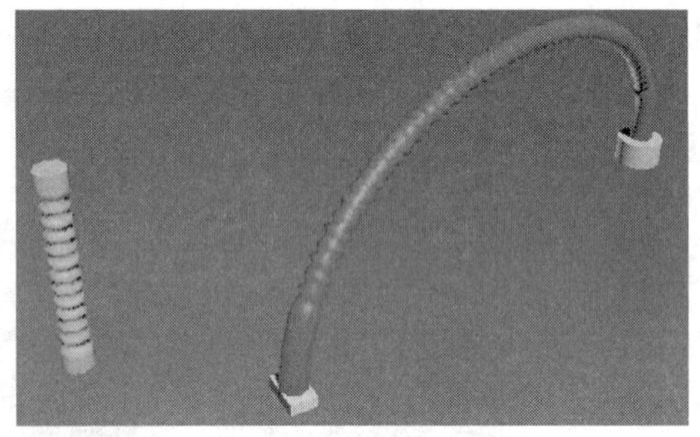

图 3-17　自由软管与绑定到对象的软管

其余的【扩展几何体】如图 3-18 所示。

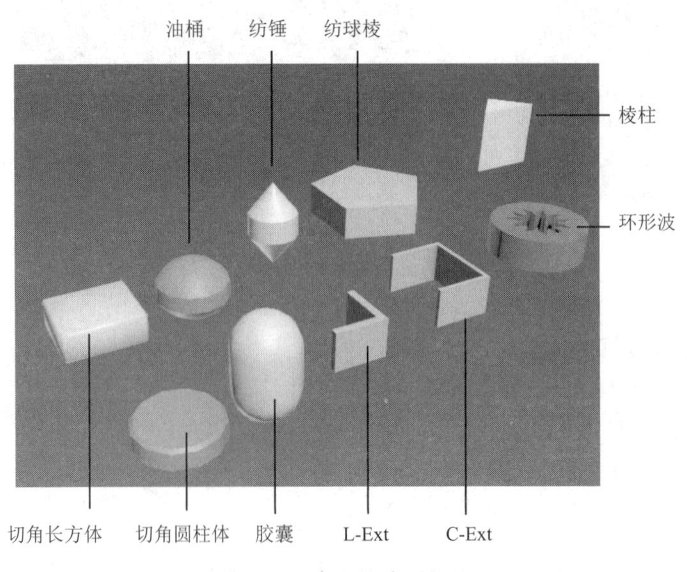

图 3-18　其他扩展几何体

课堂范例——绘制简约沙发模型

步骤 01 绘制底座。单击【扩展基本体】面板，在顶视图创建一个【切角长方体】，参数如图 3-19 所示。

步骤 02 绘制垫子。用移动复制的方法向上复制一个，并按快捷键【Alt+A】对齐，效果如图 3-20 所示。

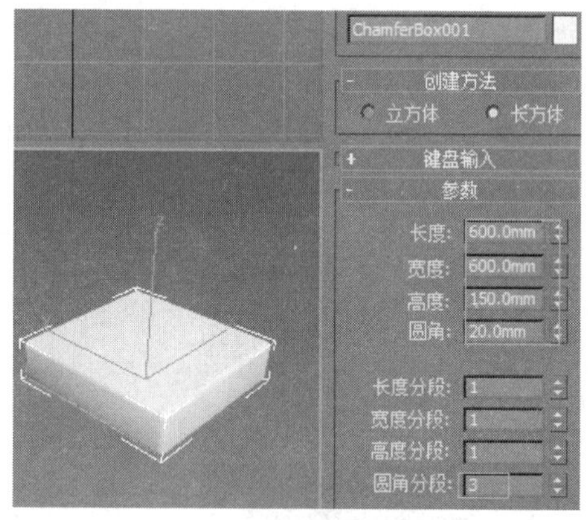

图 3-19 绘制底座

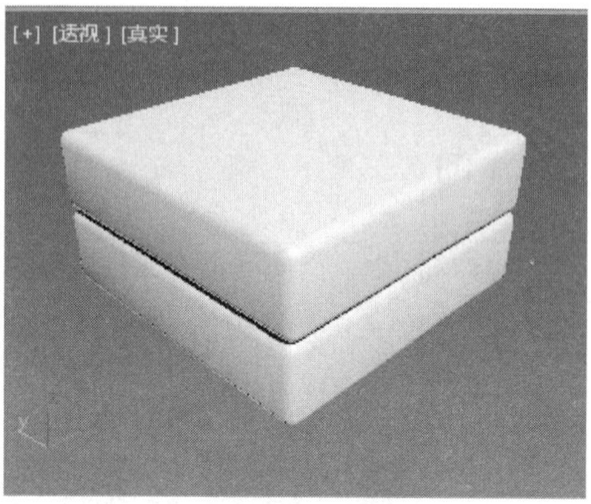

[+] [透视] [真实]

图 3-20 绘制垫子

步骤 03 绘制扶手。在顶视图创建【切角长方体】，参数如图 3-21 所示。然后复制一个，移动，对齐。

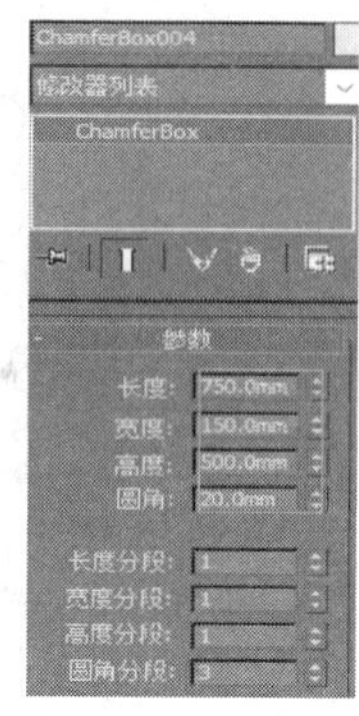

图 3-21 扶手参数

步骤 04 绘制靠背。在前视图创建【切角长方体】，参数如图 3-22 所示。然后在左视图通过移动，旋转等命令调整它的位置，使它斜靠在后座上。

步骤 05 绘制地板。在创建面板中选择【标准基本体】，创建一个【平面】，模型效果如图 3-23 所示。

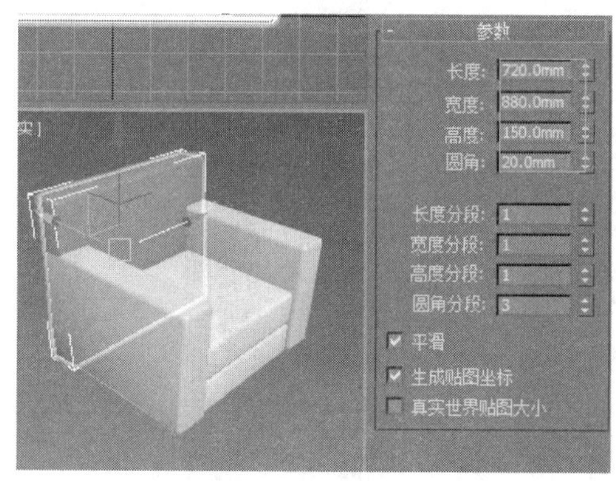

图 3-22 绘制靠背

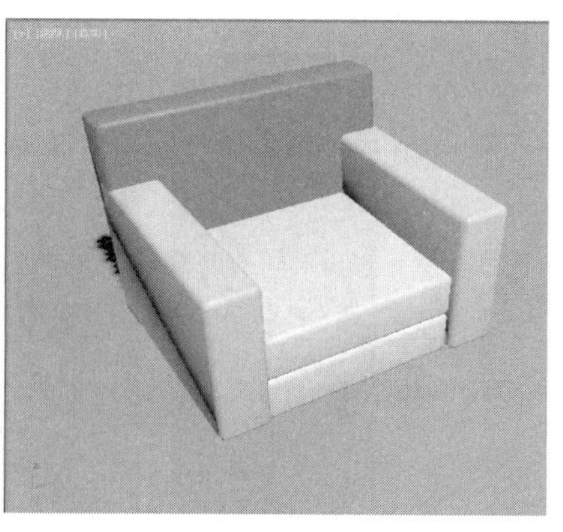

图 3-23 沙发模型效果

3.4 其他内置模型

在很早以前的版本中，3ds Max 还有个姊妹软件——3ds VIZ，那时由于 Max 主要做动画，而建筑表现用到的功能很少，于是就开发了 VIZ，加强建筑表现功能，把与建筑表现无关的功能优化掉，这样就降低了购买软件的成本。但从 3ds Max 5.0 后逐渐把 3ds VIZ 的功能也加了进来，3ds Max 建筑表现的功能也得到了增强。这里讲的【AEC 扩展】模型、【门】、【窗】、【楼梯】等就是原 VIZ 里的建筑建模构件。

3.4.1 门

在 3ds Max 中，门的类型有 3 种，分别是【枢轴门】、【推拉门】和【折叠门】。这里就分别绘制一下这 3 种门，希望读者在绘制的过程中理解其绘制技巧。

①枢轴门：在顶视图创建一樘枢轴门，参数和效果如图 3-24 所示。

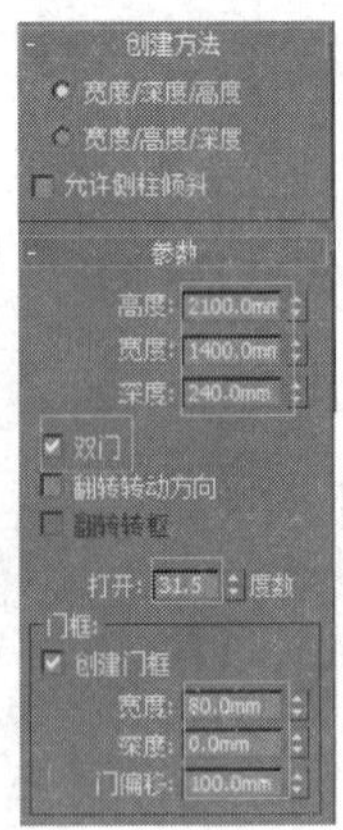

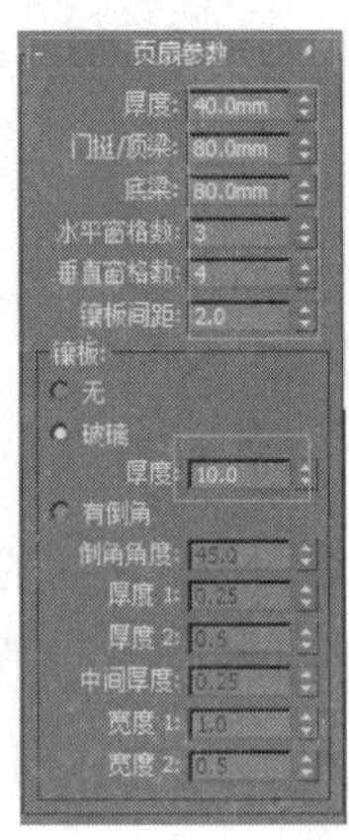

图 3-24　枢轴门

②推拉门：在顶视图创建一樘推拉门，参数和效果如图 3-25 所示。

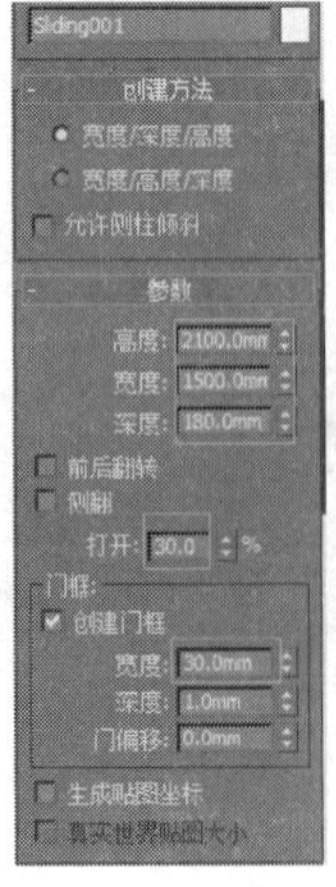

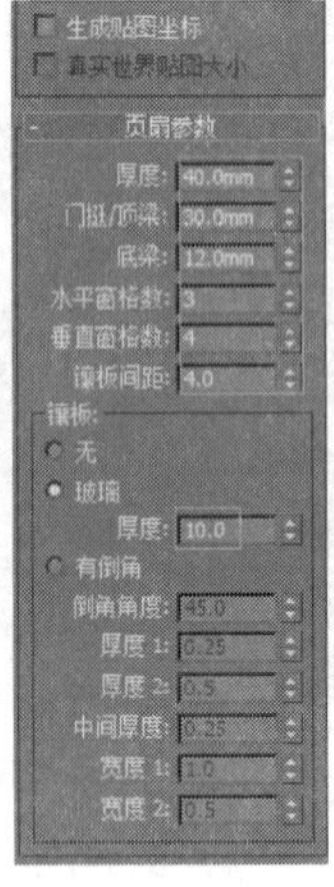

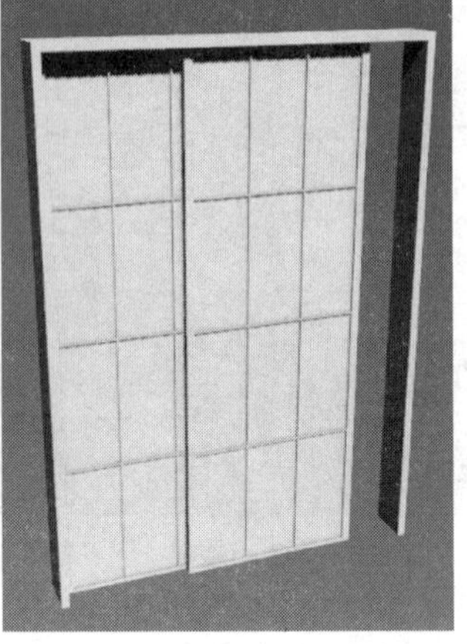

图 3-25　推拉门

③折叠门：在顶视图创建一樘折叠门，参数和效果如图 3-26 所示。

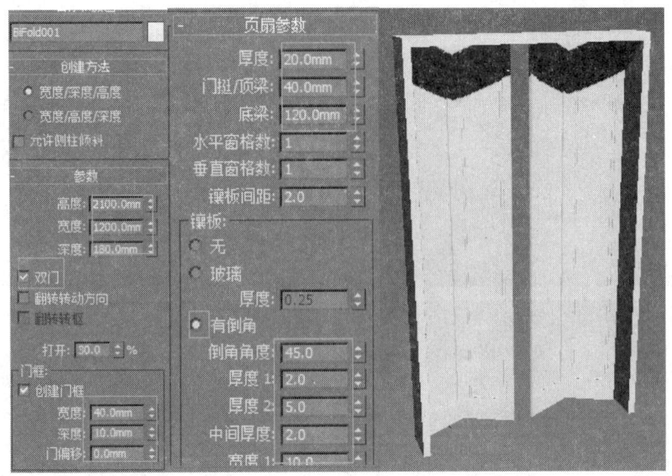

图 3-26　折叠门

3.4.2 窗

在 3ds Max 中，窗的类型有 6 种，分别是【遮篷式窗】、【平开窗】、【固定窗】、【旋开窗】、【伸出式窗】和【推拉窗】，如图 3-27 所示。窗的创建方法与门相似。

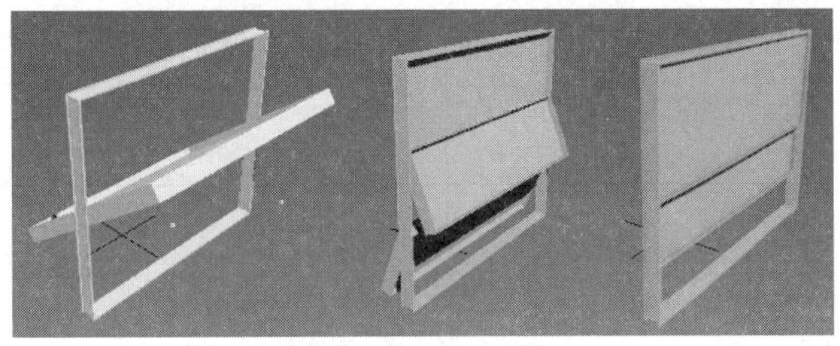

图 3-27　3ds Max 窗的类型

3.4.3 楼梯

在 3ds Max 中，楼梯的类型有 4 种，分别是【直线楼梯】、【L 型楼梯】、【U 型楼梯】和【螺旋楼梯】，如图 3-28 所示。

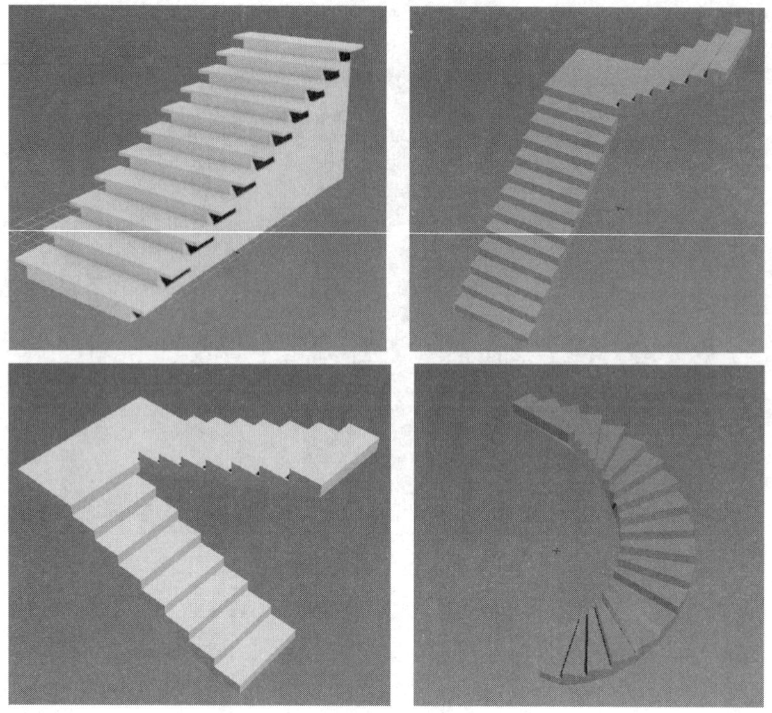

图 3-28　3ds Max 楼梯的类型

3.4.4 AEC 扩展

AEC 扩展模型包括【植物】、【栏杆】和【墙】3 种类型，如图 3-29 所示，也能大大提高建筑建模的工作效率。

1. 【植物】

3ds Max 2016 植物库里提供了十多种常用植物，如图 3-29 所示，加以编辑基本能满足建筑表现建模的需要。

创建植物很简单，只需把创建面板里的植物按住左键拖进视图里摆好位置就行了，然后修改其参数即可，如图 3-30 所示。

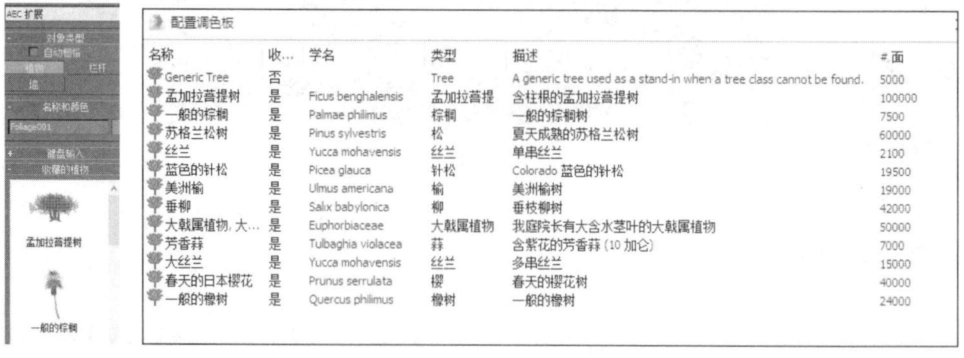

名称	收…	学名	类型	描述	#面
Generic Tree	否		Tree	A generic tree used as a stand-in when a tree class cannot be found.	5000
孟加拉菩提树	是	Ficus benghalensis	孟加拉菩提	含柱根的孟加拉菩提树	100000
一般的棕榈	是	Palmae philimus	棕榈	一般的棕榈树	7500
苏格兰松树	是	Pinus sylvestris	松	夏天成熟的苏格兰松树	60000
丝兰	是	Yucca mohavensis	丝兰	单串丝兰	2100
蓝色的针松	是	Picea glauca	针松	Colorado 蓝色的针松	19500
美洲榆	是	Ulmus americana	榆	美洲榆树	19000
垂柳	是	Salix babylonica	柳	垂枝柳树	42000
大戟属植物，大…	是	Euphorbiaceae	大戟属植物	我庭院长有大含水茎叶的大戟属植物	50000
芳香蒜	是	Tulbaghia violacea	蒜	含紫花的芳香蒜（10 加仑）	7000
大丝兰	是	Yucca mohavensis	丝兰	多串丝兰	15000
春天的日本樱花	是	Prunus serrulata	樱	春天的樱花树	40000
一般的橡树	是	Quercus philimus	橡树	一般的橡树	24000

图 3-29　AEC 扩展模型　　　　图 3-30　3ds Max 2016 植物库

温馨提示

在 3ds Max 里绘制植物虽然真实易编辑，但相当耗资源，如图 3-31 的【视口树冠模式】默认选择 未选择对象时，选择时显示如图 3-31 所示，未选择时显示如图 3-32 所示，其实就是为了减轻显卡压力。在实际工作中，为了避免文件过大带来的麻烦，植物都是通过 Photoshop 后期处理加上去的，或者用【VRay- 代理】来进行处理。

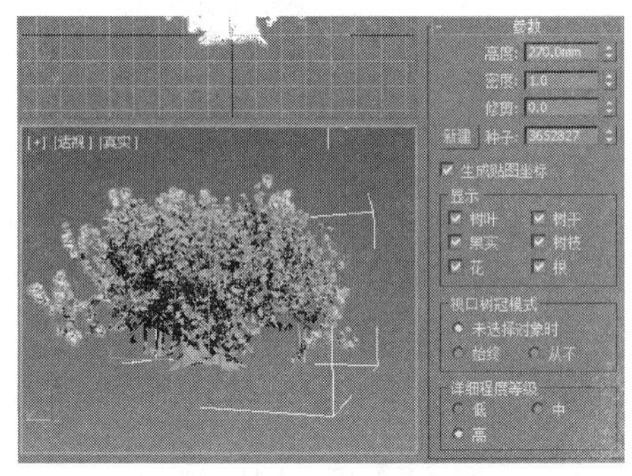

图 3-31 植物的创建参数

图 3-32 节约显存的植物显示模式

2. 【栏杆】

栏杆有直接绘制和【拾取栏杆路径】绘制两种方法，通常用【拾取栏杆路径】的方法，以阳台栏杆为例，创建方法如下。

步骤 01 绘制或导入一根路径，然后单击 拾取栏杆路径 ，再单击路径，选中 匹配拐角，上下围栏参数如图 3-33 所示。

步骤 02 单击立柱的个数，设置为 10 个，将【立柱】和【栅栏】的其他参数设置如图 3-34 所示，栏杆模型即绘制完毕。

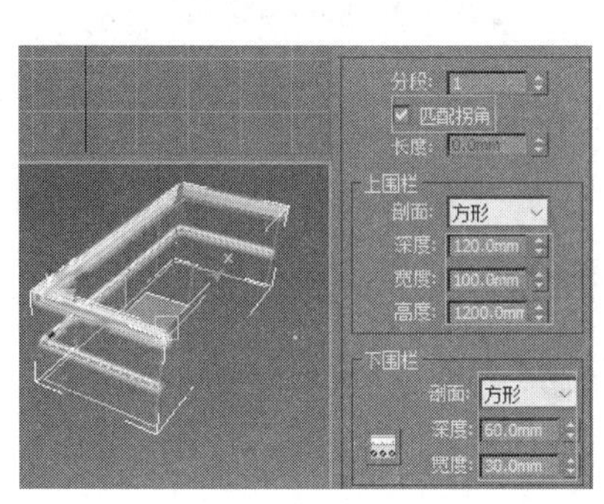

图 3-33 栏杆的围栏参数

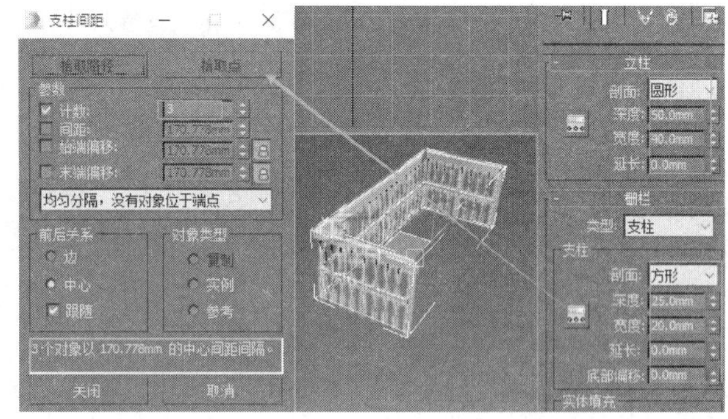

图 3-34 栏杆的立柱及栅栏参数

3. 【墙】

用【AEC 扩展】模型来建墙的模型，主要有直接绘制和 拾取样条线 两种方法，而实际工作中以后者为主。

步骤 01 选择【自定义】菜单→【单位】，把显示单位和系统单位都设为毫米，然后右击【捕捉】按钮，在弹出的对话框中单击【主栅格】选项卡，把【栅格间距】设为500毫米，每两条栅格线有一条主线如图3-35所示，意即一个主栅格就是1米（1000毫米）。再单击【捕捉】选项卡，勾选【栅格点】复选框，如图3-36所示。

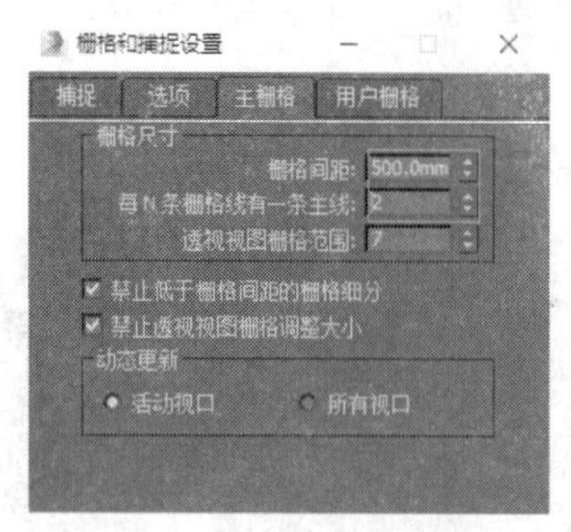

图3-35　设置栅格间距

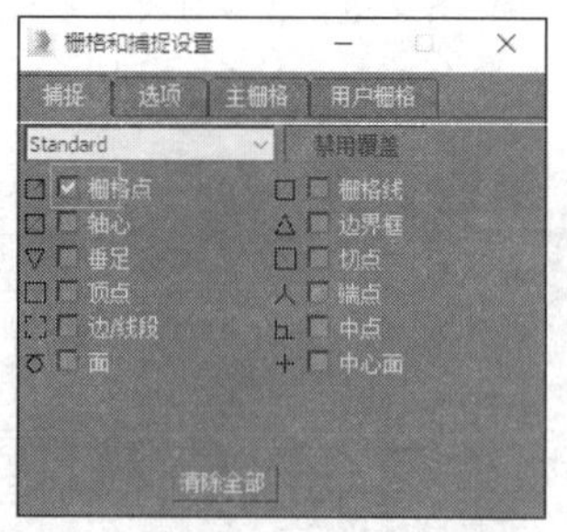

图3-36　设置捕捉

步骤02　按【S】键打开捕捉，然后在顶视图中选择【创建】面板→【图形】面板绘制一个如图3-37所示的房屋平面图。闭合后按【S】键关闭捕捉。

步骤03　选择【创建】面板→【AEC扩展】→【墙】，设置其宽度和高度如图3-38所示，然后单击【键盘输入】卷展栏，单击拾取样条线，墙即创建成功，如图3-39所示。

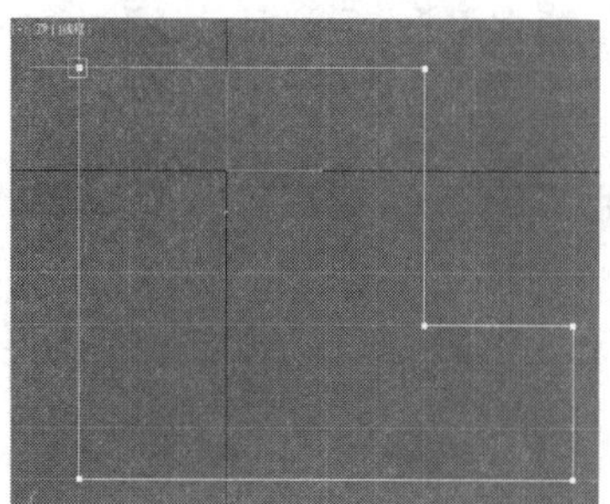

图3-37　绘制墙线

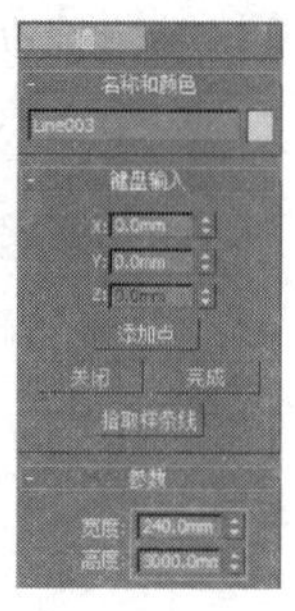

图3-38　设置墙体参数

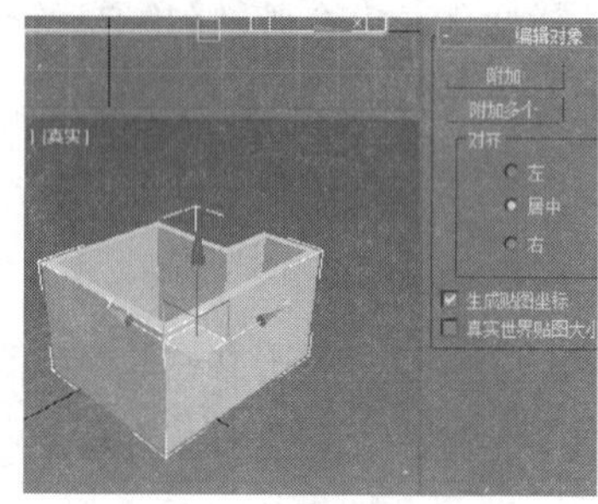

图3-39　创建墙体模型

①导入的样条线也可以用来绘制墙体。

②尽量将墙体画得水平或垂直，这样以后绘制门窗时更加方便。

若要修改墙体，选择【修改】面板→【墙】前面的可知，墙体的修改可分为【顶点】、【分段】和【剖面】三个级别，如图3-40所示。

- 在【顶点】级别，可以使用【选择并移动】工具将各顶点移动到合适的位置。
- 用【优化】命令，可以在墙中加入“点”。
- 选择一个顶点，单击【断开】，则可打断封闭状态。
- 在断开且有一定距离的墙的端点单击【连接】，然后按住左键拖到另外一个点，就可连接两个点，从而把墙封闭。

- 选择一个顶点，单击【删除】，则删除了顶点，但对外形没有影响。
- 用【插入】命令，则可插入一段或几段墙。

图 3-41 是【分段】级别的修改参数。如果在一面墙上，先在【顶点】级别，按门洞的宽度增加两个点，那么，选择门这段墙，就可以利用【底偏移】绘制一个门洞，如图 3-42 所示。

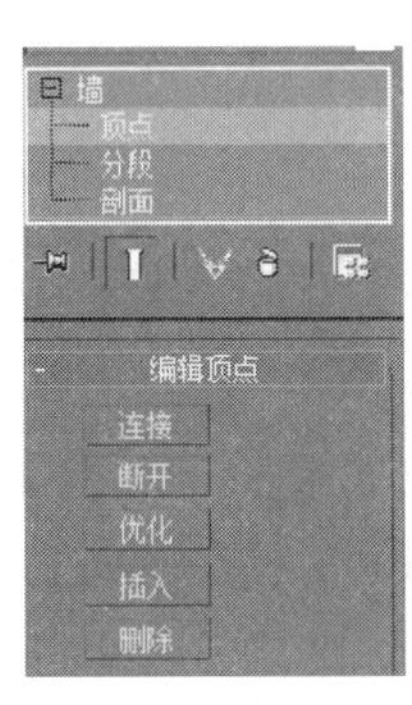

图 3-40　顶点级别

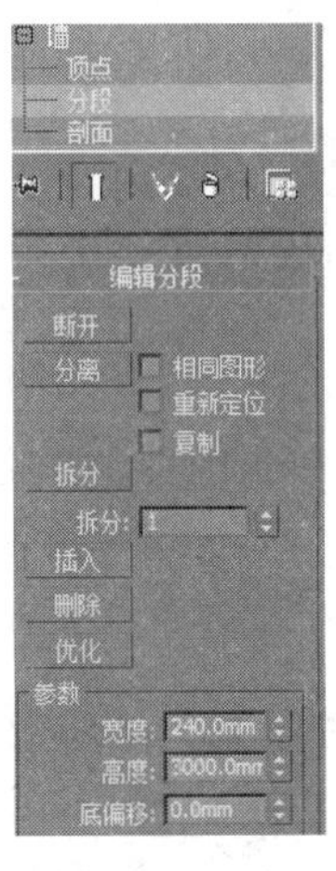

图 3-41　分段级别

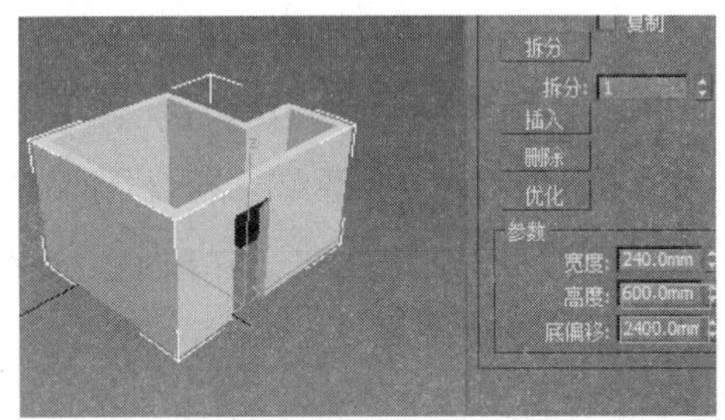

图 3-42　绘制门洞

【剖面】级别一般用来绘制山墙。

步骤 01　单击【剖面】级别，单击想要创建山墙的一面墙，设置好山墙的高度，然后单击创建山墙，如图 3-43 所示。

步骤 02　单击删除按钮，山墙创建完毕，如图 3-44 所示。

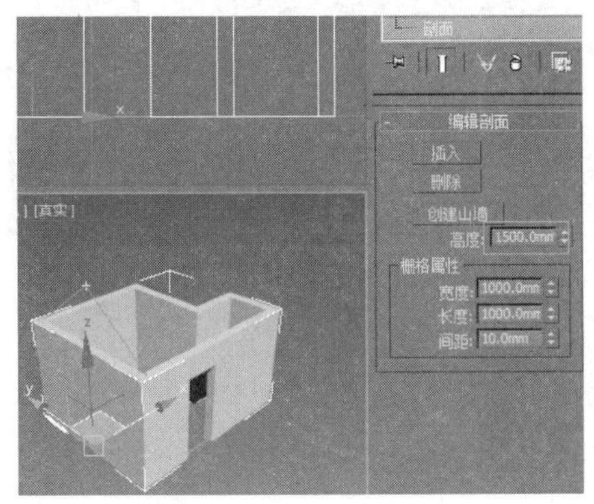

图 3-43　设置山墙高度

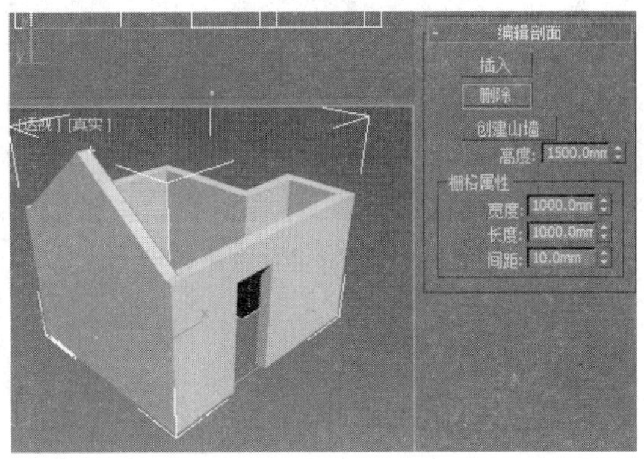

图 3-44　完成创建山墙

课堂范例——绘制 U 型楼梯

这里，我们以一个现实生活中最常见的 U 型楼梯为例，运用本节知识来实战一下。

步骤 01　选择【创建】面板→【几何体】面板→【楼梯】→【U 型楼梯】，在顶视图创建一个 U 型楼梯，设置参数如图 3-45 所示。

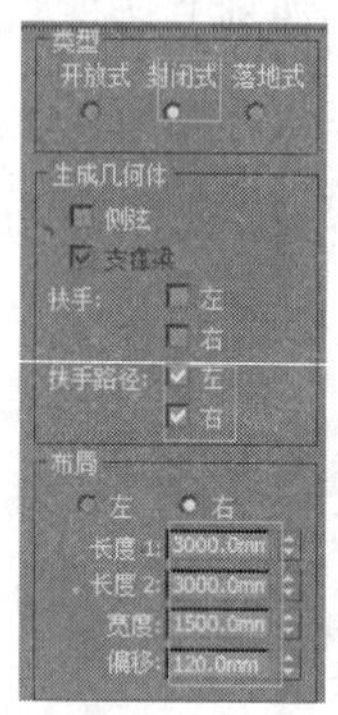

图 3-45　楼梯创建参数

步骤 02　设置梯级总高 3000 毫米后立即单击前面的锁定按钮，再将【竖板高】改为 150 毫米，设置栏杆高度参数如图 3-46 所示。

步骤 03　绘制扶手。选择【创建】面板→【几何体】面板→【AEC 扩展】→【栏杆】，单击拾取栏杆路径按钮，拾取扶手路径，参数设置如图 3-47 所示。按【W】键切换到【选择并移动】工具，然后重复刚才的流程，创建内扶手。

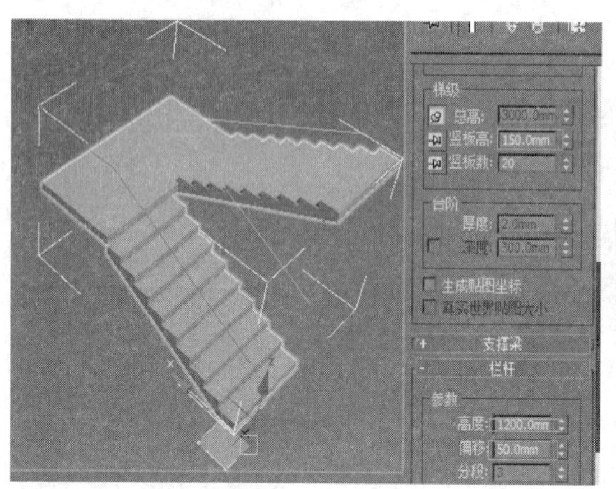

图 3-46　楼梯其他创建参数

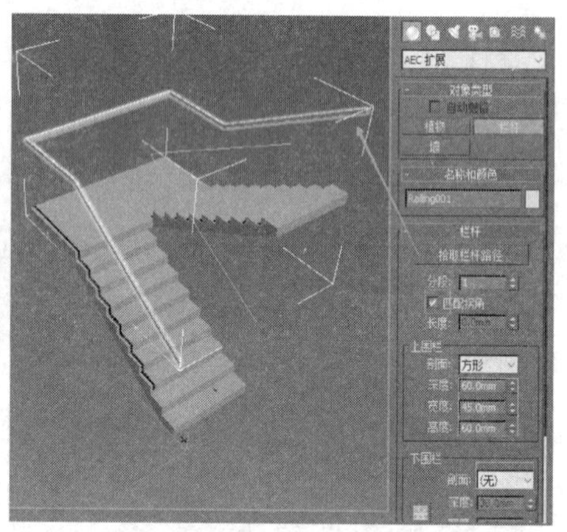

图 3-47　创建扶手栏杆

温馨提示

不能一次性创建两个扶手，否则创建了后面的，前面的就会消失。

步骤 04　设置【立柱】参数如图 3-48 所示，用同样的方法把内扶手的立柱也创建好，不同的是把立柱的【计数】改为 20 个。最终效果如图 3-49 所示。

图 3-48 创建立柱

图 3-49 U 型楼梯模型效果

3.5 VRay 模型

VRay 虽是一个渲染插件，但也有其他功能，在建模方面，也有其独特的模型。

3.5.1 VR- 平面

【VR- 平面】模型跟标准几何体里的【平面】模型相似，都是没有厚度的单面，但不同的是后者是有宽度和高度的，而前者是无限大的面。所以一般用【VR- 平面】来绘制没有房间结构的环境效果，如地面或海面。直接单击即可创建，没有创建参数可修改，如图 3-50 所示。

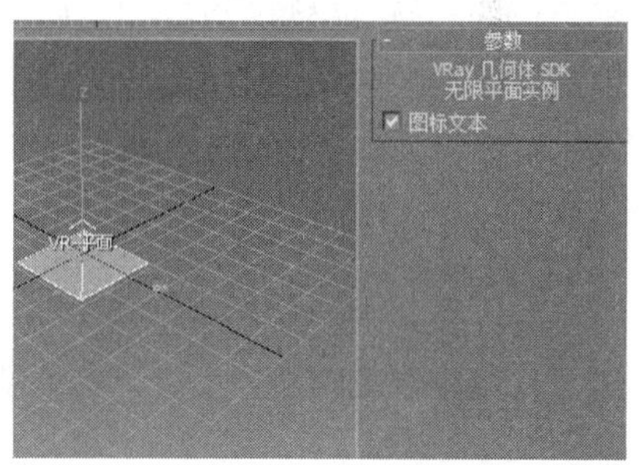

图 3-50 VR- 平面

3.5.2 VR- 毛皮

【VR- 毛皮】模型必须附着在一个模型上，例如，先绘制一个【平面】模型，如图 3-51 所示，然后单击【创建】面板→几何体【VRay】→【VR- 毛皮】按钮，就会弹出如图 3-52 所示的参数面板。调整这些参数就能绘制出照片级的毛巾、地毯、毛发等模型。

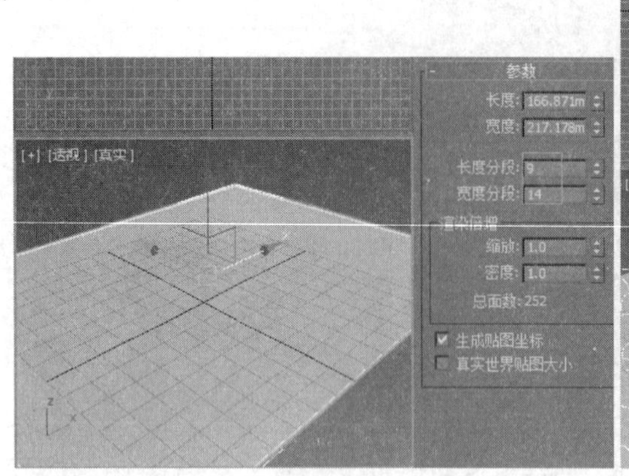

图 3-51　创建被附着的模型

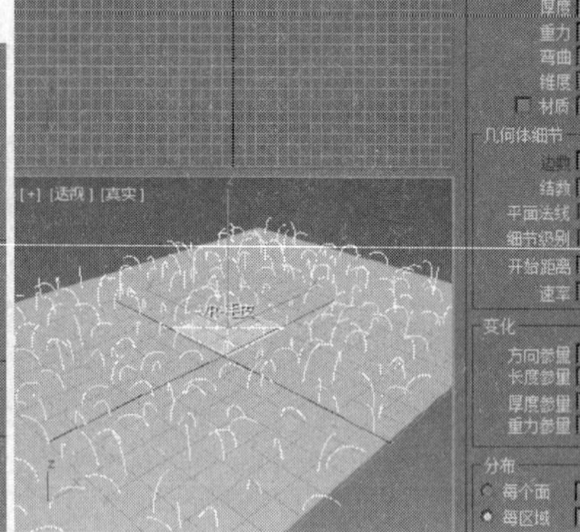

图 3-52　VR- 毛皮参数

3.5.3 VRay 其他模型

1．VR- 代理

在近几年建筑表现行业中比较重大的突破应该是“全模渲染技术”，就是说直接用 3ds Max 绘制而不像以前一样拿到 Photoshop 里去进行后期处理。该方法巧妙地运用了 VRay 的代理物体功能，将模型树或车转化为 VRay 的代理物体。VRay 代理物体其原理就是能让 3ds Max 系统在渲染时从外部文件导入网格物体，这样可以在制作场景的工作中节省大量的内存；如果需要很多高精度的树或车的模型并且不需要这些模型在视图中显示，那么就可以将它们导出为 VRay 代理物体，这样可以加快工作流程，最重要的是它能够渲染更多的多边形。VR- 代理的核心思想是：代理是模型数据，所谓模型数据就是不带贴图路径，但是会带材质 ID 分类。

2．VR- 球体

有时候作图会碰到局部模型或小东西更换，又要重新渲染，这样会浪费很多时间。若要只渲染修改的那一小块，就可以使用【VR- 球体】来完成。

课堂问答

通过本章的讲解，对标准基本体、扩展基本体、AEC 扩展和门窗楼梯建模有了一定的了解，下面列出一些常见的问题供学习参考。

问题❶：创建基本体模型时长宽高参数与 x 轴、y 轴、z 轴到底是如何对应的？

答：初学者往往把 x、y、z 理解为对应长宽高，其实不是这样，长宽高对应的其实是 y 轴、x 轴、z 轴，如图 3-53 所示。

问题❷：段数有什么用？该如何确定？

答：段数决定模型的精度，特别对于曲面，段数越高，精度越高，相应地文件就越大，而作图时除了考虑效果还不得不考虑效率，所以一般根据模型的视觉效果，取一个合适的值，看起来效果不错但段数又不至于太多，如图3-54所示是段数为2和段数为5的弯曲效果。

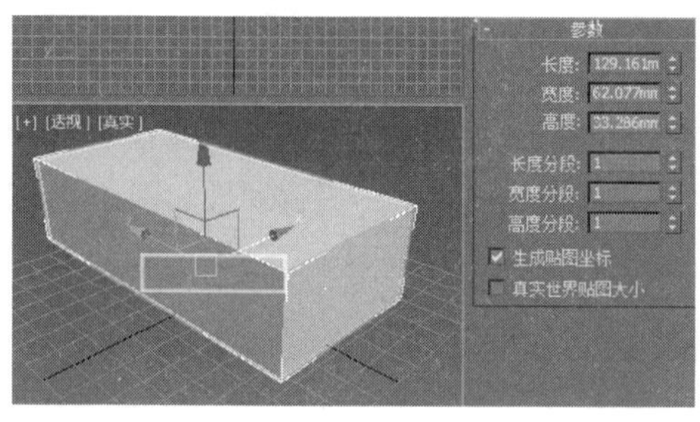

图 3-53 长宽高对应 x 轴、y 轴、z 轴

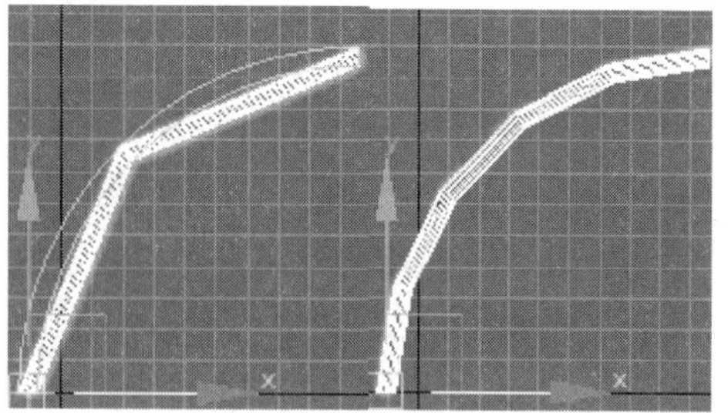
图 3-54 段数为 2 和段数为 5 的弯曲效果

问题❸：用3ds Max建模，尺寸重要吗？一定要100%按实际尺寸，还是估计就可以？

答：尺寸当然很重要，但用3ds Max作图就不像AutoCAD那样要求十分精确的尺寸，只要保证按比例作图即可。按实际尺寸作图最大的好处就是便于数据参照，换算比例就要注意所有图形元素统一比例即可。所以最好还是按实际尺寸作图。

上机实战——绘制岗亭模型

为了让读者能巩固本章知识点，下面讲解两个技能综合案例，使大家对本章的知识有更深入的了解。

岗亭模型的效果展示如图3-55所示。

效果展示

图 3-55 岗亭模型的效果展示

思路分析

这是一个常见的岗亭，结构简单，适合初学者练习。该模型由地台，亭身和屋顶组成。地台全用【长方体】即可绘制完成；亭身可由【AEC扩展】里的【墙】命令绘制；门窗

可直接用【门】和【窗】里的模型创建；屋顶可用后面将要学习的二维建模和多边形建模绘制；警灯用【扩展基本体】里的【胶囊】绘制。

制作步骤

步骤 01 绘制岗亭平面线。设置单位为毫米，在顶视图中绘制一个长宽均为 2000 毫米的矩形，然后选择【创建】面板→【AEC 扩展】→【墙】，设置参数如图 3-56 所示，然后单击【拾取样条线】，拾取矩形。

步骤 02 创建山墙。选择【修改】面板，展开【墙】前面的，选择【剖面】级别，创建山墙，如图 3-57 所示。

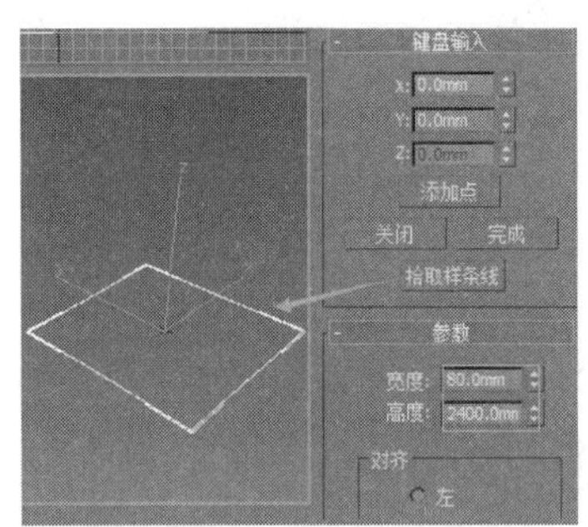

图 3-56 绘制岗亭平面线

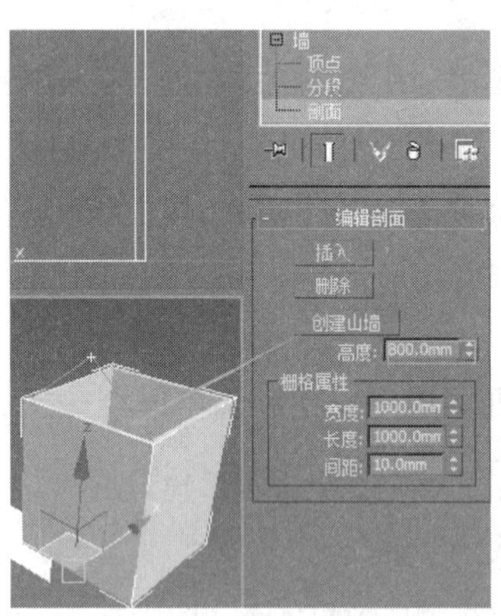

图 3-57 创建山墙

步骤 03 创建屋顶。切换到前视图，按【S】键开启捕捉并右击设置为顶点，再选择【创建】面板→【图形】→线，沿着山墙绘制屋顶轮廓线，如图 3-58 所示。然后单击【修改】面板的下拉菜单，添加一个【挤出】修改器，参数如图 3-59 所示。

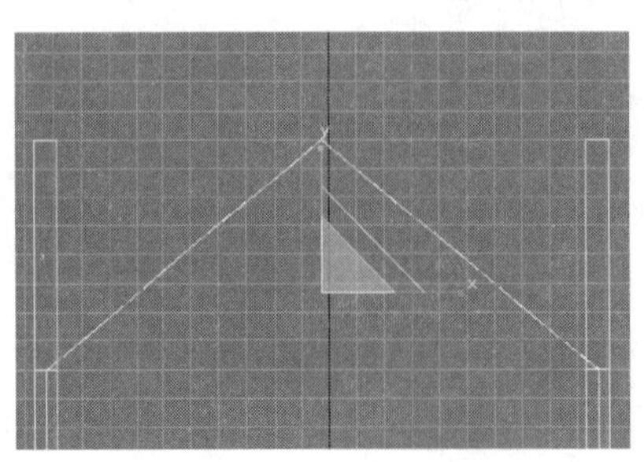

图 3-58 绘制山墙轮廓线

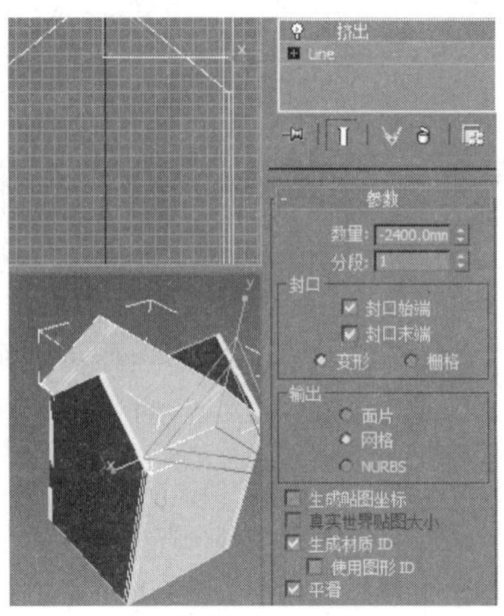

图 3-59 创建屋顶

步骤 04 编辑屋顶。按【Alt+A】组合键将屋顶与墙对齐，然后按【Alt+Q】组合键单独显示屋顶，添加【编辑多边形】修改器，按【2】选择【边】子对象，选择屋顶的三条边，如图 3-60 所示。单击【连接】后的按钮，将段数设为 1，然后确定，如图 3-61 所示。

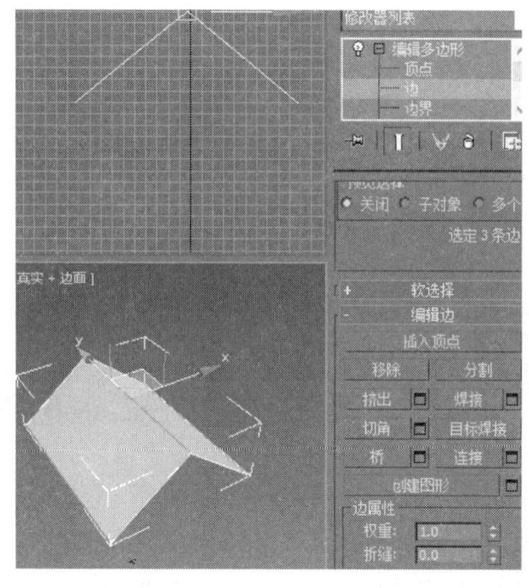

图 3-60 选择屋顶三条边

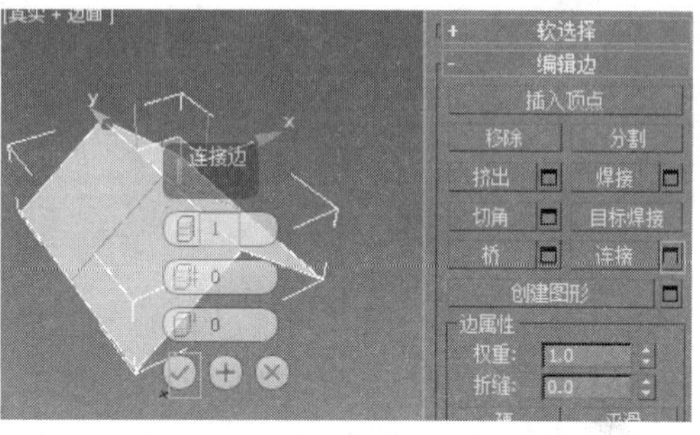

图 3-61 连接屋顶三条边

步骤 05 按【1】选择【顶点】子对象，选择屋顶顶点和对角顶点，单击 连接 按钮，连接这两点，如图 3-62 所示，用同样的方法创建其余 3 条边。

步骤 06 选择如图 3-63 所示的两个顶点，右击【选择并移动】按钮，向 *z* 轴移动 800 毫米。

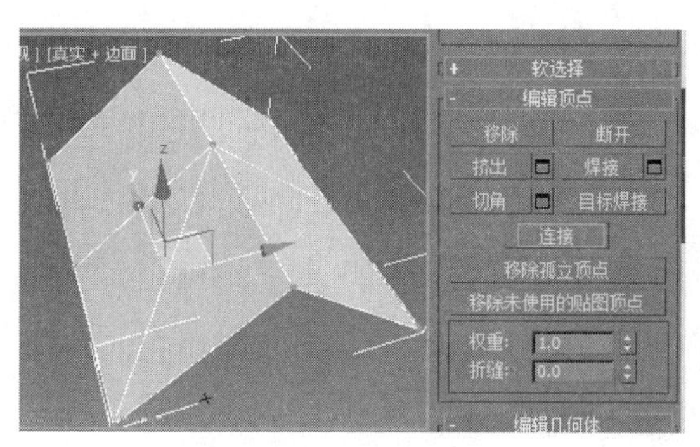

图 3-62 连接顶点创建边

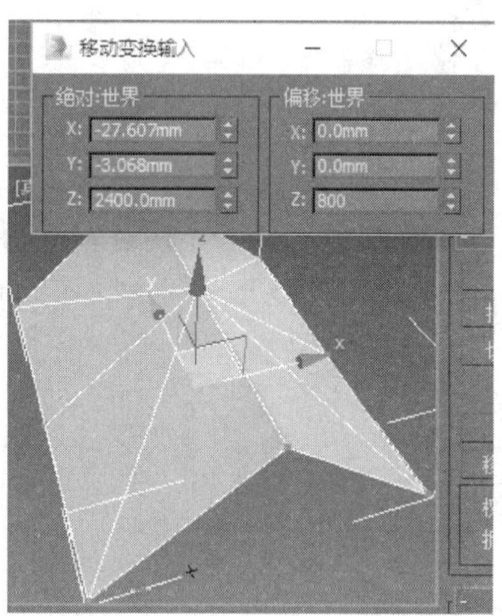

图 3-63 移动顶点

步骤 07 添加一个【壳】修改器，设置其厚度为 40 毫米，然后右击视图，取消隐藏，如图 3-64 所示。切换到左视图，选择如图 3-65 所示屋檐的点，向下拖至与山墙对齐。

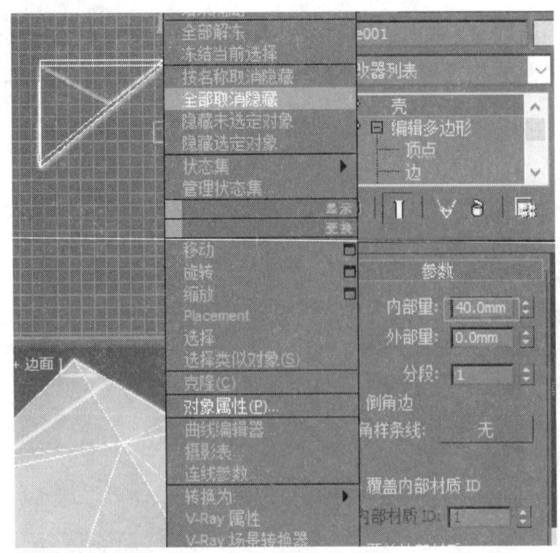

图 3-64 为屋顶添加厚度

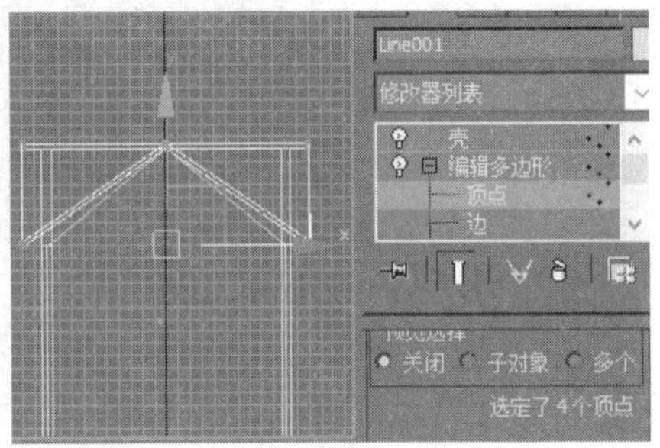

图 3-65 屋顶贴齐山墙

步骤 08 绘制门窗。在顶视图中创建一扇【枢轴门】，参数及效果如图 3-66 所示。再在顶视图绘制一扇推拉窗，右击【选择并旋转】按钮，将其旋转 90°，如图 3-67 所示。

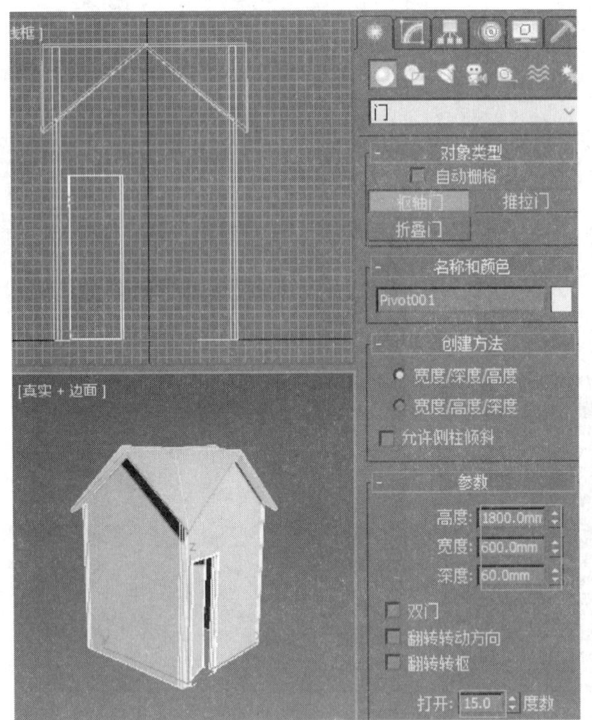

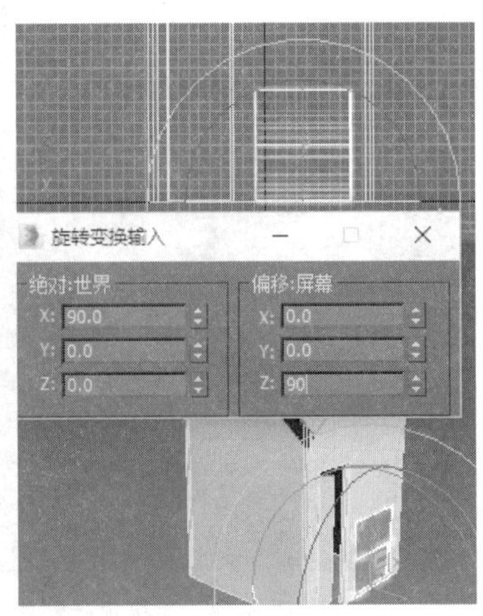

图 3-66 绘制枢轴门

图 3-67 绘制推拉窗

步骤 09 编辑推拉窗。用【选择并移动】工具将推拉窗移到合适位置，再在【修改面板】里修改其参数，如图 3-68 所示。

步骤 10 绘制其他推拉窗。复制推拉窗到其他墙，修改参数如图 3-69 所示。

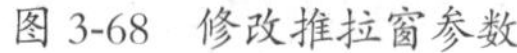
图 3-68 修改推拉窗参数

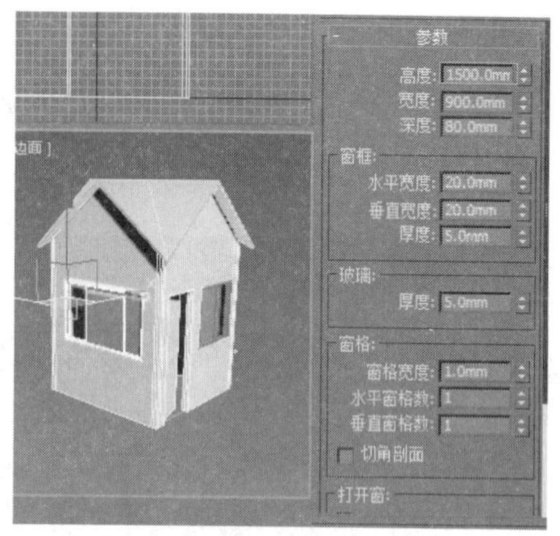

图 3-69 绘制其他面推拉窗

步骤 11 绘制警灯。选择【创建】面板→【扩展基本体】→【胶囊】，在顶视图创建一个如图 3-70 所示的胶囊，再移动到屋顶。

步骤 12 绘制地台。按【H】键选择最初创建的矩形，单击修改器，将其长宽修改为 2100 毫米，再添加一个【挤出】命令，如图 3-71 所示。

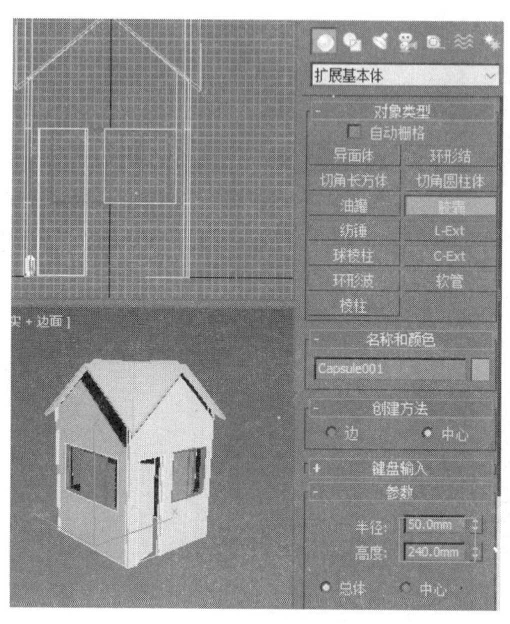

图 3-70 绘制警灯

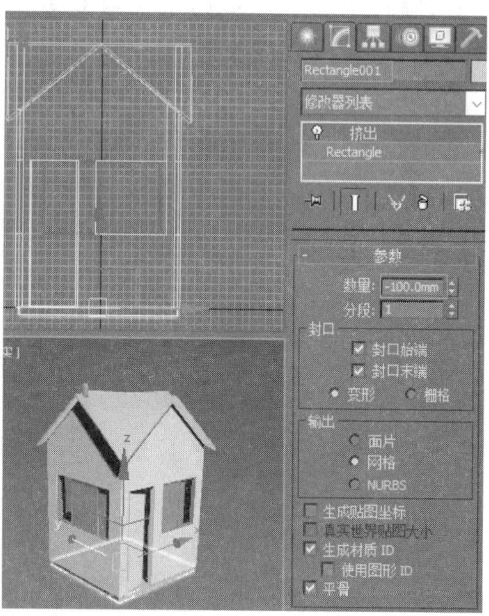

图 3-71 绘制地台

步骤 13 绘制支架。捕捉顶点绘制一个长方体与岗亭对齐，按【W】键切换到移动工具，按住【Shift】键复制其余 3 个，如图 3-72 所示。屋顶看不到棱，那是因为显示原因，选择屋顶，添加一个【平滑】修改器即可，如图 3-73 所示。岗亭模型绘制完毕。

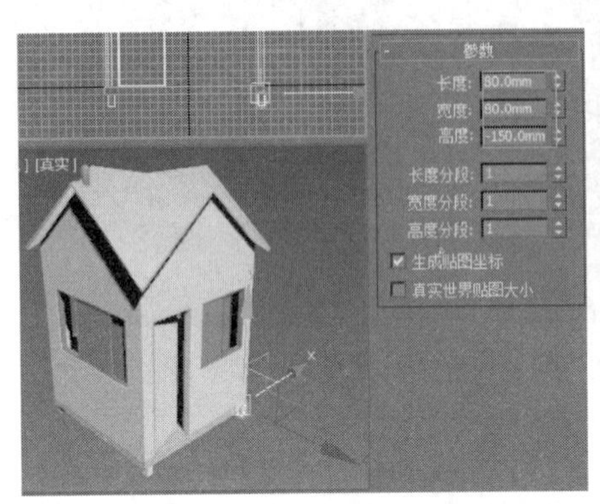

图 3-72　绘制支架

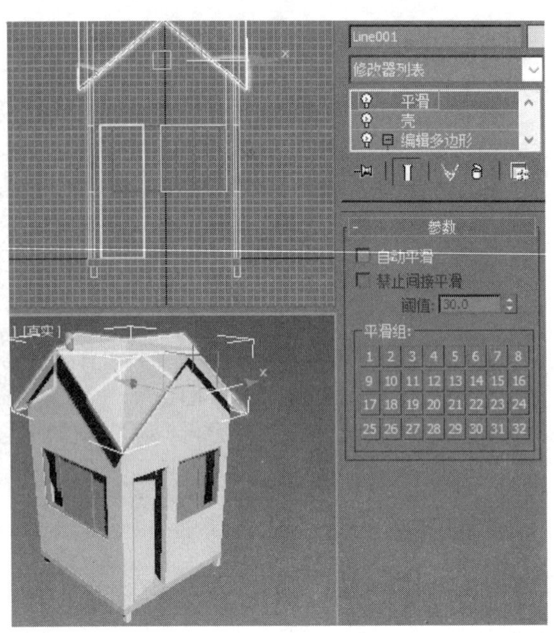

图 3-73　添加平滑修改器

同步训练——绘制抽屉模型

绘制抽屉模型的图解流程如图 3-74 所示。

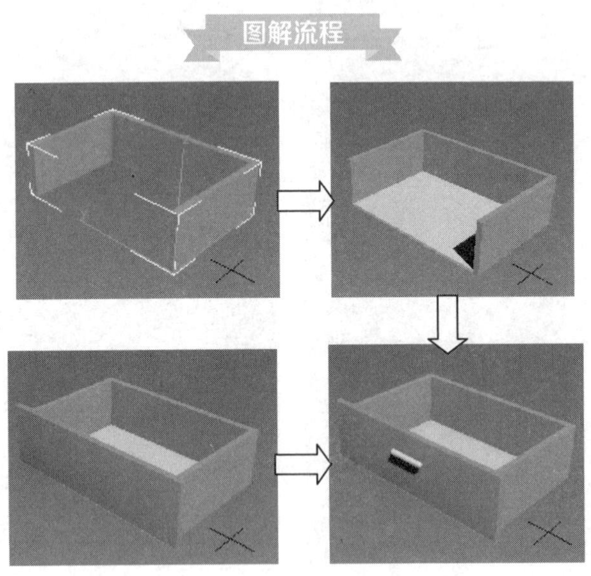

图 3-74　绘制抽屉模型的图解流程

思路分析

此模型可以看作是一个【C-EXT】+【长方体】+【切角长方体】+【切角圆柱体】。

关键步骤

步骤 01 在顶视图中创建一个【C-EXT】，参考参数如图 3-75 所示。然后捕捉顶点绘制高度为 10 毫米的底板，并与【C-EXT】对齐。

步骤 02 在左视图中捕捉绘制一个【切角长方体】，修改参数如图 3-76 所示。然后与【C-EXT】在 *z* 轴最小对齐最小。

步骤 03 在前视图中绘制一个【切角圆柱体】，参考参数如图 3-77 所示。然后与【C-EXT】在 *z* 轴中心对齐中心即可。

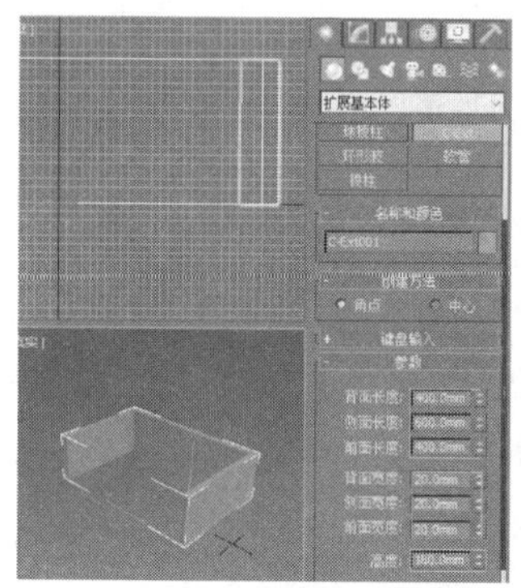

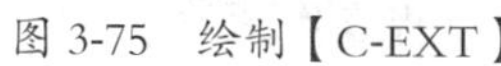

图 3-75 绘制【C-EXT】

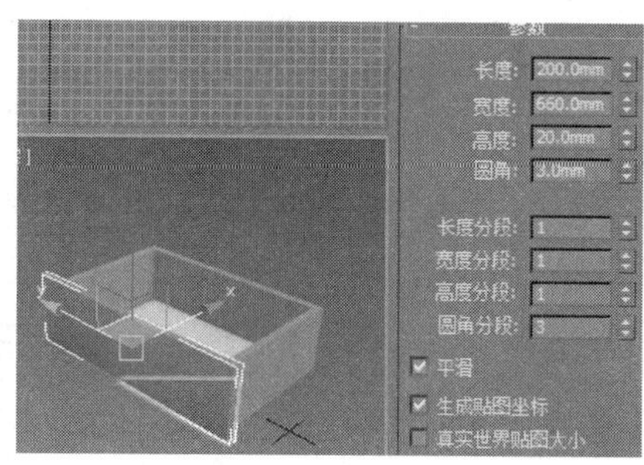

图 3-76 绘制底板

图 3-77 绘制拉手

知识与能力测试

本章讲解了基本体建模方法，为对知识进行巩固和考核，布置以下相应的练习题。

一、填空题

1．在 3ds Max 2016 中有______、______、______等 3 种内置门模型。

2．在 3ds Max 2016 中楼梯有开放式、______、______等 3 种类型。

3．在 3ds Max 2016 中有______、______、______、______等四种内置楼梯模型。

4．【栏杆】的主要构件是栏杆、______和______，它们的剖面形状皆有______和______两种。

5．用【拾取栏杆路径】绘制【栏杆】时，若栏杆在路径拐角处没有匹配上去，则勾选______选项。

二、选择题

1．在 3ds Max 2016 中有（　　）种窗户。

A．3　　B．4　　C．5　　D．6

2．在 3ds Max 中绘制足球可用（　　）。

A．异面体　　B．球体　　C．几何球体　　D．球棱柱

3．在 3ds Max 2016 中有（　　）种内置植物。

A. 8　　B. 10　　C. 12　　D. 13

4. 在 3ds Max 2016 中有（　　）种绘制软管的方法。

A. 2　　B. 3　　C. 4　　D. 5

5. 绘制地毯可用（　　）。

A. VR- 平面　　B. VR- 毛皮　　C. VR- 代理　　D. VR- 球体

6. 在 3ds Max 2016 中绘制正方形时按（　　）键。

A. Ctrl　　B. Shift　　C. Alt　　D. Alt+ Shift

7. 以下没有【启用切片】选项的对象是（　　）。

A. 圆环　　B. 纺锤　　C. 油罐　　D. 球棱柱

8. 下列哪个不是【墙】的修改层级？（　　）

A. 山墙　　B. 顶点　　C. 分段　　D. 剖面

三、判断题

1. 【平面】的厚度为 0，若创建一个【长方体】把高度也设为 0，它们的面数就是一样的。（　　）

2. 【VR- 平面】是无限大的。（　　）

3. 对于面数很多的模型，如植物，可以使用【VR- 代理】来提高作图效率。（　　）

4. 创建基本体模型时，勾选【自动栅格】，就可以直接绘制堆叠效果。（　　）

5. 3ds Max 中的【圆柱】其实都是棱柱模拟的，其他旋转体也是如此。（　　）

6. 楼梯的【梯级】3 个参数只能改其中的两个，另外一个会自动生成。（　　）

7. 用【环形结】命令可以绘制圆环。（　　）

8. 段数越多效果越好，因此所有模型段数尽量设多一些。（　　）

9. 创建参数中的长度、宽度和高度分别对应 x 轴、y 轴和 z 轴。（　　）

10. 【几何球体】不属于旋转体。（　　）

11. 添加【平滑】修改器和勾选【平滑】选项一样，都是在显示上使对象平滑而非增加段数使对象平滑。（　　）

12. 创建【长方体】时可以直接创建【立方体】。（　　）

13. 【AEC 扩展】、【门】、【窗】、【楼梯】等高效建模命令其实是从 3ds VIZ 中引进的。（　　）

3ds Max 2016

第4章 修改器建模

本章主要介绍3ds Max的修改器建模，包括修改器建模思想以及常用的十多种修改器的用法。读者一方面需要领悟修改器建模的思想，另一方面，也要熟悉它们的使用方法，达到熟能生巧的目的。

学习目标

- 理解修改器建模的思想
- 能熟练运用修改器面板
- 能熟练运用弯曲、FFD、晶格等修改器

4.1 修改器概述

3ds Max 中的修改包括几个方面：一是修改创建参数；二是进行移动、旋转等变换；三是添加空间扭曲；四就是添加修改器。修改器几乎在三维制图的各个阶段都能涉及，本章主要讲解三维建模方面的修改器。

4.1.1 堆栈与子对象

要从本质上理解修改器，首先得弄清楚两个基本概念：堆栈和子对象。

堆栈（Stack）是一个计算机专业术语，简单地说，在 3ds Max 中添加一个修改器就相当于在一个车间加工过了，然后再加另外一个修改器就是转到另外一个车间加工，虽然添加同样的修改器，但添加的先后顺序不同，得到的结果就有差异，如图 4-1 所示。虽然都添加了【锥化】和【弯曲】两个修改器，但顺序不一样导致最后结果大相径庭。

子对象（Sub-object）是 3ds Max 中的一个非常重要的概念，就是说对象添加修改器后能继续细分编辑的对象，是从属于对象的对象。如图 4-2 所示，展开【编辑网格】修改器就有【顶点】、【边】、【面】、【多边形】、【元素】等 5 个子对象，在编辑时通过运用这些子对象就能把基本体编辑为很复杂的模型。

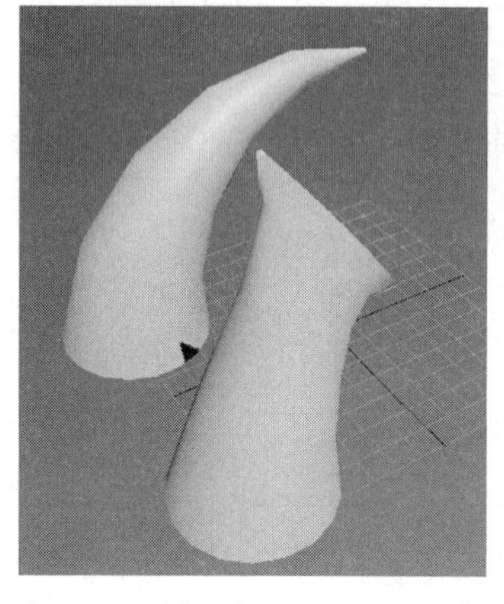

图 4-1　同样的修改器不同的顺序

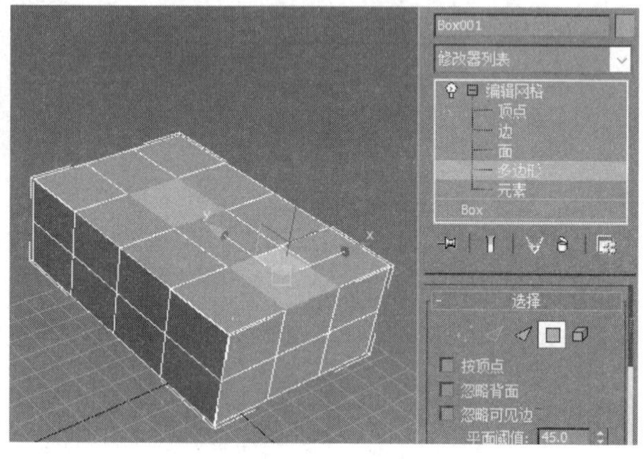

图 4-2　子对象

4.1.2 修改器菜单与修改器面板简介

修改器的种类非常多，但是它们已经被组织到几个不同的修改器序列中。在修改器面板的【修改器列表】和修改器菜单里都可找到这些修改器序列。在菜单栏中，把修改器分类以子菜单的形式组织在一起，如图 4-3 所示，而面板里则是常用的修改器，如图 4-4 所示。

图 4-3 修改器菜单

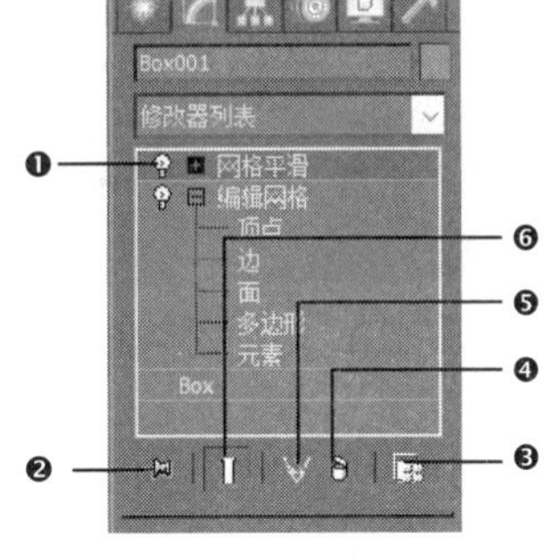

图 4-4 修改器面板

❶ 显隐开关	显示当前修改器的效果，单击一次后变为，就不显示当前修改器的效果
❷ 锁定堆栈	单击后变为，右边的修改器就不能移动位置
❸ 配置修改器集	单击后就能如修改器菜单一样分类显示修改器（以按钮形式），也能自定义修改器按钮
❹ 删除修改器	从堆栈中删除修改器
❺ 使唯一	若要使【实例】克隆或【参考】克隆的对象之间不再关联，就单击此按钮
❻ 显示最终结果	打开此按钮，即使不在最上堆栈，也能看到最后结果，关闭后就只能看到当前以下的效果

4.2 常用三维建模修改器

这里就来以一些简单的实例系统地学习一下常用三维修改器的使用方法。

4.2.1 弯曲

弯曲修改器可以沿着任何轴弯曲一个对象。参数卷展栏里的【弯曲】可设置【角度】、【方向】、【弯曲轴】和【限制】。

下面以一根吸管为例尝试一下。

步骤 01 在顶视图中创建一个【圆柱体】，参数如图 4-5 所示。

步骤 02 切换到修改器面板，添加【弯曲】修改器，参数如图 4-6 所示。

步骤 03　展开【弯曲】修改器前的■，选择【中心】子对象，在视图中将弯曲的中心拖到上半部，吸管模型创建成功，如图 4-7 所示。

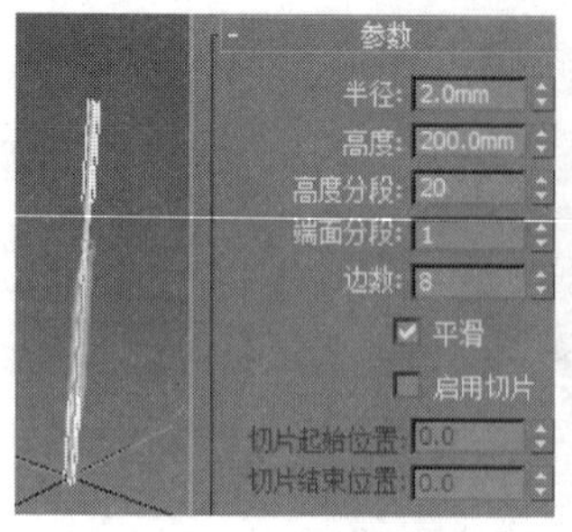

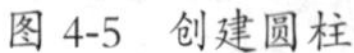
图 4-5　创建圆柱

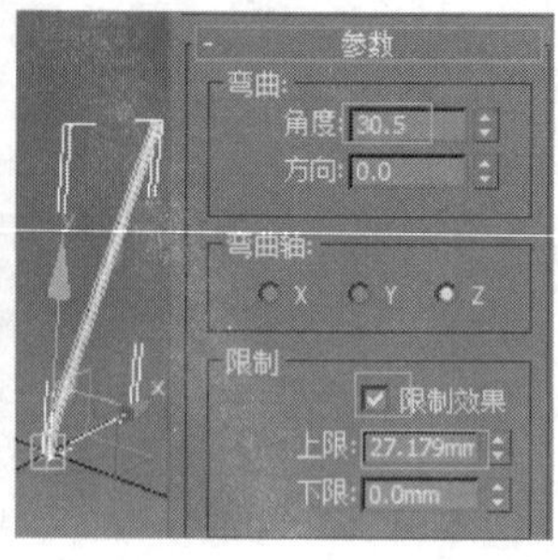

图 4-6　添加弯曲修改器

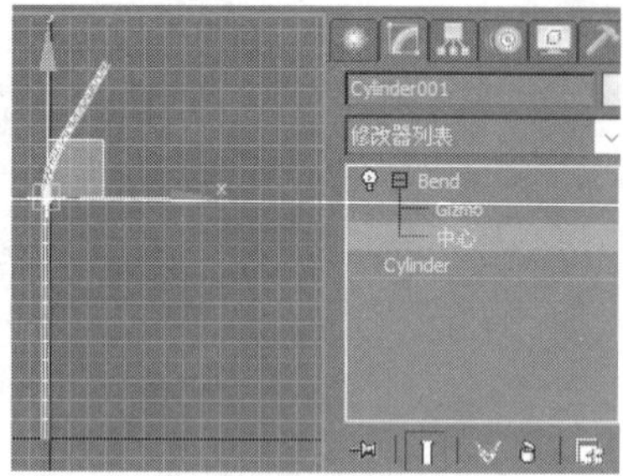

图 4-7　移动弯曲中心

4.2.2 锥化

【锥化】修改器只缩放对象的一端。【参数】卷展栏里包括锥化的【数量】和【曲线】，它们决定锥化的幅度。而【锥化轴】决定了锥化的方向。此外，锥化修改器同样包含【限制】选项。

下面以一个伞面为例尝试一下。

步骤 01　选择【创建】面板■→图形■→星形，在顶视图中创建一个参数如图 4-8 所示的星形。

步骤 02　为其添加一个【挤出】修改器，参数如图 4-9 所示。

步骤 03　添加一个【锥化】修改器，参数如图 4-10 所示，伞面绘制成功。

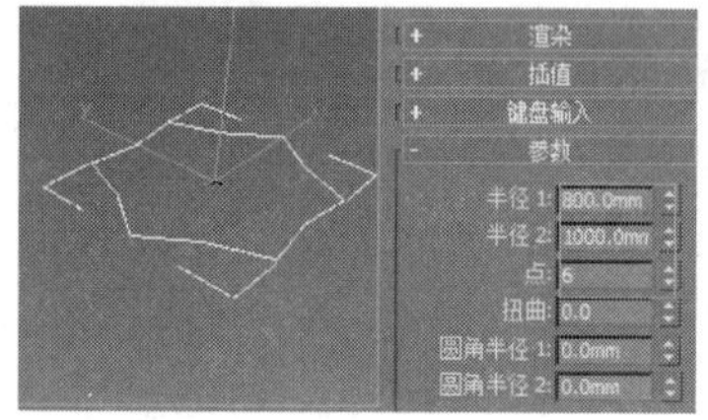

图 4-8　绘制星形

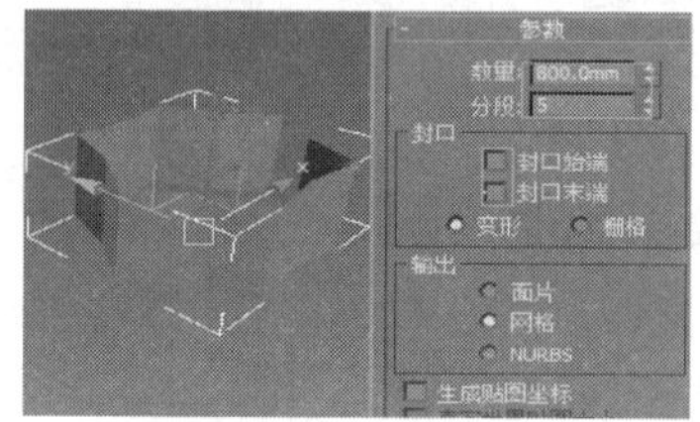

图 4-9　挤出伞面

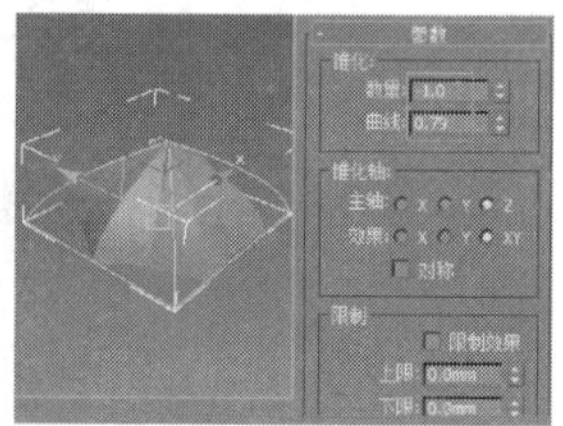

图 4-10　添加锥化修改器

4.2.3 FFD

【FFD 方体 / 柱体】修改器能创建方体或柱体的点阵控制点来变形对象。【尺寸】栏中的【设定点数】按钮可以指定网格控制点数。【选择】按钮可以沿着任何轴选择点。也有固定点阵的【FFD2X2X2】、【FFD3X3X3】、【FFD4X4X4】的方体修改器。

下面以一个抱枕为例尝试一下。

步骤 01　在顶视图创建一个【切角长方体】，参数如图 4-11 所示。

步骤 02　添加一个【FFD（长方体）】修改器，设置点数如图 4-12 所示。

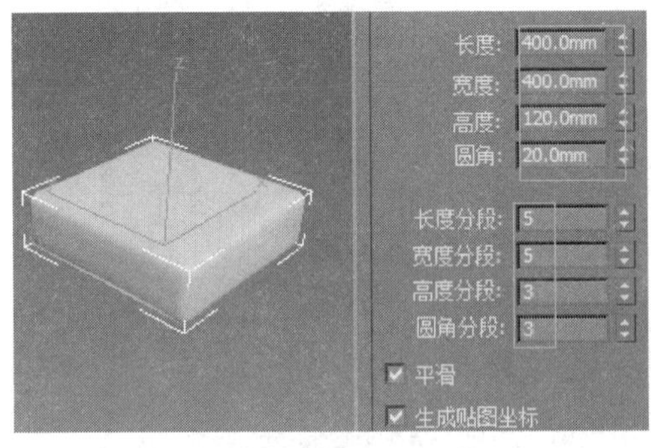

图 4-11　绘制切角长方体

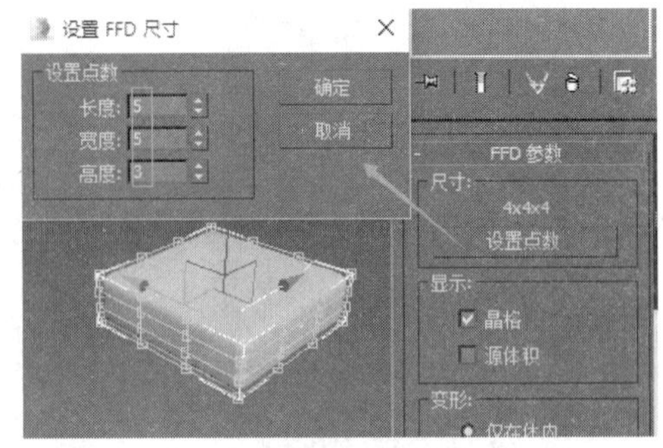

图 4-12　设置 FFD（长方体）修改器的控制点数

步骤 03　展开【FFD（长方体）】修改器前的■，选择【控制点】子对象，选择中间 3 列控制点，用【选择并缩放】工具锁定 y 轴缩小适当的比例，再选择最中间的 1 列，继续用【选择并缩放】工具锁定 y 轴缩小适当的比例，如图 4-13 所示。

步骤 04　用同样的方法缩放 x 轴和 z 轴的控制点，最终模型效果如图 4-14 所示。

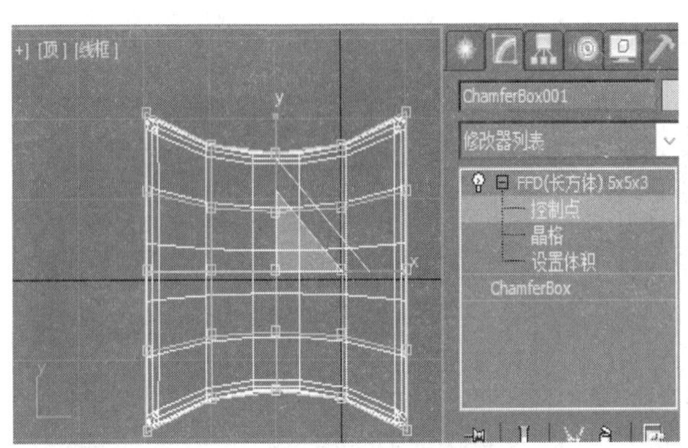

图 4-13　缩放 y 轴控制点

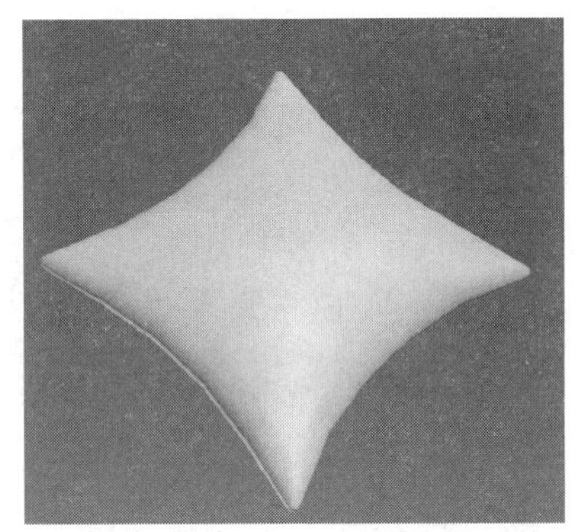

图 4-14　抱枕模型效果

4.2.4 晶格

【晶格】修改器能将物体的网格变为线框体或节点。参数有【支柱半径】、【节点半径】、【光滑】等。

下面以一个垃圾桶为例尝试一下。

步骤 01　选择【创建】面板→图形→线，在前视图创建一个如图 4-15 所示的垃圾桶半剖面线。然后单击修改面板，按【2】切换到【线段】子对象，选择桶身那一段，再单击【分离】按钮，将其分离出来，如图 4-16 所示。

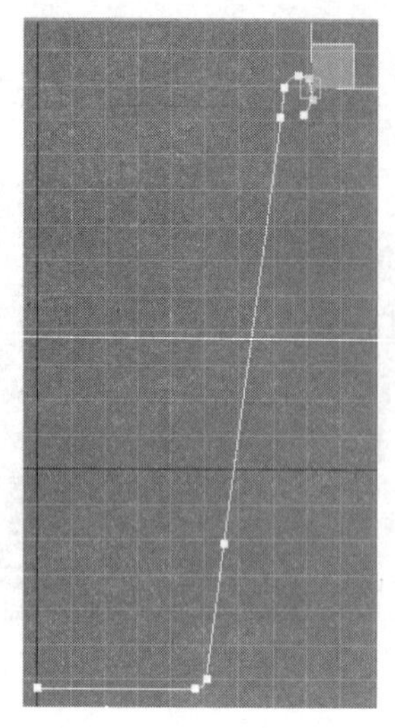

图 4-15　绘制垃圾桶半剖面轮廓

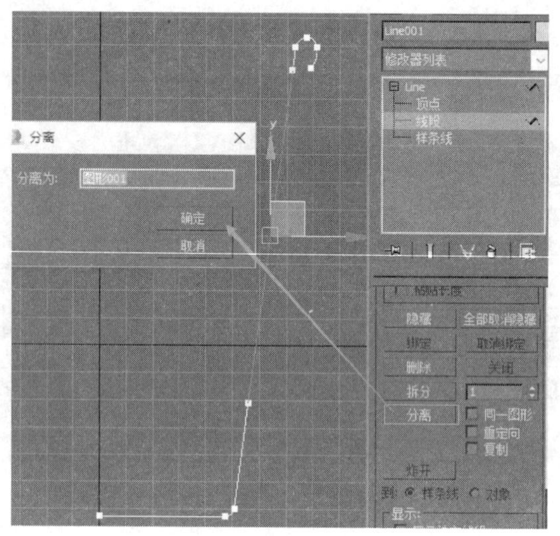

图 4-16　分离桶身轮廓线

步骤 02　按【W】键切换到【选择并移动】工具，选择刚才分离出来的那段线，按【2】来到【线段】子对象，在【拆分】按钮后的数值框中输入“5”，再单击【拆分】按钮，将线段平分为 6 段，如图 4-17 所示。

步骤 03　选择桶底轮廓线，添加一个【车削】修改器，设置参数如图 4-18 所示。

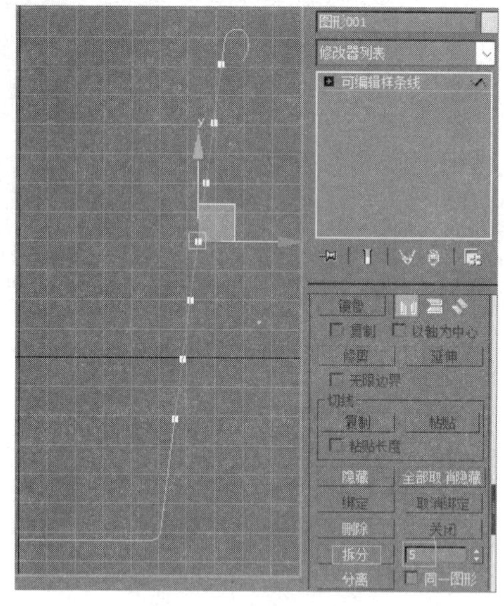

图 4-17　拆分桶身线段

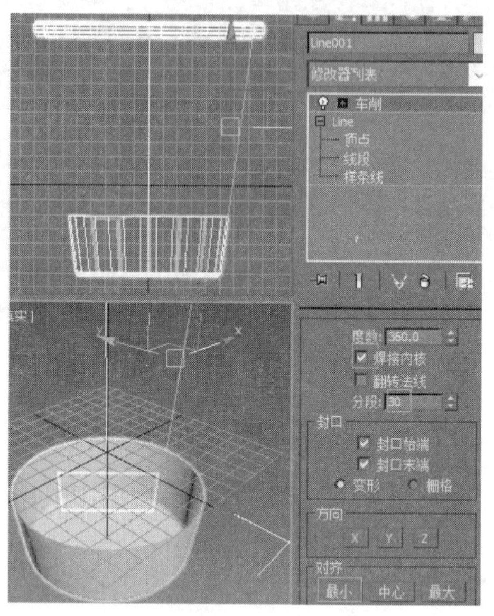

图 4-18　车削生成桶底及桶口

步骤 04　将【车削】修改器直接拖到桶身轮廓线上生成桶身，如图 4-19 所示。然后添加一个【晶格】修改器，设置参数如图 4-20 所示。再为桶底加一个【壳】修改器，最终模型效果如图 4-21 所示。

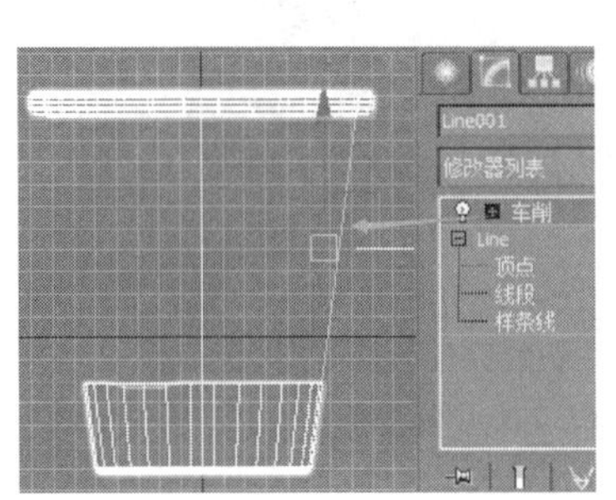

图 4-19 复制车削修改器到桶身

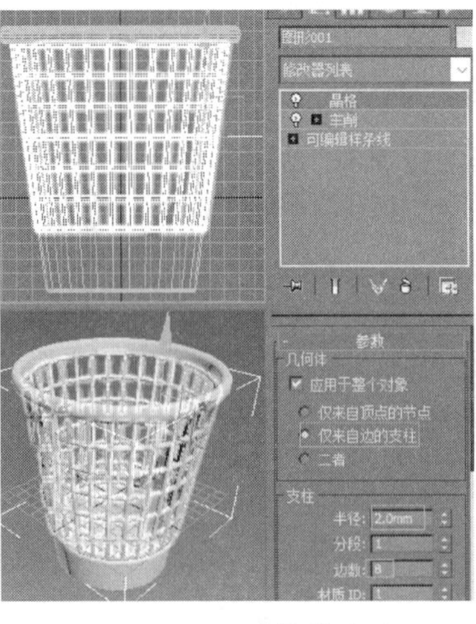

图 4-20 添加晶格修改器

图 4-21 垃圾桶模型效果

4.2.5 扭曲

【扭曲】修改器可以使物体沿着某一指定的轴向进行扭转变形。【扭曲角度】决定物体扭转的角度大小，数值越大，扭转变形就越厉害。【偏移】数值为 0 时，扭曲均匀分布；数值大于 0 时，扭转程度向上偏移；数值小于 0 时，扭转程度向下偏移。【上限】和【下限】决定物体的扭转限度。

下面以一个冰淇淋为例尝试一下。

步骤 01 在顶视图中绘制一个【圆锥体】和【圆环】，如图 4-22 所示。

步骤 02 绘制一个【星形】，添加一个【挤出】修改器，注意段数，如图 4-23 所示。

图 4-22 绘制圆锥和圆环

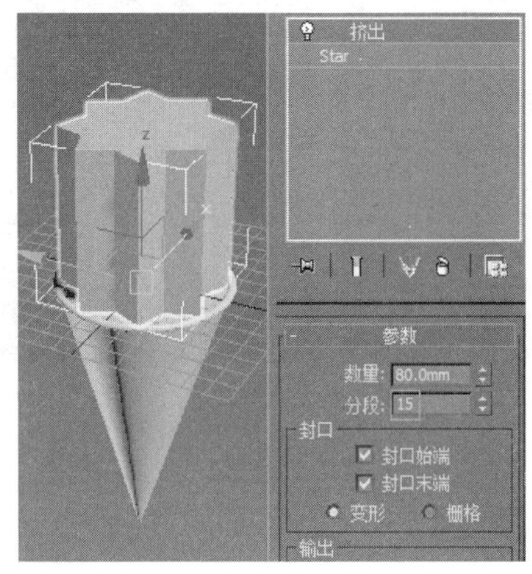

图 4-23 绘制星形并挤出

步骤 03 添加一个【锥化】修改器，设置参数如图 4-24 所示。

步骤 04 添加【扭曲】修改器，设置参数如图 4-25 所示，冰淇淋模型创建成功。

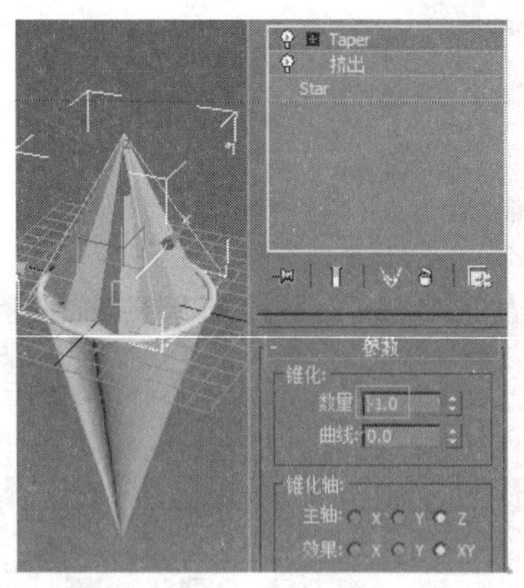

图 4-24　添加锥化修改器

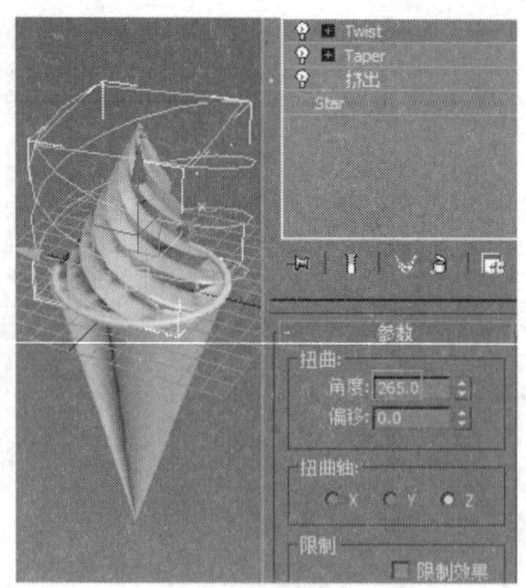

图 4-25　添加扭曲修改器

4.2.6 噪波

【噪波】修改器能随机变化顶点的位置。首先通过【参数】卷展栏的【变化】值确定噪波的大小，随后通过【分形】选项控制噪波的形状，最后通过【强度】来设定噪波的幅度。由于噪波具有随机的特性，常被用于动画中水的表面运动，噪波的【动画】设置包括【动画干扰】、【频率】和【相位】。例如，绘制一座山，就可以用此修改器。

步骤 01　创建一个【NURBS 曲面】，参数如图 4-26 所示。

步骤 02　添加【噪波】修改器，参考参数如图 4-27 所示即可。

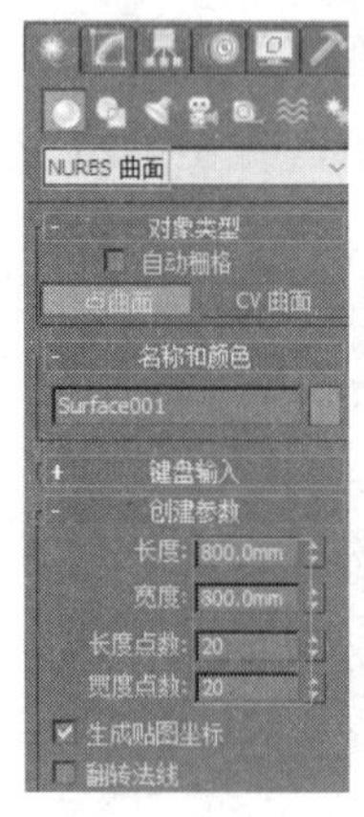

图 4-26　创建 NURBS 曲面

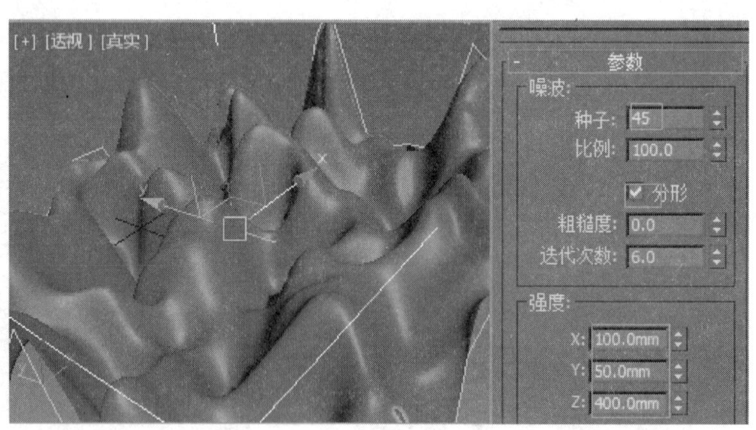

图 4-27　添加噪波修改器

4.2.7 补洞

【补洞】修改器能找到几何体对象破损的面片。当导入对象时，有时会丢失面。此修改器能检验并且沿着开口的边创建一个新面来消除破损。修复坏面参数包括【平滑新面】、【与旧面保持平滑】和【三角化封口】。

4.2.8 壳

利用【壳】修改器可以使单层的面变为双层，从而具有厚度的效果，如绘制包装盒、瓶子等就可单面编辑，最后加上壳。【倒角边】利用弯曲线条可以控制外壳边缘的形状。

4.2.9 编辑网格

把物体转换为可编辑网格，可对其顶点、边和面进行编辑，从而改变它的形状。下面以绘制一个笔筒为例尝试一下。

步骤 01　在顶视图当中绘制一个【圆柱体】，参数如图 4-28 所示，然后添加一个【编辑网格】的修改器。

步骤 02　进入【顶点】子对象，将选区形状切换为圆形，窗口选择模式，在顶视图中，将端面顶点选择后用【选择并缩放】工具锁定 *xy* 面，缩放成如图 4-29 所示的样子。

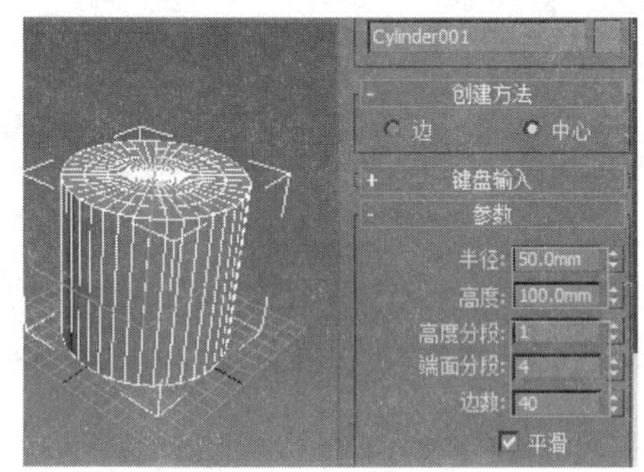

图 4-28　创建圆柱体

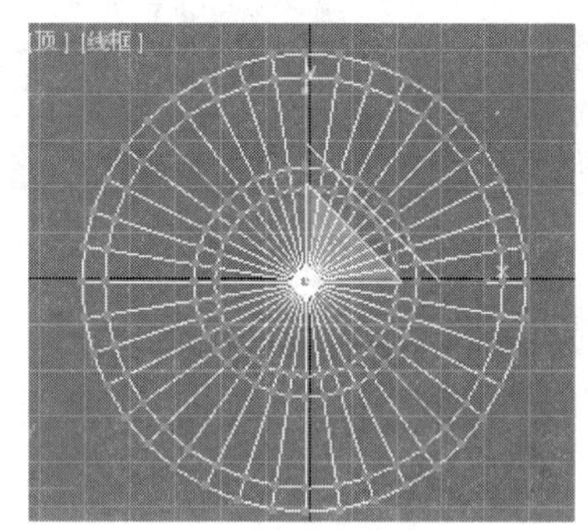

图 4-29　编辑端面顶点

步骤 03　进入【多边形】子对象，按【Q】键切换到点选工具，再切换到交叉选择模式，配合加选（按【Ctrl】键）和减选（按【Alt】键）选择如图 4-30 所示的面。再将选区形状切换为矩形，在前视图将底部的面减选。

步骤 04　在挤出按钮后的输入框内输入 -10 后单击挤出，结果如图 4-31 所示。

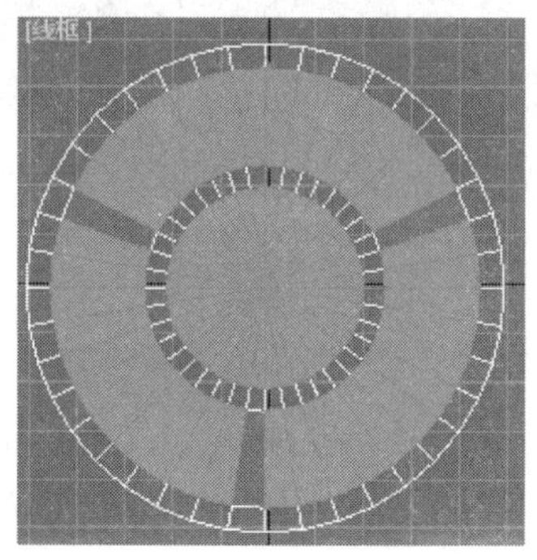

图 4-30　选择多边形

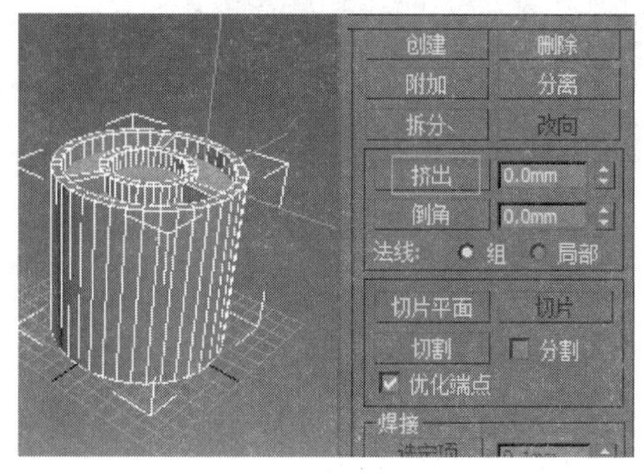

图 4-31　挤出凹槽

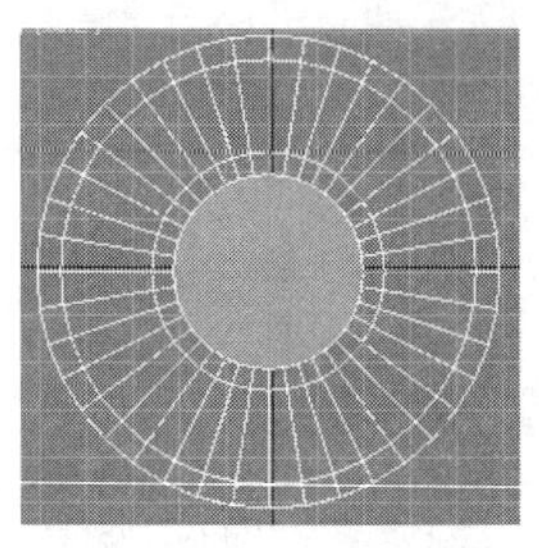

图 4-32 减选凹槽

步骤 05 减选外面一圈多边形，如图 4-32 所示，然后按【Delete】键删除。添加【壳】修改器，笔筒效果如图 4-33 所示。

步骤 06 创建铅笔。在顶视图中创建一个【圆柱体】，参数如图 4-34 所示，然后添加【编辑网格】修改器。

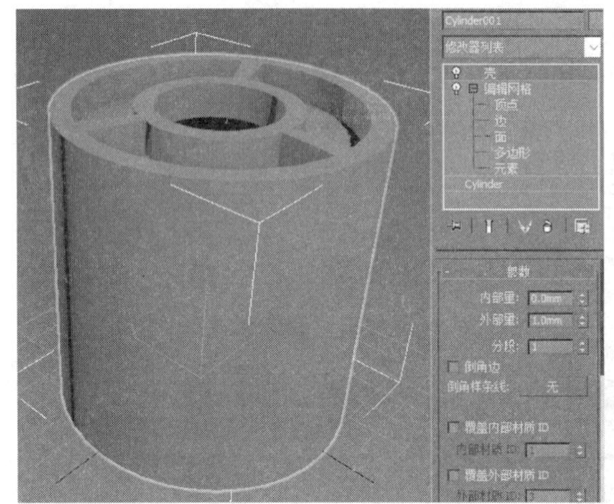

图 4-33 笔筒模型

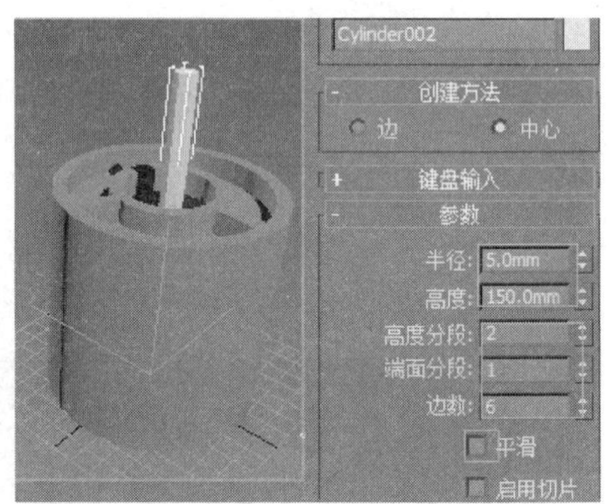

图 4-34 绘制圆柱体

步骤 07 进入【顶点】子对象，在前视图选择铅笔中间顶点，锁定 y 轴移动到如图 4-35 所示的位置。选择铅笔最上一层顶点，在面板中选择 ，效果如图 4-36 所示。再复制一两根铅笔，移动倾斜一下即可。

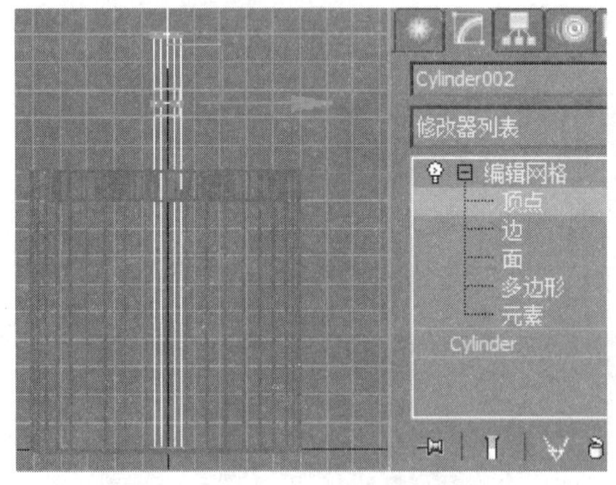

图 4-35 编辑顶点位置

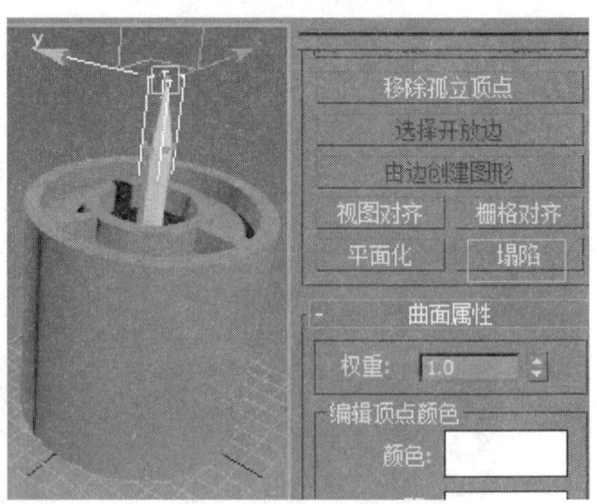

图 4-36 塌陷顶点为笔尖

技能拓展

选择修改器子对象可以按数字键【1】、【2】、【3】、【4】、【5】分别对应第 1 ~ 5 的子对象。以【编辑网格】修改器为例，按数字键【1】~ 5】就对应切换到【顶点】、【边】、【面】、【多边形】、【元素】。

4.2.10 网格平滑

【网格平滑】修改器通过同时把斜面功能用于对象的顶点和边来平滑全部曲面。此修改器通过增加面数来达到平滑的目的，如图 4-37 所示，迭代次数越多平滑效果越好，但文件就会越大，在实际制图中需要注意把握。

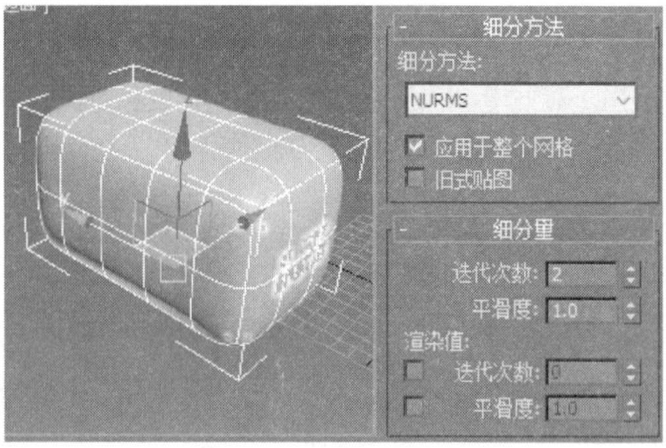

图 4-37 网格平滑修改器

4.2.11 优化

【优化】修改器通过减少面、边和顶点的数量来简化模型。首先通过【细节级别】值设置不同的【渲染】和【视图】级别。随后调整【面阈值】和【边阈值】决定元素被优化的程度。至于优化的结果，可以在卷展栏底部的【上次优化状态前 / 后】选项组中查看【顶点】数和【面】数，如图 4-38 所示。

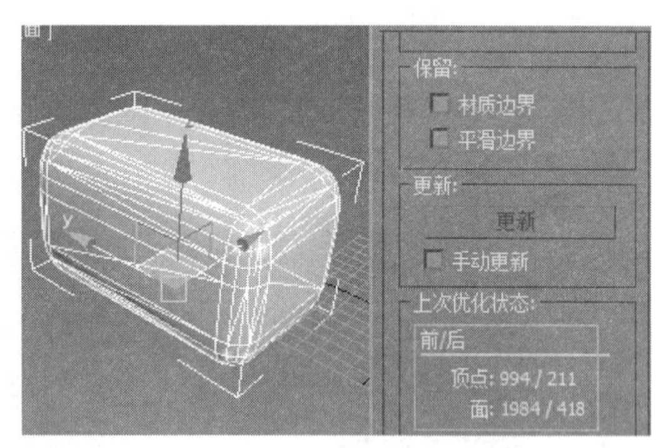

图 4-38 优化修改器

课堂范例——绘制欧式吊灯

步骤 01 绘制中轴。在顶视图绘制一个圆柱，参数如图 4-39 所示。

步骤 02 添加一个【FFD（圆柱体）】，如图 4-40 所示设置 FFD 尺寸。

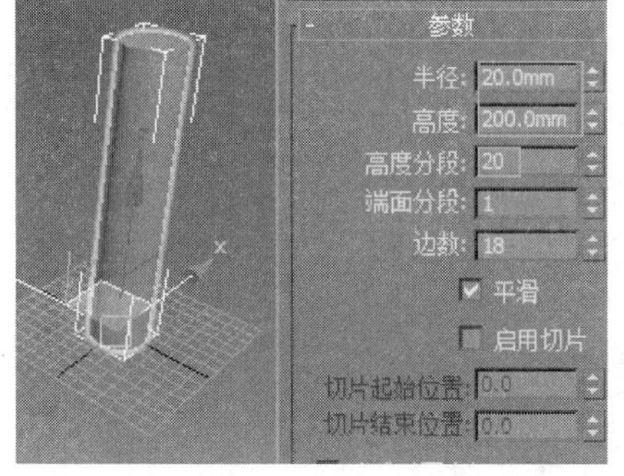

图 4-39 绘制圆柱体

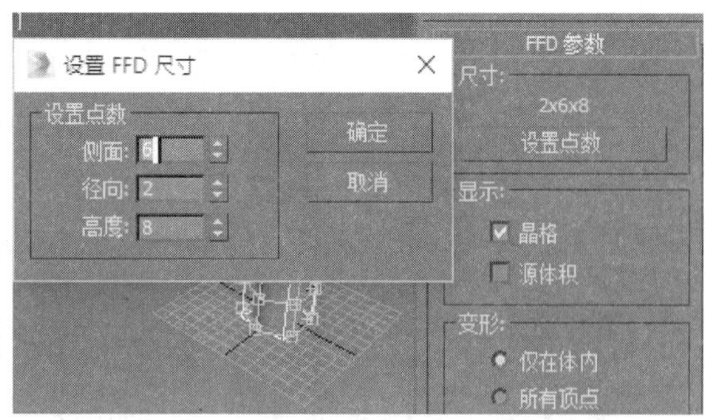

图 4-40 设置 FFD 尺寸

步骤 03 选择【控制点】子对象，通过【选择并移动】工具在前视图调好位置，然后选择一整层的【控制点】，按空格键锁定选择，到顶视图用【选择并缩放】工具锁定 *xy* 轴缩放调整，参考效果如图 4-41 所示。

步骤 04 绘制支架。选择【创建】面板→图形→线，在前视图绘制一根如图 4-42 所示的线。然后按【1】键切换到【顶点】子对象，选择所有的顶点，单击右键改为【贝兹尔】，如图 4-43 所示。通过拖动控制柄调整为如图 4-44 所示的形状，然后展开【渲染】卷展栏，设置如图 4-45 所示。

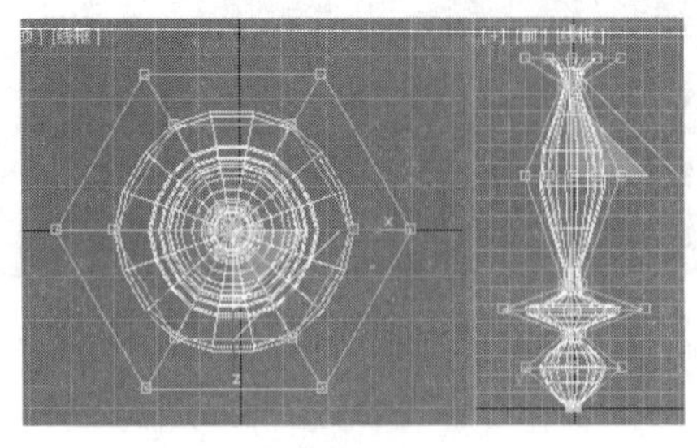

图 4-41 调整控制点

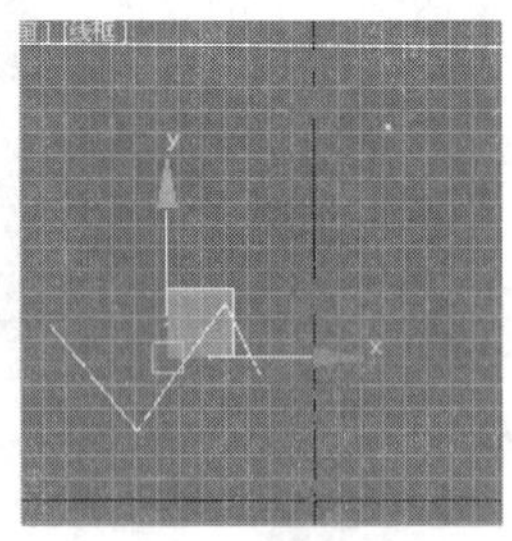

图 4-42 绘制样条线

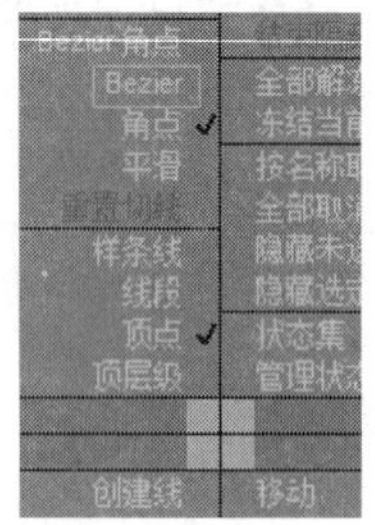

图 4-43 改变

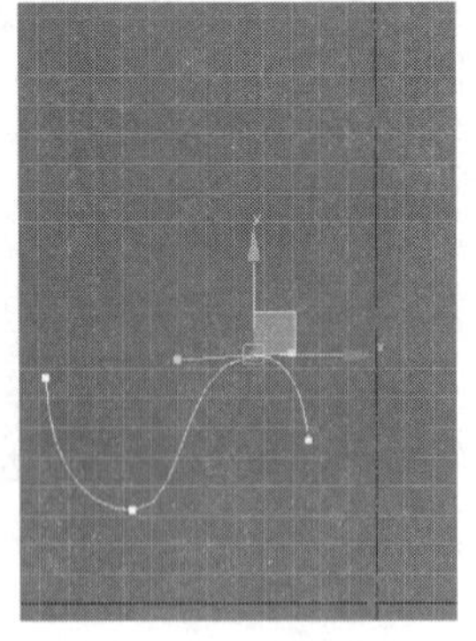

图 4-44 调整样条线

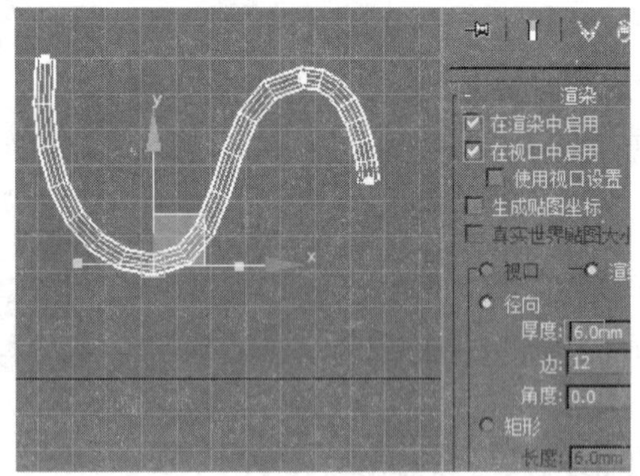

图 4-45 设置渲染属性节点类型

步骤 05 绘制烛台。在顶视图中绘制如图 4-46 所示的【圆柱体】，添加一个【锥化】修改器，参数如图 4-47 所示。然后将其对齐支架。

步骤 06 绘制蜡烛造型。选择【创建】面板→图形→星形，在顶视图绘制一个星形，参数如图 4-48 所示。

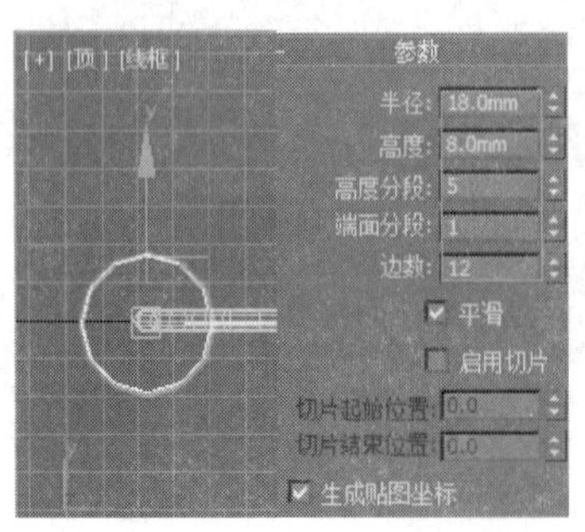

图 4-46 圆柱体

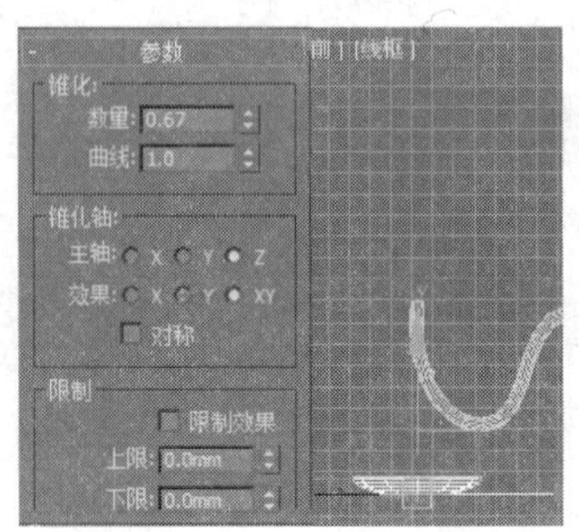

图 4-47 添加锥化修改器

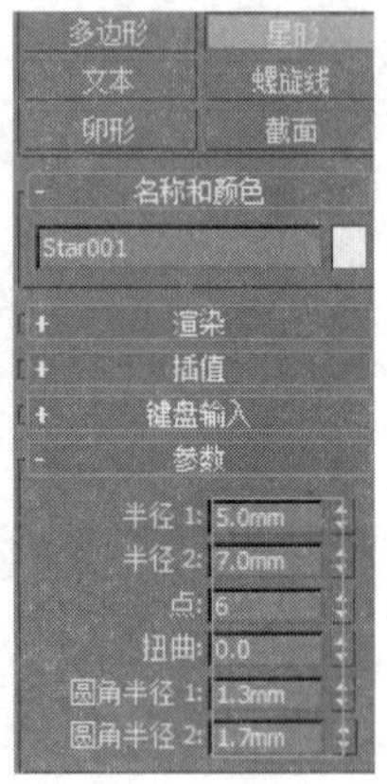

图 4-48 创建星形

步骤 07　依次添加【挤出】、【锥化】、【扭曲】修改器，参数如图 4-49 所示。再将蜡烛造型对齐到烛台，效果如图 4-50 所示。

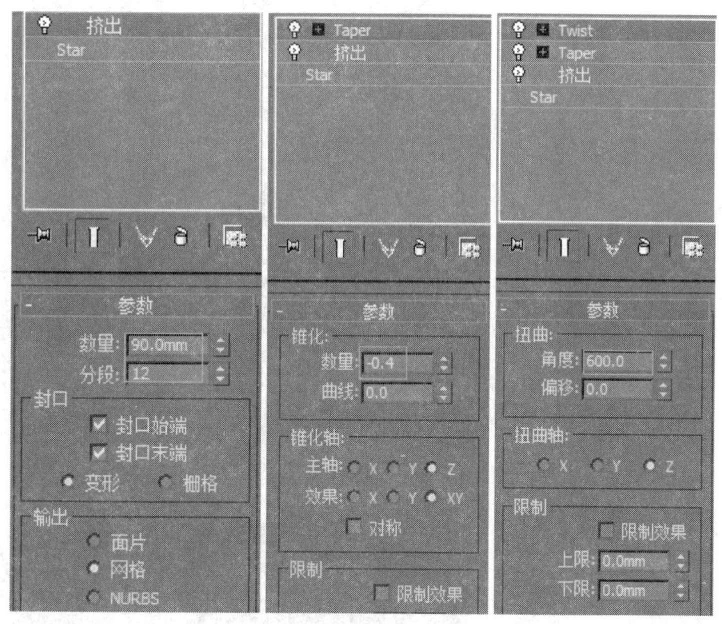

图 4-49　添加挤出、锥化、扭曲修改器

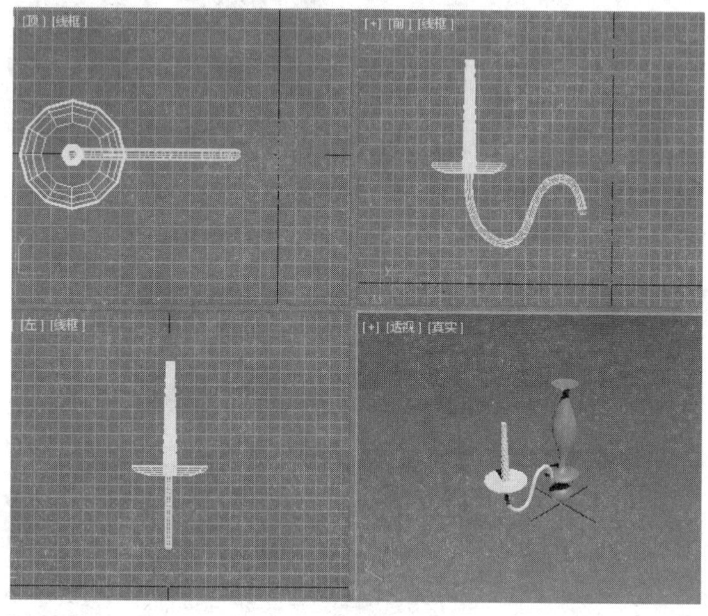

图 4-50　蜡烛造型效果

步骤 08　绘制灯泡。选择【创建】面板→图形→线，在前视图绘制一个如图 4-51 所示的线，然后切换到修改面板，按【1】键进入【顶点】子对象，选择所有顶点，将其更改为【Bezier】类型，然后调整为如图 4-52 所示的形状，再添加【车削】修改器，参数及效果如图 4-53 所示。

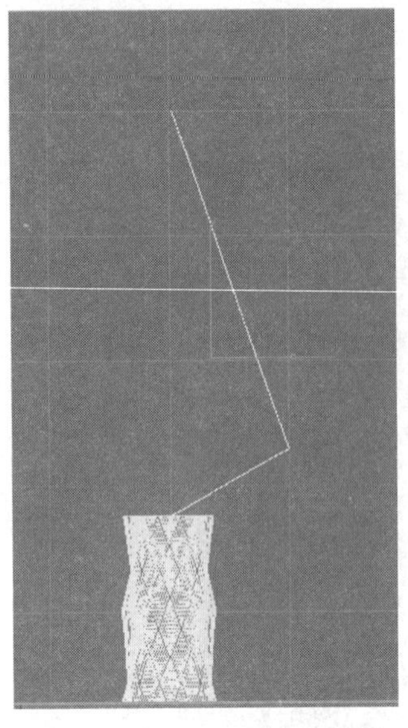

图 4-51　绘制灯泡半剖面轮廓

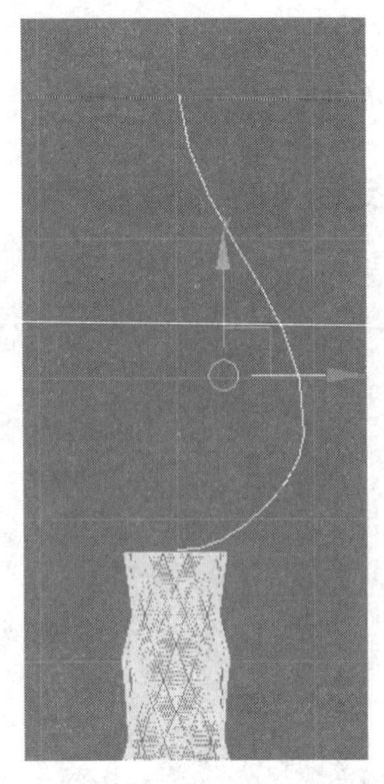

图 4-52　修改灯泡轮廓

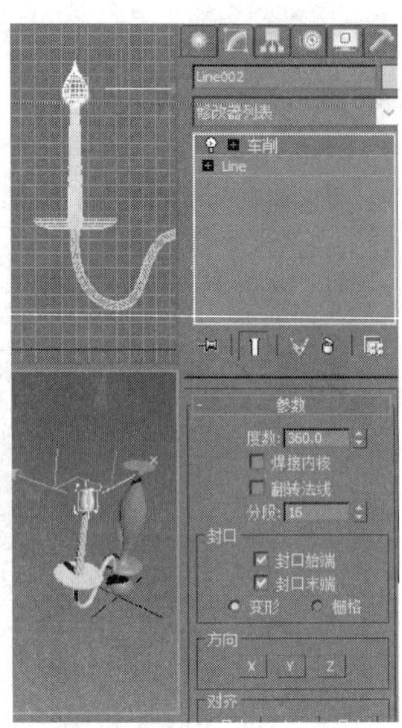

图 4-53　车削成型

步骤 09　选择除中轴外的所有的对象，群组起来，如图 4-54 所示。切换为【使用变换坐标中心】，然后单击【拾取】，拾取中轴，坐标中心变换成功，如图 4-55 所示。

步骤 10　单击【工具】菜单→【阵列】，在弹出的对话框中按如图 4-56 所示设置。再用阵列的方法绘制一条链子，最终吊灯模型效果如图 4-57 所示。

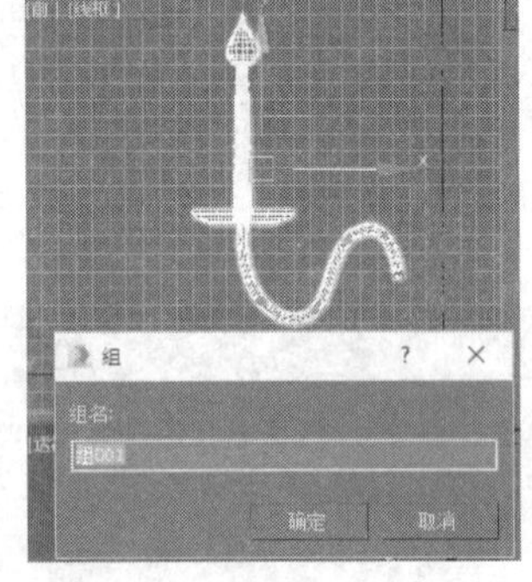

图 4-54　群组灯组建

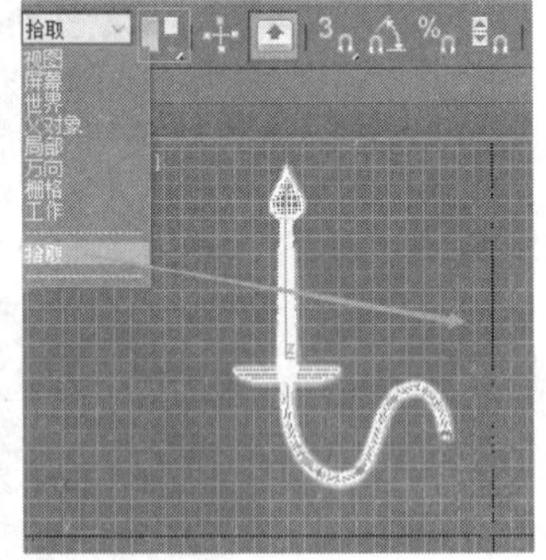

图 4-55　改变坐标系统及中心

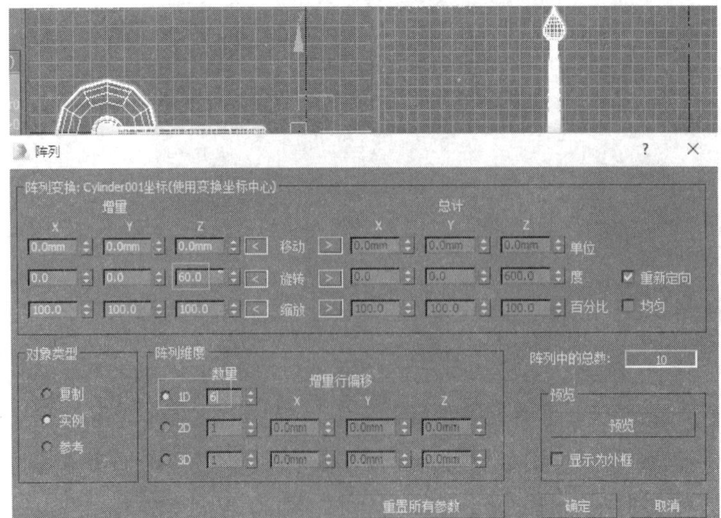

图 4-56　阵列灯

图 4-57　吊灯模型效果

课堂问答

问题❶：为什么弯曲、扭曲等转折很生硬？

答：修改器的效果都与模型本身的段数有关，如图 4-58 是同样一个圆柱体添加【弯曲】修改器，但高度上的段数分别为 2、3、5、9 时的效果。需要注意的是此时与弯曲轴无关的段数则关系不大，所以在作图的时候要求效果更好不要盲目地增加段数，而是在需要的轴向增加段数。

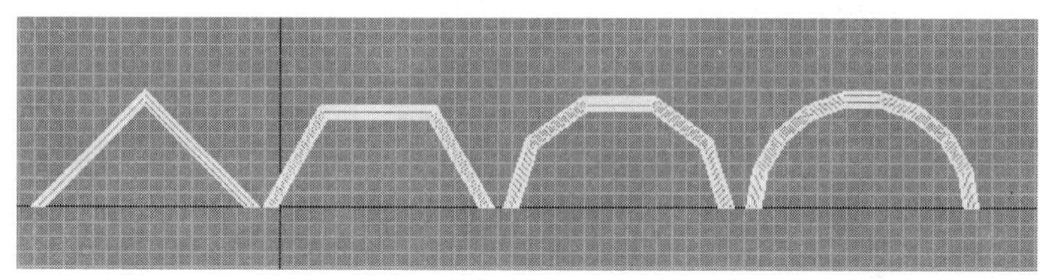
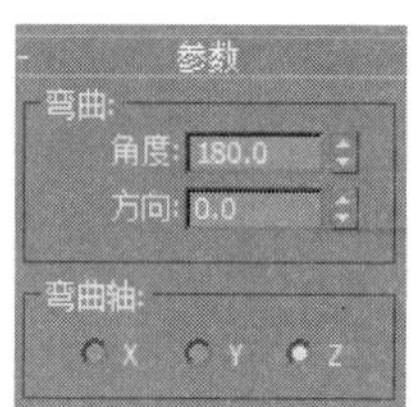

图 4-58 不同段数的弯曲效果

问题❷：修改器“平滑”与“网格平滑”的区别是什么？

答：【平滑】修改器只是在视觉上平滑，模型本身的面数没有任何变化，跟绘制旋转体时勾选的【平滑】选项效果类似，而【网格平滑】则是通过增加面数来使模型平滑。在实际制图中，若只是表面看起来不够光滑，用【平滑】修改器即可，若是要使模型造型细腻光滑，例如绘制产品造型，就可用【网格平滑】修改器。

问题❸：为修改器“壳”倒角边时轮廓反了怎么办？

答：此时的效果如图 4-59 所示，只需选择轮廓线条，切换到【修改】面板，按【3】键来到【样条线】子对象，在【几何体】卷展栏中单击【反转】按钮，反转轮廓线条的起点和终点方向即可，如图 4-60 所示。

图 4-59 倒角方向反转了

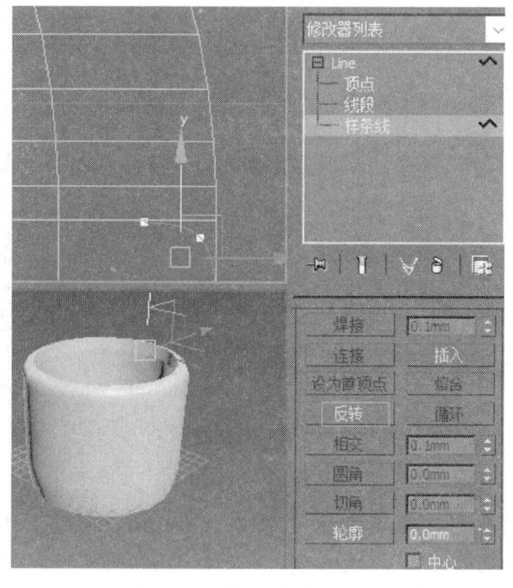

图 4-60 将倒角线反向

上机实战——绘制排球

为了让读者能巩固本章知识点，下面讲解两个技能综合案例，使大家对本章的知识有更深入的了解。

绘制排球的效果展示如图 4-61 所示。

效果展示

图 4-61　排球的效果展示

思路分析

通过观察排球球面结构，发现它是由 18 个类似矩形的面围成的，我们可以用【长方体】来着手绘制它。为什么不用【球体】来做呢？因为它的面有些是平行的，有些是垂直的，可以把这 18 个面分成 6 份，正好与正方体类似。我们用【长方体】绘制好后，再用【球形化】修改器把立方体变成球体即可。然后通过【编辑网格】修改器挤出厚度，用【网格平滑】光滑即可。

制作步骤

步骤 01　创建一个参数如图 4-62 所示的立方体，然后添加一个【网格编辑】的修改器，在透视图中按【F4】键带边框显示，按【4】键进入【多边形】子对象层级，然后按住【Ctrl】键选择一列 3 个多边形，单击【分离】按钮将其分离，如图 4-63 所示。用同样的方法拆分其他 17 个面。

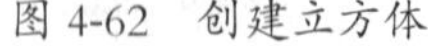

图 4-62　创建立方体

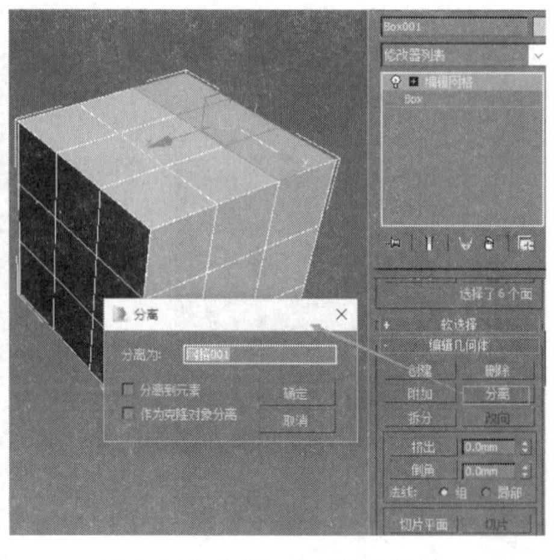

图 4-63　分离 3X1 的矩形面

步骤 02 拆分完毕后，按【H】键按名称选择【Box001】，将此有名无实的对象删除。然后选择一个矩形面，单击【附加列表】按钮，如图 4-64 所示，将其余 17 个矩形面全部选择附加。此时所有的矩形面又称为一个可编辑的网格对象。

图 4-64 附加所有矩形面

步骤 03 给该对象添加一个【网格平滑】修改器，设置参数如图 4-65 所示。

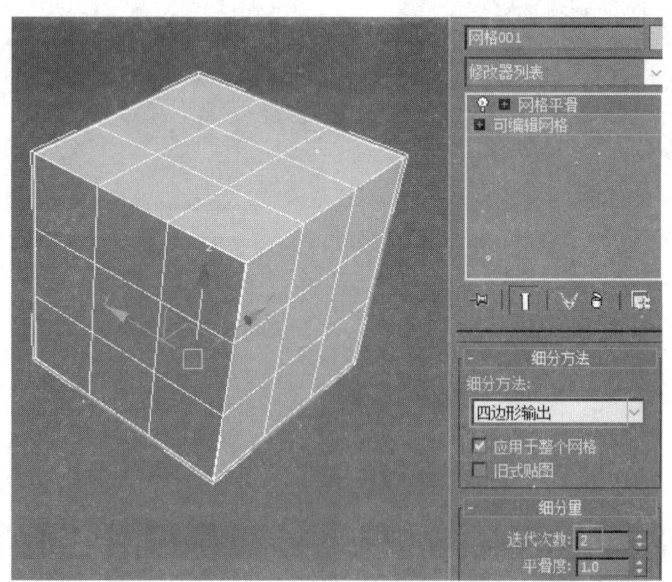

图 4-65 添加网格平滑修改器

步骤 04 添加一个【球形化】修改器，效果如图 4-66 所示。添加一个【编辑网格】修改器，按【5】键进入【元素】子对象，按【Ctrl+A】组合键全选元素，【挤出】3，如图 4-67 所示。

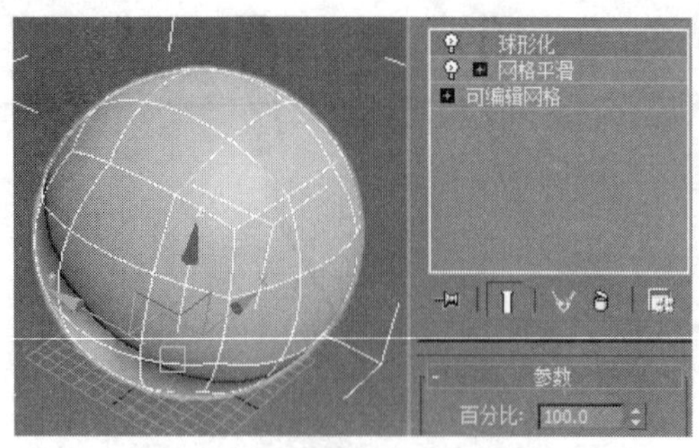

图 4-66 添加【球形化】修改器

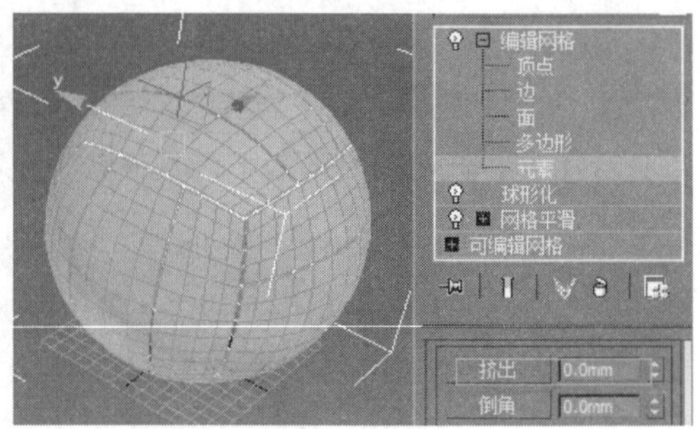

图 4-67 添加网格平滑修改器

步骤 05 再添加一个【网格平滑】修改器，参数如图 4-68 所示。按【F4】键取消带边框显示，添加一个【优化】修改器，如图 4-69 所示，可以看到顶点数和面数都大大减少，而对视觉效果没有多大影响，排球模型绘制完成。

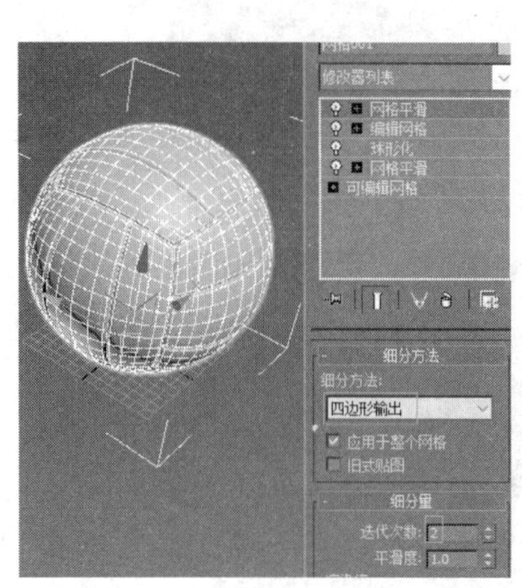

图 4-68 再次网格平滑

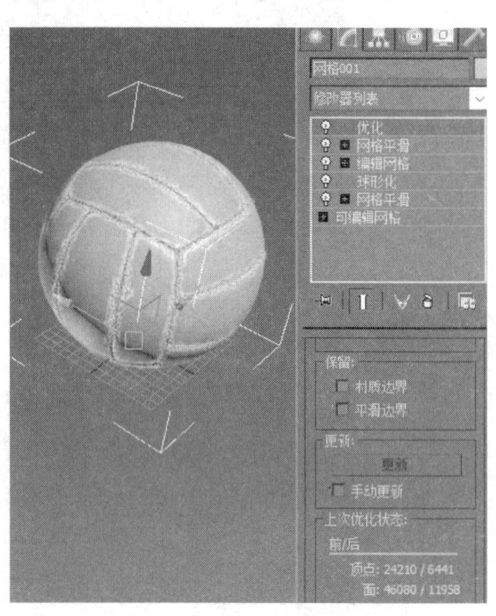

图 4-69 优化模型减小文件大小

同步训练——绘制足球

绘制足球的图解流程如图 4-70 所示。

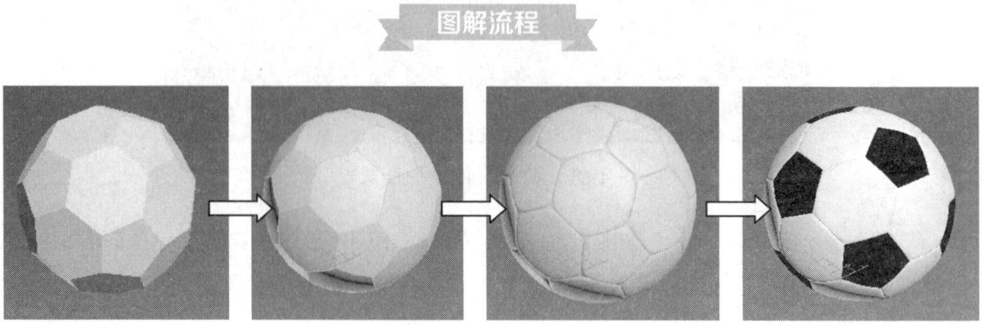

图解流程

图 4-70 绘制足球的图解流程

思路分析

思路与排球基本一样，只是第一步和最后一步不一样。第一步是用【异面体】创建，然后用【编辑网格】修改器拆分，再用【球形化】命令使其成为球形，用【编辑网格】命令挤出元素，【网格平滑】使其有外皮凹凸感，最后调制黑白两色的【多维 / 子对象】材质指定给它即可。

关键步骤

步骤 01 用【扩展基本体】创建一个【异面体】，其参数如图 4-71 所示。然后添加【编辑网格】修改器，按【5】键进入【元素】子对象，再单击【炸开】按钮将所有的面拆分，如图 4-72 所示。

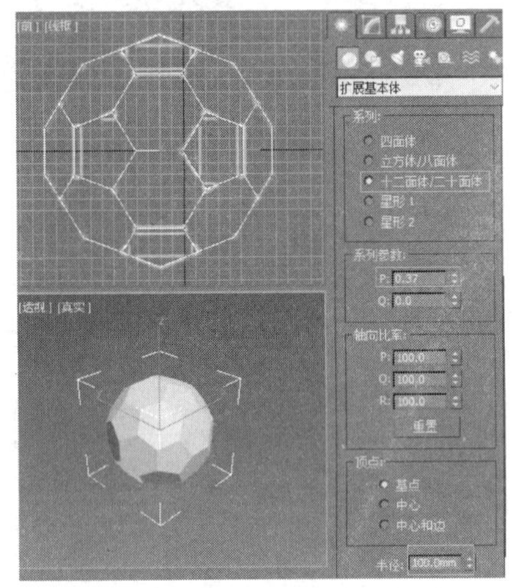

图 4-71 创建异面体

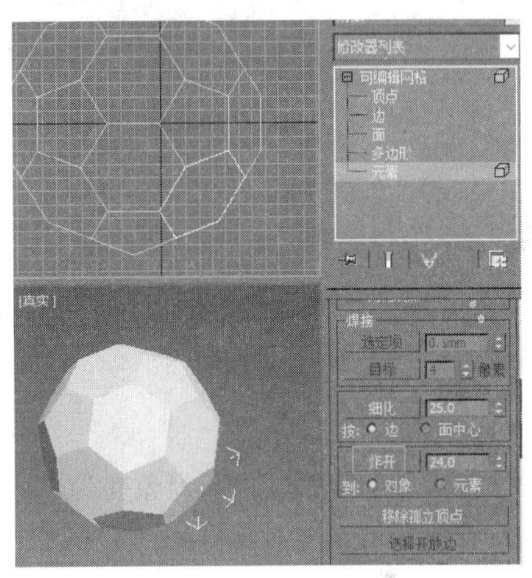

图 4-72 炸开所有的面

步骤 02 选择一个面，单击【附加列表】按钮将所有对象附加起来，再添加【网格平滑】修改器以细化这些面，如图 4-73 所示。添加【球形化】修改器后，再次添加【编辑网格】修改器，全选元素，挤出 2.0，如图 4-74 所示。

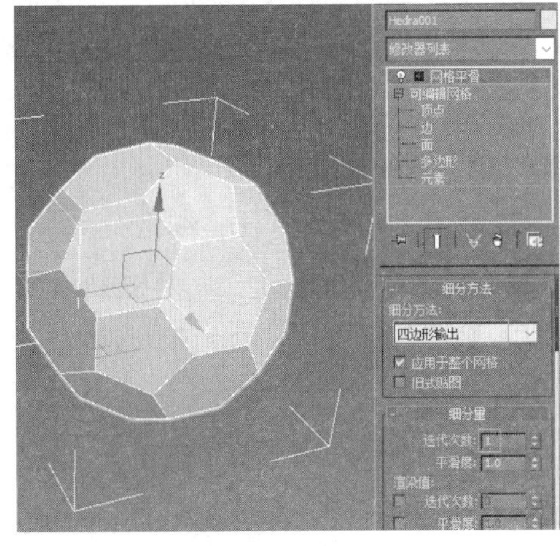

图 4-73 通过网格平滑细分面

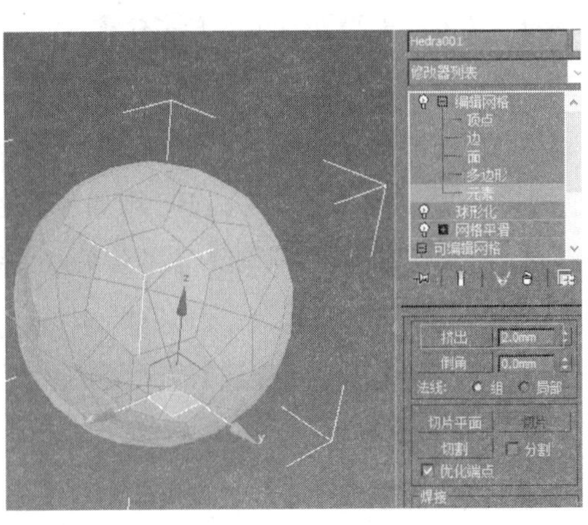

图 4-74 选择所有元素挤出

步骤 03 如图 4-75 所示，再次使用【网格平滑】修改器，模型创建完毕。按【M】键，按后面讲的【多维 / 子对象】材质的调制方法为其指定材质，效果如图 4-76 所示。

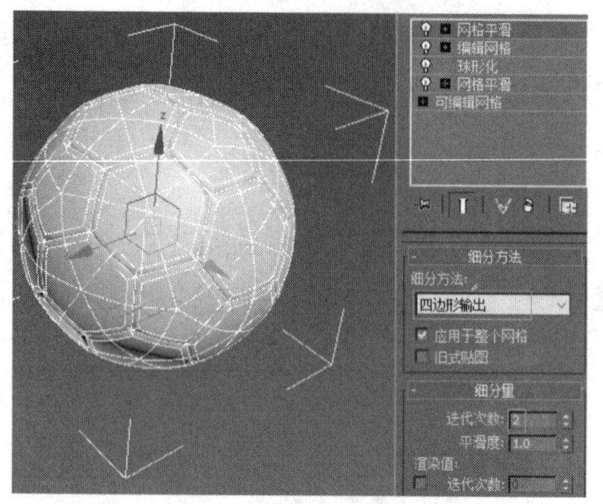

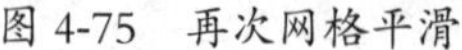
图 4-75 再次网格平滑

图 4-76 赋上多维 / 子对象材质

知识与能力测试

本章讲解了修改器建模的思想及常用修改器的用法，为对知识进行巩固和考核，布置相应的练习题。

一、填空题

1. 【晶格】修改器能将对象变为________和________。

2. 【编辑网格】修改器有____、____、____、____和____5 个子对象。

3. 在 3ds Max 2016 中，修改器菜单里有____类修改器。

4. 在【编辑网格】修改器中，把选中的顶点全部合为一点的命令按钮是____。

二、选择题

1. 在 3ds Max 中，FFD 修改器有（　　）种。

A. 2　　B. 3　　C. 4　　D. 5

2. 【网格平滑】的输出方法有（　　）种。

A. 2　　B. 3　　C. 4　　D. 5

3. 在【网格编辑】修改器中，能一次性分解所有元素的按钮是（　　）。

A. 分离　　B. 附加　　C. 炸开　　D. 细化

4. 要使【实例】克隆的对象解除关联关系，单击修改器面板中的（　　）按钮即可。

A.　　B.　　C.　　D.

5. 下列哪个不是【噪波】修改器的参数？（　　）

A. 角度　　B. 强度　　C. 种子　　D. 分形

6. 以下属于【弯曲】、【扭曲】、【锥化】的共同参数的是（　　）。

A．数量　　　　B．角度　　　　C．方向　　　　D．限制

7．显示修改器最终效果的按钮是（　　）。

A．　　　　B．　　　　C．　　　　D．

三、判断题

1．修改器的顺序可以改变且对模型效果没有影响。（　　）

2．可以自定义一个修改器集按钮快速添加修改器。（　　）

3．【平滑】修改器和【网格平滑】修改器在本质上是一样的。（　　）

4．【优化】修改器对模型外观本身没有多少影响，但能大大减少面数，从而减小文件大小。（　　）

5．可以直接拖动修改器到另外一个模型上达到复制修改器的目的。（　　）

6．绘制边角光滑的模型可先用基本体绘制，然后【编辑网格】，再【网格平滑】，最后【优化】。（　　）

7．【网格平滑】的光滑程度与模型的段数有关。（　　）

第 5 章 二维建模

本章主要介绍二维图形的创建、二维图形的编辑和 4 个最常用的二维转三维的修改器。二维建模灵活易用，是三维建模的基础，线条更是造型中的一个至关重要的元素，因此，本章内容非常重要。

学习目标

- 掌握二维图形的创建方法
- 熟练绘制、编辑二维图形
- 掌握文字工具的使用要点
- 熟练地运用 4 个二维修改器生成三维模型
- 能用二维建模的思想分析模型并绘制表达

5.1 创建二维图形

二维图形的创建方法跟基本几何体类似，在【创建】命令面板 的【线条】创建面板 中有着众多类型的线条样式。

根据运动变化的哲学观点，线是点运动的轨迹，面是线运动的轨迹，体是面运动的轨迹。而运动又分为线性运动和旋转运动两种；线性运动又有直线运动和曲线运动之分。3ds Max 的二维建模方法中就有这种思想的体现，如图 5-1 所示。在后面的学习实践中，希望读者结合这些思想来理解建模，这样就会从本质上掌握其中诀窍。

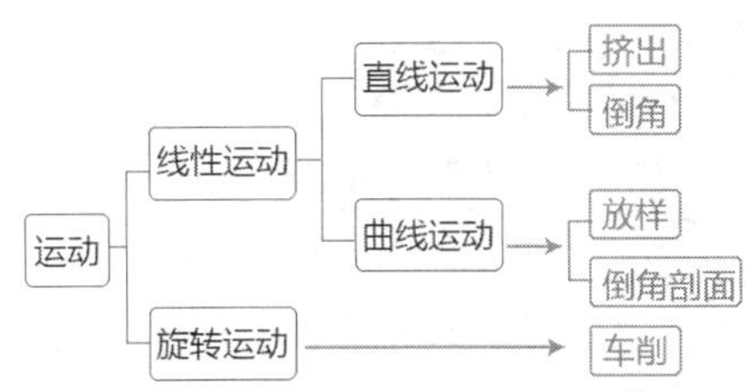

图 5-1 二维建模中的运动思想

5.1.1 线

绘制贝塞尔曲线是矢量绘图的基础，很多图形图像软件（如 Photoshop、Illustrator、CorelDRAW、InDesign 等）都能绘制贝塞尔曲线，方法也是大同小异。下面就来看看贝塞尔曲线的绘制方法。

绘制线的动作有两个：单击和拖动，默认设置的单击（即【初始类型】）为【角点】，拖动类型为【贝塞尔点】。也就是说，我们选择 线 后，直接单击绘制出的就是直线段，拖动就是贝塞尔曲线，如图 5-2 所示。当然有时为了绘图的方便，也可以设置为初始【平滑】，拖动【角点】，如图 5-3 所示的窗帘截面曲线。

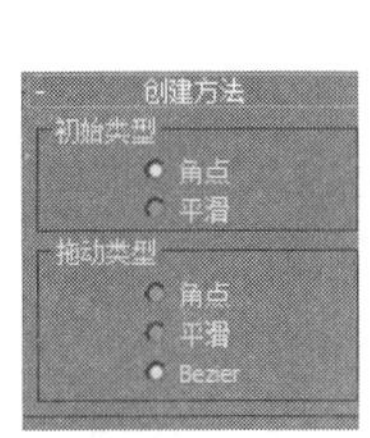

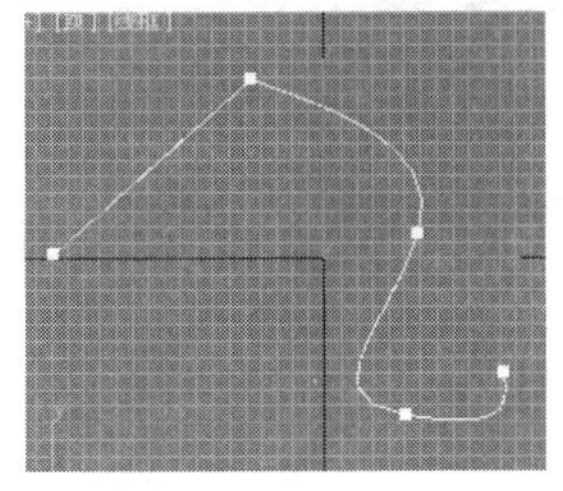

图 5-2 默认设置绘制线的效果

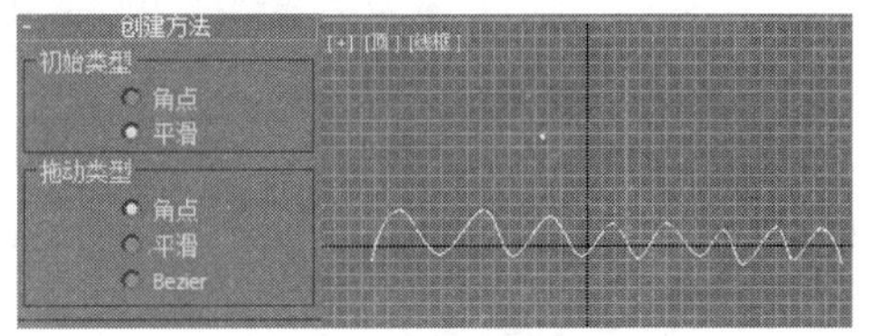

图 5-3 更改设置绘制线的效果

技能拓展

对于初学者难以很快直接绘制准确的曲线，可以采用“先直后曲”的策略，即按默认的创建方法，先在关键点处单击绘制出直线，然后更改其节点类型，再调整控制点，具体方法参照本章实例。

5.1.2 文本

文本的创建很简单，单击 文本 按钮在视图中单击即可，如图 5-4 所示，然后就能改变字体、内容、大小、间距、对齐方式等。

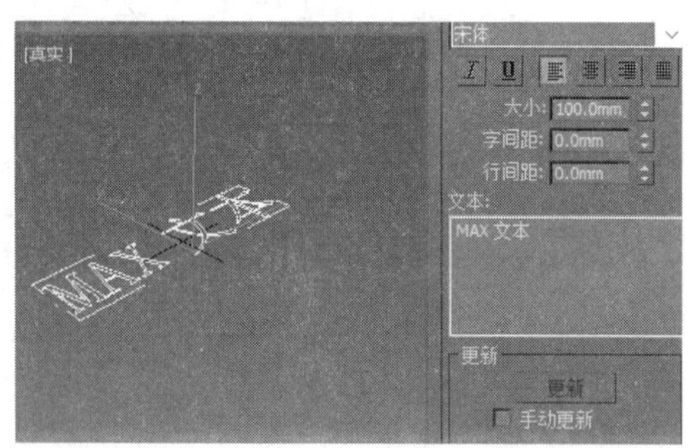

图 5-4 创建文本

温馨提示

要输入竖排文字，得选带“@”的字体并且旋转 -90°，如图 5-5 所示。

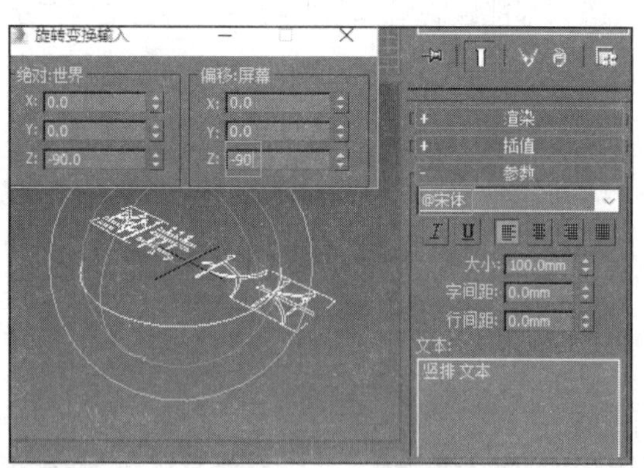

图 5-5 创建竖排文本

5.1.3 其他二维图形

①多边形与星形。【多边形】命令能绘制正多边形，输入半径、边数等就能绘制。需要注意的是可以圆角（【角半径】），甚至可以直接绘制圆形（勾选【圆形】复选框），

如图 5-6 所示。星形的两个半径也可以圆角，并且还可以整体扭曲，如图 5-7 所示。

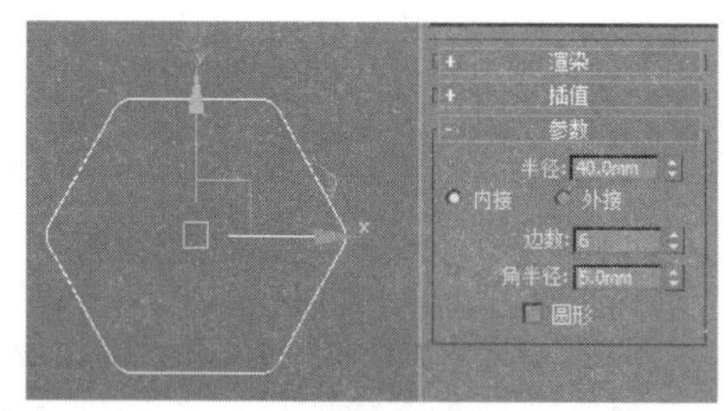

图 5-6　多边形创建参数

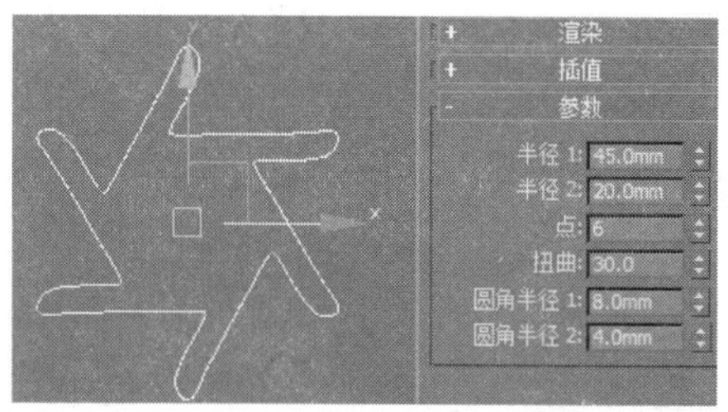

图 5-7　星形创建参数

②螺旋线与卵形。【螺旋线】能绘制空间的螺旋线，如图 5-8 所示的弹簧。【卵形】其实是绘制一个蛋的外形，勾选【轮廓】复选框就是一个蛋形的“圆环”，如图 5-9 所示。

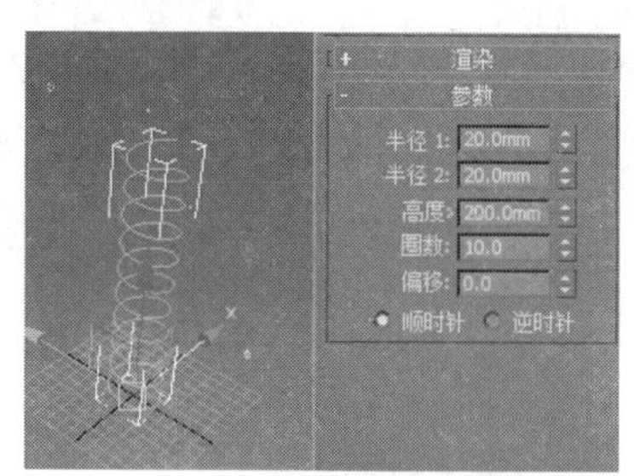

图 5-8　螺旋线创建参数

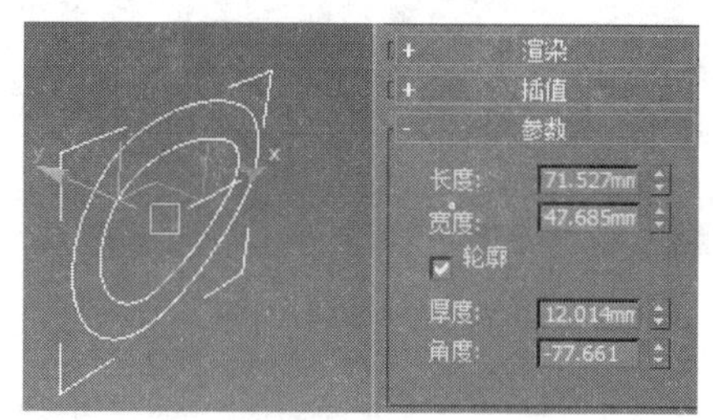

图 5-9　卵形创建参数

③截面。【截面】是个另类，不能像其他二维图形一样直接创建，而必须要在三维几何体上创建。就像是把一个三维几何体一刀切开的剖切面一样。下面以茶壶为例，看一下如何创建截面。

步骤 01　创建一个【茶壶】模型，然后单击创建面板→图形→【截面】，如图 5-10 所示。

步骤 02　单击修改面板，按【W】键切换到【选择并移动】工具，将截面移到中间一点的位置，此时 创建图形 被激活，在视图中可以看到黄色的截面形状；再按【E】键切换到【选择并旋转】工具，将截面旋转一定角度，做出斜剖的样子，如图 5-11 所示。

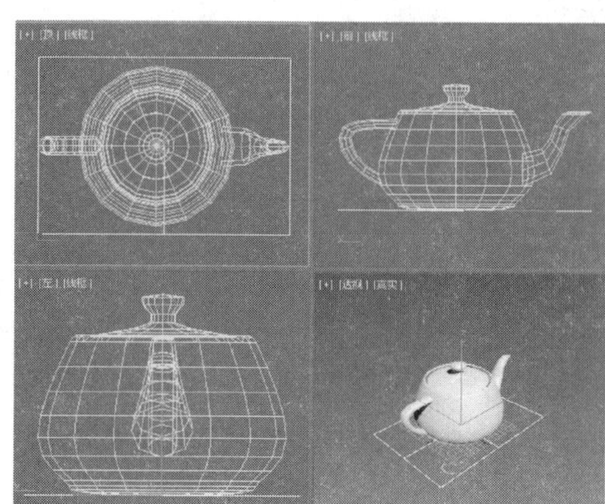

图 5-10　创建截面

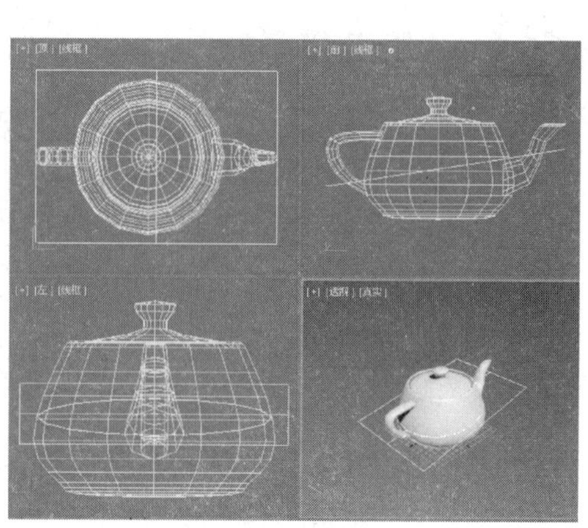

图 5-11　移动截面

步骤 03 单击 创建图形 按钮，就生成了一个断面的二维图形，如图 5-12 所示。

步骤 04 按【Alt+Q】组合键，单独显示截面图形，如图 5-13 所示。

④其余图形。剩下的二维图形的创建方法基本都很简单，在此不再赘述，参考效果如图 5-14 所示。

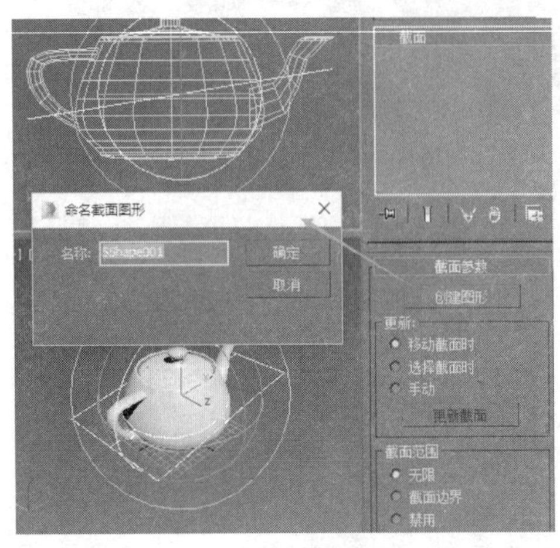

图 5-12　创建截面图形

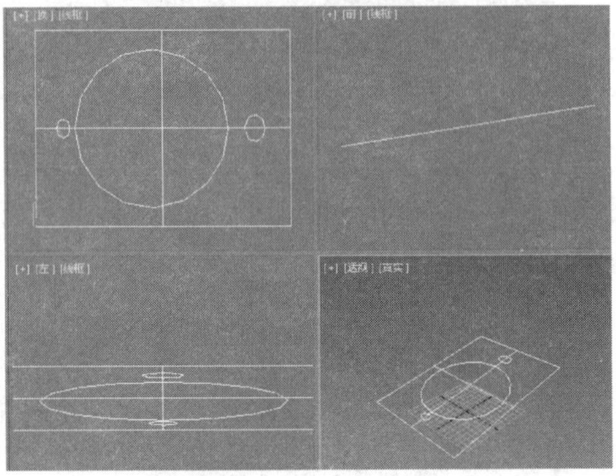

图 5-13　单独显示截面图形

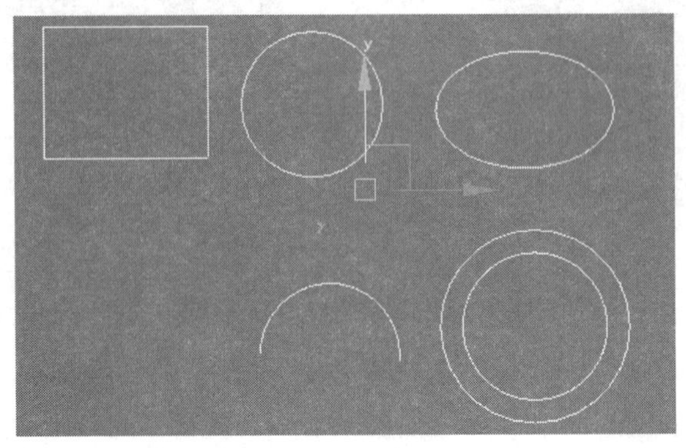

图 5-14　矩形、圆形、椭圆、圆弧、圆环

5.2 修改样条线

直接创建的一般都是基本形，很多图形一般在创建后都要经过修改编辑加工，下面从修改创建参数和编辑样条线两个方面来介绍。

5.2.1 修改创建参数

对于长、宽、半径等几何参数不再赘述，这里介绍一下【渲染】卷展栏和【插值】卷展栏。

(1)【渲染】卷展栏

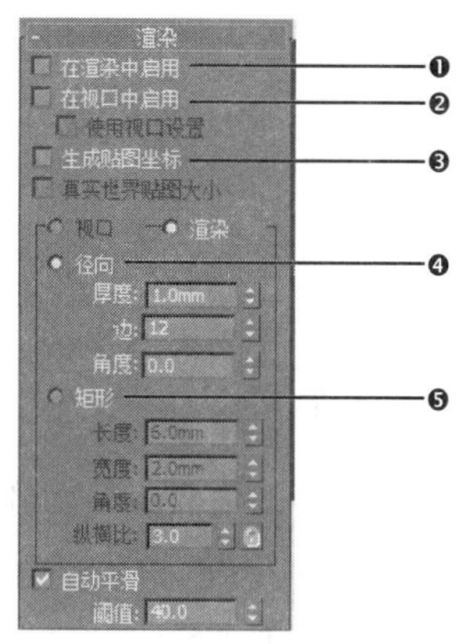

图 5-15 图形的渲染卷展栏

从几何理论上讲，点无大小，结合前面提到的运动哲学观，那么线就无粗细，面也无厚薄（所以前面基本几何体里有个只有一个面的【平面】，其实就是理论上的面），因此直接绘制的二维图形渲染后是看不到的。但现实中的线是有粗细的，为了满足理论和实际的需要，3ds Max 就设置了一个【渲染】卷展栏，如图 5-15 所示。

❶ 在渲染中启用	渲染时显示图形轮廓粗细
❷ 在视口中启用	在视图中显示图形轮廓粗细
❸ 生成贴图坐标	生成与三维几何体一样的贴图坐标
❹ 轮廓剖面形状为圆形	圆形线剖面及参数
❺ 轮廓剖面形状为矩形	矩形线剖面及参数

(2)【插值】卷展栏

前面提到过，一般情况下 3ds Max 没有真正的曲线和曲面，曲线是通过直线模拟，曲面通过剖面模拟，【插值】卷展栏就体现了这一思想。图 5-16 就是以绘制【圆形】为例，不同插值的形状。

勾选【优化】复选框，就会自动优化插值，勾选【自适应】复选框步数立即失效，马上变得很光滑。

插值就相当于前面讲的“段数”，根据实际情况调整一个效果与效率的最佳平衡值。

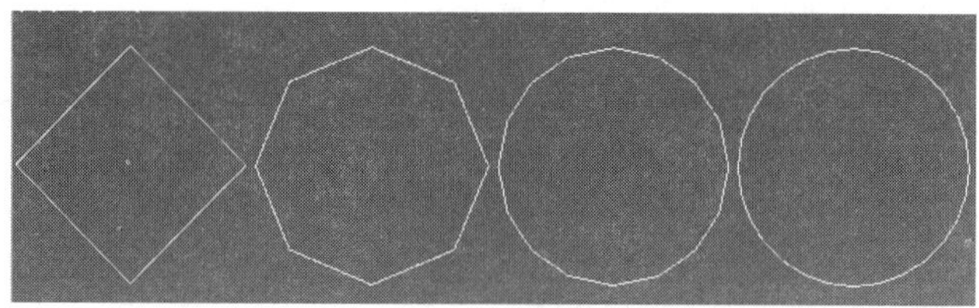

图 5-16 圆形插值为 0、1、2、6 时的形状

5.2.2 编辑样条线

要对二维图形进行深入编辑，就得添加【编辑样条线】修改器，或者右击【转换为可编辑样条线】，从而获得更多的编辑工具。从右键的左上菜单或者修改器堆栈中可以

看到，【可编辑样条线】包含【顶点】和【线段】（两点间），以及【样条线】（连续的线段）3 个子对象层级。

（1）顶点的类型

进入【顶点】子对象层级，右击后在左上四元菜单看到点有 4 类，如图 5-17 所示。【角点】和【平滑点】没有控制手柄，都是直接硬拐和平滑；【贝塞尔点】有两个可同时调节控制手柄，一般也为光滑拐角，但难于硬拐；【贝塞尔拐角点】也有两个可以单独调节的手柄，可光滑也可硬拐。通过这 4 种点即可绘制出丰富的二维图形。

（2）线段和样条线的类型

进入【线段】子对象层级，右击后在左上四元菜单看到点有【线】（直线）和【曲线】两类，如图 5-18 所示。【样条线】的类型也是这样。

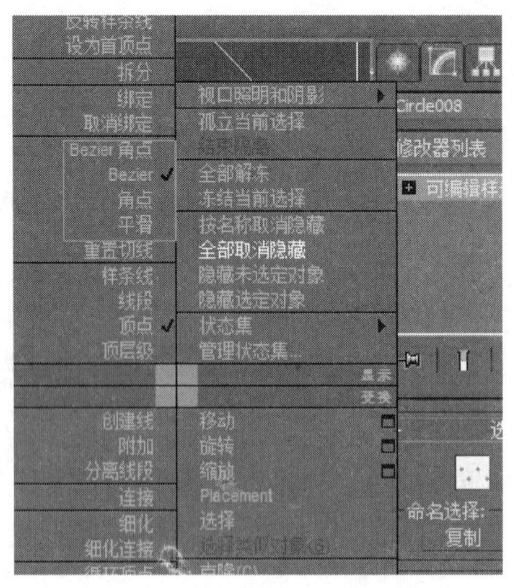

图 5-17　顶点的 4 种类型

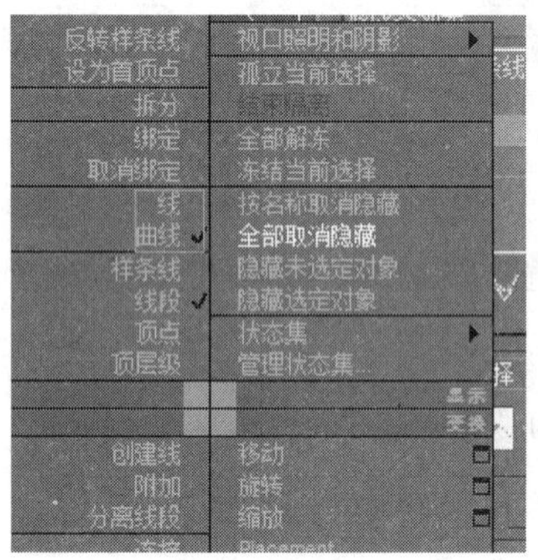

图 5-18　线段的两种类型

（3）样条线的编辑

【可编辑样条线】在每个子对象层级都提供了丰富的造型工具，在【顶点】、【线段】、【样条线】子对象里有如图 5-19 所示的命令。【可编辑样条线】有着众多的工具按钮，需要读者认真学习和掌握。

①布尔运算之前必须先【附加】且有交集。

②有时布尔运算会失败，这时可以用【修剪】命令。

③修剪完成后必须【焊接】才能成为封闭图形。

④若直接成为一个图形，就把创建面板的【开始新图形】选项去掉。

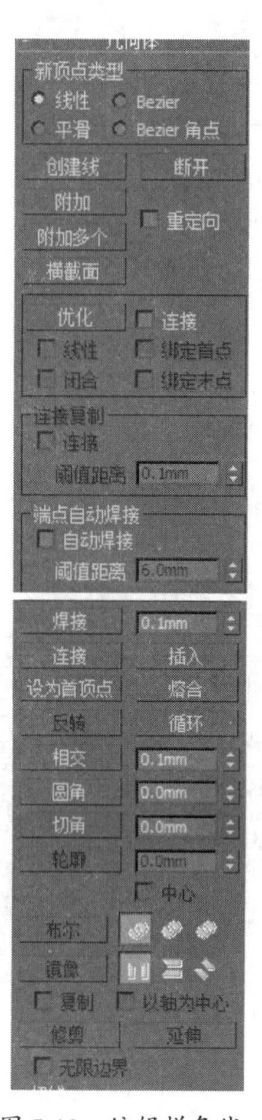

图 5-19　编辑样条线

断开	把线从该点打断
附加	可把其他的线条物体结合到一起来
焊接	把距离低于阈值（随后的输入框）的两个点焊接到一起
连接	在两个点之间添加线段连接
熔合	将两个点的位置设为重叠（并不焊接，仍为两个点）
循环	按顶点顺序循环选择
相交	在距离低于阈值（随后的输入框）的两个样条线交叉处单击，在交点处加顶点
插入	连续插入顶点
圆角	圆弧倒角
切角	直线倒角
细化（右击）	添加顶点（可不连续）
设为首顶点	将选择顶点设为起始点
拆分	相当于在线段上均匀加点
分离	与【附加】相反的操作
轮廓	为样条线加一个宽度
反转	将起点和终点交换
布尔	在两条样条线之间进行并集、差集、交集的布尔运算
镜像	将选定样条线镜像
修剪、延伸	可以对样条线进行修剪与延伸
炸开	即是把所有顶点断开

课堂范例——绘制铁艺围栏

步骤 01　单击创建面板→图形→线，在前视图中单击关键点，绘制如图 5-20 所示的粗略形状。

步骤 02　选择一根样条线，右击【附加】，将另外两根样条线附加在一起，如图 5-21 所示。然后按【1】键进入【顶点】子对象，按快捷键【Ctrl+A】全选所有顶点，右击改为【Bezier】点。

步骤 03　选择控制点，通过【选择并移动】将样条线调得比较圆滑，如图 5-22 所示。

步骤 04　调整完毕后，按【3】进入【样条线】子对象，按快捷键【Ctrl+A】全选所有样条线，为其添加轮廓，如图 5-23 所示。

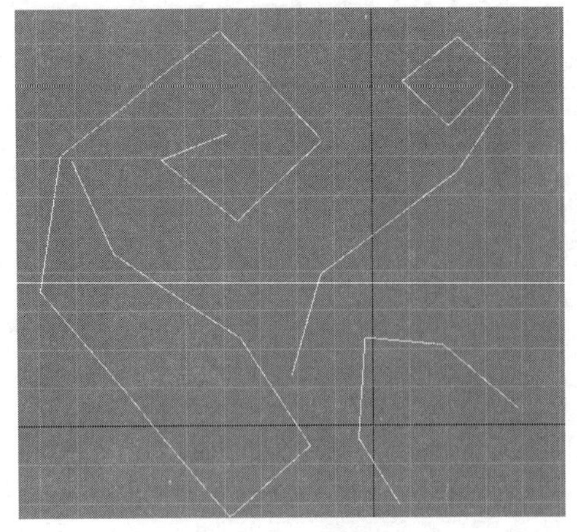

图 5-20　绘制铁艺围栏关键点

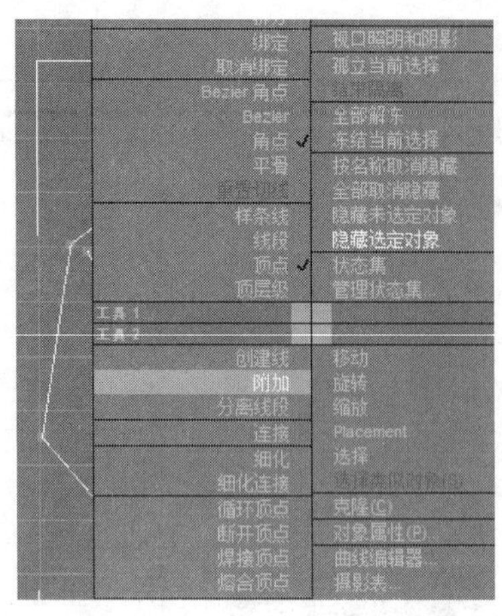

图 5-21　附加其他样条线并改顶点类型为贝塞尔点

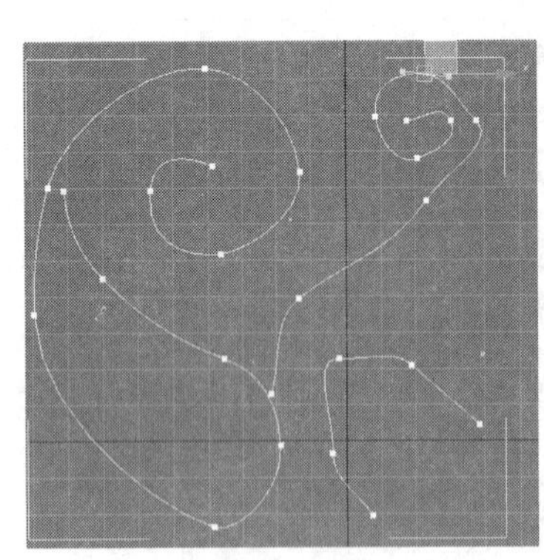

图 5-22　调整顶点控制柄

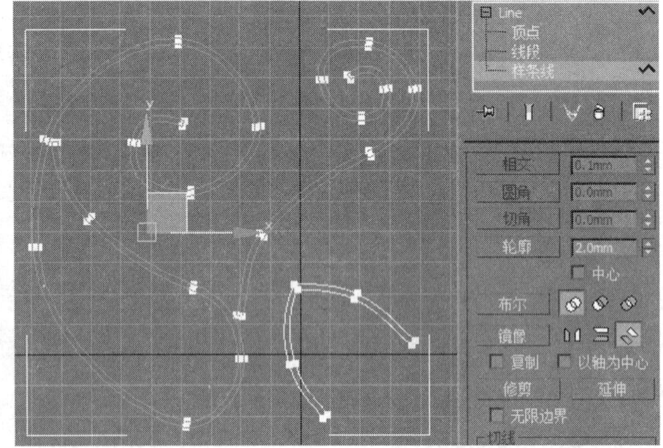

图 5-23　为样条线添加轮廓

步骤 05　全选所有样条线，勾选【复制】和【以轴为中心】复选框，水平镜像复制，然后拖动到如图 5-24 所示位置，再垂直镜像复制。

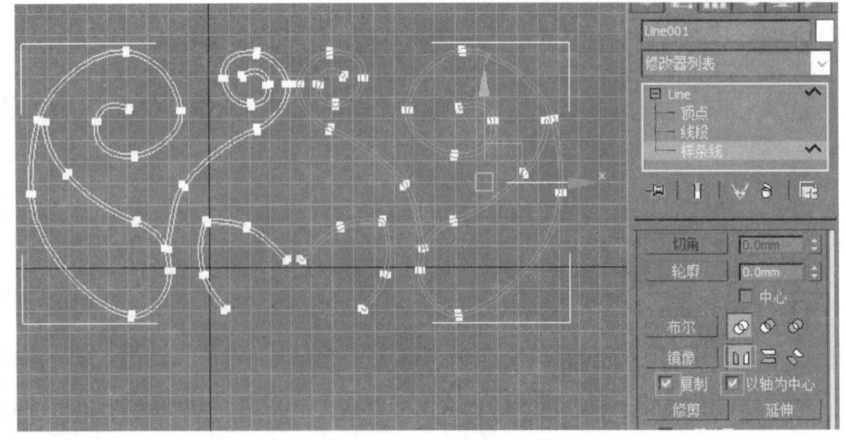

图 5-24　镜像样条线

步骤 06 如图 5-25 所示绘制两个矩形，与其他造型全部附加，再切换到【顶点】子对象，把需要焊在一起的顶点移到合适的位置。

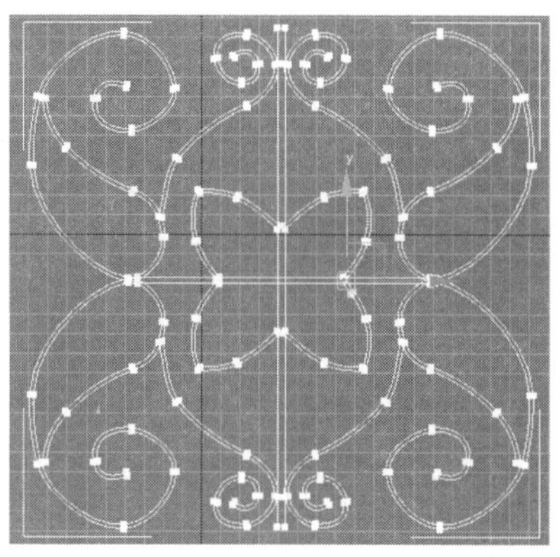

图 5-25 绘制矩形调整顶点位置

步骤 07 按【3】切换到样条线子对象，选择一条样条线，选择【并集】→【布尔】，依次焊，形成外花、内花和十字的几个图形，如图 5-26 所示。

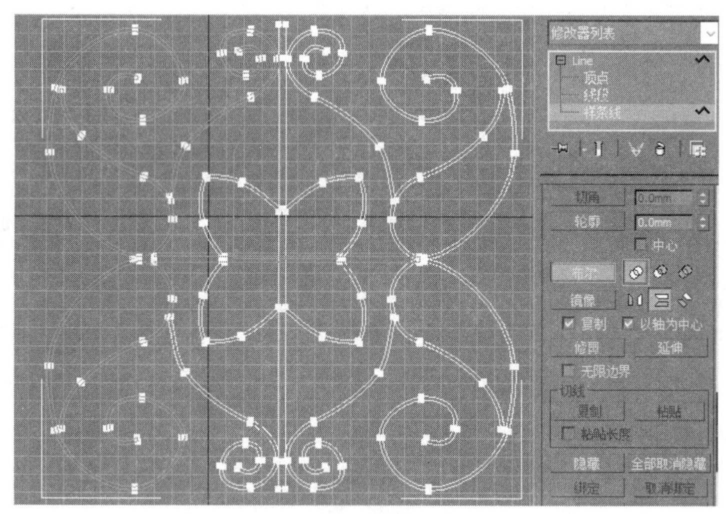

图 5-26 焊接图形

步骤 08 添加【挤出】修改器，铁艺围栏单元花型模型创建完成，如图 5-27 所示。

图 5-27 挤出形成三维铁艺围栏

5.3 常用的二维修改器

在本章开头部分已经从运动思想的角度切入简介了将二维图形生成三维几何体的5个主要运动方式，对应3ds Max则为4个修改器（【挤出】、【车削】、【倒角】、【倒角剖面】）和1个创建命令（【放样】），【放样】命令将在另外的章节中介绍，这里先介绍一下这4个修改器。

5.3.1 挤出

【挤出】修改器其实可以看成二维图形沿着一条直线运动形成的轨迹，其实前面已经多次用到过，参数也比较简单，相信读者已经熟悉，这里就不再赘述了。

5.3.2 车削

【车削】修改器体现的是二维图形的旋转运动，类似于陶瓷车间的“拉坯”工艺。例如，一个圆柱体，若我们认为是一个圆沿着其垂直高度方向运动一段直线形成的，那是【挤出】的思想；而认为是一个长方形绕着一条边旋转360°形成的，则是【车削】思想。前面已经介绍过此修改器，后面内容也会有涉及，故在此也不再赘述。

5.3.3 倒角

【倒角】其实是【挤出】的一种衍生命令，不同的是【倒角】在挤出的过程中可以将挤出的一面或两面进行三维倒角，下面以绘制一个电视节目片头文字为例介绍一下此修改器。

步骤 01　选择创建面板→图形→文本，创建文字，参数如图5-28所示。

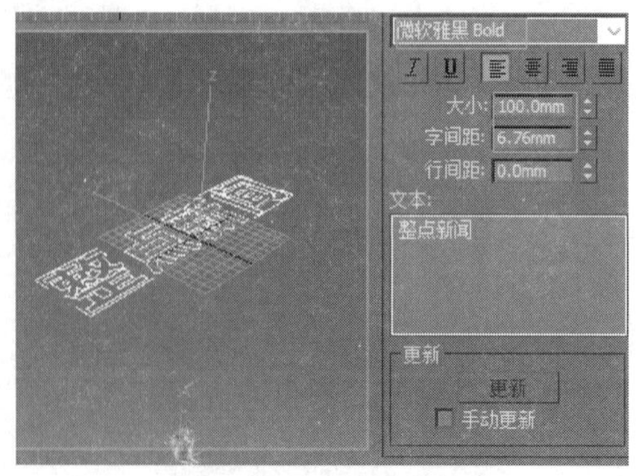

图5-28　输入文字

步骤 02　添加【倒角】修改器，参数如图5-29所示。

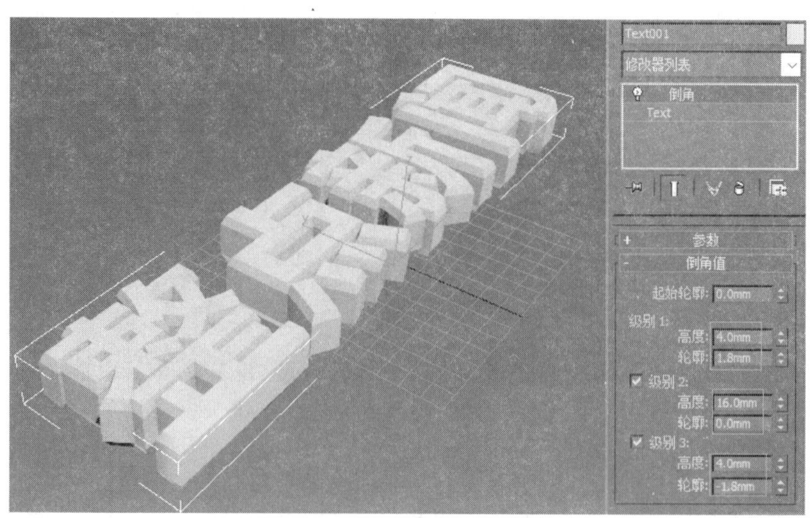

图 5-29 倒角成型

5.3.4 倒角剖面

【倒角剖面】的建模思想其实与【倒角】关系不大，倒更像后面章节里讲的【放样】，其实就是一个剖面沿着路径运动形成的轨迹。下面以绘制果盘为例介绍一下这个修改器。

步骤 01 在顶视图创建一个【星形】，参数如图 5-30 所示。

步骤 02 选择创建面板→图形→线，在前视图绘制果盘半剖面图形，如图 5-31 所示。

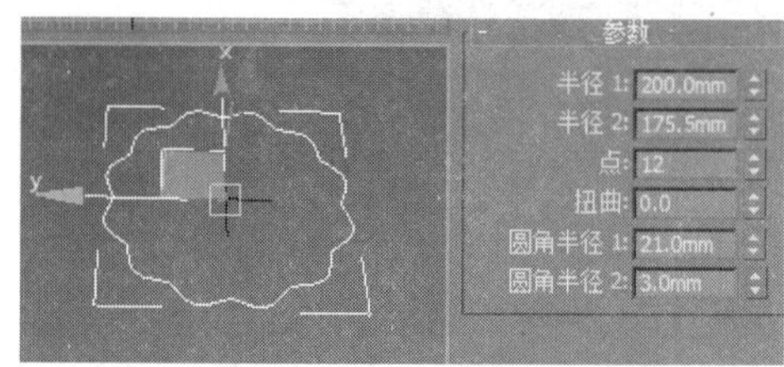

图 5-30 绘制果盘外形路径

图 5-31 绘制果盘剖面

步骤 03 将所有的顶点转为【Bezier】，调整平滑，如图 5-32 所示。

步骤 04 按【3】键进入样条线子对象，添加 2 毫米轮廓，如图 5-33 所示。

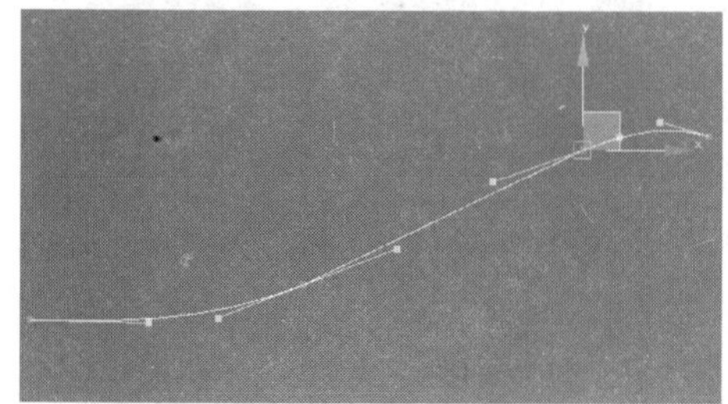

图 5-32 将剖面调整平滑

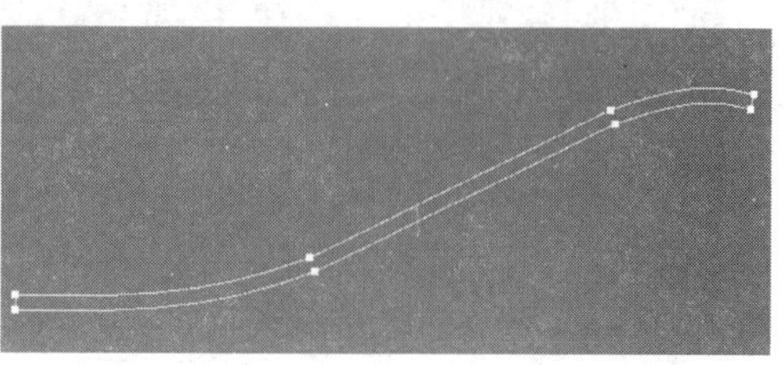

图 5-33 为剖面添加轮廓

步骤 05　选择最右侧两个顶点，圆角如图 5-34 所示。

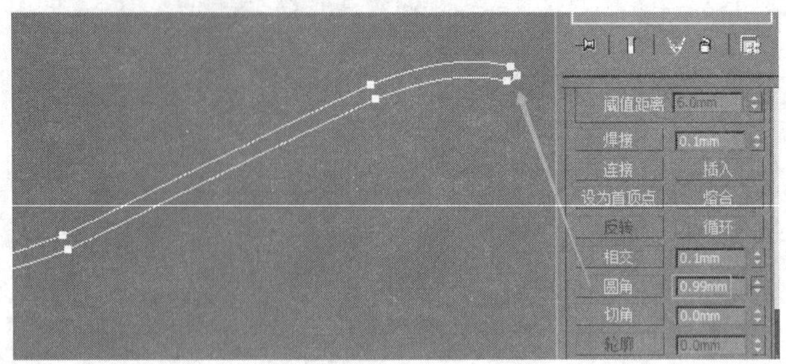

图 5-34　圆角剖面边缘

步骤 06　选择之前创建的星形路径，添加【倒角剖面】修改器，拾取剖面，效果如图 5-35 所示。

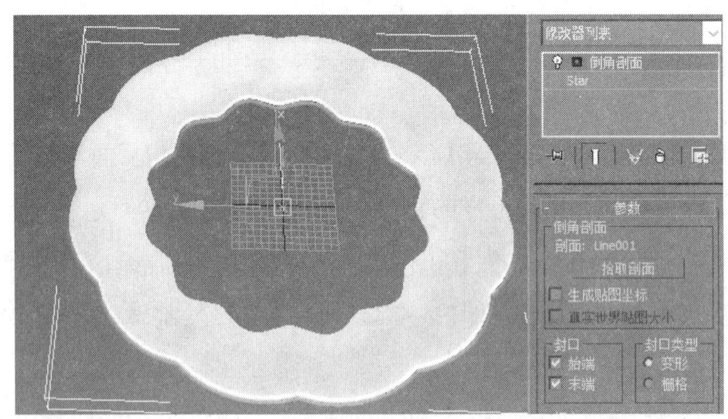

图 5-35　拾取剖面

温馨提示

必须是路径拾取剖面，且必须是二维图形未添加修改器的，否则倒角会失败。

步骤 07　创建一个【圆柱】作为盘底，参数如图 5-36 所示，然后将其颜色改为与盘身一样，果盘模型绘制完成，效果如图 5-37 所示。

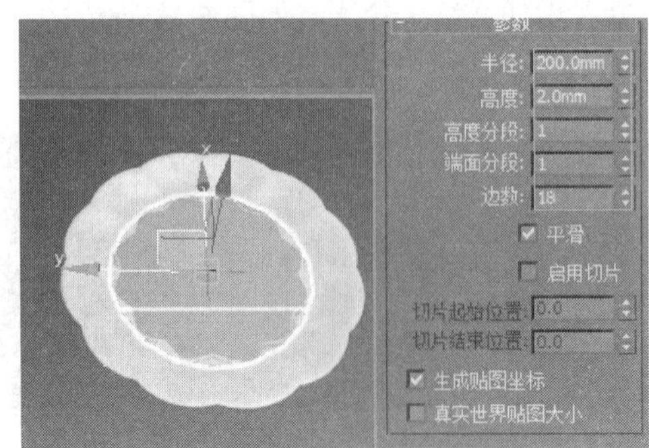

图 5-36　绘制盘底

图 5-37　果盘模型效果

课堂范例——绘制杯碟

步骤 01　绘制托盘。在前视图中绘制一个长2毫米、宽65毫米的矩形，然后右击【转为可编辑样条线】。按【1】键切换到【顶点】子对象，右击选择【细化】，加上4个顶点，然后将顶点拖到如图5-38所示的位置。

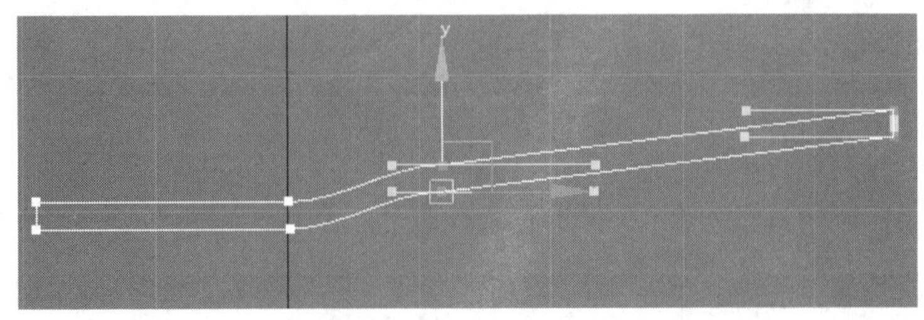

图5-38　绘制托盘半剖面

步骤 02　选择左侧两个顶点，按【Ctrl+I】组合键反选，然后圆角，如图5-39所示。

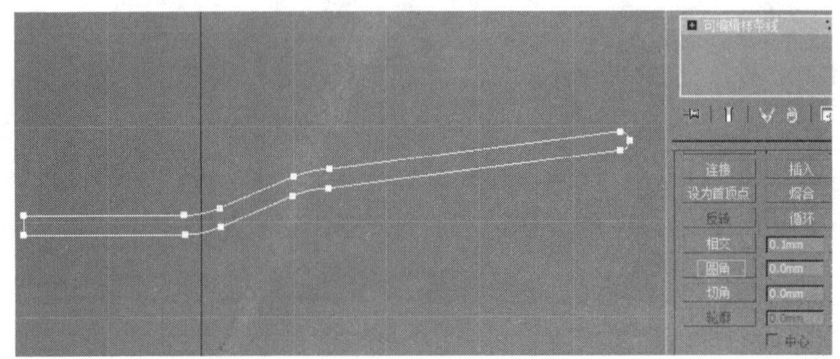

图5-39　编辑半剖面

> **温馨提示**
> 圆角必须一步到位，否则第二次由于有前面的点阻挡就圆不起角。

步骤 03　去掉【开始新图形】选项，如图5-40所示创建一个矩形，然后按【3】键进入样条线子对象，选择样条线，与矩形布尔运算求并集，如图5-41所示。

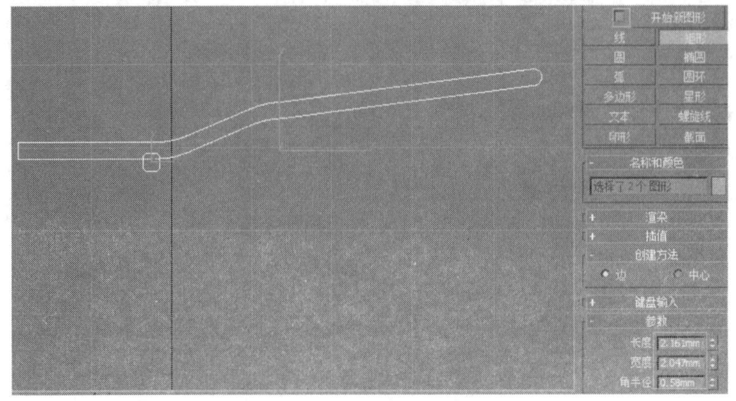

图5-40　编辑半剖面2

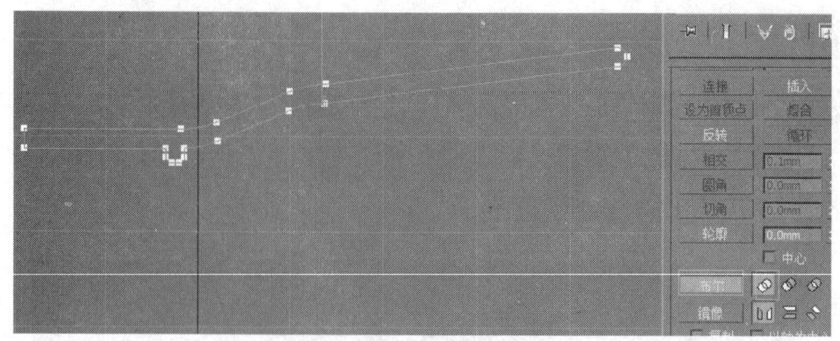

图 5-41 编辑半剖面 3

步骤 04 将交叉处圆角 0.5 毫米后，添加一个【车削】修改器，如图 5-42 所示。

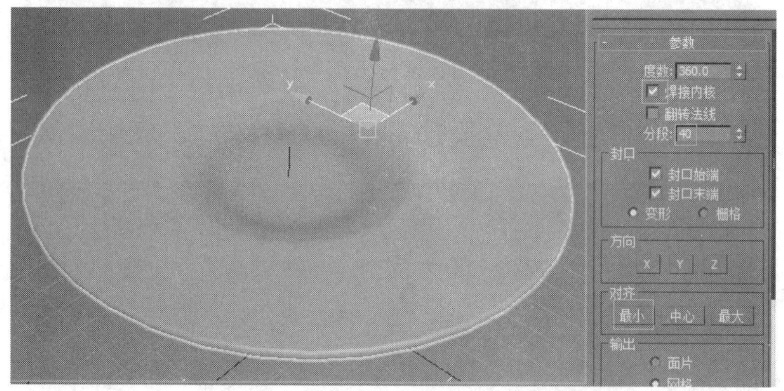

图 5-42 完成托盘模型

步骤 05 绘制茶杯。参照前面的方法，绘制茶杯的半剖面，如图 5-43 所示。

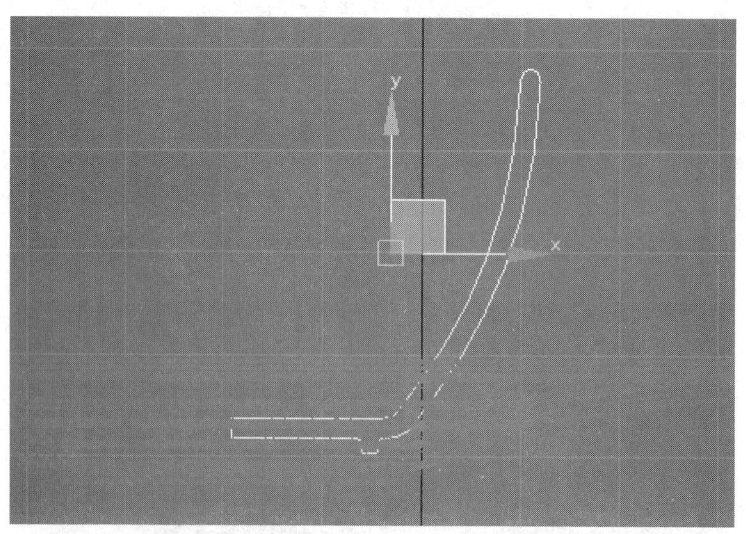

图 5-43 绘制茶杯半剖面

步骤 06 选择托盘，将【车削】修改器拖到茶杯半剖面上，然后单击【最小】，效果如图 5-44 所示。

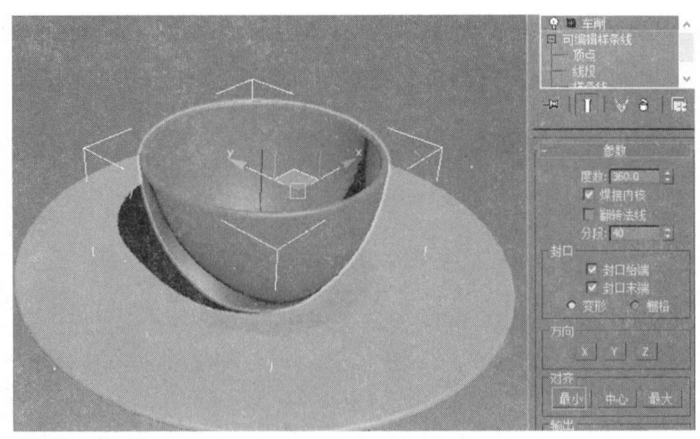

图 5-44　完成杯身模型

步骤 07　右击将其【转换为可编辑多边形】，然后按【F4】键带边框显示，如图 5-45 所示。

图 5-45　带边框显示

步骤 08　切换到左视图，绘制一个如图 5-46 所示的样条线，然后将其与杯身 x 轴中对齐。

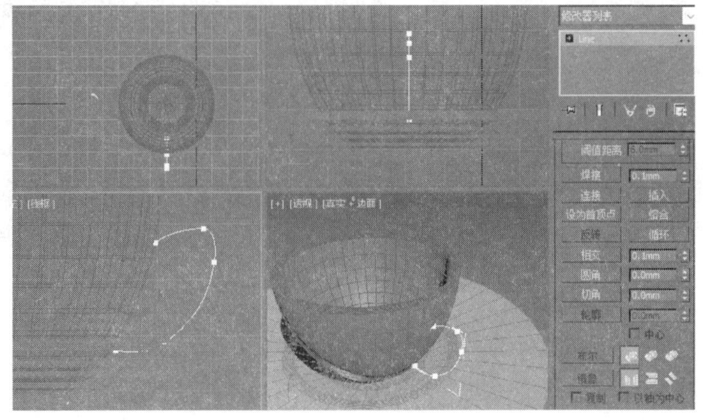

图 5-46　绘制手柄路径

步骤 09 选择杯身，按【4】键切换到多边形子对象，选择正中的两个多边形，单击沿样条线挤出后面的按钮，拾取刚刚绘制的样条线，设置如图 5-47 所示。

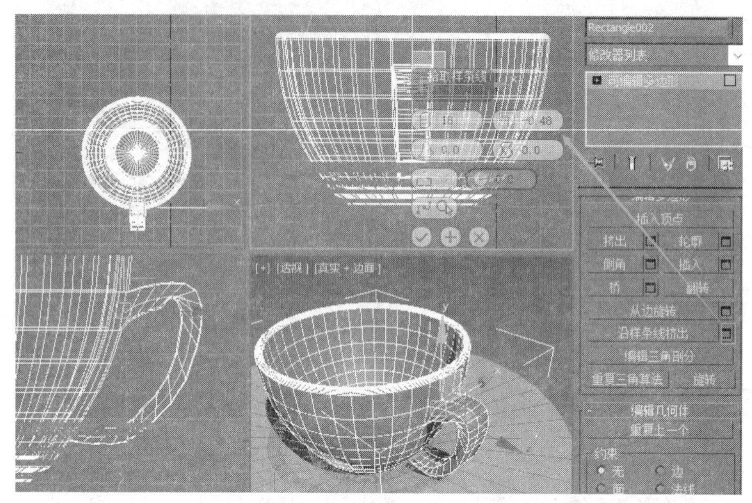

图 5-47 挤出手柄

步骤 10 按【Ctrl】键加选如图 5-48 所示的两个多边形，然后单击【桥】，将它们连接起来，按【1】键切换到顶点子对象，再在左视图将转弯处的顶点移动调整一下。

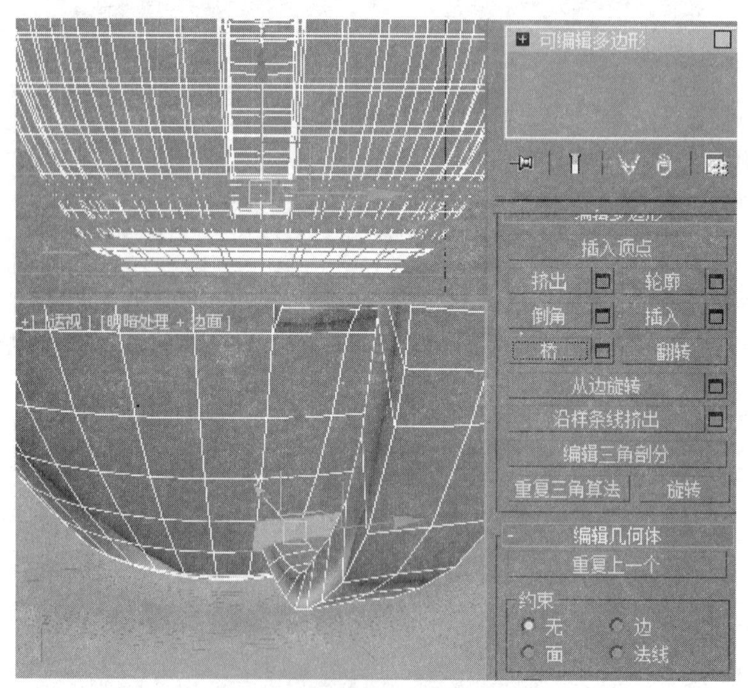

图 5-48 连接杯身与杯柄

步骤 11 取消子对象，选择茶杯，按【Alt+Q】组合键单独显示，然后进入多边形子对象，选择杯身与杯柄交接的多边形，如图 5-49 所示，然后单击两次网格平滑按钮，使其过渡平滑。

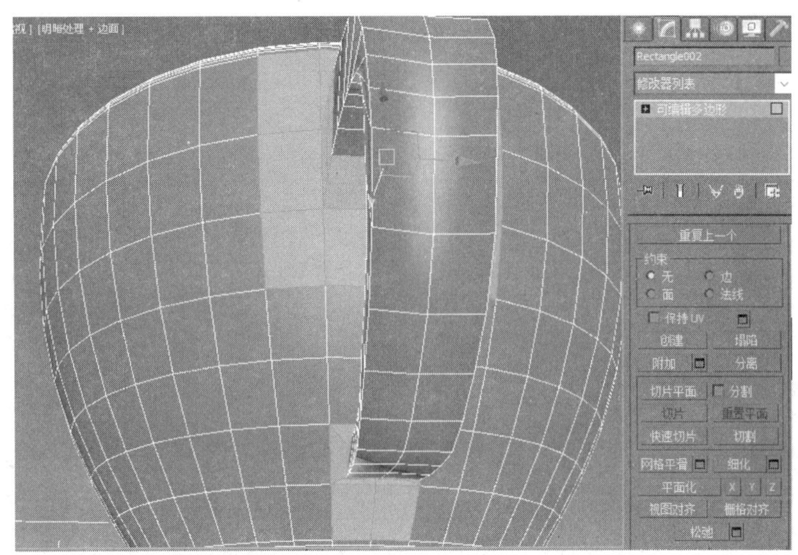

图 5-49 选择杯身与杯柄交接的多边形

温馨提示

①用完子对象最好将其取消（再次单击子对象即可），否则无法选择其他对象。

②有针对性地选择面网格平滑，比添加【网格平滑】修改器更少产生不必要的面。

步骤 12 取消子对象，右击【全部取消隐藏】，按【F4】键关闭带边框显示，效果如图 5-50 所示。

步骤 13 如法炮制一个杯盖，如图 5-51 所示。详细步骤就不再赘述，读者按照前面的方法绘制即可。

图 5-50 完成杯子模型

图 5-51 杯碟模型参考效果

课堂问答

问题❶：为什么挤出的图形是空心的？

答：原因可能是二维图形未封闭，如图 5-52 所示，即使看起来是封闭的，其实有些点是重合到一起的。只需要回到【可编辑样条线】堆栈，进入顶点子对象，全选顶点，单击【焊接】按钮即可，如图5-53所示。另外也有可能是去掉了图5-52里【挤出】修改器的【封口始端】和【封口末端】选项。

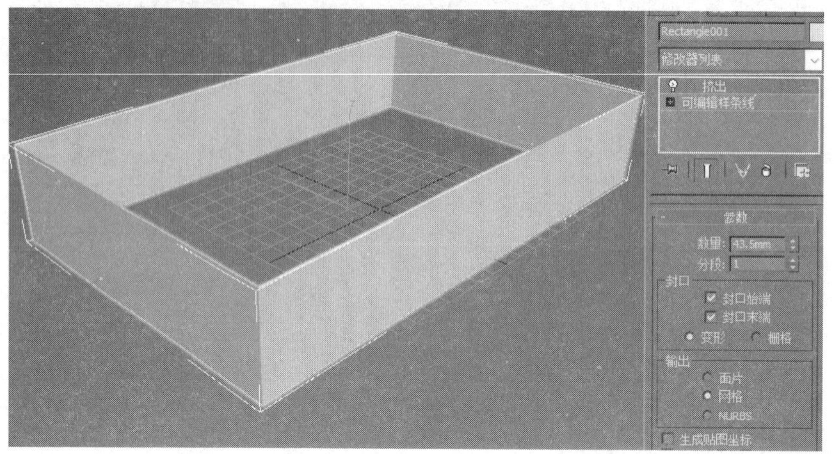

图5-52　挤出图形后是空心的

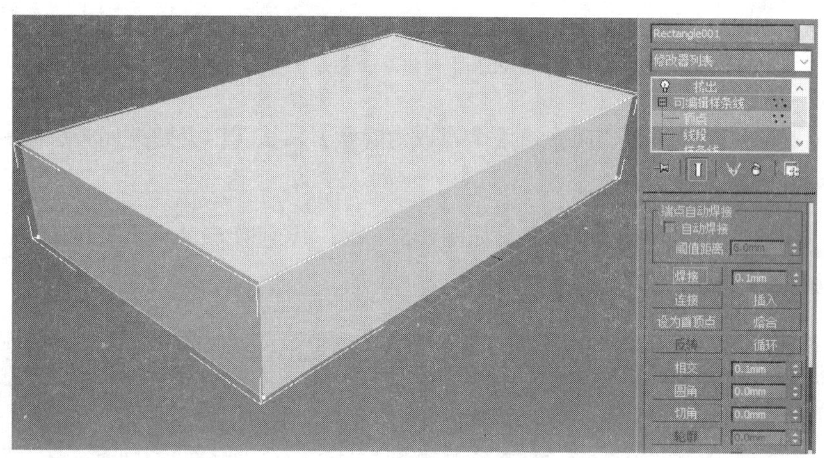

图5-53　焊接所有点后的效果

温馨提示

若仍焊接不了，可以加大【焊接】按钮后的阈值再焊接。

问题❷：为什么有时车削出来的模型光影有问题？

答：这是因为法线翻转了，如图5-54所示，只需要勾选【翻转法线】选项即可。也可回到【Line】堆栈，进入样条线子对象，单击 反转 按钮。

问题❸：【编辑样条线】修改器与右击【转为可编辑样条线】有何不同？

答：在编辑子对象方面没有什么区别，但若想回到最初创建图形的堆栈修改图形的创建参数，【可编辑样条线】就无法实现，而【编辑样条线】就可以，如图5-55所示。

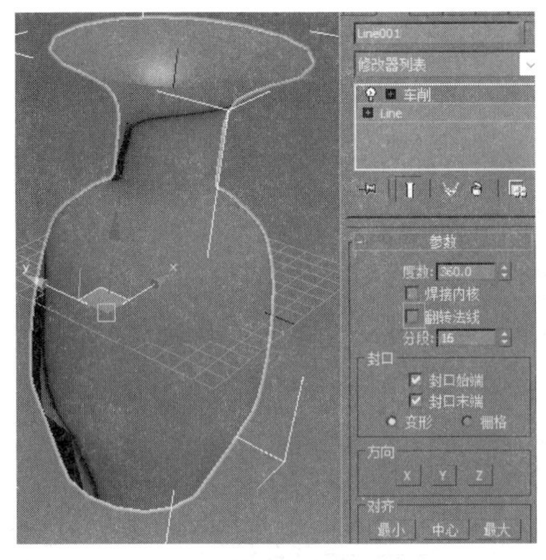

图 5-54 翻转法线

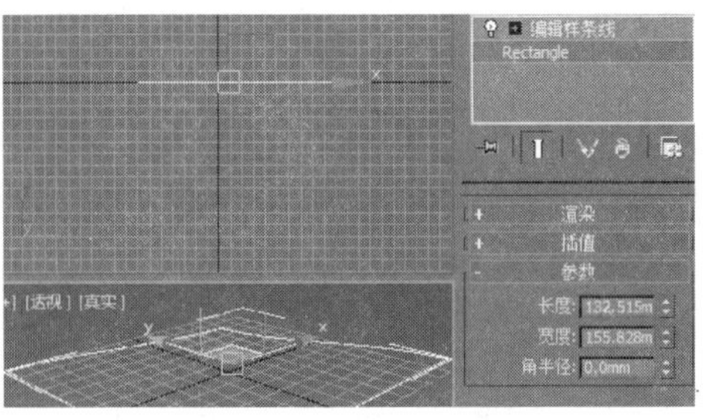

图 5-55 编辑样条线修改器

温馨提示

右击修改器会弹出【塌陷全部】和【塌陷到】命令，如图 5-56 所示。【塌陷全部】就是将所有的修改器变成一个【可编辑样条线】或【可编辑网格】修改器，以前的修改器将消失而无法修改参数。【塌陷到】则是从最底下的堆栈塌陷到右击的堆栈，右击堆栈以上的不受影响。

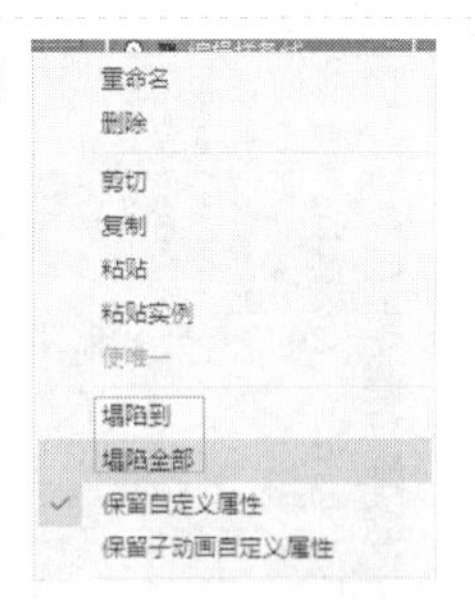

图 5-56 塌陷命令

上机实战——绘制休闲椅

为了让读者能巩固本章知识点，下面讲解两个技能综合案例，使大家对本章的知识有更深入的了解。

休闲椅的效果展示如图 5-57 所示。

效果展示

图 5-57 休闲椅的效果展示

思路分析

这个公园休闲椅可分为铸铁部分和木板部分，铸铁部分可以用【编辑样条线】编辑好后挤出，但由于边上厚内部薄，可以辅助一份加个【轮廓】分开挤出，木板部分可以用矩形编辑样条线后挤出。

制作步骤

步骤 01　在左视图中创建一个长 400 毫米、宽 30 毫米的矩形，添加一个【弯曲】修改器，再旋转一定角度，使底边水平，如图 5-58 所示。

步骤 02　绘制一个样条线（靠背）和一个矩形，转为可编辑样条线后拖动顶点，如图 5-59 所示。

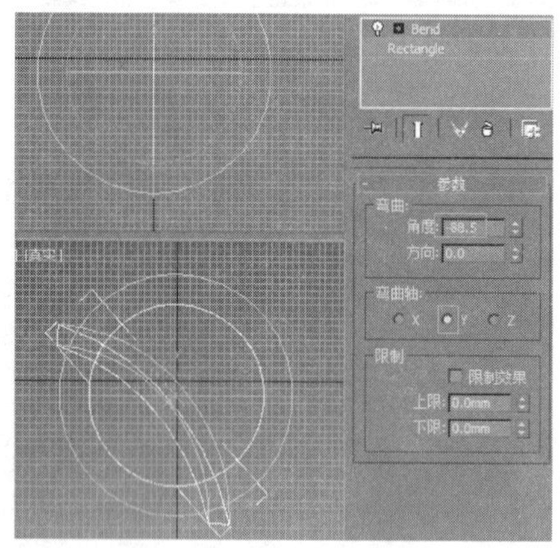

图 5-58　创建椅腿

图 5-59　创建靠背

步骤 03　选择靠背线，全选顶点，转为【Bezier】，拖动控制点，调整到位，然后按【3】进入样条线子对象，添加【轮廓】，如图 5-60 所示。

步骤 04　选择靠背，将下方两点拖到椅腿，右击【附加】，将这 3 个样条线附加到一起，然后切换到样条线子对象，选择靠背线，将另外两条【布尔】、【并集】，如图 5-61 所示。

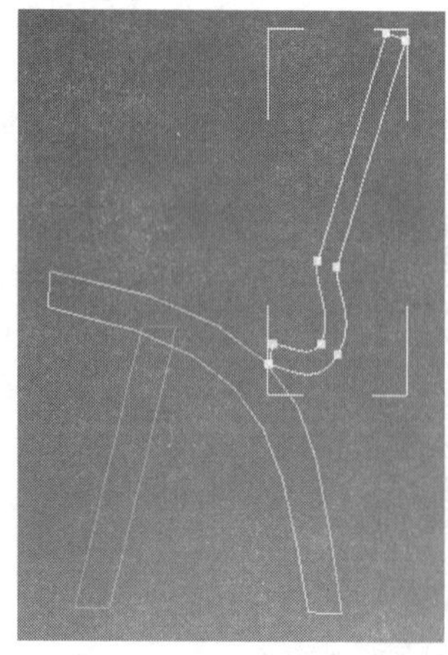

图 5-60　编辑靠背

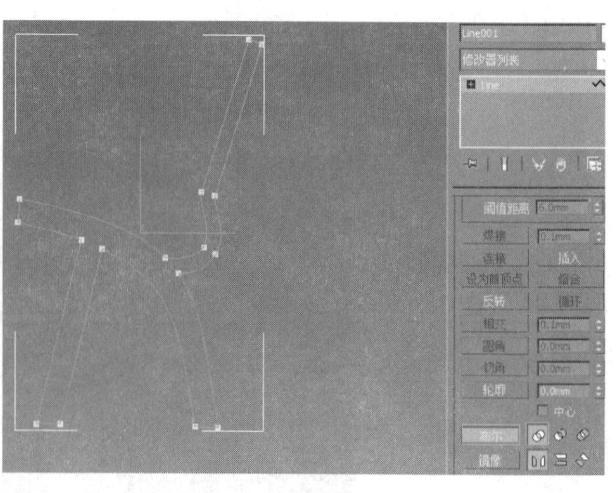

图 5-61　布尔运算铸铁部分

步骤 05 再次通过【选择并移动】、【圆角】命令微调顶点，参考效果如图5-62所示。

步骤 06 将此造型按快捷键【Ctrl+V】复制一个，进入样条线子对象，添加【轮廓】-5，然后挤出15毫米；再选择未添加轮廓的那个样条线，挤出8毫米，效果如图5-63所示。

> **温馨提示**
> 添加【轮廓】时正数向内负数向外，若要向两边则选中【中心】选项。

步骤 07 按快捷键【Ctrl+V】原地【实例】克隆一个，右击【选择并移动】工具，在弹出的对话框内输入如图5-64所示的距离。

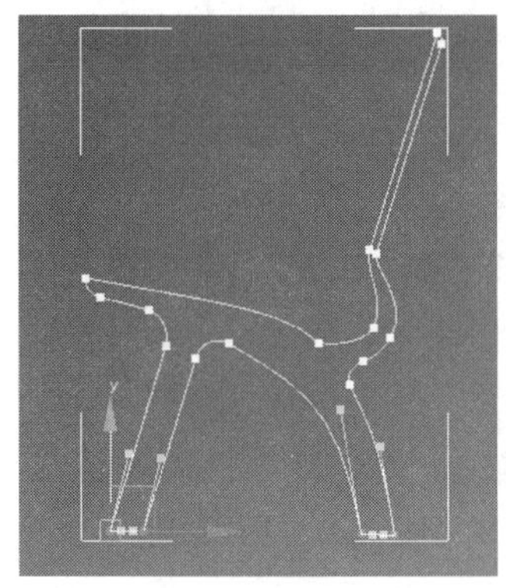

图 5-62 微调铸铁顶点

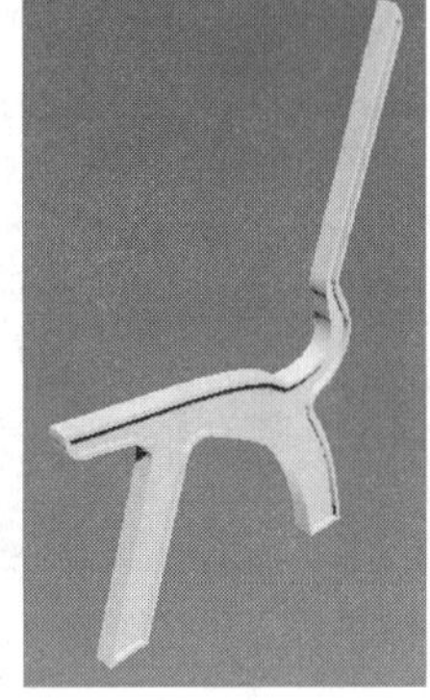

图 5-63 分别挤出铸铁

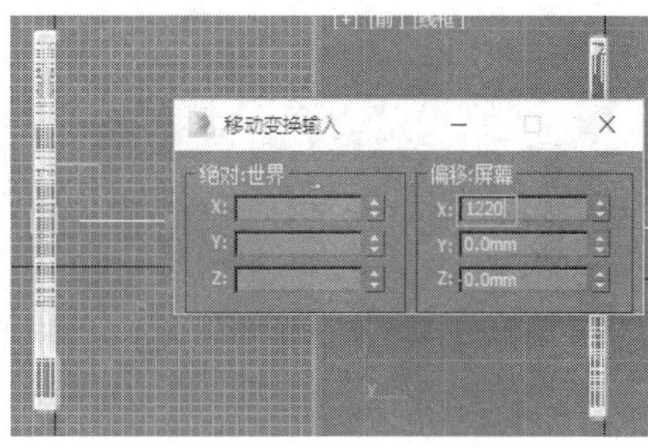

图 5-64 复制并移动铸铁

步骤 08 在左视图绘制矩形并用【选择并旋转】工具旋转到与靠背齐平，参数与效果如图5-65所示。

步骤 09 将坐标系统切换为【局部】，按住【Shift】键锁定 y 轴拖动复制两个，如图5-66所示。

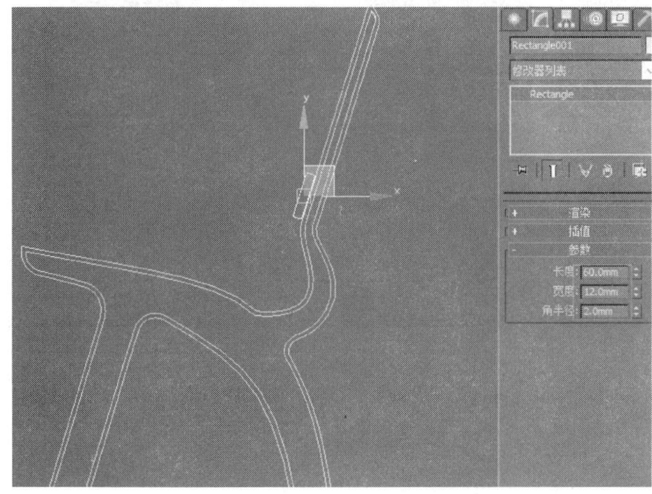

图 5-65 绘制矩形

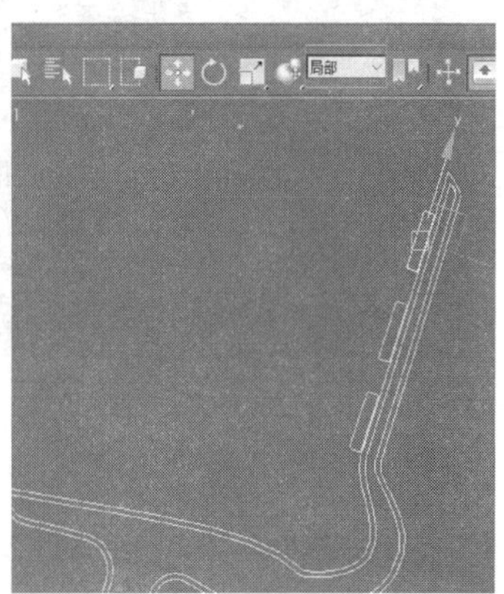

图 5-66 复制矩形

步骤 10　将最上面那个矩形右击【转为可编辑样条线】，删除左上角的一个顶点，选择邻近的点【圆角】，到无法继续圆角时，选择左上角的点，将坐标系统切换为【局部】，锁定 y 轴向下拖动一段距离，如图 5-67 所示。

步骤 11　将靠背的矩形复制到下面，用旋转、移动等命令调整至如图 5-68 所示的效果。

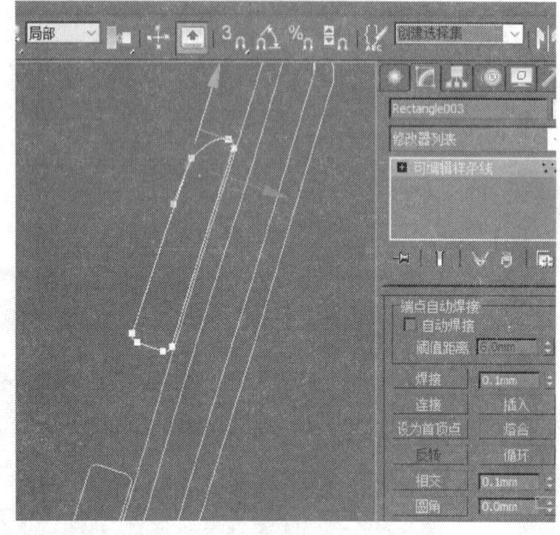

图 5-67　调整最上矩形顶点

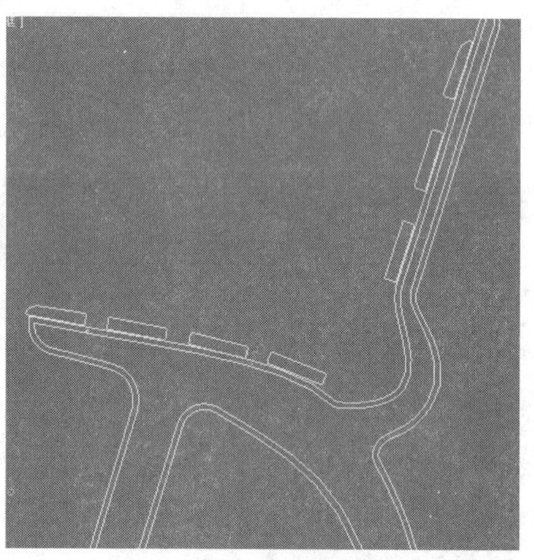
图 5-68　调整出木板截面形状

步骤 12　选择这 7 个矩形，挤出 1300 毫米，如图 5-69 所示，然后建一个组，再将铸铁选到建一个组，对齐即可，参考模型效果如图 5-70 所示。

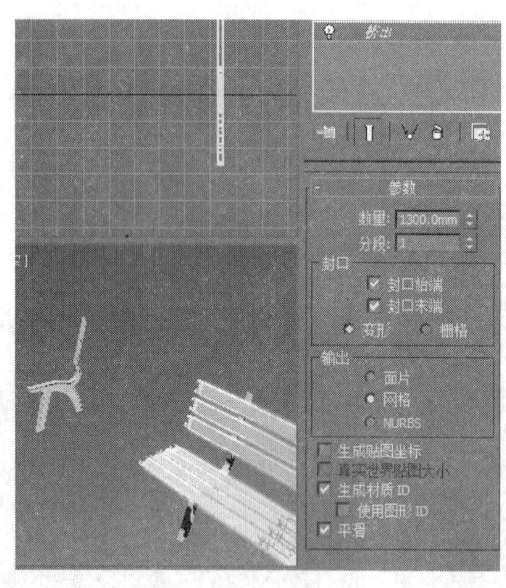

图 5-69　挤出板子

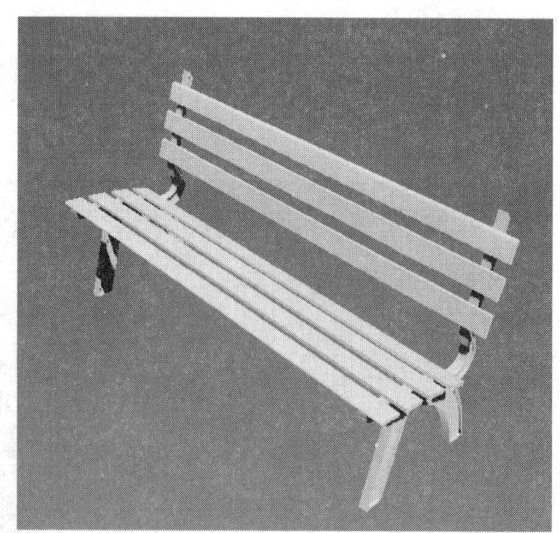
图 5-70　对齐板子

同步训练——绘制台灯

绘制台灯的图解流程如图 5-71 所示。

图解流程

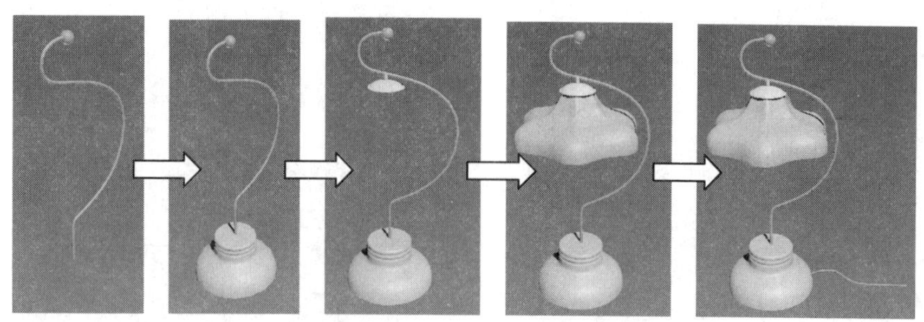

图 5-71 绘制台灯的图解流程

思路分析

此款台灯可分为灯座、灯架、灯罩三部分，都需要先编辑好二维线再进行加工。灯座用【车削】修改器绘制；灯架直接用【线】绘制和编辑；灯罩金属部分用【车削】绘制，下半部分用【倒角剖面】修改器绘制。

关键步骤

步骤 01 绘制灯架。在前视图中绘制【线】并进行编辑，参考效果如图 5-72 所示。然后勾选【可渲染】的两个选项，设置厚度，绘制圆球，如图 5-73 所示。

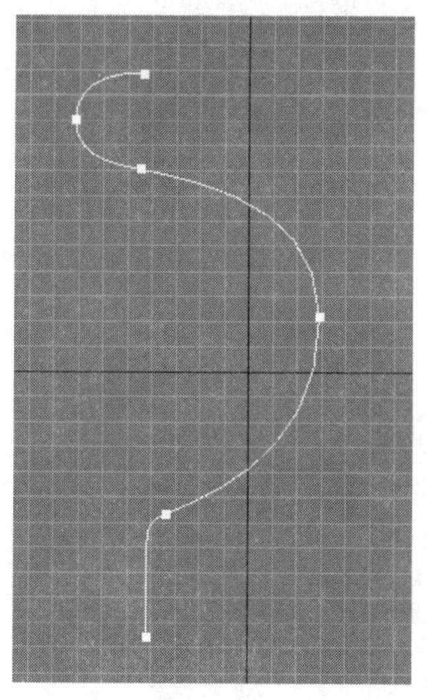

图 5-72 绘制灯架

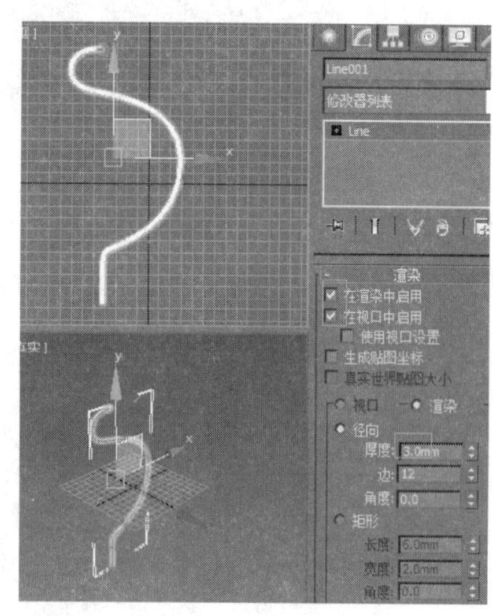

图 5-73 完成灯架

步骤 02 绘制灯座。在前视图绘制一个矩形，右击转为可编辑样条线，其半剖面参考效果如图 5-74 所示，然后【车削】成型。

步骤 03 绘制灯罩。在灯架上绘制灯罩的半剖面，如图 5-75 所示。然后切换到【线段】子对象，选择如图 5-76 所示的线段分离出来。

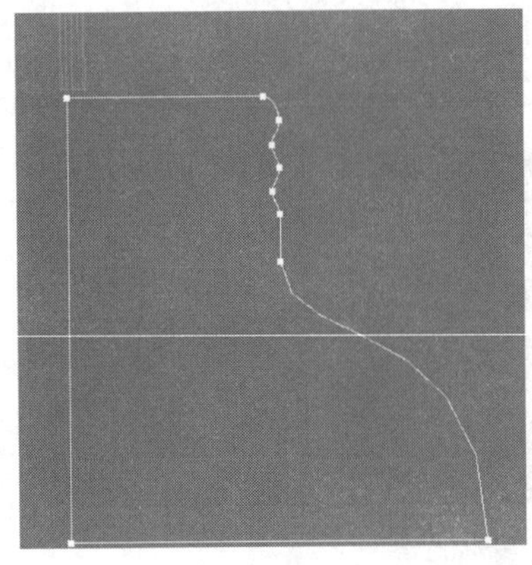

图 5-74　绘制灯座半剖面

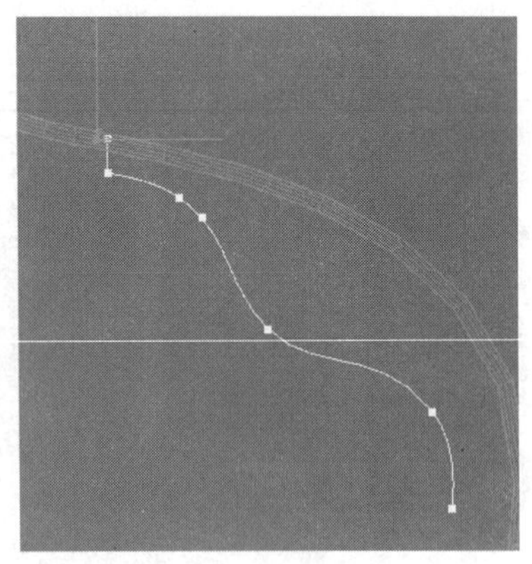

图 5-75　绘制灯罩整体轮廓

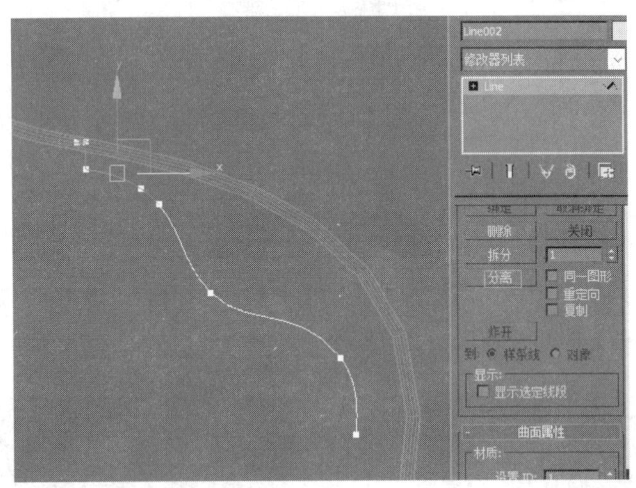

图 5-76　分离金属部分灯罩轮廓

步骤 04　将上半部【细化】加上一点，编辑一下，然后添加【车削】修改器，效果如图 5-77 所示。再添加一个【壳】修改器，使之有厚度。

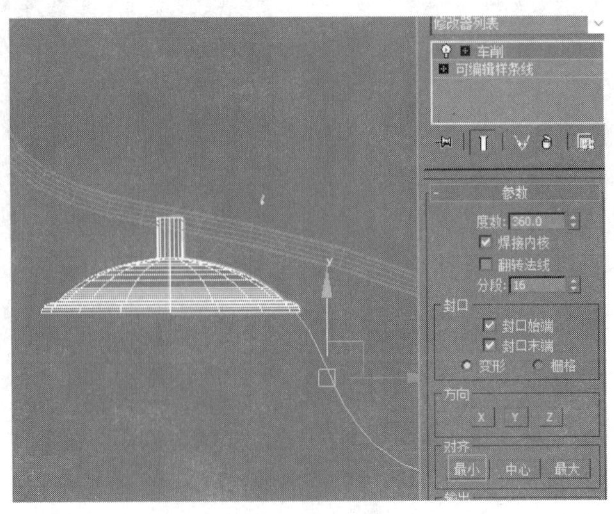

图 5-77　车削灯罩金属部分

步骤 05 选择灯罩下半部轮廓，进入【样条线】子对象，添加轮廓，并将边缘两点圆角，如图 5-78 所示。

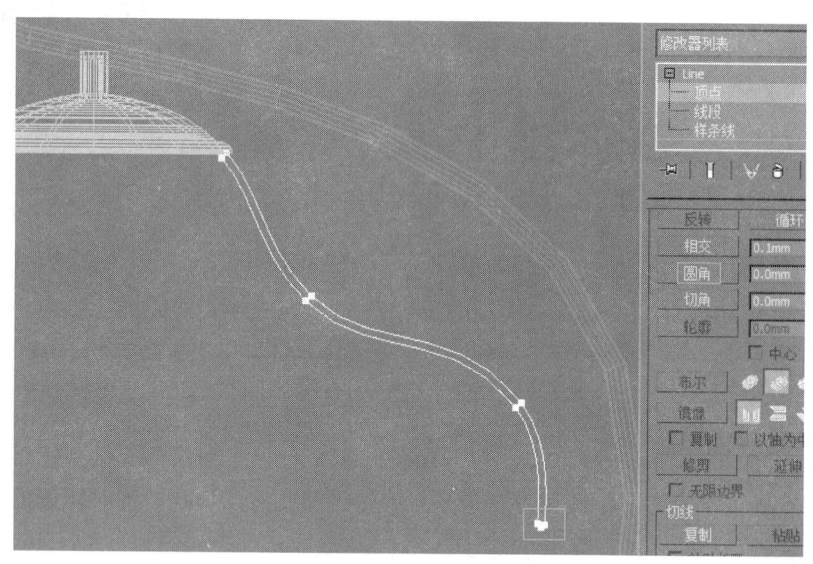

图 5-78 为灯罩下半部分添加轮廓

步骤 06 在顶视图中绘制一个星形，参数如图 5-79 所示。然后添加【倒角剖面】修改器，拾取灯罩下半部线为剖面线，效果如图 5-80 所示。

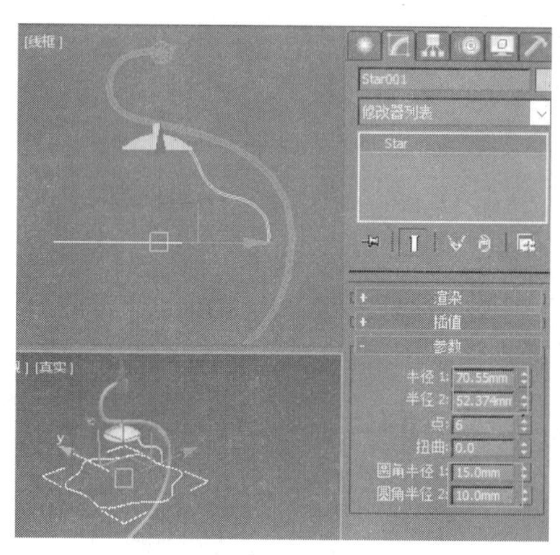

图 5-79 绘制灯罩路径

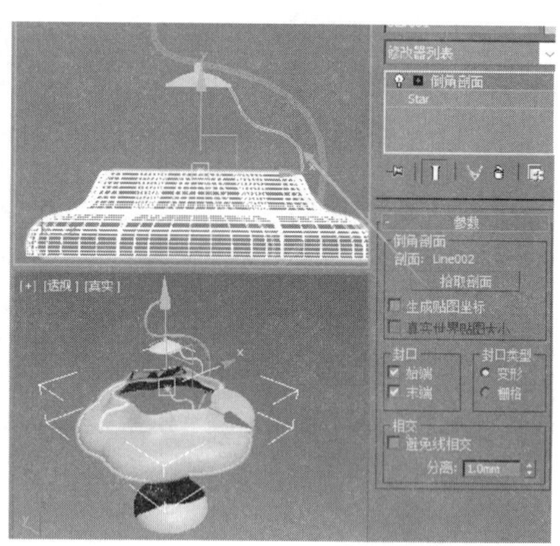

图 5-80 拾取灯罩半剖面

步骤 07 展开【倒角剖面】，选择【剖面 Gizmo】子对象，将 y 轴移到与金属部分相接处，将 x 轴往左移到与灯罩金属部分相接处，效果如图 5-81 所示。

> **温馨提示**
>
> 其实前面介绍的好多修改器都有 Gizmo 子对象。

步骤 08 绘制一根电线，最终模型效果如图 5-82 所示。

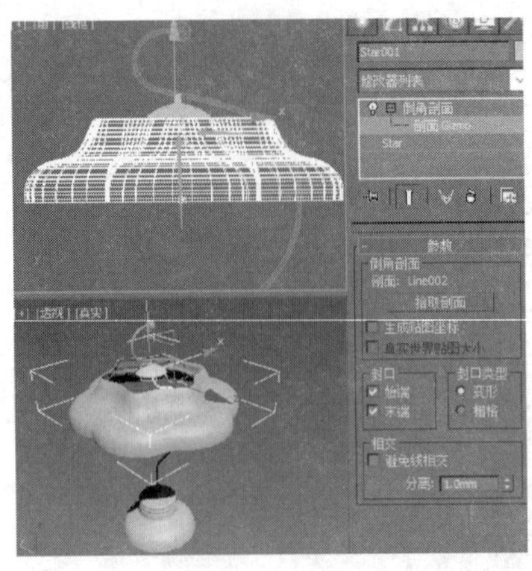

图 5-81　生成灯罩下半部

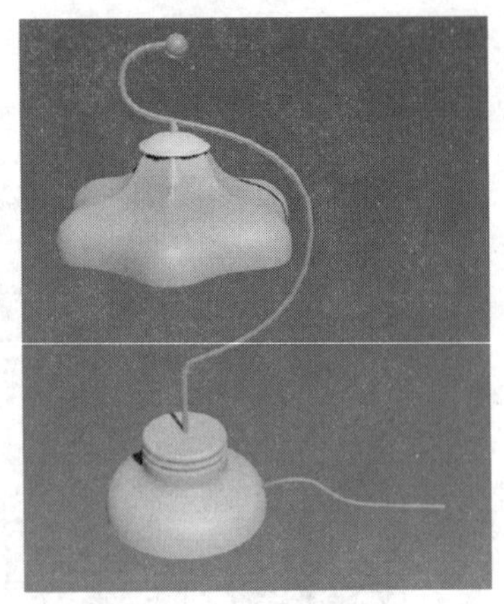

图 5-82　绘制电线

知识与能力测试

本章旨在让读者对二维建模有一个系统的认识和扎实的训练，为对知识进行巩固和考核，布置相应的练习题。

一、填空题

1．【编辑样条线】有______、______、______3 种子对象。

2．二维图形的顶点类型有______、______、______、______。

3．布尔运算的类型有______、______、______。

二、选择题

1．以下不能把开放曲线两个顶点封闭的命令是（　　）。

A．焊接　　B．自动焊接　　C．连接　　D．熔合

2．二维布尔运算时必须进入（　　）子对象。

A．顶点　　B．线段　　C．样条线　　D．以上皆可

3．要附加其他图形时必须进入（　　）子对象。

A．顶点　　B．线段　　C．样条线　　D．以上皆可

4．要平分线段需用下面哪个命令？（　　）

A．分离　　B．拆分　　C．炸开　　D．循环

三、判断题

1．未封闭的图形挤出后将不可见。（　　）

2．只要不是【线】工具绘制的图形，要编辑顶点等子对象就必须转为可编辑样条线或添加【编辑样条线】修改器。（　　）

3．编辑样条线时，【细化】和【插入】都能添加顶点，因此它们没有区别。（　　）

4．3ds Max 2016 中当圆角或倒角遇到有顶点时就不能进行，因此最好一次完成。（　　）

第6章 复合对象建模

本章主要介绍布尔运算、放样的使用方法，然后介绍一下其他几个复合建模的方法。复合建模是把目标模型进行结构分析，进而拆分为几个基本几何体或图形，然后复合而成所需的形状，是建模中的一个重要组成部分。

学习目标

- 掌握超级布尔的用法
- 掌握放样建模的技巧
- 了解其他复合建模的用法

6.1 布尔运算

布尔运算是数学家布尔运用数学符号演绎逻辑运算的方法，包括联合、相交、相减，在图形处理操作中引用了这种逻辑运算方法，以使简单的基本图形组合产生新的形体，其实跟集合代数中的并集、差集、交集类似。在前一章里涉及二维样条线的布尔运算，这里介绍三维几何体的布尔运算。

6.1.1 布尔

单击创建面板→复合对象，就会出现 12 个按钮，即复合对象建模的 12 个命令，其中有一个就是【布尔】运算，如图 6-1 所示。

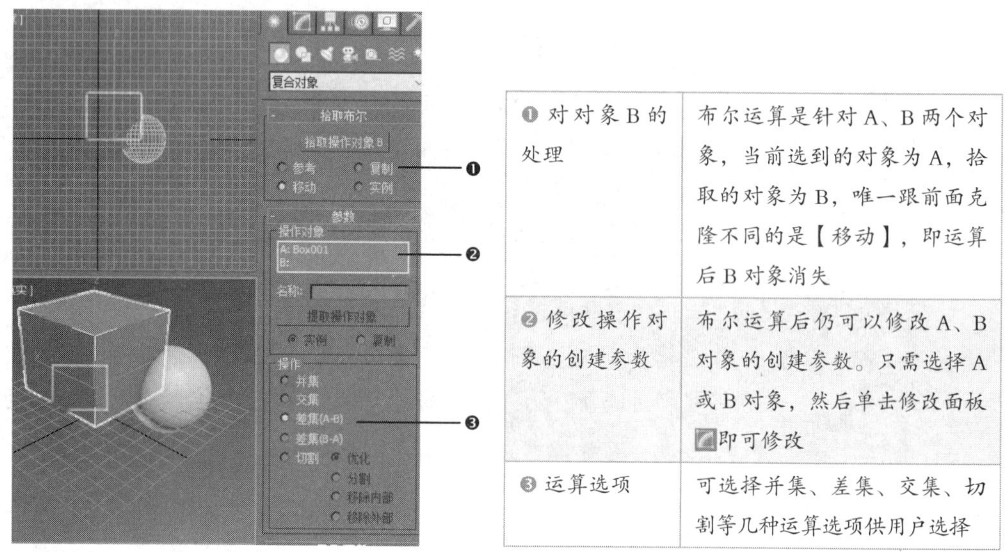

❶ 对对象 B 的处理	布尔运算是针对 A、B 两个对象，当前选到的对象为 A，拾取的对象为 B，唯一跟前面克隆不同的是【移动】，即运算后 B 对象消失
❷ 修改操作对象的创建参数	布尔运算后仍可以修改 A、B 对象的创建参数。只需选择 A 或 B 对象，然后单击修改面板即可修改
❸ 运算选项	可选择并集、差集、交集、切割等几种运算选项供用户选择

图 6-1　布尔运算面板

布尔运算很方便，但是有很多缺点，就是容易出错，即使不出现错误运算，也会出现错误面。下面以绘制一颗骰子为例，尝试一下布尔运算的功能。

步骤 01　绘制好倒角立方体和用于挖洞的小球体，如图 6-2 所示。

步骤 02　选择立方体，选择创建面板→复合对象→布尔→拾取操作对象 B，拾取一个小球，运算成功，如图 6-3 所示。继续拾取小球，以前的洞就没了，出现了运算错误，如图 6-4 所示。

图 6-2 绘制立方体和球体

图 6-3 布尔运算

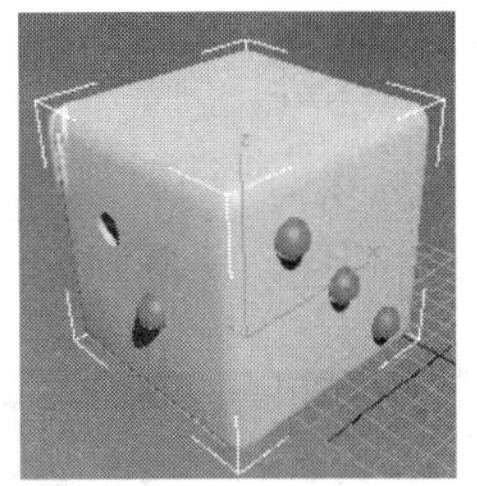

图 6-4 布尔运算出错

温馨提示

用布尔运算时需把参与运算的对象附加或塌陷为A、B两个，然后再计算，就能避免这种情况，如图 6-5 所示。

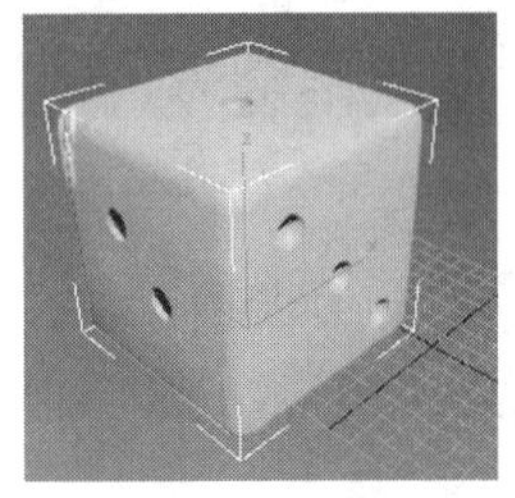

图 6-5 塌陷为 A、B 两对象后布尔

6.1.2 超级布尔

为了避免布尔运算的不足，在 3ds Max 9.0 时新增了一个【ProBoolean】，行业中通常称之为“超级布尔”。读者可以尝试再用【ProBoolean】的方法绘制一下骰子，不用塌陷都不会运算出错。

温馨提示

3ds Max 有个特点：为了照顾老用户，升级新版本时一般不会淘汰旧版本功能，比如【布尔】和后面的粒子系统等。

技能拓展

有个超级切割【Procutter】命令与超级布尔很相似，也能解决布尔运算中的错误面问题。【Procutter】与【ProBoolean】都能自动修复错误面。如图 6-6 即为【布尔】与【Procutter】的面数比较。

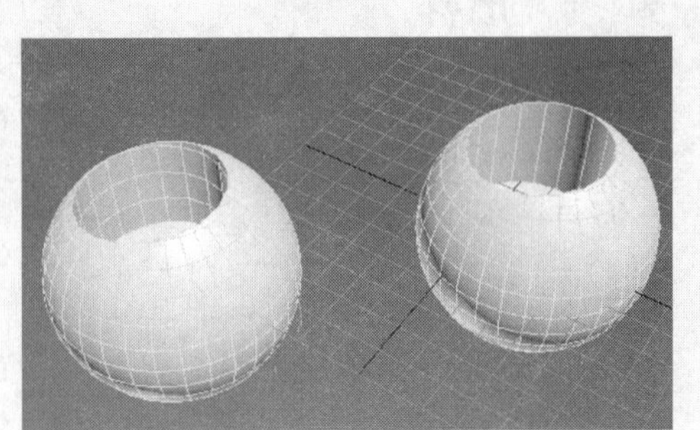

图 6-6 布尔与【Procutter】的结果比较

课堂范例——绘制洞箫

步骤 01 在前视图绘制参考尺寸为图 6-7 所示的圆管，然后在前视图绘制一个半径为 5 的圆柱，并复制到如图 6-8 所示的位置。

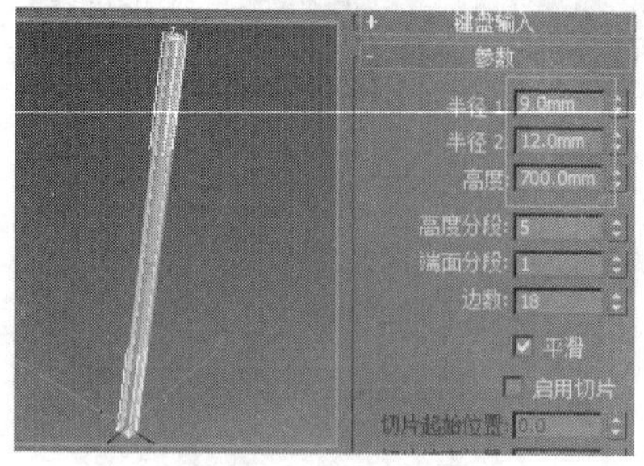

图 6-7 绘制圆管

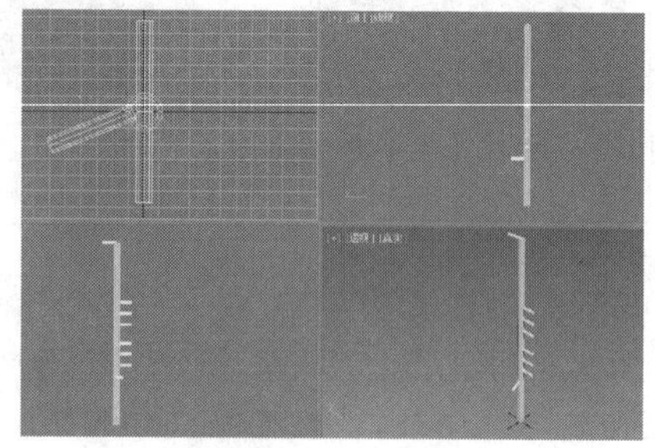

图 6-8 绘制用于挖洞的圆柱并复制

步骤 02 选择圆管，选择创建面板→复合对象→ProBoolean→开始拾取，如图 6-9 所示。然后逐个单击小圆柱即可，如图 6-10 所示。

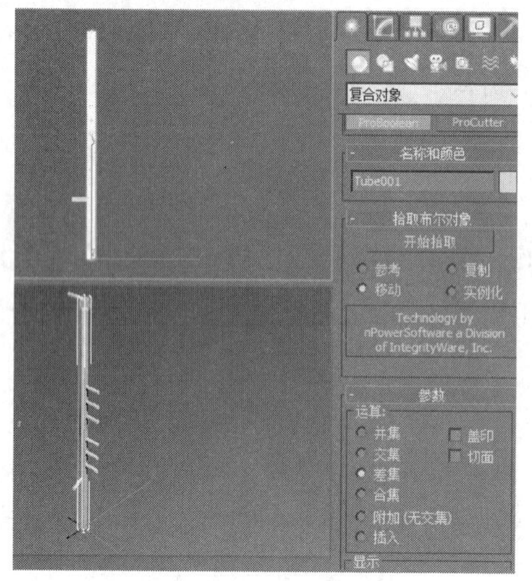

图 6-9 开始超级布尔运算

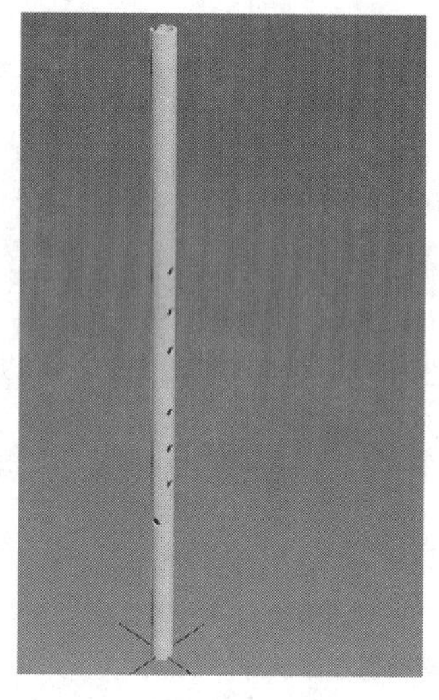

图 6-10 超级布尔运算结果

6.2 放样

放样是将一个二维形体对象作为沿某个路径的剖面，而形成复杂的三维对象。同一路径上可在不同的段给予不同的形体。我们可以利用放样来实现很多复杂模型的构建。

6.2.1 放样的基本用法

（1）基本要素。放样有两个基本要素：二维的剖面和二维的路径，如图 6-11 所示。

然后选择路径，选择创建面板→复合对象→放样→获取图形，单击剖面（即【图形】），如图 6-12 所示。

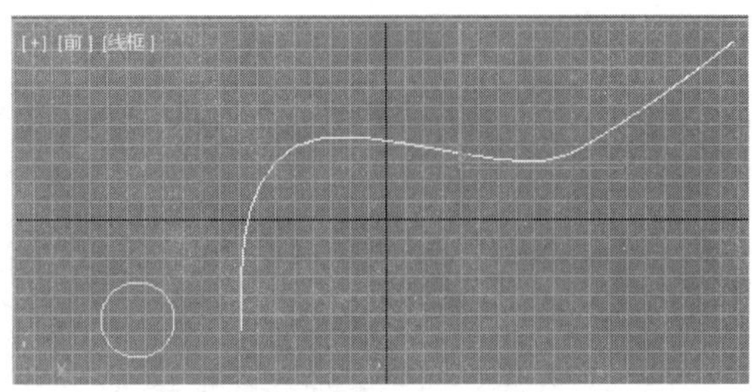

图 6-11　绘制路径和图形

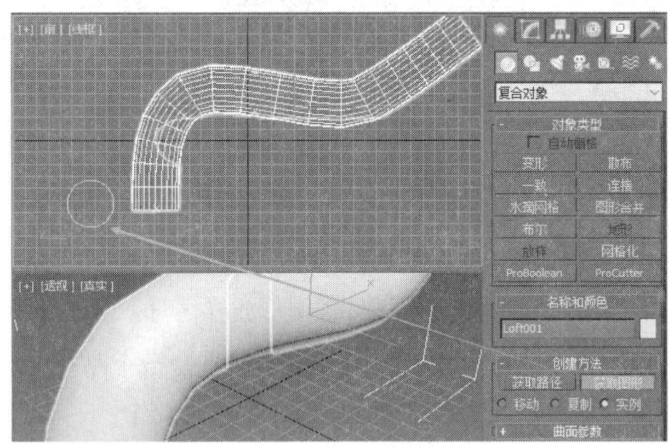

图 6-12　放样成功

温馨提示

一定要分清路径和图形，选择的图形就单击【获取路径】，选择的路径就单击【获取图形】，否则同样的路径和图形就会出现如图 6-13 所示的情况。

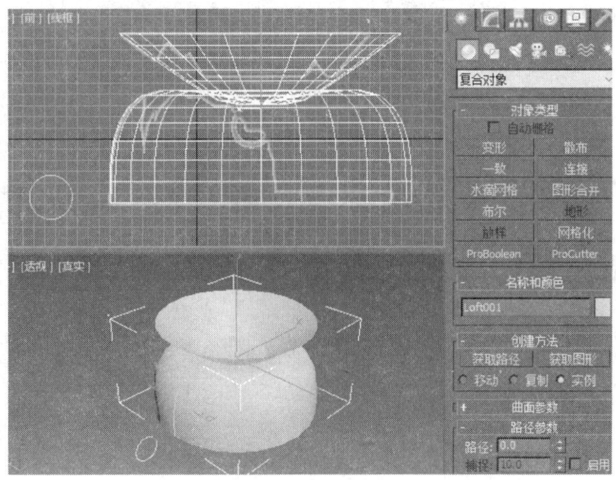

图 6-13　拾取错误举例

（2）修改参数。展开【蒙皮参数】卷展栏能够修改其步数、封口选项、翻转法线选项、倾斜选项等；单击修改面板，展开【Loft】，就能修改其图形和路径的参数，如图 6-14 所示，具体操作在后面的实例中将会介绍。

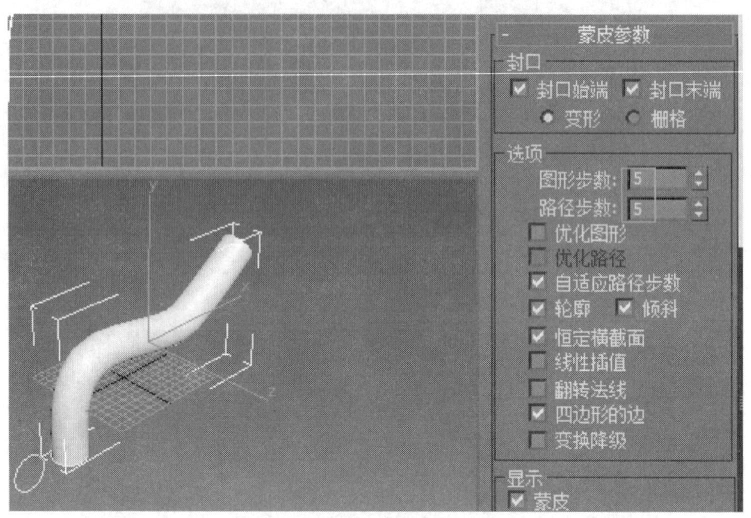

图 6-14　蒙皮参数

（3）多图形放样。放样有单图形放样与多图形放样之分，前面介绍的是单图形放样，下面介绍一下多图形放样。简单地说，多图形放样就是在一个路径上放入多个图形，这样就可以绘制比较复杂的图形。如绘制一个罗马柱，步骤如下。

步骤 01　在前视图绘制如图 6-15 所示的柱头（圆角正方形）、柱颈（圆形）、柱身（星形）剖面和一根路径。

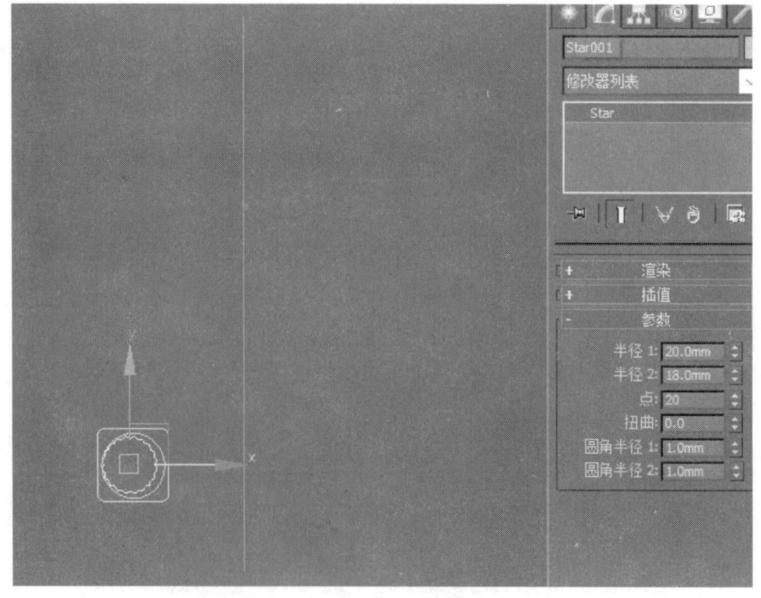

图 6-15　绘制三个破面和路径

步骤 02 选择路径，选择创建面板→复合对象→放样→获取图形，将路径改为 8，如图 6-16 所示，拾取柱头剖面。

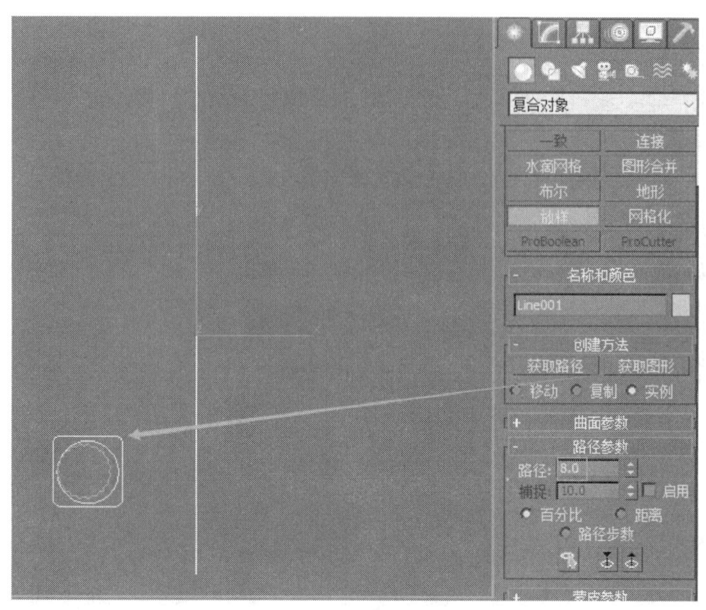

图 6-16 在 8% 的位置拾取柱头剖面

温馨提示

路径可以用百分比 距离这两种方式控制，一般用【百分比】；若要特定的比例，可以启用设定的比例捕捉 10.0 启用。

步骤 03 将路径改为 10，拾取圆形，再将路径改为 12，拾取圆形，效果如图 6-17 所示。

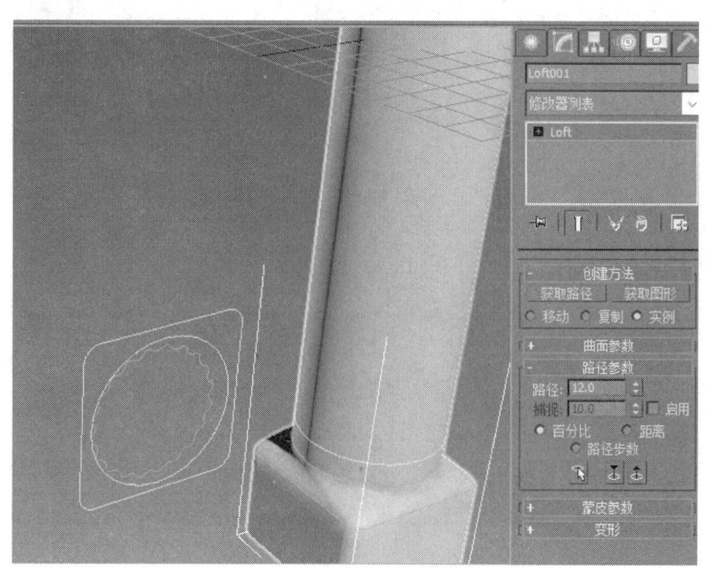

图 6-17 拾取柱头及柱颈图形

步骤 04　将路径改为 15，拾取星形，再将路径改为 85，拾取星形，效果如图 6-18 所示。

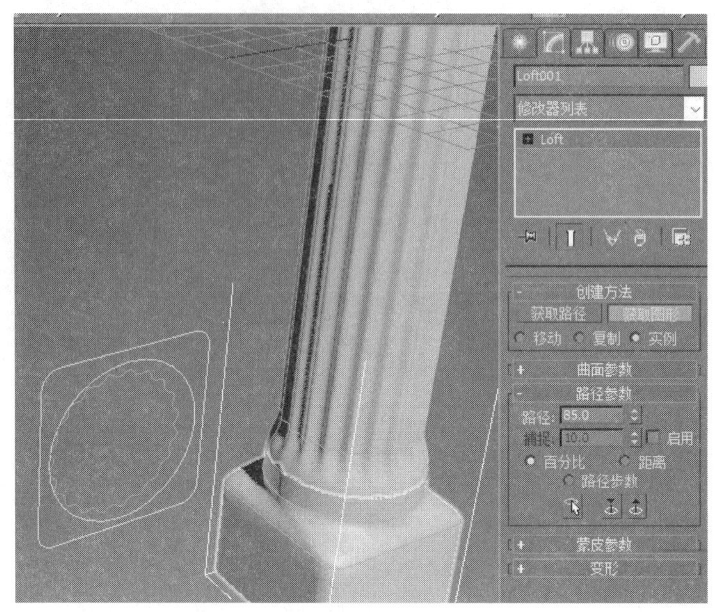

图 6-18　拾取柱身图形

步骤 05　使用同样的方法，在 88、90 的位置放入圆形，在 92 的位置放入圆角正方形，模型基本建成，如图 6-19 所示。

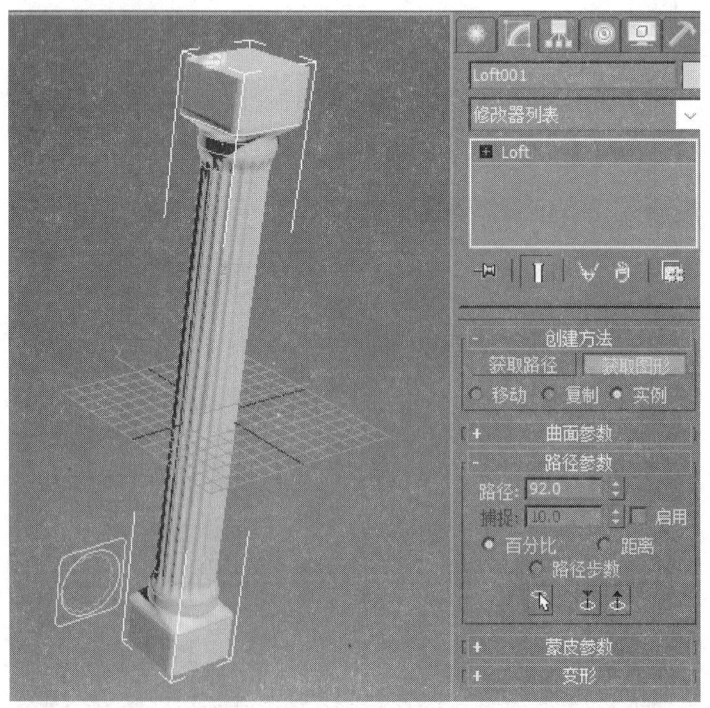

图 6-19　放样成型的柱子

柱头和柱颈部分有扭曲，这是因为圆角正方形的起点和圆的起点没有对齐。要矫正这种现象，步骤如下。

步骤 01 选择修改面板，来到【图形】子对象，单击【比较】按钮，在弹出的对话框中单击拾取按钮，拾取扭曲部位的图形，如图 6-20 所示。

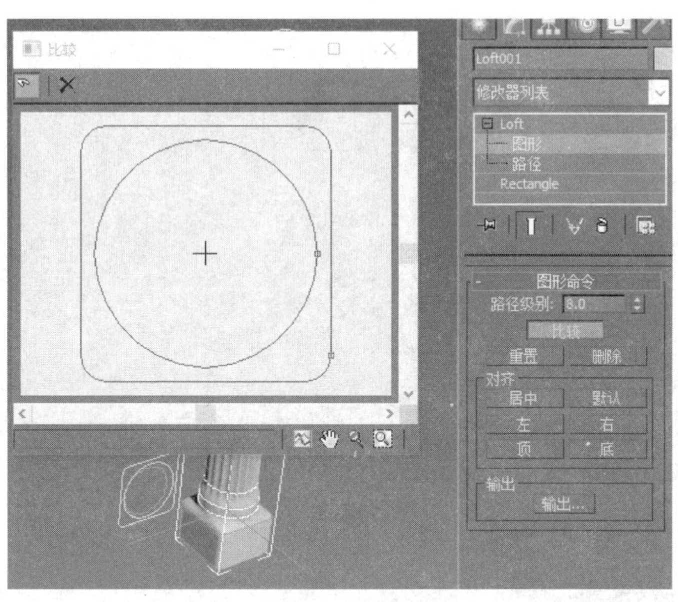

图 6-20 比较图形

步骤 02 切换到【选择并旋转】按钮，选择柱头图形，旋转到起点与圆形起点对齐即可，如图 6-21 所示。

步骤 03 使用同样的方法把另外一个柱头处理，最终结果如图 6-22 所示。

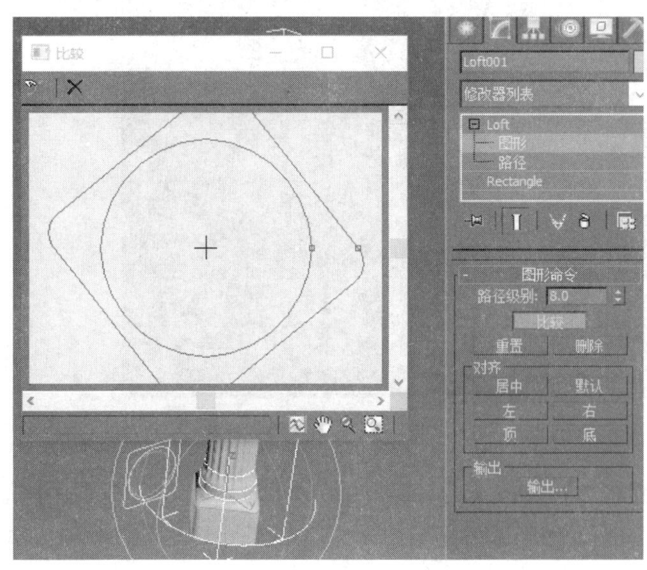

图 6-21 对齐图形的起点

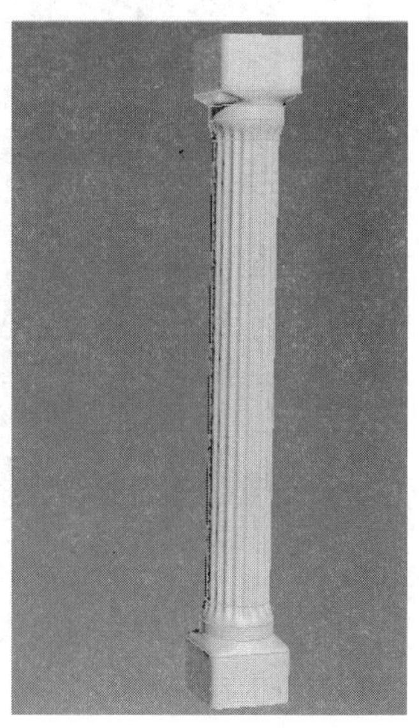

图 6-22 修改后的模型

（4）修改子对象。除了上面介绍的比较和对齐图形之外，还可以对其子对象进行缩放、移动、编辑样条线等编辑。下面以绘制窗帘为例介绍一下其用法。

步骤 01 如图 6-23 所示绘制 3 个图形和 1 根路径，然后选择路径，在 20、50、80 的位置分别获取 3 个图形，结果如图 6-24 所示。

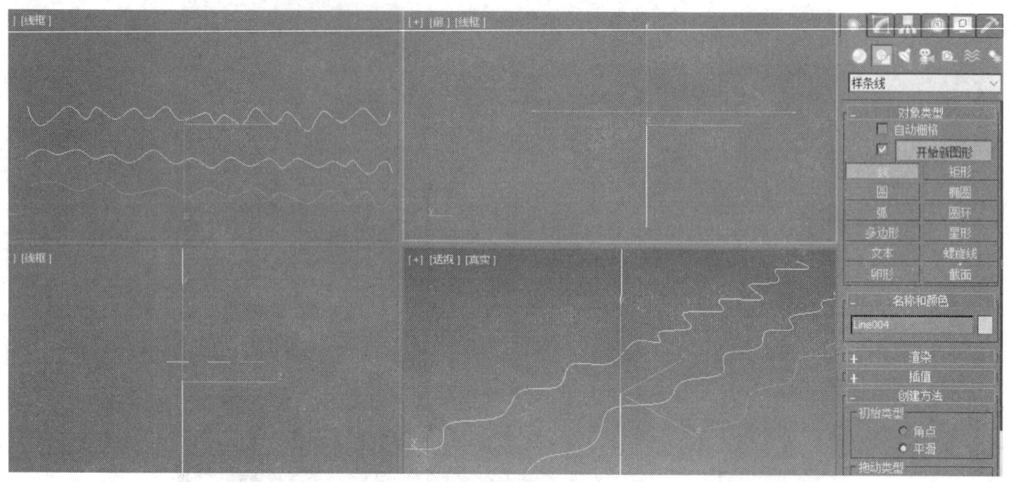

图 6-23　绘制图形和路径

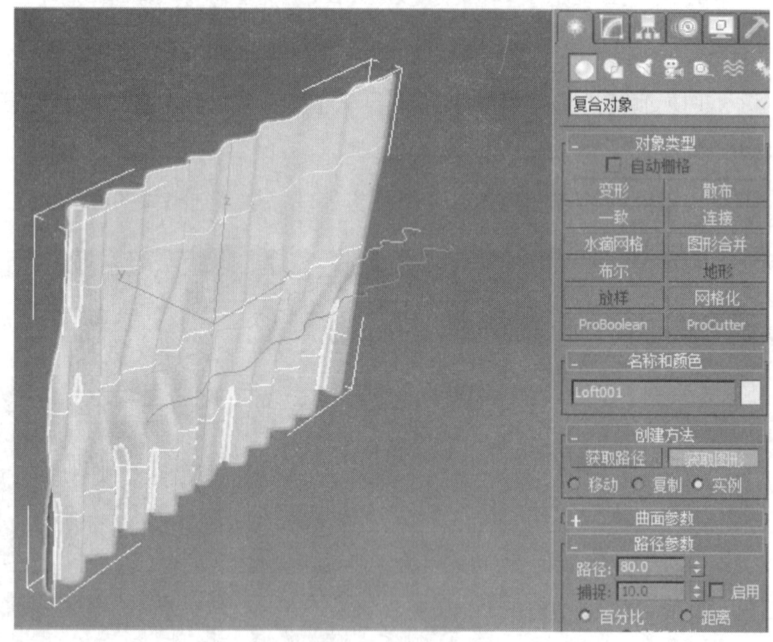

图 6-24　放样成型

步骤 02 若想将窗帘收起来，可以按【1】键进入图形子对象，然后在视图中选择 50 处的图形，锁定 x 轴将其缩小，如图 6-25 所示。再把下面那个图形如法炮制，效果如图 6-26 所示。

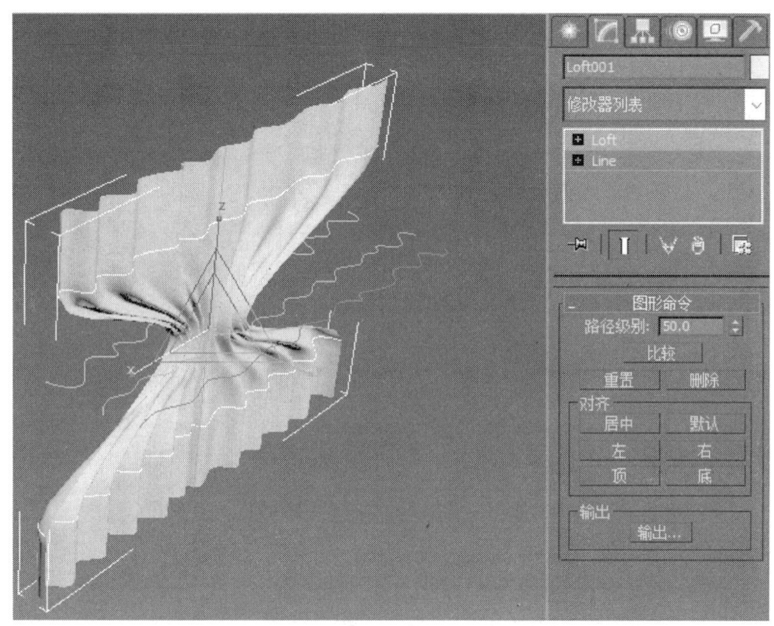

图 6-25 缩小一个图形

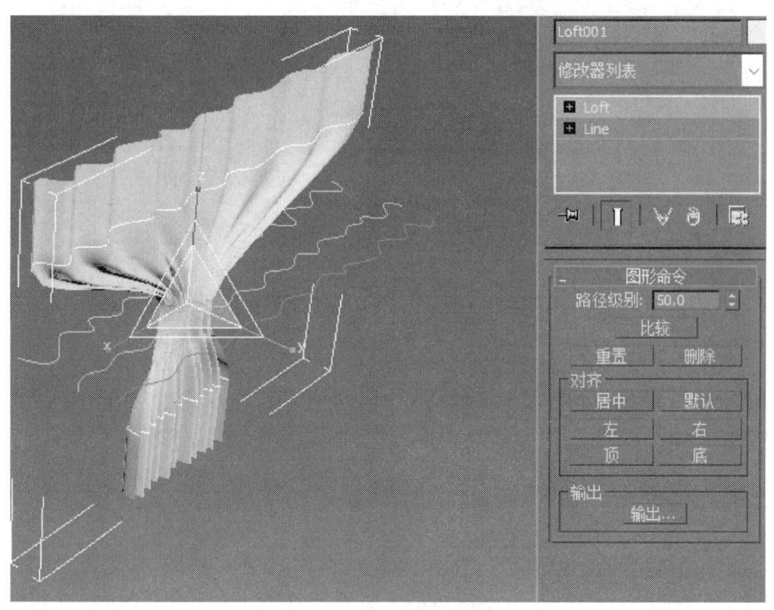

图 6-26 缩小两个图形

步骤 03 移动图形到边上，适当缩小 y 轴，如图 6-27 所示。用同样的方法调整下面的图形，参考效果如图 6-28 所示。

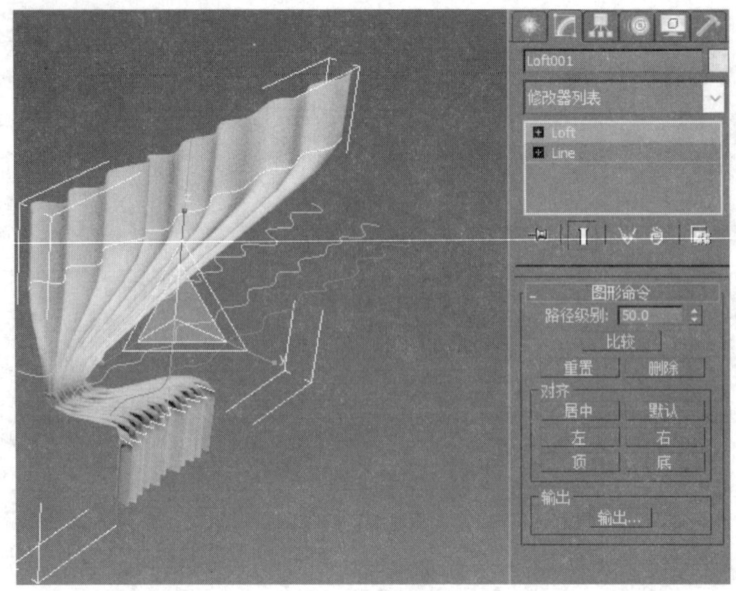

图 6-27　移动、缩小图形

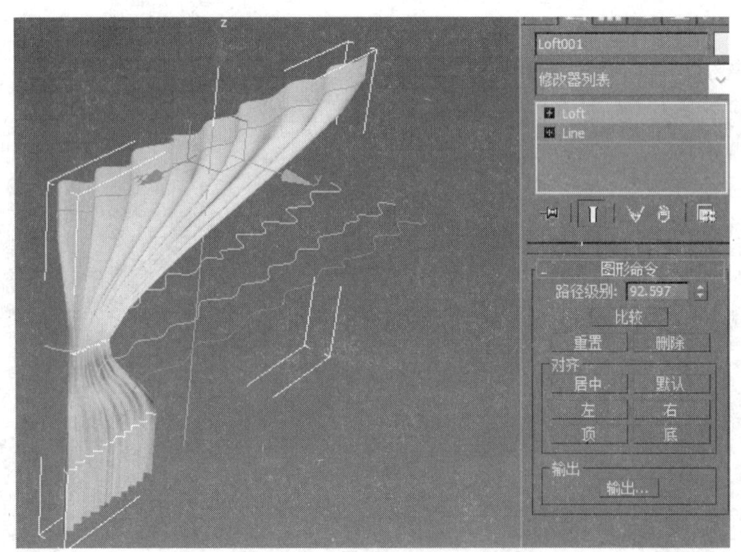

图 6-28　最终模型效果

除了以上的蒙皮、子对象等常规修改外，还有 5 个变形修改器，分别是【缩放】、【扭曲】、【倾斜】、【倒角】、【拟合】，下面专用 3 个小节来介绍一下。

6.2.2 放样变形——缩放

缩放放样能在放样体的 x 轴或 y 轴上进行缩放达到造型的目的。图 6-29 是缩放变形的对话框。

温馨提示

判断轴向可在具体的视图中查看，决不可想当然地选择。

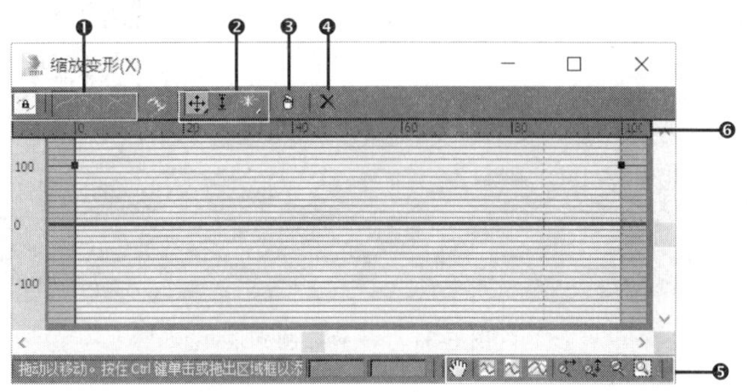

图 6-29 缩放放样对话框

❶ 锁定轴向	是 x 轴，为 y 轴，为锁定 xy 轴比例
❷ 节点控制	分别是移动节点、缩放节点、插入节点
❸ 删除节点	选中不需要的节点，单击即可删除
❹ 重置曲线	若对缩放的曲线不满意，单击就可重置到最开始状态
❺ 视图控制区	分别为平移、最大化显示、水平最大化显示、垂直最大化显示、垂直缩放、水平缩放、实时缩放和窗口缩放
❻ 路径刻度	0 ~ 100 对应路径的起点和终点，可在相应的地方加入节点来控制放样造型

还是以窗帘为例，制作一个窗帘收起来的模型。

步骤 01 放样好窗帘后，选择修改面板→展开【变形】→单击【缩放】按钮，在弹出的对话框中单击在约 75% 的位置添加一个节点，关闭锁定 xy 轴按钮，如图 6-30 所示。

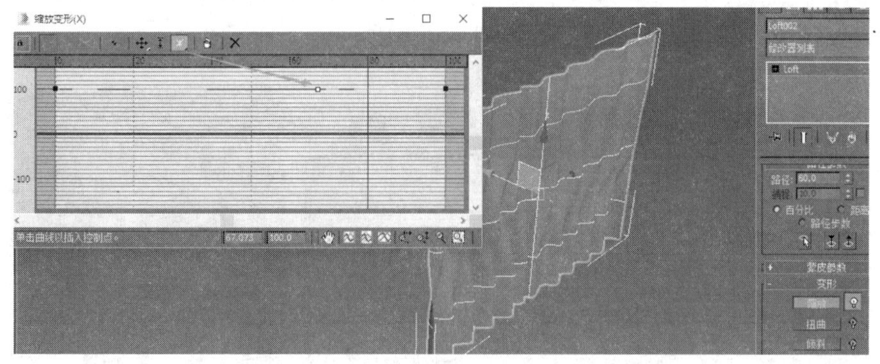

图 6-30 添加控制点

步骤 02 单击【移动控制点】按钮，框选下部两个节点，向下移动到如图 6-31 所示的位置。

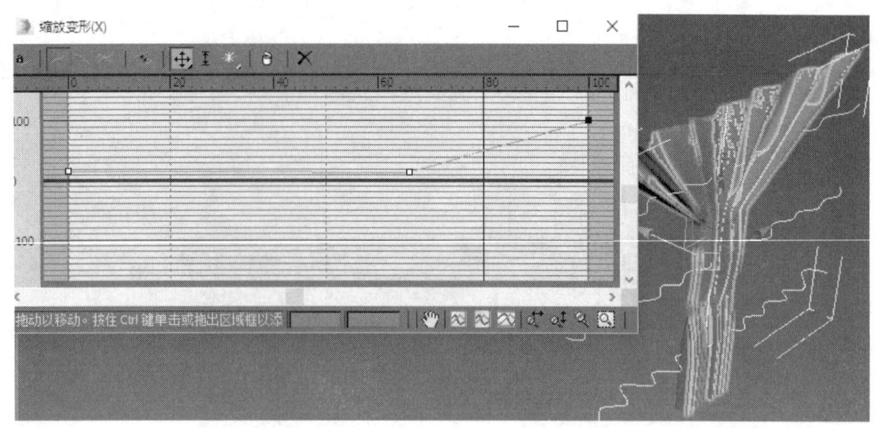

图 6-31　移动控制点

步骤 03　窗帘收得很生硬，可以通过调整节点的方法解决。右击中间的节点，选择【Bezier- 角点】类型，调整其控制点如图 6-32 所示。

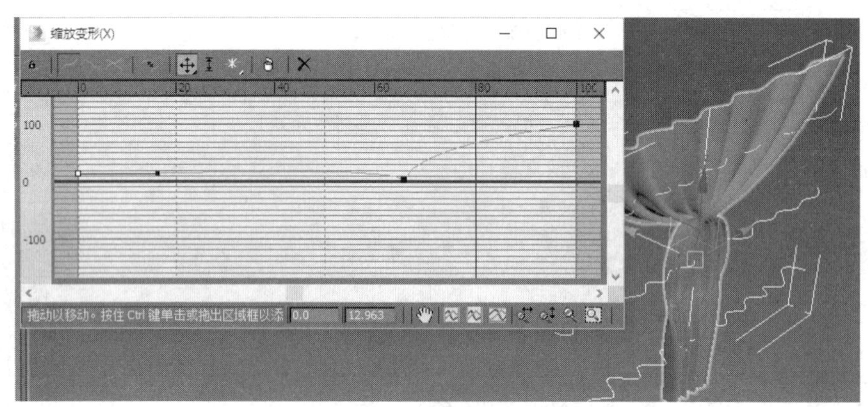

图 6-32　改变节点类型

步骤 04　单击【垂直缩放】按钮，将视图缩放到如图 6-33 所示的样子，将节点进一步收缩，将控制点进一步微调，模型绘制完成。

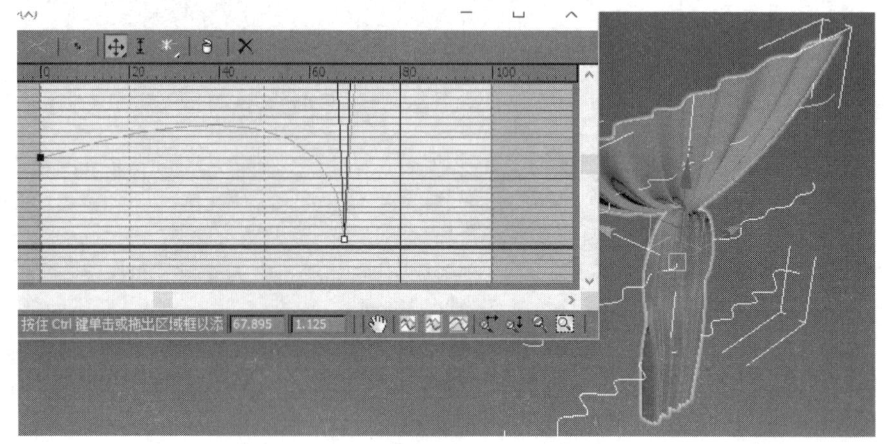

图 6-33　进一步调整

6.2.3 放样变形——拟合

拟合放样其实就是相当于把放样体装在一个"容器"里。图6-34是【拟合变形】对话框。

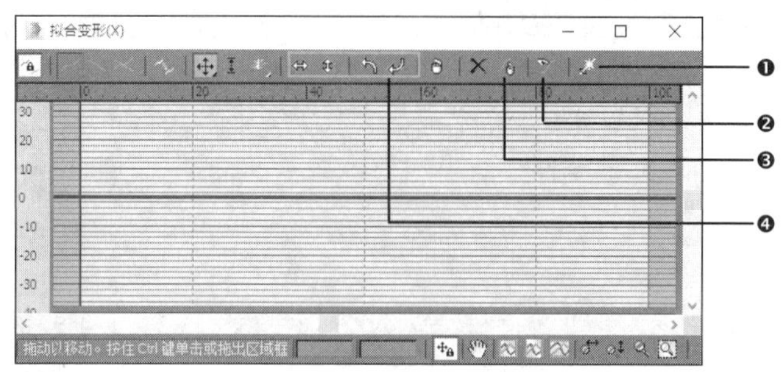

图 6-34 拟合放样对话框

❶ 生成路径	即自动适配图形
❷ 获取图形	即拾取要装入的图形
❸ 删除曲线	即删除装入放样体的图形
❹ 对图形的变换	分别是水平镜像、垂直镜像、逆转 90°、顺转 90°

继续以窗帘为例，若要绘制一个收于侧面的窗帘，就可以用此方法。

步骤 01 绘制放样体，把收起来的二维图形绘制出来，如图 6-35 所示。然后单击【拟合】按钮，在弹出的对话框中单击【获取图形】按钮，拾取二维图形，如图 6-36 所示。

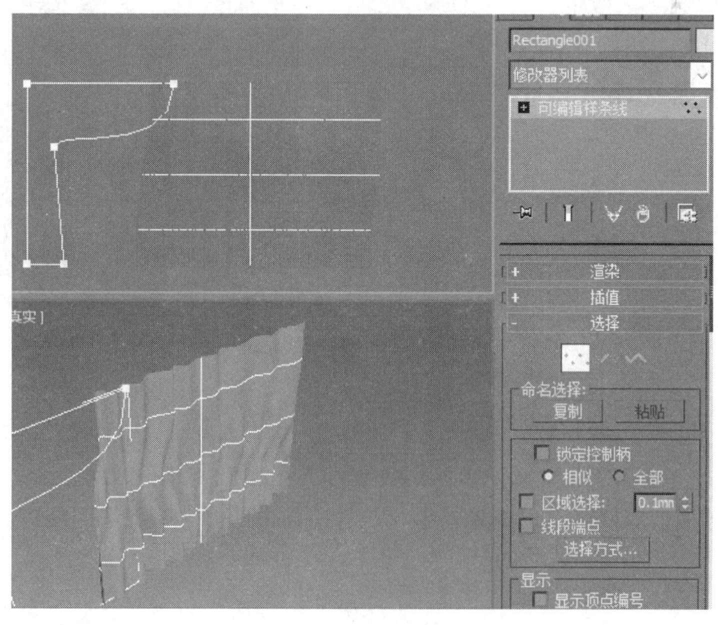

图 6-35 绘制二维图形

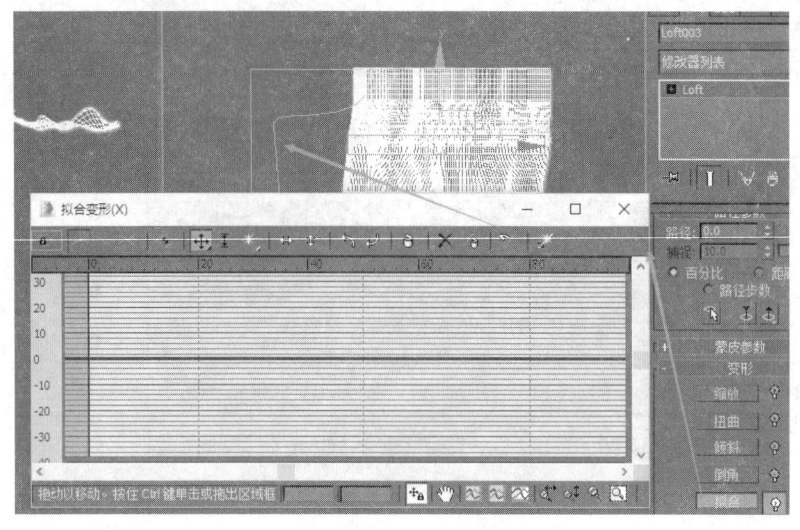

图 6-36　拟合放样拾取二维图形

步骤 02　在 x 轴拟合成功了，但方向不对，通过观察，只需单击顺时针旋转 90° 按钮即可，如图 6-37 所示。最后单击【生成路径】按钮，最终效果如图 6-38 所示。

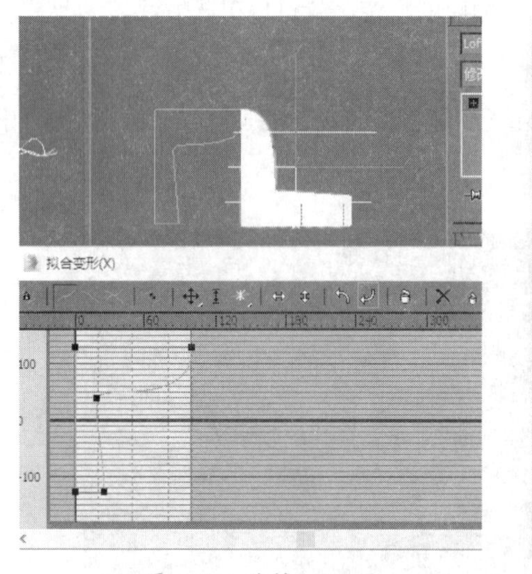

图 6-37　旋转 -90°

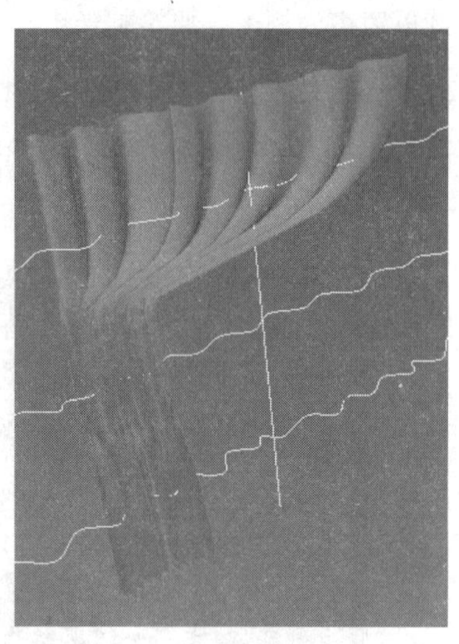

图 6-38　窗帘模型效果

6.2.4 其他放样变形

其他几个变形放样用法也是大同小异，与前面讲的同名修改器用法也类似，这里大致介绍一下。

- 【扭曲】：如图 6-39 所示，在放样体上进行扭曲变形，可做出与【扭曲】修改器类似的效果，不同的是可以加控制点来进行变化。

- 【倾斜】：如图 6-40 所示，在放样体上进行倾斜变形。
- 【倒角】：如图 6-41 所示，在放样体上进行倒角变形，可做出与【倒角】修改器类似的效果，不同的是可以加控制点来进行变化，而不受 3 次倒角的限制。

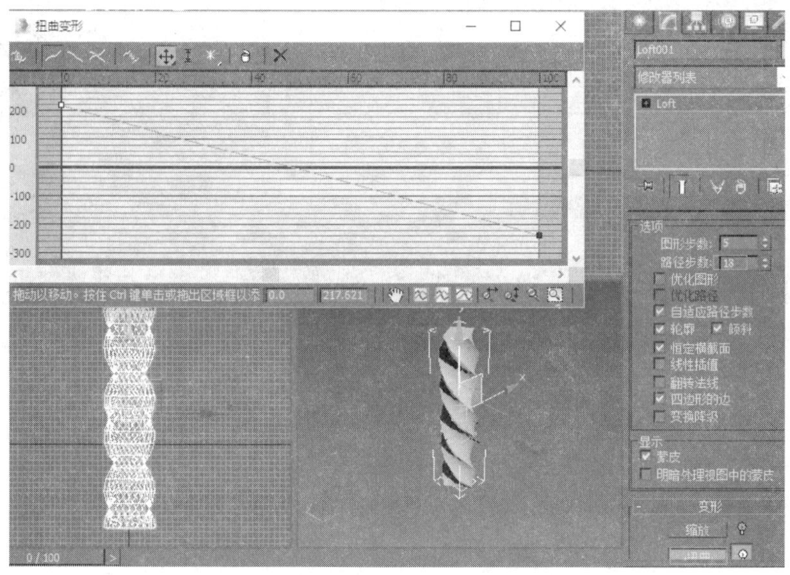

图 6-39　扭曲放样

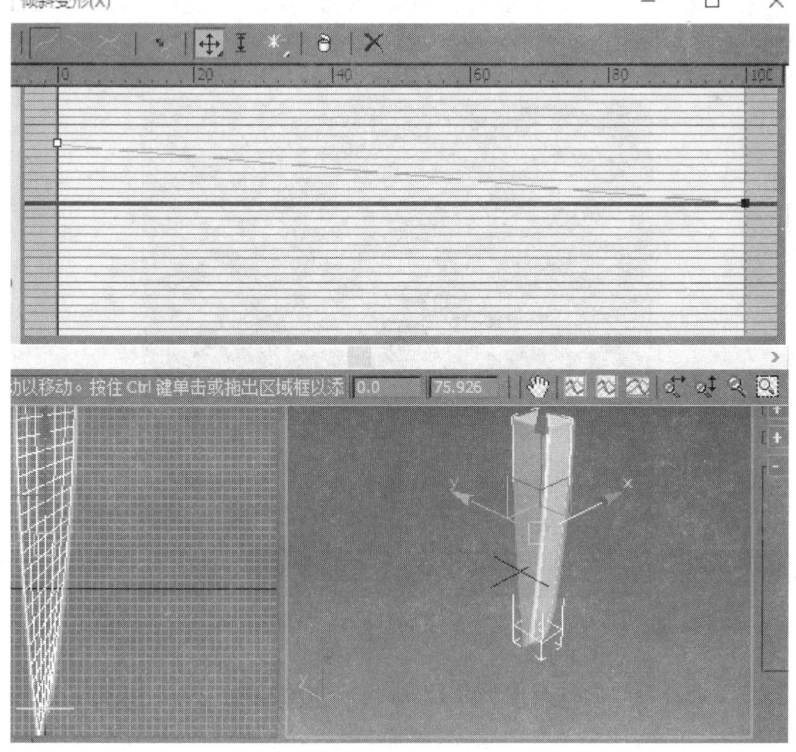

图 6-40　倾斜放样

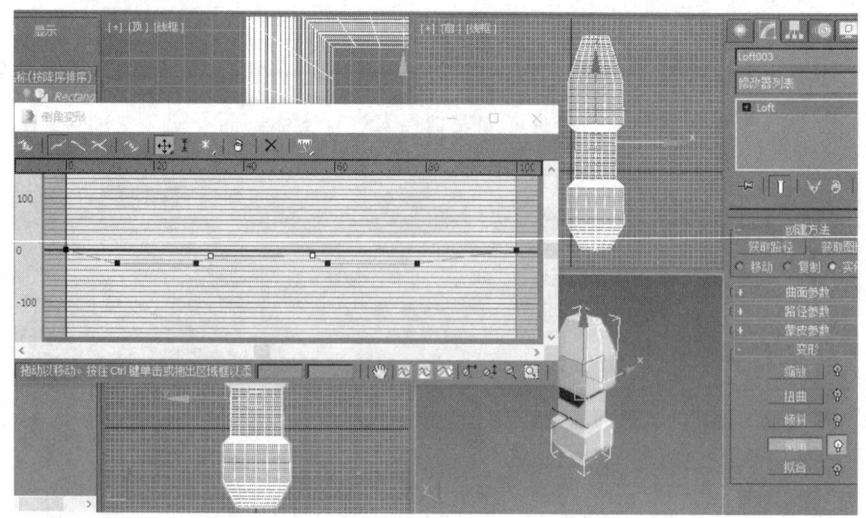

图 6-41　倒角放样

温馨提示

若有精度问题，可以在【蒙皮参数】卷展栏里调整图形与路径的步数。

课堂范例——绘制牙膏

步骤 01　绘制一个圆形和直线分别作为图形和路径，然后选择创建面板→复合对象→放样，选择路径拾取图形，参考效果如图 6-42 所示。

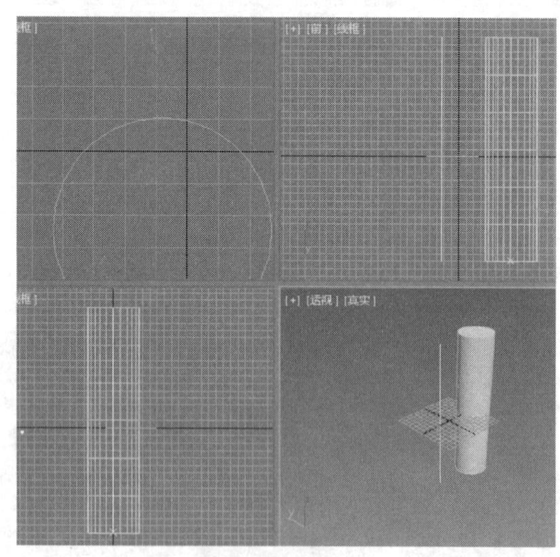

图 6-42　放样

步骤 02　选择修改面板→【变形】卷展栏→缩放，在弹出的对话框中单击【插入角点】按钮，在路径上依次加入管尾、管腰、管肩、管颈、盖底等几个控制点，如图 6-43 所示。

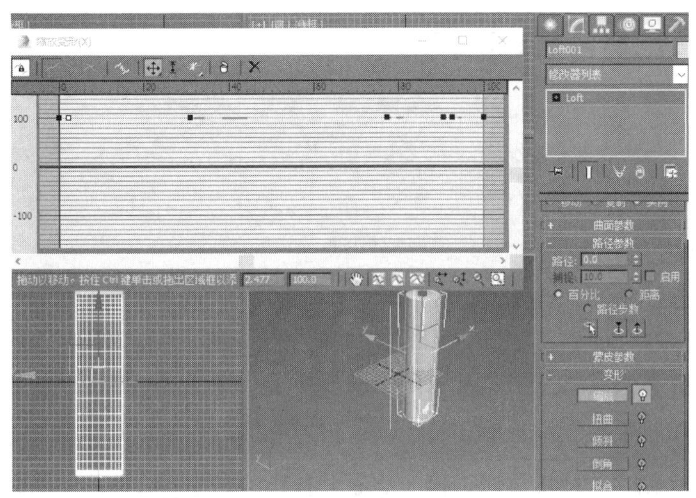

图 6-43 添加缩放控制点

步骤 03 将盖子部分的控制点向下拖动到如图 6-44 所示的位置，然后关闭【均衡】按钮，再将腰部和尾部的控制点拖动到如图 6-45 所示的位置。

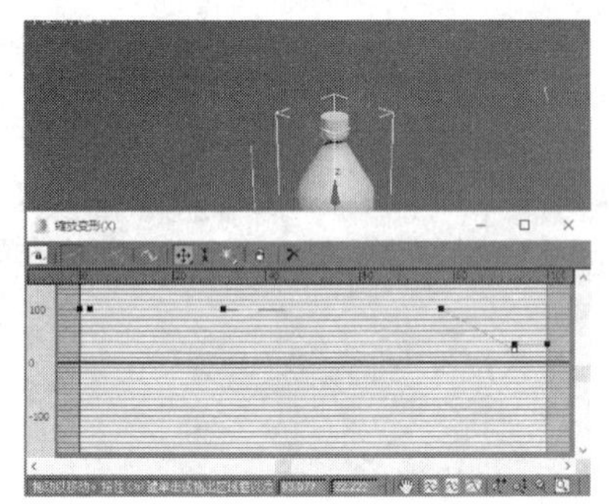

图 6-44 缩放盖子部分

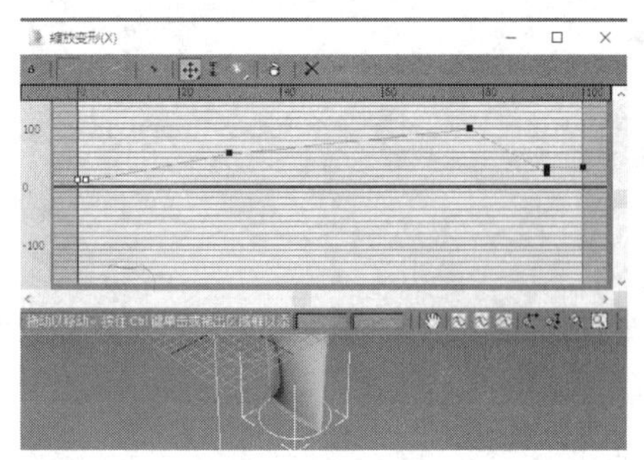

图 6-45 在 x 轴向上缩放腰部和尾部

步骤 04 单击显示 y 轴，将尾部控制点向上移动一段距离，如图 6-46 所示。再做微调，最终效果如图 6-47 所示。

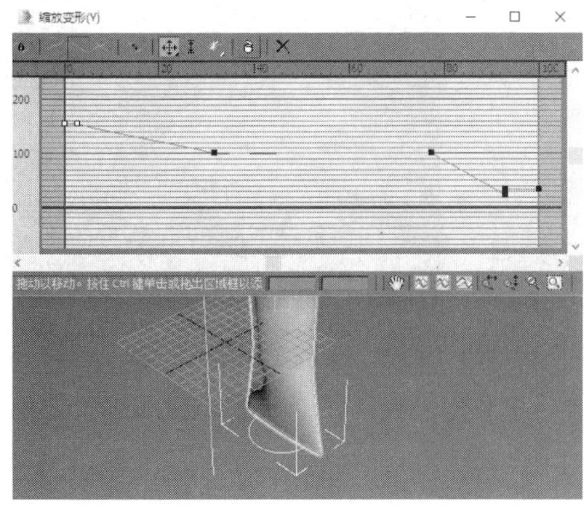

图 6-46 在 y 轴向上缩放尾部

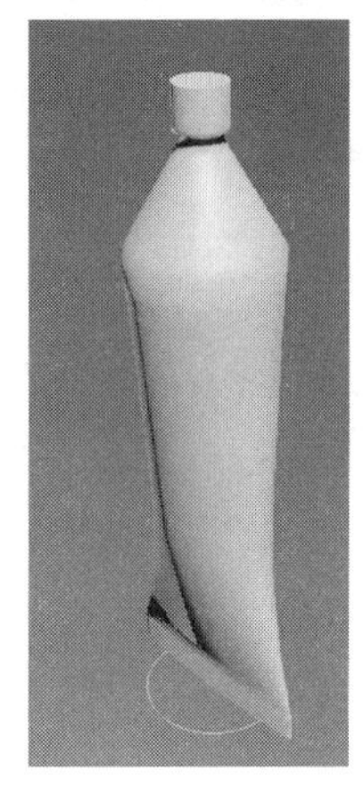

图 6-47 最终模型效果

6.3 其他复合对象建模

若掌握了【布尔】和【放样】，那么其他的几个复合对象命令的用法也比较简单了，下面对它们的使用方法简单介绍一下。

6.3.1 图形合并

【图形合并】其实就是将二维的图形投影到三维的面上，再进行其他编辑。下面以一个曲面上制作浮雕文字为例介绍一下此命令的用法。

步骤 01 创建一个【球体】和一个【文本】，如图 6-48 所示。然后选择球体，选择创建面板→几何体→复合对象→图形合并→拾取图形，拾取文字，此时就能看到文字已经被投影到球体上，如图 6-49 所示。

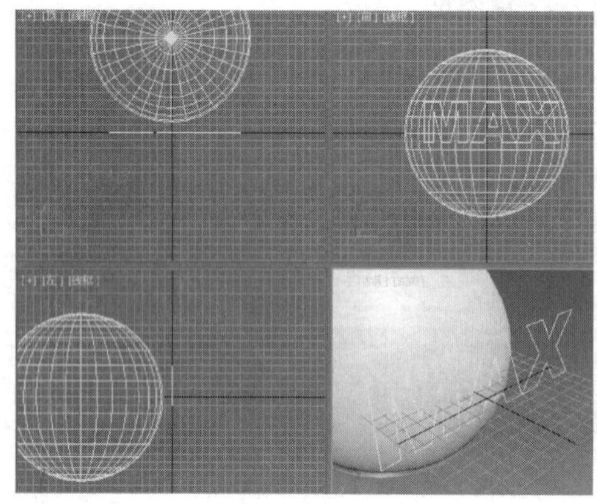

图 6-48 绘制三维及二维图形

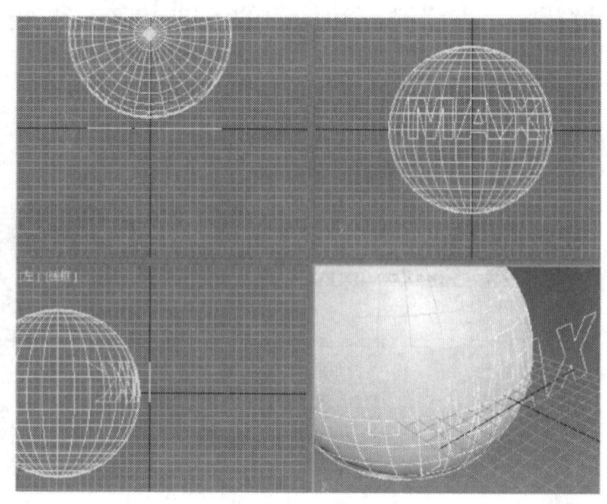

图 6-49 图形合并

步骤 02 选择图形合并后的球体，单击修改面板，为其添加一个【面挤出】修改器，如图 6-50 所示，在曲面上制作二维浮雕模型完成。

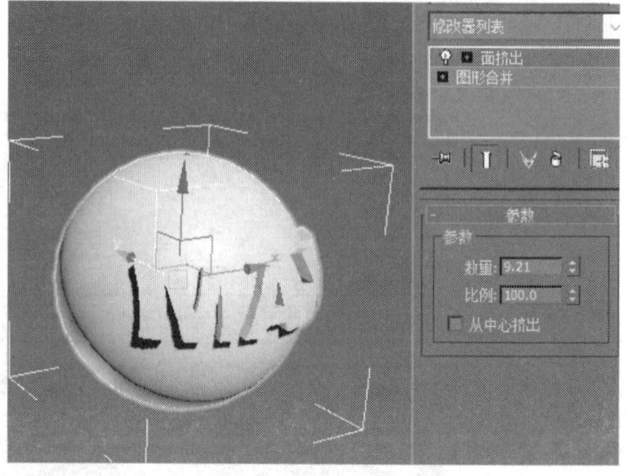

图 6-50 图形合并

温馨提示

必须是选择几何体（三维）拾取图形（二维），切不可弄反。

6.3.2 地形

【地形】命令实质是通过“等高线”绘制地形。下面以一座小岛为例来介绍一下此命令的基本用法。

步骤 01 在【顶视图】创建数根封闭的等高线，再到【前视图】将它们移动一定的高度，如图 6-51 所示。

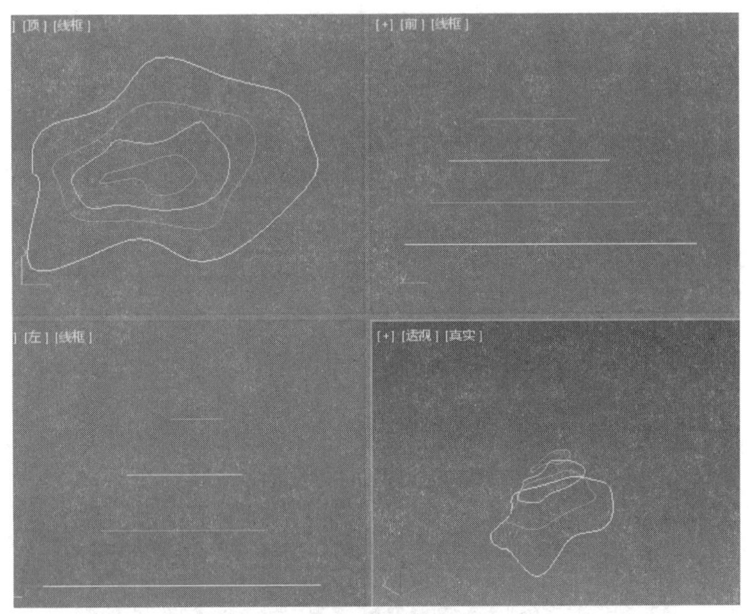

图 6-51 绘制等高线

步骤 02 选择最底下的等高线，选择创建面板→几何体→复合对象→地形→拾取操作对象，依次拾取等高线，小岛模型创建效果如图 6-52 所示。

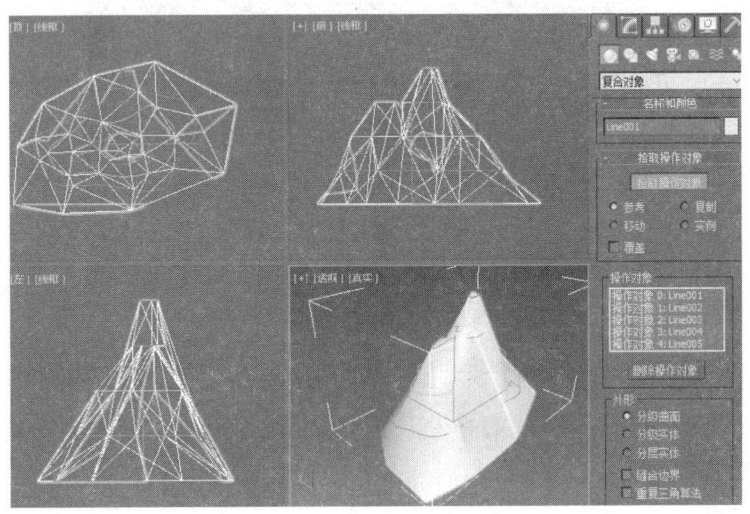

图 6-52 地形创建的模型效果

6.3.3 散布

【散布】命令通常用来绘制毛发、草坪等需要复制很多单一对象的模型。下面以一个草坪模型来介绍一下它的基本用法。

步骤 01 绘制一个如图 6-53 所示的圆锥，然后通过【弯曲】、旋转、复制、塌陷等命令编辑成为一株草，参考效果如图 6-54 所示。

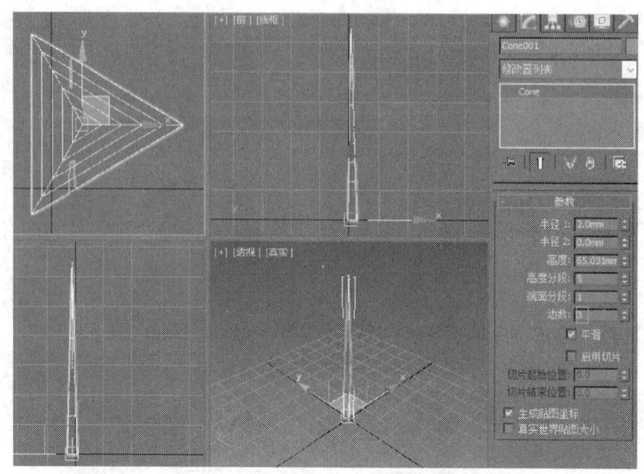

图 6-53 绘制一个圆锥

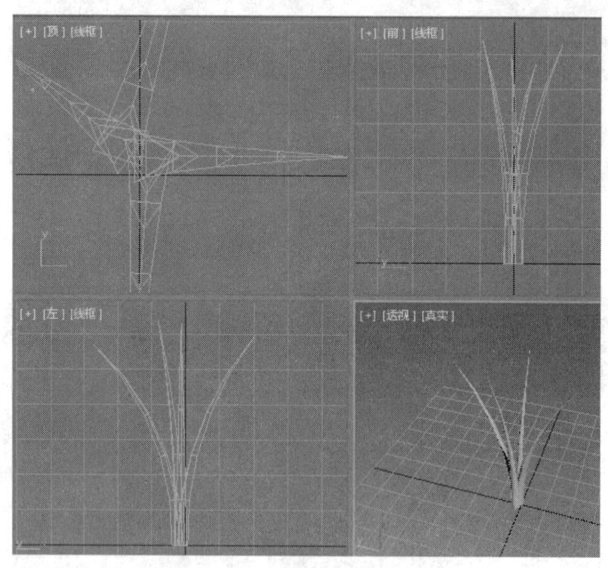

图 6-54 绘制一株草

步骤 02 创建一个【平面】，添加一个【噪波】修改器，参考效果如图 6-55 所示。

步骤 03 选择那一株草的模型，选择创建面板→几何体→复合对象→散布→拾取分布对象，拾取平面，然后单击修改面板，参考如图 6-56 所示修改参数，草坪模型绘制完成。

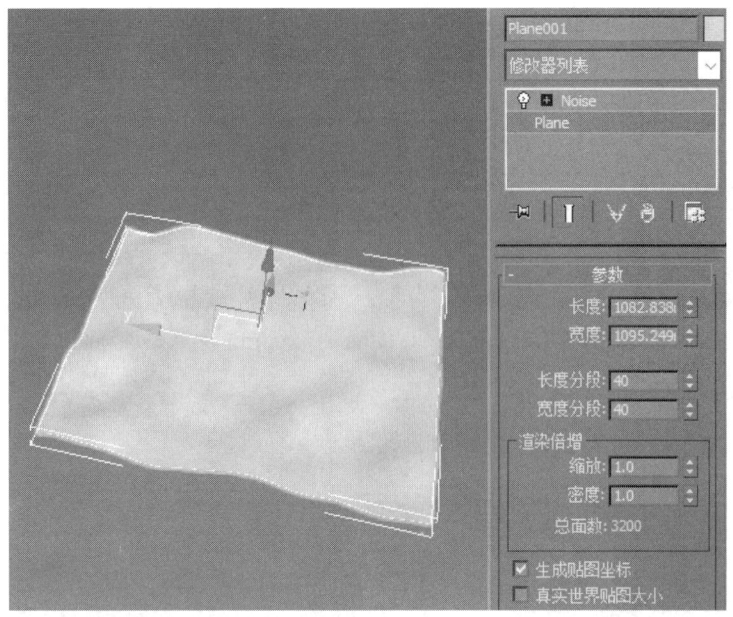

图 6-55　绘制地面

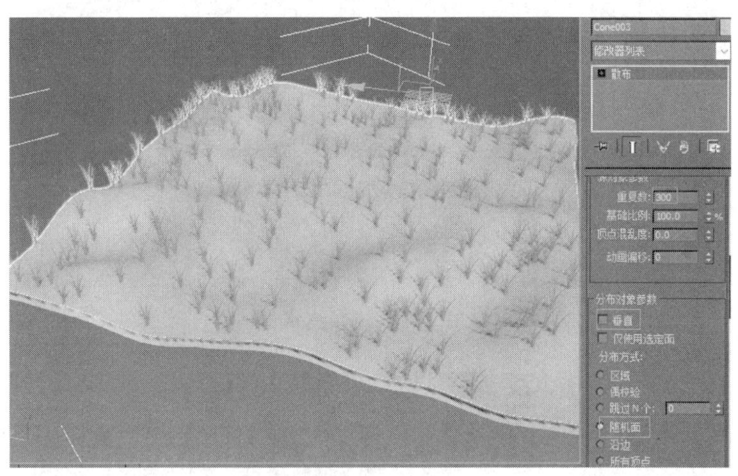

图 6-56　发散复制草模型

6.3.4 连接

使用连接复合对象，可通过对象表面的“洞”连接两个或多个对象。要执行此操作，请删除每个对象的面，在其表面创建一个或多个洞，并确定洞的位置，以使洞与洞之间面对面，然后应用“连接”。例如，前面讲过的杯子模型，也可以用【连接】的方法将杯身与手柄连接起来。

步骤 01　绘制一个杯身与手柄，然后都转为【可编辑多边形】，如图 6-57 所示。

步骤 02　按【4】键进入多边形子对象，删除对应的面，如图 6-58 所示。

图 6-57 创建杯身与杯柄

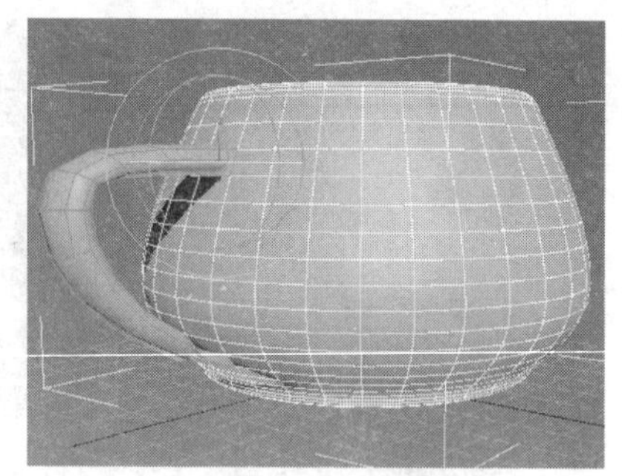

图 6-58 删除对应的面

步骤 03 选择创建面板→几何体→复合对象→连接→拾取操作对象，拾取手柄模型，就把这两个模型连接起来了，如图 6-59 所示。

图 6-59 连接完成

步骤 04 选择修改面板，还可以修改【插值】、【平滑】等参数，如图 6-60 所示。

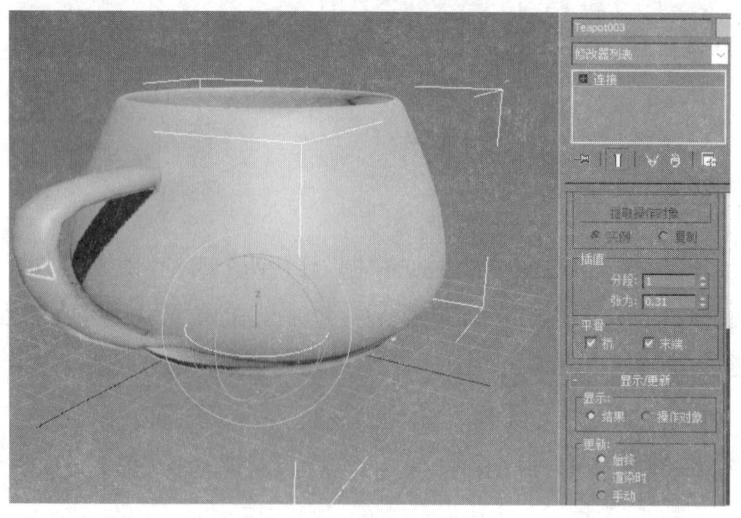

图 6-60 修改其他参数

6.3.5 一致

【一致】命令可以使投影的物体与被投影物体表面保持一致。下面以一个地面上的公路为例尝试一下。

步骤 01　绘制一个【平面】，添加【噪波】修改器，再绘制一个【平面】的路面，注意都需要多加点段数，如图 6-61 所示。

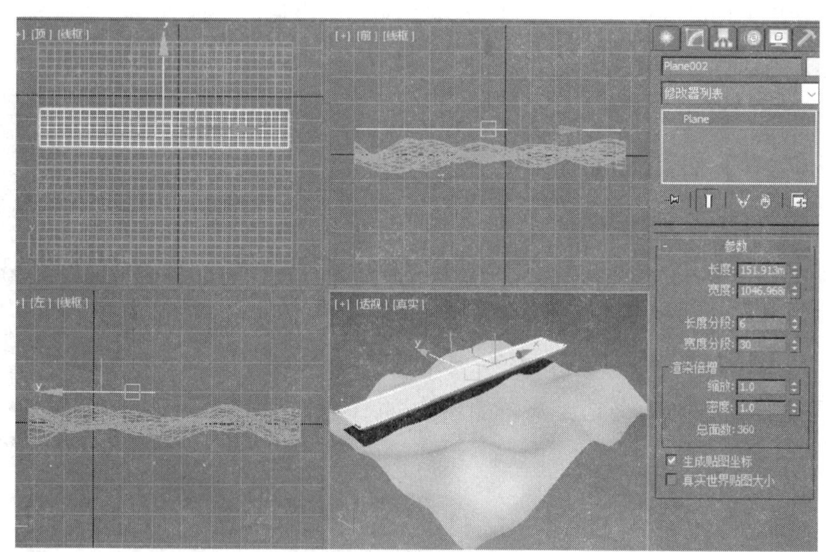

图 6-61　绘制地面和路

步骤 02　选择路面，选择创建面板→几何体→复合对象→一致→拾取包裹对象，拾取地面模型，设置如图 6-62 所示，模型创建成功。

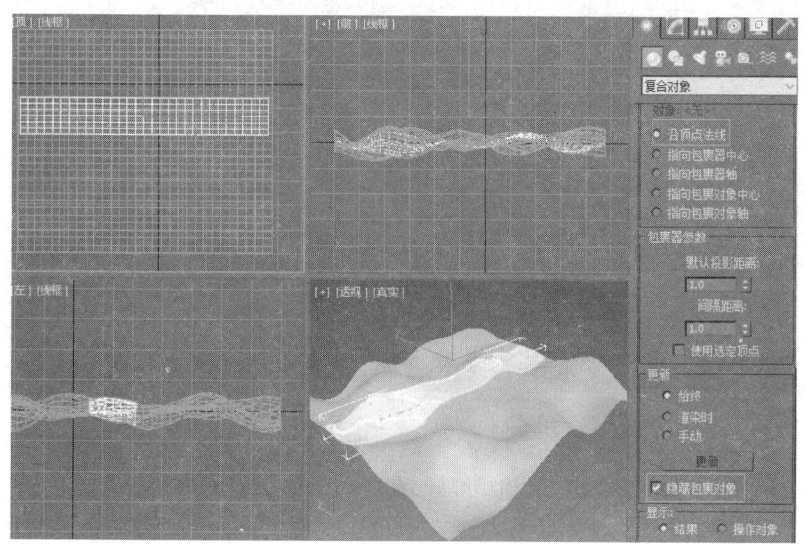

图 6-62　路面与地面【一致】完成

温馨提示

拾取对象时尽量不要在【透视图】，否则容易出错。此例是在【顶视图】拾取的。

6.3.6 变形

【变形】工具可以使一个对象的顶点去适应另一个对象的顶点，从而将多个对象合成起来，然后再加以编辑，就可以制作出物体变形的动画。下面以一个茶壶为例介绍一下【变形】工具的基本用法。

步骤 01 创建一个【茶壶】，右击【转为可编辑多边形】，然后按住【Shift】键复制5个，如图6-63所示。

步骤 02 选择第二个茶壶，按【1】键进入顶点子对象，打开【软选择】卷展栏，勾选【使用软选择】选项，设置衰减值，将茶壶盖的顶点选择向上拖动一定距离，如图6-64所示。

图6-63 复制茶壶

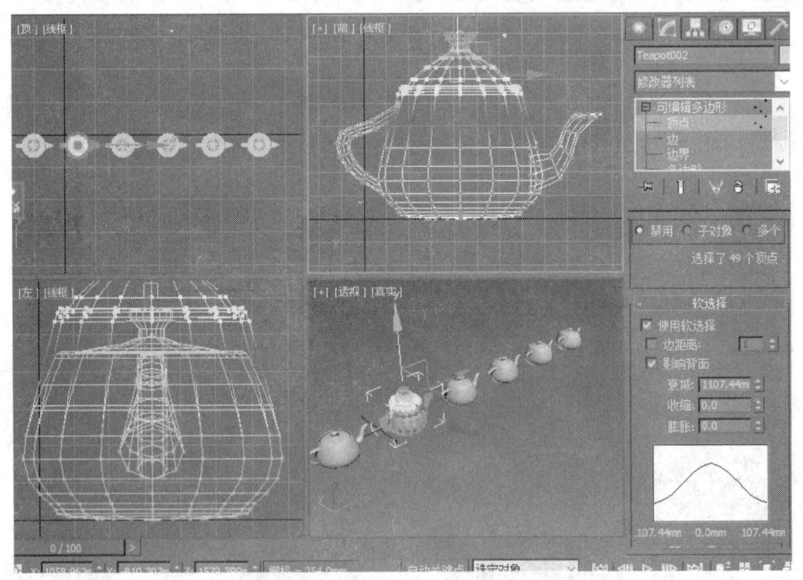

图6-64 编辑第二个茶壶顶点

步骤 03 将其余茶壶也做类似处理，参考效果如图6-65所示。

图 6-65 编辑其他茶壶顶点

步骤 04 选择第一个茶壶，选择创建面板→几何体→复合对象→变形→拾取目标，依次拾取第 2、3、4、5、6 个茶壶，然后隐藏其他茶壶，如图 6-66 所示。

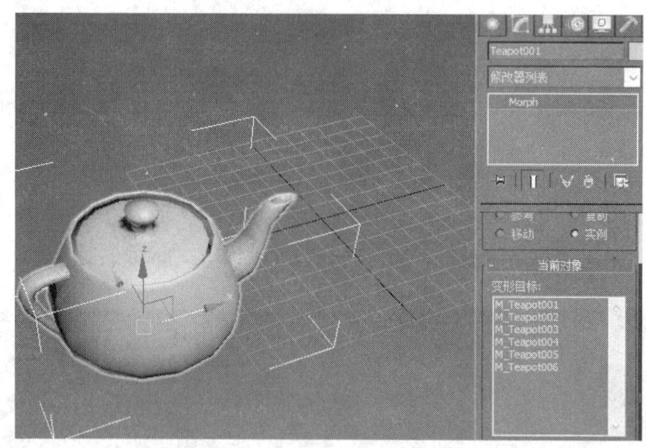

图 6-66 变形拾取其他茶壶并单独显示

步骤 05 选择修改面板，在【当前对象】卷展栏里选择第一个对象，然后单击创建变形关键点按钮，如图 6-67 所示。然后将时间线拖到第 20 帧，选择第二个对象，再次单击创建变形关键点，如图 6-68 所示。

图 6-67 创建第一个变形关键点

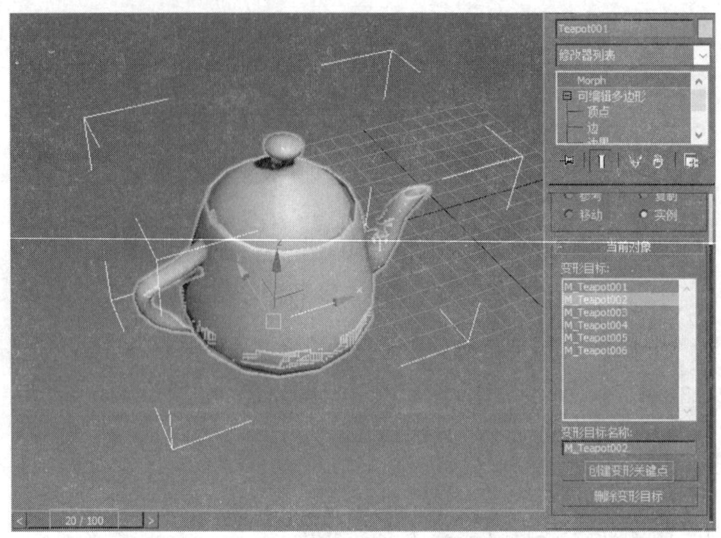

图 6-68 创建第二个变形关键点

步骤 06 再在第 40、60、80、100 帧的位置选择其他几个对象创建关键点，然后单击播放按钮，就做出了一个简单的变形动画，如图 6-69 所示。

图 6-69 完成记录动画

温馨提示

使用【变形】工具需具备以下 3 个条件。

①必须有两个以上的模型。

②模型必须是相同的网格模型或面片模型。

③源对象与目标对象的顶点数量必须完全相同。

课堂范例——绘制公园石桌

步骤 01 在【前视图】创建一个【弧】，然后【车削】成型，再添加一个【壳】的修改器，如图 6-70 所示。

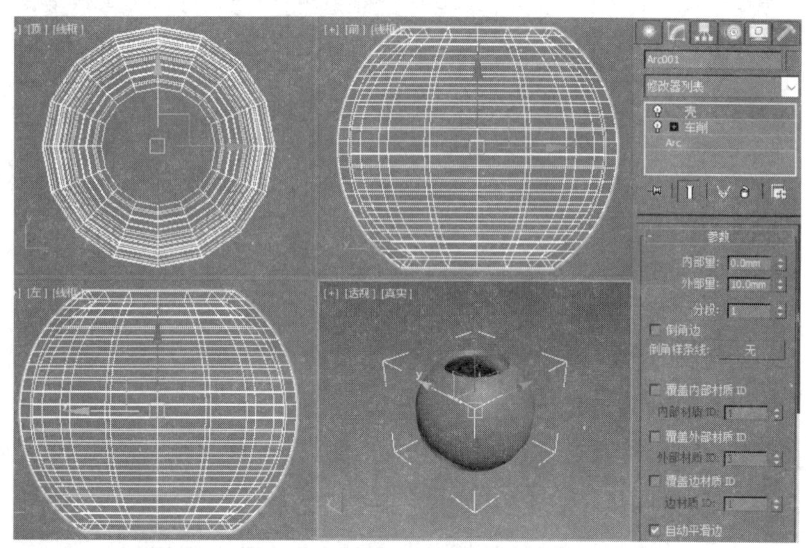

图 6-70 绘制桌墩

步骤 02 绘制一个圆柱与桌墩对齐，再按快捷键【Ctrl+V】复制一个，旋转 90°，如图 6-71 所示。

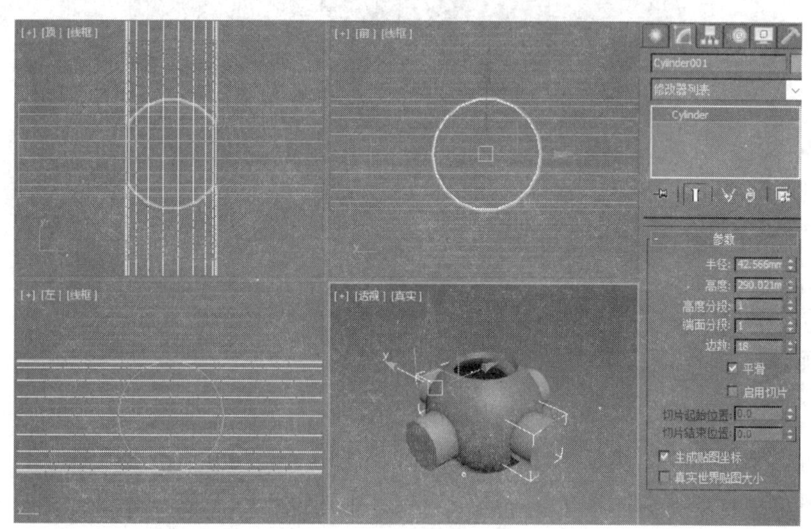

图 6-71 绘制圆柱

步骤 03 选择桌墩，选择创建面板→几何体→复合对象→ProBoolean，拾取两个圆柱，效果如图 6-72 所示。

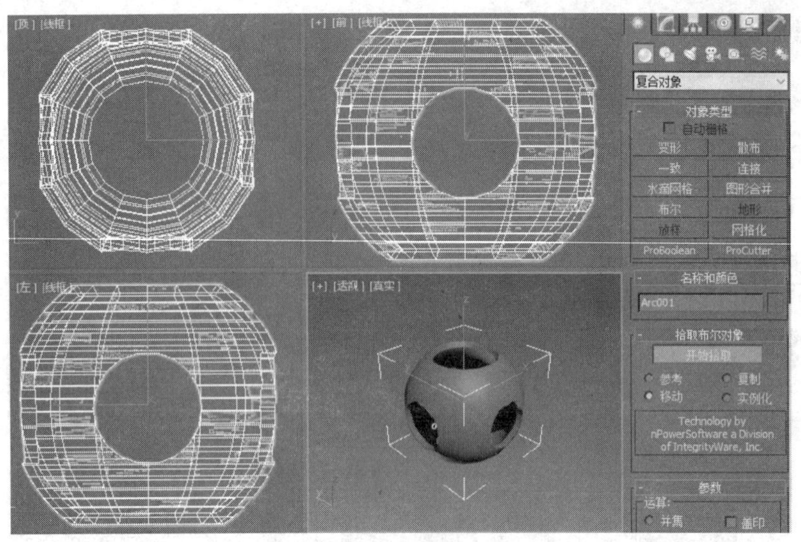

图 6-72　挖掉圆柱

步骤 04　绘制一个【切角圆柱体】作为桌面，石桌模型绘制完成，效果如图 6-73 所示。

图 6-73　绘制桌面

课堂问答

问题❶：为什么图形合并后的模型节点非常多？

答：节点和面数都是由于电脑计算时产生的，面数是图形合并之前的数倍甚至数十倍，所以须慎重使用此工具，不得不用时才使用，一般用于不规则曲面上，而在平面上有浮雕就直接挤出而不用此命令。另外，使用此命令后最好再添加一个【优化】修改器减少面数和节点数。

问题❷：为什么有时放样或图形合并命令拾取不到对象？

答：拾取的对象都必须是二维图形，若在二维图形上添加了【挤出】等修改器，那就是属于三维图形了，自然不能拾取到。

问题❸：如何让螺旋路径的放样体模型截面水平？

答：选中其中一个选项就能解决此问题。如图 6-74 所示是螺旋线拾取矩形的放样模型，最终截面竖起来了，要让其水平，只需单击修改面板展开【蒙皮参数】卷展栏，去掉【倾斜】选项即可，如图 6-75 所示。

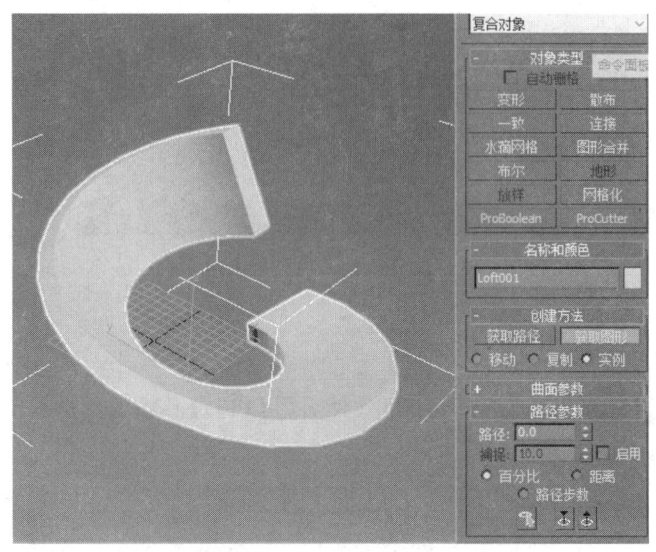

图 6-74 螺旋路径拾取矩形放样

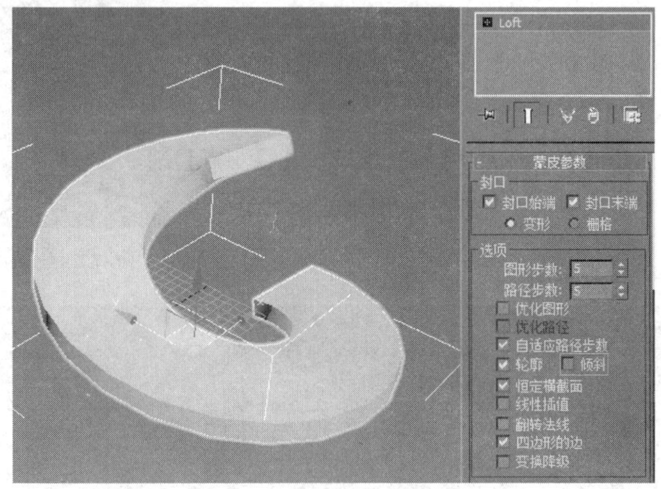

图 6-75 让剖面不倾斜

上机实战——绘制果仁面包

为了让读者能巩固本章知识点，下面讲解两个技能综合案例，使大家对本章的知识有更深入的了解。

绘制的果仁面包的效果展示如图 6-76 所示。

效果展示

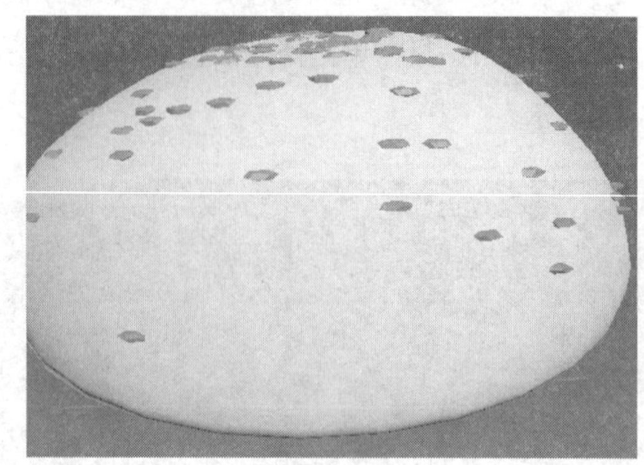

图 6-76 果仁面包的效果展示

思路分析

面包造型用【车削】修改器即可成型，然后用【FFD】修改器稍加编辑。果仁屑用【散布】命令，设置局部区域即可。

制作步骤

步骤 01 在【前视图】绘制面包的半剖面线，如图 6-77 所示。

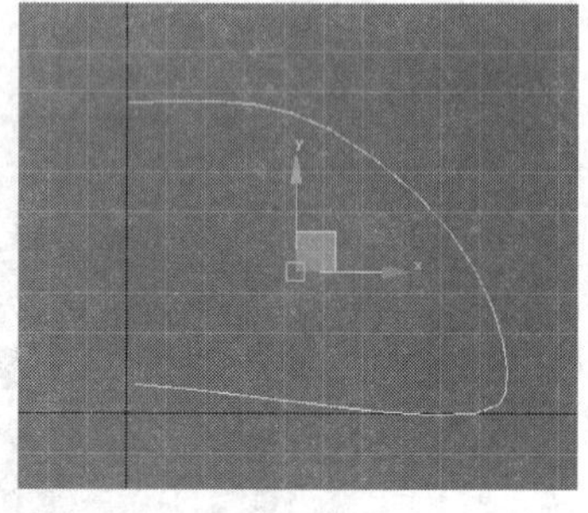

图 6-77 绘制面包的半剖面线

步骤 02 添加【车削】修改器，面包雏形完成，如图 6-78 所示。

步骤 03 添加【FFD4X4X4】修改器，进入【控制点】子对象，选择控制点，将面包稍作变形，参考效果如图 6-79 所示。

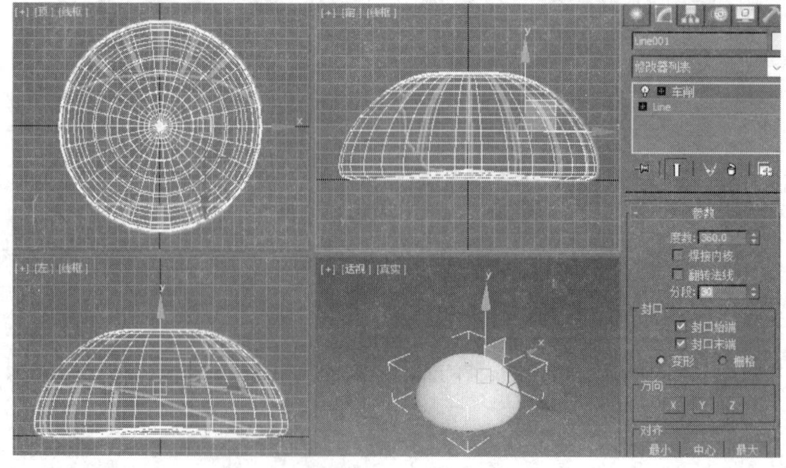

图 6-78 车削形成面包雏形

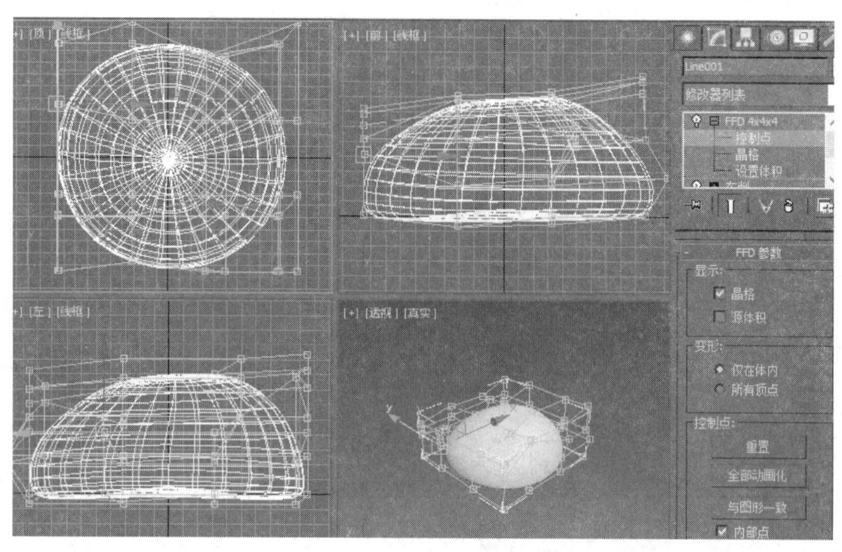

图 6-79　将车削体变形

步骤 04　绘制一个【球体】，再用【选择并缩放】工具缩放一下，做成瓜子模样，如图 6-80 所示。

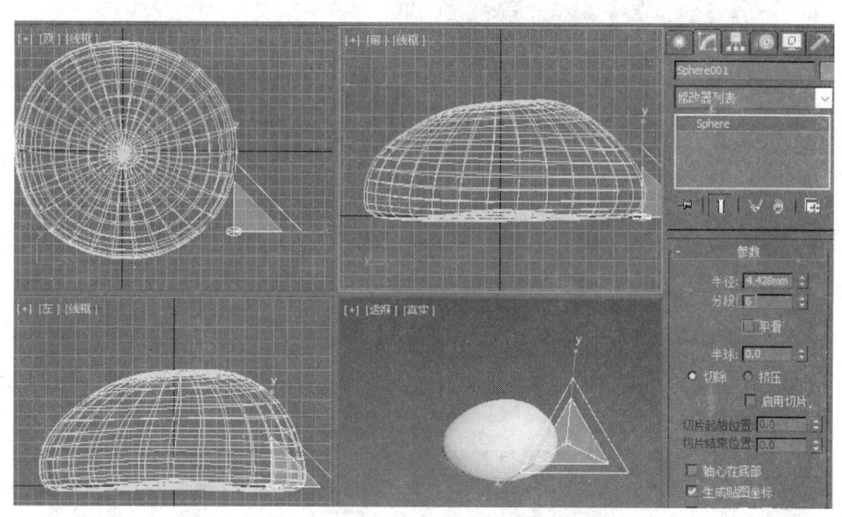

图 6-80　绘制果仁

步骤 05　选择小球体，选择创建面板→几何体→复合对象→散布→拾取分布对象，拾取面包模型，设置如图 6-81 所示。

步骤 06　由于只有上半部才有瓜子仁，所以还得设置分布方式。选择面包模型，添加【编辑网格】修改器，按【4】键进入多边形子对象，选择上半部多边形，如图 6-82 所示。

步骤 07　取消多边形子对象，选择果仁，将【分布方式】设为【随机面】，勾选【仅使用选定面】选项，果仁就在选定的区域散布了，参考效果如图 6-83 所示。

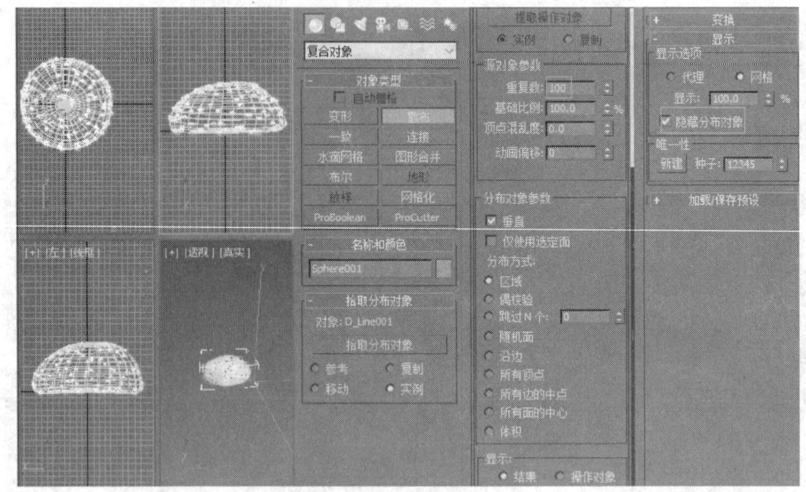

图 6-81　散布果仁

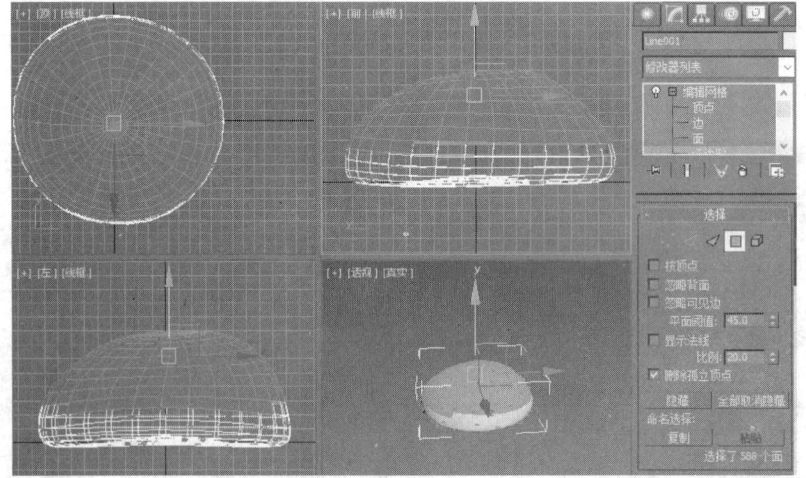

图 6-82　设置散布区域

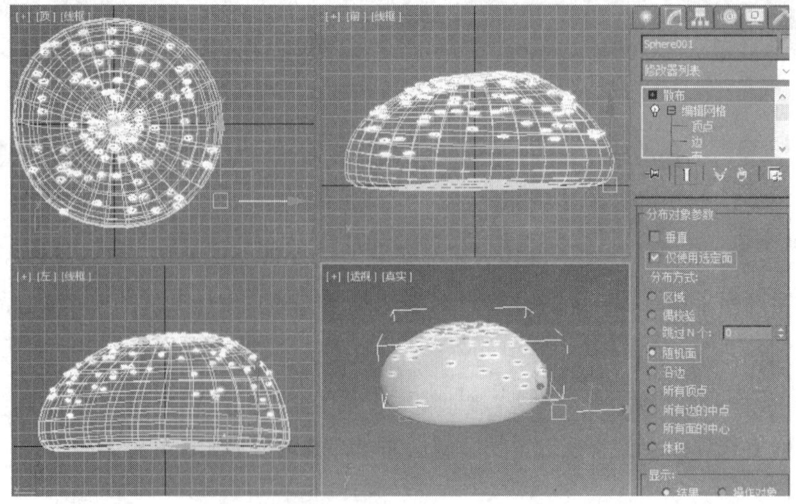

图 6-83　按区域散布果仁

同步训练——绘制牵牛花

绘制牵牛花的图解流程如图 6-84 所示。

图解流程

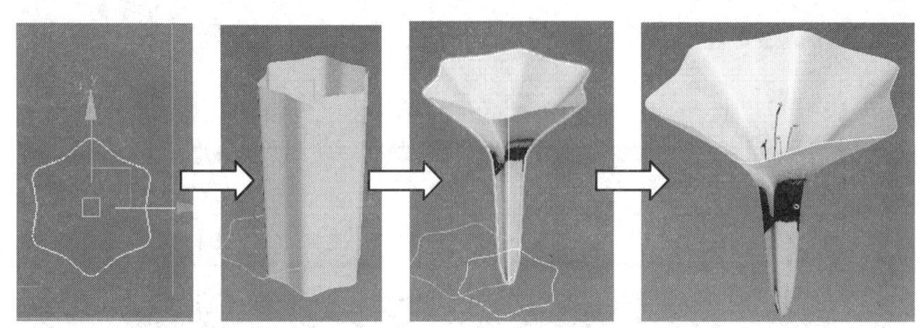

图 6-84 绘制牵牛花的图解流程

思路分析

此模型可用缩放放样的方法生成花朵模型，然后用线和球体绘制花蕊即可。

关键步骤

步骤 01 绘制一个【星形】作为放样的图形，再用【线】绘制一个路径，如图 6-85 所示。

步骤 02 放样成型，注意要把【蒙皮参数】里的【封口】选项去掉，如图 6-86 所示。

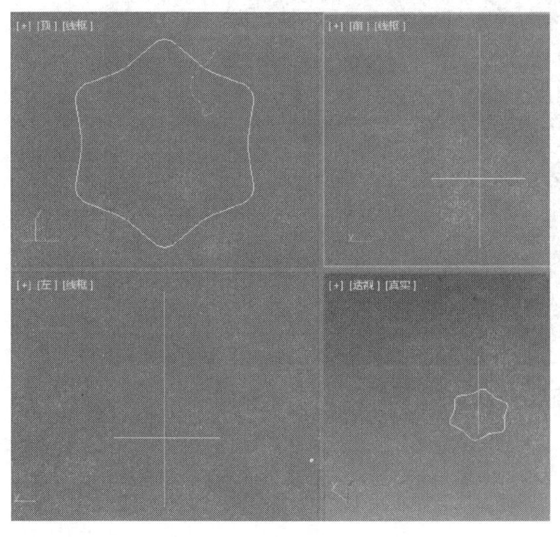

图 6-85 绘制图形和路径

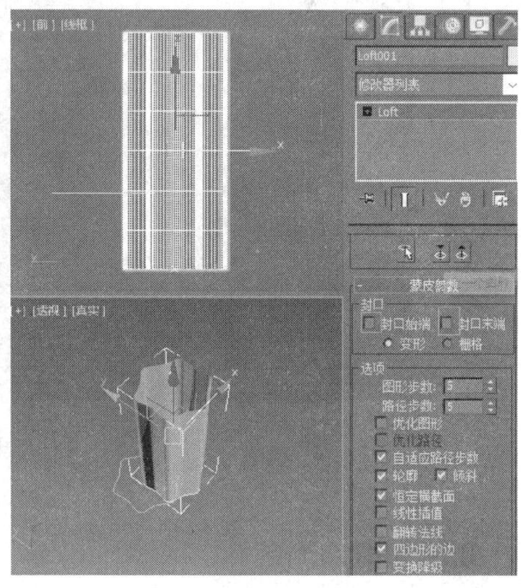

图 6-86 放样成型

步骤 03 单击修改面板，在【变形】卷展栏里单击【缩放】按钮，在弹出的对话框里将路径缩放为如图 6-87 所示的形状。

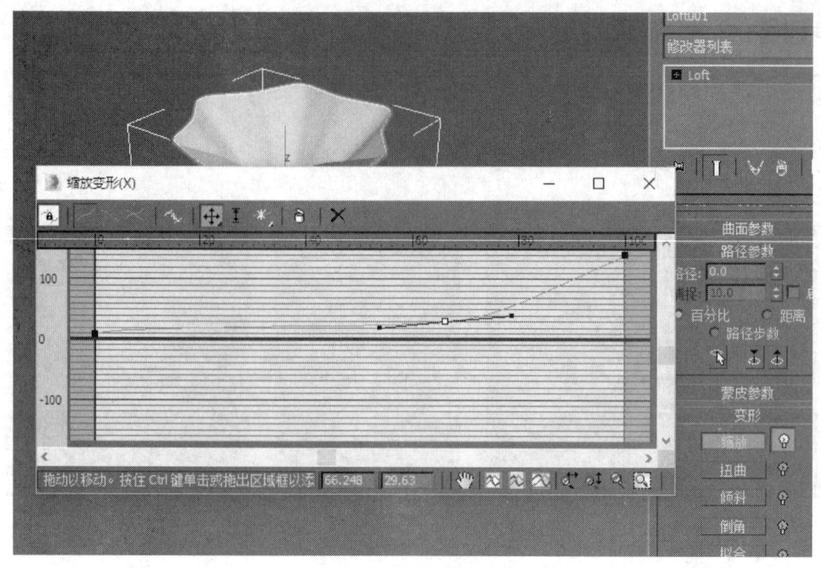

图 6-87　缩放放样

步骤 04　用【线】、【球体】、【选择并缩放】工具等绘制出花蕊，再为花冠加上【壳】修改器，参考效果如图 6-88 所示。

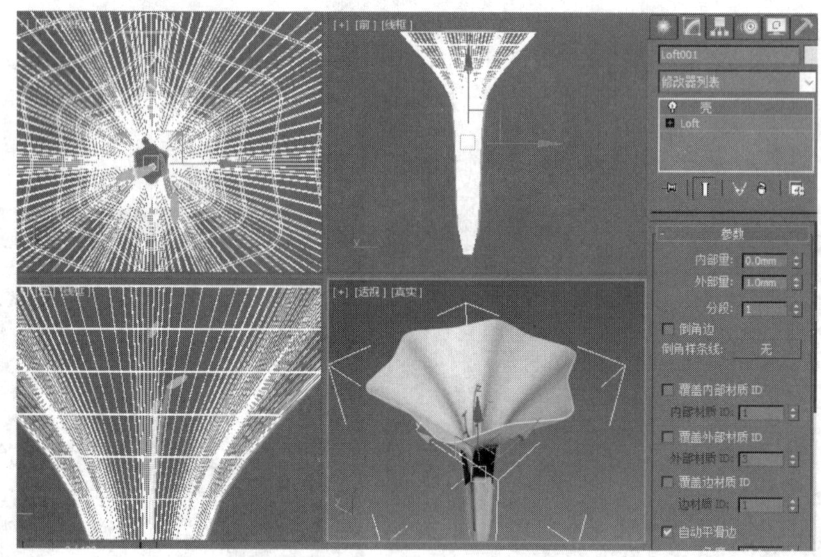

图 6-88　绘制花蕊

知识与能力测试

本章讲解了复合对象建模的常用工具，为对知识进行巩固和考核，布置相应的练习题。

一、填空题

1. 将三维几何体和二维图形组合的工具是______。

2. 布尔运算的基本操作有______、______、______等形式。

3. 放样的基本要素是______和______。

二、选择题

1. 在放样的时候，默认情况下截面图形上的哪一点在放样路径上？（　　）

A. 第一点　　B. 中心点　　C. 轴心点　　D. 最后一点

2. 超级布尔运算的名称为（　　）。

A. Connect　　B. Procutter　　C. Boolean　　D. ProBoolean

3. 下面哪一种二维图形不能作为放样路径？（　　）

A. 圆　　B. 直线　　C. 螺旋线　　D. 圆环

三、判断题

1. 在放样前，直接缩放截面图形将影响放样对象的大小。（　　）

2. 图形合并时，必须选择三维几何体拾取二维图形。（　　）

3. 使用【变形】工具时，源对象与目标对象的顶点数量可以不一样。（　　）

4. 在放样前，直接移动或者旋转截面图形对它在放样中的作用没有影响。（　　）

5. 在变形放样中的【倒角】最多只能倒 3 次。（　　）

6. 使用【一致】工具时，最好不要在【透视图】中拾取包裹对象，否则会出现差错。（　　）

7. 使用【布尔】工具时，最好将对象塌陷为 A、B 两个。（　　）

3ds Max 2016

第7章 多边形建模

通过前面几章的学习，相信读者已经熟悉基本建模的思想与方法，但若要对那些基本方法创建的模型做更深入的刻画编辑，则还需要学习一些深入编辑模型的方法。本章系统全面地介绍多边形建模的思想及方法，并且秉承贯穿本书始终的“做中学、学中做”的理念，以大量实例让读者在练习中领悟其中的奥妙。

学习目标

- 理解多边形建模的思想
- 能熟练运用多边形建模方法绘制较复杂的模型

7.1 多边形建模的基本操作

多边形建模目前在各个主流三维软件中都是重中之重，各个软件也提供了难于计数的丰富多彩的建模工具。但实际上，我们往往需要的并不多，也就是常用的那么三四个工具而已。因此，在这里提醒读者：建模的关键在于你的手脑的灵活度，一般与软件工具的花样多少无关。不要执迷于新奇的小工具，而应该努力去提高自己的操作灵活性、思维敏捷性以及对现实世界物件的认知程度。

7.1.1 选择

除了常规的选择方法外，【编辑多边形】还有丰富的选择方法，如图 7-1 所示。

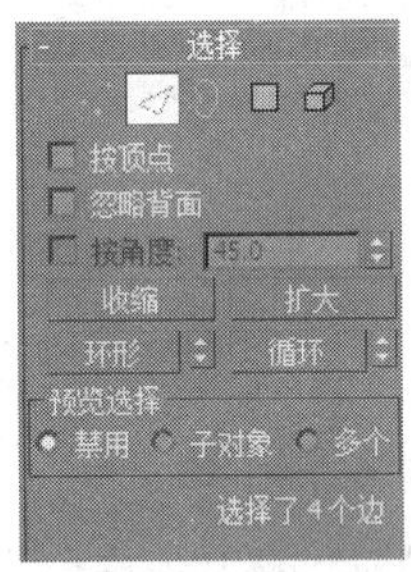

按顶点	选择与顶点相邻的边、边界、多边形及元素
忽略背面	法线背朝视线的面将不会被选择
收缩	在原有的选择上每单击一次就缩小一圈
扩大	在原有的选择上每单击一次就扩大一圈
环形	选择水平的一圈
循环	选择垂直的一圈

图 7-1 选择命令

7.1.2 子对象常用命令

【编辑多边形】的子对象与【编辑网格】类似，不同的是第三个子对象。前者是【边界】，即剖面四周的封闭的线组成的图形；后者是【面】，即三边面。而【编辑多边形】的编辑命令要丰富得多，以下是对其主要命令的简介。

1．顶点

编辑顶点如图 7-2 所示。

编辑顶点
移除 断开
挤出 焊接
切角 目标焊接
连接
移除孤立顶点
移除未使用的贴图顶点

移除	把选择的顶点移除（不等于删除）
断开	将顶点打断
切角	以顶点为基准扩出菱形面
挤出	以顶点为基准扩出菱形面，并将此面挤出凹凸四棱锥效果
连接	将没有边隔断的选择顶点连接起来
焊接	将阈值范围内的顶点焊接
目标焊接	将顶点拖到目标顶点焊接

图 7-2 编辑顶点

2. 边

编辑边如图 7-3 所示。

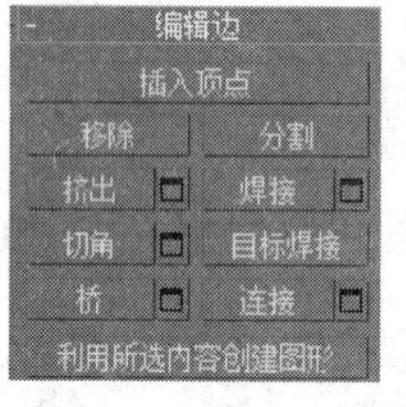

插入顶点	在所选边上插入顶点
切角	以选择边为基准扩出纺锤形
挤出	以选择边为基准扩出纺锤形并将此面挤出凹凸效果
连接	将没有边隔断的选择边连接设定的边数
桥	选择破面相对两边就能连接成一个面
焊接	选择破面相对两边就能在阈值内焊接
利用所选内容创建图形	将所选边创建为图形

图 7-3　编辑边

3. 边界

编辑边界如图 7-4 所示。

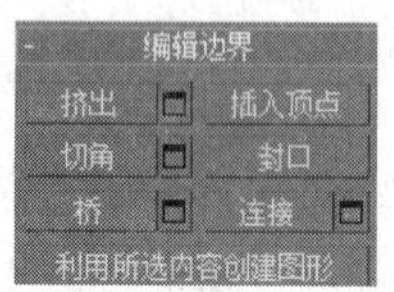

封口	能将破面封起来成为一个多边形
切角	以选择边界为基准扩出边界轮廓
挤出	以选择边界为基准扩出边界轮廓并挤出高度
连接	将同一面的两个相邻边界连接为设定的边数
桥	选择破面相对两边界就能连接起来

图 7-4　编辑边界

4. 多边形

编辑多边形如图 7-5 所示。

翻转	翻转法线
倒角	带角度的挤出
挤出	将选择的多边形挤出一定的高度
插入	在多边形内插入一个面
桥	选择相对两边的多边形就能连接起来
轮廓	将选定的面放缩
从边旋转	将所选多边形绕着一边车削
沿样条线挤出	有点类似【放样】，即沿路径挤出

图 7-5　编辑多边形

5．编辑几何体

编辑几何体如图 7-6 所示。

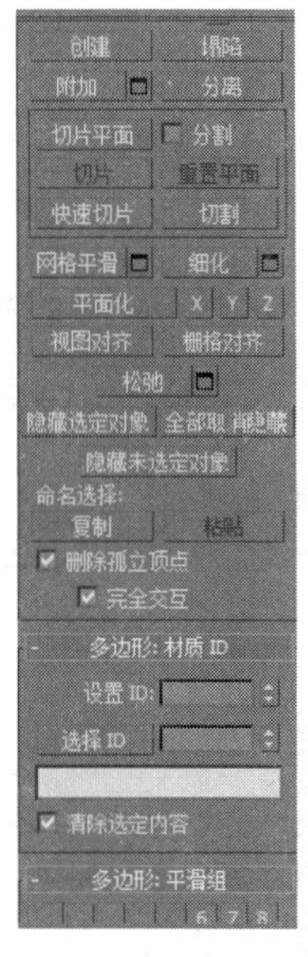

分离与附加	与编辑样条线类似
塌陷	将选择的子对象折叠成为一个
切片平面、切片、快速切片	通过给选择子对象切片来增加段数
切割	手动切割增加边
网格平滑	对选择的子对象进行网格平滑
平面化	将选定的面变成一个平面
细化	将所选面细分
材质 ID	设置所选子对象的材质 ID 号

图 7-6　编辑几何体

7.2 一体化建模与无缝建模

多边形建模的出发点是三维实体，在三维实体的基础上施加相关命令，通过这些命令使实体变形，从而得到新的模型。基于此命令的建模可分为一体化建模和无缝建模两种。

7.2.1 一体化建模原则

一体化建模是指一个较为复杂的模型其实是由一个几何体编辑而成，比如一个室内模型，其天棚、地板、墙面、门窗等全是由一个长方体编辑而成。用这种方法创建的模型具有面数少（单面建模），几乎无重叠交叉面（渲染不会出错），整体性强等优点。

其建模原则有以下两点。

①避免重叠面。以绘制屋梁为例，从天棚往下挤出就有重叠面，而以屋梁底面为基准，把两边的天棚往上挤出就没有重叠面，如图 7-7 所示。

②避免交叉面。有了交叉面，渲染的时候就会有大面积的阴影，所以在建模时需要避免如图 7-8 类似的交叉面。

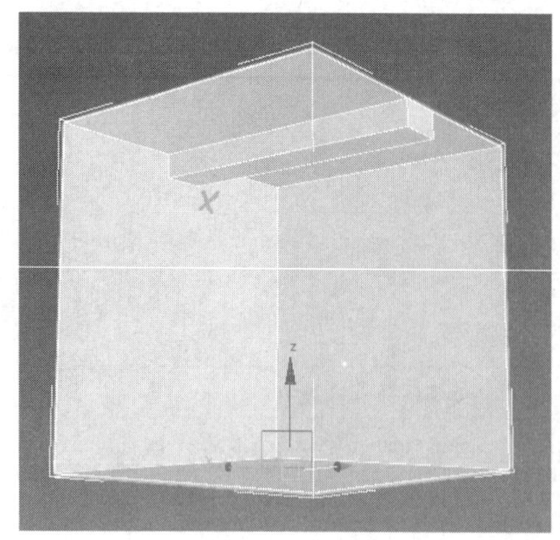
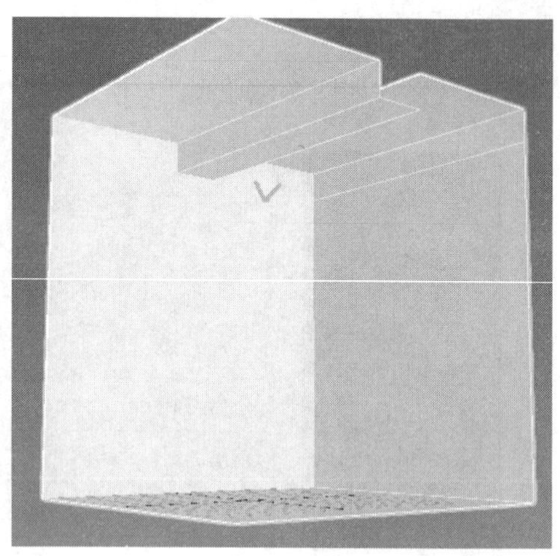

图 7-7　避免重叠面

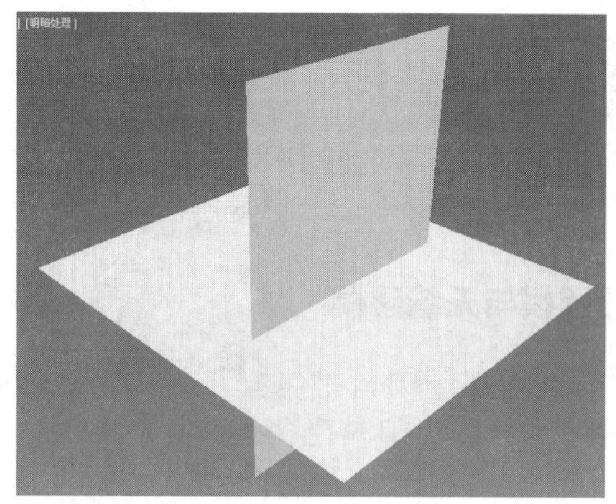

图 7-8　避免交叉面

技能拓展

【编辑多边形】和前面的【编辑网格】修改器很相似，但前者的工具更为丰富、全面。而后者的显示性能要高一些，所以一般用前者编辑模型，完成后再转为后者。

课堂范例——绘制空调遥控器

步骤 01　在【顶视图】中绘制一个 125×40×20 的【长方体】，然后右击【转换为可编辑多边形】，按快捷键【2】进入【边】子对象，选择高度方向的边，单击连接按钮，如图 7-9 所示添加两条边。

步骤 02　按【F4】键带边框显示，按快捷键【4】进入【多边形】子对象，选择刚才两个新建边产生的多边形，单击挤出按钮，挤出 -1，选择按【局部法线】，如图 7-10 所示。

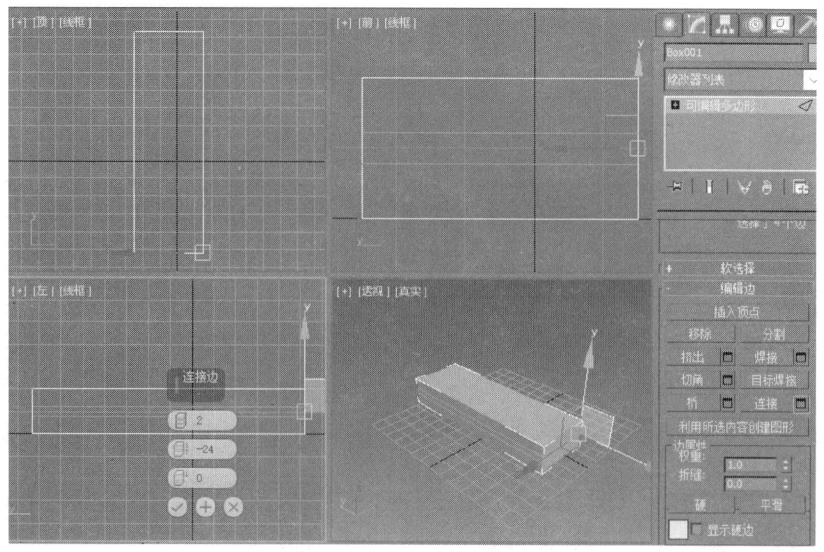

图 7-9 绘制遥控板基本造型

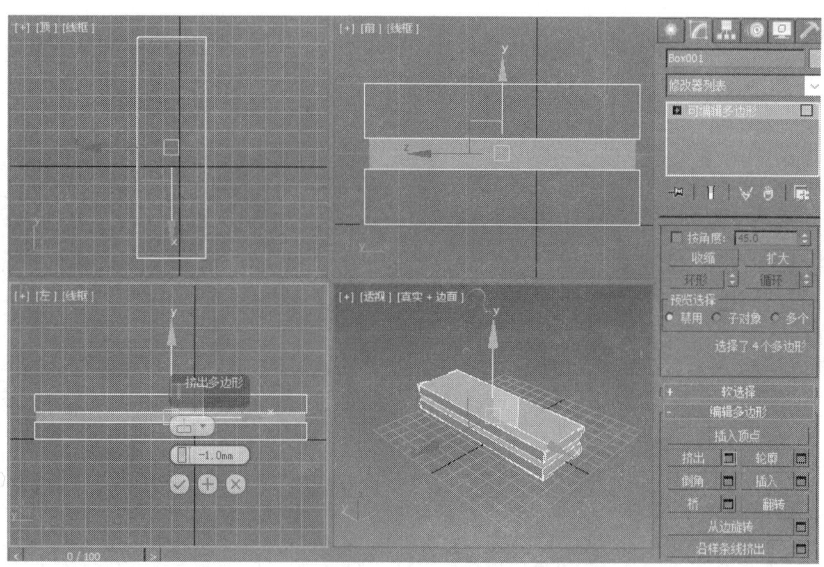

图 7-10 挤出中间面

温馨提示

【挤出多边形】有 3 种方式，其效果如图 7-11 所示，需要根据实际情况选择适当的方式。

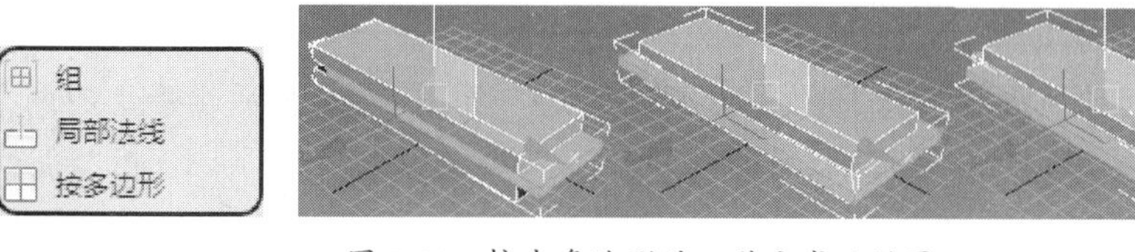

图 7-11 挤出多边形的三种方式及效果

步骤 03 绘制信号发射头。选择发射头两端的【边】，单击连接按钮，如图 7-12 所示添加两条边。

步骤 04 右击选择剪切，剪切 4 条如图 7-13 所示的边，然后将此面挤出 -0.5。

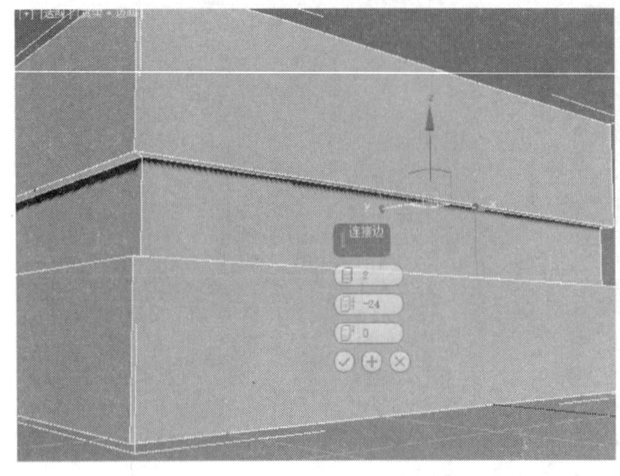

图 7-12 绘制信号发射头雏形

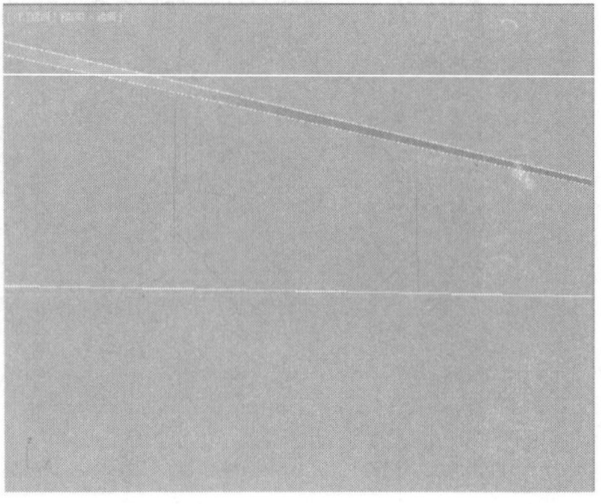

图 7-13 剪切细化面

步骤 05 选择一条边，单击【环形】，将新挤出的面上垂直的边全选中，如图 7-14 所示。

图 7-14 挤出发射头并选择一圈边

步骤 06 单击切角后的按钮，如图 7-15 所示，为这些边切 0.5 的角，使信号发射头更圆滑。

步骤 07 绘制面板。选择最外侧的四条边，如图 7-16 所示连接生成两条边，然后用【选择并移动】工具，切换到共同中心，锁定 z 轴放大一些，如图 7-17 所示。

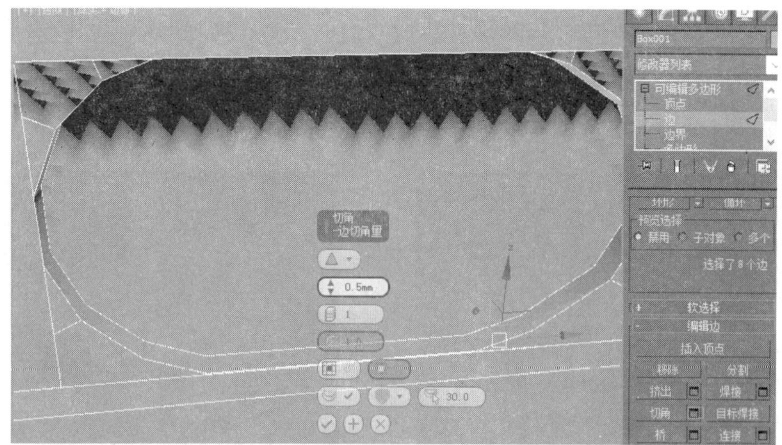

图 7-15　切角边

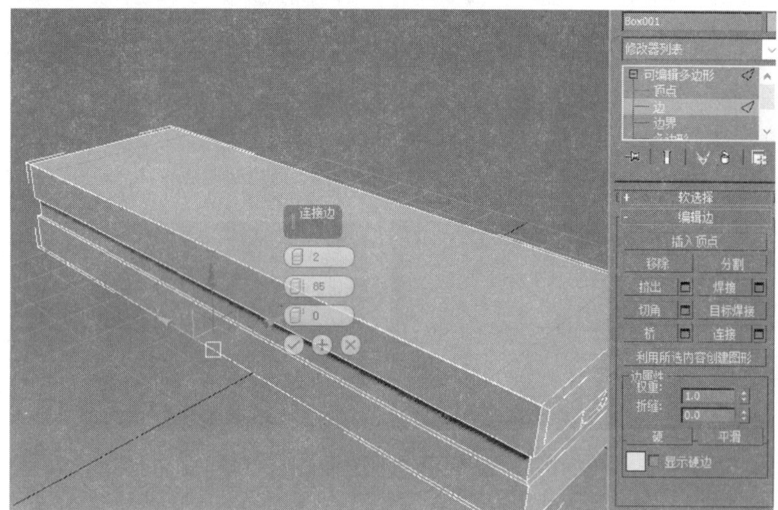

图 7-16　连接添加边

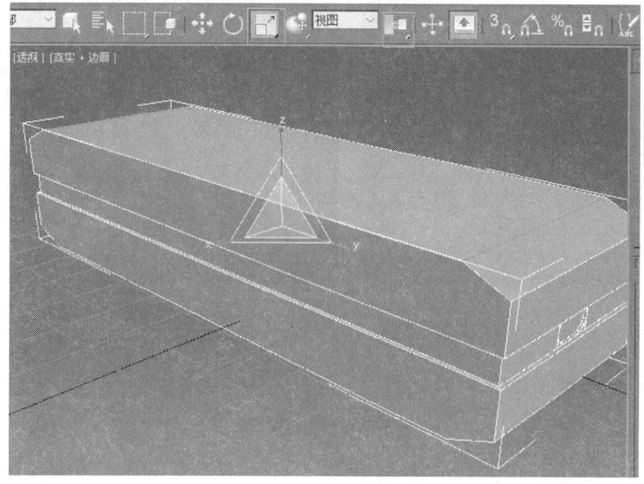

图 7-17　缩放边

步骤 08 绘制显示屏。仍然用连接边的方法绘制，选择面板上的两条边，连接生成两条边，移动到合适的位置，再选择这两条边连接生成显示屏的面，如图 7-18 所示。

步骤 09 选择显示屏的 4 个角点，如图 7-19 所示切角。

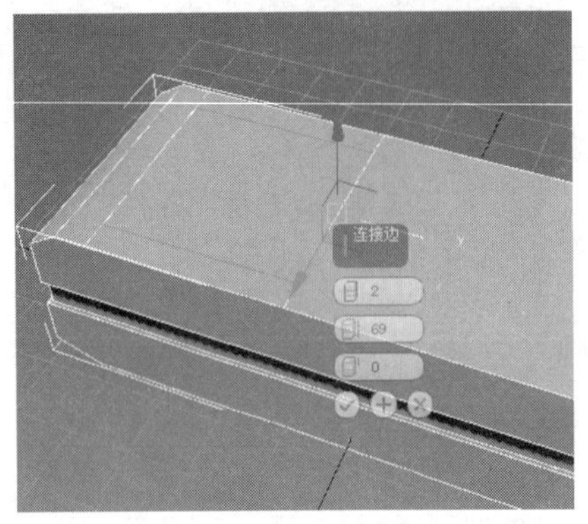

图 7-18 继续连接添加边

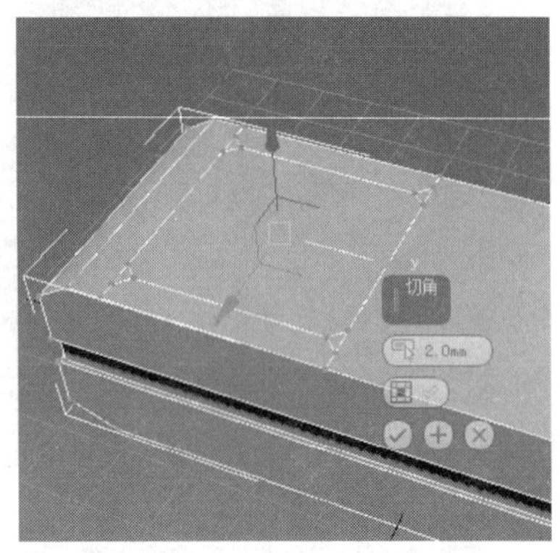

图 7-19 切角点

温馨提示

【连接】边时，选择的边必须连续，若隔了有一条以上的边就无法连接，如图 7-20 所示。

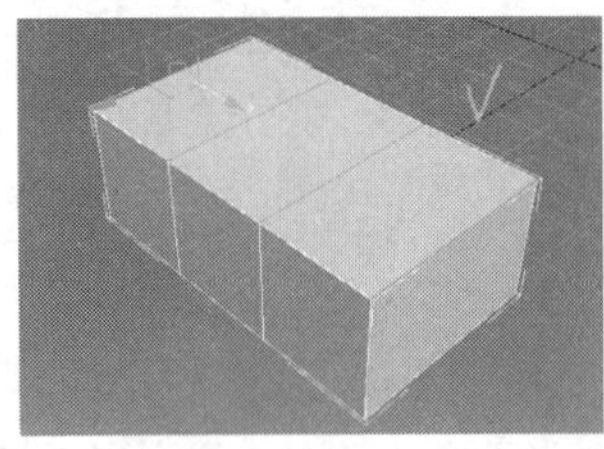

图 7-20 要连接的两边不能隔断

步骤 10 选择显示屏面，倒角如图 7-21 所示。确认以后，再次倒角如图 7-22 所示。

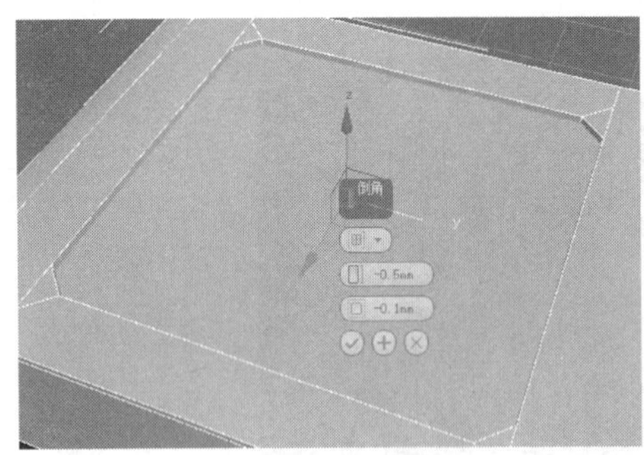

图 7-21 倒角显示屏

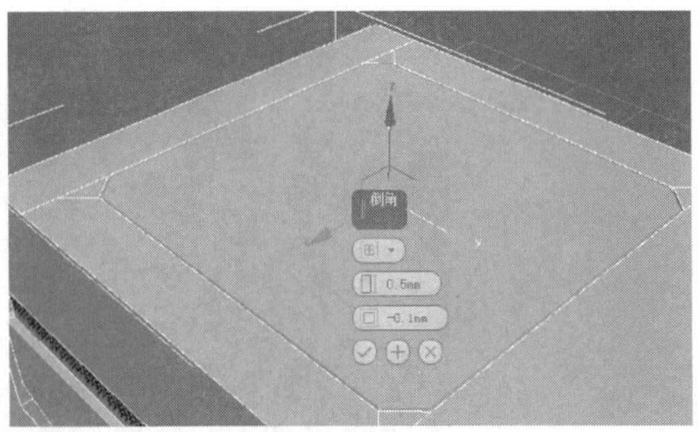

图 7-22 再次倒角显示屏

步骤 11 继续用连接边的方法绘制显示屏内框，如图 7-23 所示。

步骤 12 绘制按钮。选择面板下部的两条边，连接生成 5 条边，通过移动、缩放等方法调整出如图 7-24 所示的参考效果。

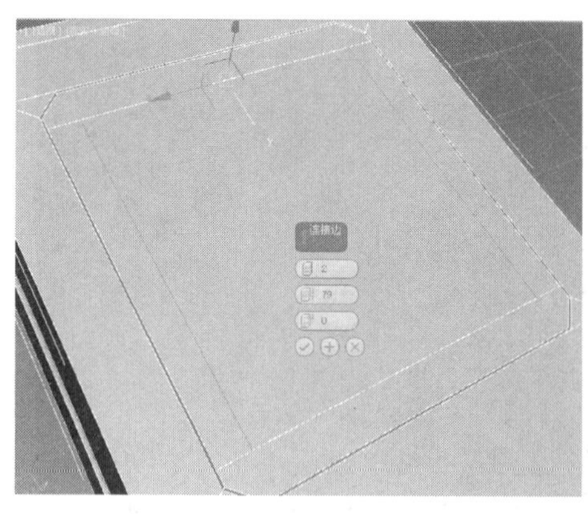

图 7-23　绘制显示屏内框

图 7-24　添加上两排按钮横边

步骤 13　通过连接边、【选择并移动】工具、【选择并缩放】工具等调整成如图 7-25 所示的位置，再选择按钮四角的顶点，然后切角（上排为 2，下排为 1），参考效果如图 7-26 所示。

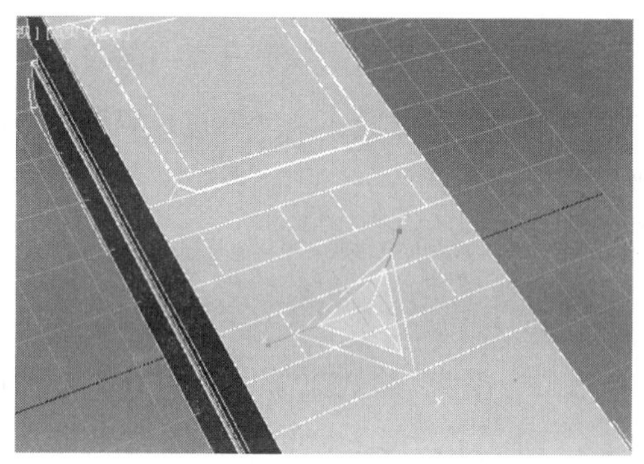

图 7-25　连接生成按钮纵边并调整

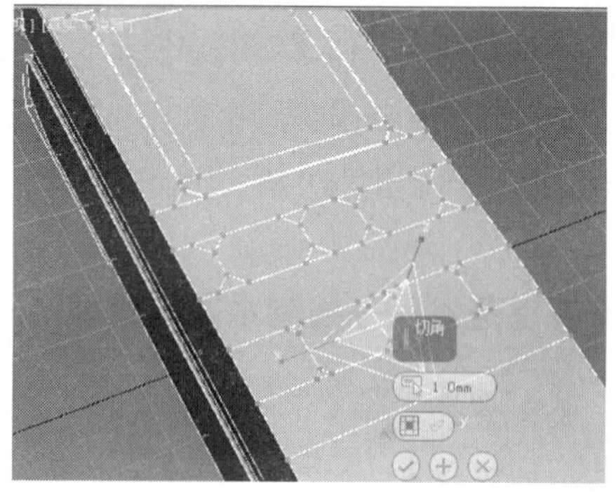

图 7-26　切角按钮四角点

步骤 14　进入【多边形】子对象，单击【倒角】按钮，分 3 次倒角，参考参数如图 7-27 所示。

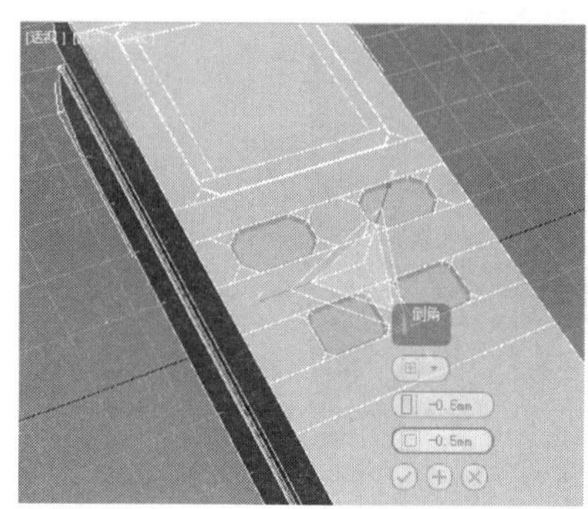

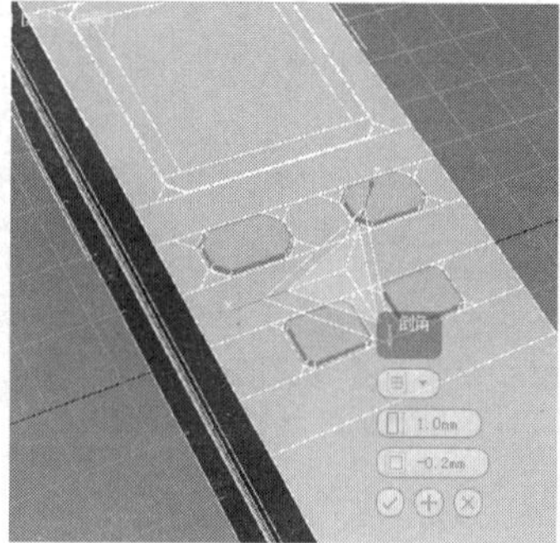

图 7-27　三次倒角多边形绘制按钮

步骤 15　用同样的方法绘制其他按钮，效果如图 7-28 所示。遥控器模型效果如图 7-29 所示。

图 7-28　绘制其他按钮

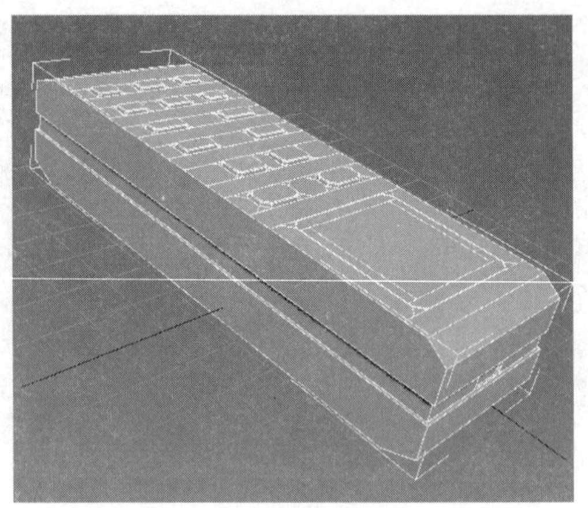

图 7-29　遥控板模型果

7.2.2 无缝建模原理

无缝建模从字面意思上理解是表面光滑没有缝隙，主要用于绘制具有曲面的工业产品，是对一体化建模的一个补充。其主要步骤有 3 个：创建基本体→编辑多边形→网格光滑。与一体化建模方法相比，无缝建模就多了最后一步。

课堂范例——绘制水龙头模型

步骤 01 在【顶视图】中创建一个半径 12、高 4、边数 32 的【圆柱体】，然后单击右键转为【可编辑多边形】，按快捷键【4】进入多边形子对象，按【F4】键带边框显示，选择顶面，单击【插入】按钮，插入一个面，如图 7-30 所示。

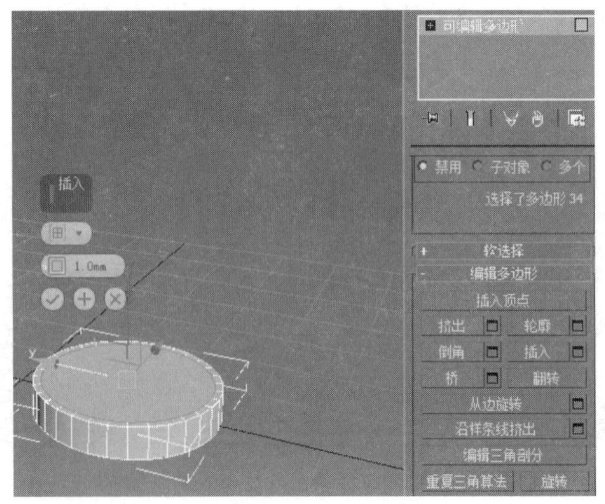

图 7-30　绘制圆柱

步骤 02 单击【挤出】后面的按钮，分 3 次挤出 25、10、10，如图 7-31 所示。

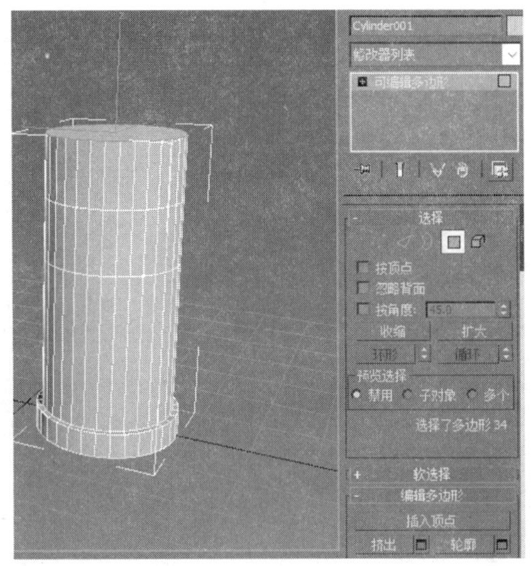

图 7-31 挤出多边形

步骤 03 按【Q】键切换到点选工具，在【前视图】中选择上面两排多边形，然后在【顶视图】中按住【Alt】键减选后面的面，如图 7-32 所示。

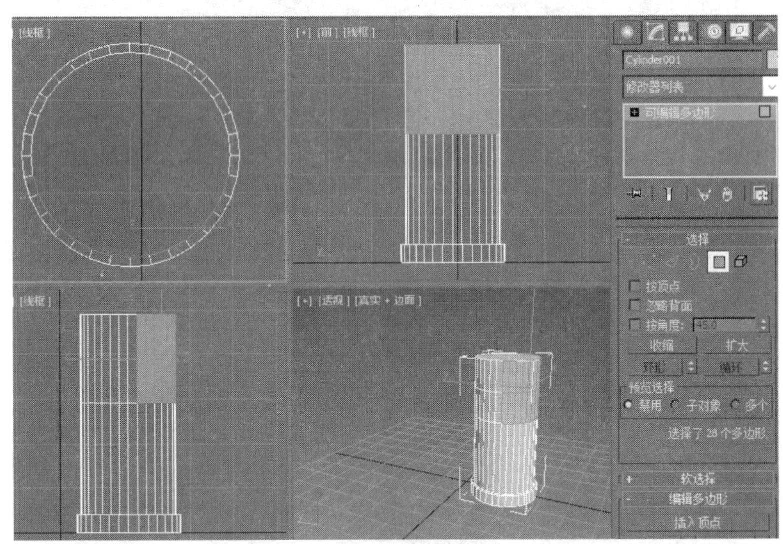

图 7-32 选择多边形

步骤 04 单击【挤出】按钮，挤出 5，再按快捷键【1】键切换到顶点子对象，选择下面的顶点往上移动 5，如图 7-33 所示。

步骤 05 进入多边形子对象，挤出 10；进入顶点子对象，选择两排顶点往上移动 3，如图 7-34 所示。

步骤 06 进入多边形子对象，挤出 40；进入顶点子对象，选择两排顶点往上移动 4；再次进入多边形子对象，右击【不等比缩放】工具，在龙头宽度方向缩小 70%，如图 7-35 所示。

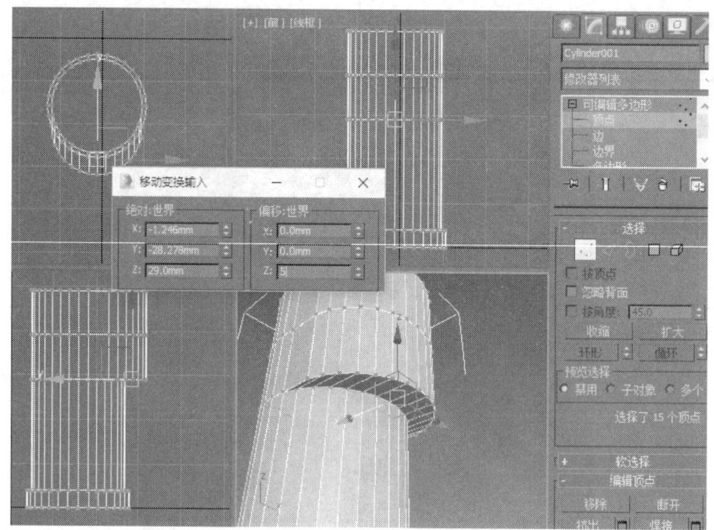

图 7-33　上移顶点

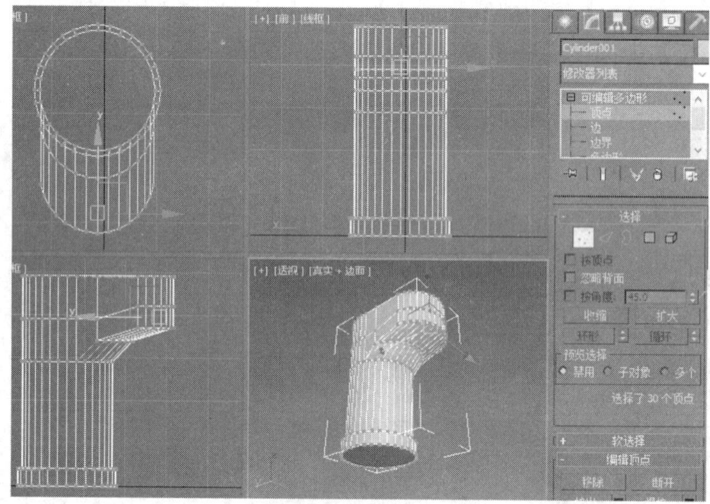

图 7-34　挤出面

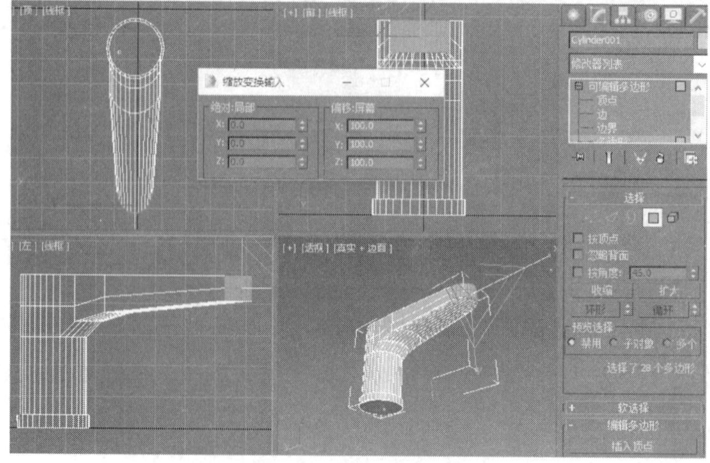

图 7-35　缩小龙头宽度

步骤 07 绘制出水口。进入多边形子对象，选择龙头下部的面，单击切片平面按钮，切片平面旋转 90°，如图 7-36 所示。然后移动到出水口位置，单击切片按钮，创建了一条边，如图 7-37 所示。将切片平面前移到出水口另一端，再切片创建一条边。

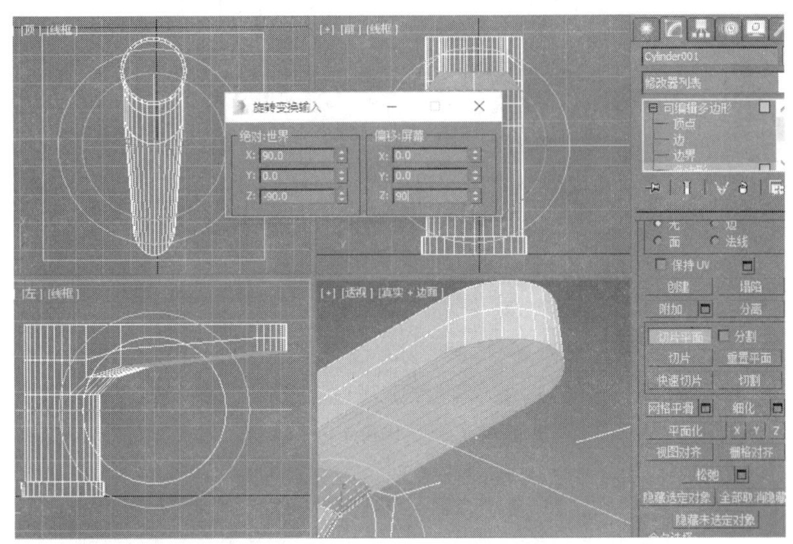

图 7-36 调整切片平面

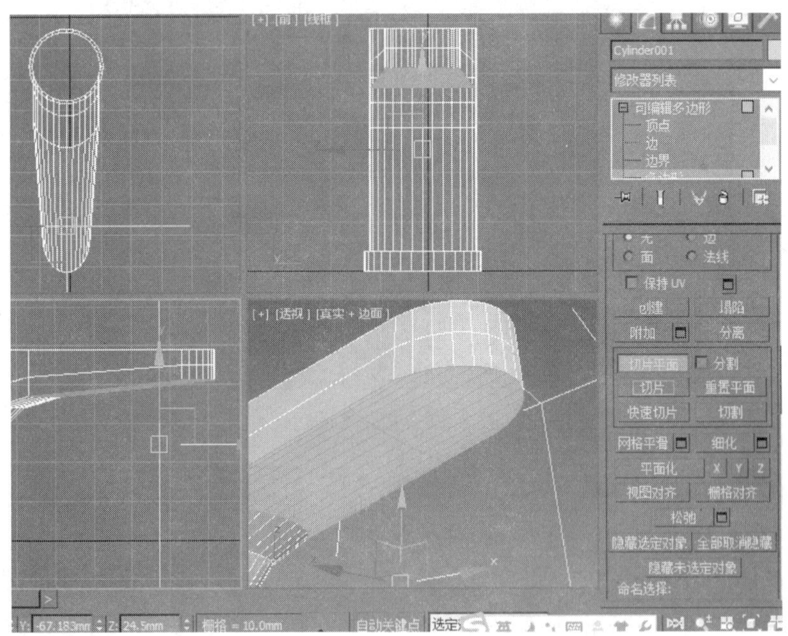

图 7-37 切片生成边

步骤 08 选择出水口的多边形，如图 7-38 所示，按【Delete】键删除，再切换到【边界】子对象，选择边界，单击封口按钮将其封口。

步骤 09 由于出水口是圆形的，这里需要处理一下。右击选择【剪切】命令，在新平面上剪切 4 条边，如图 7-39 所示。

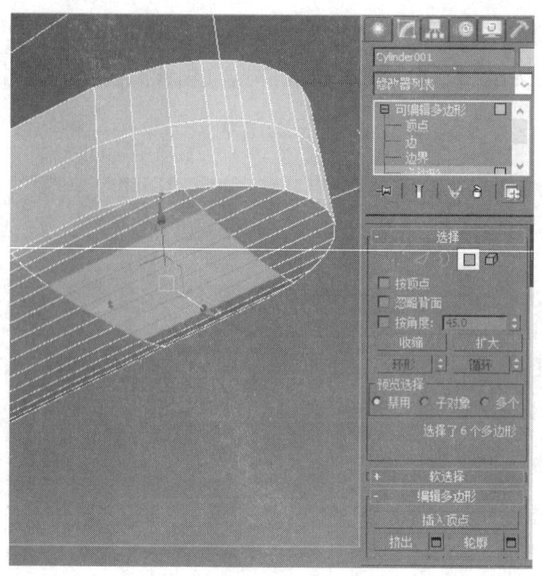

图 7-38　删除出水口的多边形

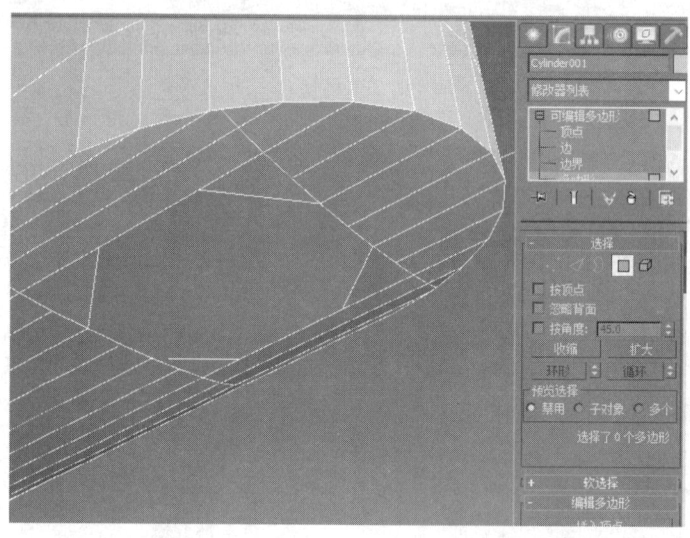

图 7-39　剪切生成边

步骤 10　选择出水口多边形，挤出 4。再单击 插入 ，插入 1，如图 7-40 所示。再选择多边形，挤出 -8，如图 7-41 所示。

步骤 11　添加【网格平滑】修改器后，发现细节处有问题，如图 7-42 所示。这是因为段数不够，只需要添加足够的段数即可。先在出水口选择那一圈面，挤出 0.5，如图 7-43 所示。

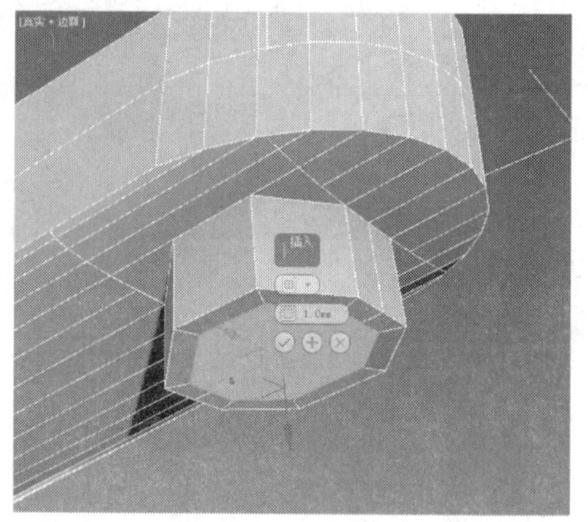

图 7-40　挤出、插入面

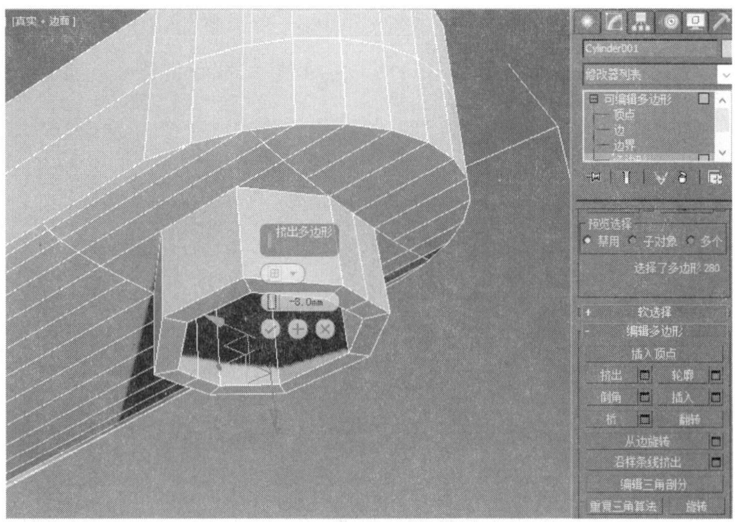

图 7-41　挤出面

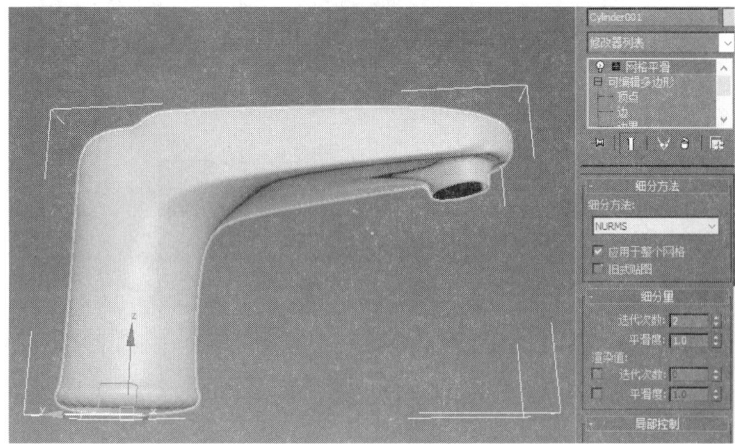

图 7-42　网格平滑

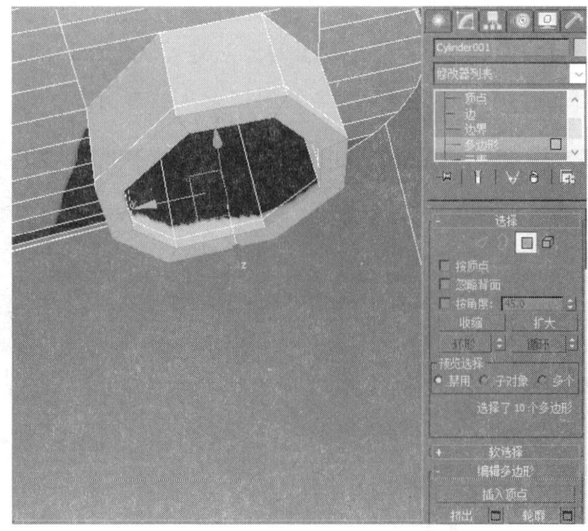

图 7-43　通过挤出增加段数

步骤 12　选择出水口的垂直边，单击 环形 选择一整圈边，再单击 连接 ，设置如图 7-44 所示，切换到【网格平滑】堆栈，可以看到效果比较理想了，如图 7-45 所示。

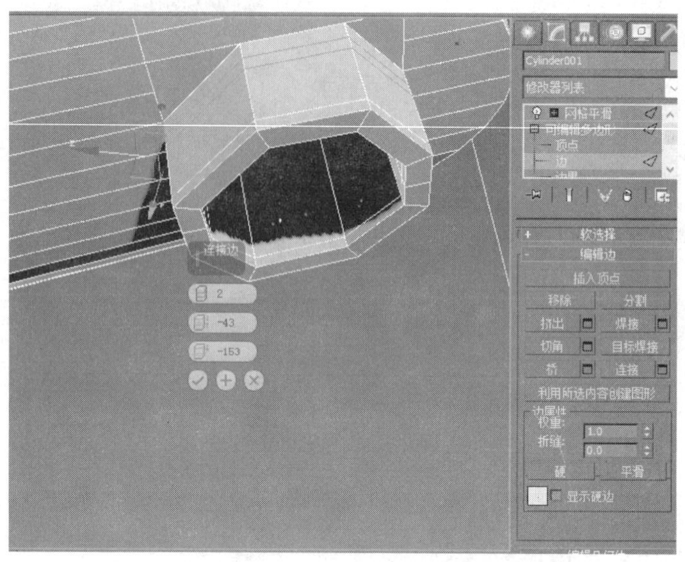

图 7-44　连接边生成边

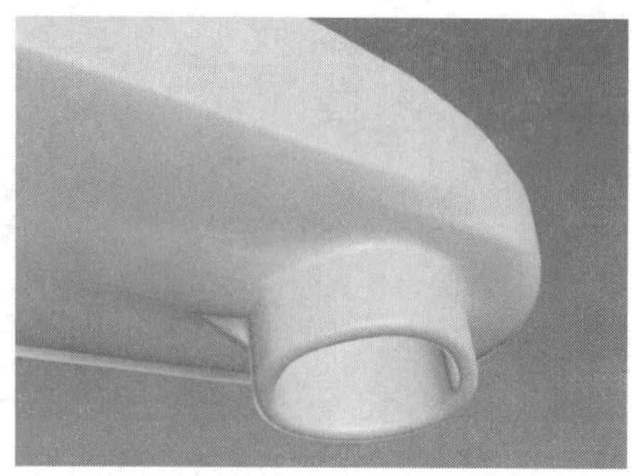

图 7-45　平滑效果

步骤 13　通过【切片平面】、【连接】等方法处理底部和顶部，最终效果如图 7-46 所示。再用前面的方法绘制开关，模型参考效果如图 7-47 所示。

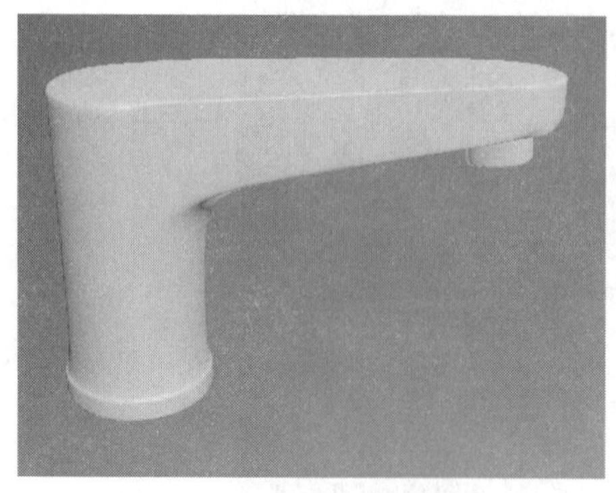

图 7-46　添加段数后的效果

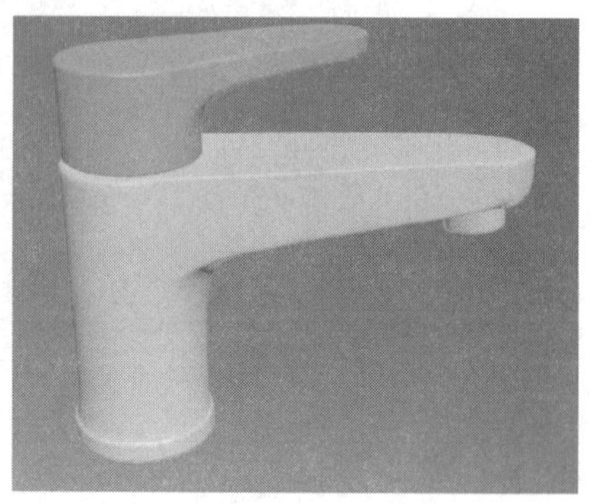

图 7-47　绘制开关

课堂问答

问题 ❶：子对象“边”和“边界”有何区别?

答：【边】是两个顶点连接而成的线，而【边界】是删除【多边形】后连续开放的若干条边，如图 7-48 所示。

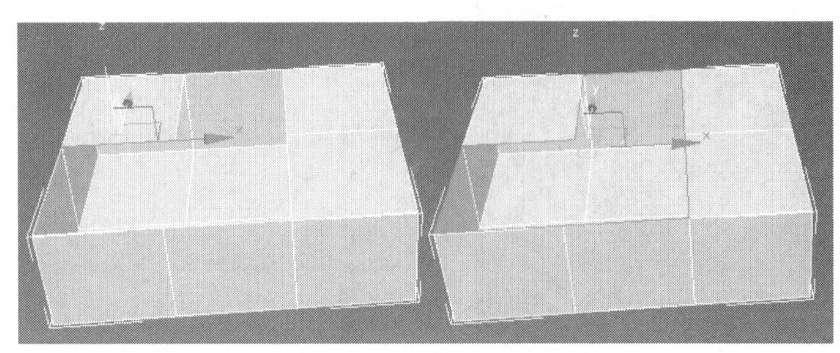

图 7-48 边与边界

问题 ❷：在多边形建模的子命令中，【移除】和【删除】有何不同?

答：编辑多边形时，在【顶点】和【边】子对象中都有【移除】子命令。与【删除】的区别是：【移除】仅仅移除顶点或边，一般不会影响多边形，而【删除】则一定影响相关的多边形，以图 7-49 为例，图 7-50 是【移除】顶点效果，而图 7-51 则是【删除】顶点的效果。

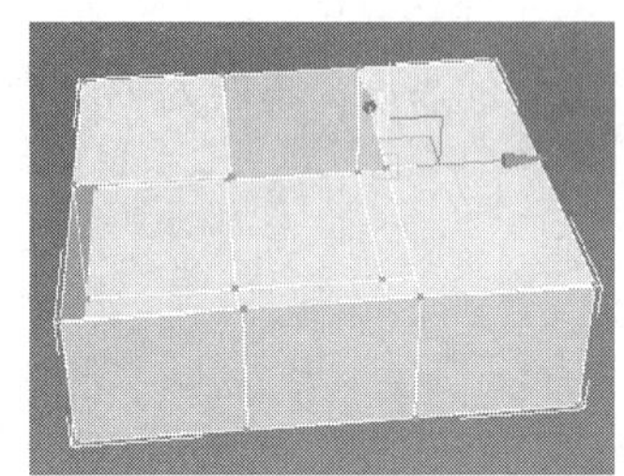

图 7-49 原图

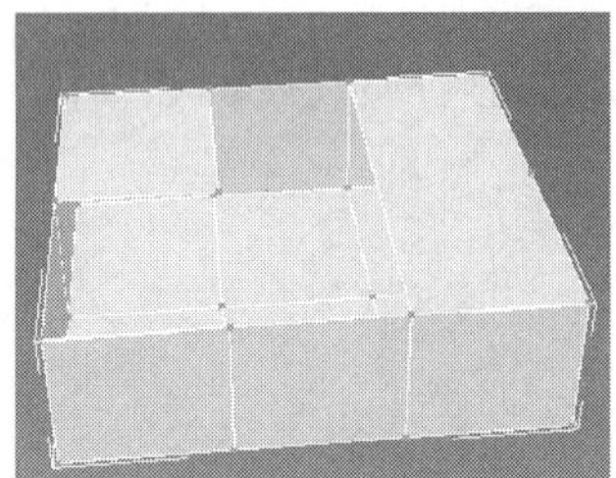

图 7-50 移除顶点

图 7-51 删除顶点

问题 ❸：分段的方法有哪些，分别适用于哪些场合?

答：通过前面的介绍和训练得知，增加段数的方法归纳起来如表 7-1 所示。

表 7-1 增加段数的方法及说明

在创建参数里设定	适合比较简单的模型，而对于较复杂的模型，编辑量大且面数多，故不推荐
连接边	方便灵活，但不大适合于不相等的边
剪切	灵活，适用于少量加边
切片平面	一刀切，整齐，适用于在不等的边上加相等长度的边
快速切片	方便灵活，能在同一个面上的多边形内快速加边
连接顶点	精准，连接两个选中的无隔断的顶点

上机实战——绘制客厅模型

为了让读者能巩固本章知识点，下面讲解两个技能综合案例，使大家对本章的知识有更深入的了解。

客厅模型的效果展示如图 7-52 所示。

效果展示

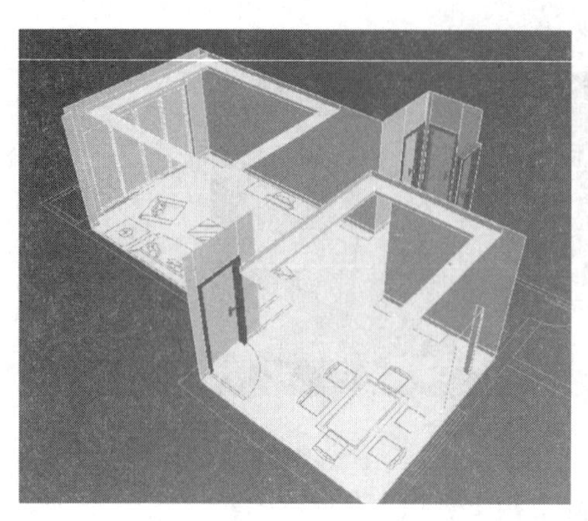

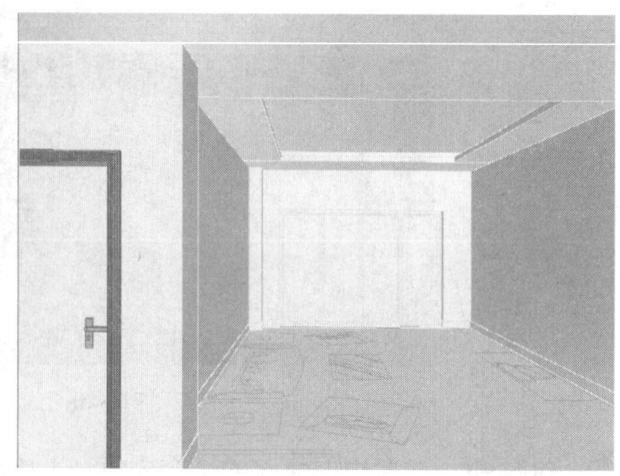

图 7-52 客厅模型的效果展示

思路分析

对于这种室内模型，最佳建模方法就是单面建模，即多边形建模方法。其思路是先导入 CAD 设计图纸，捕捉要绘制的内墙绘制线，然后挤出房间的高度，再转为多边形对各个细节进行编辑。

制作步骤

1. 绘图准备

步骤 01 单击【自定义】→【单位设置】，在弹出的对话框中将【显示单位比例】和【系统单位比例】都设为毫米，如图 7-53 所示。

图 7-53 设置单位

步骤 02　单击文件→导入→导入，导入“光盘\贴图及素材\第 7 章\双厅 .dwg”，然后按快捷键【Ctrl+A】全选对象，单击【组】菜单→【组】→【确定】，将其群组起来，如图 7-54 所示，然后右击此图，选择【冻结当前选择】。

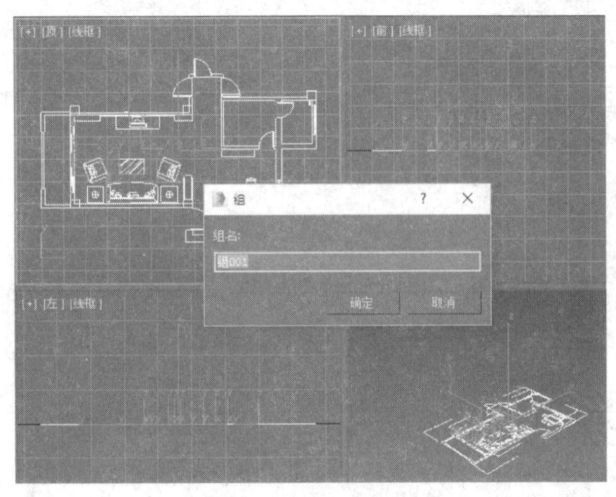

图 7-54　群组 CAD 图

步骤 03　右击捕捉开关，在【捕捉】选项卡里勾选【顶点】；在【选项】选项卡里勾选【捕捉到冻结对象】，如图 7-55 所示。然后按【G】键隐藏网格。

2. 绘制墙体

步骤 01　选择【顶视图】，按快捷键【Alt+W】将其最大化，单击创建面板→图形→【线】，按快捷键【S】打开捕捉工具，沿着客厅、餐厅、过道捕捉顶点绘制一根封闭的线，如图 7-56 所示。

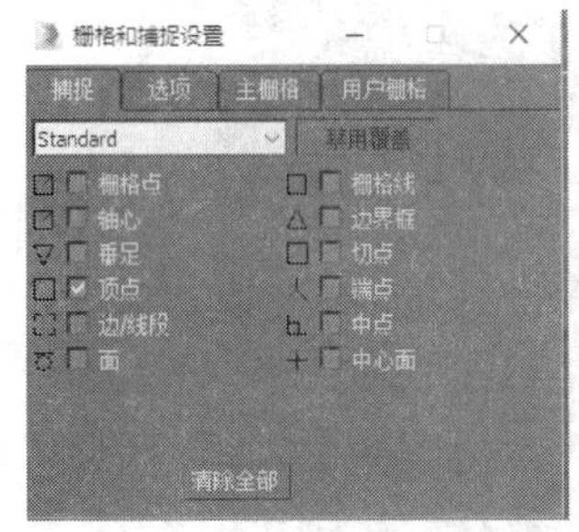

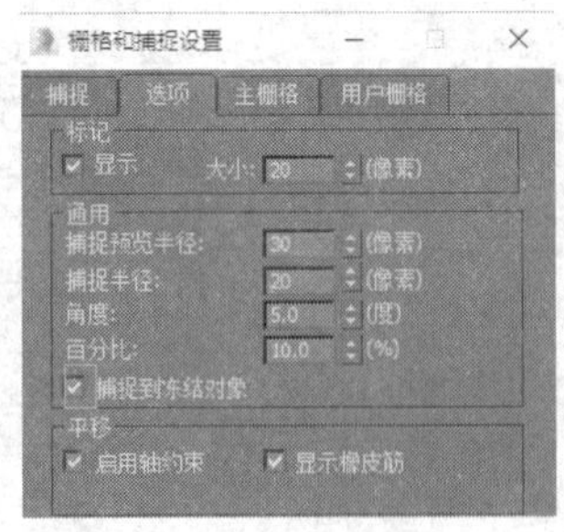

图 7-55　设置捕捉

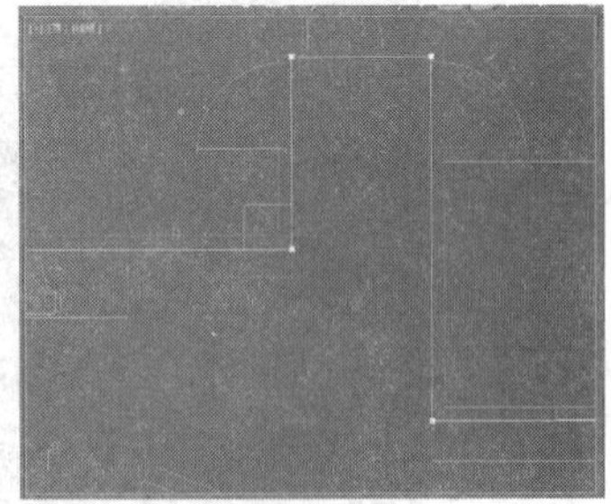

图 7-56　捕捉顶点绘制墙线

技能拓展

①若是看不清，可滚动鼠标中轮放大再绘制。

②绘制到视图边界需要绘制其他地方时，可按【I】键平移视图，从而绘制下一段。

③此时可只捕捉墙角顶点绘制。若想后面绘制门窗宽度线更方便，也可捕捉门窗洞的顶点。

步骤 02　单击修改面板，添加一个【挤出】修改器，挤出 2800mm，单击【透视图】，按快捷键【Alt+W】将其最大化，效果如图 7-57 所示。

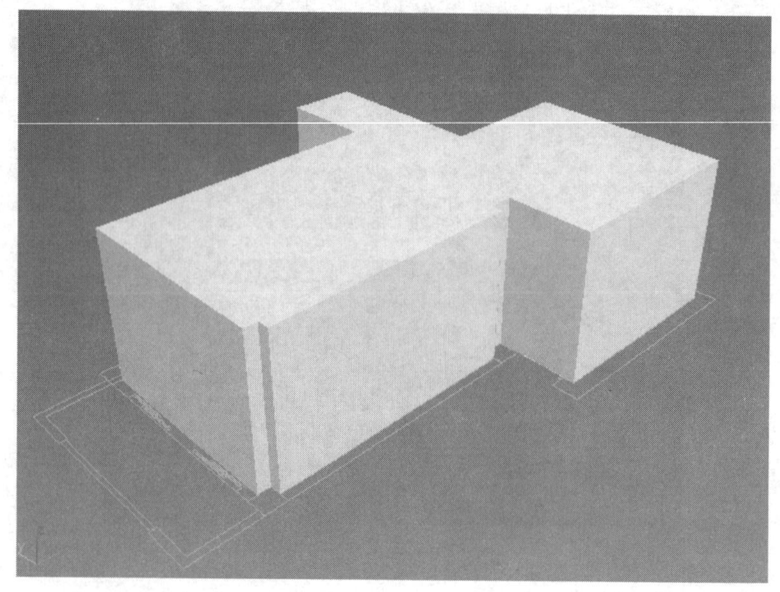

图 7-57　挤出墙体

步骤 03　我们需要看到房子里面而非外面，故再添加一个【法线】修改器将其法线翻转，但看起来无明显变化。右击模型，选择【对象属性】，在弹出的对话框中勾选【背面消隐】复选框，如图 7-58 所示。然后单击【确定】按钮即可。

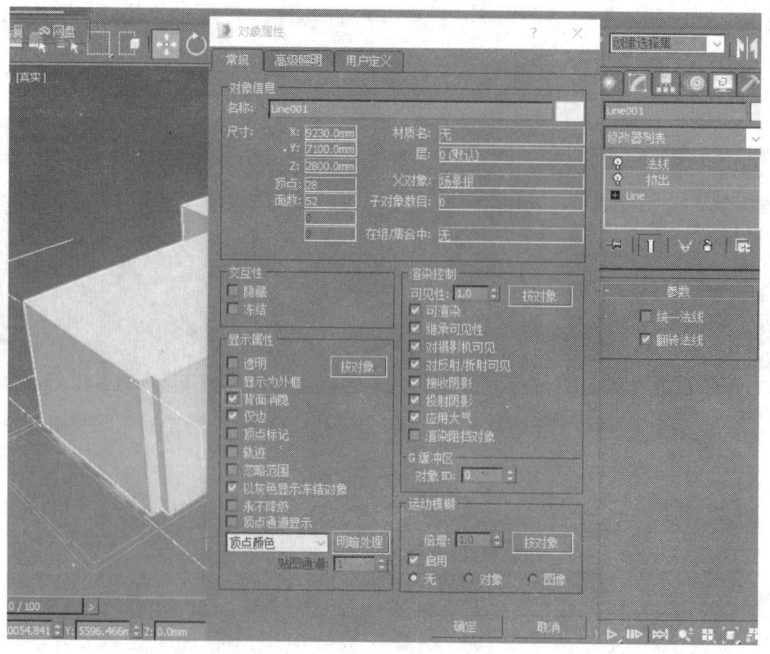

图 7-58　翻转法线、背面消隐

步骤 04 右击墙体模型，选择【转换为可编辑多边形】，按【F4】键带边框显示，如图 7-59 所示。

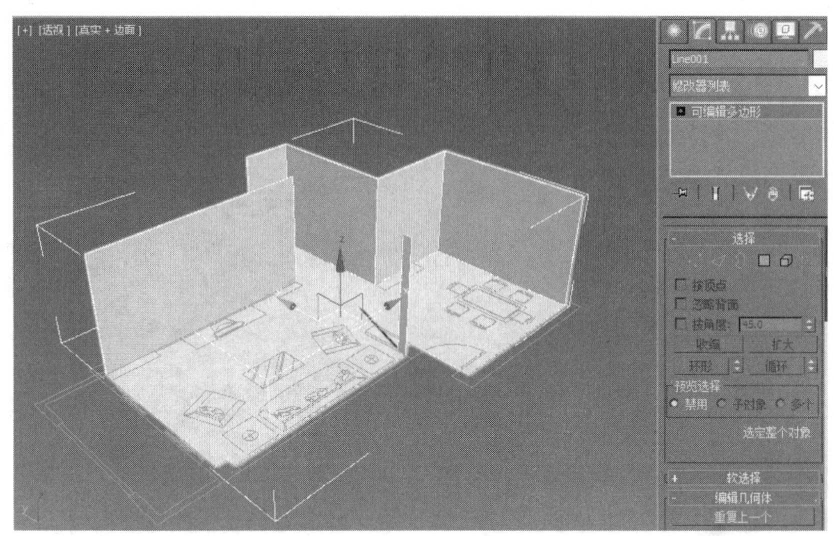

图 7-59 转换为可编辑多边形

3. 绘制推拉门及推拉窗

步骤 01 按快捷键【Ctrl+R】动态观察推拉门位置，按快捷键【2】进入【边】子对象，选择推拉门位置的天地两条边，单击【连接】后面的按钮，连接两条边作为推拉门两边的门洞线，如图 7-60 所示。

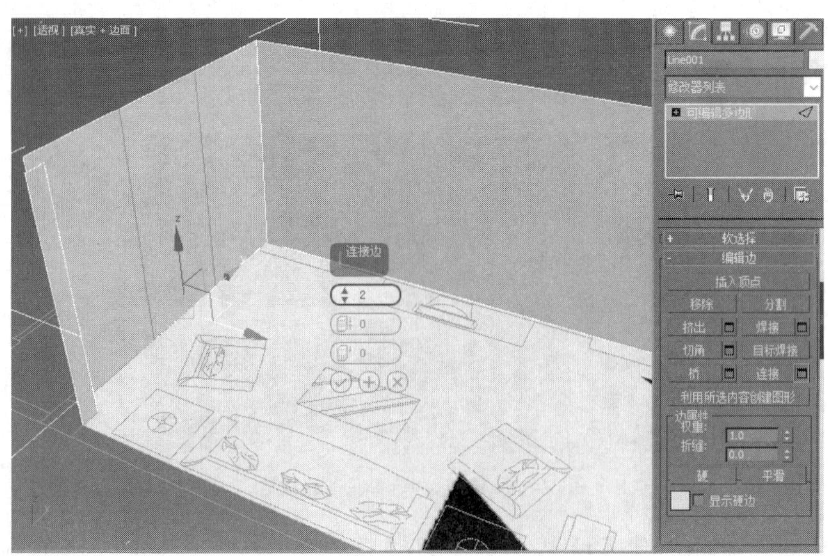

图 7-60 连接生成推拉门的纵边

步骤 02 将【顶视图】最大化，按快捷键【1】进入【顶点】子对象，框选刚才加边形成的顶点，移动到 CAD 图推拉门边界的位置，如图 7-61 所示。

温馨提示

若捕捉门窗洞的顶点绘制的封闭墙线，则可省去这一步。

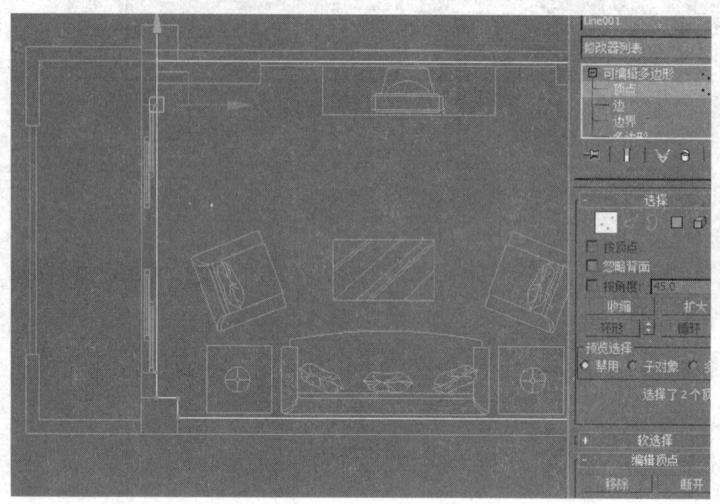

图 7-61　移动顶点到 CAD 图的位置

步骤 03　切换到透视图，进入【边】子对象，选择推拉门两边的边，单击【连接】后面的按钮，连接 1 条横边作为推拉门洞的上线，然后右击【选择并移动】工具，在【绝对：世界】的 z 轴里输入 2100mm，如图 7-62 所示。

【绝对】是以内置系统坐标为基准，【相对】是以当前坐标为基准。

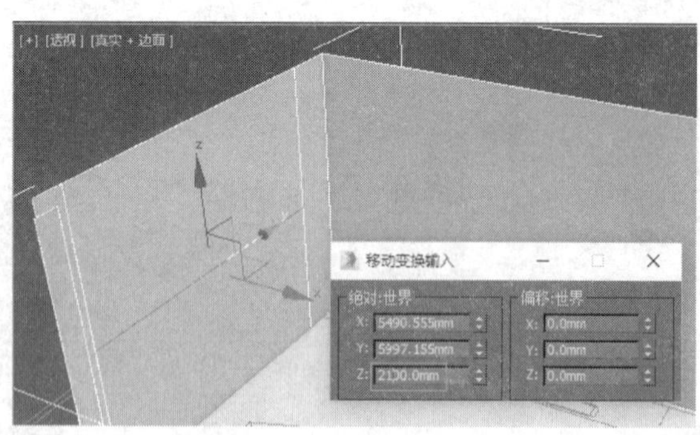

图 7-62　连接生成推拉门的横边

步骤 04　按快捷键【4】进入【多边形】子对象，选中【忽略背面】选项，选择推拉门的面，将其挤出 -120mm，然后将其【分离】出来，如图 7-63 所示。

步骤 05　取消【多边形】子对象，选择“推拉门”模型，进入【多边形】子对象，选择“推拉门”的面，单击【插入】后面的按钮，插入 40mm，然后【挤出】-10mm 作为门套，如图 7-64 所示。

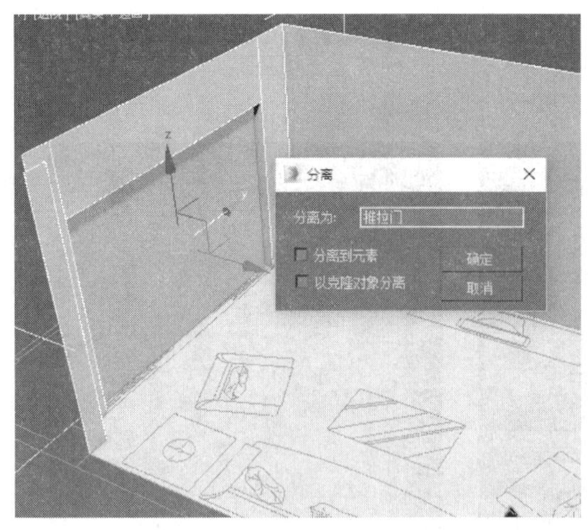

图 7-63 分离出推拉门的对象

图 7-64 绘制推拉门的门套

温馨提示

①【分离】后由于成为了两个独立对象，但颜色完全一样，所以一定要记得取消子对象，不然就不能选择其他对象。

②外墙应为 240mm，但推拉门是安放于其中间的，故此挤出 -120mm。

步骤 06 绘制 4 扇推拉门。选择推拉门模型，按快捷键【Alt+Q】进入【边】子对象，选择最内面上下两条边，通过【连接】生成 3 条边，如图 7-65 所示。

步骤 07 进入【多边形】子对象，选择中间两个多边形，挤出 -20mm，取消选择再重新选择 4 个面，单击【插入】后的按钮，选择【按多边形】按钮 按多边形 ，插入 40mm，如图 7-66 所示。

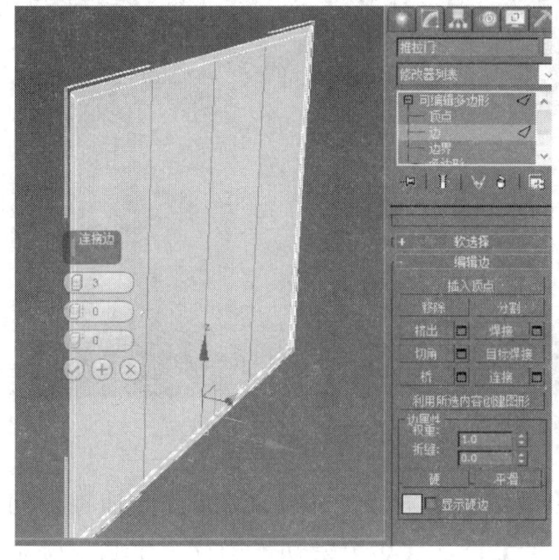

图 7-65 连接边分出推拉门的面

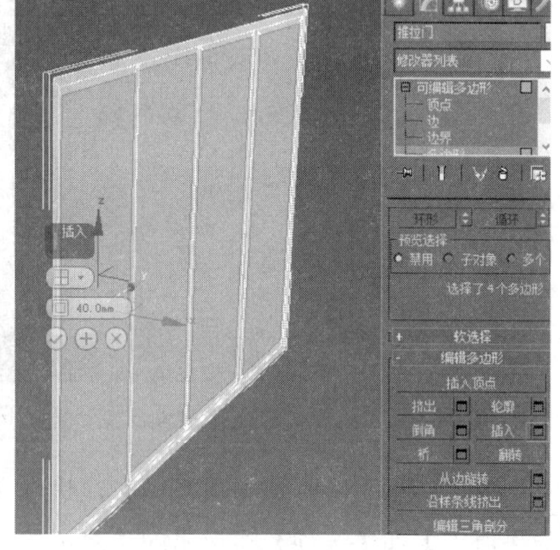

图 7-66 绘制推拉门门框

步骤 08 挤出 -10mm，设置材质 ID 号为 1，按快捷键【Ctrl+I】反选，设置材质

ID 号为 2，如图 7-67 所示。取消子对象，右击【取消全部隐藏】，推拉门模型绘制完毕，如图 7-68 所示。

图 7-67　设置材质 ID 号　　　　图 7-68　推拉门模型效果

步骤 09　用同样的方法可绘制餐厅墙面的窗子，效果如图 7-69 所示。

温馨提示

窗子离地一般为 900mm，建筑尺寸一般以 300 为模数，这里的窗子高 1500mm，故连接好横边后，将其 z 轴绝对位置设为 900、2400。

4. 绘制吊顶

步骤 01　造客厅吊顶的面。按快捷键【Ctrl+R】动态观察天棚位置，按快捷键【2】进入【边】子对象，连接生成两条边，如图 7-70 所示。

图 7-69　用同样的方法绘制推拉窗

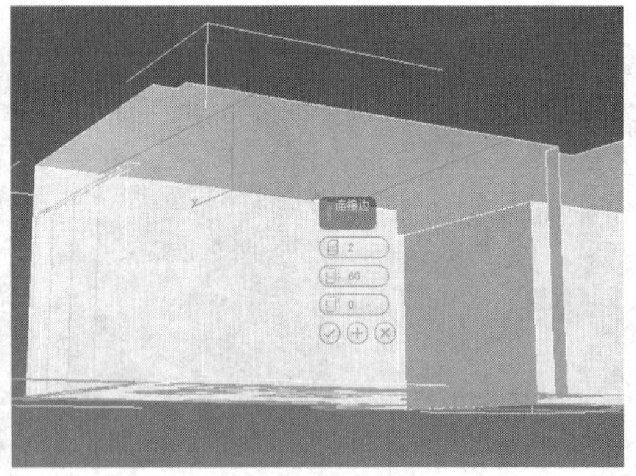

图 7-70　连接边

步骤 02　切换到【顶视图】，进入【顶点】子对象，按【S】键打开捕捉，勾选【顶点】和【选项】面板里的【启用约束轴】；按【W】键切换到移动工具，锁定 x 轴，选择一个顶点拖到下面的顶点上，对齐顶点，如图 7-71 所示。使用同样的方法把另外两点对齐。

技能拓展

若不易锁定 x 轴，就按快捷键【Ctrl+Shift+X】关闭 Gizmo，然后按【F5】键锁定 x 轴，【F6】键锁定 y 轴，【F7】键锁定 z 轴，【F8】键锁定面。

步骤 03 选择调整后的两条边，连接生成两条边，客厅吊顶面创建完成。进入【多边形】子对象，选择客厅吊顶面，单击【倒角】后面的按钮，如图 7-72 所示分 3 次倒角完成客厅吊顶模型的绘制。

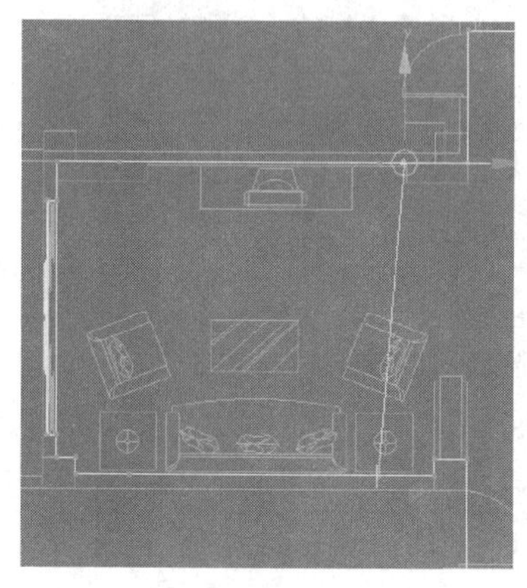

图 7-71 对齐顶点

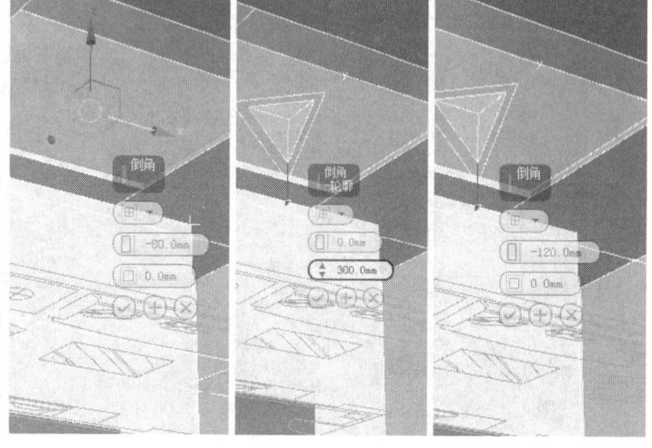

图 7-72 倒角面生成吊顶

温馨提示

【倒角】多边形，高度为 0 相当于【插入】，轮廓为 0 相当于【挤出】。

步骤 04 用同样的方法绘制餐厅吊顶，如图 7-73 所示。

5. 绘制其他

步骤 01 绘制门。同绘制推拉门的方法绘制好门洞后，再绘制门套。开启【捕捉】工具，在【左视图】中捕捉顶点绘制一个矩形，如图 7-74 所示。

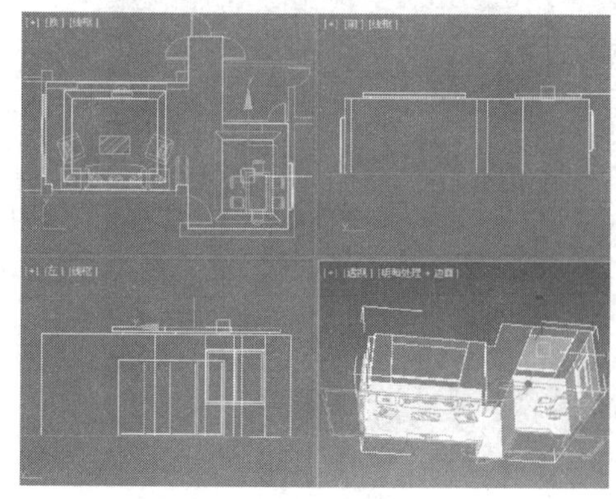

图 7-73 绘制餐厅吊顶

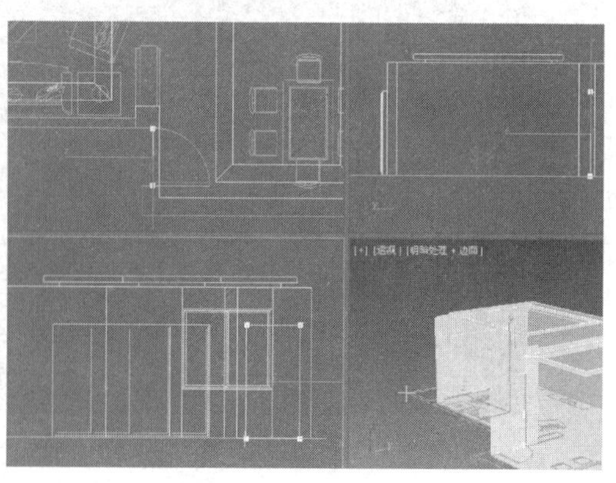

图 7-74 绘制入户门

步骤 02　右击矩形将其【转为可编辑样条线】，按快捷键【Alt+Q】单独显示，进入【边】子对象，选择下部的线删除，如图 7-75 所示。

步骤 03　在顶视图绘制一个 80×130 的矩形，再绘制 8 个圆形，通过【附加】、【布尔】、【切角】等命令编辑为门套剖面，参考效果如图 7-76 所示。

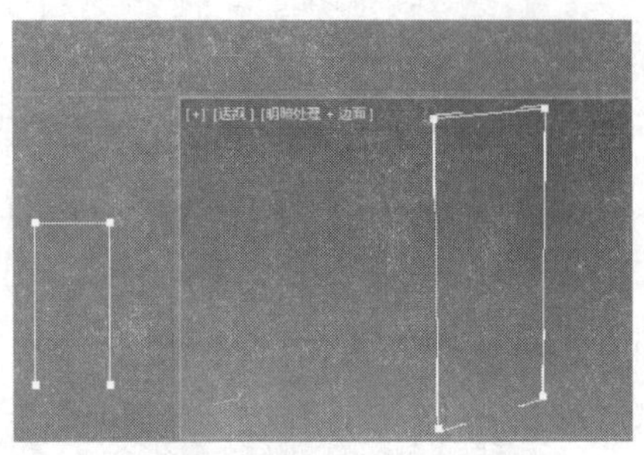

图 7-75　绘制门套路径

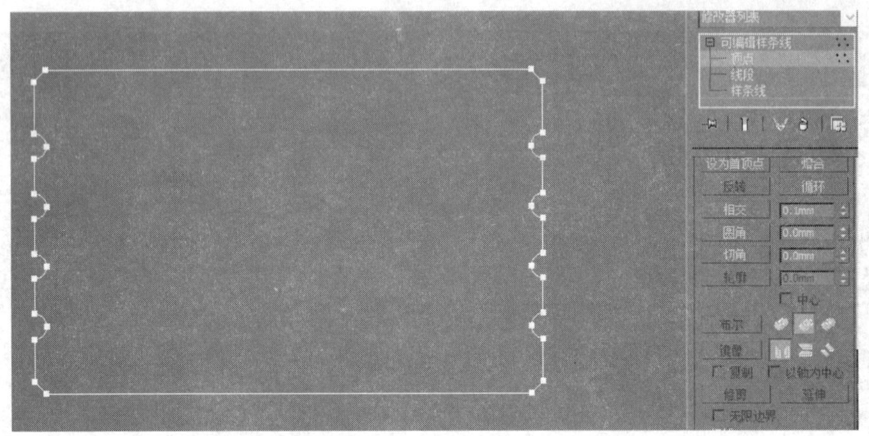

图 7-76　绘制门套截面

步骤 04　选择门套路径，添加【倒角剖面】修改器，拾取门套截面，效果如图 7-77 所示。

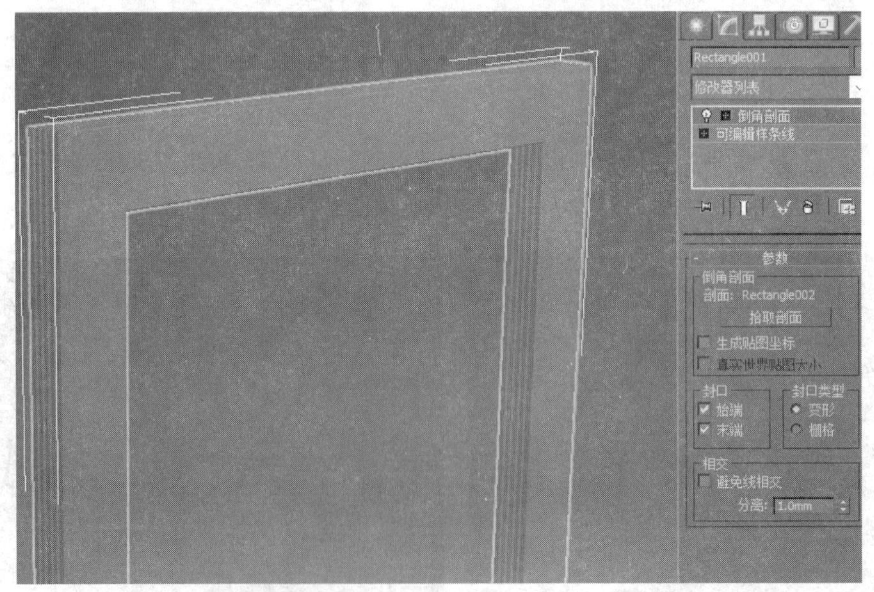

图 7-77　倒角剖面生成门套

步骤05　我们发现剖面方向不对，这时只需要展开【倒角剖面】修改器前的■，选择【剖面 Gizmo】子对象，然后右击【选择并旋转】工具，在【偏移：世界】中绕 z 轴旋转 90°，剖面方向调整成功，如图 7-78 所示。全部取消隐藏后，发现门套大于门洞，这时只需要移动【剖面 Gizmo】子对象到门套刚好对齐门洞即可。

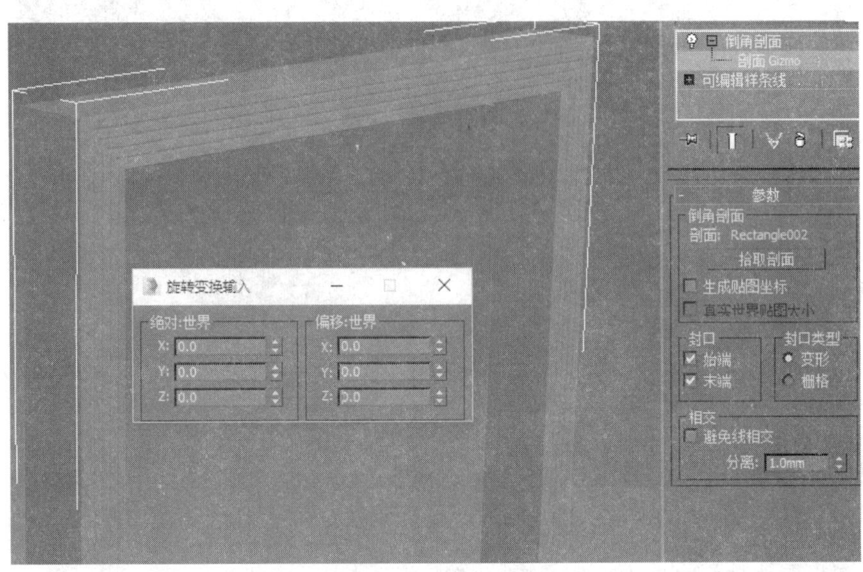

图 7-78　调整门套截面

步骤06　选择【文件】→【导入】→【合并】，合并“光盘\贴图及素材\第7章\锁.max”，再通过旋转、移动、镜像等命令调整到合适位置，效果如图 7-79 所示。

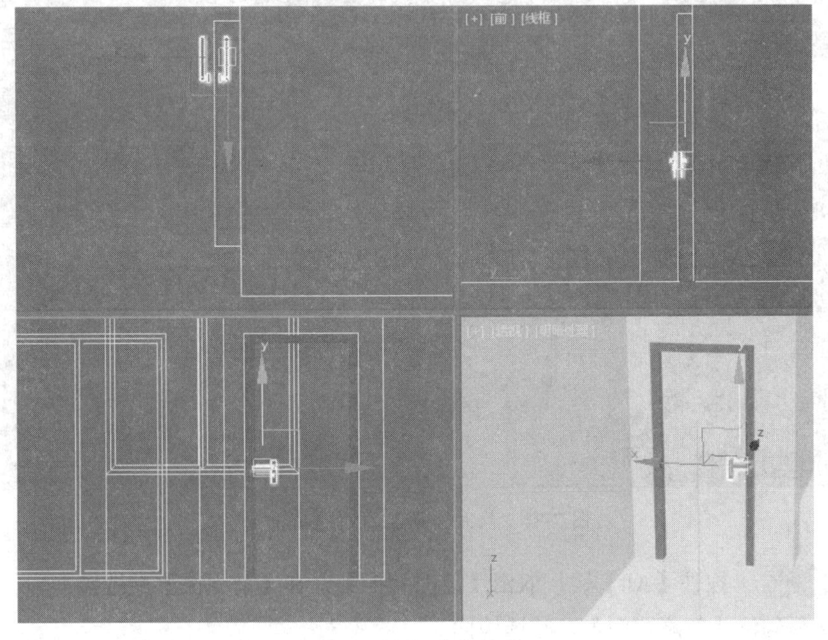

图 7-79　合并锁模型

步骤 07 用同样的方法绘制其他 3 扇门，效果如图 7-80 所示。

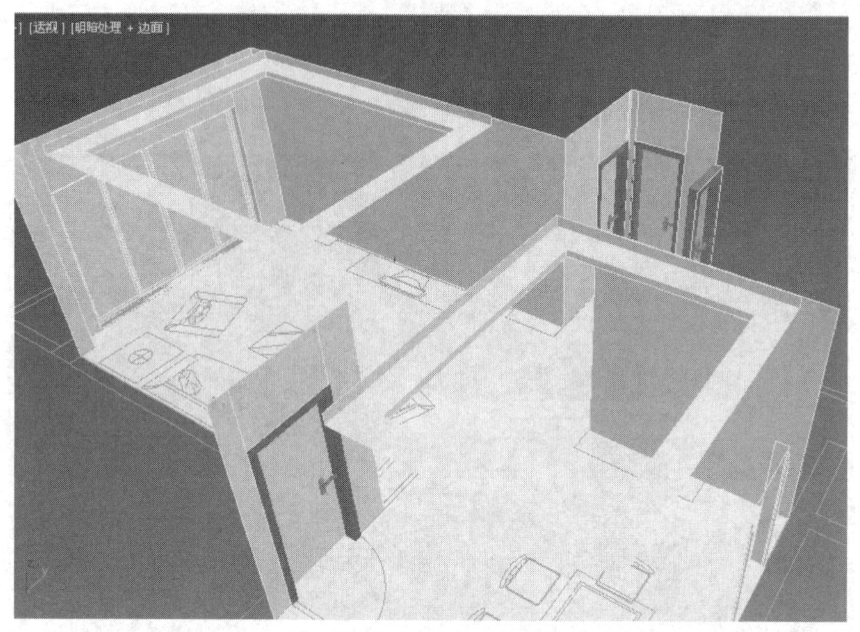

图 7-80 绘制其他门

步骤 08 绘制踢脚线。选择墙体模型，进入【多边形】子对象，按快捷键【Ctrl+A】全选多边形，单击 切片平面 按钮，右击移动工具，将其绝对坐标 z 轴设为 120，如图 7-81 所示，然后单击 切片 按钮。

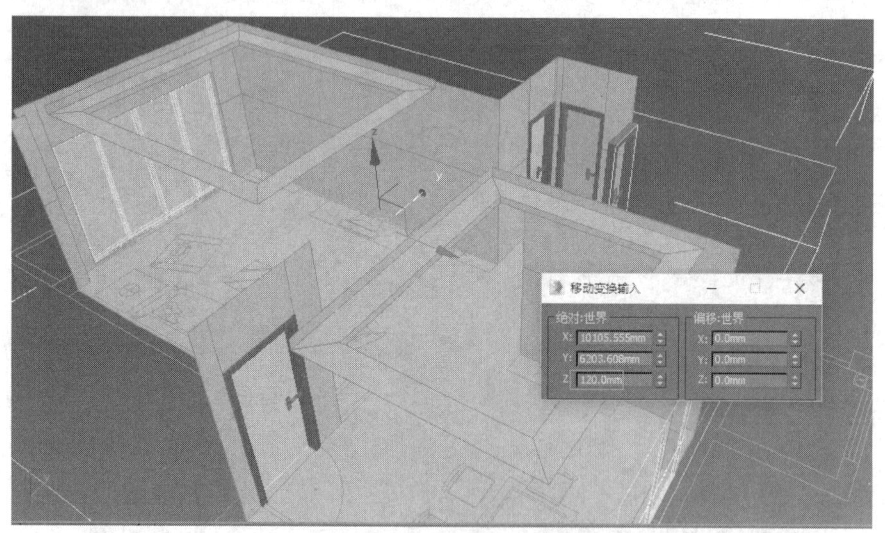

图 7-81 切片平面生成踢脚线的面

步骤 09 按住【Alt】键，取消【忽略背面】，在【前视图】减选墙面，如图 7-82 所示，然后勾选【忽略背面】，减选地面。

步骤 10 将踢脚线按【局部法线】挤出 10，如图 7-83 所示。

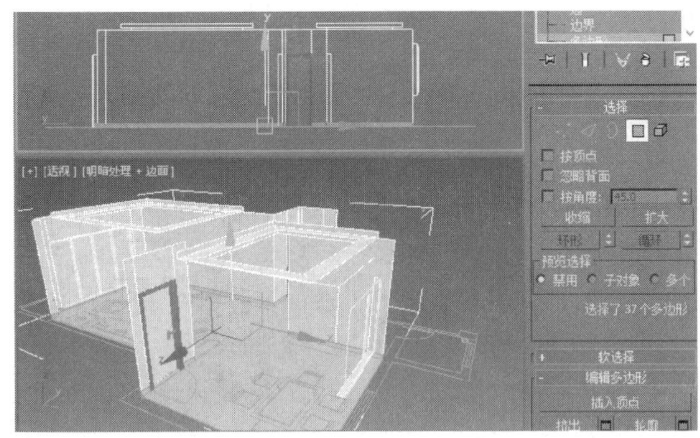

图 7-82 选择踢脚线的面

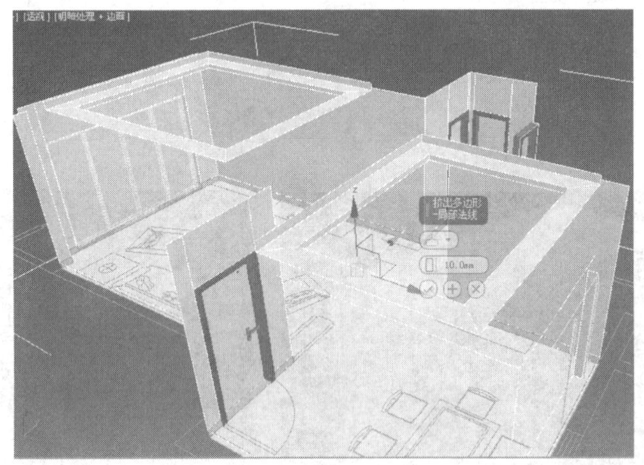

图 7-83 挤出踢脚线

步骤 11 设置材质 ID 号。进入【多边形】子对象，全选墙体的面，将材质 ID 号设为 3；然后选择地面，将材质 ID 号设为 1，如图 7-84 所示；选择踢脚线，将其材质 ID 号设为 2；选择电视墙，将材质 ID 号设为 4。此时客厅餐厅墙体模型创建完毕。

图 7-84 设置材质 ID 号

技能拓展

①为了方便记忆，可按从下到上或从上到下设置材质 ID 号，此例采用从下到上的顺序。

②设置材质 ID 号需先考虑最多面、最不好选择的面，如此例就是 3 号乳胶漆材质，故先全选设置为 3，再设置其他的。

③选择踢脚线时在【前视图】或【左视图】取消【忽略背面】选项，即可快速选择。

同步训练——绘制包装盒

绘制包装盒的图解流程如图 7-85 所示。

图解流程

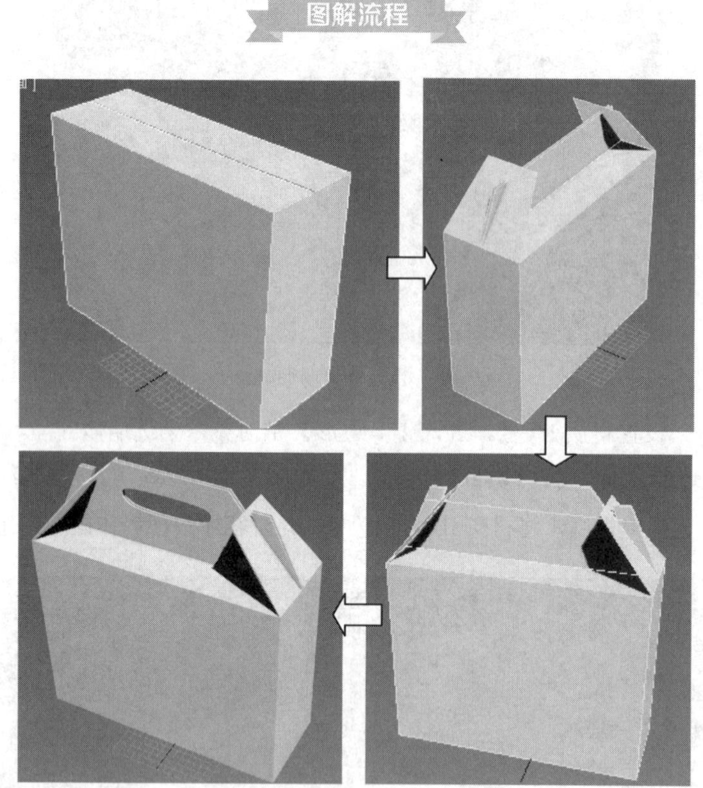

图 7-85　绘制包装盒的图解流程

思路分析

对于折叠纸盒类包装模型最好通过基本几何体转为可编辑多边形，然后删除顶面，进行多边形编辑，完成编辑后再加上【壳】修改器，接着超级布尔挖出提手口，再次转为多边形，设定材质 ID 号，最后贴图渲染。

关键步骤

步骤 01　设好单位，绘制一个 340mm×120mm×260mm 的长方体，转为可编辑多边形，按【4】键选择子对象【多边形】，删除顶面，按【F4】键带边框显示，选择宽度两条边，选择缩放工具，单击【选择中心】按钮，按住【Shift】键锁定 x 轴向缩放至中心处，如图 7-86 所示。

步骤 02　按【W】键切换至移动工具，按住【Shift】键锁定 z 轴复制；再切换到缩放工具，锁定 y 轴进行缩放，如图 7-87 所示。

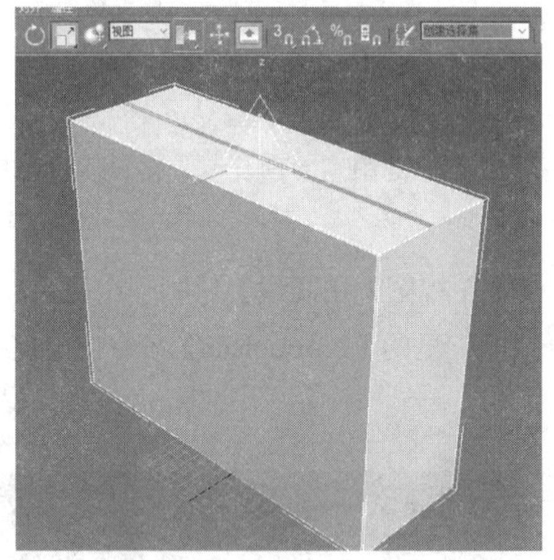

图 7-86　删除顶面绘制盒盖

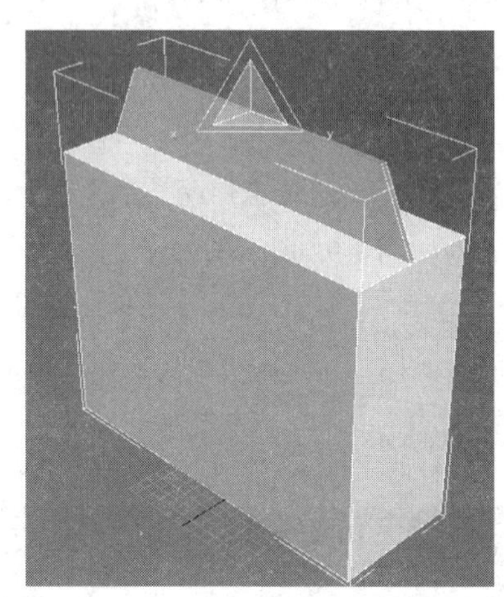

图 7-87　挤出提手部分

步骤 03　用同样的方法，选择宽度方向两条边，做出如图 7-88 所示的效果。

步骤 04　如图 7-89 通过选边连接的方式造一个面，并对齐顶点。

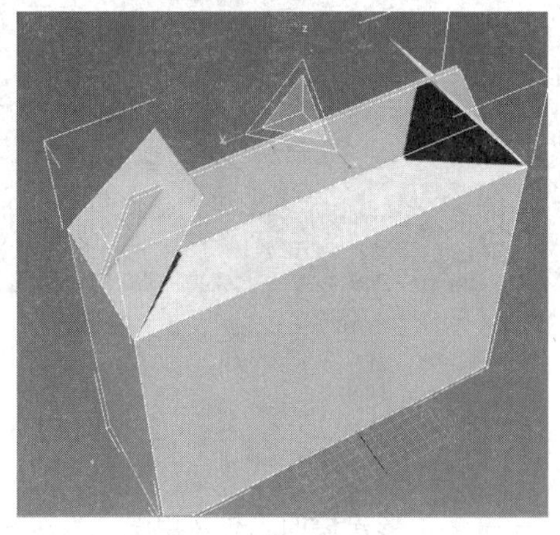

图 7-88　绘制两耳部分

图 7-89　绘制卡口部分

步骤 05　继续连接一条边，调整到合适的位置，然后删除卡口的面，如图 7-90 所示。

步骤 06　进入【边】子对象，单击 插入顶点 ，在卡口位置插入 4 个顶点，如图 7-91 所示，然后对齐两边的顶点。

图 7-90　删除卡口的面

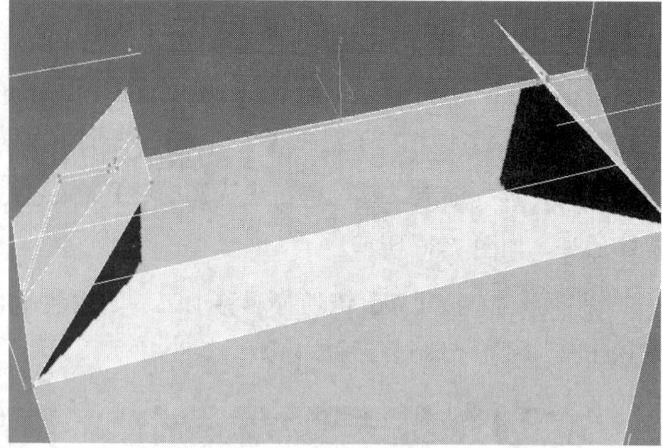
图 7-91　插入顶点

步骤 07　选择卡口两边的【边】，按住【Shift】键锁定 z 轴复制，再锁定 y 轴缩放，调整成为如图 7-92 所示的样子。

步骤 08　添加一个【壳】的修改器，在【左视图】用【线】绘制一个提手口的形状，然后添加一个“挤出”修改器，用“复合对象”里的【ProBoolean】命令挖出提手口，如图 7-93 所示。

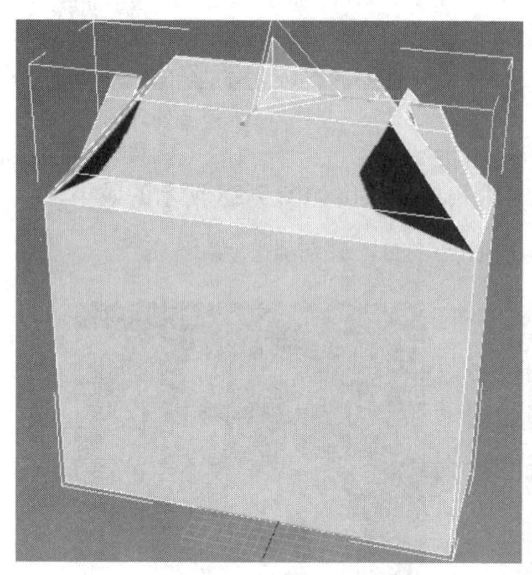
图 7-92　绘制卡口上面部分

图 7-93　挖出提手口

知识与能力测试

本章以几个代表性案例讲解了高级建模——多边形建模的思想及用法，为对知识技能进行巩固和考核，布置相应的练习题。

一、填空题

1. 多边形建模的原则有______和______。

2. 【编辑多边形】修改器中【挤出】子命令有______、______和______3 种方式。

3. 【编辑多边形】修改器中【边】的选择方法有______、______、______、______。

4. 【编辑多边形】修改器中焊接顶点的选择方法有______和______两种。

二、选择题

1. 属于【编辑多边形】独有的子对象是（　　）。

A．面　　B．边界　　C．边　　D．元素

2. 一般情况下，在相等的连续边上加边用（　　）。

A．连接边　　B．剪切　　C．切片平面　　D．快速剪切

3. 【倒角】的高度为 0 时，相当于（　　）命令。

A．挤出　　B．插入　　C．轮廓　　D．翻转

4. 【倒角】的轮廓为 0 时，相当于（　　）命令。

A．挤出　　B．插入　　C．轮廓　　D．翻转

5. 绘制踢脚线最好用（　　）。

A．连接　　B．剪切　　C．切片平面　　D．快速切片

6. 【编辑多边形】的子命令【翻转】相当于修改器（　　）。

A．镜像　　B．法线　　C．对称　　D．切片

7. 不选择看不到的面需选中（　　）。

A．忽略背面　　B. 按顶点　　C. 按角度　　D. 软选择

8. 以下子对象不能【切角】的是（　　）。

A．顶点　　B. 边　　C. 边界　　D. 多边形

三、判断题

1. 几何体段数越少，网格平滑后就越圆滑。（　　）

2. 用【编辑多边形】修改器建模时段数最好先设少点，再逐步细分。（　　）

3. 【编辑多边形】时选择任意两条边都能连接。（　　）

4. 能够用【移除】命令移除选中的【多边形】。（　　）

5. 可以用【对齐对象】命令对齐顶点。（　　）

6. 【编辑多边形】可以选择需要平滑的面进行网格平滑。（　　）

7. 设置材质 ID 号时最好先设置面数多或不好选的面。（　　）

8. 【切片平面】定出切片位置后，需要单击一次【切片】按钮才会生效。（　　）

9. 可用【环形】或【循环】命令选择【多边形】子对象。（　　）

3ds Max 2016

第 8 章 摄影机、环境与渲染

本章将系统地介绍几类摄影机的使用技巧；火效、雾效、体积光、镜头特效等环境特效的制作方法；线扫描渲染及 VRay 渲染的设置要点。

学习目标

- 理解摄影机的原理
- 掌握摄影机的设置技巧
- 能熟练制作基本环境特效
- 熟悉线扫描的设置要点
- 掌握 VRay 渲染的设置要点

8.1 摄影机

摄影机是场景中不可缺少的组成单位，最后完成的静态、动态图像都要在摄影机视图中表现。3ds Max 提供了两种观察场景的方式，即透视视图和摄影机视图。透视视图和摄影机视图的观察效果相似，只是透视图在编辑过程中控制更加灵活，但因其不固定，所以在进行最终渲染时建议使用摄影机视图。

一幅渲染出来的图像其实就是一幅画面。在模型定位之后，光源和材质决定了画面的色调，而摄影机就决定了画面的构图。当一个场景搭建好后，就需要从各个方向来观察和渲染它。在输出静态平面图像时，需要注意透视校正问题。在输出动态视频动画时，摄影机的推、拉、摇、移等动作是非常重要的镜头语言表现手段。在制作摄影机动画时需要注意在摄影机移动的同时，要随时调整好画面的构图。

3ds Max 中的摄影机拥有超过现实摄影机的能力。如更换镜头瞬间完成，无级变焦更是真实摄影机无法比拟。对于摄影机动画，除位置变动外，还可以表现焦距、视角及景深等动画效果。

8.1.1 摄影机的主要参数

摄影机的最主要构件是镜头，镜头参数可用“焦距”或“视野”来描述，如图 8-1 所示。

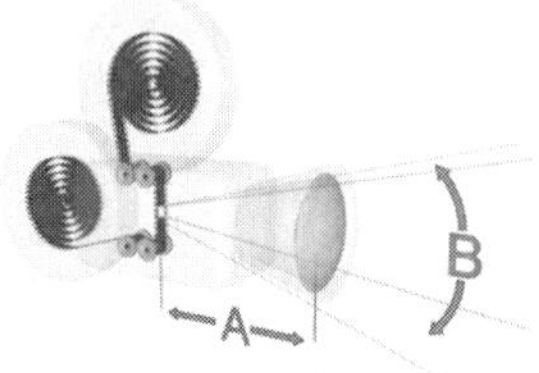

图 8-1　镜头参数（A：焦距；B：视野）

- 焦距：镜头与感光表面间的距离。焦距会影响画面中包含对象的数量，焦距越短，画面中能够包含的场景画面范围越大；焦距越长，包含的场景画面越少，但却能够更清晰地表现远处场景的细节。

焦距以毫米为单位，通常 50mm 的镜头为摄影的标准镜头，低于 50mm 为广角镜头，50 ～ 80mm 之间的镜头为中长焦镜头，高于 80mm 为长焦镜头。

- 视野：用来控制场景可见范围的大小，单位为“地平角度”。这个参数与镜头的焦距有关，如 50mm 镜头的视角范围为 46°，镜头越长视角越窄。

短焦距（宽视角）会加剧透视失真，而长焦距（窄视角）能够降低透视失真。50mm 镜头最接近人眼，所以产生的图像效果比较正常，多用于快照，新闻图片及电影制作中。

8.1.2 摄影机类别

3ds Max 2016 提供了 3 类摄影机：目标摄影机、自由摄影机和物理摄影机，如下表所示。

目标摄影机	用于观察目标点附近的场景内容。它有摄影机、目标两部分，可以很容易地单独进行控制调整，并分别设置动画
自由摄影机	用于观察摄影机方向内的场景内容，多用于轨迹动画，可以用来制作室内外装潢的环游动画，车辆移动中的跟踪拍摄。自由摄影机的方向能够随路径的变化而自由地变化，可以无约束地移动和定向
物理摄影机	模拟真实的单反相机，可以调整快门、光圈等参数，除了能构图之外还能控制渲染的亮度、景深等

8.1.3 摄影机的创建与调整

摄影机的创建方法非常简单，单击“摄影机”创建面板中的“目标”按钮，然后在视图中单击并拖动鼠标，到适当位置后释放鼠标左键，确定摄影机图标和目标点的位置，即可创建一个目标摄影机。

1．摄影机控制区的调整

创建完摄影机后，需调整其观察方向和视野，以达到最佳观察效果。其中，调整摄影机图标和目标点的位置可调整观察方向，使用视图控制区的工具可调整观察视野（将视图切换为摄影机视图后，即可看到右下角原视图控制工具变为摄影机的调整工具）。

摄影机视图中的按钮使用介绍如下表所示。

推拉摄影机	选中此按钮，然后在摄影机视图中拖动鼠标，可使摄影机图标靠近或远离拍摄对象，以缩小或增大摄影机的观察范围
视野	选中此按钮，然后在摄影机视图中拖动鼠标，可缩小或放大摄影机的观察区。由于摄影机图标和目标点的位置不变，因此，使用该工具调整观察视野时，容易造成观察对象的视觉变形
平移摄影机	选中此按钮，然后在摄影机视图中拖动鼠标，可沿摄影机视图所在的平面平移摄影机图标和目标点，以平移摄影机的观察视野
侧滚摄影机	选中此按钮，然后在摄影机视图中拖动鼠标，可使摄影机图标绕自身 z 轴（即摄影机图标和目标点的连线）旋转
环游摄影机	选中此按钮，然后在摄影机视图中拖动鼠标，可使摄影机图标绕目标点旋转（摄影机图标和目标点间的距离保持不变）。按住此按钮不放会弹出“摇移摄影机”按钮，使用此按钮可以将目标点绕摄影机图标旋转

2．修改面板中的参数

单击摄影机图标后，在“修改”面板中将显示出摄影机的参数，如图 8-2 所示，在此着重介绍如下几个参数。

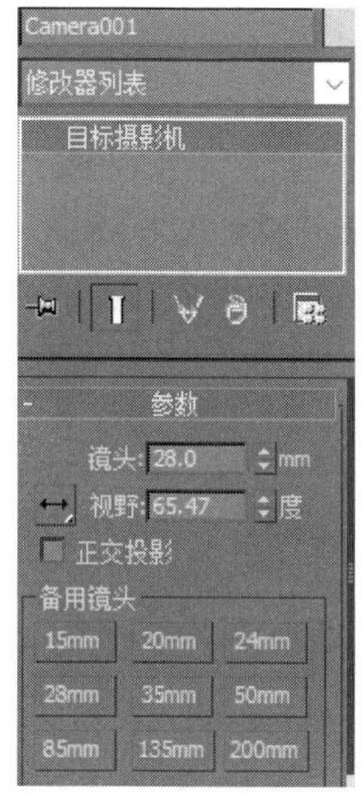

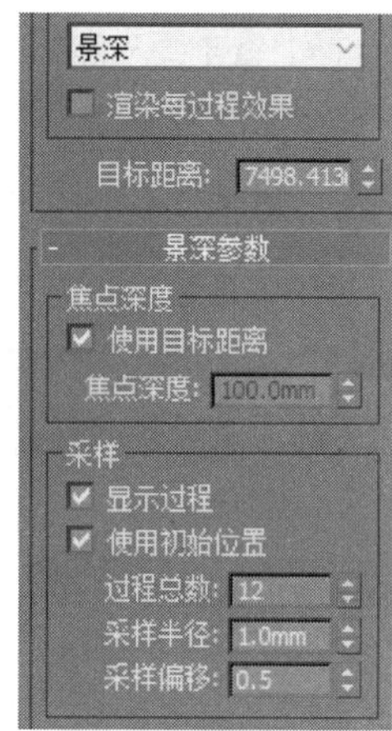

图 8-2　显示的修改面板摄影机参数

镜头	显示和调整摄影机镜头的焦距
视野	显示和调整摄影机的视角，左侧的按钮用于设置摄影机视角的类型，有对角、水平和垂直 3 种类型，分别表示调整摄影机观察区对角、水平和垂直方向的角度
正交投影	选中此复选框后，摄影机无法移动到物体内部进行观察，且渲染时无法使用大气效果
备用镜头	单击该区中的任一按钮，即可将摄影机的镜头和视野设为该备用镜头的焦距和视野。其中，小焦距多用于制作鱼眼的夸张效果，大焦距多用于观测较远的景物，以保证物体不变形
类型	该下拉列表框用于转换摄影机的类型，将目标摄影机转换为自由摄影机后，摄影机的目标点动画将会丢失
显示地平线	选中此复选框后，在摄影机视图中将显示出一条黑色的直线，表示远处的地平线
剪切平面	该区中的参数用于设置摄影机视图中显示哪一范围的对象，常利用此功能观察物体内部的场景（选中“手动剪切”复选框可开启此功能，“远距剪切”和“近距剪切”编辑框用于设置远距剪切平面和近距剪切平面与摄影机图标的距离）
多过程效果	该区中的参数用于设置渲染时是否对场景进行多次偏移渲染，以产生景深或运动模糊的摄影特效。选中“启用”复选框，即可开启此功能；下方的“效果”下拉列表框用于设置使用哪一种多过程效果（选定某一效果后，在“修改”面板将显示出该效果的参数，默认选中“景深”项）。
目标距离	该编辑框用于显示和设置目标点与摄影机图标间的距离

3．【摄影机校正】修改器

在【修改器】菜单栏还有一个【摄影机校正】修改器，专门用于获取摄影机上的两点透视效果。

8.2 渲染

渲染是 3ds Max 制作中一个重要的环节，渲染就是依据所指定的材质、所使用的灯光以及背景与大气环境的设置，将在场景中创建的几何体实体显示出来，将三维的场景转化为二维的图像，也就是为创建的三维场景拍摄照片或者录制动画。

3ds Max 2016 有丰富的渲染，特别是对于欧特克注册用户，提供了 A360 云渲染，能在较短的时间内创建出真实照片级和高分辨率图像。这里介绍一下最基本最常用的渲染方法。

8.2.1 渲染的通用参数

渲染场景前，需设置场景的渲染参数，以达到最好的渲染效果。选择【渲染】→【渲染设置】菜单，可打开【渲染设置】对话框，如图 8-3 所示，利用该对话框中的参数可调整场景的渲染参数，下面介绍一下对话框中各选项卡的作用。

按【F10】键即可弹出【渲染设置】对话框。

图 8-3 渲染通用参数

目标	选择实时、产品级、迭代、云、网络等渲染
预设	选择预设的渲染
渲染器	切换渲染器
查看到渲染	即渲染哪个视图
时间输出	用于设置渲染的范围
输出大小	设置渲染输出的图像或视频的宽度和高度
选项	用于控制是否渲染场景中的大气效果、渲染特效和隐藏对象
渲染输出	用于设置渲染结果的输出类型和保存位置

视口显示不等于渲染范围。要看到渲染范围，可按【Shift+F】组合键显示安全框。

8.2.2 标准渲染设置及流程

在制图过程中往往要看到渲染效果，而渲染又是一个耗时的过程，所以 3ds Max 高版本都增强了视图中的显示。2016 版中的【真实】显示模式都能大致看出渲染后的结果，这样就能减少渲染次数，从而节约时间提高效率。但毕竟不能代替渲染，所以在渲染草图时可用小尺寸低质量设置（大致相当于预设的 ActiveShade 渲染模式），而在渲染成品时可用大尺寸高质量设置（大致相当于预设的产品级渲染模式）。

默认线扫描渲染器的参数如图 8-4 所示。

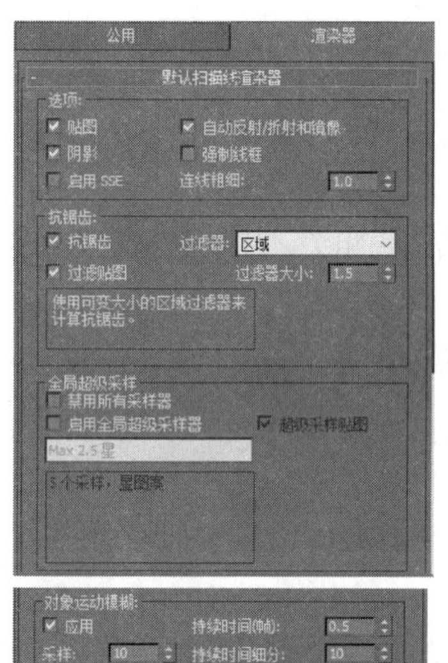

选项	该区中的参数用于控制是否渲染场景中的贴图、阴影、模糊和反射 / 折射效果。选中【强制线框】复选框时，系统将使用线框方式渲染场景
抗锯齿	该区中的参数用于设置是否对渲染图像进行抗锯齿和过滤贴图处理方式
全局超级采样	该区中的参数用于控制是否使用全局超级采样方式进行抗锯齿处理。使用时，渲染图像的质量会大大提高，但渲染的时间也大大增加
对象 / 图像运动模糊	这两个区中的参数用于设置使用何种方式的运动模糊效果，模糊持续的时间等
自动反射 / 折射贴图	该区中的参数用于设置反射贴图和折射贴图的渲染迭代值
颜色范围限制	该区中的参数用于设置防止颜色过亮所使用的方法
内存管理	选中“节省内存”复选框后，系统会自动优化渲染过程，以减少渲染时内存的使用量

图 8-4 线扫描渲染参数

8.2.3 VRay 渲染设置及流程

V-Ray 渲染器是由 chaosgroup 和 asgvis 公司出品的一款高质量渲染软件。它操作简单、效果逼真，是目前业界受欢迎的渲染引擎。其渲染流程分为 3 步，如下表所示。

	第 1 步：草图	第 2 步：准备出大图	第 3 步：出大图
目的	要速度	速度质量兼顾	要质量
途径	尺寸小，质量低	尺寸小，质量高	尺寸大，质量高

续表

	第 1 步：草图	第 2 步：准备出大图	第 3 步：出大图
设置	尺寸：640×480 左右 GI：首次引擎（发光图）非常低 二次引擎（灯光缓存）100	尺寸不变 GI：首次引擎（发光图）高 二次引擎（灯光缓存）1500 以上 渲染一次，保存发光图和灯光缓存计算结果	尺寸调大为草图的 4 倍以内，然后载入第 2 步的发光图及灯光缓存的计算结果

V-Ray 属外挂插件，所以每个版本的 3ds Max 都有相应版本的 V-Ray 与之匹配，否则安装不了或运行不了。与 3ds Max 2016 匹配的 V-Ray 是 3.0 版。

8.3 环境

环境的概念比较宽泛。在 3ds Max 中有环境的选项卡，用于制作各种背景，雾效，体积光和火焰，不过需要与其他功能配合使用才能发挥作用。

例如，背景和材质编辑器共同编辑，雾效和摄影机的范围相关，体积光和灯光属性相连，火焰必须借助大气装置（辅助对象）才能产生。

环境特效的创建方法比较特殊，它有别于三维物体或材质的创建，无法在视图中进行预览，只能通过对透视图或摄影机视图的渲染才能看到。

8.3.1 背景

选择【渲染】→【环境】菜单（或按主键盘的【8】键），可打开【环境和效果】对话框的【环境】选项卡。利用该选项卡中的参数可以设置场景的背景、曝光方式和大气效果等，如图 8-5 所示。其选项卡中各参数的作用如下。

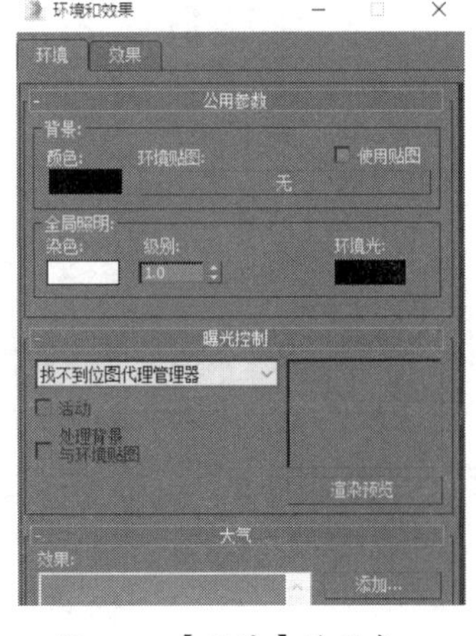

图 8-5 【环境】选项卡

公用参数	该卷展栏中的参数用于设置场景的背景颜色、背景贴图及全局照明方式下光线的颜色、光照强度、环境光颜色
曝光控制	该卷展栏中的参数用于设置渲染场景的曝光控制方式。其中，【曝光类型】下拉列表框用于设置场景的曝光控制方式；【处理背景与环境贴图】复选框用于控制是否对场景的背景和环境贴图应用曝光控制
大气	使用该卷展栏中的参数可以为场景添加大气效果，以模拟现实中的大气现象

8.3.2 火效

添加火效必须先创建【大气装置】，以烛火为例，其步骤如下。

步骤 01 创建蜡烛模型后，选择【创建】面板 → 辅助对象 → 大气装置 → 球体 Gizmo，在火焰位置创建一个半球 Gizmo，使用【等体积缩放】工具 缩放成如图 8-6 所示的效果。

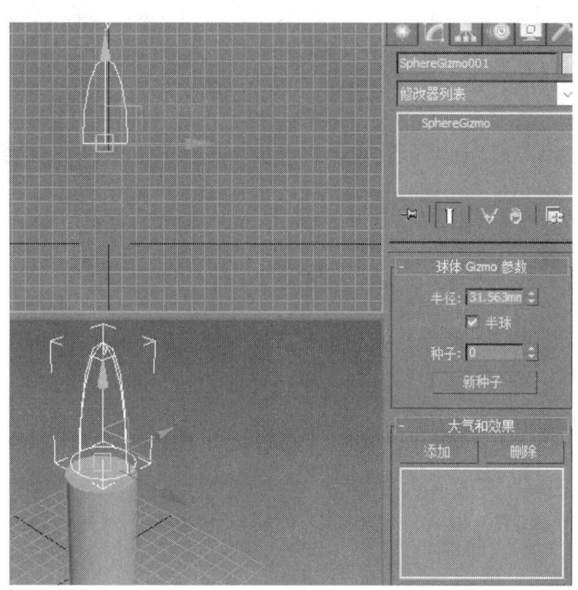

图 8-6 创建 Gizmo

步骤 02 按快捷键【8】，在【大气】卷展栏中单击【添加】按钮，在弹出的对话框中添加【火效果】，然后单击 拾取 Gizmo 按钮，拾取刚才创建的 Gizmo，如图 8-7 所示。

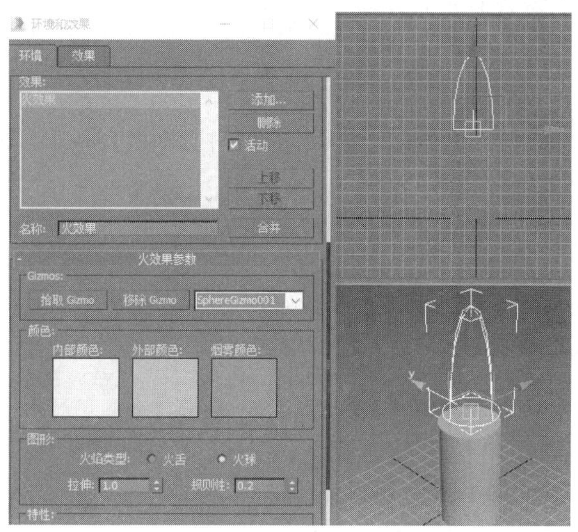

图 8-7 添加火效

步骤 03 快速渲染，结果如图 8-8 所示。将参数进行调整，烛火效果如图 8-9 所示。

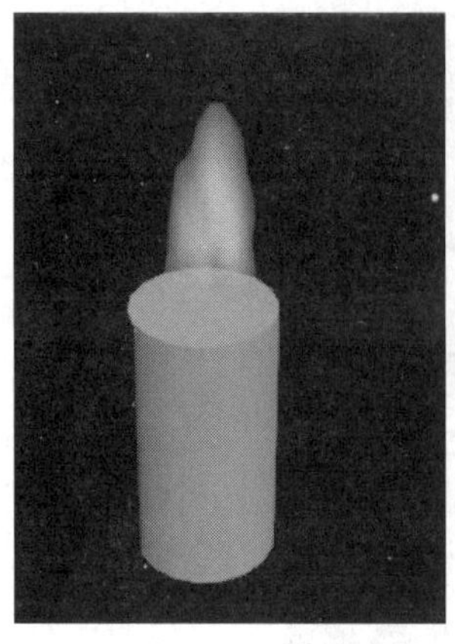

图 8-8 默认参数的火效　　图 8-9 调整参数后的火效

8.3.3 雾效

3ds Max 提供了雾效果以增强场景的使用范围和真实感，3ds Max 的雾效有 3 种：标准雾、分层雾和体积雾。雾效参数如图 8-10 所示，标准雾和分层雾默认参数渲染效果如图 8-11 所示。

体积雾能制造出许多不同密度的烟雾效果，其使用方法如下。

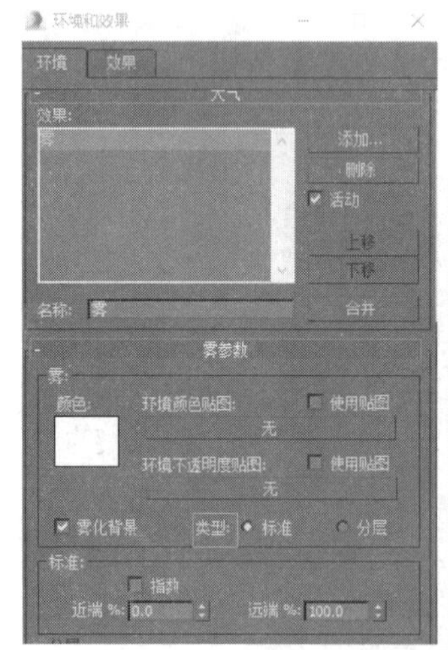

图 8-10 雾效参数　　图 8-11 标准雾和分层雾默认参数渲染效果

步骤 01 选择【创建】面板→辅助对象→大气装置，创建几个【Gizmo】，通过【移动】、【缩放】等工具稍作调整，如图 8-12 所示。

步骤 02 按【8】键，在【大气】卷展栏中添加【体积雾】，然后拾取【Gizmo】，如图 8-13 所示。

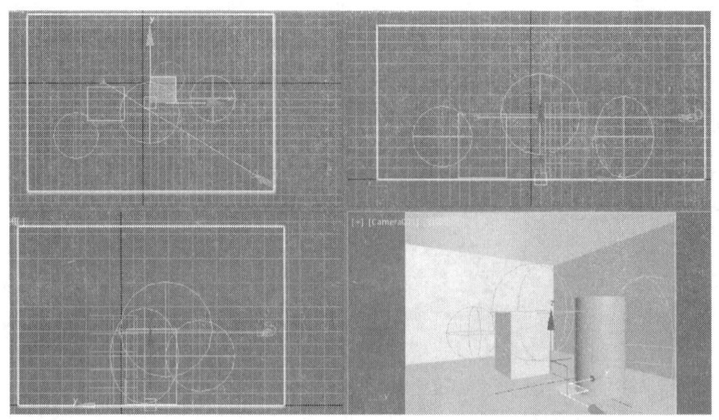

图 8-12 创建场景及 Gizmo

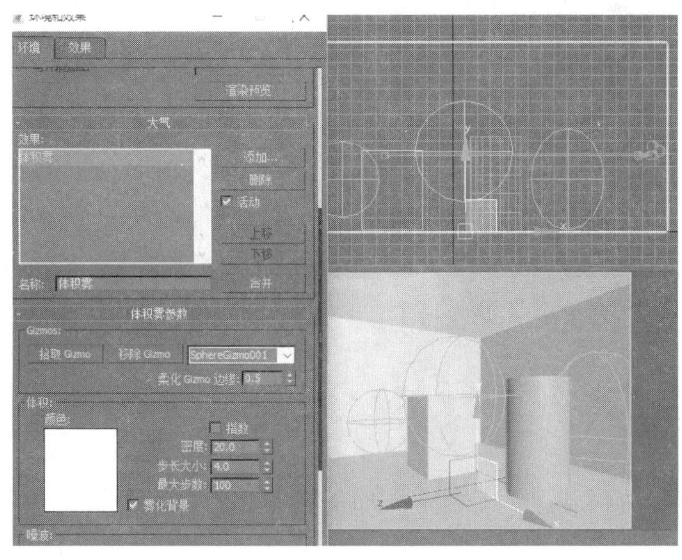

图 8-13 添加体积雾并拾取 Gizmo

步骤 03 快速渲染摄影机视图，效果如图 8-14 所示。调整一下参数，效果如图 8-15 所示。

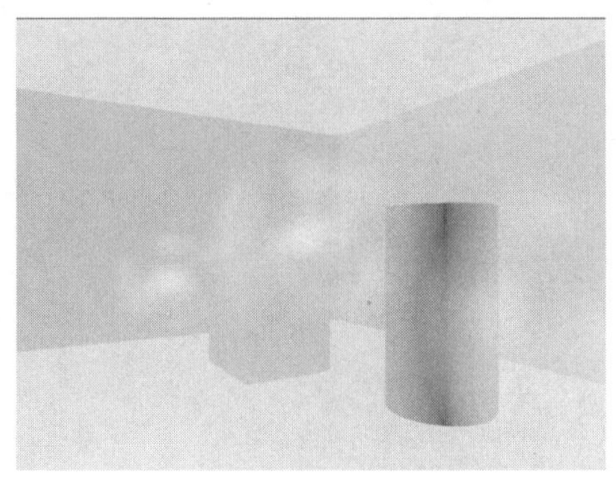

图 8-14 体积雾默认效果

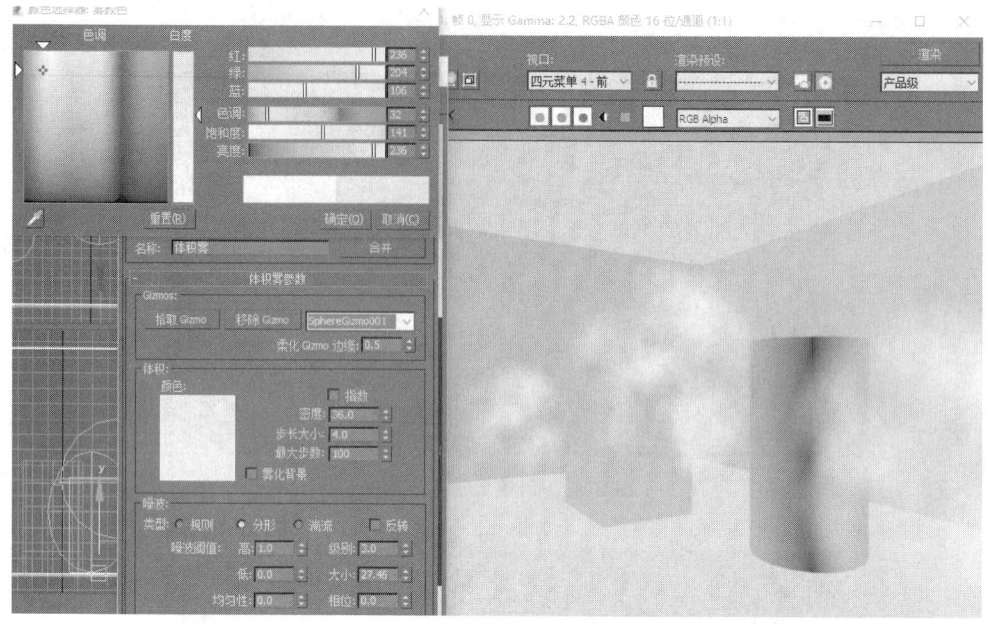

图 8-15　修改体积雾参数后的效果

温馨提示

火效、体积光、体积雾等大气效果只有在透视视图或摄影机视图中才能渲染出来，在正交视图或用户视图中则不会被渲染。

8.3.4 体积光

体积光本身不是一种灯光，只是一种灯光效果，可以模拟阳光通过充满尘埃空间时产生的光柱效果，也可在灯光上添加特殊处理制作的照明气氛。下面以一个路灯效果介绍一下体积光的用法。

步骤 01　打开“光盘 \ 贴图及素材 \ 第 8 章 \ 路灯 .max”，如图 8-16 所示。

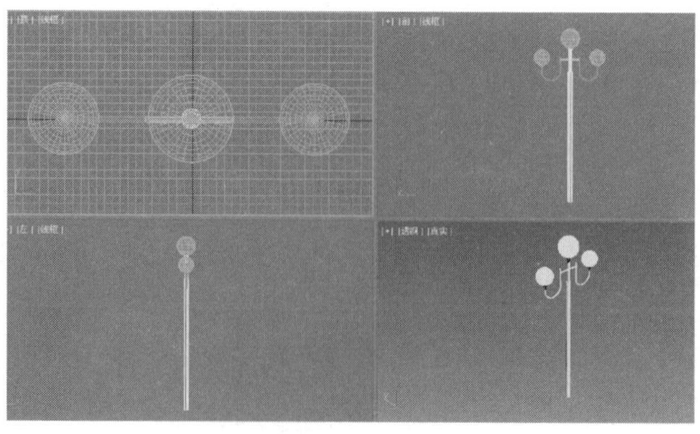

图 8-16　打开路灯场景文件

步骤 02 单击创建面板→灯光→标准灯光，选择【泛光灯】，在场景中创建一盏泛光灯，移动到一盏灯的中心。然后进入修改面板，将泛光灯的衰减参数进行修改，如图 8-17 所示。

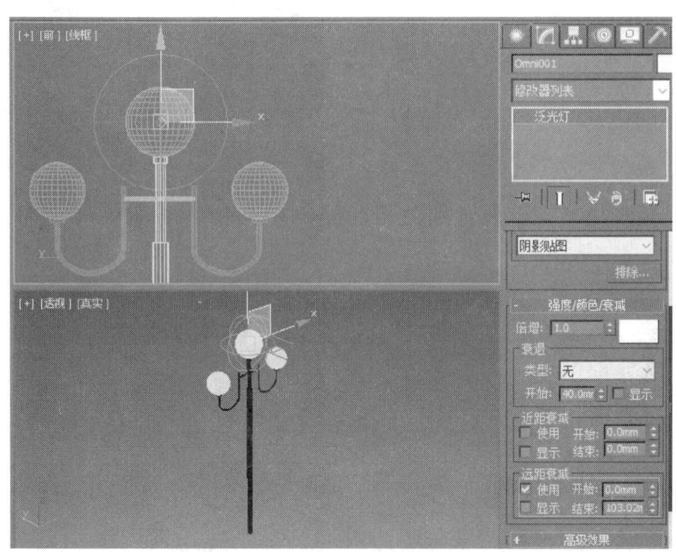

图 8-17 创建泛光灯并修改衰减参数

步骤 03 按快捷键【8】打开【环境和效果】对话框，添加【体积光】效果，拾取【Omni001】，如图 8-18 所示。

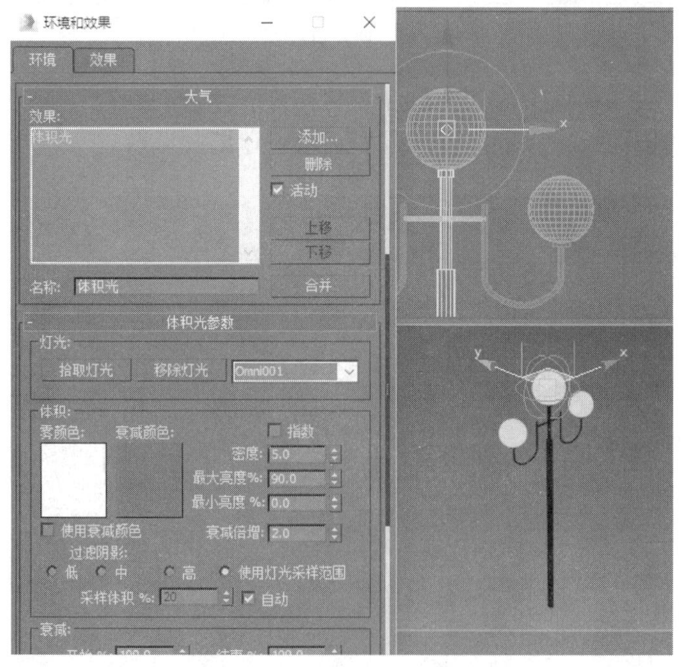

图 8-18 添加体积光效果

步骤 04 将泛光灯【实例】复制到其他两盏灯中心去，渲染效果如图 8-19 所示。

图 8-19 路灯光晕效果

课堂范例——制作窗口光线效果

步骤 01 打开“光盘\贴图及素材\第 8 章\窗口光线 .max”，在【顶视图】中创建一个【目标】摄影机，调整位置如图 8-20 所示。

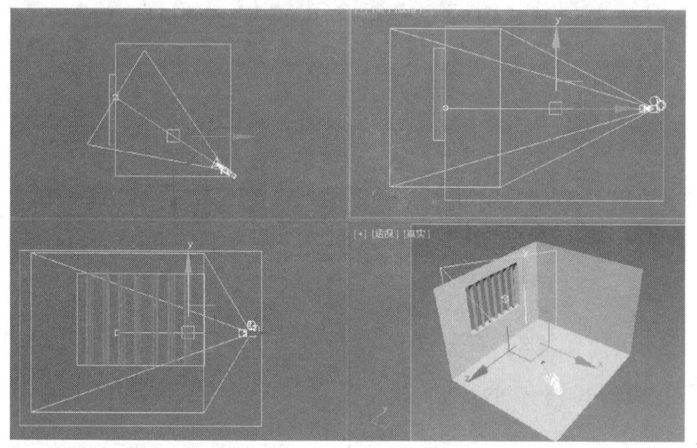

图 8-20 创建目标摄影机

步骤 02 在【透视图】中按【C】键将其切换为摄影机视图，再选择摄影机，单击修改面板，将镜头改为 24mm 的广角镜，如图 8-21 所示。

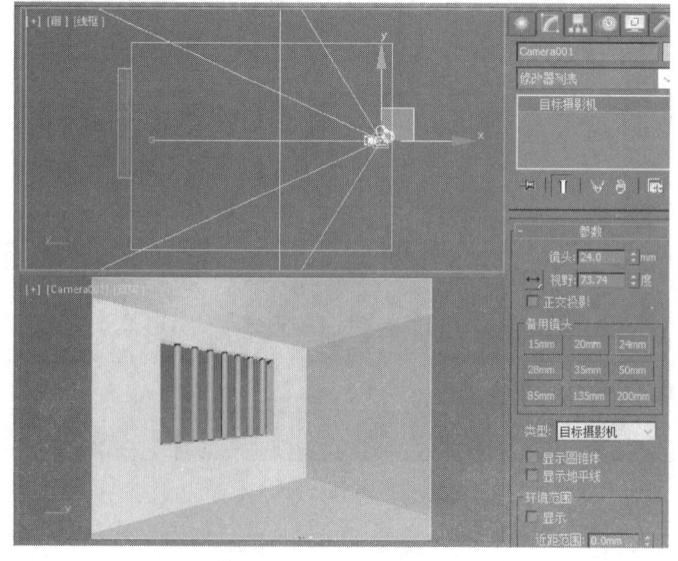

图 8-21 进入目标摄影机

步骤 03 在窗外创建一盏【目标平行光】，在【阴影】卷展栏勾选【启用】，阴影类型选择【光线跟踪阴影】；室内创建一盏【泛光】，其位置与参数及渲染效果如图 8-22 所示。

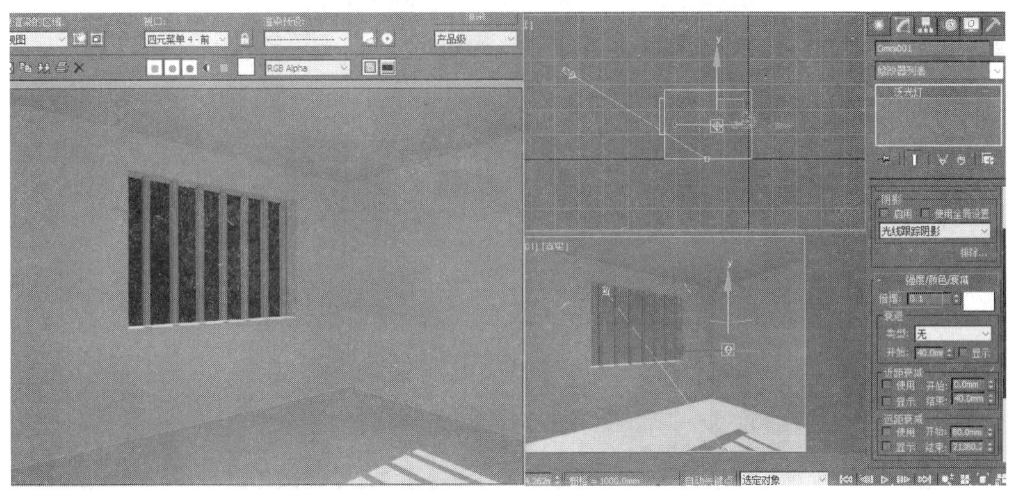

图 8-22 照亮室内外

步骤 04 再创建一盏【目标平行光】，然后按快捷键【8】，添加【体积光】拾取【Direct002】，如图 8-23 所示。

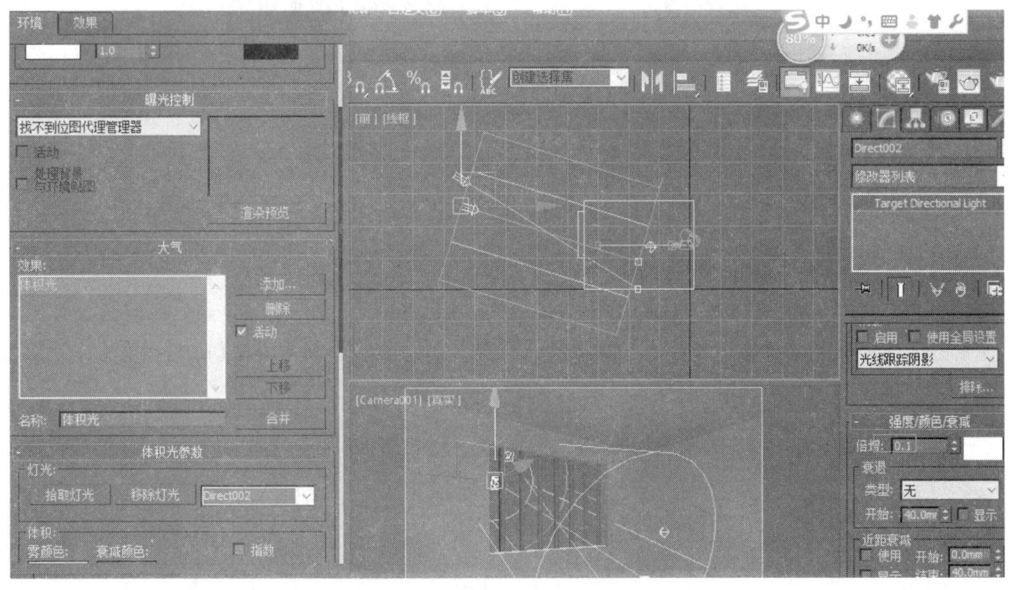

图 8-23 创建体积光

步骤 05 测试渲染效果极不理想，一片白色。这是因为光线强且没有衰减，选择【Direct002】，将其衰减参数调到如图 8-24 所示，再次渲染，效果如图 8-25 所示。

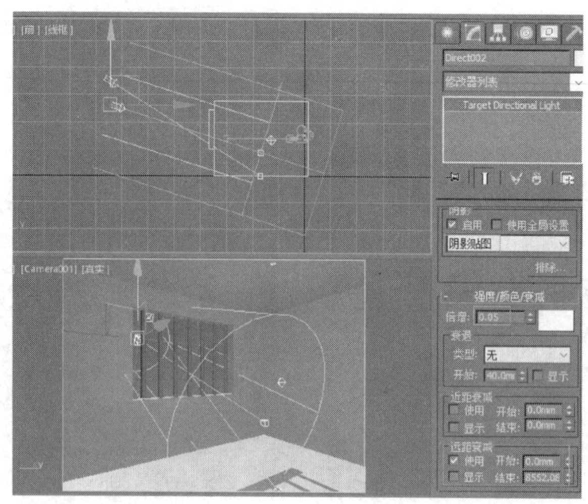

图 8-24　修改体积光光源参数

图 8-25　体积光效果

温馨提示

由于该模型为单面建模法创建，要得到如范例所示的光线效果，还需要按【F10】键在【公用】卷展栏的【选项】里勾选☑强制双面。

8.4 效果

【效果】用来对渲染图进行特殊处理，可对图像进行如发光、柔化、偏色等效果处理。按快捷键【8】在弹出的【环境和效果】对话框里单击【效果】选项卡，然后单击【添加】按钮就会弹出【添加效果】对话框，如图 8-26 所示，可为渲染图像添加 11 种特殊图像效果。

在【效果】列表中选取相应的效果元素，则打开相应的参数卷展栏，通过参数卷展栏可设定渲染元素的效果。

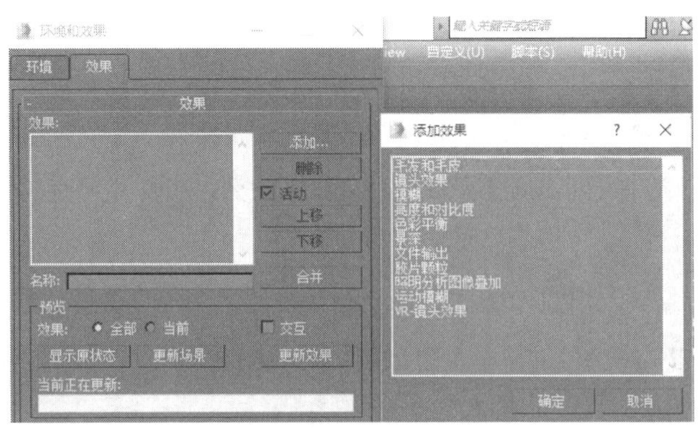

图 8-26　效果对话框

8.4.1 效果类型

【添加效果】对话框中的 11 种效果的简介如下。

毛发和毛皮	配合【Hair 和 Fur（WSM）】修改器制作毛发与毛皮效果
镜头效果	用于创建真实效果，包括光晕、光环、射线、自动二级光斑、手动二级光斑、星形和条纹
模糊	可以通过 3 种方法使图像模糊：均匀型、方向型和径向型。可以使整个图像变模糊，使非背景场景元素变模糊，按亮度值使图像变模糊，添加【贴图遮罩】使图像模糊
亮度和对比度	可以调整图像的亮度和对比度，用于将渲染场景对象与背景图像或动画进行匹配
色彩平衡	使用此效果可以通过独立控制 RGB 颜色通道加减颜色
景深	模拟在通过摄影机镜头观看时，前景和背景场景元素的自然模糊
文件输出	可根据【文件输出】在【渲染效果】堆栈中的位置，在应用效果之前获得渲染“快照”。在渲染动画时，可以将不同的通道（如亮度、深度或 Alpha）保存到独立的文件中
胶片颗粒	用于在渲染场景中重新创建胶片颗粒效果，还可以将作为背景使用源材质（如 AVI）的胶片颗粒与在软件中创建的渲染场景匹配。应用胶片颗粒时，将自动随机创建移动帧的效果
照明分析图像叠加	图像叠加是一种渲染效果，它用于在渲染场景时计算和显示照明级别。图像叠加的度量值会叠加显示在渲染场景之上。颜色取决于在“分析值颜色编码”卷展栏上显示的伪颜色控件
运动模糊	通过模拟实际摄影机在快门打开时发生了移动而产生的模糊，增强渲染动画的真实感
VR 镜头效果	用于制作光晕和炫光特效

8.4.2 视频后期处理流程

【视频后期处理】可提供不同类型事件的合成渲染输出，包括当前场景、位图图像、图像处理功能等。一个【视频后期处理】序列可包含场景几何体、背景图像、效果以及用于合成这些内容的遮罩。

【视频后期处理】是独立的、无模式对话框、与【轨迹视图】外观类似。该对话框的编辑窗口会显示完成视频中每个事件出现的时间。

选择【渲染】菜单→【视频后期处理】子菜单，就会显示【视频后期处理】对话框。通过将事件添加至队列来创建新【视频后期处理】序列，或打开现有的【视频后期处理】文件对其进行编辑。

下面以一个使灯管发出光晕的实例来介绍【视频后期处理】的流程。

步骤 01　在【左视图】创建一个【圆柱体】作为灯管模型，然后右击选择【对象属性】，将其【对象 ID】设为 1，如图 8-27 所示。

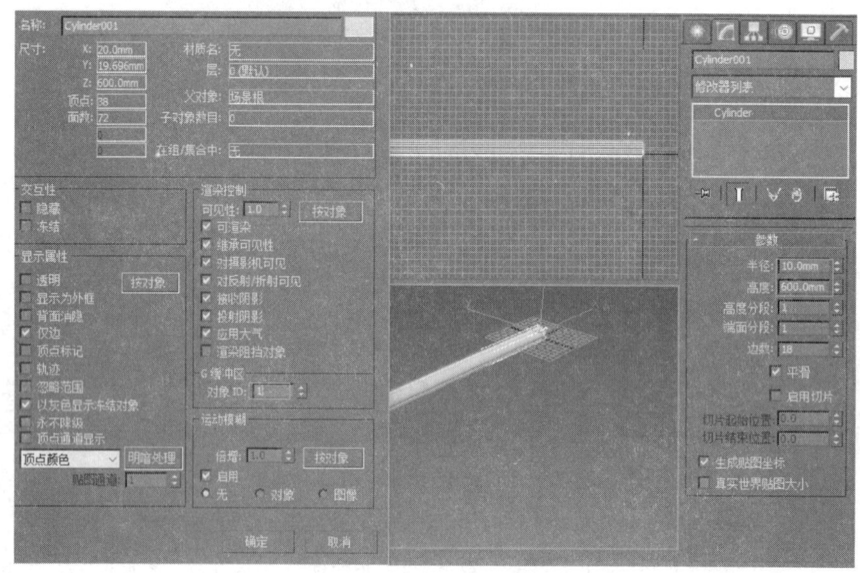

图 8-27　设置对象 ID

①【视频后期处理】里的特效必须设置【对象 ID】或【材质 ID】号。

②其基本流程是：添加场景事件→添加输入事件或图像过滤事件→添加输出事件→执行队列。

步骤 02　选择【渲染】菜单→【视频后期处理】，在对话框中单击【添加场景事件】按钮，设为透视图；然后单击【添加图像过滤事件】按钮，选取镜头效果光晕，如图 8-28 所示。

步骤 03　双击【镜头效果光晕】，在弹出的对话框中单击【设置】按钮，单击【VP 队列】按钮和【预览】按钮，效果如图 8-29 所示。

步骤 04　可以看到效果虽然出来了但还需要调整。单击【首选项】，做如图 8-30 所示的调整后单击【确定】按钮。

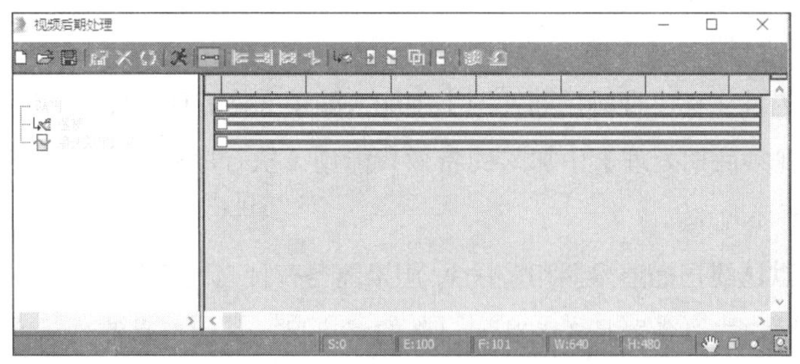

图 8-28 添加场景事件与图像过滤事件

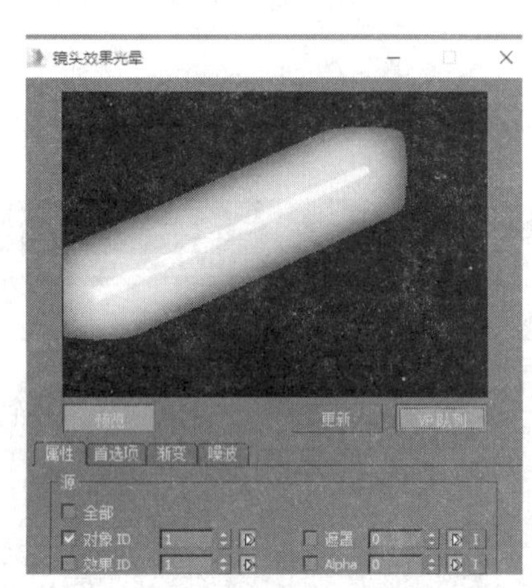

图 8-29 预览光晕效果

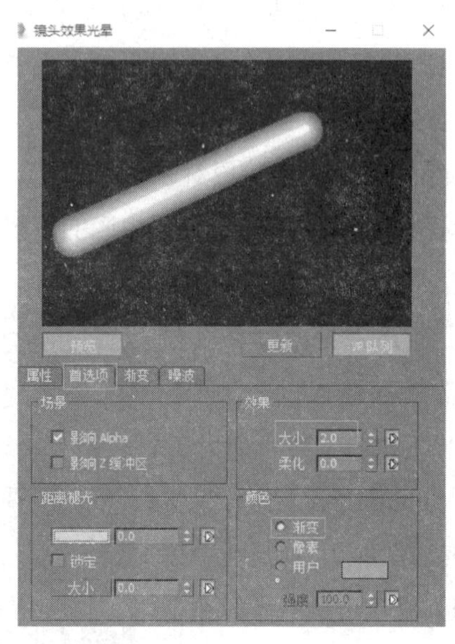

图 8-30 调整发光颜色及大小

步骤 05 在【视频后期处理】对话框上单击【添加图像输出事件】按钮，在弹出的对话框中单击【文件】按钮，设置文件保存路径及格式等，如图 8-31 所示，然后确定。

步骤 06 单击【执行序列】按钮，渲染效果如图 8-32 所示。

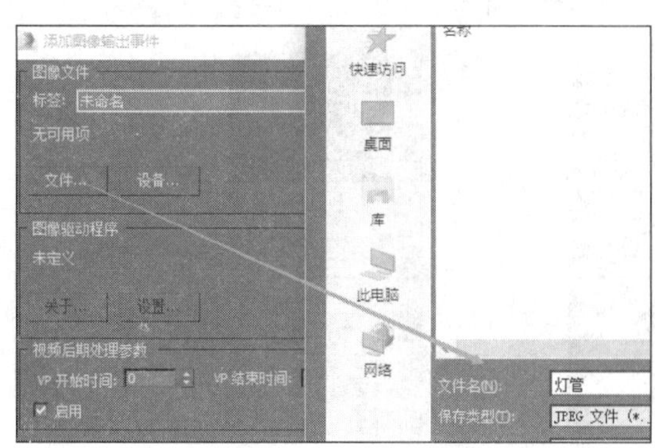

图 8-31 添加图像输出事件

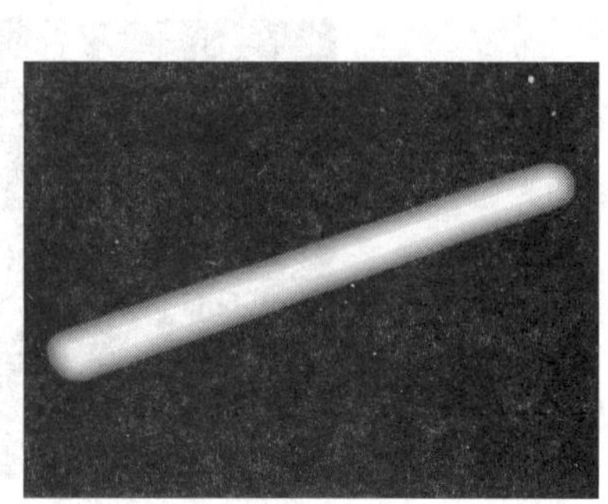

图 8-32 执行序列

课堂问答

问题❶：为什么在【视频后期处理】中加入的镜头特效在快速渲染后看不见呢？

答：在【视频后期处理】中加入的特效只能用【执行序列】命令才能看到，用渲染命令渲染后是看不见的。

问题❷：默认线扫描渲染器和VRay渲染器各有什么特点？

答：默认线扫描渲染器是3ds Max自带的渲染器，其优点是渲染速度快，但由于它的光线不会反弹，所以对用户在灯光材质方面的设置要求比较高，初学者要经过一定时间的训练才能把握其要领。而VRay渲染器是一个专门做渲染的插件，它的核心技术“间接光照”就是光线会在各个面上进行反弹（原理跟真实光线一样），所以即使初学者也能在短时间内渲染出比较真实的效果图，但由于其计算量较线扫描庞大，所以如前面所讲，得注意在渲染的各个阶段对参数的控制。

问题❸：怎么样才能使渲染图的背景是透明的？

答：输出保存时保存为TIF或者TGA格式，在设置中勾选【存储Alpha通道】复选框，如图8-33所示。然后进入Photoshop双击背景层将其变为图层0，在通道中按【Ctrl】键单击最下面的那个【Alpha通道】载入其选区，如图8-34所示，然后回到图层反选删除即可。

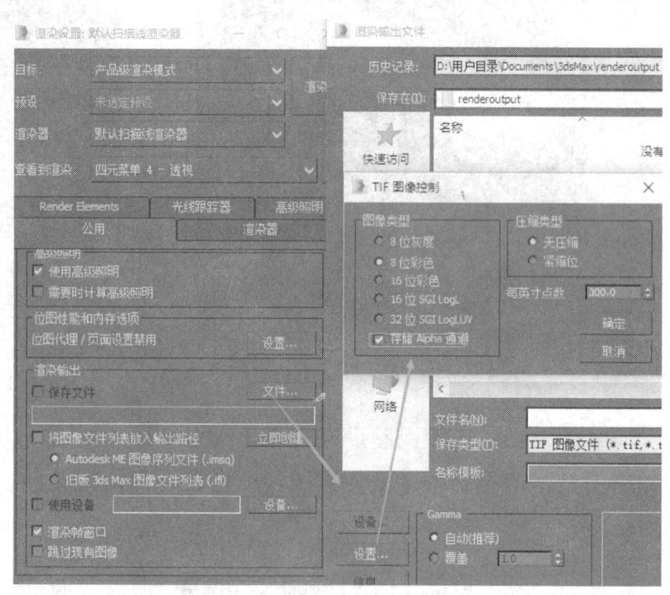

图8-33 勾选【存储Alpha通道】复选框

图8-34 载入Alpha通道选区退底

上机实战——火箭升空动画

为了让读者能巩固本章知识点，下面讲解两个技能综合案例，使大家对本章的知识有更深入的了解。

火箭升空动画的效果展示如图 8-35 所示。

效果展示

图 8-35　火箭升空动画的效果展示

思路分析

这是一个非常基础的动画，在动画方面直接记录进入画面和飞出画面，太阳运动的起始的关键帧即可。主要巩固的是本章的环境与效果知识技能：太阳是在泛光灯上添加【光晕】、【射线】等光效制作的；火箭高光是在粒子系统上用【视频后期处理】里的高光过滤效果制作的。最后【执行队列】渲染成 AVI 格式动画即可。

制作步骤

步骤 01　打开“光盘 \ 贴图及素材 \ 第 8 章 \ 太空 .max”，如图 8-36 所示。可以先把火箭尾部的火效果做好，如前面烛火案例，创建一个半球 Gizmo，添加火效，其参数和参考效果如图 8-37 所示。

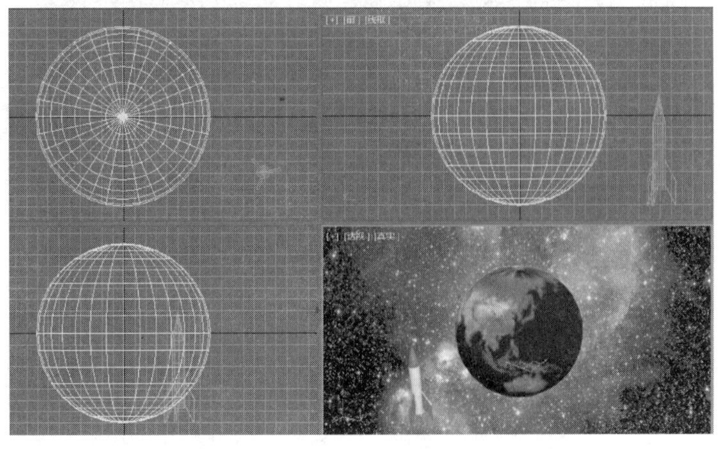

图 8-36　打开简易场景

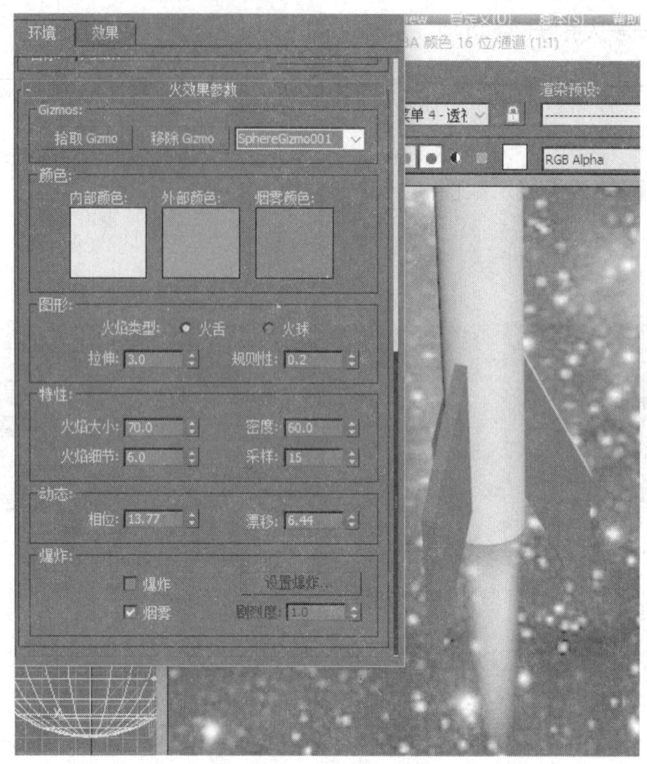

图 8-37 添加火效

步骤 02 为了增强视觉效果，再做个燃烧高光。选择【创建】面板→几何体→粒子系统→喷射，单击【修改】面板，将粒子参数修改为如图 8-38 所示，然后右击粒子→【对象属性】，设置【对象 ID】为 1。

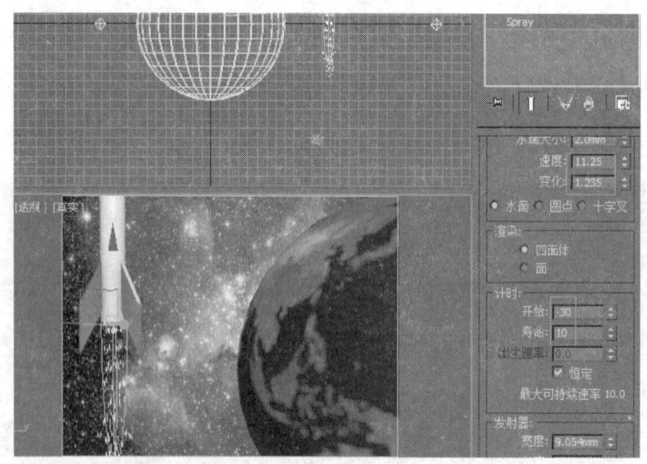

图 8-38 创建喷射粒子系统

步骤 03 选择喷射粒子，单击【选择并链接】按钮，将其链接到火箭上，用同样的方法将火效果 Gizmo 链接到火箭上。

温馨提示

【链接】后，目标对象就是源对象的“父对象”，源对象是目标对象的“子对象”。父对象能带动子对象变换，而子对象则不能带动父对象变换。如本例中父对象火箭飞行，粒子与火效就跟踪飞行。

步骤 04 选择【渲染】菜单→【视频后期处理】，依次添加【场景事件】为【透视】，添加【图像过滤事件】为【镜头高光效果】，单击【VP 队列】、【预览】查看效果，如图 8-39 所示。高光偏大，在【首选项】中把大小调为 4，如图 8-40 所示，然后单击【确定】按钮。

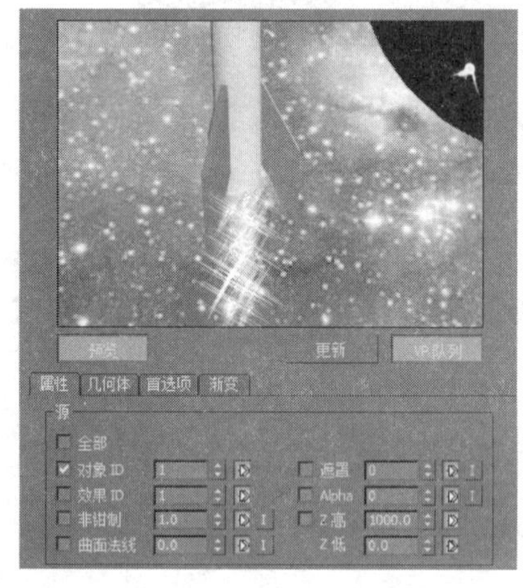

图 8-39 预览高光效果

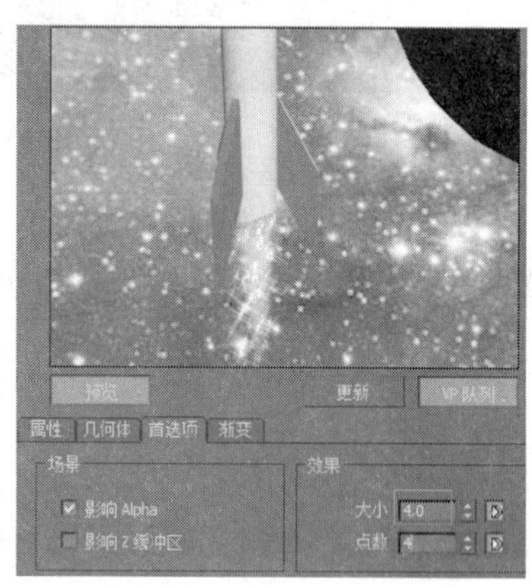

图 8-40 调整高光大小

步骤 05 创建太阳。在场景中创建一盏【泛光】灯，如图 8-41 所示。此时发现场景变暗了，那是因为默认的灯光在创建场景灯光后自动关闭了，可以将其重新开启。右击显示模式（如【真实】），选择【配置】，在弹出的对话框中选择【默认灯光】，如图 8-42 所示，单击确定后，场景重新被照亮。

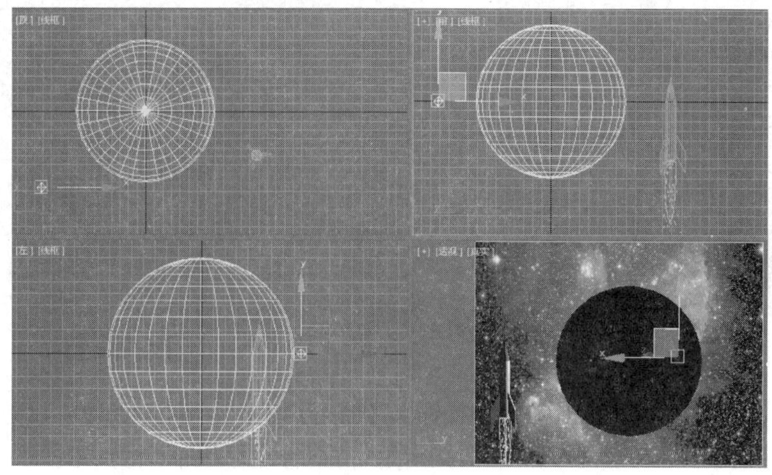

图 8-41 创建泛光灯

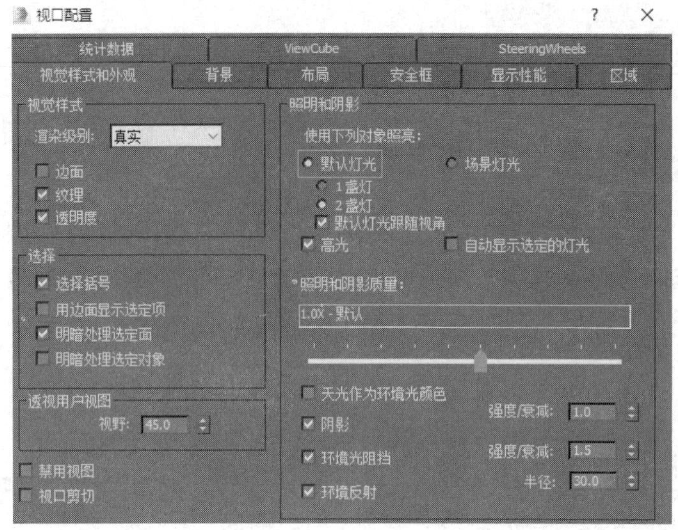

图 8-42　开启默认灯光

步骤 06　按快捷键【8】在弹出的对话框中单击【效果】选项卡，添加【镜头效果】，如图 8-43 所示，将【光晕】等 5 种效果添加进场景，然后单击【拾取灯光】，拾取【泛光】灯。测试渲染，效果如图 8-44 所示。

各个光效都需要勾选【光晕在后】的选项，不然光效能穿透几何体。

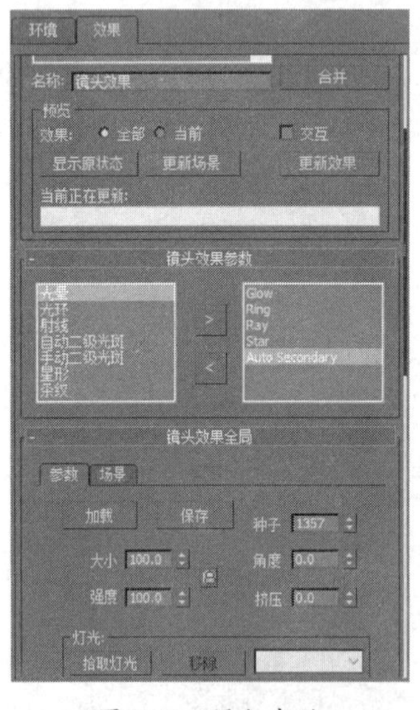

图 8-43　添加光效

图 8-44　渲染效果

步骤 07　可将光环及星形缩小。选择【Ring】，将其大小改为 40，【厚度】改为 5；选择【Star】，将参数改为如图 8-45 所示，渲染的效果如图 8-46 所示。

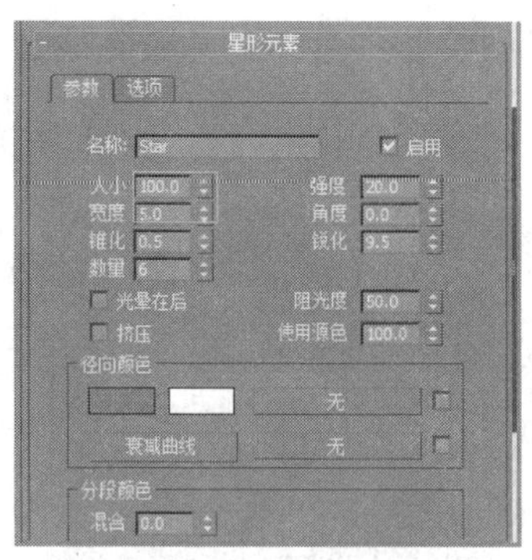

图 8-45　调整参数

图 8-46　测试效果

步骤 08　按快捷键【Ctrl+C】将透视图变为摄影机视图，再创建一个【泛光】灯用于照明，如图 8-47 所示。

步骤 09　记录动画。按快捷键【N】开始记录关键帧，将作为太阳的【Omni001】和火箭放到如图 8-48 所示的位置。

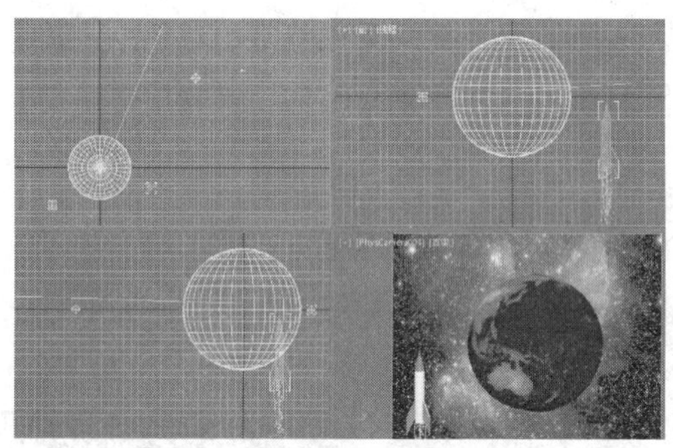

图 8-47　切换为摄影机视图

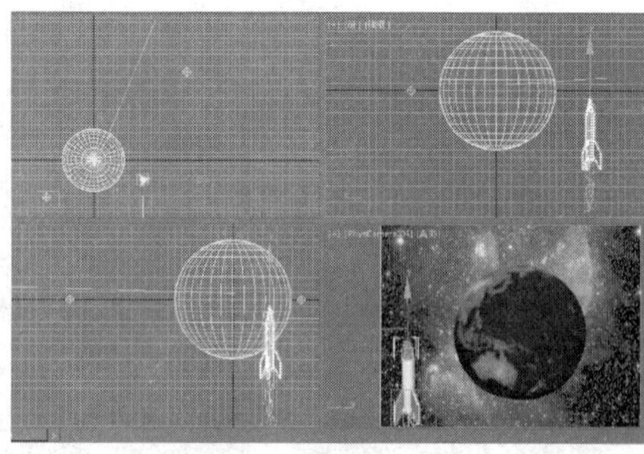

图 8-48　记录第 0 关键帧

步骤 10　再将关键帧拖到 100，将太阳和火箭的位置移动，并选择球体，将其绕 z 轴旋转 360°，如图 8-49 所示，然后按快捷键【N】停止记录，可单击【播放动画】按钮▶在视图中测试播放。

步骤 11　渲染输出动画。选择【渲染】菜单→【视频后期处理】→【添加图像输出事件】，如图 8-50 所示。

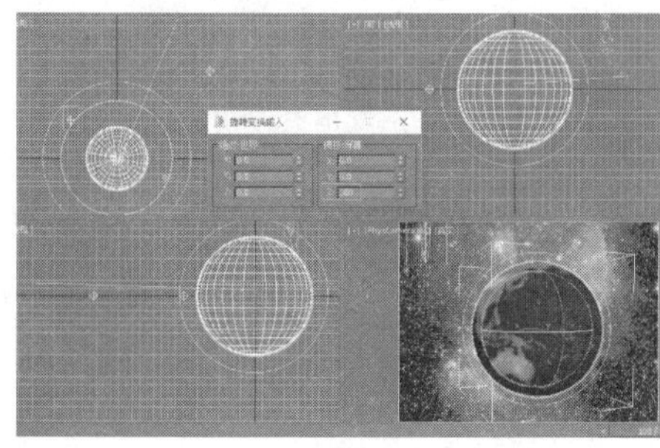

图 8-49　记录第 100 关键帧

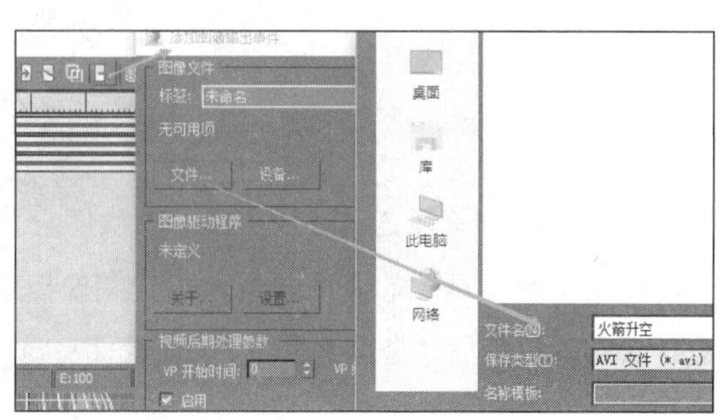

图 8-50　添加输出事件

步骤 12　单击【执行队列】按钮，设置如图 8-51 所示，渲染完成后即可播放动画。

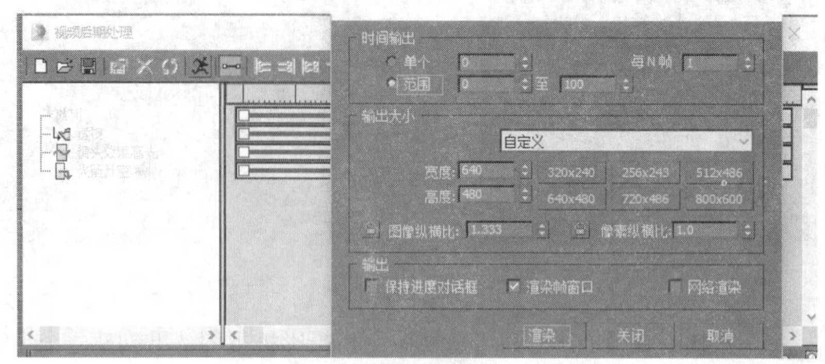

图 8-51　执行队列渲染输出

同步训练——制作景深效果

景深是一种非常神奇的效果，可以将视线的焦点集中到场景中特定的对象上，其余所有位于前景和背景中的对象将被模糊。制作方法很多，下面来介绍一种利用【效果】添加景深的制作方法。

制作景深效果的图解流程如图 8-52 所示。

图解流程

图 8-52　制作景深效果的图解流程

思路分析

景深的工作原理是：将场景沿 *z* 轴次序分为前景、背景和焦点图像。然后，根据在景深效果参数中设置的值使前景和背景图像模糊，最终的图像由经过处理的原始图像合成。本例只需添加【景深】效果，然后拾取焦点模型，设置焦点参数渲染即可。

关键步骤

步骤 01 创建 3 个茶壶模型，按【8】键，打开【环境和效果】对话框，切换到【效果】选项卡，添加【景深】效果，单击【确定】按钮，如图 8-53 所示。

步骤 02 在【景深参数】卷展栏中单击【拾取节点】按钮，然后在场景中选择需聚焦观看的茶壶模型，设置参数，如图 8-54 所示。当然也可将焦点定位到其他模型。

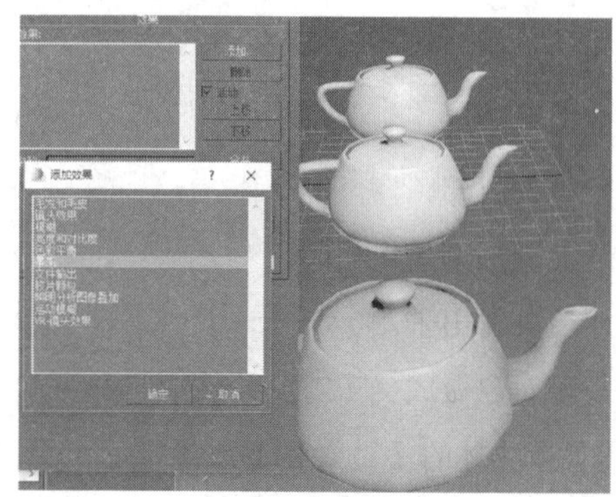

图 8-53 添加景深效果

图 8-54 拾取焦点节点并设置焦点参数

知识与能力测试

本章以几个代表性案例讲解了环境与光效的知识点和技能点，为对知识技能进行巩固和考核，布置相应的练习题。

一、填空题

1. 雾效有________、________和________3 种类型。
2. 3ds Max 2016 中有________、________和________3 种摄影机。
3. 调出【渲染设置】对话框的快捷键是________。
4. 【大气装置】辅助对象有________、________和________3 种。

二、选择题

1. 调出【环境和效果】对话框的快捷键是（　　）。

   A．6　　B．7　　C．8　　D．9

2. 将透视图匹配到摄影机视图的快捷键是（　　）。

   A．C　　B．Ctrl+C　　C．Shift+C　　D．Alt+C

3. 下列不属于大气效果的是（　　）。

   A．模糊　　B．火效果　　C．雾　　D．体积光

4. 下列不属于镜头效果的是（　　）命令。

   A．光晕　　B．光环　　C．射线　　D．高光

5. 3ds Max 2016【环境和效果】中有（　　）种【效果】。

A．8　　B．9　　C．10　　D．11

6．开关【自动关键点】记录动画的快捷键是（　　）。

A．M　　B．N　　C．Ctrl+M　　D．Ctrl+N

三、判断题

1．【镜头效果】需要拾取灯光。（　　）

2．目标摄影机和自由摄影机可以互相转换。（　　）

3．物理摄影机可以像单反相机一样控制光线。（　　）

4．焦距越长，视野越小——焦距与视野是成反比的。（　　）

5．在 3ds Max 中可以通过【剪切平面】观察对象内部。（　　）

6．【视频后期处理】的【执行队列】渲染与常规渲染效果相同。（　　）

7．大气效果只能在透视图或摄影机视图中才渲染得出来。（　　）

8．通过【选择并链接】命令可将目标对象与源对象做成父子对象关系。（　　）

9．制作【视频后期处理】的图像过滤事件需设置物体的【对象 ID】或【材质 ID】。（　　）

10．在 3ds Max 中只有一种制作景深效果的方法。（　　）

3ds Max 2016

第 9 章 材质与贴图

材质，也就是材料质感，是指我们的模型最终将要呈现出来的外观。简单地说，如果模型是骨骼肌肉，那么材质就相当于其皮肤，贴图就相当于衣服。我们对一个模型赋予一个材质并对材质进行一些调节设定，使之看起来像我们希望的材料感觉，这个就是调节材质的工作。

学习目标

- 熟悉材质编辑器
- 理解材质与贴图的思想原理
- 熟练掌握基本参数区编辑材质
- 了解常用材质的特点及用法
- 熟练掌握 VRay 材质的调制方法
- 熟练掌握多维 / 子对象材质的调制方法
- 熟练掌握 UVW 贴图修改器的使用方法
- 熟悉 VRay 其他常用材质的调制方法

9.1 材质编辑器与浏览器

材质与贴图是两个不同的概念：材质是指颜色、粗糙度、反射度、折射度、透明度等物理层面的属性；贴图是在表面色、反射、折射、不透明等材质上用位图或程序图等来表现，初学者一定要区分清楚，不可混淆。

按快捷键【M】打开【材质编辑器】面板，如图 9-1 所示。

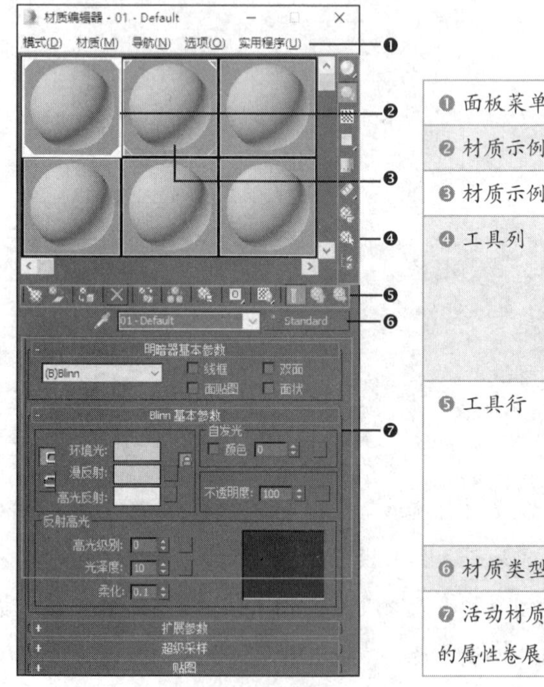

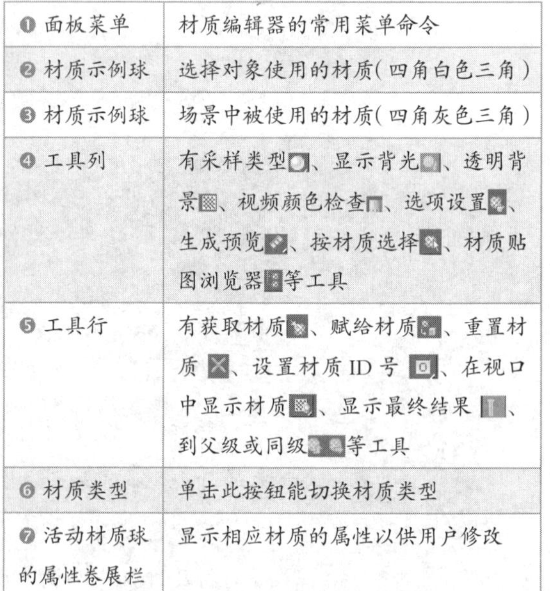

❶ 面板菜单	材质编辑器的常用菜单命令
❷ 材质示例球	选择对象使用的材质（四角白色三角）
❸ 材质示例球	场景中被使用的材质（四角灰色三角）
❹ 工具列	有采样类型、显示背光、透明背景、视频颜色检查、选项设置、生成预览、按材质选择、材质贴图浏览器等工具
❺ 工具行	有获取材质、赋给材质、重置材质、设置材质 ID 号、在视口中显示材质、显示最终结果、到父级或同级等工具
❻ 材质类型	单击此按钮能切换材质类型
❼ 活动材质球的属性卷展栏	显示相应材质的属性以供用户修改

图 9-1 精简【材质编辑器】面板

温馨提示

材质编辑器中有按钮的地方都可以贴图，其他参数都属材质范畴。

除了传统的精简【材质编辑器】之外，还能在【模式】菜单中将其切换为【Slate 材质编辑器】，如图 9-2 所示，让用户在设计和编辑材质时使用节点和关联以图形方式显示材质的结构。

顾名思义，材质编辑器负责编辑特定某个材质的具体属性，而材质浏览器负责场景内所有材质的查看和管理。单击材质编辑器中工具行的第一个按钮，或者单击材质类型按钮 Standard ，就能打开【材质 / 贴图浏览器】，如图 9-3 所示。

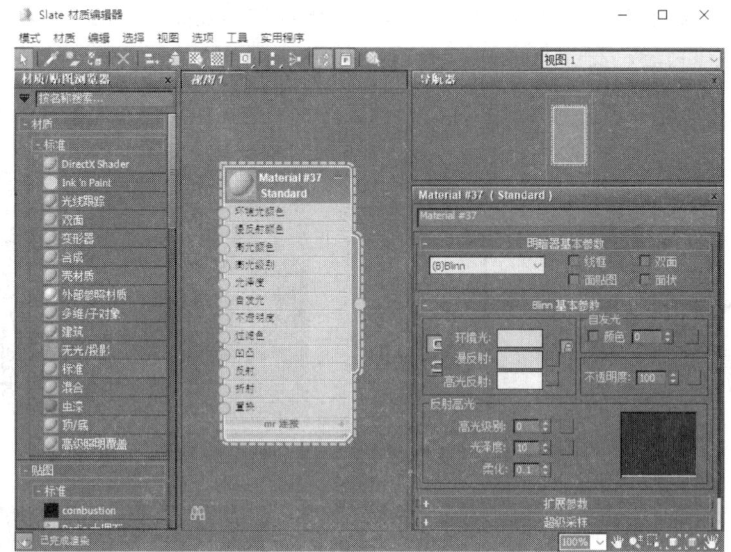

图 9-2　Slate（板岩）材质编辑器面板

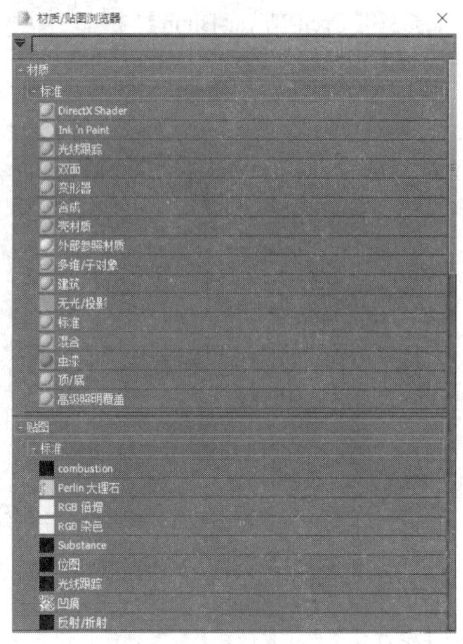

图 9-3　材质 / 贴图浏览器

9.2 标准材质

标准材质是【材质编辑器】示例窗中的默认材质，也是各类材质的基础。

标准材质是对现实世界材质表面现象的抽象概括，是艺术性的总结。就如同一些基础几何体绘画练习，我们试图在绘画中画出物体的高光区、过渡区、阴影区及背光区等，如图 9-4 所示，标准材质也是按此模式来模拟三维物体的表面的。在【Blinn 基本参数】卷展栏内我们可以看到各种类似的模拟参数，如【漫反射】,【高光反射】,【高光级别】,【光泽度】和【柔化】等。另外，还有控制材质自发光效果的【自发光】及【不透明度】。

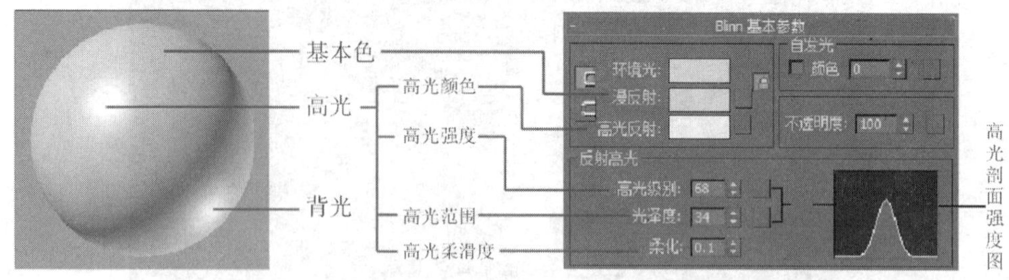

图 9-4　材质球与布林参数的对应关系

Blinn 模式仅仅是常用的一种模拟着色模式，在【明暗器基本参数】卷展栏内的下拉列表中还包含了更多的着色模式，如图 9-5 所示。各个着色模式都有着不同的具体参数，仅【多层】和【Oren-Nayar-Blinn】模式才具有【粗糙度】参数，如图 9-6 所示。

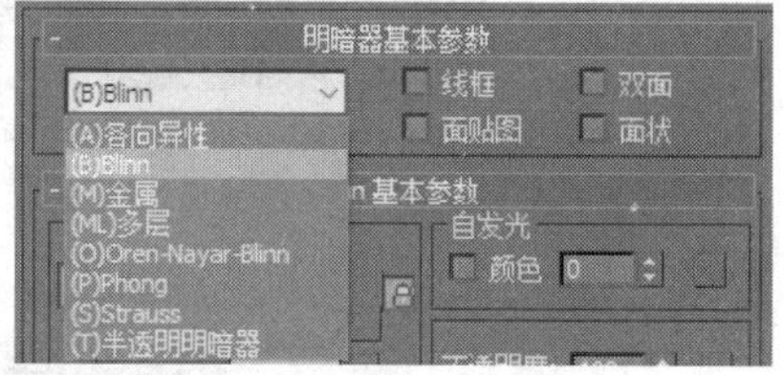

图 9-5　着色模式

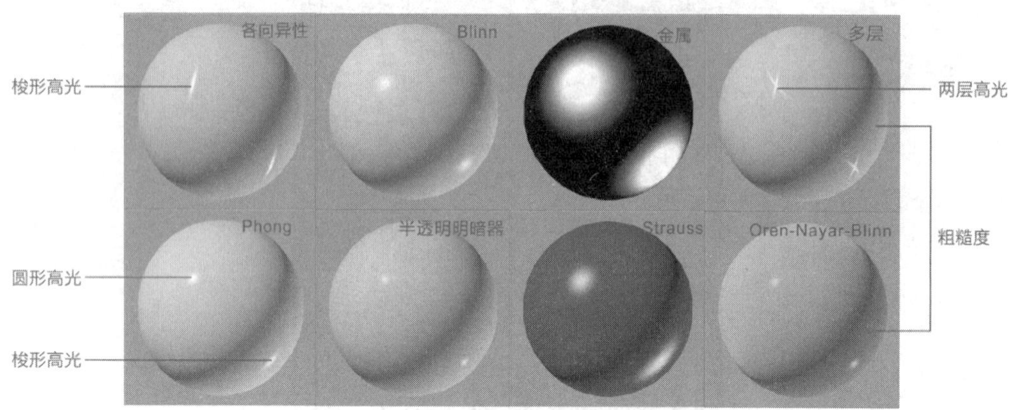

图 9-6　各个着色模式比较

各向异性	用于产生磨沙金属或头发的效果。可创建拉伸并成角的高光，而不是标准的圆形高光
Phong	一种经典的明暗方式，它是第一种实现反射高光的方式。适用于塑胶表面
Blinn	与【Phong】明暗器具有相同的功能，但它在数学上更精确。这是【标准】材质的默认明暗器
金属	用于生成金属
Strauss	适用于金属。可用于控制材质呈现金属特性的程度
Oren-Nayar-Blinn	【Blinn】明暗器的改编版。它可为对象提供多孔而非塑料的外观，适用于像皮肤一样的表面

续表

多层	成为一体的两个各向异性明暗器。用于生成两个具有独立控制的不同高光。可模拟材质（如覆盖了发亮蜡膜的金属）
半透明明暗器	与 Blinn 明暗方式类似，但它还可用于指定半透明。半透明对象允许光线穿过，并在对象内部使光线散射。可以使用半透明来模拟被霜覆盖的和被侵蚀的玻璃

在【明暗器基本参数】中还包含了【线框】、【双面】、【面贴图】和【面状】选项，其介绍如下，其效果如图 9-7 所示。

图 9-7 线框、双面、面贴图和面状选项的渲染效果

线框	常用于结构表现，可以只渲染模型中的网格线，线框粗细可在【扩展参数】卷展栏里设为像素或场景单位
双面	将与物体法线相反的一面也渲染，使物体更加真实，多用于半透明物体
面贴图	在每个多边形上贴图，无须坐标系统，主要用于粒子系统贴图
面状	使物体表面以面片方式进行渲染，不进行表面的平滑处理

下面以一个前面绘制的茶几模型为例来尝试一下标准材质的调制方法。此茶几主体为中纤板，上面为钢化玻璃，拉手为不锈钢。

步骤 01 打开“光盘 \ 案例 \ 第 2 章 \ 茶几 .max”，按【M】键调出材质编辑器，选择一个示例球，调制好中纤板材质，然后选择中纤板，单击指定给中纤板，如图 9-8 所示。

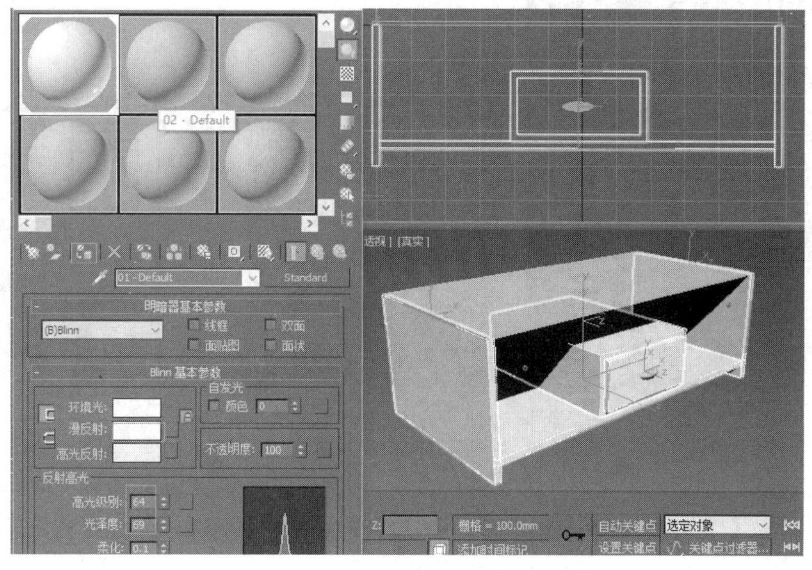

图 9-8 调制中纤板材质

步骤 02 调制玻璃材质。选择第二个材质示例球，调制好材质，指定给玻璃面板，如图 9-9 所示。

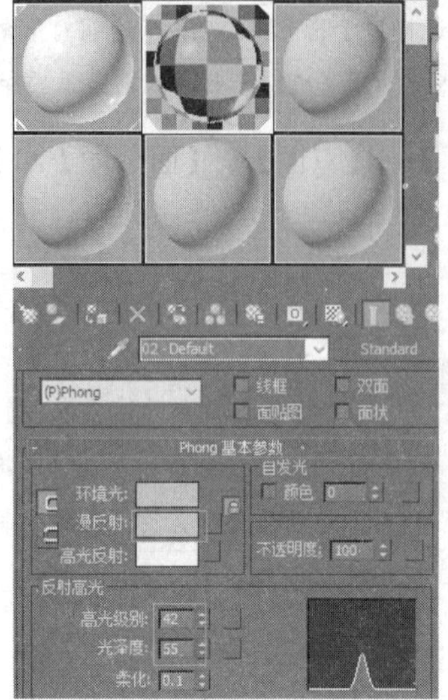

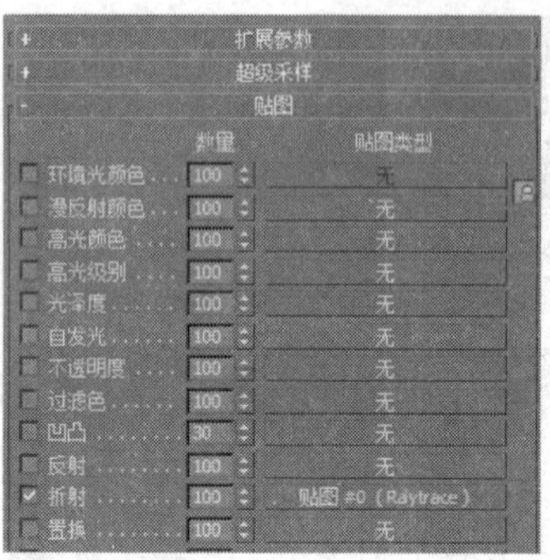

图 9-9 调制玻璃材质

步骤 03 调制不锈钢材质。选择第三个材质示例球，调制好材质，指定给拉手，如图 9-10 所示。

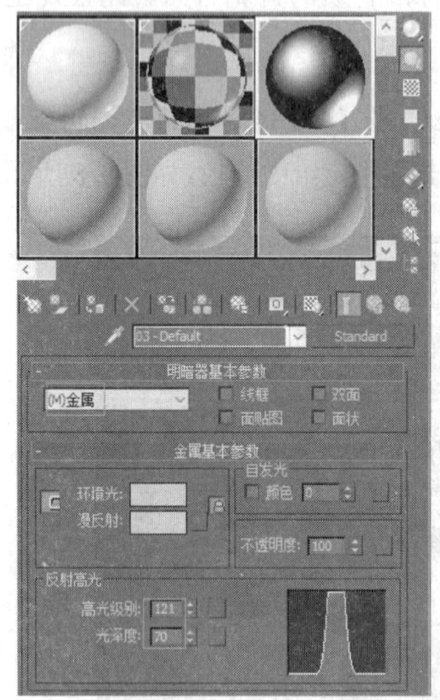

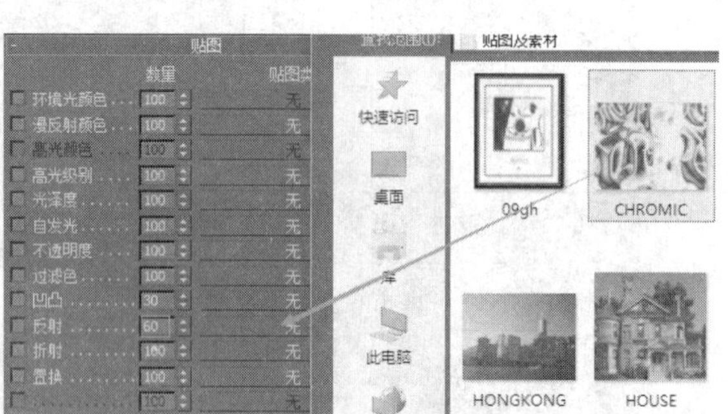

图 9-10 调制金属拉手材质

步骤 04 创建一个平面作为地面，选择一个材质示例球，单击【Standard】按钮，将材质切换为【无光 / 投影】材质，然后指定给平面，如图 9-11 所示。再按快捷键【8】调出【环境和效果】面板，将背景颜色改为淡蓝色。

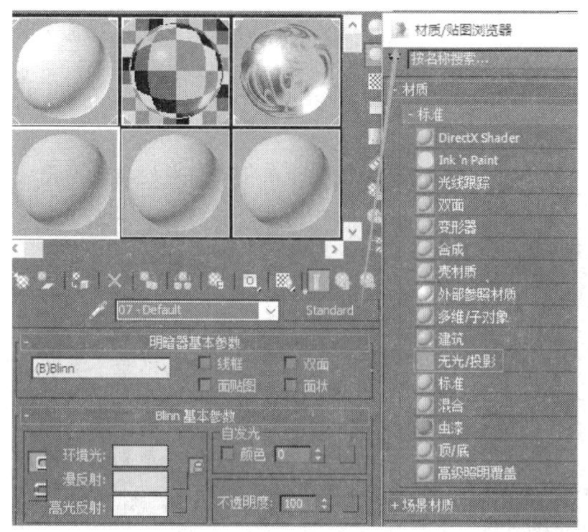

图 9-11 调制地板材质

步骤 05 这里暂且打个最简单的灯光——【天光】，如图 9-12 所示。快速渲染，效果如图 9-13 所示。

图 9-12 布置天光

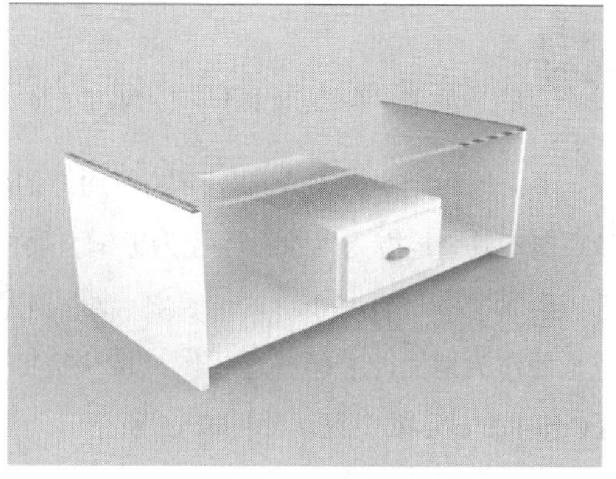

图 9-13 渲染效果

9.3 贴图

材质表面的各种纹理效果是按照各种不同材质属性进行的贴图，也可以像图案一样进行简单纹理涂绘。如将一个图案以“凹凸”的方式贴图，会形成表面起伏不平的效果；以“不透明”方式贴图，会形成半透明图案；以“自发光”方式贴图，就会形成发光图案等。

9.3.1 贴图通道

每种材质中都有若干贴图通道，以标准材质为例，就有 12 种贴图通道，如图 9-14 所示，每个贴图通道代表物体的某个区域，将会产生不同的贴图效果，下面介绍几个常用贴图通道的特性。

漫反射颜色	即固有色，表现物体本身的材质纹理效果。值为100的时候贴图完全覆盖漫反射颜色，为0时看不到贴图
高光颜色	在物体高光处显示贴图效果
自发光	将贴图以自发光形式贴在物体表面。其颜色会影响发光效果，如白色发光最强，黑色则不会发光
不透明度	根据贴图的亮度决定物体的不透明度：黑色完全透明，白色完全不透明，灰色根据亮度值半透明
凹凸	根据贴图的亮度决定物体的凹凸效果：黑色凹陷，白色凸起，灰色根据亮度值产生过渡
反射	表现物体的反射，具体后面以实例介绍
折射	模拟透明和半透明介质的折射效果
置换	与凹凸相似，但变形更大

图 9-14　标准材质的贴图通道

温馨提示

除【置换】、【高光级别】和【凹凸】之外，标准材质的其他贴图通道取值范围都是 0 ~ 100。

下面以一个实例来介绍一下贴图通道的使用方法。地面材质为地砖，方桌桌面为磨砂玻璃，其余地方为木头，茶壶为镀铜金属，茶杯为陶瓷。

步骤 01　打开“光盘 \ 案例 \ 第 3 章 \ 小方桌 .max”，如前一个实例一样添加一个平面作为地面，并调整透视图，按快捷键【Ctrl+C】将其变为摄影机视图，按快捷键【Ctrl+F】显示安全框，如图 9-15 所示。

图 9-15　创建摄影机

步骤 02　调制木纹。选择桌框及桌腿，按快捷键【M】打开材质编辑器，选择一个示例球，稍微调点高光，然后单击【漫反射】后的贴图按钮，选择【位图】，将“光盘 \ 贴图及素材 \ 第 9 章 \ 木纹 .jpg”打开，然后单击工具列的【在视口中显示明暗处理】按钮，如图 9-16 所示。

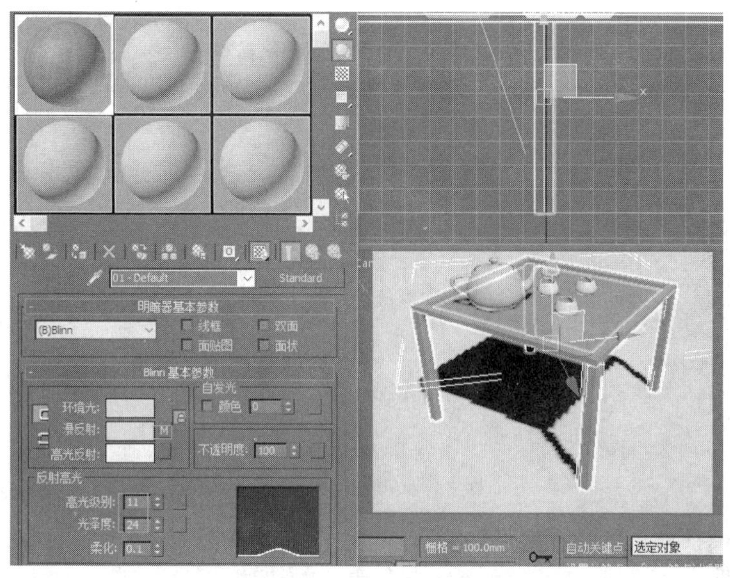

图 9-16 调整木纹材质

步骤 03 调整磨砂玻璃材质。选择桌面，打开材质编辑器，选择一个空白材质球，调一下高光后，展开【贴图】卷展栏，单击【折射】通道，选【光线跟踪】贴图，单击工具列的【背景】按钮▩，如图 9-17 所示。再单击【凹凸】贴图通道，选择【噪波】贴图，再双击材质示例球放大显示，设置如图 9-18 所示。

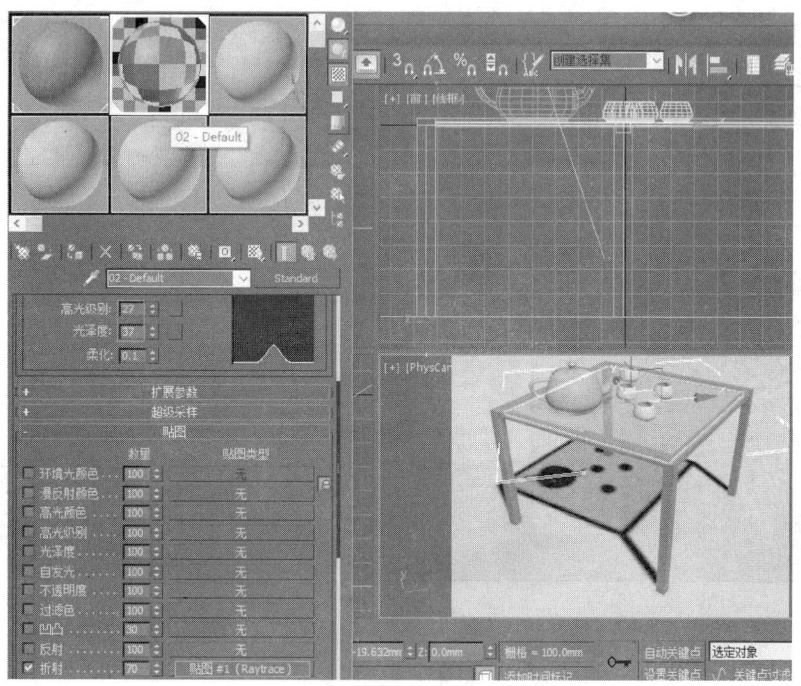

图 9-17 调制玻璃材质

图 9-18　用凹凸贴图制作磨砂效果

步骤 04　调制地砖材质。选择地面模型，在材质编辑器里选择一个空白材质球，在【漫反射】通道贴上一个位图——米黄 - 有细边 .jpg，如图 9-19 所示，指定给模型，显示【在视口中明暗处理】按钮。

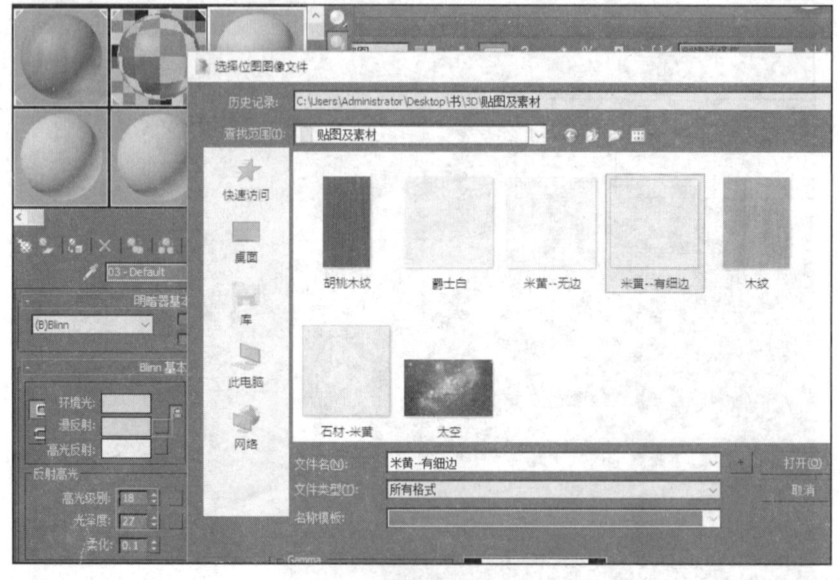

图 9-19　为地砖贴图

步骤 05　发现地砖贴图太大，只需在【瓷砖】里将贴图多平铺几次即可，如图 9-20 所示。

图 9-20 调整地砖贴图的平铺

步骤 06 制作反射效果。地砖有较弱的反射，可在【反射】贴图通道为其贴上【光线跟踪】贴图，如图 9-21 所示。快速渲染摄影机视图，效果如图 9-22 所示。

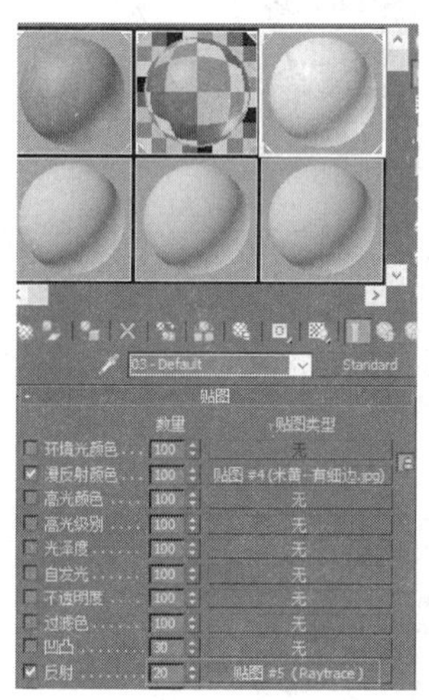

图 9-21 为地砖制作反射贴图

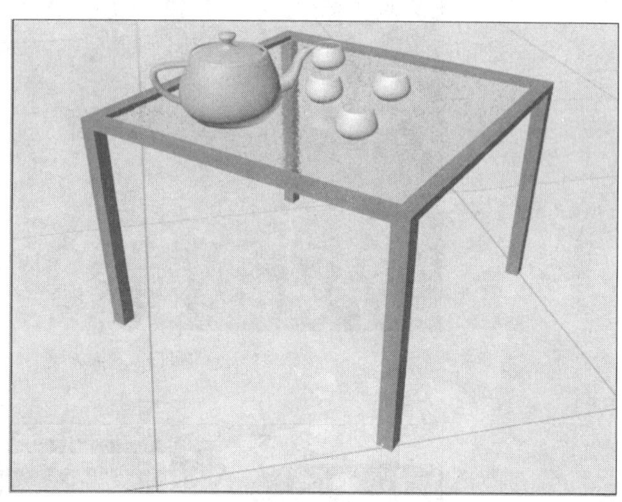

图 9-22 贴图测试渲染效果

技能拓展

在标准材质贴图中，反射贴图分 3 种：真反射贴图，假反射贴图，真假反射混合贴图。

真反射贴图是指使用【光线跟踪】、【薄壁反射】、【平面镜】等程序贴图在【反射】贴图通道里的效果。其特点是效果真实但渲染速度慢，一般有环境模型或为大面积主要表现对象就可使用真反射贴图。

假反射贴图是指使用位图贴图贴在【反射】贴图通道里的效果。其特点是效果真实但经不起推敲，但渲染速度快，一般没有环境模型或为小面积次要表现对象就可使用假反射贴图。

真假混合反射贴图是指在【反射】贴图通道里先贴位图，再贴程序贴图，用于没有环境模型但需尽量真实表现的场合。

步骤 07　调制金属材质。选择茶壶模型，选择一个空白材质球，如图 9-23 调制后指定给模型。然后展开【贴图】卷展栏，在【反射】贴图通道里贴上一张如图 9-24 的位图，假反射效果制作完成。

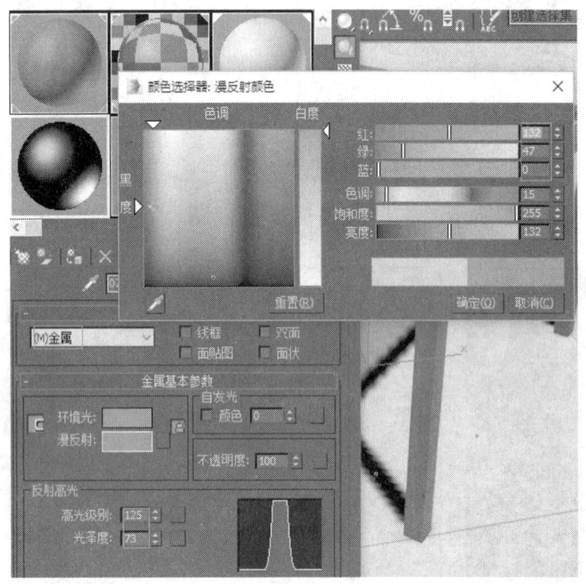

图 9-23　制作金属效果

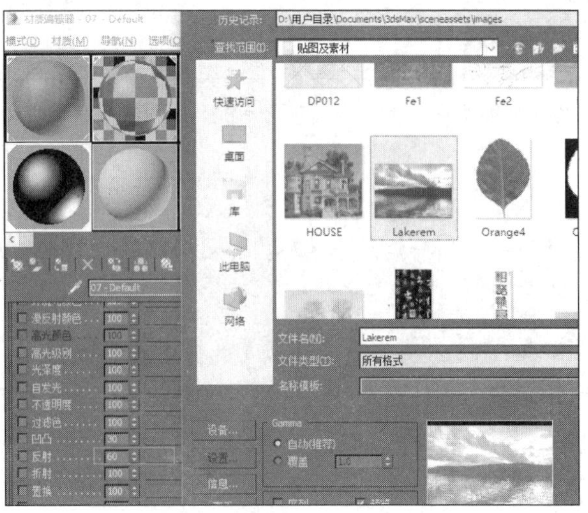

图 9-24　为金属制作假反射

步骤 08 单击 Bitmap 按钮，在弹出的对话框中选择 光线跟踪，在弹出的对话框中选择 将旧贴图保存为子贴图? 然后确定，制作真假混合反射贴图完成，测试渲染效果如图 9-25 所示。

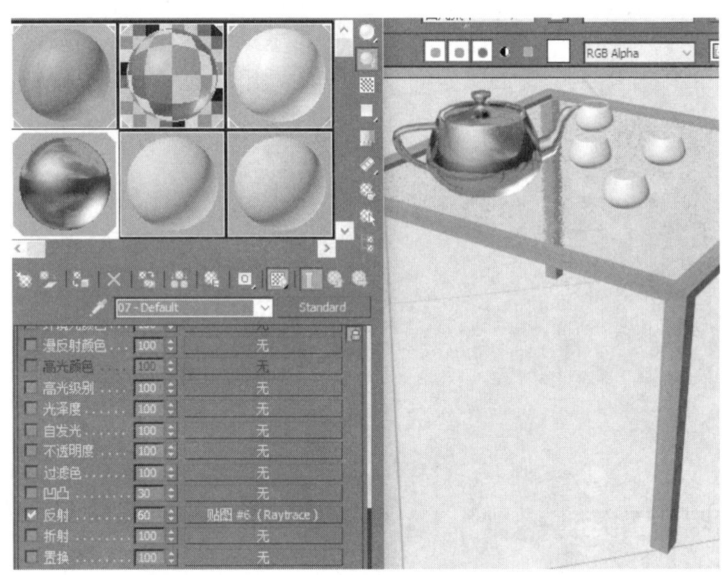

图 9-25 制作金属真假混合反射贴图

步骤 09 制作陶瓷材质。从刚才的渲染效果看，陶瓷杯子只有一面，这个勾选【双面】选项即可。选择一个新材质球，如图 9-26 调制材质并赋给模型。

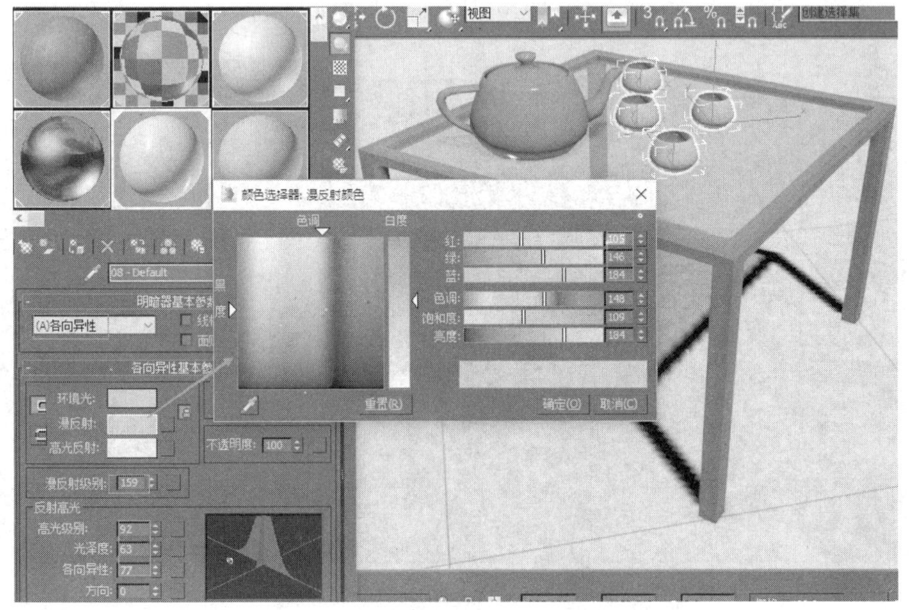

图 9-26 调制陶瓷材质

步骤 10 暂不另外布灯光，渲染效果如图 9-27 所示。

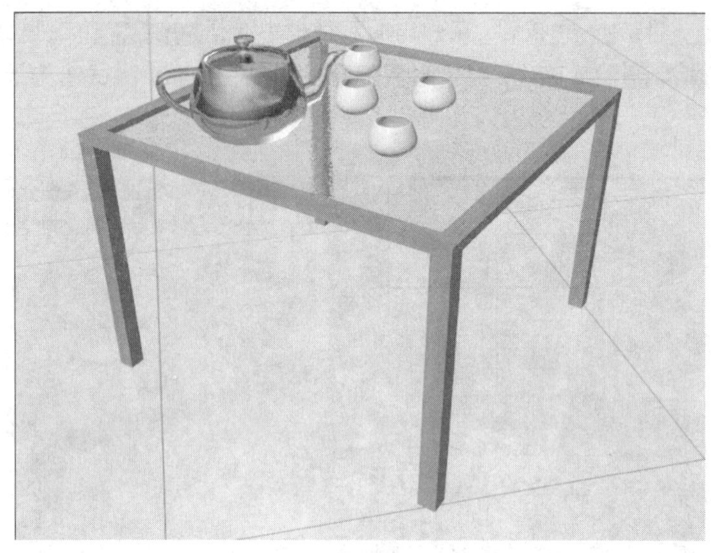

图 9-27　方桌渲染效果

9.3.2 常用贴图类型

单击贴图按钮，弹出贴图浏览器，就可以看到有很多贴图类型，如图 9-28 所示，可分为位图贴图和程序贴图两大类。位图贴图是将现成的像素图贴在物体上面，其优点是简单方便，缺点是在另外的电脑上打开容易丢失贴图。而程序贴图是 3ds Max 自身通过程序生成的，就不会丢失，文件也较小，但相对来说调制麻烦一点。

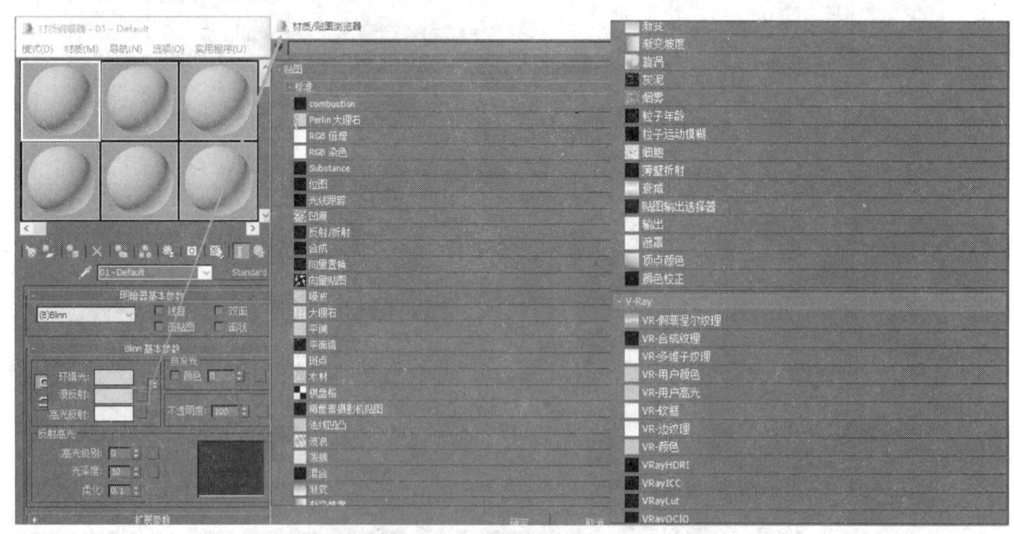

图 9-28　3ds Max 2016 的贴图列表

下面来介绍几个常用贴图的使用方法。

（1）位图贴图

前面方桌的桌腿和地砖即是用的位图贴图，后面还会涉及很多实例，其编辑方法还是在做中学，这里就略过。

（2）棋盘格贴图

以两种颜色或两个贴图产生方格交错的棋盘图案，例如，将“方桌”模型的地板贴成白、黄两种地砖铺成的效果。

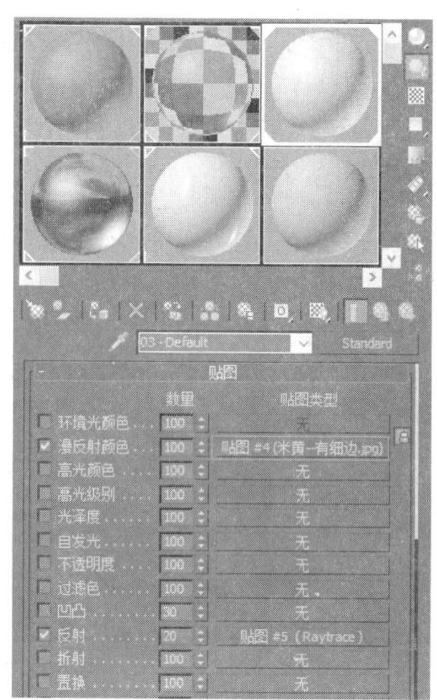

图 9-29 修改漫反射颜色贴图

步骤 01 打开“光盘\案例\第 9 章\方桌.max”，按快捷键【M】打开【材质编辑器】，选择地板材质球，单击【漫反射颜色】后的按钮，如图 9-29 所示。然后单击【Bitmap】按钮，如图 9-30 所示。将贴图换成【棋盘格】，选择 丢弃旧贴图?，然后将【颜色 #1】换成位图贴图白色大理石，将【颜色 #2】换成位图贴图米黄大理石，如图 9-31 所示。

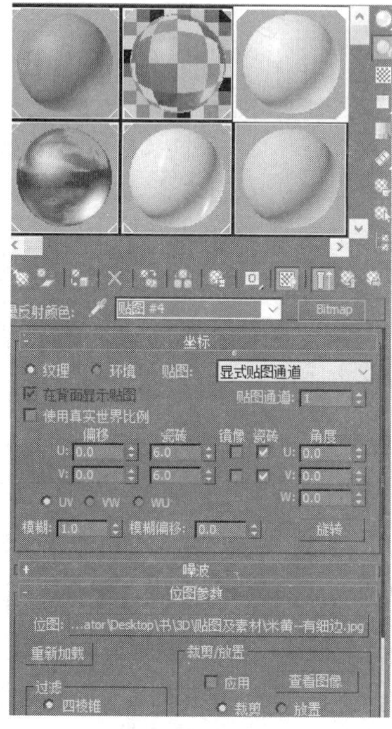

图 9-30 切换位图贴图

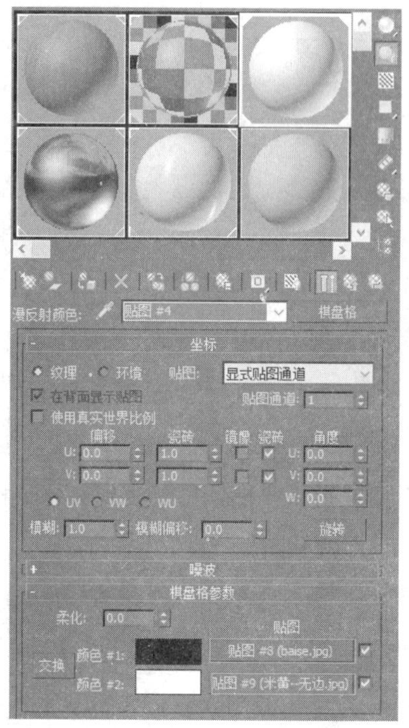

图 9-31 棋盘格贴图参数

步骤 02 测试渲染，发现贴图太大，可将【瓷砖】参数修改，参数与渲染效果如图 9-32 所示。

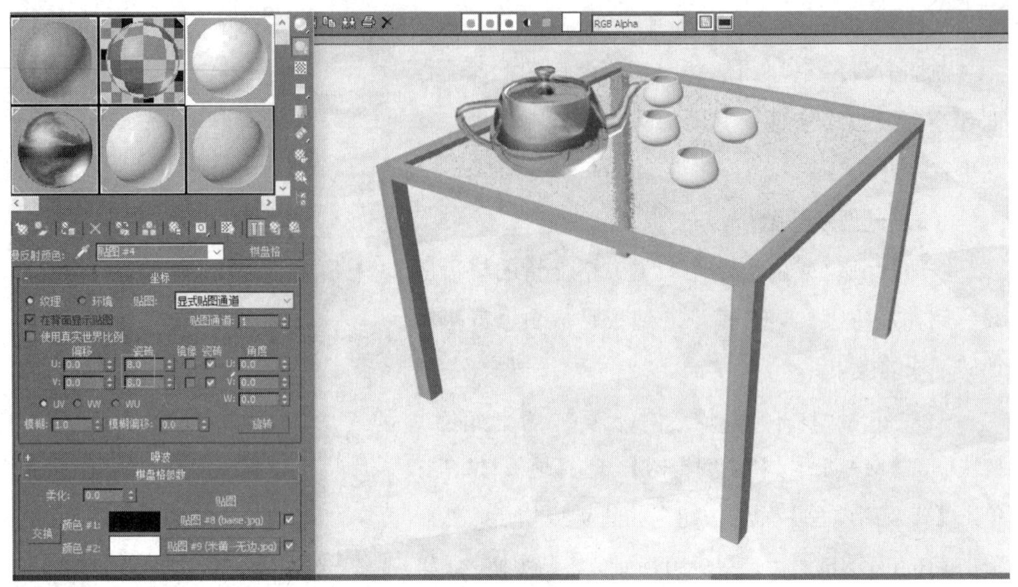

图 9-32　双色棋盘格地砖效果

（3）平铺贴图

使用平铺贴图可以创建砖、瓷砖等贴图，如图 9-33 所示。用户可以用参数编辑出很多的图案。

图 9-33　平铺贴图的部分预设效果

（4）渐变贴图

渐变是指从一种颜色过渡到另外一种颜色。下面以前面绘制的“牵牛花”模型为例介绍一下渐变贴图。

步骤 01　打开“光盘\案例\第 6 章\牵牛花.max”，按快捷键【M】打开材质编辑器，选择一个材质球，在【漫反射颜色】上贴上【渐变】的图，如图 9-34 所示。

步骤 02　将 #1、#2、#3 的颜色分别设置为（R:8，G:6，B:108，）、（R:201，G:34，B:183）、（R:255，G:255，B:255），然后指定给模型。单击【视口中显示明暗处理材质】按钮无法显示贴图效果，添加一个【UVW】修改器，再调整【颜色 2】的位置，效果如图 9-35 所示。

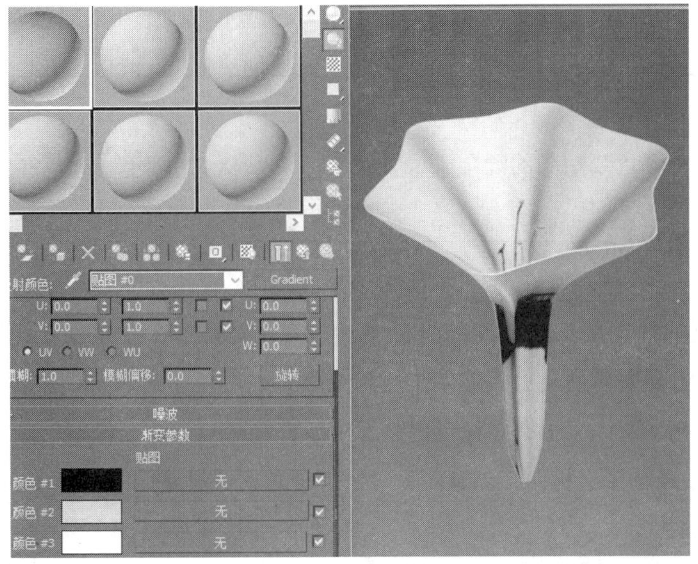

图 9-34 添加渐变贴图

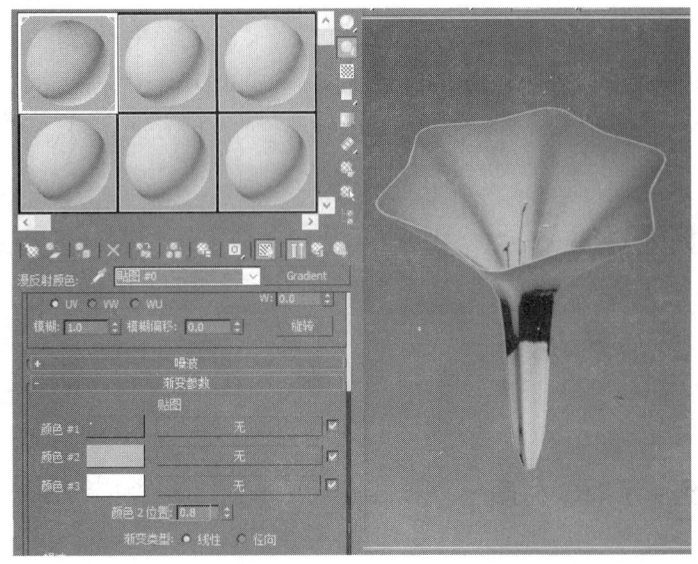

图 9-35 预览贴图效果

（5）噪波贴图

通过两种颜色随机混合产生一种噪波效果，如前面“方桌”案例磨砂玻璃材质所示。

（6）反射折射类贴图

前面提到过，制作真反射贴图有真反射、假反射、真假混合反射三种贴图。关于真反射除了效果最好但比较耗时的【光线跟踪】贴图外，还有其他几种。

- 【平面镜】：专用于平面反射，渲染速度快，但不适合曲面。
- 【薄壁折射】：可实现更准确地反射，特别是反射介质中的对象（如一杯水中的一支铅笔）。

- 【反射 / 折射】：反射 / 折射专门用于弯曲或不规则形状的对象。要创建反射，请指定此贴图类型作为材质的反射贴图；要创建折射，请指定将其作为折射贴图。

（7）混合贴图

可实现两种颜色或贴图的混合。

9.3.3 贴图坐标

制作精良的贴图要配合正确的坐标才能将其正确显示在对象上，就是说需要告诉3ds Max这张图要如何贴上去。贴图坐标用来指定贴图位于对象上的放置位置、方向、大小和比例。在3ds Max中有3种设定贴图坐标的方式。

- 内置生成贴图坐标：在创建对象时，每个对象自身属性中都有【生成贴图坐标】的选项。
- 【UVW贴图】修改器：可以自行贴图坐标，还能将贴图坐标修改成动画。
- 特殊模型的贴图轴：如放样、Nurbs和面片，都有自己的一套贴图方案。

【UVW贴图】修改器首先要选择以什么方式将二维的贴图投影到三维的模型上去，贴图坐标UVW近似于建模坐标的 x 轴、y 轴、z 轴。如图9-35所示，经过几次建模修改，3ds Max就不认识这个模型是什么，于是就需要用户为其指定贴图坐标。

9.4 其他材质

在【材质浏览器】中可以看到十多种材质，除了最基本的标准材质之外，这里再介绍几种重要的材质。

9.4.1 多维 / 子对象材质

多维 / 子对象材质是一种非常好的材质，有一个整体观念，可将材质分配给一个物体的多个元素或分配给多个物体，与前面讲的多边形建模完美搭配，能极大地统筹模型与材质。下面以前面绘制的一个包装模型为例来介绍一下其用法。

步骤 01 打开“光盘 \ 案例 \ 第7章 \ 包装 .max”，通过分析，这个包装盒效果图需要4个贴图：除了以上的3个贴图外，还需要一个纸侧面的贴图，即是一个四合一的材质——多维 / 子材质就是这样的材质。分析其每个面贴图的对应关系，如图9-36所示。

步骤 02 右击模型转换为【可编辑多边形】，按快捷键【4】切换到多边形子对象，按快捷键【Ctrl+A】全选多边形，在【多边形：材质ID】卷展栏里设置材质ID号为1，如图9-37所示。单击正面，将其【材质ID号】设为2，侧面设为3，如图9-38所示。

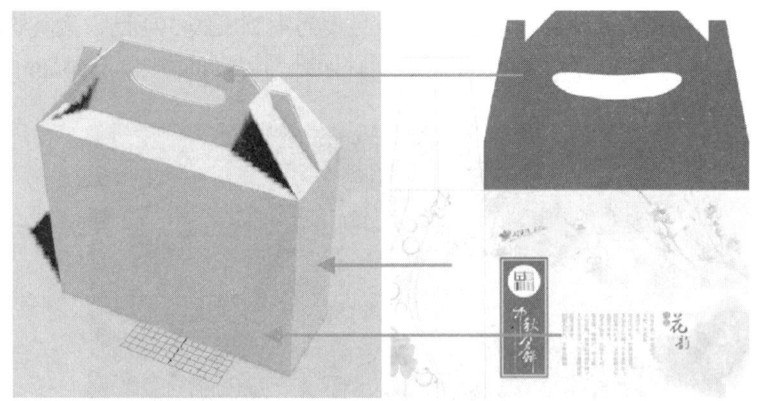

图 9-36　贴图分析

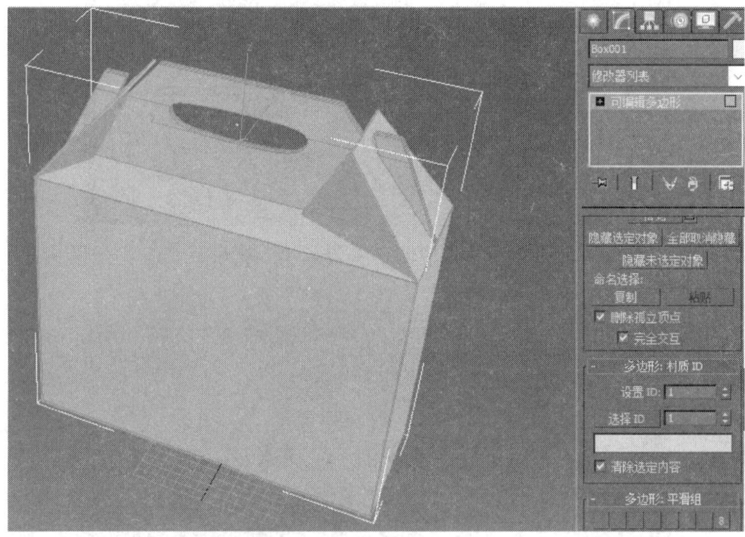

图 9-37　将所有面材质 ID 号设为 1

图 9-38　设置正面和侧面的材质 ID 号

步骤 03　同样将紫色部分的多边形 ID 号设为 4，如图 9-39 所示。为其绘制一个【平面】作为地面，然后按快捷键【Ctrl+C】将透视图转为摄影机视图，如 9-40 所示。

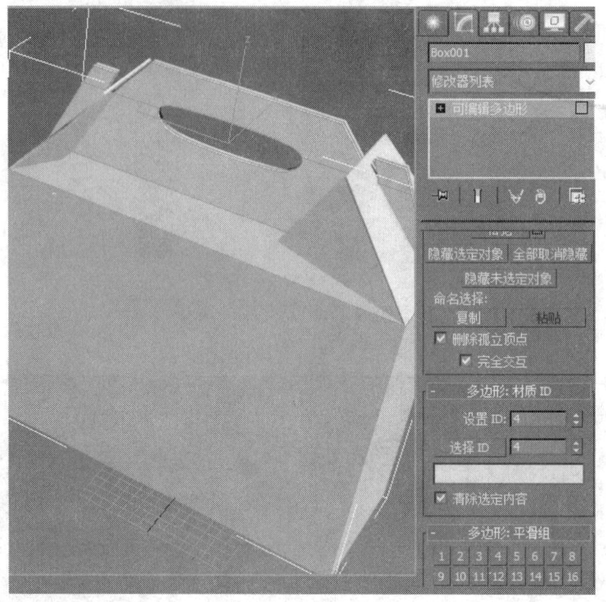

图 9-39　设置顶面和提手 ID 号为 4

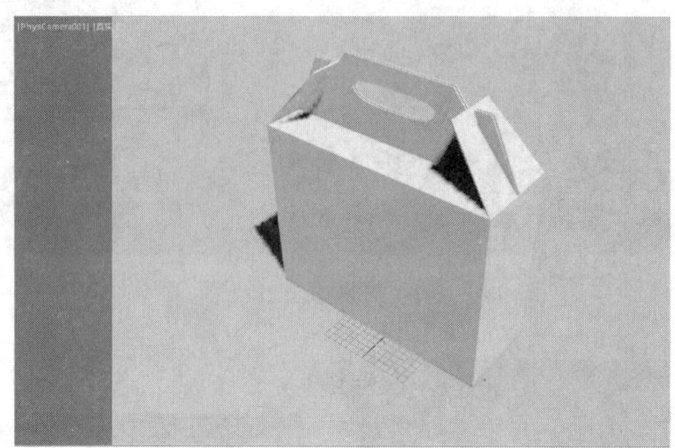

图 9-40　绘制地面

若选择面时显示的是边，按快捷键【F2】切换，因为有时候如果贴图是红色会辨认不清，所以 3ds Max 设计了这个功能。

步骤 04　调出材质编辑器，选择一个材质球，单击 Standard 将材质类型切换为 多维/子对象，单击 设置数量 将材质数量设为 4 个，如图 9-41 所示。

步骤 05　单击 1 号材质后的贴图按钮，将【漫反射】颜色改为白色，如图 9-42 所示。

温馨提示

若材质球未计划精准也无妨，可以单击 添加 删除 增删材质球。

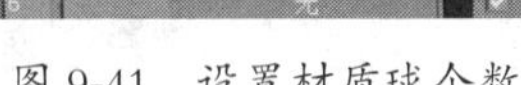

图 9-41　设置材质球个数

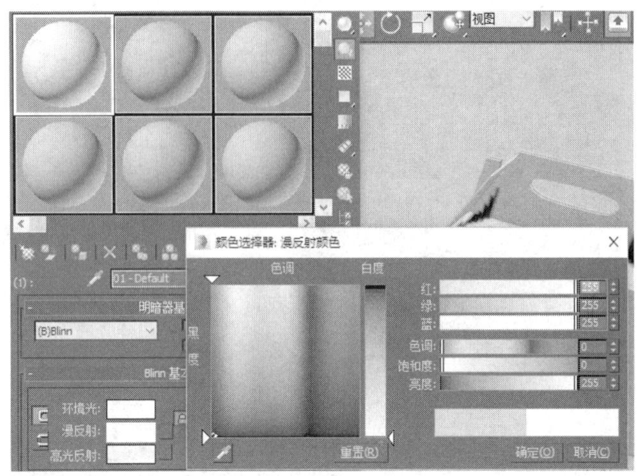

图 9-42　设置 1 号材质颜色

步骤 06　单击【转到父对象】按钮，单击 2 号材质球的 无 按钮，选择【标准】材质，在【漫反射】贴图上贴上“月饼盒”的位图，如图 9-43 所示。

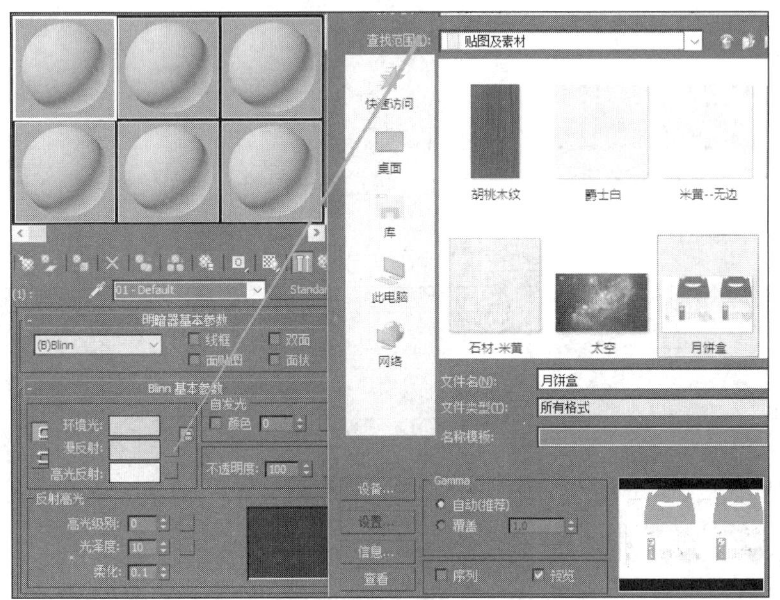

图 9-43　为 2 号材质贴图

步骤 07　显然正面的贴图不会是整个展开图，需要裁切。单击【位图参数】卷展栏里的 查看图像，在弹出的对话框中把定界框拖到正面，然后选中【应用】选项，如图 9-44 所示。

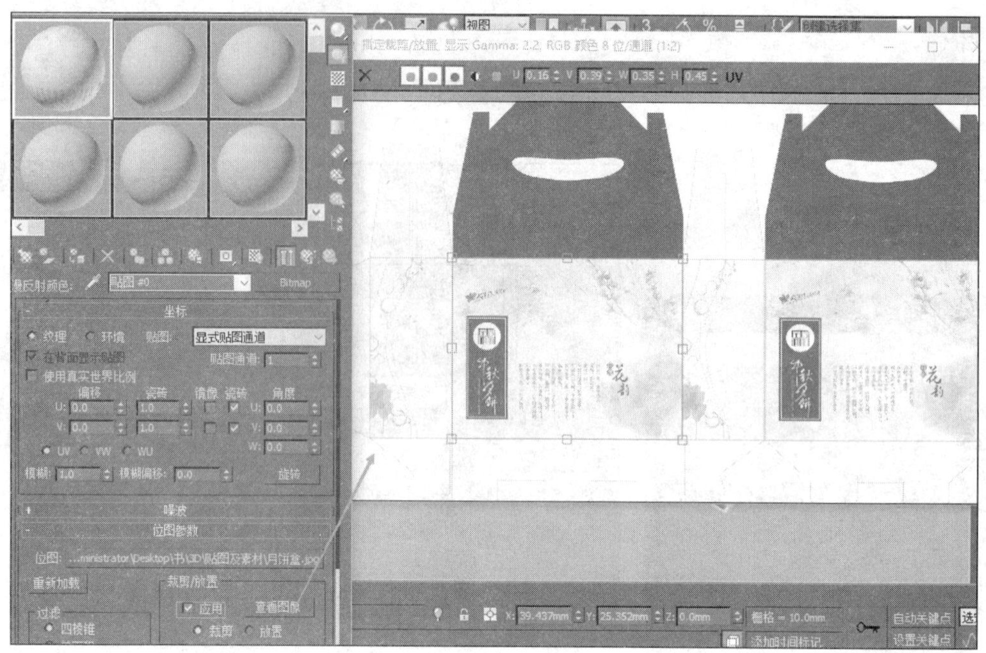

图 9-44　将贴图裁剪

步骤 08　由于其他材质都是使用的这个贴图，只是裁剪位置不一样，可以直接复制再修改裁剪位置。单击两次【转到父对象】按钮，将 2 号材质拖动到 3 号材质按钮上，在弹出的对话框中选择【复制】，如图 9-45 所示。使用同样的方法，将 2 号或 3 号材质拖到 4 号材质按钮上。

步骤 09　单击 3 号材质按钮，再单击【漫反射】后的贴图按钮，然后再在【位图参数】卷展栏里单击【查看图像】按钮，将定界框调整至侧面位置，如图 9-46 所示。然后使用同样的方法处理 4 号材质。

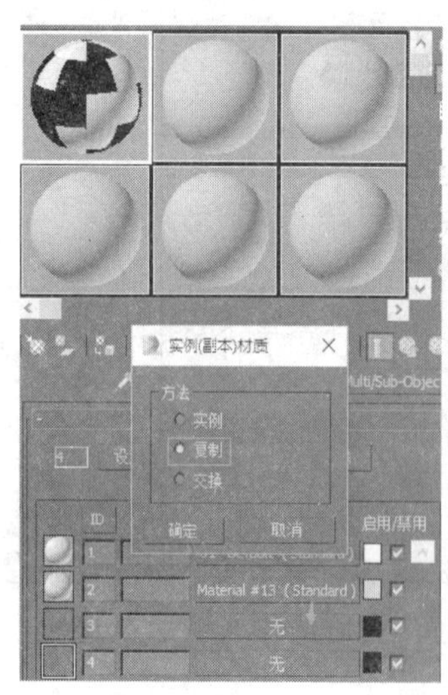

图 9-45　将 2 号材质复制到 3、4 号

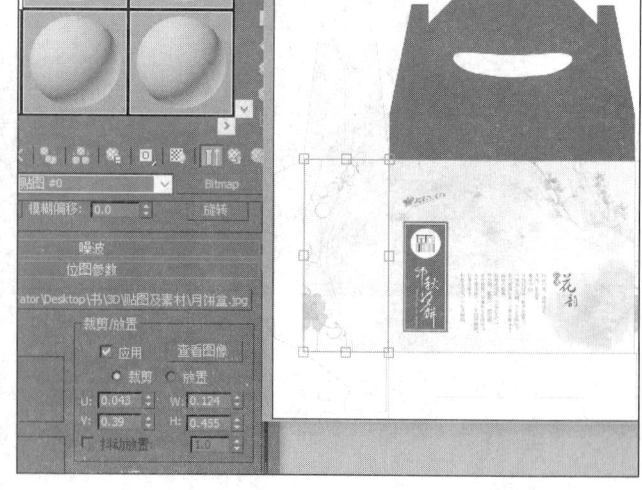

图 9-46　将 3 号材质漫反射贴图裁剪到侧面

步骤10 单击【将材质指定给选定对象】按钮，效果如图9-47所示。现在发现在视图中显示不出贴图效果，也无法单击【在视口中显示明暗处理材质】按钮，这是因为在子材质中未显示贴图。单击2号材质按钮，单击【在视口中显示明暗处理材质】按钮，如图9-48所示。然后单击【转到下一个同级项】按钮，把3、4号材质也显示出来。

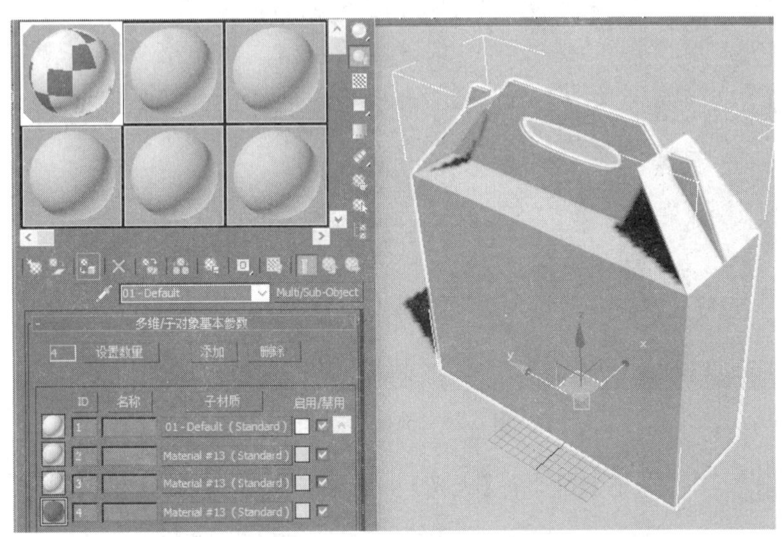

图9-47 将多维/子对象材质指定给模型

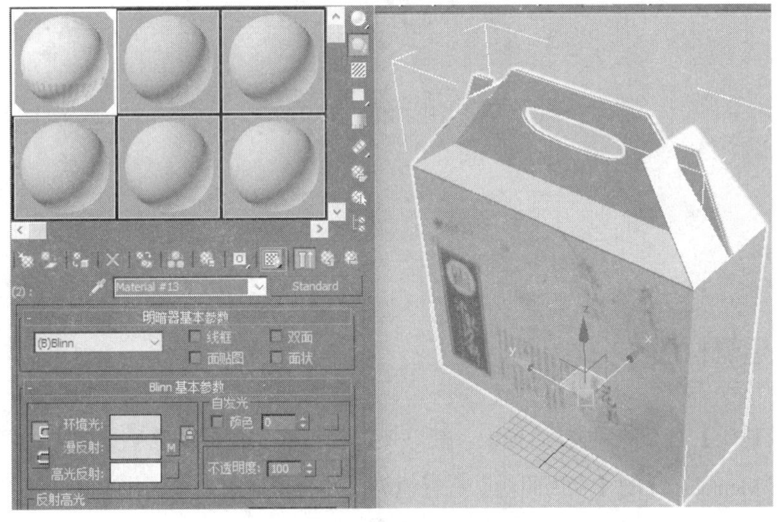

图9-48 在视图中显示明暗处理材质

步骤11 为地面调制材质。选择一个新材质球，单击 Standard 按钮，将材质类型切换为 无光/投影，然后指定给地面模型。再按【8】键，将颜色调为淡蓝色，如图9-49所示。

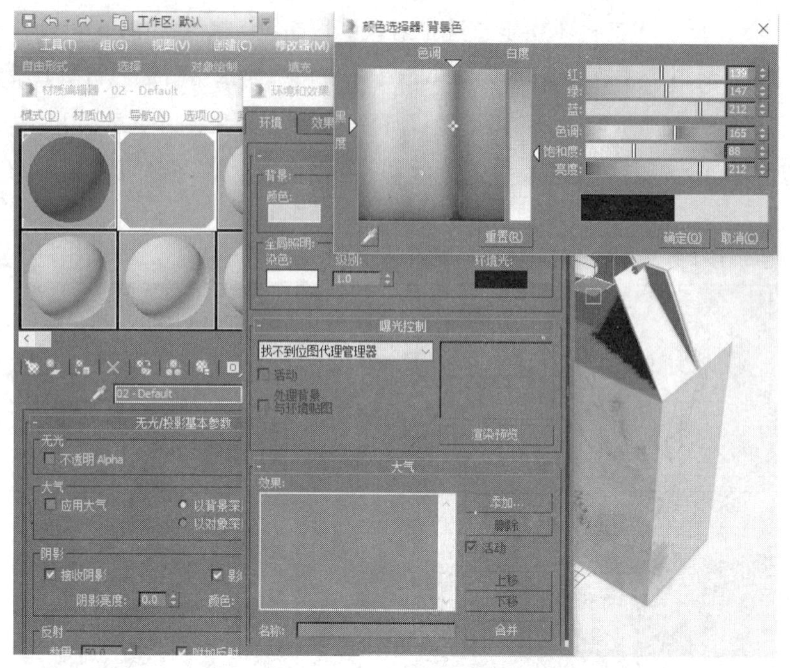

图 9-49 调制其他材质

步骤 12 在场景中创建一个【天光】，选中☑投射阴影，渲染效果如图 9-50 所示。

图 9-50 渲染草图效果

9.4.2 建筑材质

【建筑材质】有 20 多种材质模板，能够快速模拟真实世界的高质量效果，可使用【光能传递】或 Mental Ray 的【全局照明】进行渲染，适合于建筑效果制作。【建筑材质】是基于物理计算的，可设置的控制参数不是很多，其内置了光线追踪反射、折射和衰减。通过建筑材质内置的模板可以方便地完成很多常用材质的设置，如木头、石头、玻璃、水和大理石等。

【建筑材质】支持任何类型的【漫反射】贴图，根据选择的模板，透明度、反射和折射都能够自动设定。它还可以完美地模拟菲尼尔反射现象，根据设定的颜色和反射等参数自动调节光能传递的设置。

下面以为前面绘制的一个模型调制【建筑材质】为例来介绍一下其用法。

步骤 01 打开“光盘\案例\第5章\休闲椅.max”，按快捷键【M】调出材质编辑器，选择一个示例球，单击 Standard 将材质类型切换为 建筑，选择【油漆光泽的木材】模板，在【漫反射贴图】后的按钮上贴上“木材”的位图，如图 9-51 所示。

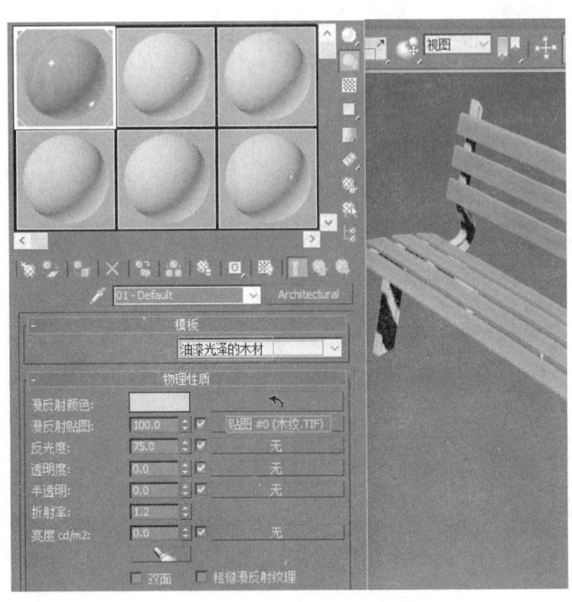

图 9-51 调制木头材质

步骤 02 选择第二个空白材质球，切换为【建筑】材质后，选择【金属—刷过的】模板，将其指定给金属脚架，如图 9-52 所示。

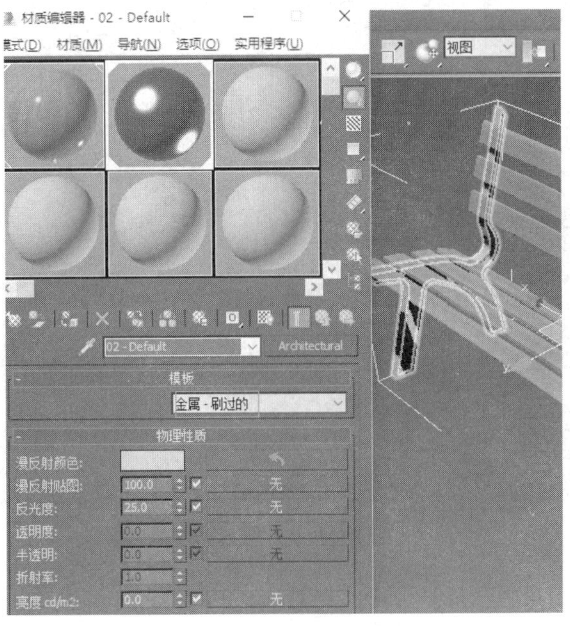

图 9-52 调制金属构件材质

步骤 03　创建一个【平面】作为地面，对齐脚架地面。为其调制一个【建筑】材质，选择【石材】模板，如图 9-53 所示。然后在【漫反射贴图】后的按钮上贴上“广场砖”的位图并调整，如图 9-54 所示。

图 9-53　调制广场砖材质

图 9-54　调整广场砖的参数

步骤 04　在场景中创建一个【天光】，选中 投射阴影，渲染效果如图 9-55 所示。

图 9-55　建筑材质渲染效果

> **温馨提示**
> 若使用“光度学”灯光和“光能传递”渲染，效果更佳。

课堂范例——制作铁艺栅栏效果

步骤 01　打开“光盘\贴图及素材\第 9 章\铁艺墙 .max”，为背景贴图。按快捷键【8】调出【环境和效果】，单击【环境贴图】按钮，为其贴上“别墅 .jpg”的位图，如图 9-56 所示。

图 9-56　环境贴图

步骤 02　测试渲染，发现贴图太大，这时需要调整一下。打开【材质编辑器】，将环境贴图拖动【实例】克隆到一个空白材质球上，如图 9-57 所示。

步骤 03　调整【瓷砖】与【偏移】参数，测试渲染背景贴图完成，如图 9-58 所示。

步骤 04　调整砖墙材质。选择一个空白材质，在【漫反射】贴图通道上贴上【平铺】贴图，调整参数如图 9-59 所示。

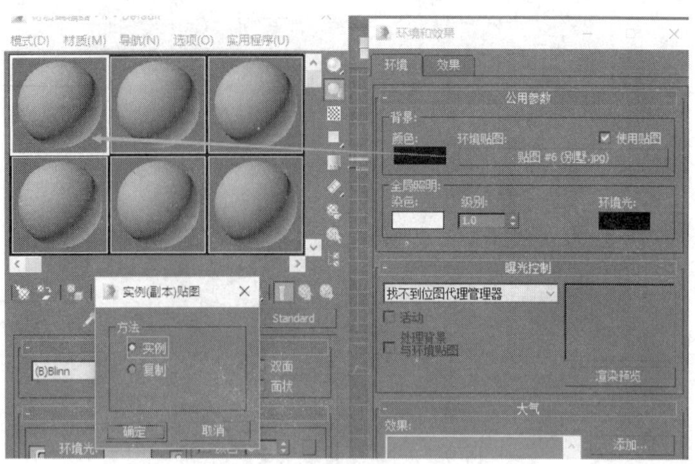

图 9-57 将环境贴图实例克隆到材质球

图 9-58 调整环境贴图

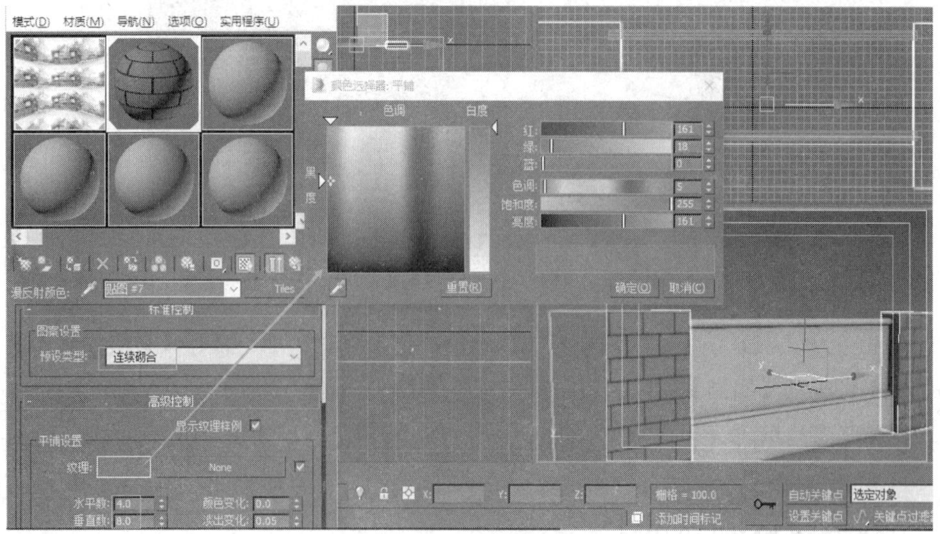

图 9-59 调制砖墙材质

步骤 05　单击【转到父对象】按钮，展开【贴图】卷展栏，将【漫反射】贴图拖动复制到【凹凸】贴图按钮上，如图 9-60 所示。

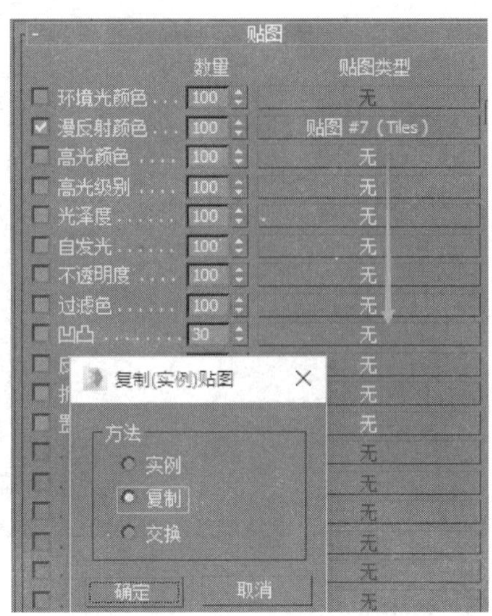

图 9-60　制作凹凸贴图

步骤 06　单击【凹凸】贴图的按钮，只将平铺和砖缝改为白色和黑色即可，如图 9-61 所示。

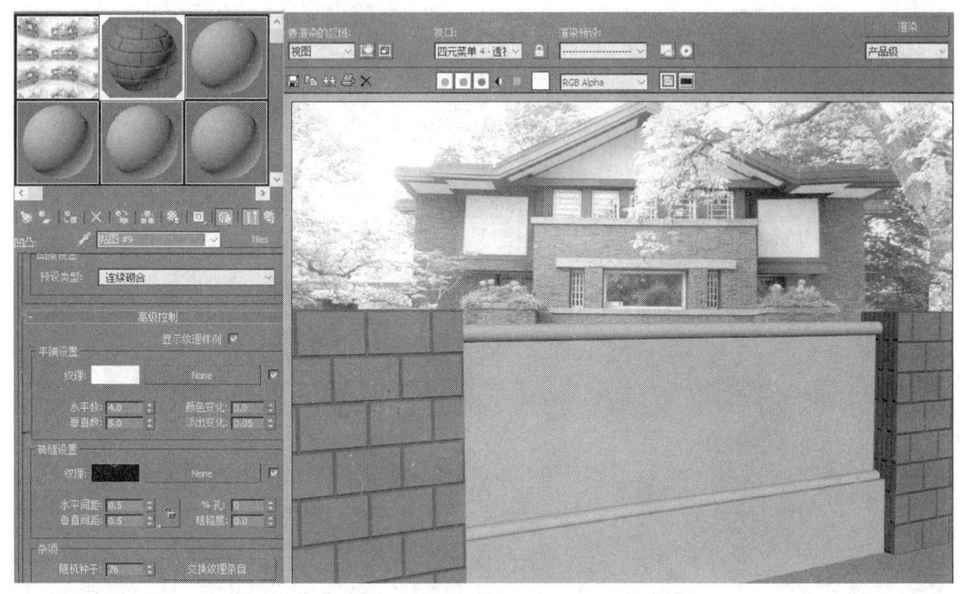

图 9-61　调整凹凸贴图的参数

步骤 07　从测试渲染图中可以看到，砖墙的侧面方向错误。选择砖墙模型，添加一个【UVW 贴图】修改器，设置参数与测试渲染效果如图 9-62 所示。

图 9-62 添加 UVW 贴图修改器

步骤 08 将砖头材质指定给中间的模型，添加【UVW 贴图】修改器，设置参数如图 9-63 所示。再选择一个空白材质球，调制漫反射为黑色指定给上下两个圆柱。

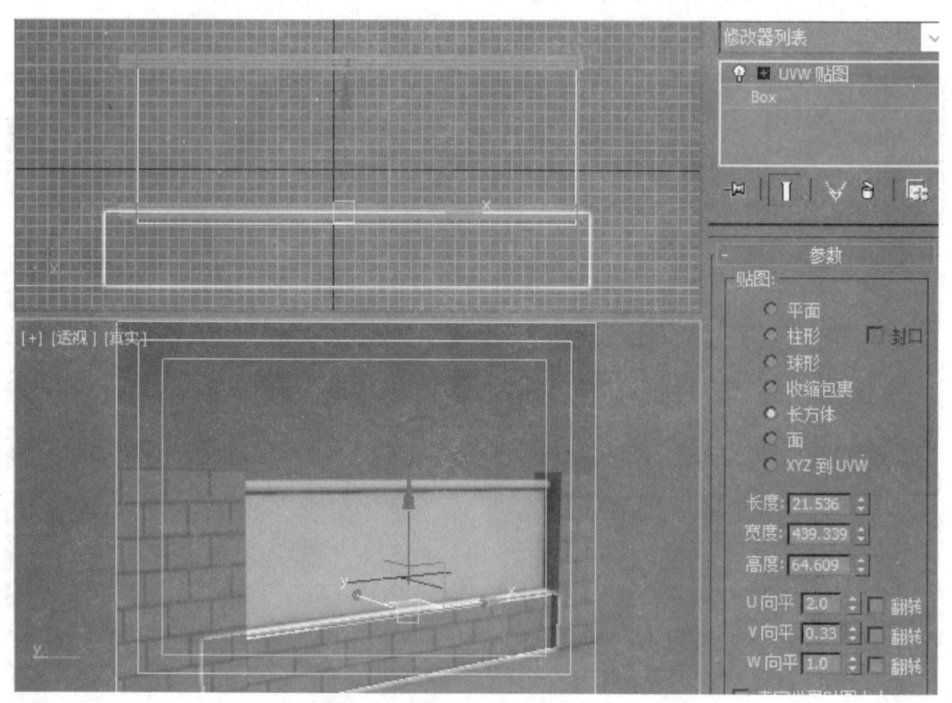

图 9-63 为中间砖墙贴图

步骤 09 用不透明贴图法制作栅栏效果。选择一个空白材质球，将【漫反射】改为黑色，然后展开【贴图】卷展栏，在【不透明度】贴图通道上贴上“铁艺栅栏 .jpg”的位图，然后指定给模型，如图 9-64 所示。

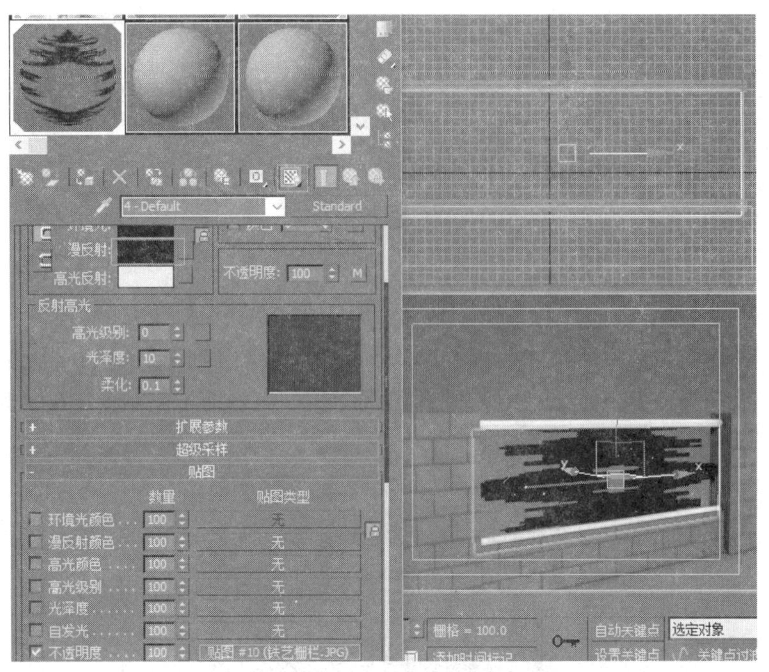

图 9-64 不透明贴图

步骤 10 可以看出只有一根大栅栏，只需将贴图【坐标】卷展栏里的【U】向平铺数量加多即可，参考参数与测试渲染效果如图 9-65 所示。

图 9-65 不透明贴图渲染效果

虽然前面也讲过铁艺建模，但为了提高工作效率，能用贴图处理的效果就尽量不用建模处理。

9.5 VRay 材质与贴图

VRay 是一款非常优秀的渲染器，越来越受到广大用户的欢迎，在行业中的用户也越来越多，甚至只用 3ds Max 建模，而用 VRay 渲染。VRay 除了有其单独的模型、相机之外，还有一套渲染特有的材质与灯光，与 V-Ray 渲染器完美结合，渲染出照片级真实的效果图与动画。

要用 V-Ray 材质，必须先切换到 V-Ray 渲染器，方法是按【F10】键调出【渲染设置】对话框，在【渲染器】下拉菜单中选择 V-Ray Adv 3.00.08 渲染器即可，如图 9-66 所示。

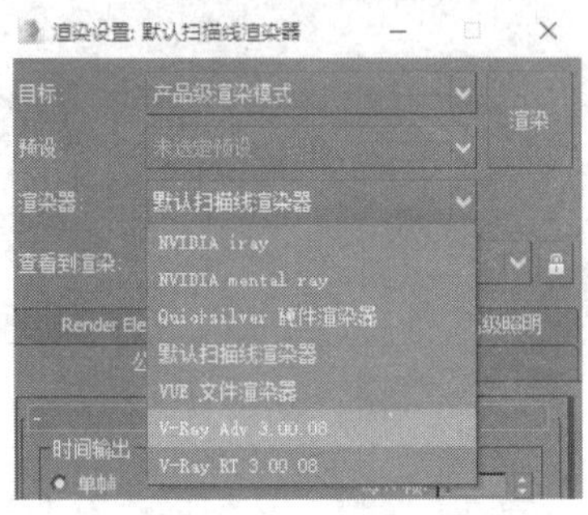

图 9-66 切换到 VRay 渲染器

9.5.1 VRayMtl 材质

切换为 V-Ray 渲染器后就能使用 VRay 系列材质，与切换其他材质一样，在【材质编辑器】内单击 Standard 按钮，就能切换到 VRayMtl 材质，如图 9-67 所示。

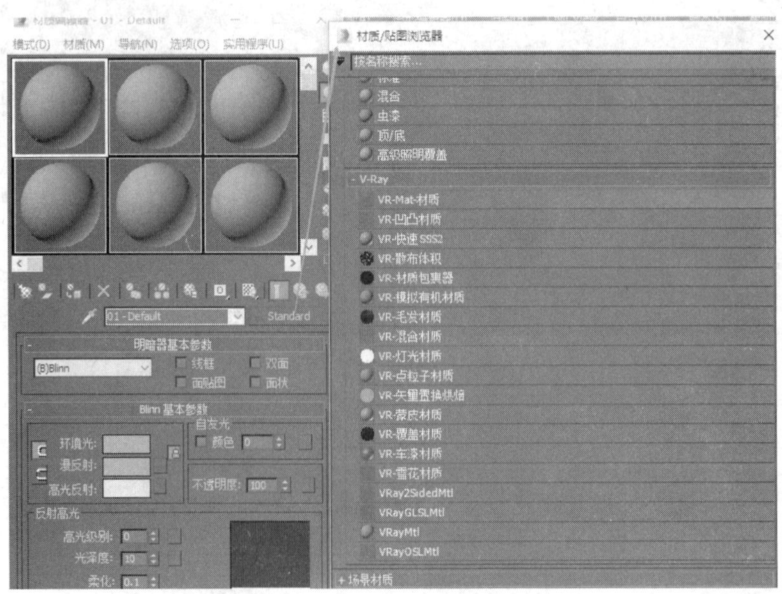

图 9-67 切换为 VRay 材质

在 VR- 材质包裹器中使用 VRayMtl 材质可以得到较好能源分布、较快的渲染速度，更有方便的反射 / 折射参数，如图 9-68 所示。

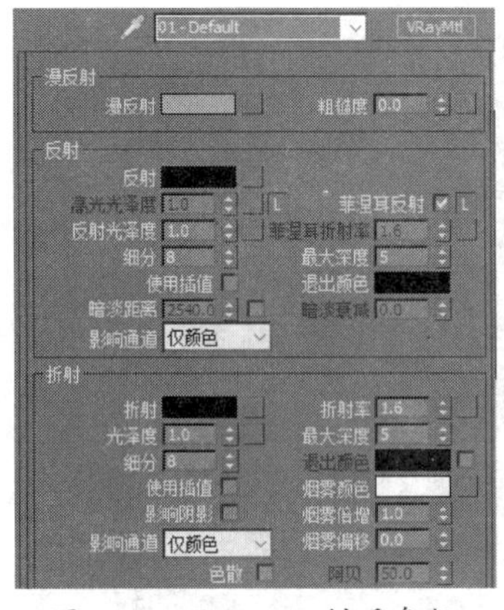

图 9-68 VRayMtl 材质参数

漫反射	即固有色，与标准材质相同
反射 / 折射	亮度越高反射（折射）越强
菲涅耳反射	可以做出反射衰减的效果
高光光泽度	可以做出高光点的效果，值越小高光点越大
反射光泽度	可以做出模糊反射（折射）的效果
细分	值越高效果越细腻，但渲染耗时越多
折射率	玻璃 1.6，水 1.33，薄纱 1.01，钻石 2.4，水晶 2.0
影响阴影	勾选此选项能使光线透过折射介质
烟雾	能设置折射介质的颜色、倍增等参数

9.5.2 VR- 灯光材质

就是 V-Ray 的自发光材质，参数如图 9-69 所示。

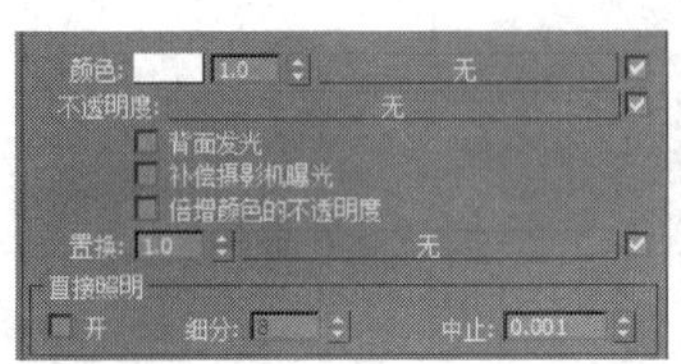

图 9-69 VR- 灯光材质参数

颜色	发光的颜色及倍增
不透明度	贴上图，黑色完全透明，白色完全不透明，灰色半透明
选项	设置是否背面发光、补偿摄影机曝光等
直接照明	可开启直接照明

9.5.3 VR- 材质包裹器

VR- 材质包裹器能控制物体接受光线和反射光线的大小。这里以一个灯箱为例介绍一下这个材质的使用方法。

步骤 01 创建一个【VR- 平面】，再创建一个【长方体】将其转为【可编辑多边形】，然后将灯片面的【材质 ID 号】设为 1，按快捷键【Ctrl+I】反选其他多边形，将材质 ID 号设为 2，如图 9-70 所示。

步骤 02 将渲染器设为 V-Ray，如图 9-71 所示设置【GI】面板。

步骤 03 按快捷键【M】调出【材质编辑器】，将材质类型切换为【多维 / 子对象】，设置材质个数为 2，将 1 号材质设为【VR- 灯光材质】，2 号设为【VRayMtl】材质，如图 9-72 所示。

步骤 04 将 1 号材质【颜色】后的按钮上贴上“广告”位图，如图 9-73 所示。

步骤 05 测试渲染，效果如图 9-74 所示，灯箱效果合适，但灯光可再加强。将颜色后的倍增调到 5 再次测试渲染，效果如图 9-75 所示，灯光合适了但灯箱效果不好。

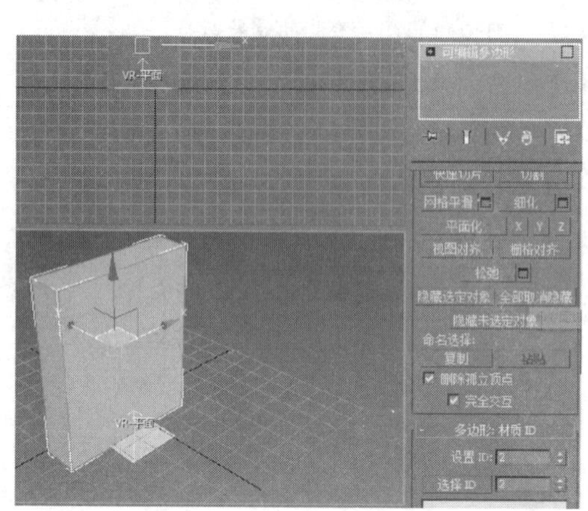

图 9-70 创建简单场景

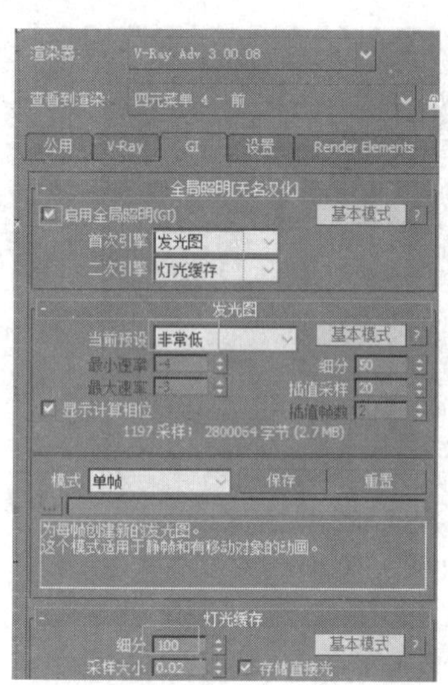

图 9-71 设置 GI 参数

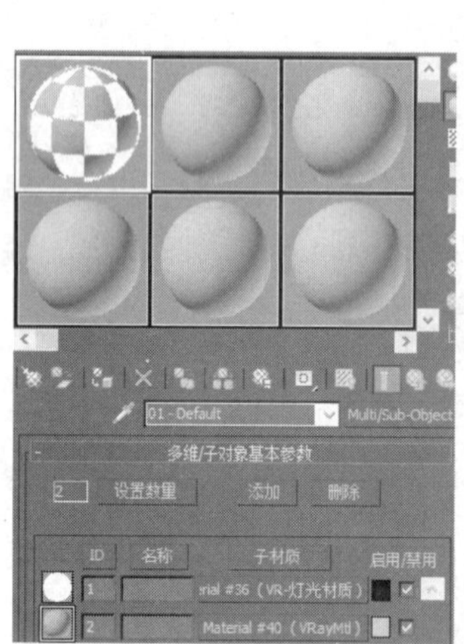

图 9-72 调制多维 / 子对象材质

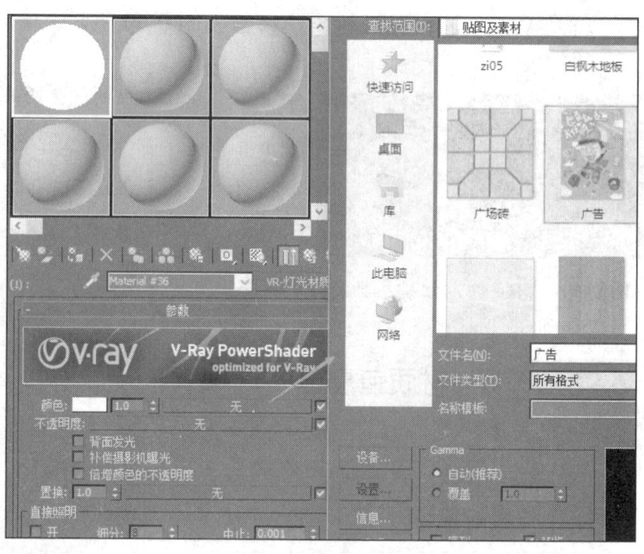

图 9-73 灯光材质贴图

图 9-74 灯光材质倍增为 1

图 9-75 灯光材质倍增为 5

步骤 06 重新将灯光材质倍增调回 1，单击 VR-灯光材质 按钮，将材质类型切换为 VR-材质包裹器，在弹出的对话框中选择 将旧材质保存为子材质?，将【生成全局照明】设为 5，渲染效果如图 9-76 所示，在灯箱和灯光两方面都达到了要求。

技能拓展

要在 V-Ray 渲染中制作【无光 / 阴影】效果，只需用【VR- 材质包裹器】勾选【无光曲面】和【阴影】两个选项即可。

图 9-76 灯箱材质包裹器渲染效果

9.5.4 VRayHDRI 贴图

前面讲标准材质制作反射贴图时，对于没有环境的模型可用位图贴在反射贴图通道里制作假反射贴图效果，而在 VRay 中同样有这种情况，解决方法就是在环境的反射 / 折射上贴上 VRayHDRI 贴图。

HDRI（High Dynamic Range Image，高动态范围图像）除了拥有基本颜色以外还有一个亮度通道，所以在制作效果图时它还可以用来照明。下面以前面绘制过的一个模型来介绍一下 VRayHDRI 贴图的使用方法。

步骤 01 打开“光盘 \ 案例 \ 第 5 章 \ 台灯 .max”，此台灯的材质有抛光金属、磨砂玻璃、塑料 3 种材质。首先调制金属材质，选择一个示例球，切换材质类型为【VRayMtl】，材质参数设置如图 9-77 所示。

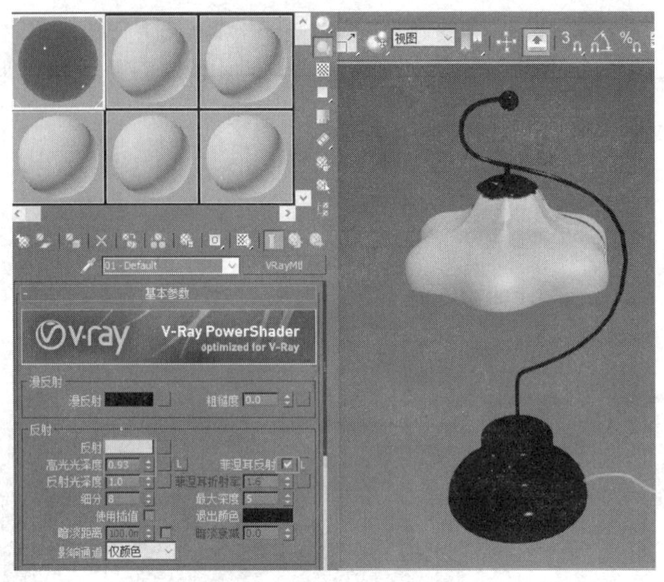

图 9-77 调制抛光金属材质

步骤 02 调制磨砂玻璃材质。选择一个示例球，切换材质类型为【VRayMtl】，材质参数设置如图 9-78 所示。再把电线材质调制好。

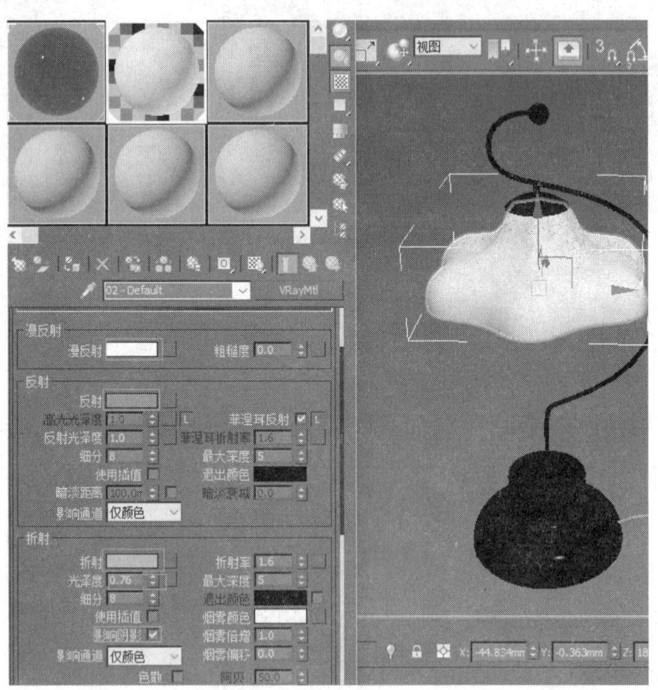

图 9-78 调制磨砂金属材质

步骤 03 创建一个【VR-平面】对齐于台灯底部，为其调制一个“无光/阴影”材质：选一个空白材质球切换为【VRayMtl】类型，将【漫反射】颜色设置为浅灰色，然后单击 VRayMtl 按钮，选择 VR-材质包裹器，在弹出的对话框中选择 将旧材质保存为子材质?，选中如图 9-79

所示的两个选项。再按【8】键把背景设为浅灰色。

图 9-79 调制无光 / 阴影材质

步骤 04 设置渲染草图。按快捷键【F10】调出【渲染设置】对话框，如图 9-80 设置。

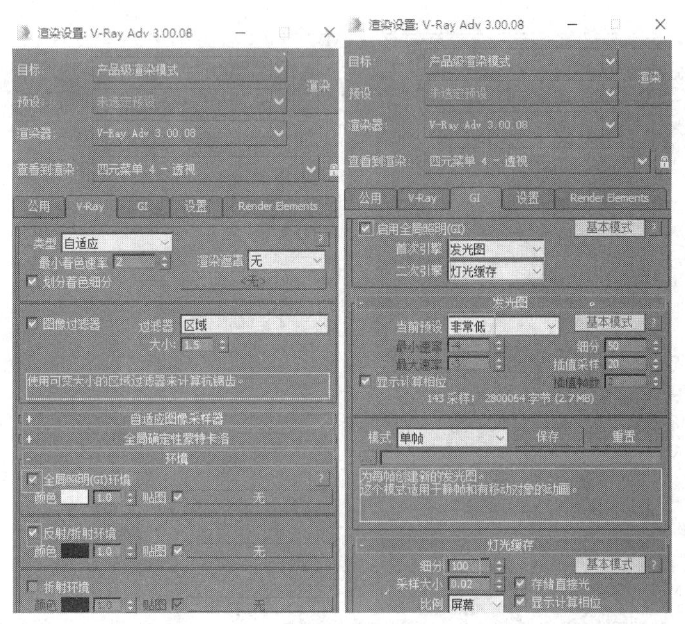

图 9-80 设置草图渲染

步骤 05 测试渲染，效果如图 9-81 所示，可以看出反射区域没有层次，那是因为此场景除了一个平面没有其他环境。此时就可用【VRayHDRI】贴图来处理。按快捷键【F10】在【环境】卷展栏的【反射 / 折射环境】里贴上【VRayHDRI】贴图，然后将其拖到一个空白材质球上，如图 9-82 所示。

图 9-81 草图渲染效果

图 9-82 设置 VRayHDRI 反射贴图

步骤 06 在材质编辑器里载入 HDR 文件，如图 9-83 所示，设置【贴图类型】为【球形】，测试渲染如图 9-84 所示，可见反射区域细节更丰富。

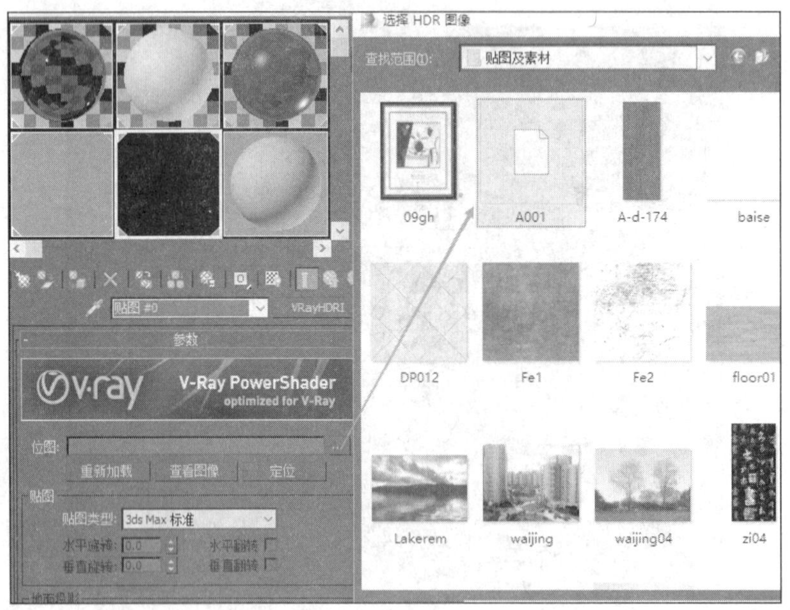

图 9-83 VRayHDRI 贴图

图 9-84 VRayHDRI 反射贴图测试渲染效果

步骤 07 此时只有环境光，在材质上体现不出高光，这时可创建一个灯光。如图 9-85 所示创建一个【目标聚光灯】，再按快捷键【F10】将环境光改为 0.8。

步骤 08 再次测试渲染，虽然只是质量很低的草图，但效果基本到位，如图 9-86 所示。

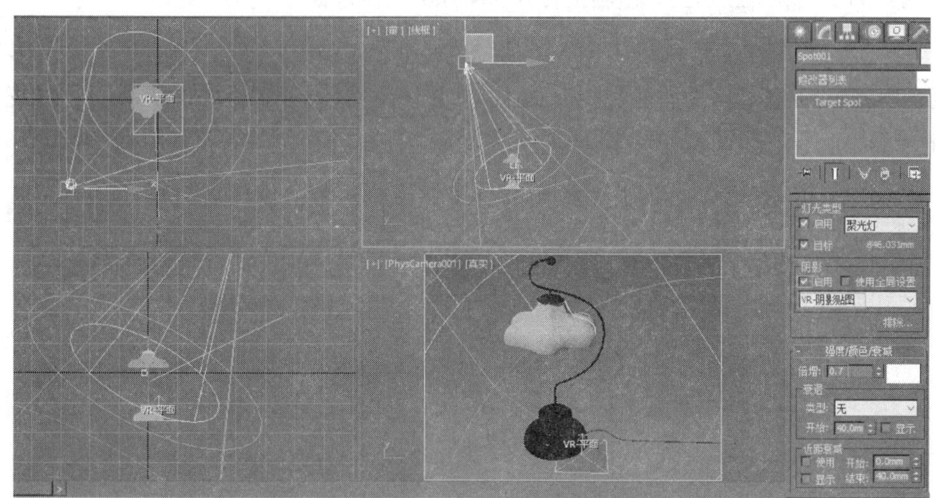

图 9-85 布置灯光

图 9-86 再次测试渲染

课堂问答

问题❶：标准材质与V-Ray材质能通用吗？

答：材质类型往往都是与渲染器配套的，标准材质与V-Ray材质尤其如此。若是标准材质里仅仅只有个漫反射颜色或贴图，在V-Ray里是能够渲染的，但若有其他贴图通道，比如反射、折射、线框、凹凸等，在V-Ray里就会渲染出错。同样，V-Ray材质在默认线扫描渲染器下是难以渲染出来的。

简单地说，标准材质与V-Ray材质大多不能通用，最好是V-Ray渲染器用V-Ray材质，其他材质可用默认线扫描渲染器或相关渲染器。

问题❷：如何不渲染就能预览贴图效果？

答：3ds Max的高版本为了让用户少测试渲染，都大大加强了视口显示功能，【真实】显示模式就能显示出与渲染图很接近的效果，只需要在贴图后单击【视口中显示明暗材质】按钮即可。若要更好地显示，还可以单击按钮下的小三角切换为【在视口中显示真实材质】按钮。

问题❸：如何打开打包文件的贴图路径？

答：为了顺利地在第三方电脑上打开3ds Max文件，需要归档文件（俗称“打包”），但是把归档文件解压后直接打开max文件仍然显示不了贴图文件。这时的处理方法是选择【实用程序】面板→【更多】按钮→【位图/光度学路径】，如图9-87所示。再单击【编辑资源】按钮，在弹出的对话框中选择【选择丢失文件】→【去除所有路径】→【复制文件】，如图9-88所示。随便选择其中一张贴图→【使用路径】，位图就会成功地打通贴图路径。

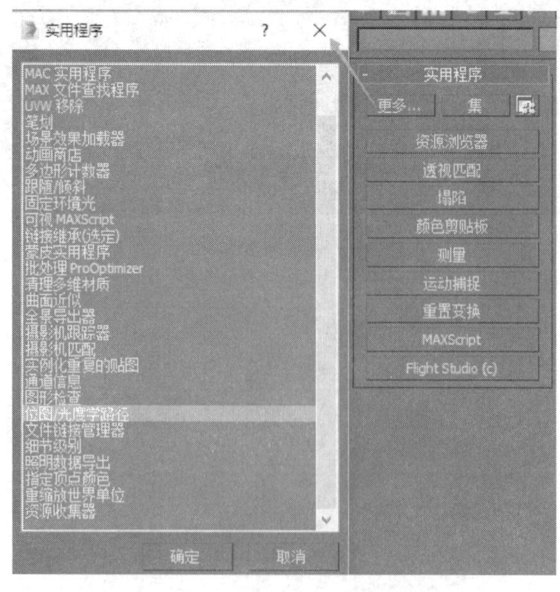

图9-87　找到位图/光度学路径实用程序

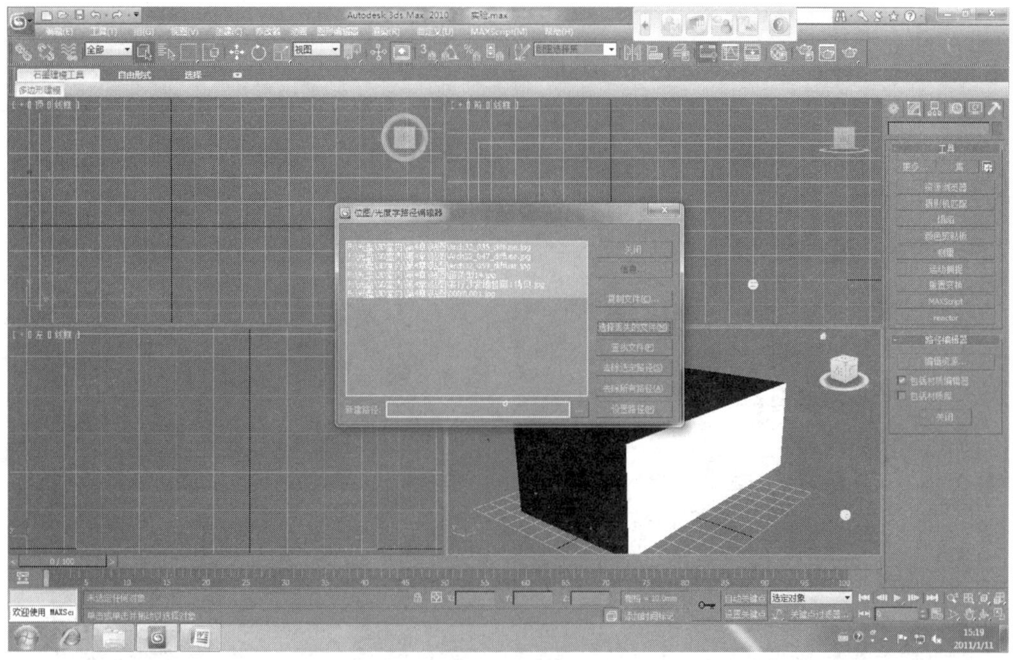

图 9-88　打通贴图通道

上机实战——瓷器贴图

通过本章的学习，为了让读者能巩固本章知识点，下面讲解两个技能综合案例，使大家对本章的知识有更深入的了解。

瓷器贴图的效果展示如图 9-89 所示。

效果展示

图 9-89　瓷器贴图的效果展示

思路分析

此案例主要材质是陶瓷，重点需表现上釉的质感和青花的贴图。釉质只需调高反射，勾选【菲涅尔】即可；贴图需用【UVW 贴图】修改器调整投影方式、对齐轴向、平铺等参数。

当然好的材质离不开好的灯光和渲染，这里只用一盏【VR-灯光】，把渲染精度提高出个大图效果更佳。

制作步骤

步骤 01 打开“光盘\案例\第5章\杯碟.max”，创建一个【VR-平面】与碟子对齐，选择一个空白的材质球编辑瓷器材质，将“青花瓷2”贴图指定给碟子，设置如图9-90所示。

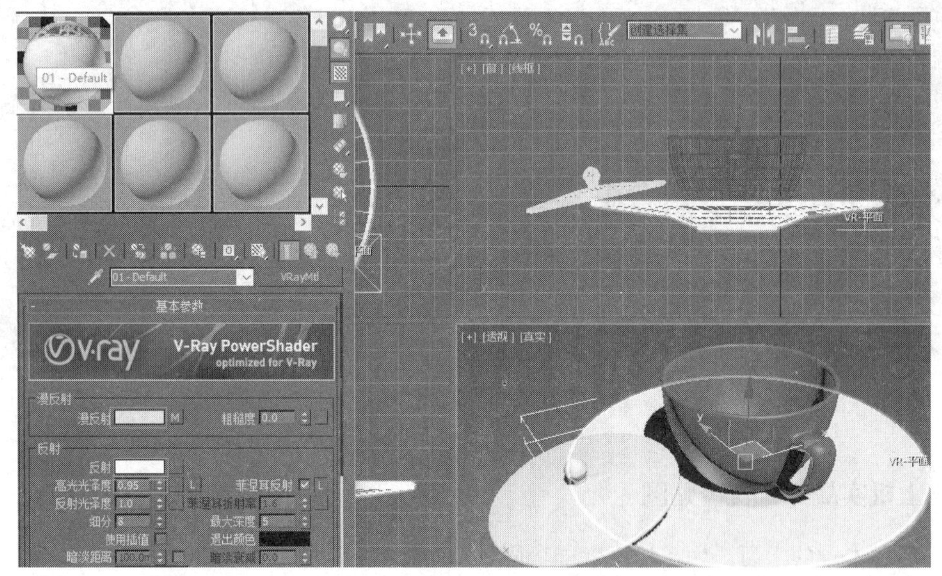

图 9-90 调制碟子材质

步骤 02 单击【视口中显示明暗材质】按钮，但是还是显示不出来，这就是因为贴图坐标问题，选择碟子模型，添加一个【UVW贴图】修改器，选择柱形，选中封口，其他设置如图9-91所示。

图 9-91 修改碟子贴图坐标

步骤 03 拖动碟子材质球到第二个空白材质球复制材质，然后将材质名称更改，如图 9-92 所示。然后将【漫反射】贴图更改为“青花瓷”，如图 9-93 所示。

场景中的材质球不能同名。

图 9-92 复制碟子材质

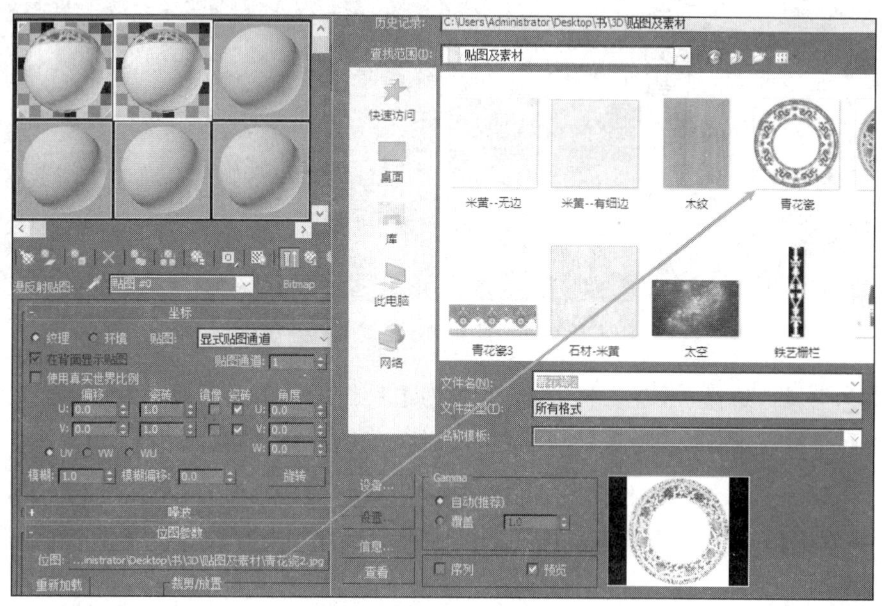

图 9-93 为盖子贴图

步骤 04 选择盖子模型，添加一个【UVW 贴图】修改器，选择 平面，其他设置如图 9-94 所示。

图 9-94　调整盖子贴图坐标

步骤 05　选择杯子模型，进入【多边形】子对象，通过矩形、圆形选框配合加减选，选择如图 9-95 所示的区域，然后将【材质 ID】设为 2，再按快捷键【Ctrl+I】反选将【材质 ID】设为 1。

图 9-95　设置杯子材质 ID 号

步骤 06　选择一个空白材质球，切换为【多维 / 子对象】材质，将材质数设为 2，然后将碟子材质球拖动复制到 1、2 号材质球上，如图 9-96 所示。

步骤 07　单击 1 号材质，将空白贴图按钮拖动到【漫反射】贴图按钮上，如图 9-97 所示；再单击【转到下一个同级项】按钮，将 2 号材质【漫反射】贴图替换为“青花瓷 3”，如图 9-98 所示。

步骤 08　将【多维 / 子材质】指定给杯子，添加一个【UVW 贴图】修改器，选择柱形，对齐【X】轴，设置平铺参考参数如图 9-99 所示。

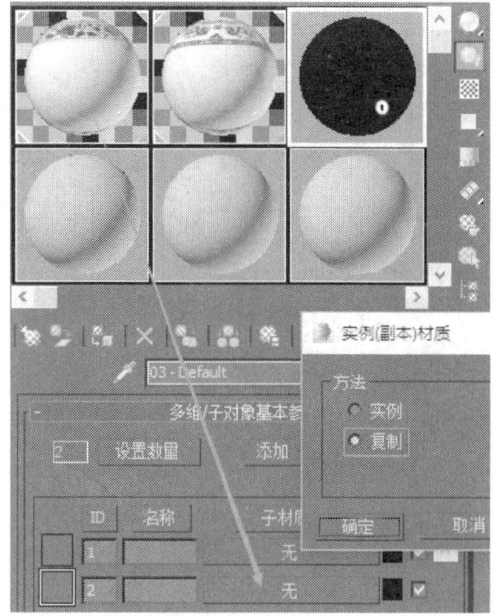

图 9-96　复制材质到子材质

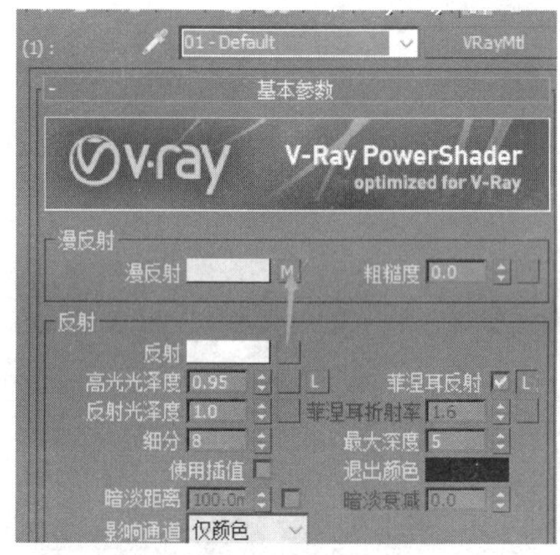

图 9-97　去掉 1 号材质贴图

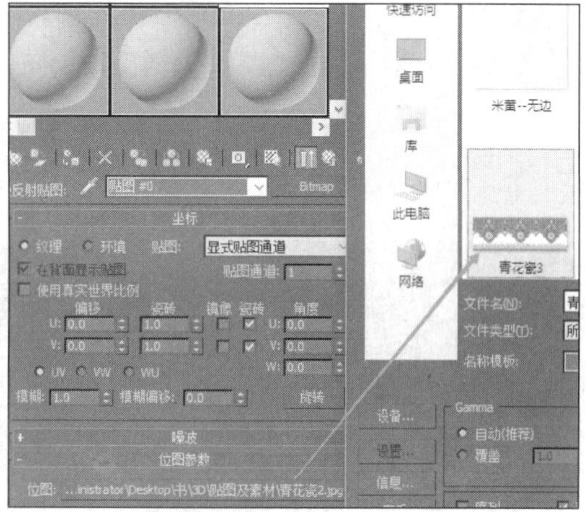

图 9-98　替换 2 号材质贴图

图 9-99　杯子贴图坐标修改

步骤 09　选择【VR-平面】，选择一个空白材质球，将【漫反射】颜色改为淡蓝色。然后按快捷键【F10】，在【GI】卷展栏设置参数如 9-100 所示。

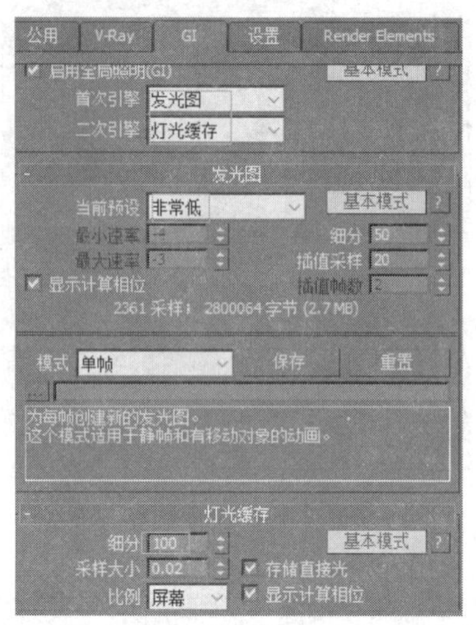

图 9-100　渲染草图设置

步骤 10　在透视图中按快捷键【Ctrl+C】变为摄影机视图，然后创建一个【VR-灯光】，修改参数如图 9-101 所示。

图 9-101　布置 VR-灯光

步骤 11　渲染草图，效果如图 9-102 所示，可见离灯光较远处的阴影不够细腻。选择【VR-灯光】，单击【修改】面板，将【细分】值由 8 改为 20。按快捷键【F10】，在【公用】卷展栏将【输出大小】改为 320×240，然后在【GI】卷展栏中将渲染参数调高，如图 9-103 所示。

图 9-102　草图渲染效果　　　图 9-103　准备出大图的渲染设置

步骤 12　小样图渲染完毕后，将【发光图】和【灯光缓存】的计算结果都分别保存起来，如图 9-104 所示。

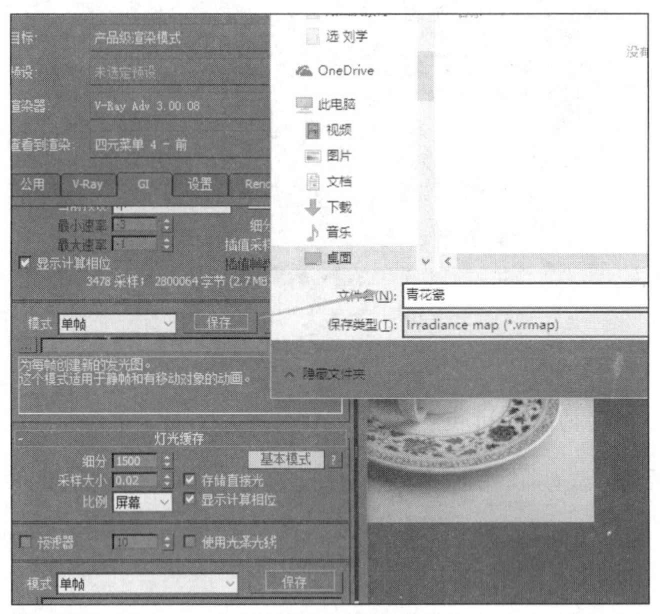

图 9-104　保存计算结果

步骤 13　准备出大图。再次按快捷键【F10】在【公用】卷展栏将渲染尺寸调大（这里为 800×600）；然后在【GI】卷展栏中将【发光图】和【灯光缓存】的计算模式都改为【从文件】，如图 9-105 所示，分别载入刚才保存的两个文件。

步骤 14　再次渲染，效果如图 9-106 所示。

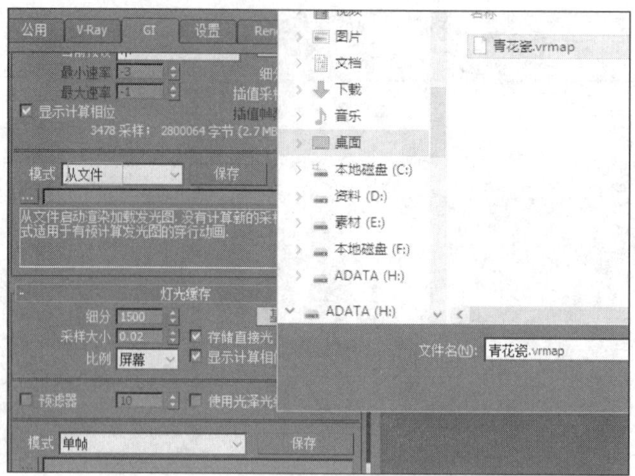

图 9-105 载入计算结果

图 9-106 瓷器大图渲染效果

同步训练——调制吊顶材质

下面利用所学知识为前面的模型调制材质，例如，为吊灯调制材质，如图 9-107 所示。

图解流程

图 9–107 为吊灯调制材质图解流程

思路分析

此吊灯主要材质有亚光金属和自发光灯泡，亚光金属只需在金属材质的基础上将【反光光泽度】调低即可；灯泡材质用【VR- 灯光材质】即可。如果觉得背景单调，可贴【渐变】贴图。

关键步骤

步骤 01 打开“光盘\案例\第4章\吊灯.max”，全选对象，单击【组】菜单→【炸开】，全部解散群组。切换到 V-Ray 渲染器，选择一个材质球，切换为【VRayMtl】材质，调制金属材质，如图 9-108 所示。然后指定给除了灯泡外的对象。

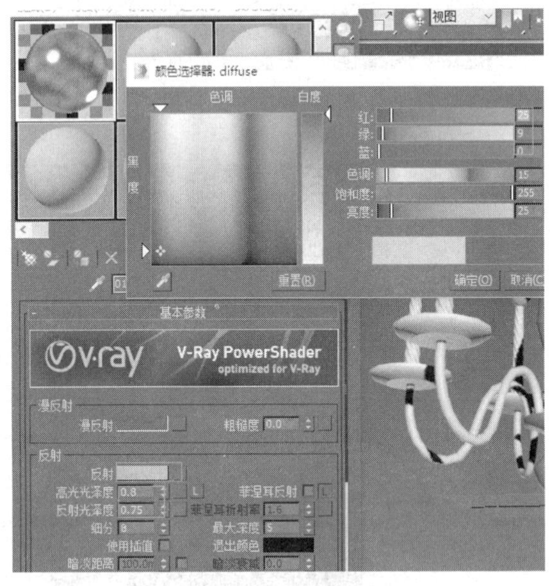

图 9-108 调制金属材质

步骤 02 选择一个空白材质球，将材质类型切换为【VR- 灯光材质】，如图 9-109 所示。

步骤 03 按快捷键【8】将背景贴上【渐变】贴图，将贴图复制到材质球上，如图 9-110 所示。然后将其参数调整如图 9-111 所示。

步骤 04 设置草图渲染模式，为了避免每次渲染都要设置，可如图 9-112 存为预设，这样下次渲染就可直接在预设中选择“草图”预设。

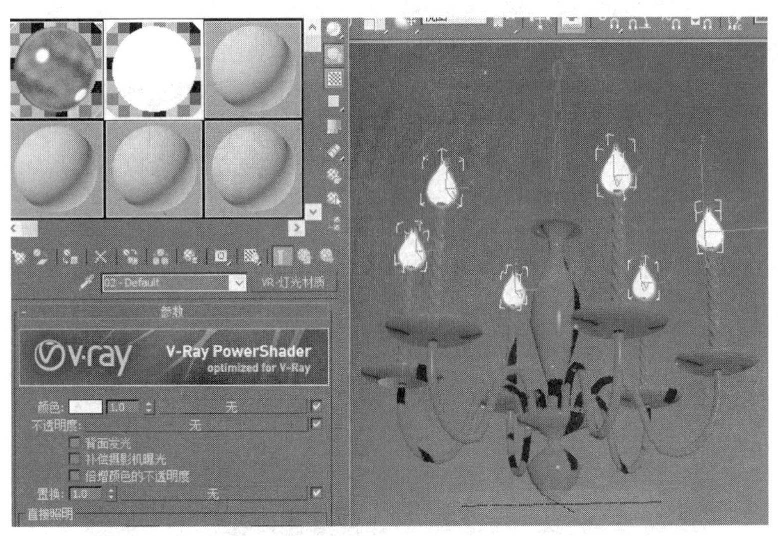

图 9-109 切换材质类型

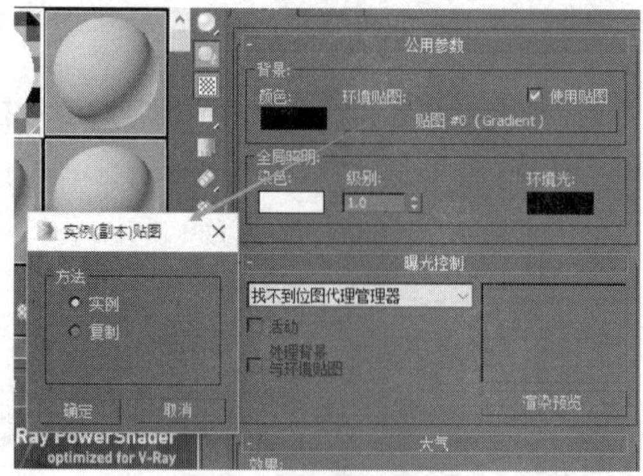

图 9-110　背景贴图

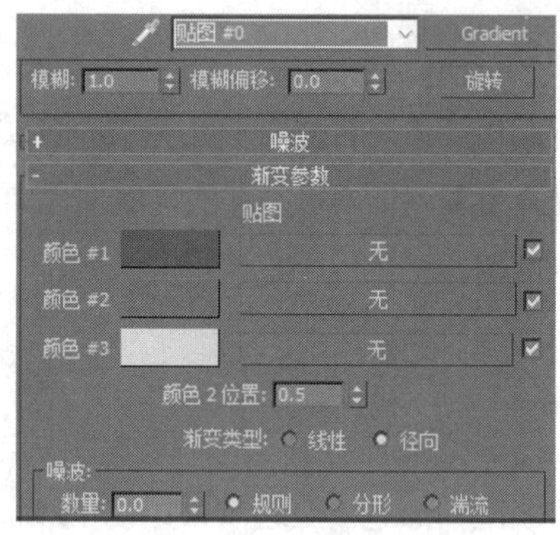

图 9-111　调整渐变贴图

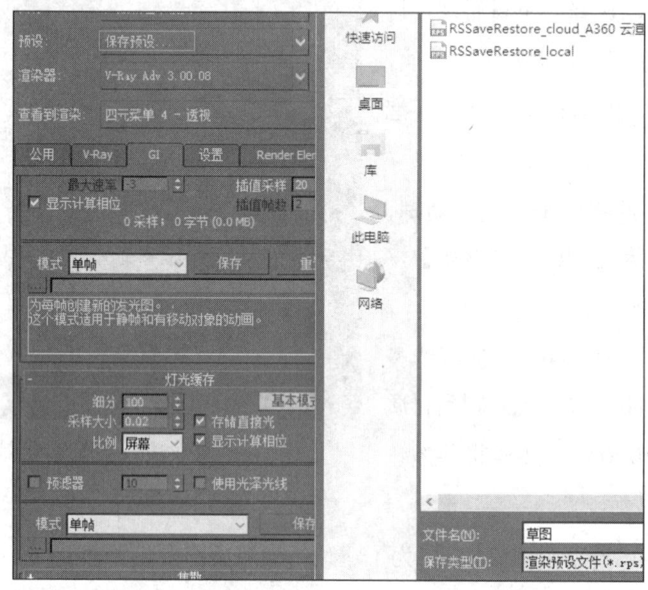

图 9-112　设置草图渲染模式并保存预设

步骤 05　渲染草图，参考效果如图 9-113 所示。

图 9-113　渲染草图

知识与能力测试

本章旨在让读者对基本的材质与贴图有一个系统的认识和扎实的训练，为对知识进行巩固和考核，布置相应的练习题。

一、填空题

1. 调出【材质编辑器】的快捷键是________。

2. 标准材质的反射贴图有________、________和________3 种。

3. HDRI 的中文意思是__________。

4. 在 VRayMtl 材质中，要让光线穿透透明或半透明材质需勾选________选项。

5. 在 VRayMtl 材质中，要制作反射衰减效果需选中________选项。

二、选择题

1. V-Ray 渲染器是由哪个公司出品的？（　　）

A．AutoDesk　　B．Adobe　　C．Corel　　D．Chaosgroup

2. 与 3ds Max 2016 匹配的 V-Ray 渲染器版本是（　　）。

A．1.5　　B．2　　C．3　　D．4

3. 标准材质的反射贴图效果最好的是（　　）。

A．位图　　B．光线跟踪　　C．平面镜　　D．反射 / 折射

4. 能方便调制反射和折射材质，显示透明背景的按钮是（　　）。

A．　　B．　　C．　　D．

5. 水的折射率是（　　）。

A．1　　B．1.33　　C．1.6　　D．2.4

6. 在 VRayMtl 材质中，调制亚光材质主要修改哪个参数？（　　）

A．反射　　B．高光光泽度　　C．反射光泽度　　D．细分

7. 【渐变色】贴图的类型有（　　）。

A．线性　　B．径向　　C．线性和径向　　D．角度

8. 在使用【位图】贴图时，【坐标】卷展栏中的哪个参数可以控制贴图的位置？（　　）

A．偏移　　B．瓷砖　　C．镜像　　D．平铺

9. 如果给一个几何体增加了一个【UVW 贴图】修改器，并将 U 向平铺设置为 2，同时将该几何体材质的【坐标】卷展栏中 U 向平铺设置为 3， 那么贴图的实际重复次数是几次？（　　）

A．2　　B．3　　C．5　　D．6

三、判断题

1. 一个场景中最多只能有 24 个材质。（　　）

2. 可以将材质保存到材质库里，下次就能打开材质库直接使用。（　　）

3．【VRayHDRI】贴图只能使用 *.hdr 格式图片。（ ）

4．在 VRayMtl 材质中，调制透明或半透明材质需调【折射】参数。（ ）

5．在 VRayMtl 材质中，【反射】参数亮度越高，反射越强。（ ）

6．【多维 / 子对象】材质需与【编辑多边形】里的【指定材质 ID 号】命令配合。（ ）

7．可以使用【位图参数】卷展栏中的【裁切 / 放置】区域的参数选取位图的某个区域进行贴图。（ ）

8．不能使用位图替换【棋盘格】贴图中的颜色。（ ）

9．在【蒙版】贴图中，蒙版图像最好是彩色图像。（ ）

3ds Max 2016

第 10 章 灯光技术

有了光才能看见五彩斑斓的世界。而对三维效果图或动画而言，除了模型和材质的语言描绘对象之外，我们还得熟练地运用灯光语言来描绘对象。本章介绍如何运用 3ds Max 灯光语言来表现对象。

学习目标

- 理解真实世界灯光传递的原理
- 掌握 3ds Max 布光技巧
- 熟悉标准灯光的主要参数
- 了解光度学灯光的特点
- 熟练掌握 VR- 灯光的使用要点

灯光概述

要在 3ds Max 里模拟出漂亮的灯光，首先得熟悉真实环境的灯光，3ds Max 2016 的几类灯光都各有特点，并且相对以往的版本越来越人性化，操作简易且效果好。

10.1.1 真实环境中的灯光

真实环境里的灯光从光源上来讲有自然光和人工光两大类，日、月、星及天光属于自然光，各种电器的光则属于人工光。从灯光照射的方式可分为直射光和漫射光两类，比如晴天的太阳照射物体就是直射光，而阴天看不见太阳，也未开灯，也能看见物体，只是没有明显的阴影，那就是漫射光，也称“天光”。图 10-1 是一个场景里的灯光分析，可见灯光无非分为自然直射光（如地面的阳光），自然漫射光（如窗口处的光），人工直射光（如筒灯），人工漫射光（如台灯和暗藏灯光）。

图 10-1　现实场景中的灯光分析

10.1.2 3ds Max 中的灯光

3ds Max 其实是模拟真实环境中的灯光，在早期的版本中，就只有【标准灯光】一个类型，这种灯光的优点是渲染速度快，但缺点是短时间内不容易掌握其要领。因为它的灯光没有反弹，模拟真实环境全凭用户对各种参数的经验把握。

在 3ds Max 5.0 时，收购了当时最专业的渲染软件 Lightscape 后，Lightscape 就停止开发，而将其核心技术——光能传递引进到 3ds Max。光能传递就是根据真实灯光能量传递的原理开发的，但在操作上还是不易掌握，且效果难以达到以前 Lightscape 的效果。

后来终于出现了操作简易，效果逼真的一款软件——V-Ray，其核心技术就是【GI】，即“间接光照”，能很充分地模拟漫反射光照，并且有与其配套的模型、材质、灯光、摄影机等，目前已成为了很受欢迎的专业渲染软件，如下图所示。

图 10-2　Lightscape 3.2 版

图 10-3　V-Ray 3.0 版

10.1.3 灯光布置的思路

早期的版本只有标准灯光，前面说过这种灯光不像真实灯光一样会在照射面上根据其粗糙度、颜色、透明度等进行反弹传递，所以布置灯光时一般是沿用摄影棚布灯的“三点照明”法，即主光源、补光源或叫副光源、背光源，在一些特殊的情况下往往还要加上背景光源。

主光源提供场景的主要照明及阴影效果，有明显的光源方向，一般位于视平面 30°～45°，与摄像机夹角为 30°～45°，投向主物体，一般光照强度较大，能充分地把主物体从背景中凸显出来。

补光源用来平衡主光源造成的过大的明暗对比，同时也用来勾画出场景中物体的轮廓，一般相对于主光源位于摄像机的另一侧，高度和主光源相近。一般光照强度较主光源小，但光照范围较大，应能覆盖主光源无法照射到的区域。

背光源的主要作用是使诸物体同背景分离，其位置同摄像机呈近 180°，高度要根据实际情况调节，其照射强度一般很小，多用大的衰减。三点照明的布光方案如图 10-4 所示。

而随后的“光能传递”渲染和外挂插件 V-Ray 渲染器则不必这样布光，因为它们采用的渲染计算方式与真实灯光的传递方式相似，如图 10-5 所示，所以基本是哪里有灯光就在哪里布灯。

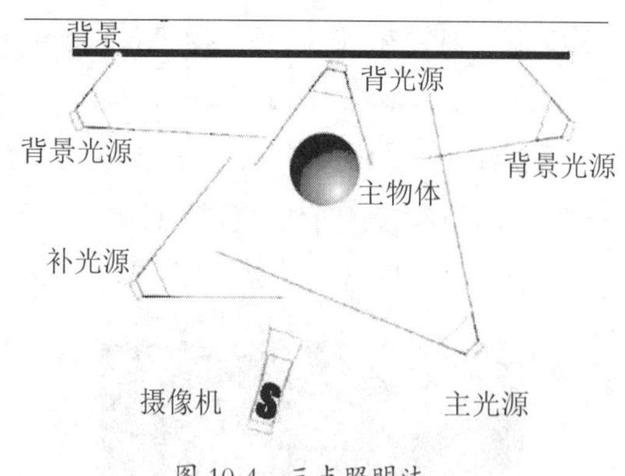

图 10-4　三点照明法

图 10-5　光能传递示意图

10.2 标准灯光

标准灯光是基于计算机的对象，其模拟灯光，如家用或办公室灯，舞台和电影工作时使用的灯光设备，以及太阳光本身。不同种类的灯光对象可用不同的方式投影灯光，用于模拟真实世界不同种类的光源。与光度学灯光不同，标准灯光不具有基于物理的强度值。

10.2.1 标准灯光的类型

标准光源是3ds Max中根据光源发光的方式来模拟的，包括点光源、聚光源、平行光源和环境光源。所有这些类型的光都可由用户修改。在3ds Max的三维场景中自动地产生一个或两个默认光源。但只要我们在场景中指任意光源，默认光源就自动地关闭。3ds Max的各种光源类型的图标及照射形状如图10-6所示。

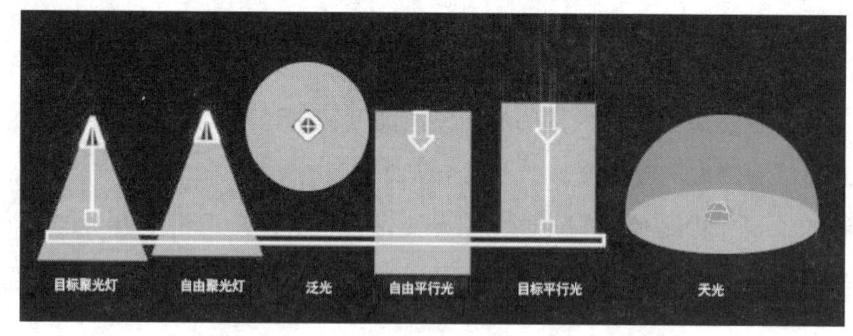

图 10-6　标准灯光的照射形状

点光源(即【泛光】)向所有方向均匀地发射光，因此点光源也被称作全向光源。点光源是最简单的光源类型，白炽灯是点光源的一个简单例子，星星、蜡烛、萤火虫也是点光源。

【聚光灯】按一个圆锥形状或四棱锥向指定方向发射光。聚光灯有一些特有的特征，将在以后的实例中作解释，这些特征是其他类型光源所没有的：可变角度圆锥形光和光衰减参数。用于舞台、电影产品中的闪光、带阴影的灯和光反射器都是聚光灯的例子。

在 3ds Max 中用【平行光】来模拟太阳光、激光束、探照灯等平行光。至于太阳，3ds Max 还提供【创建】→【系统】→【太阳光】的创建方法，通过输入太阳位置的经纬度，加上模拟场景时的日期、在一天中的准确时间，太阳可准确地放在场景之上。

【天光】是 3ds Max 为弥补其间接光照不足而增加的一个光源，相当于没有太阳直射时的效果，有了它，用标准灯光模拟漫反射环境光就变得非常容易，做出的灯光效果几乎可以与 VR- 灯光媲美，但渲染时间也成倍增加。需要注意的是，【天光】与位置无关。

10.2.2 标准灯光的参数

影响灯光效果的灯光属性一般有 3 个：灯光的强度、颜色和衰减；灯光的阴影；灯光与物体表面的夹角，当然还会受到物体材质的影响。

（1）强度 / 颜色 / 衰减

参数如图 10-7 所示，倍增越大则灯光越强，但 3ds Max 里默认是真空照明，若要模拟真实灯光的衰减效果，则需设置衰减距离。颜色一般是主光源暖色辅助光源冷色。

（2）阴影参数

光影密不可分，可以通过设置阴影来表现灯光，其参数如图 10-8 所示。

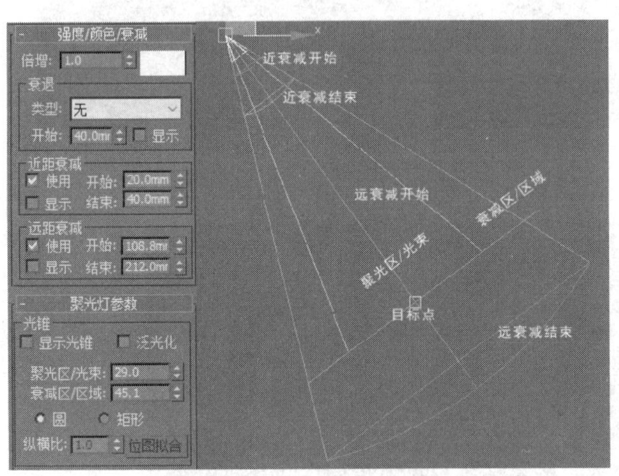

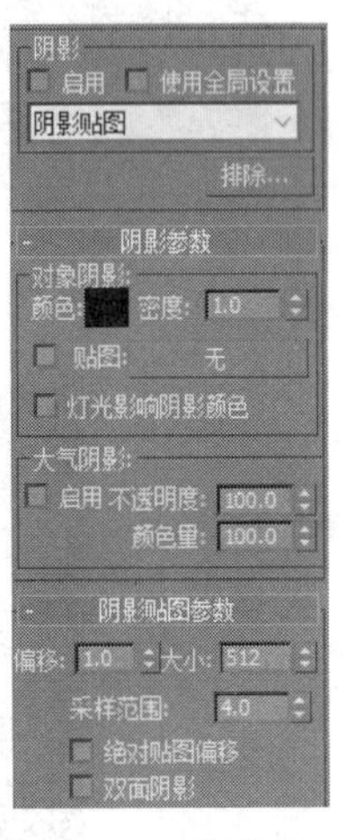

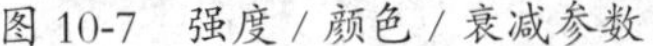
图 10-7 强度 / 颜色 / 衰减参数

图 10-8 阴影参数

阴影类型	阴影贴图：运算速度最快，但精度最低
	高级光影跟踪阴影：运算速度仅次于阴影贴图
	区域阴影：能够形成阴影逐渐虚化的效果
	光线跟踪阴影：运算速度最慢，但效果最好，只有它才能表现透明物体的阴影
阴影参数	能够调整阴影颜色及不透明度
相应阴影参数	可以设置 4 类阴影的偏移、大小等

（3）排除 / 包含参数

可以设置某个灯光专门照射哪些物体，或者不影响哪些物体。

课堂范例——为阳台模型布灯

步骤 01　打开“光盘 \ 贴图及素材 \ 第 10 章 \ 阳台 .max”，先布置自然光。单击【创建】面板→灯光→标准→天光，在顶视图中创建一盏天光，参数如图 10-9 所示。测试渲染效果如图 10-10 所示。可以看到天光的漫射效果不错，但背景没有贴图，噪点有点多，只需在背景贴一张图，渲染成品时将【采样】值改高即可。

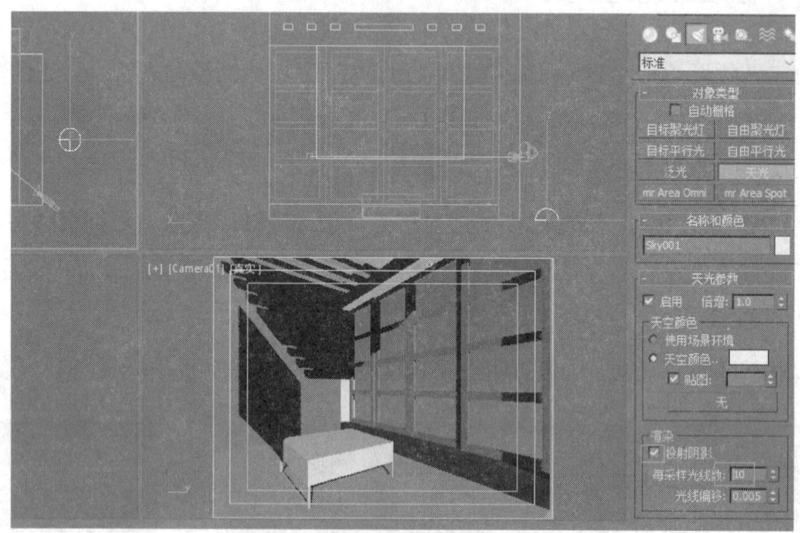

图 10-9　创建天光

图 10-10　天光渲染效果

步骤 02　按快捷键【8】，在【环境和效果】的【环境贴图】按钮上贴上“外景 .jpg”，然后布置太阳光。创建一盏【目标平行光】，位置及参数如图 10-11 所示。

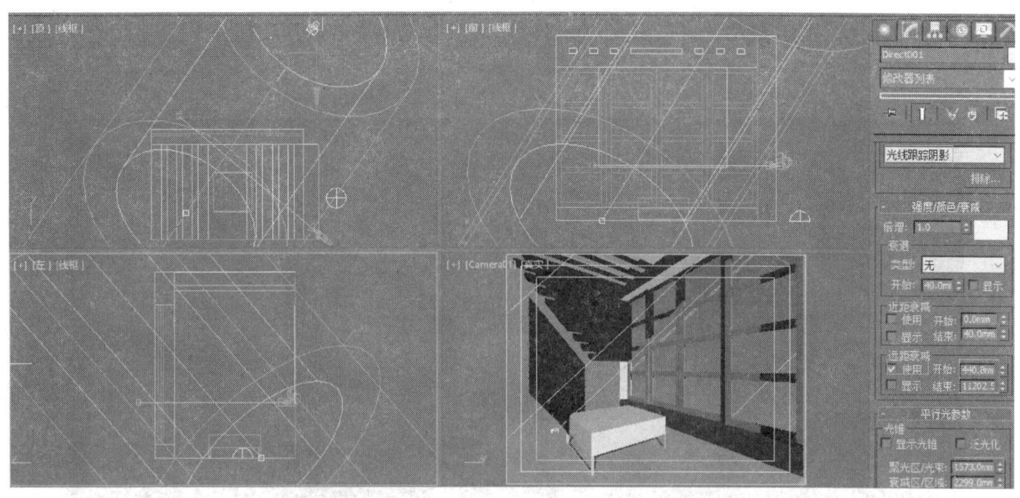

图 10-11　用目标平行光模拟太阳光

步骤 03　测试渲染，效果如图 10-12 所示。背景贴图平铺可修改一下，地板材质反射太强，可在材质编辑器里修改。按快捷键【M】调出材质修改器，将地板材质的反射改为 30，再将背景贴图【实例】克隆到材质球上，如图 10-13 所示，然后将【坐标】卷展栏里的【瓷砖】改为 2×2。

图 10-12　加上太阳光草图渲染

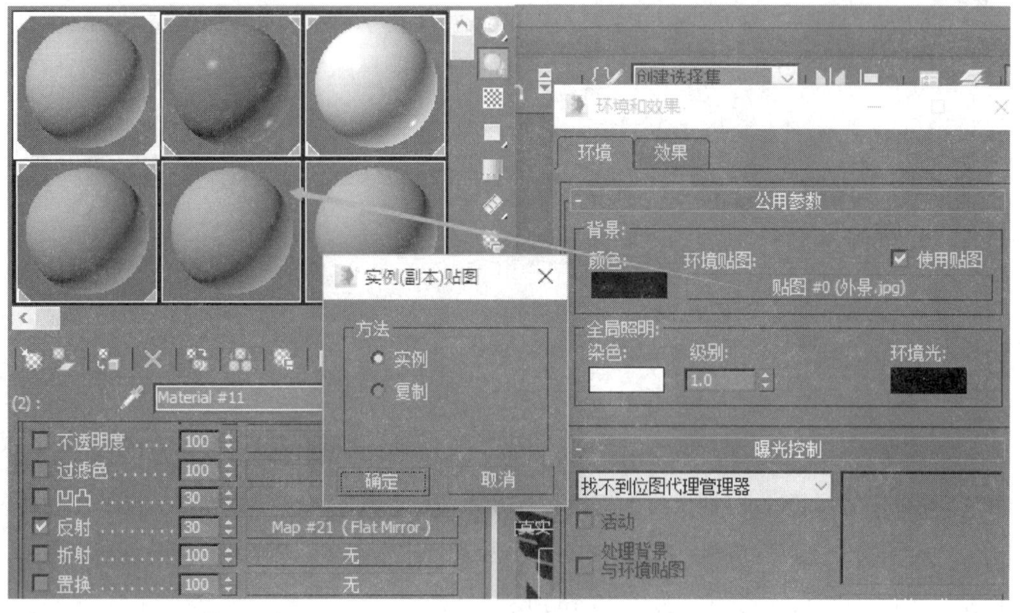

图 10-13　修改背景贴图

步骤 04 选择【天光】，将【每采样光线数】改为20，再次渲染，效果如图10-14所示。

图 10-14 最终渲染图参考效果

温馨提示

有了【天光】后，初学者也能快速掌握标准灯光的布光技巧。只需按照“天光—直射自然光—人工光”的步骤布光即可。

10.3 光度学灯光

【光度学】灯光是与【光能传递】渲染器配套的灯光，它以光度学角度模拟现实的灯光效果。用户可以为灯光指定不同的分布方式、颜色特征，还可以导入从照明厂商处获得的特定光度学文件。

其发光方式可以是点、线、面（矩形、圆形）、体（球体、圆柱体），也分为【目标灯光】和【自由灯光】两种，区别仅在于有没有目标点而已。其实光度学灯光与标准灯光相比的另一特色在于支持光域网。光域网的分布比聚光灯丰富得多，聚光灯只能是逐渐衰减，而光域网则可以有各种变化，如图10-15所示。

图 10-15 聚光灯与光域网的灯光分布比较

VR-灯光

VR-灯光是与VR-渲染器配套的灯光，参数简洁，调节效率高，有【VR-灯光】、【VRay IES】、【VR-太阳】、【VR-环境灯光】4 种。

10.4.1 VR-灯光

【VR-灯光】的创建方法非常简单，只需在【创建】→【灯光】→【VRay】里选择【VR-灯光】，然后在视图中拖动即可。再单击【修改】面板，就会有如图 10-16 所示的参数，下面对一些主要的参数进行简介。

图 10-16 VR-灯光参数

类型	有【平面】、【穹顶】、【球体】、【网格】4 种类型，一般用来模拟室外光源、天光、模糊中心位置
单位	有多种单位可选，但一般都使用的默认单位
颜色	可以使用颜色和色温来控制颜色
大小	可控制灯光的尺寸，而尺寸与倍增紧密联系
选项	设置是否投射阴影、是否双面发光、是否不可见、是否不衰减等
采样	细分值越高灯光效果越好，但渲染时间越长

10.4.2 VR-太阳

【VR-太阳】创建方法也是选择【VR-太阳】，在视图中拖曳即可，这时会弹出一个是否选择【VR-天空贴图】的对话框，如图 10-17 所示。

单击【是】按钮，按快捷键【8】调出【环境和效果】对话框，可以看到已经将【VR-天空】贴图贴到【环境贴图】按钮。再将其拖动【实例】克隆到材质球上，就可调整上面的参数控制天光，如图 10-18 所示。

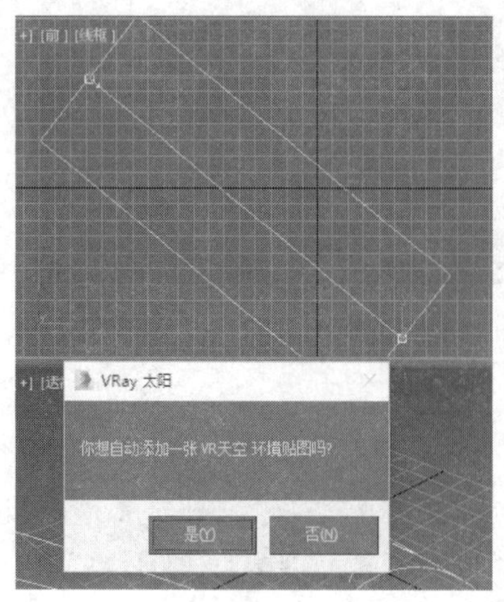

图 10-17　创建 VR- 太阳

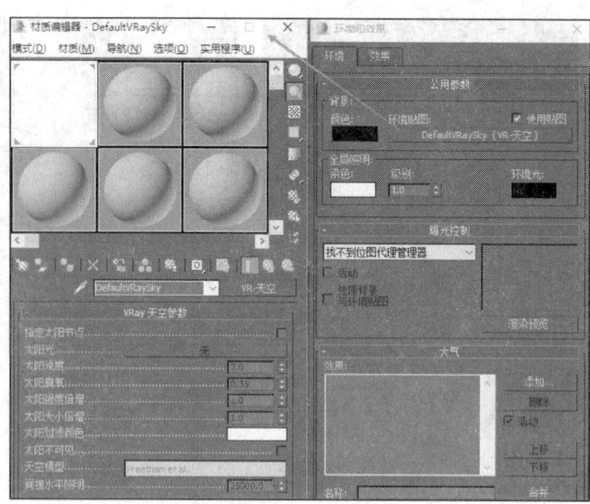

图 10-18　VR- 环境贴图参数

通过【VR- 太阳】和【VR- 天空贴图】的紧密配合，调节相关参数，就可以模拟出非常逼真的太阳光效果。

选择【VR- 太阳】，单击修改面板，就会有如图 10-19 所示的参数。

浊度	主要用来控制大气的混浊度，光线穿过浑浊的空气时，空气中的悬浮颗粒会使光线发生衍射。混浊度越高，表示大气中的悬浮颗粒越多，光线的传播就会减弱
臭氧	模拟大气中的臭氧成分，它可以控制光线到达地面的数量，值越小表示臭氧越少，光线到达地面的数量越多
强度倍增	控制太阳光的强度，数值越大表示阳光越强烈
大小倍增	用来控制太阳的大小，这个参数会对物体的阴影产生影响，较小的取值可以得到比较锐利的阴影效果
阴影细分	参数主要用来控制阴影的采样质量，较小的取值会得到噪点比较多的阴影效果，数值越高阴影质量越好，但会增加渲染的时间
阴影偏移	主要用来控制对象和阴影之间的距离，值为 1 时表示不产生偏移，大于 1 时远离对象，小于 1 时接近对象

图 10-19　VR- 太阳参数

10.4.3 VRay IES

【VRay IES】是一个 V 型射线特定光源插件，可以加载 IES 灯光，与 3ds Max 中的光度学中的灯光类似。其创建方法同样是在【创建】面板→【灯光】→【VRay】中选择

【VRay IES】灯光，然后在视图中拖曳。再单击【修改】面板，就会有如图10-20所示的参数，其主要参数介绍如下。

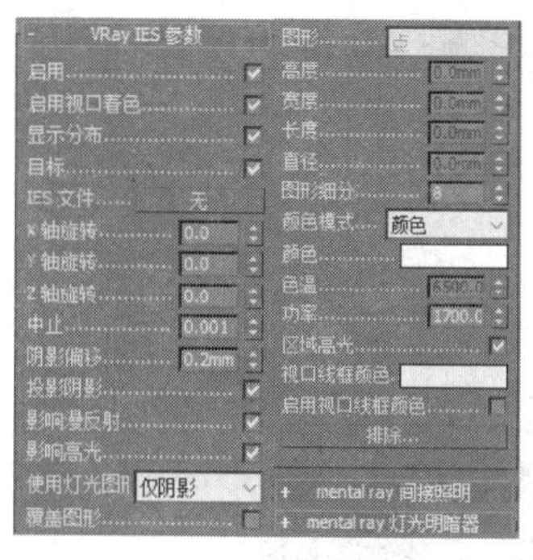

图 10-20　VRay IES 参数

启用	开关。勾选【目标】使得 VRay IES 灯光有目标点，可以方便地调节灯光的方向
IES 文件	单击后面的按钮可载入光域网文件
中止	控制 VRay IES 灯光影响的结束值，当灯光由于衰减亮度降低于设定的数字时，灯光效果将被忽略
图形细分	控制灯光及投影的效果品质
颜色模式	利用“颜色”和“温度”设置灯光的颜色
功率	调整 VRay IES 灯光的强度

10.4.4 VR- 环境光

【VR- 环境光】功能类似于标准灯光中的【天光】，可以模仿日光照射，并且可以设置天空的颜色或天空指定贴图。

课堂问答

问题❶：V-Ray 渲染时为什么阳光透不过玻璃？

答：跟材质、阴影等设置有关。若是标准材质、标准灯光和默认线扫描渲染器，需要将灯光的阴影启用并将模式更改为【光线跟踪阴影】；若是 V-Ray 材质和 V-Ray 渲染，则需要在【VRayMtl】材质的【折射】选项里勾选【影响阴影】。

问题❷：3ds Max 能制作光域网文件吗？

答：不能。以前的 Lightscape 可以制作，但 3ds Max 不能制作，一般都是在照明厂商处获得或在网上下载。

问题❸：怎么打好灯光？

答：多观察实际生活中的灯光特性和材质特性，多看看摄影作品的布光方式，多画多练多琢磨领悟，当然了，最简单的就是直接下载网上的 3D 模型（带贴图和光域网的）慢慢研究测试。

上机实战——制作阳光房间效果

为了让读者能巩固本章知识点，下面讲解两个技能综合案例，使大家对本章的知识有更深入的了解。

阳光房间效果如图 10-21 所示。

效果展示

图 10-21　阳光房间效果展示

思路分析

此场景也涉及天光、阳光、暗藏灯带、筒灯、落地灯等光源，是一个灯光大阅兵式的综合案例，此案例主要用 VR- 灯光来模拟。天光可在渲染设置里开启环境光或直接用【VR- 天空】贴图，阳光用【VR- 太阳】模拟；灯带、落地灯用【VR- 灯光】模拟；筒灯用【VRay IES】或【光度学】灯光来模拟。

制作步骤

步骤 01　打开“光盘 \ 贴图及素材 \ 第 10 章 \ 阳光房间 .max”，先布环境光，按快捷键【F10】，在【V-Ray】选项卡【环境】卷展栏里勾选【全局照明（GI）环境】；然后在【GI】选项卡里设置草图渲染，如图 10-22 所示。然后测试渲染，效果如图 10-23 所示。

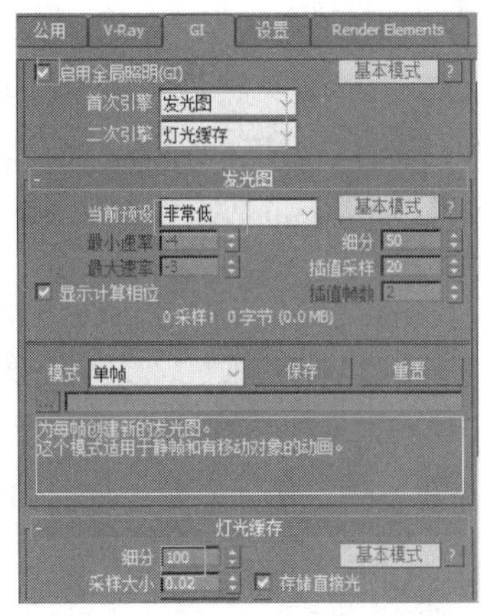

图 10-22　V-Ray 渲染草图设置

图 10-23　天光测试渲染效果 1

步骤 02 从渲染草图可以看出天光强度不够，背景需要贴图，将天光强度改为 2，给背景贴个图，再次渲染，效果如图 10-24 所示。

步骤 03 创建太阳光。这里创建一个【VR- 太阳】，由于刚才已经开启了天光，所以在提示是否用【VR- 天空】贴图时就选择【否】，参数和位置如图 10-25 所示。

图 10-24 天光测试渲染效果 2

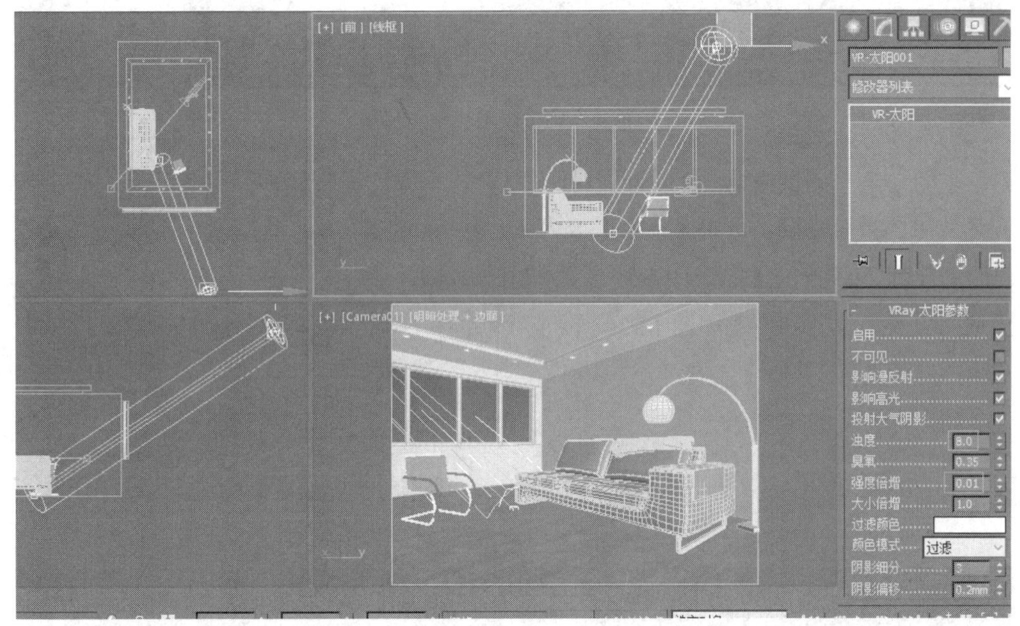

图 10-25 VR- 太阳参数及位置

步骤 04 再次测试渲染，效果如图 10-26 所示，已经模拟出比较理想的效果。

步骤 05 绘制灯带。在暗藏灯带处绘制【VR- 灯光】，参数和位置如图 10-27 所示。

图 10-26 太阳光测试渲染效果

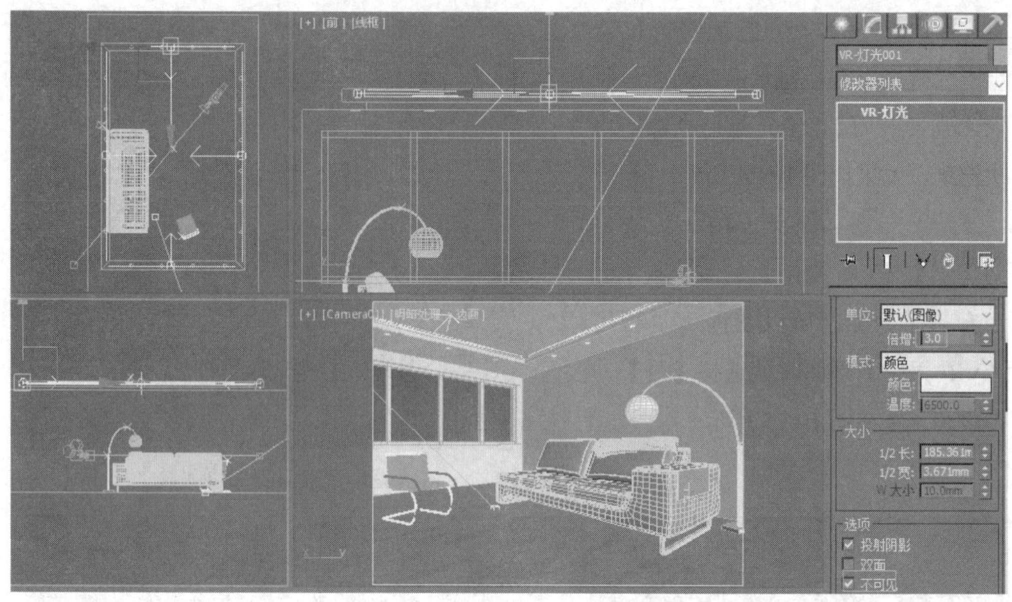

图 10-27　VR-灯光参数及位置

步骤 06　测试渲染，效果如图 10-28 所示，灯带效果稍微有点强，可将【倍增】改为 2。接着绘制筒灯。创建一个【VRay IES】，载入"7.IES"光域网文件，位置和参数如图 10-29 所示。然后根据筒灯的位置【实例】克隆 5 个。

图 10-28　暗藏灯带测试渲染效果

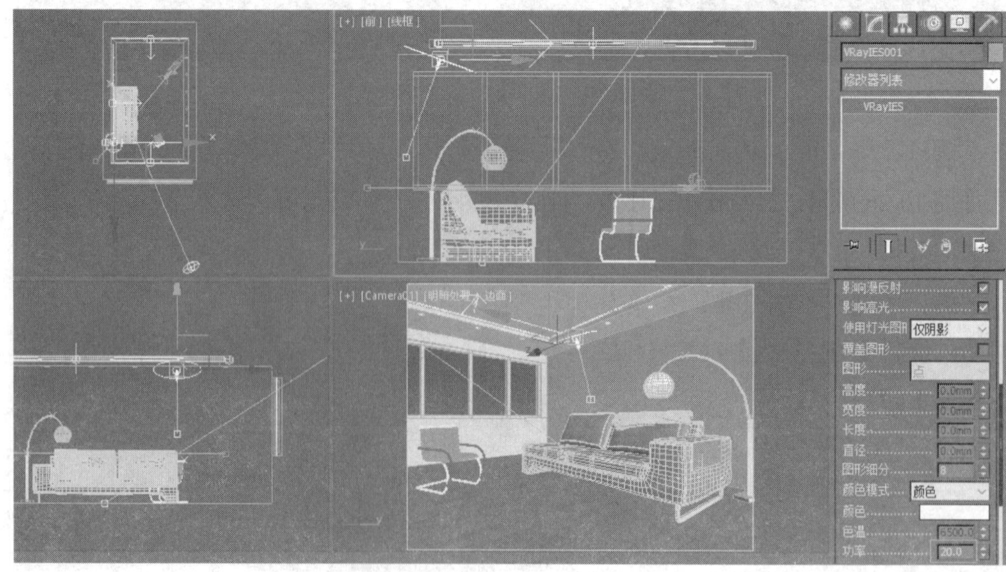

图 10-29　VRay IES 参数及位置

步骤 07 测试渲染，效果如图 10-30 所示。现在制作落地灯灯光效果，在【顶视图】创建一盏【VR-灯光】，将其改为球体，勾选【不可见】复选框，设置如图 10-31 所示。

图 10-30 筒灯测试渲染效果

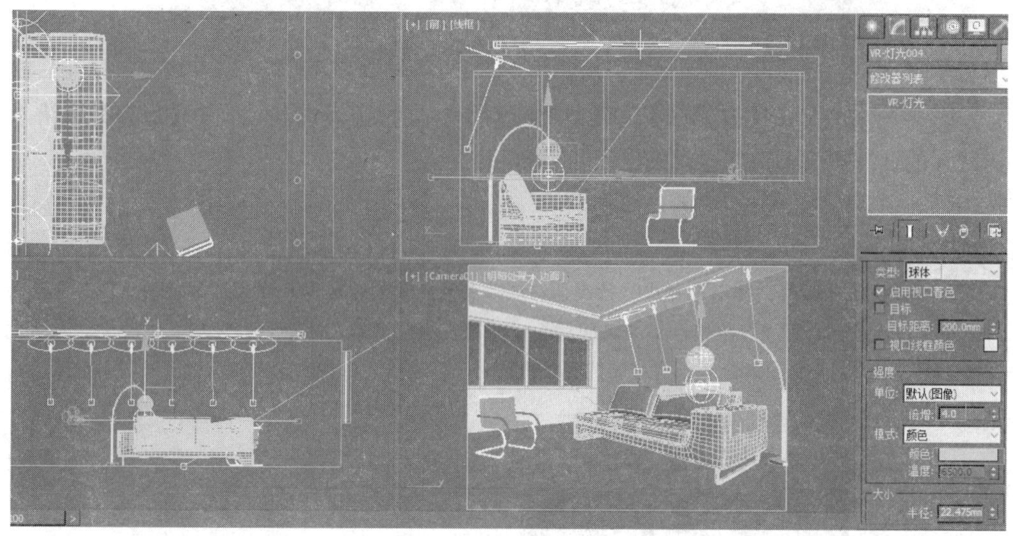

图 10-31 落地灯参数及位置

步骤 08 测试渲染，效果如图 10-32 所示。准备出大图，按快捷键【F10】将【输出大小】改为 320×240，再单击【GI】选项卡，将参数设高，渲染一次，如图 10-33 所示。

图 10-32 落地灯测试渲染效果

图 10-33 准备出大图渲染

步骤 09 单击【发光图】和【灯光缓存】卷展栏【模式】后面的【保存】按钮，将刚才的计算结果分别保存起来，如图 10-34 所示。

温馨提示

草图要的是时间，所以尺寸小，精度低；成品要的是质量，所以尺寸大，精度高。但若直接渲染会相当耗时，所以在草图和成品之间增加了一个步骤：渲染尺寸小但精度高，将渲染计算结果保存起来，渲染大图时载入，这样就免去了漫长的计算过程。但要注意大图原则上长宽不能大于小图的 4 倍。

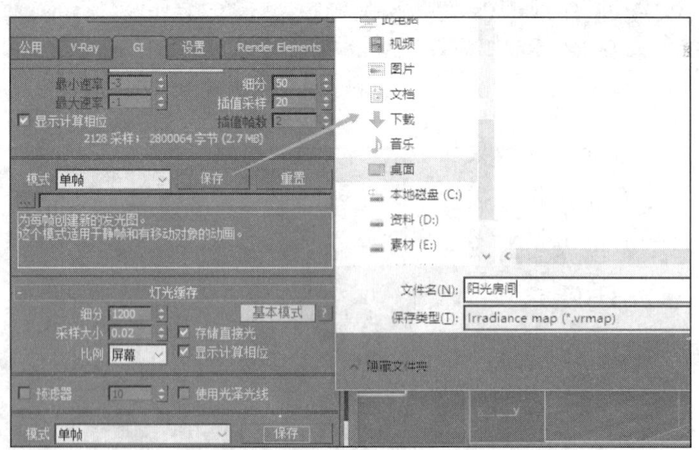

图 10-34 保存高精度渲染计算文件

步骤 10 出大图。按快捷键【F10】将【输出大小】改为 800×600，再单击【GI】选项卡，单击【发光图】和【灯光缓存】卷展栏中的【模式】，将其均改为【从文件】，载入刚才保存的计算结果文件，如图 10-35 所示。

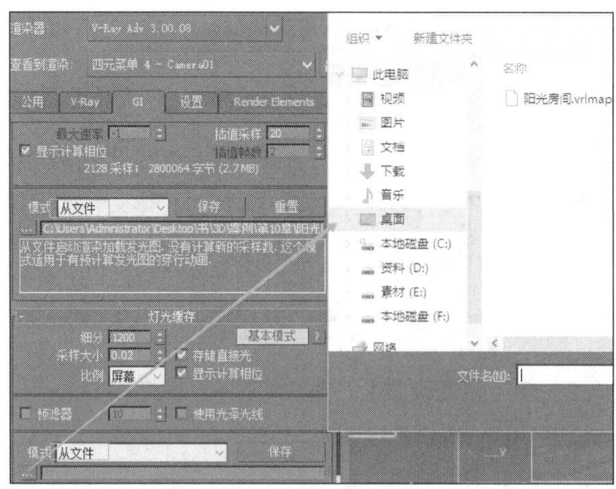

图 10-35　载入高精度渲染计算文件

步骤 11　渲染大图，效果如图 10-36 所示。

图 10-36　大图渲染参考效果

同步训练——制作异形暗藏灯带效果

前面介绍了直线暗藏灯带的制作方法，但对于异形暗藏灯带则有更方便快捷的方法，下面就来介绍一下异形暗藏灯带的绘制方法。图解流程如图 10-37 所示。

图解流程

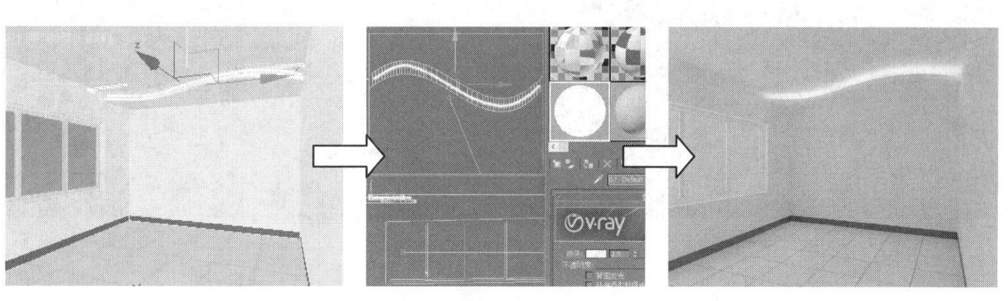

图 10-37　制作异形暗藏灯带效果的图解流程

思路分析

对于异形灯带的处理，在 VRay 中就变得很简单。在 VRay 的渲染思想中，灯光不仅仅在创建灯光面板里才有，还有其他看不到的灯光，如环境光、天空贴图、HDRI 贴图等——而此处则是利用发光材质或材质包裹器制作灯光。具体思路是：沿灯槽处创建贝塞尔线—指定【VR- 灯光材质】—VRay 渲染即可。

关键步骤

步骤 01 打开“光盘 \ 贴图及素材 \ 第 10 章 \ 异形灯带 .max”，按默认设置快速渲染，目前只有天光，效果如图 10-38 所示。

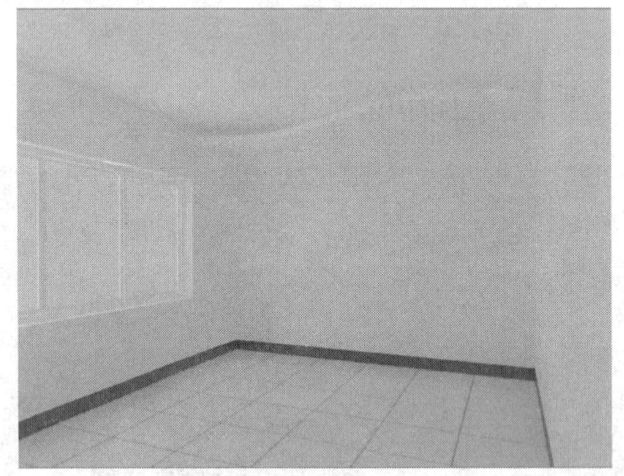

图 10-38　原始图天光渲染参考效果

步骤 02 创建贝塞尔线。在【顶视图】创建【线】，编辑好形状后移动到灯槽以内，如图 10-39 所示。

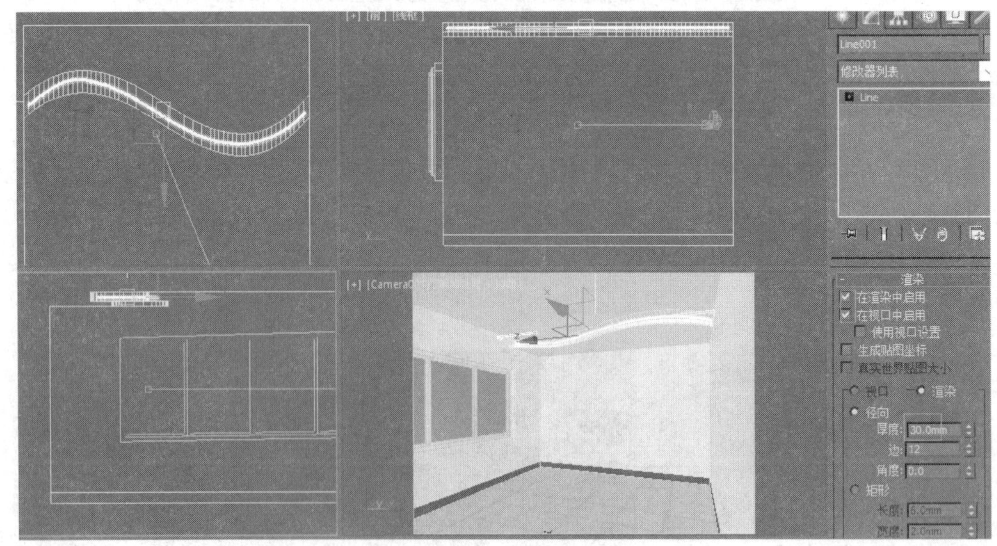

图 10-39　创建二维线

步骤 03 为其调制一个【VR- 灯光材质】，参数设置如图 10-40 所示，快速渲染，效果如图 10-41 所示。

步骤 04 从渲染图看出有些小瑕疵，线条本身能看见，并且灯光层次粗糙。前者只需选择线条右击选择【对象属性】，去掉几个选项即可，如图 10-42 所示。

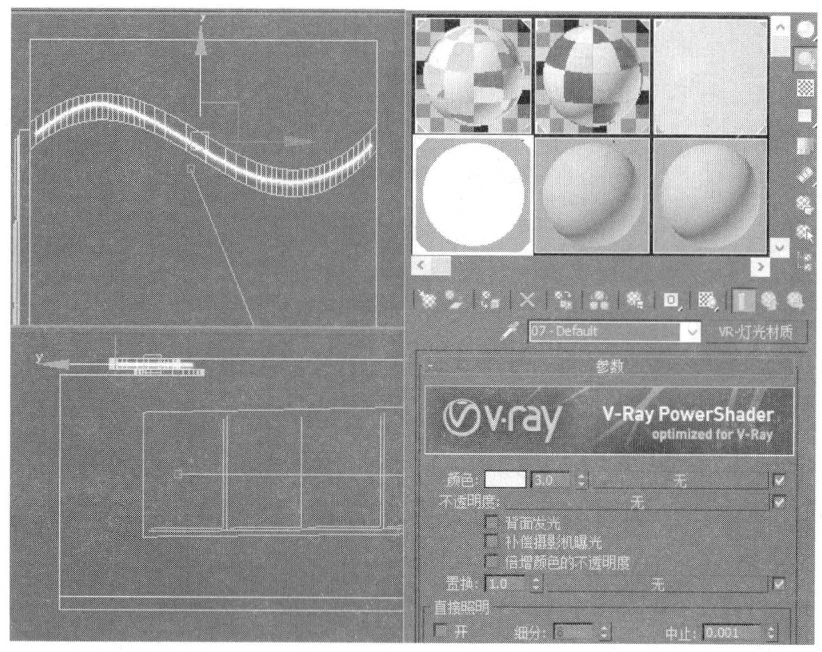

图 10-40 调制 VR- 灯光材质

图 10-41 测试渲染效果

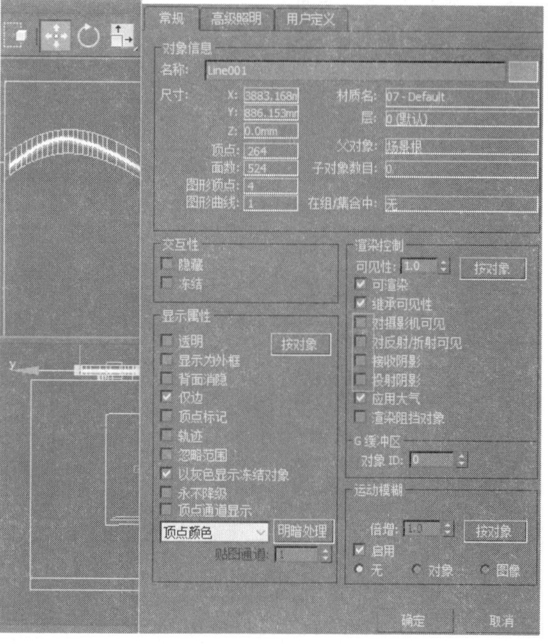

图 10-42 设置线条属性

步骤 05 渲染大图，效果如图 10-43 所示。

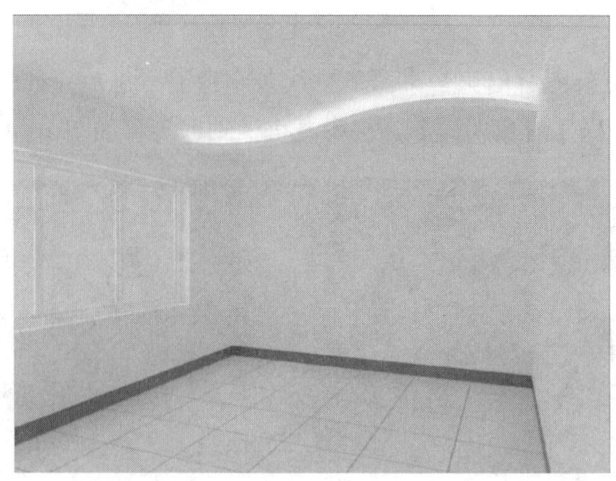

图 10-43　暗藏灯带最终渲染效果

知识与能力测试

本章讲解了 3ds Max 灯光的基本知识和技能，为对知识进行巩固和考核，布置相应的练习题。

一、填空题

1. 【VR- 灯光】有______、______、______、______4 种类型。

2. 标准灯光里根据灯光的形状分为圆锥形的______、圆柱形的______、球形的______和半球形的______4 种类型。

3. 光域网文件的扩展名是______。

4. 从光源上可以分成______和______；从照射方式上可分为______和______。

5. 标准灯光里的衰减有______种类型。

二、选择题

1. 在标准灯光中，若要光线透过玻璃，需选择（　　）。

A. 阴影贴图　　B. 高级光线跟踪　C. 光线跟踪　　D. 区域阴影

2. 暗藏灯带属于（　　）。

A. 自然直射光　　B. 自然漫射光　　C. 人工直射光　　D. 人工漫射光

3. 基于光能传递角度开发的灯光类型是（　　）。

A. 标准灯光　　B. 光度学灯光

C. VR- 灯光　　D. Lightscape 灯光

4. 能够形成虚化阴影的是（　　）。

A. 阴影贴图　　B. 高级光线跟踪　C. 光线跟踪　　D. 区域阴影

5. 创建光度学灯光时，要载入光域网文件，需将【灯光分布（类型）】设为（　　）。

A．统一球形　　B．光度学 Web　　C．聚光灯　　D．统一漫反射

6．在【VR- 太阳】中，不能控制光线强弱的参数是（　　）。

A．浊度　　B．臭氧　　C．强度倍增　　D．大小倍增

7．以下不能模拟太阳的是（　　）。

A．平行光　　B．VR- 太阳　　C．太阳光　　D．VR- 环境灯光

8．【发光图】渲染计算结果文件格式是（　　）。

A．vrmap　　B．vrlmap　　C．map　　D．vr

三、判断题

1．在 3ds Max 中一般将材质、灯光和渲染器结合起来考虑。（　　）

2．在 VRay 渲染中，可以使用材质来模拟灯光。（　　）

3．3ds Max 2016 可以创建光域网文件。（　　）

4．若使用标准灯光 +VR- 渲染器，那么灯光的阴影最好使用【VR- 阴影】或【VR- 阴影贴图】，相当于标准灯光的【阴影贴图】和【光线跟踪阴影】。（　　）

5．【阴影贴图参数】卷展栏里的【大小】和【采样范围】能控制阴影的模糊程度，【大小】里的值越大阴影越清晰，【采样范围】越大阴影越模糊。（　　）

6．有同样倍增的【VR- 灯光】，实际强度不一定相等，因为其强度还与灯光的面积有关。（　　）

7．若 VR- 灯光的阴影噪点较多，在渲染的时候可以将其【采样】细分值调高。（　　）

8．标准灯光默认的情况下是真空照明，所以在具体使用时要设置衰减。（　　）

3ds Max 2016

第 11 章 制作基本动画

前面主要介绍了静帧效果图的绘制全流程，也涉及了一些简单的动画，本章将正式全面地介绍动画控制、轨迹视图等内容。

学习目标

- 理解关键帧的原理
- 掌握轨迹视图的使用
- 掌握基本运动控制器的用法
- 掌握动画约束的基本使用方法
- 熟悉运动轨迹的控制技巧

动画概述

动画比静帧图更有感染力，在影视、广告、游戏动漫、栏目包装、建筑表现等方面有广泛的应用。

11.1.1 动画原理

动画效果的实现是基于视觉原理，当看一个物体或一幅画面后，在1/24秒之内视觉会暂留，不会消失。例如，在一个漆黑的夜晚点燃烟花，快速旋转手中的烟花，我们看到的是一个连续的光圈而不是一个个光点，如图11-1所示。利用这一原理，在一幅画消失前播放出下一幅画，就会给人造成一种流畅的视觉变化效果，如图11-2所示。

图11-1 燃放烟花的视觉残留

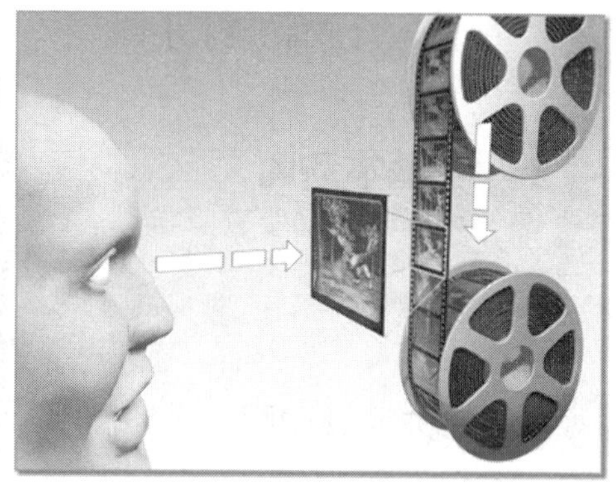

图11-2 动画原理

11.1.2 时间配置

经过医学证明，人眼的视觉残留时间大约是1/24秒，高于1/24秒更细腻，比如有些大制作电影就用1/48秒的帧速率；低于1/24秒则感觉动作不连贯，比如有些Flash动画片就是用的1/12秒甚至1/8秒的帧速率。

帧速率即每秒钟播放的画面数量，单位是“帧每秒”，即“FPS”。在动画控制区右击，就会弹出【时间配置】对话框，如图11-3所示。帧数＝时间 × 帧率。

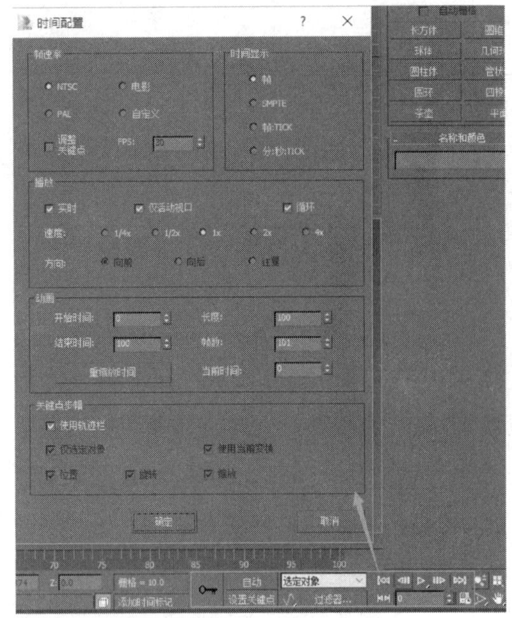

帧速率	电影：一般为 24FPS
	NTSC：即 N 制，电视信号制式，30 FPS
	PAL：即帕制，电视信号制式，25 FPS
	自定义：用户自己设置帧速率
播放	播放速率
动画	动画时长，默认是 N 制 100 帧，即 3.3 秒
关键点步幅	控制关键帧之间的移动

图 11-3 【时间配置】对话框

11.2 基本动画

下面介绍 3ds Max 中最基本的几种动画制作原理和方法。

11.2.1 关键帧动画

在 3ds Max 中，仍然继承了传统的关键帧技术。在创建动画时只需要创建起始、结束和关键帧，其他的过程系统会自动计算插入，创建完成后用户还可以对关键帧进行编辑修改。下面尝试做一个球跳动的简单动画来介绍关键帧动画的基本操作。

步骤 01 在视图中创建一个【球体】，然后右击动画控制区，在【时间配置】对话框里将动画【长度】设为 50 帧，如图 11-4 所示。

步骤 02 按快捷键【N】自动记录关键帧，将时间滑块拖到第 25 帧，再将球体沿 *z* 轴向上移动一定距离，如图 11-5 所示。

步骤 03 将时间滑块拖到第 50 帧，右击【选择并移动】按钮，将球体 *z* 轴【绝对世界坐标】改为 0，如图 11-6 所示。

步骤 04 按快捷键【N】结束自动记录关键帧，单击动画控制区的【播放】按钮，如图 11-7 所示，就会看到小球跳动的动画。

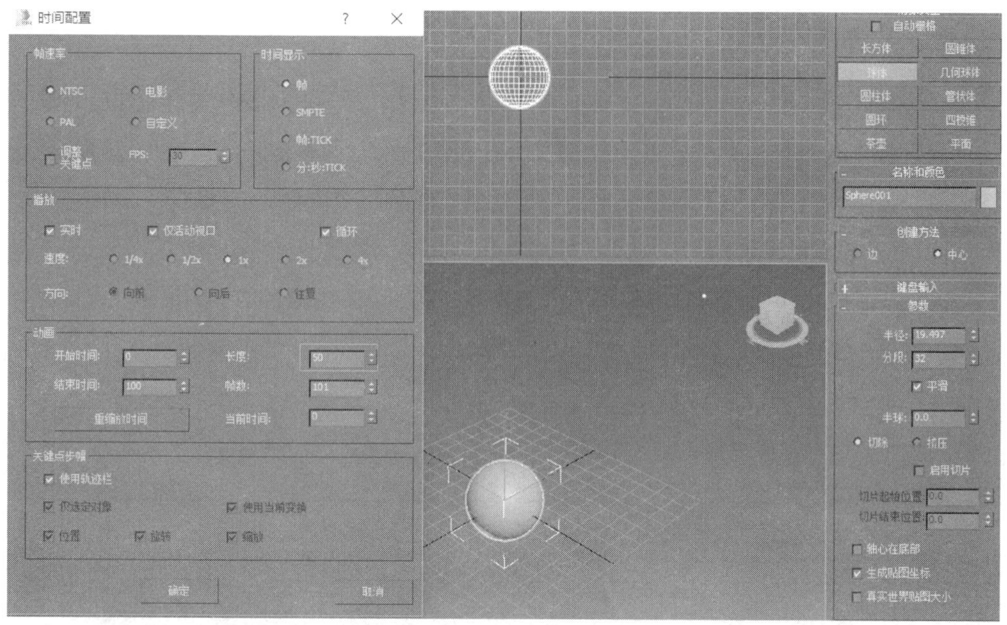

图 11-4 【时间配置】对话框

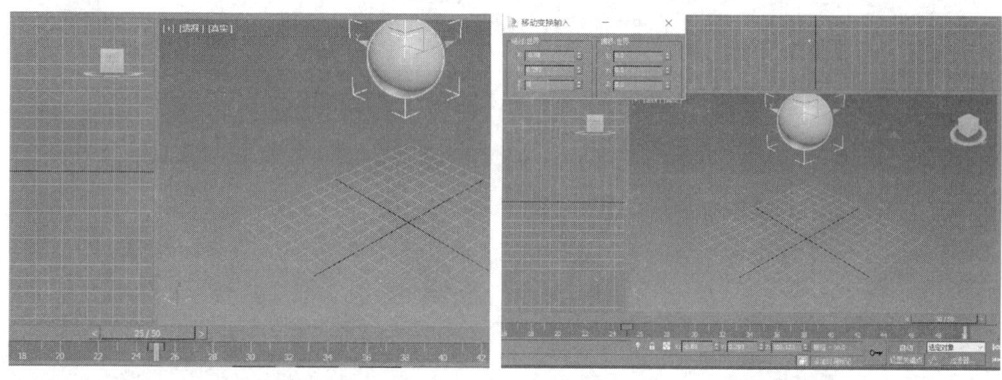

图 11-5 记录第一个关键帧　　　　图 11-6 记录第二个关键帧

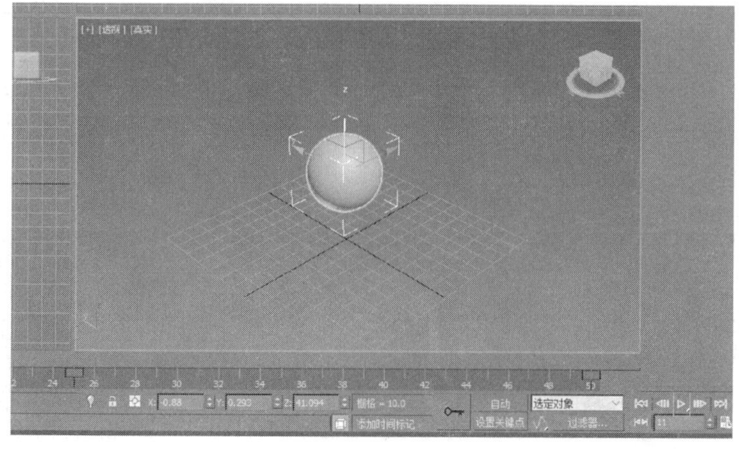

图 11-7 播放动画

11.2.2 轨迹视图

轨迹视图是三维动画创作的重要工具，在其中不仅可对关键帧操作的结果进行调整，还可以直接创建对象的动作，对动作的发生时间、持续时间和运动状态都可以轻松地进行调节。使用【轨迹视图】可以非常精确地控制场景的每个方面。

1．打开轨迹视图窗口

方法一：单击【图形编辑器】菜单中的【轨迹视图 - 曲线编辑器】子菜单，即可打开【轨迹视图 - 曲线编辑器】窗口，如图 11-8 所示。

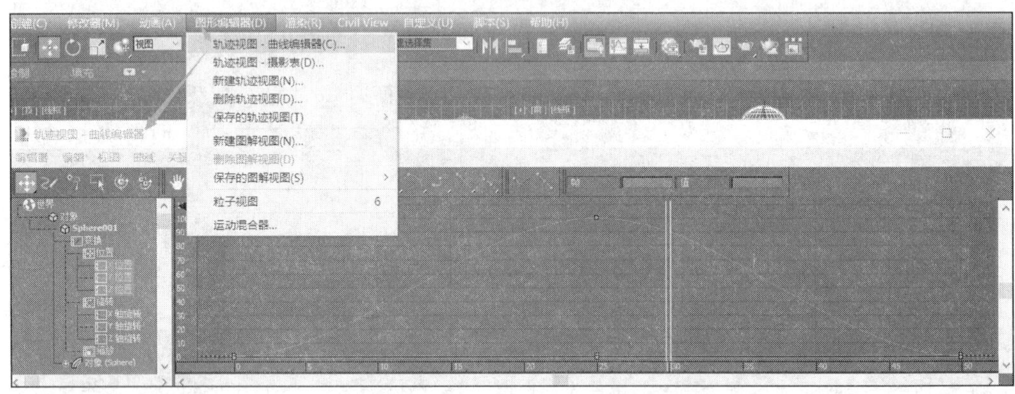

图 11-8　通过菜单打开轨迹视图

方法二：单击视图左下角的【迷你曲线编辑器】按钮也能打开，如图 11-9 所示。

方法三：右击对象选择曲线编辑器...。

方法四：单击【主要工具栏】上的按钮。

图 11-9　通过按钮打开轨迹视图

【轨迹视图】除了上面的【曲线编辑器】模式之外，还有另外一种模式——【摄影表】，如图 11-10 所示。【曲线编辑器】可通过编辑关键点的切线控制中间帧；【摄影表】将动画显示为方框栅格上的关键点和范围，并允许用户调整运动的时间控制。

图 11-10　轨迹视图摄影表模式

2. 轨迹视图的组成与编辑

轨迹视图主要由层级列表、编辑窗口、菜单栏、工具栏等功能模块组成，如图 11-11 所示，下面将分别进行简介。

图 11-11　轨迹视图组成

❶ 菜单栏	在菜单栏中整合了轨迹视图的大部分功能
❷ 工具栏	包括了控制项目、轨迹和功能曲线等工具
❸ 层级列表	在层级列表中可包括声音、Video Post、全局轨迹、环境、渲染效果、渲染器、场景材质、对象等十余项，可通过轨迹视图对它们进行动画控制
❹ 编辑窗口	它用来显示轨迹和功能曲线表示的时间与参数值变化

接着小球跳动的例子，虽然小球跳动的动画成功制作，但总感觉不够真实，这里就可以用轨迹曲线来调整一下。

步骤 01　为其赋上材质，绘制一个【VR- 平面】作为地面，然后打开【轨迹视图】，由于设定了关键帧，动画范围曲线就自动产生了，相应地，若在【轨迹视图】中对范围曲线进行操作，也会作用到场景的动画中去。3 个方点代表 3 个关键帧，白色表示选中的关键帧，右击第一个关键帧，就会弹出轨迹信息对话框，如图 11-12 所示。

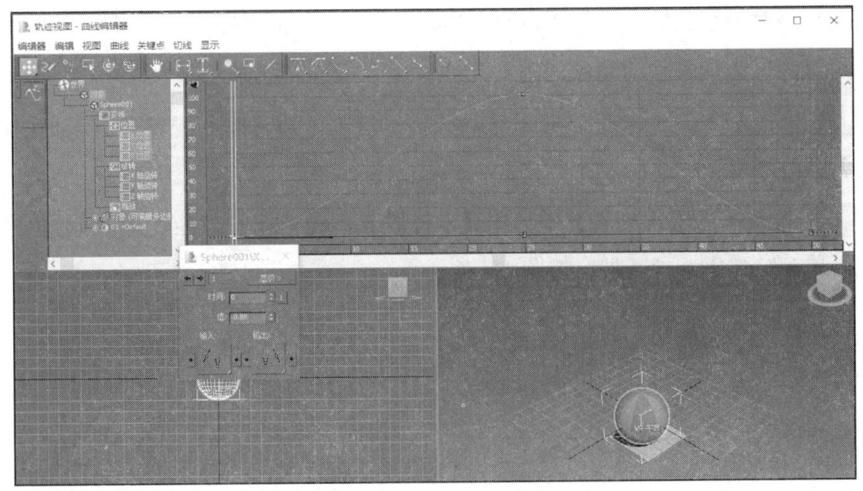

图 11-12　通过按钮打开轨迹视图

温馨提示

在 3ds Max 中，红绿蓝对应着 *xyz*，在轨迹视图中也是如此，此例中小球只在 *z* 轴运动，故只有蓝色曲线起伏而红绿曲线则水平。

步骤 02 选择第 0 帧，将【输出】下面的选项改为【快速】；然后单击一次切换到第 25 帧，将【输入】和【输出】都改为【慢速】；单击两次至第 3 个关键帧（第 50 帧）改为【快速】，如图 11-13 所示。

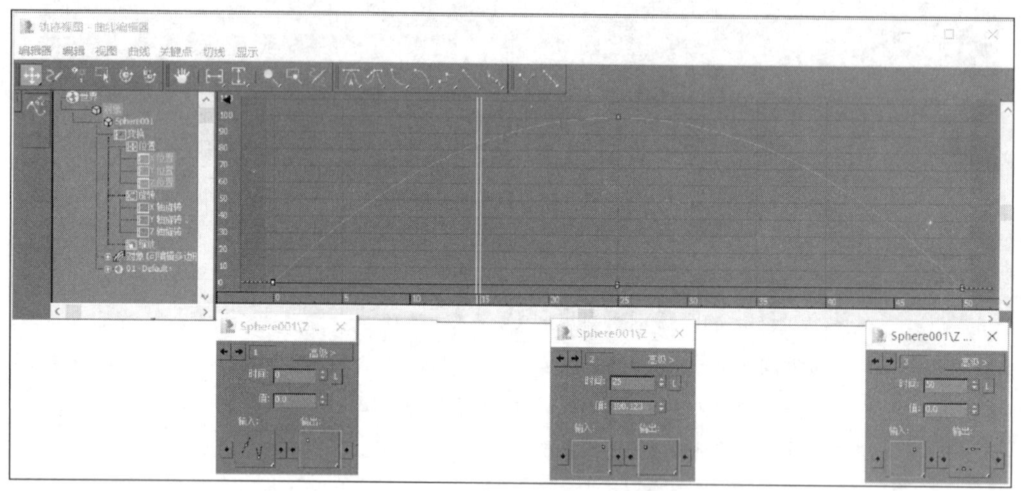

图 11-13　设置 3 个关键帧的输入输出曲线类型

步骤 03 播放动画，观看效果，发现小球下落和反弹的效果比较符合真实物体运动的情况了。

3．参数曲线超出范围类型

可以使用多种方法不断重复一连串的关键点，而无须制作它们的副本并沿时间线放置。使用【参数曲线超出范围类型】可以选择在当前关键点范围内之外重复动画的方式。其优点是，当对一组关键点进行更改时，所做的更改会反映到整个动画中。

还是继续以小球跳动的动画为例。

步骤 01 延长动画长度。右击【动画控制区】，将【时间配置】对话框中的【结束时间】改为 200。

步骤 02 在【层次列表】中单击【Z 位置】，激活【参数曲线超出范围类型】按钮，再单击它弹出 6 种类型，如图 11-14 所示。

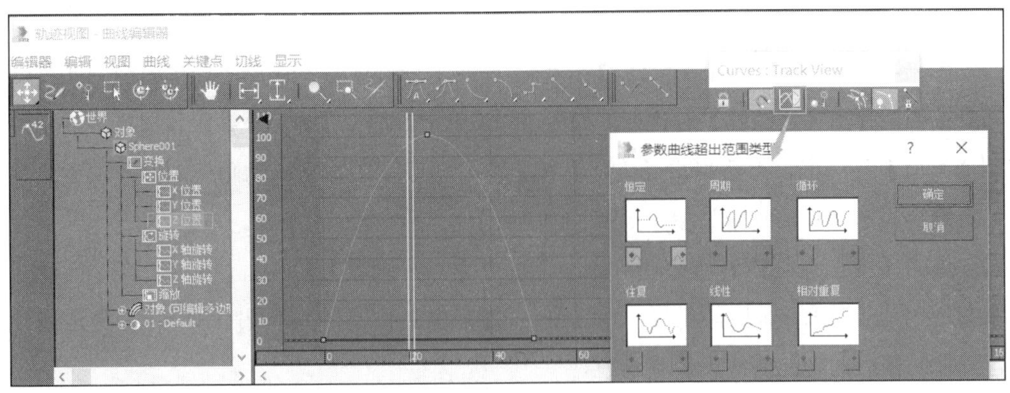

图 11-14 【参数曲线超出范围类型】对话框

恒定	在已确定的动画范围的两端保持恒定值，不产生动画效果
周期	使轨迹中某一范围的关键帧依原样不断重复下去
循环	类似于周期，但在衔接动画的最后一帧和下一个第一帧之间改变数值以产生流畅的动画
往复	在选定范围内重复从前往后再从后往前的运动
线性	在已确定的动画两端插入线性的动画曲线，使动画在进入和离开设定的区段时保持平衡
相对重复	每次重复播放的动画都在前一次的末帧基础上进行，产生新的动画

步骤 03 选择【周期】模式，单击【确定】按钮，这时可看到轨迹视图中的功能曲线改变了，如图 11-15 所示。

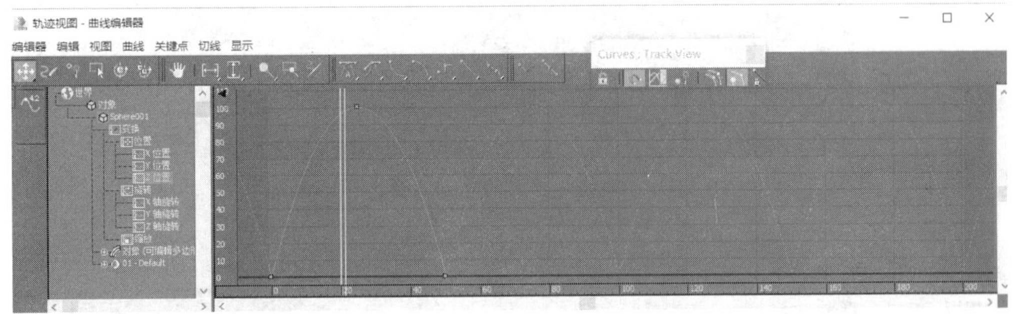

图 11-15 轨迹视图中的功能曲线改变

步骤 04 回到视口，在视图中播放动画，可发现小球的下落和反弹动作连续循环进行。

11.2.3 动画控制器

动画控制器实际上就是控制物体运动规律的器件，它决定动画参数如何在每一帧动画中形成规律，决定一个动画参数在每一帧的值。

1. 使用动画控制器

在 3ds Max 中可在轨迹视图和运动面板中使用动画控制器，其中在轨迹视图中可看到所有动画控制器，在运动面板中只能看到部分动画控制器，下面将分别进行介绍。

（1）在轨迹视图中使用动画控制器

单击菜单栏中的【曲线编辑器】按钮，打开【轨迹视图】窗口，单击其中的【过滤器】按钮，弹出【过滤器】对话框，如图 11-16 所示。选中【显示】参数设置区中的【控制器类型】复选框，然后单击【确定】按钮，在轨迹视图中支持动画控制器的项目名称的右侧将显示动画控制器类型，如图 11-17 所示。

单击【指定控制器】按钮，弹出【指定浮点控制器】对话框，如图 11-18 所示，在其中用户可选择不同的控制器，然后单击【确定】按钮，如图 11-19 所示为指定线性浮点控制器后的功能曲线。

图 11-16　曲线编辑器的【过滤器】对话框

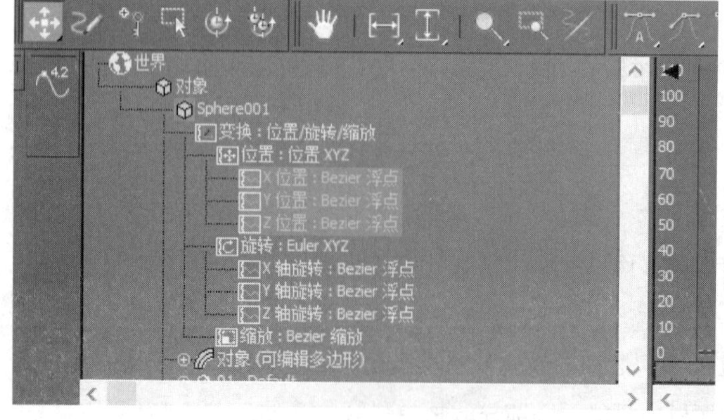

图 11-17　轨迹视图中的动画控制器类型

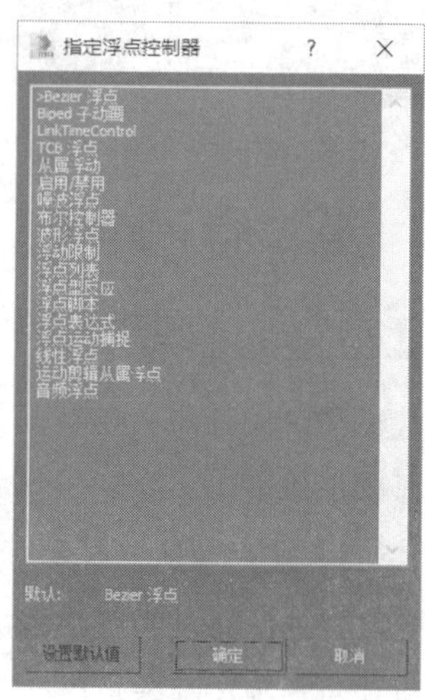

图 11-18　指定浮点控制器

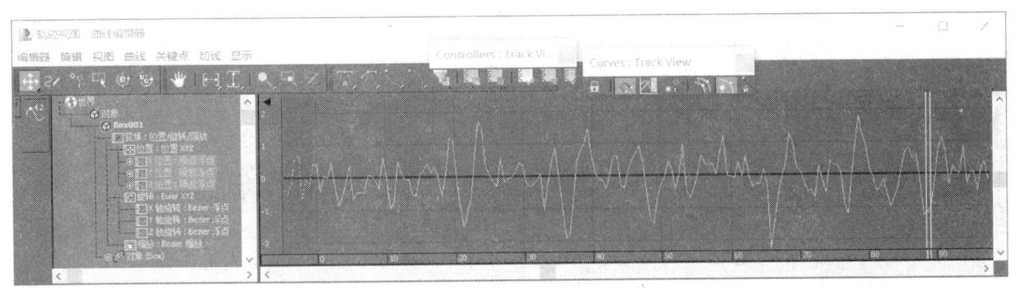

图 11-19 指定噪波浮点控制器的功能曲线

（2）在运动面板中使用动画控制器

在视图中选择物体后，进入【运动】命令面板，展开【指定控制器】卷展栏，在其中选择指定控制器的类型后，单击【指定控制器】按钮，即可打开一个指定控制器对话框，如图 11-20 所示，在其中用户可指定不同的控制器。

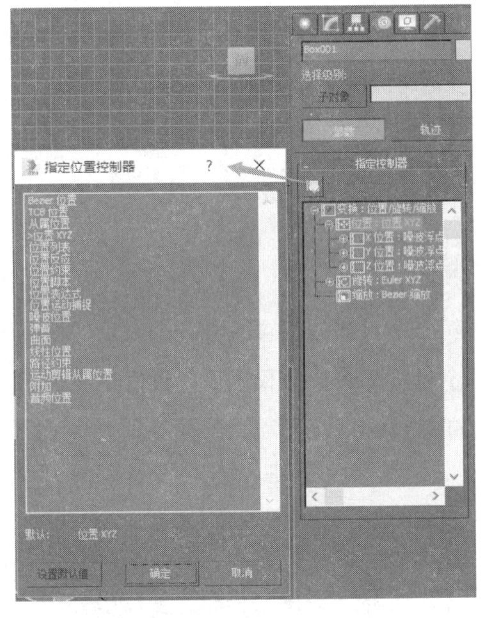

图 11-20 在运动面板指定控制器

温馨提示

①在控制器列表中，左边有“>”标记的，说明这是当前使用的控制器，或是默认设置。

②根据轨迹对象类型的不同，弹出的控制器对话框的内容也会随之不同。比如选中【变换】和选中【位置】弹出对话框里的控制器就会不一样。

2. 常用动画控制器

动画控制器可以用来约束或控制物体在场景中的运动轨迹规律，指定物体的位置、旋转、缩放灯控制选项。下面将详细介绍几种常用的动画控制器。

（1）路径约束控制器

路径约束控制器可为一个静态的物体赋予轨迹，还可以使一个运动的物体抛开原来的运动轨迹，并按照指定的新轨迹进行运动。其中路径可以是任意类型的样条线，也可以是一条或多条样条线。其卷展栏如图 11-21 所示。

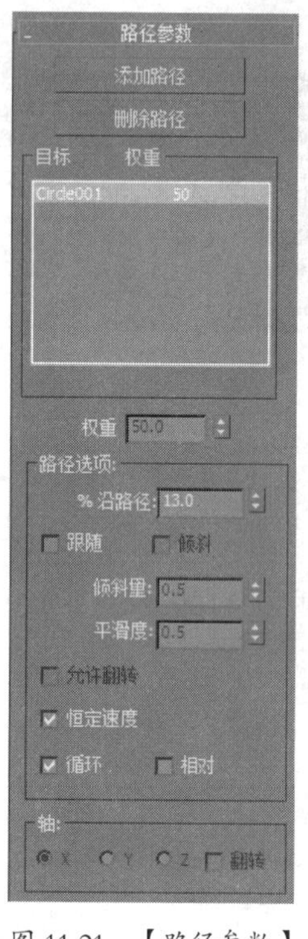

添加路径	在视图中拾取一个新的样条线路径使之对约束对象产生影响
删除路径	可从目标列表中移除一个路径，然后它将不再对约束对象产生影响
权重	用来设置路径对对象运动过程的影响力
% 沿路径	用来设置对象沿路径的位置百分比
跟随	使对象运动的局部坐标与路径的切线方向对齐。
倾斜	选中此复选框，产生倾斜效果。【倾斜量】用来设置对象沿路径轴向倾斜的角度。【平滑度】用来控制对象在经过路径中的转弯时翻转角度改变的快慢程度
允许翻转	可避免在对象沿着垂直方向的路径行进时有翻转的情况
恒定速度	选中此复选框后对象以平均速度在路径上运动。取消选中此复选框后，对象沿路径的速度变化依赖于路径上顶点之间的距离
循环	当约束对象到达路径末端时，它不会越过末端点。循环选项会改变这一行为，当约束对象到达路径末端时会循环回起始点
相对	选中此复选框后会保持约束对象的原始位置
轴	用来设置对象的局部坐标轴

图 11-21 【路径参数】卷展栏

（2）位置约束控制器

位置约束控制器能够使被约束的对象跟随一个对象的位置或者几个对象的权重平均位置的改变而改变。当使用多个目标时，每个目标都有一个权重值，该值定义它相对于其他目标影响受约束对象的程度。其卷展栏如图 11-22 所示。

添加位置目标	可在视图中拾取影响受约束对象位置的新目标对象
删除位置目标	可以删除列表中的目标对象。然后它将不再影响受约束的对象
权重	用来设置路径对对象运动过程的影响力
保持初始偏移	选中后可保持受约束对象与目标对象之间的原始距离，可避免将受约束对象捕捉到目标对象的轴

图 11-22 【位置约束】卷展栏

（3）噪波控制器

噪波控制器的作用是对指定对象进行一种随机的不规则运动，它适用于随机运动的对象，其参数面板如图 11-23 所示。

种子	改变种子可创建一个新的曲线
频率	用来控制噪波曲线的波峰和波谷，取值范围为 0.01 ~ 1.0，高的值会创建锯齿状的重震荡的噪波曲线，而低的值会创建柔和的噪波曲线
强度	用来设置噪波的输出强度
分形噪波	选中其后的复选框，使用分形布朗运动生成噪波
渐入	用来设置噪波用于构建为全部强度的时间量
渐出	用来设置噪波减弱到 0 强度所用的时间量
粗糙度	用来设置分形噪波波形的粗糙程度
特征曲线图	用来显示不同参数产生的噪波线性效果图

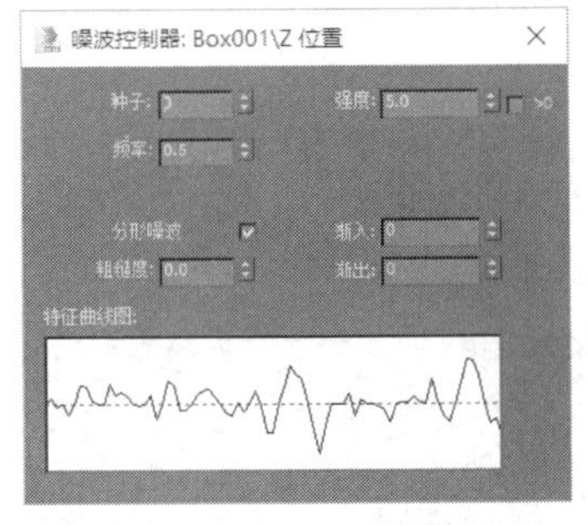

图 11-23 噪波控制器参数面板

（4）音频控制器

音频控制器可以通过导入一段音频，以音频的高低控制对象的运动，其参数面板如图 11-24 所示。

音频文件	可以添加和删除音频文件
采样	该组含有滤除背景噪波、平滑波形以及在“轨迹视图”中控制显示的控件
实时控制	使用该组以创建交互式动画，这些动画由捕获自外部音频源（如麦克风）的声音驱动。这些选项只用于交互演示，不能保存实时声音或由控制器生成的动画
通道	通过该组可以选择驱动控制器输出值的通道。只有选择立体声音文件时，这些选项才可用。
阈值	阈值范围从 0.0 ~ 1.0。“阈值”为 0.0 不影响幅度输出值。“阈值”为 1.0 将所有幅度输出值设置为 0.0。可以使用低阈值以从控制器中滤除背景噪波
重复采样	多个采样值进行平均以消除波峰和波谷。在“重复采样”字段中输入数字以计算平均值

图 11-24 【音频控制器】参数面板

11.2.4 运动轨迹

在制作动画的时候，物体运动的轨迹是相当重要的。常常需要对物体运动轨迹进行编辑，可以通过【运动】面板的【轨迹】实现，编辑轨迹曲线上的关键点，把轨迹转换成样条曲线，或者将样条曲线转换成轨迹。

下面举一个简单的例子介绍一下物体运动轨迹的控制方法。

步骤 01 在场景中创建一个【球体】。按快捷键【N】自动记录关键帧，拖动时间滑块，在第 20、40、60、80、100 帧时，在【前视图】中移动位置，然后按快捷键【N】关闭自动记录关键帧。

步骤 02 选择球体，进入【运动】面板，单击【轨迹】按钮，在视图中出现一条红色的曲线，这就是小球的运动轨迹，6 个白点即 6 个关键点，如图 11-25 所示。

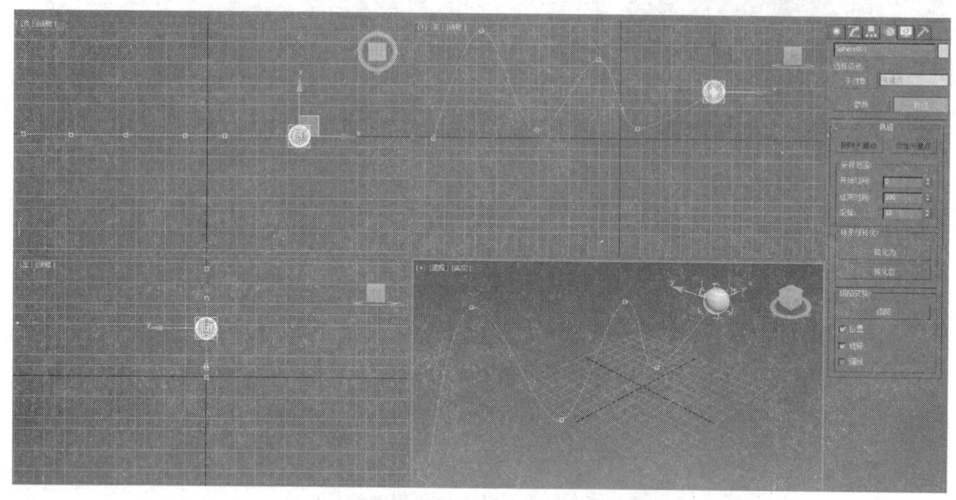

图 11-25　小球的运动轨迹

步骤 03 可以对轨迹上的关键点进行添加、修改和删除等操作。单击【子对象】按钮，选择【关键点】层级，单击【添加关键点】按钮，在 80 帧和 100 帧之间添加一个关键点，如图 11-26 所示。

步骤 04 在视图轨迹线上，用【选择并移动】工具编辑关键帧位置，调整出需要的图形，如图 11-27 所示。

步骤 05 播放动画，小球沿着设定的轨迹跳动，但有时运动不均匀，这是关键帧分布不均匀的原因。

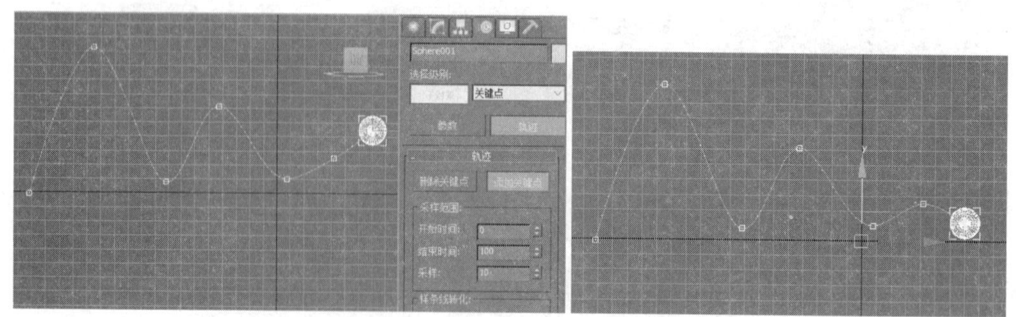

图 11-26　添加关键点　　图 11-27　编辑运动轨迹

步骤 06 在【轨迹栏】上重新拖动关键帧，使其基本均匀分布，如图 11-28 所示。

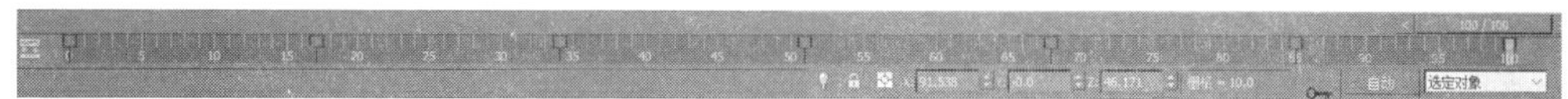

图 11-28 重新调整关键帧位置

步骤 07 单击【工具栏】上的【曲线编辑器】按钮打开轨迹视图，用前面的知识调整关键点的切线类型，如图 11-29 所示。

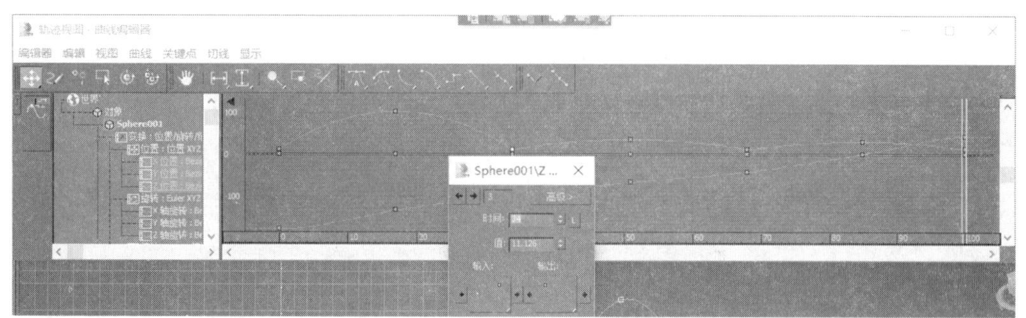

图 11-29 调整关键点切线类型

步骤 08 物体运动轨迹在场景中不一定是一个特定对象，而有时需要将轨迹曲线转换为样条曲线，只需在【轨迹】模式下单击【转化为】按钮就能将轨迹转化为样条曲线，如图 11-30 所示。

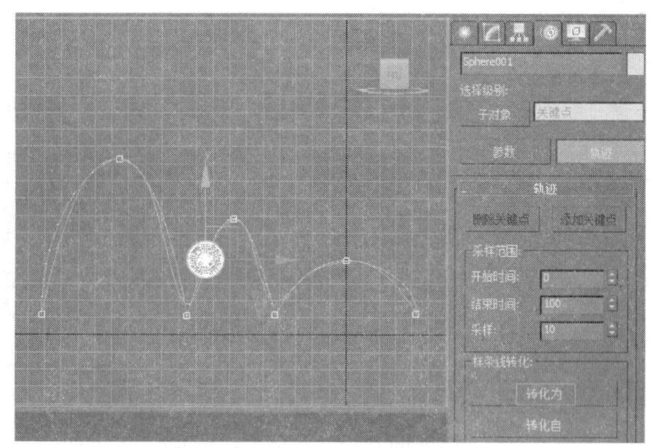

图 11-30 将轨迹转为样条线

步骤 09 也可以将样条曲线转换为轨迹曲线。重新绘制一个小球和一根样条曲线，选择小球，单击【运动】面板→【轨迹】按钮→【转化自】，单击样条曲线即可，如图 11-31 所示。

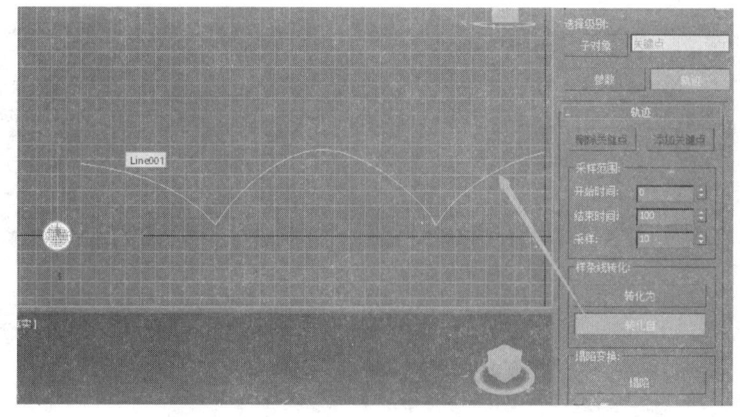

图 11-31 将样条线转为轨迹

温馨提示

有时将轨迹转为样条线后和原先的轨迹并不重合，这时只需要增大【采样值】就能更接近原轨迹。

课堂范例 1——制作风扇动画

步骤 01 打开“光盘\贴图及素材\第 11 章\吊扇.max”，打开【层次】面板→【轴】→【仅影响轴】，然后开启捕捉，设置捕捉【轴心】，将坐标中心移动到电机的轴心，如图 11-32 所示，然后关闭【仅影响轴】。

步骤 02 单击右下角的【时间设置】按钮，设置动画为 200 帧，如图 11-33 所示。

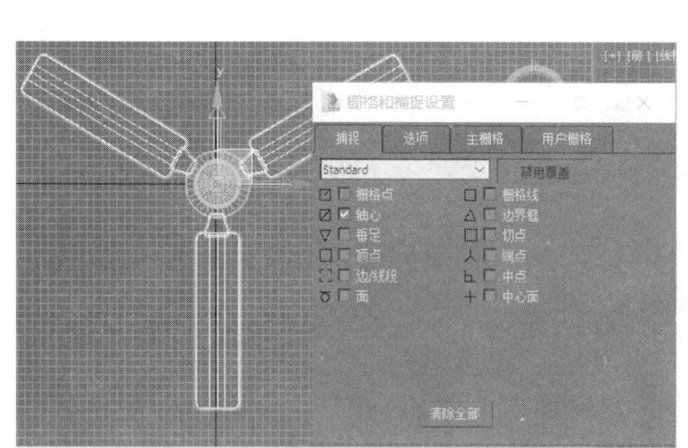

图 11-32 调整坐标中心

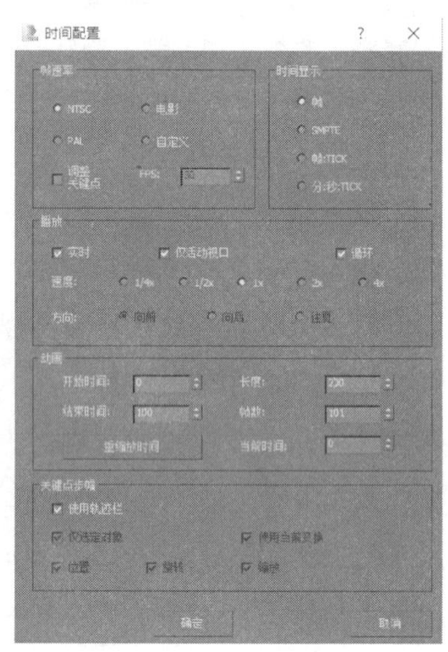

图 11-33 设置动画长度

步骤 03 将时间滑块移动到第 50 帧，按快捷键【N】自动记录关键帧，将“扇叶”沿顺时针旋转 360°，如图 11-34 所示，然后按快捷键【N】关闭自动关键帧。

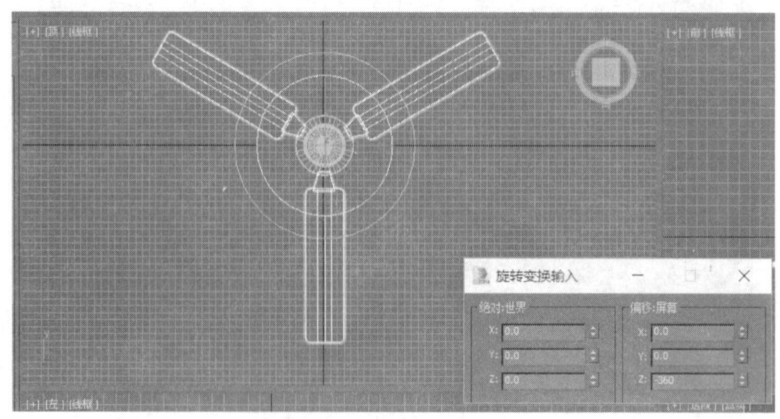

图 11-34 记录关键帧

步骤 04 打开轨迹视图，将第 0 帧和第 50 帧的切线设置为线性，如图 11-35 所示。

步骤 05 右击【标题栏】或【菜单栏】，加载【功能曲线布局（经典）】，如图 11-36 所示。

步骤 06 单击【参数曲线超出范围类型】按钮，在出现的对话框里选择【循环】方式，如图 11-37 所示。

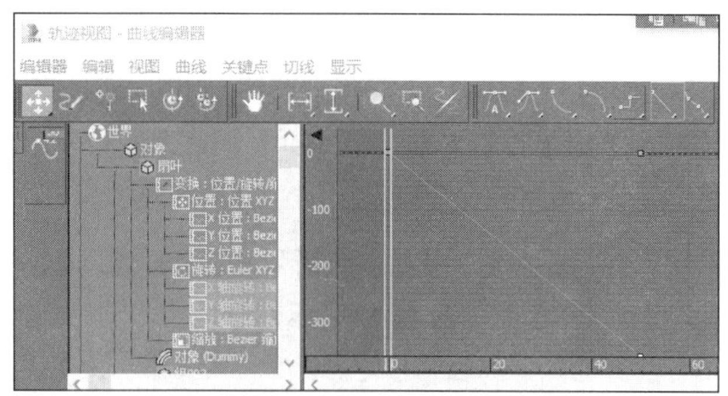

图 11-35 调整关键点切线

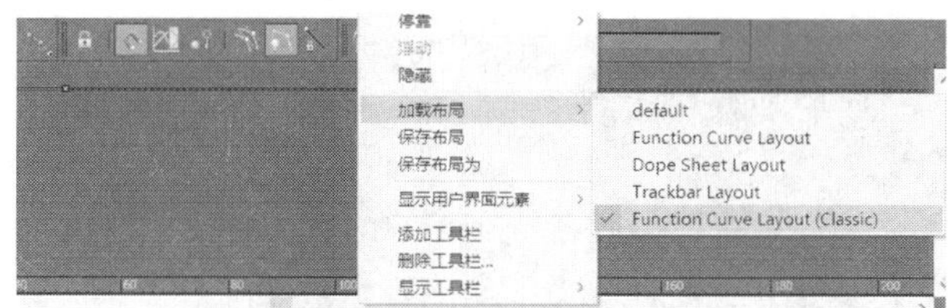

图 11-36 加载功能曲线布局

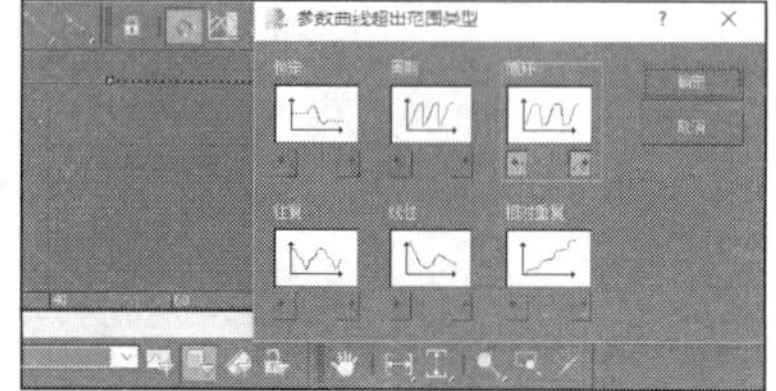

图 11-37 选择参数超出曲线类型

步骤 07 在视图中播放动画，吊扇转动动画制作完成。

课堂范例 2——制作彩带飘动动画

步骤 01 在视图中创建一个【长方体】作为飘带，参数如图 11-38 所示，注意多加些段数。再创建一个样条曲线作为路径，如图 11-39 所示。

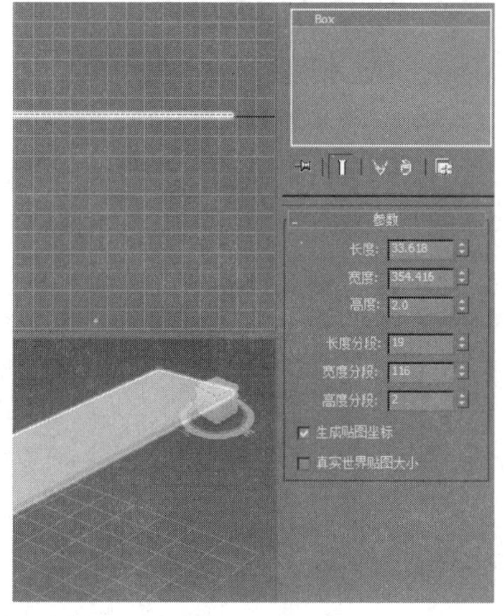

图 11-38 创建长方体

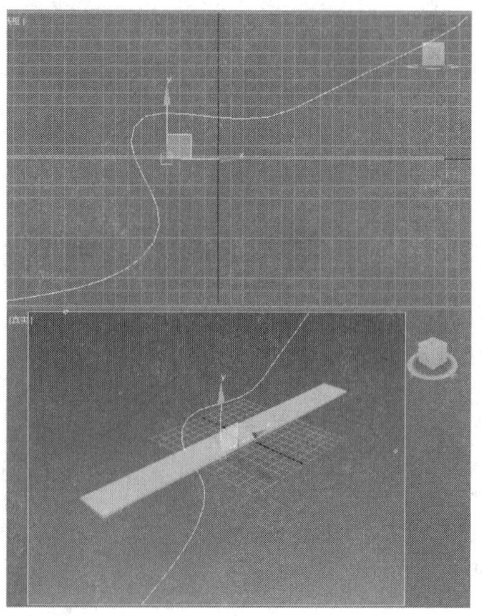

图 11-39 创建路径

步骤 02 为背景和长方体调制材质，如图 11-40 所示。按快捷键【Ctrl+C】将透视图转为相机视图，选择长方体，添加【路径变形（WSM）】修改器，拾取路径，如图 11-41 所示。

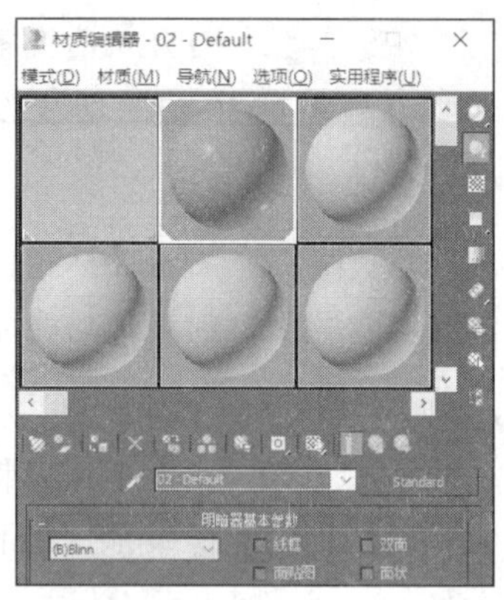

图 11-40 调制材质

步骤 03 单击【转到路径】按钮，再选择【路径变形轴】为【X】，如图 11-42 所示。

步骤 04 按快捷键【N】记录关键帧，将第 0 帧的百分比设为【-28】，拖到第 100 帧，将参数设置为如图 11-43 所示。

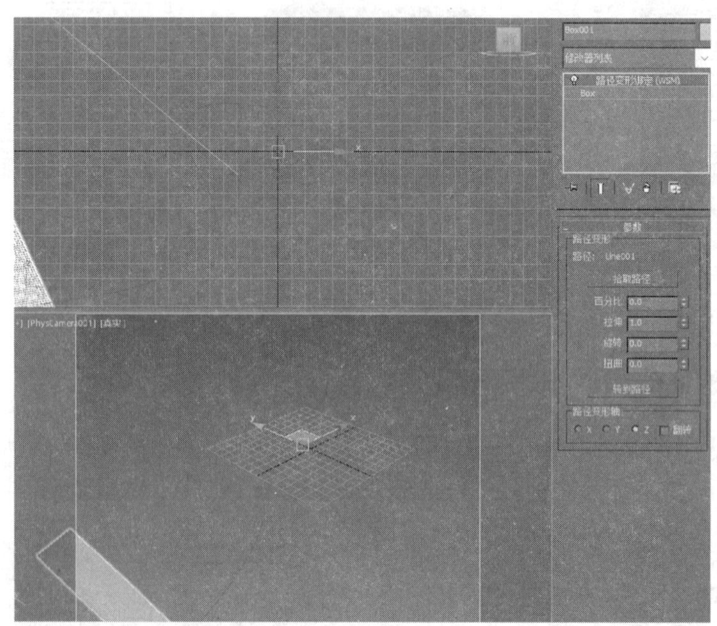

图 11-41 添加路径变形（WSM）修改器

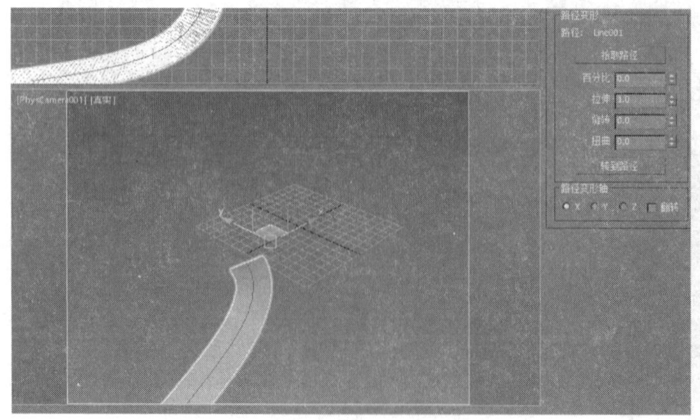

图 11-42 调制材质

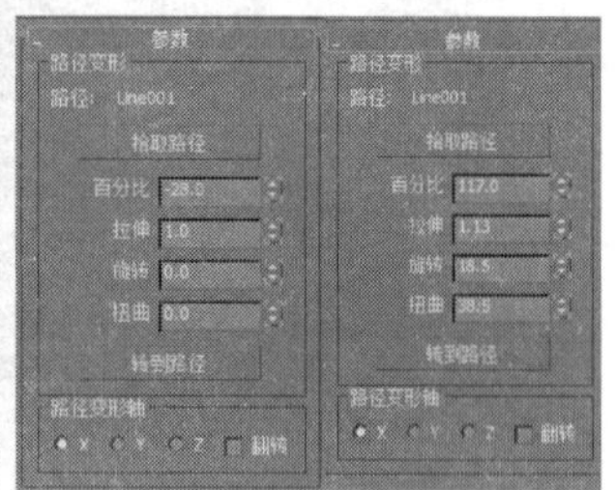

图 11-43 第 0 和第 100 帧参考参数

步骤 05 在相机视图中播放动画，路径扭曲动画制作完成。

课堂问答

问题❶："路径变形（WSM）"和"路径变形"命令有何区别？

答：WSM 修改器是世界空间的，它影响的是物体所在的整个空间，然后物体在空间里变形；不带 WSM 的是物体对象坐标修改器，它只让物体按照它的形状变形。简单地说，后者的路径坐标系统不变，而前者的路径会根据物体的坐标系统改变。另外，后者有个【转到路径】按钮而前者没有。

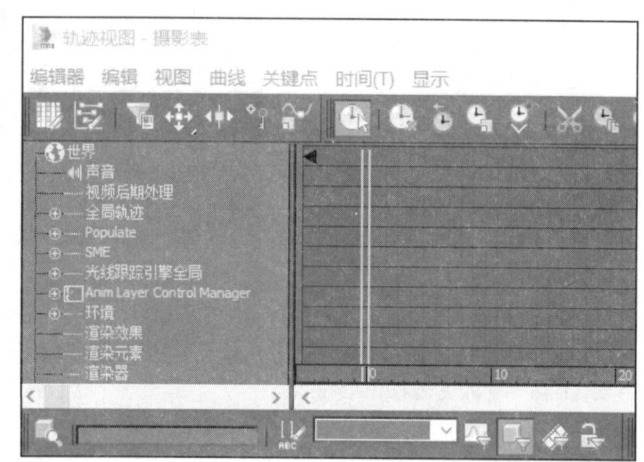

图 11-44 打开轨迹视图—摄影表

问题❷：如何在动画制作过程中加入声音文件？

答：一般是在后期合成中加入音频文件，但 3ds Max 也能做同期音乐合成。方法如下。

单击【图形编辑器】菜单→【轨迹视图—摄影表】弹出对话框，如图 11-44 所示。然后双击【声音】图标声音，在【专业声音】对话框中单击【添加】按钮就能添加音频文件，如图 11-45 所示。然后可设置节拍，通过调整关键帧、缩放轨迹等方法与之匹配。

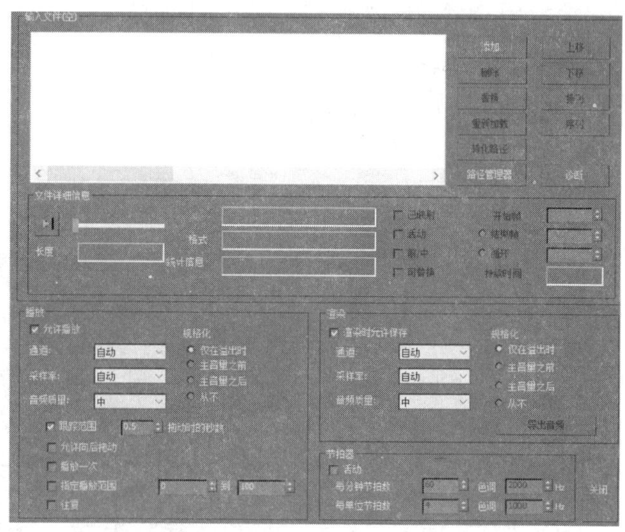

图 11-45 【专业声音】对话框

温馨提示

3ds Max 仅支持 WAV 和 AVI 的音频格式。

问题❸：3ds Max 2016 因软件问题导致意外关闭该怎么办？

答：3ds Max 2016 因软件问题导致意外关闭，如图 11-46 所示。一般情况下就是打开备份文件继续编辑，在"x\ 我的文档 \3dsmax\autoback 文件夹中有 3 个自动备份文件，可以打开最后一次自动保存的文件然后继续做。

但有时这种情况做不到几步又会意外关闭，这时就有可能是软件跟显卡有点冲突，可以如图 11-47 所示启动【更改图形模式】，将【显示驱动程序】改为【推荐】的下一个即可。

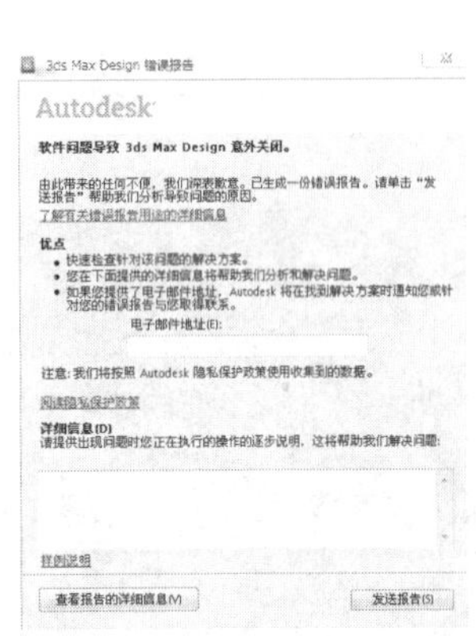

图 11-46　意外关闭报告框

图 11-47　更改显示驱动程序

上机实战——制作室内漫游动画

为了让读者能巩固本章知识点，下面讲解两个技能综合案例，使大家对本章的知识有更深入的了解。

室内漫游动画的效果展示如图 11-48 所示。

效果展示

（a）自由摄影机漫游动画截图效果

（b）目标摄影机漫游动画截图效果

图 11-48　室内漫游动画的效果展示

思路分析

这实际上是一个【路径约束】控制器动画，就是说将摄影机约束在预先绘制好的路径上，就像边走边看一样的效果。首先绘制漫游的路径，然后选择摄影机，设定动画长度，添加路径约束控制器，调整参数即可。

制作步骤

步骤 01 打开“光盘\贴图及素材\第 11 章\办公室 .max”，然后在【顶视图】中绘制一个漫游路径，如图 11-49 所示。然后在【前视图】将路径移动到约一人高的位置。

步骤 02 在【前视图】创建一个【自由】摄影机，如图 11-50 所示。

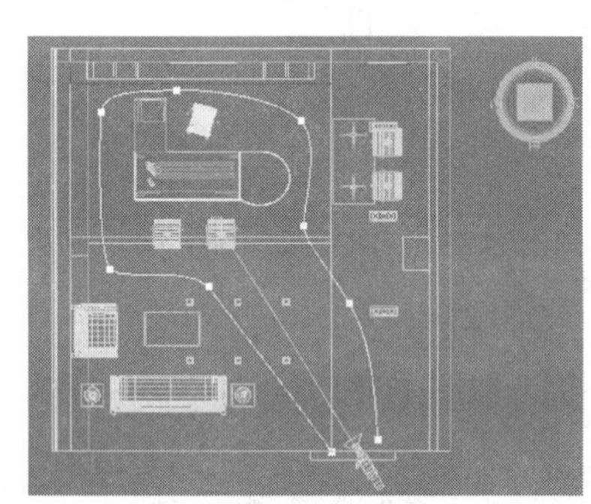

图 11-49 绘制漫游路径

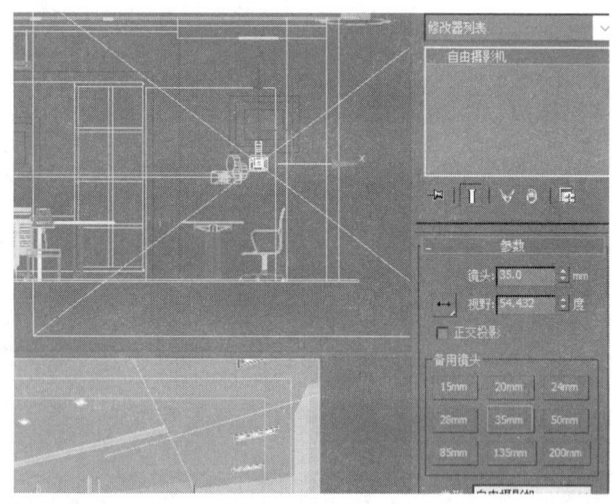

图 11-50 创建自由摄影机

步骤 03 选择自由摄影机，选择【运动】面板→【位置】→【指定控制器】，双击【路径约束】控制器，如图 11-51 所示。

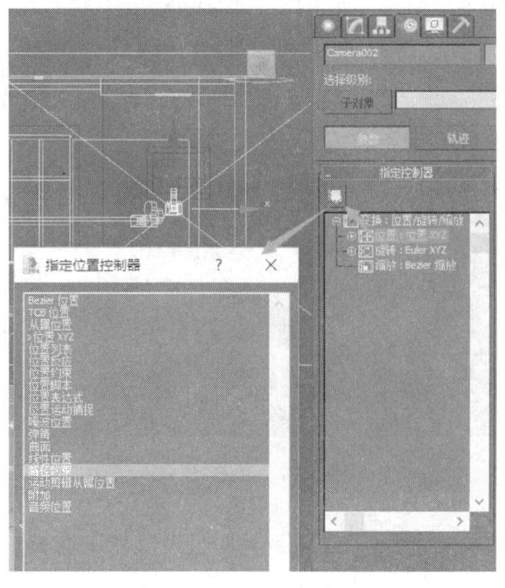

图 11-51 添加路径约束控制器

步骤 04 在【路径参数】卷展栏中单击【添加路径】按钮，在视图中拾取漫游路径，然后选中【跟随】选项。发现摄影机与路径垂直，如图 11-52 所示，此时只需用【选择并旋转】工具将自由摄影机旋转到与路径方向一致即可。

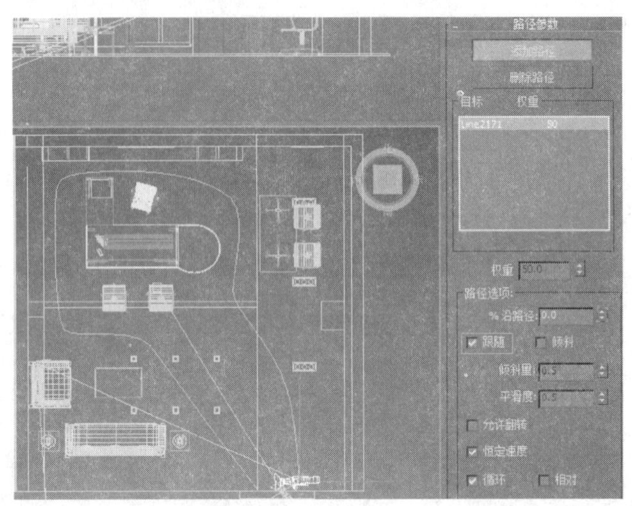

图 11-52 调整路径参数

步骤 05 按快捷键【C】将摄影机视图切换为自由摄影机【Camera002】，测试播放动画，发现动画太快，最后一段路径太长。将路径酌情改短，然后将动画时长调整为 330 帧（即 11 秒），将时间线上的关键点拖到第 330 帧，如图 11-53 所示。

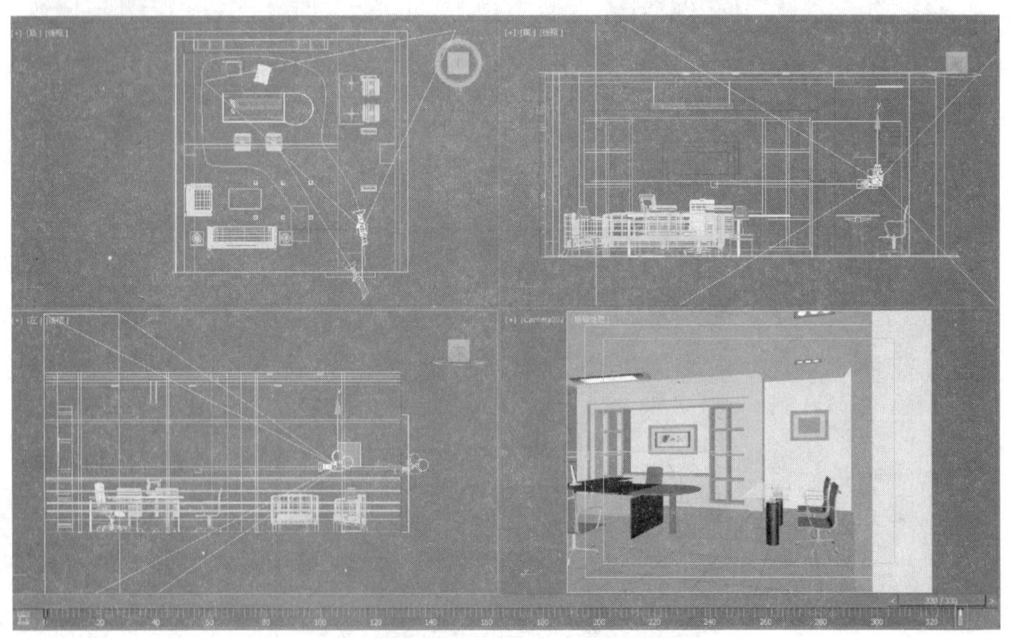

图 11-53 调整路径长度及时长

步骤 06 在摄影机视图中播放动画，漫游动画制作完成。制作漫游动画一般使用【自由摄影机】，但也可以使用【目标摄影机】，使用后者的不同点是摄影机目标点锁定一个对象。下面来尝试一下。

步骤 07 选择【目标摄影机】Camera01，为其指定一个【路径约束器】，添加漫游路径，选中【跟随】，然后再单击【拾取目标】拾取电脑模型（Group16）为摄影机目标点，如图 11-54 所示。

步骤 08 按快捷键【C】切换摄影机为 Camera01，在摄影机视图中播放动画，目标摄影机漫游动画制作完成。

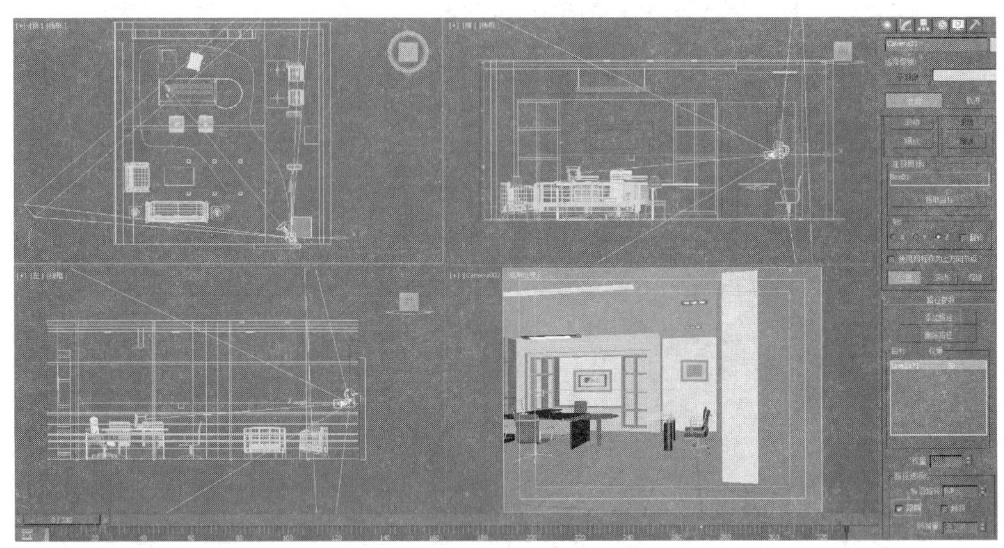

图 11-54 用目标摄影机制作漫游动画

同步训练——制作翻书效果动画

制作翻书效果动画的图解流程如图 11-55 所示。

图解流程

图 11-55 制作翻书效果动画的图解流程

思路分析

实际上就是一个关键帧动画，主要利用【弯曲】修改器，记录翻页的关键帧。需要注意的是在【弯曲】修改器中需选中【限制】。

关键步骤

步骤 01　打开“光盘\贴图及素材\第 11 章\画册 .max”，选择封面对象 BOX001，添加一个【弯曲】修改器，设置参数如图 11-56 所示。

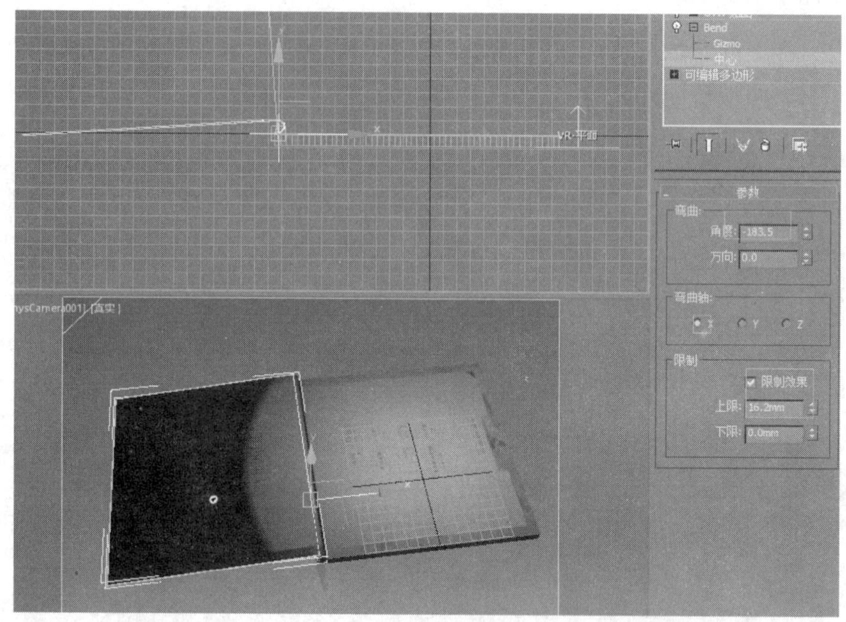

图 11-56　弯曲封面

步骤 02　拖动【Bend】修改器到【BOX002】复制【弯曲】修改器，如图 11-57 所示。

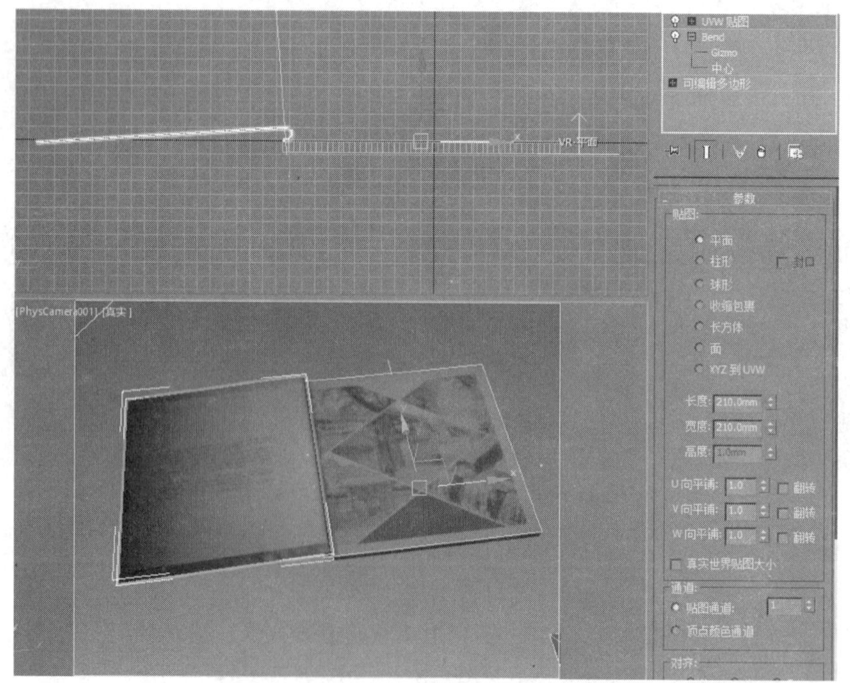

图 11-57　复制弯曲修改器到 BOX002

步骤 03　按快捷键【N】记录关键帧。在第 0 帧时将封面和第一页的弯曲改为角度 0，如图 11-58 所示。将时间滑块拖到第 50 帧，把封面弯曲角度改为 -183.5，如图 11-59 所示。

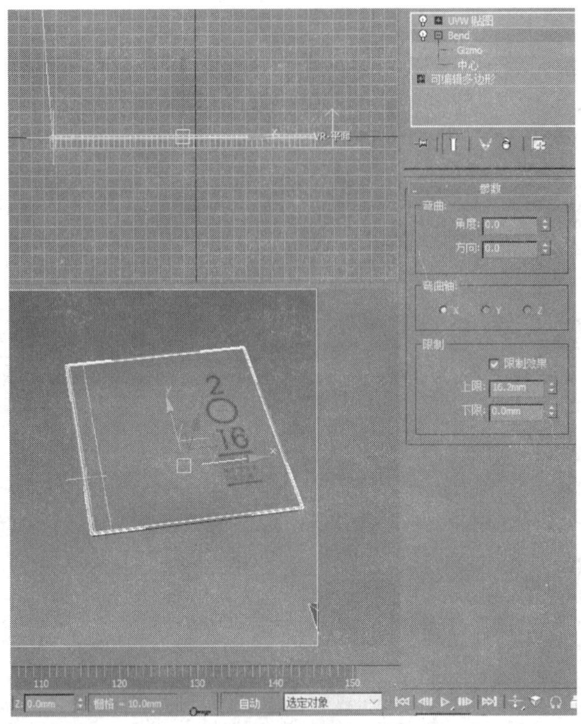

图 11-58　第 0 帧弯曲参数

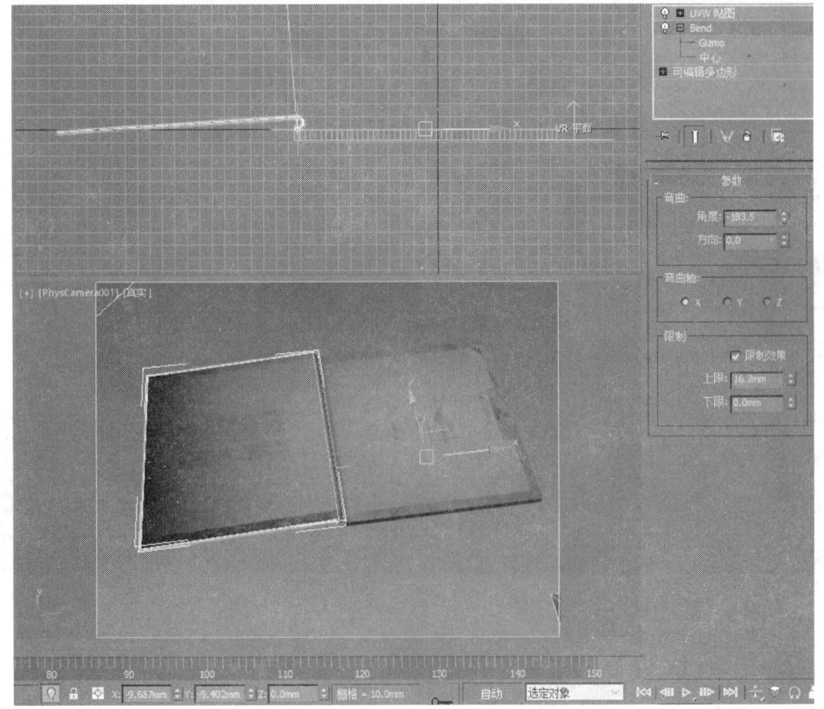

图 11-59　第 50 帧弯曲参数

步骤 04　将时间滑块拖到第 100 帧，将第一页的【弯曲】角度改为 -183.5，如图 11-60 所示。

步骤 05　按快捷键【F10】设置动画渲染参数，如图 11-61 所示。

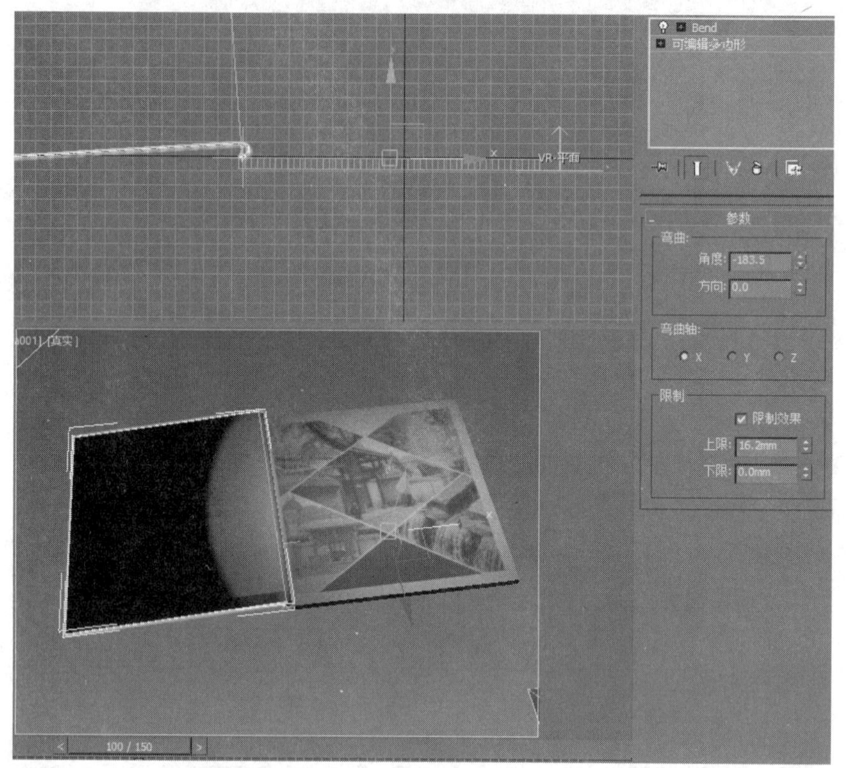

图 11-60　第 100 帧动画设置

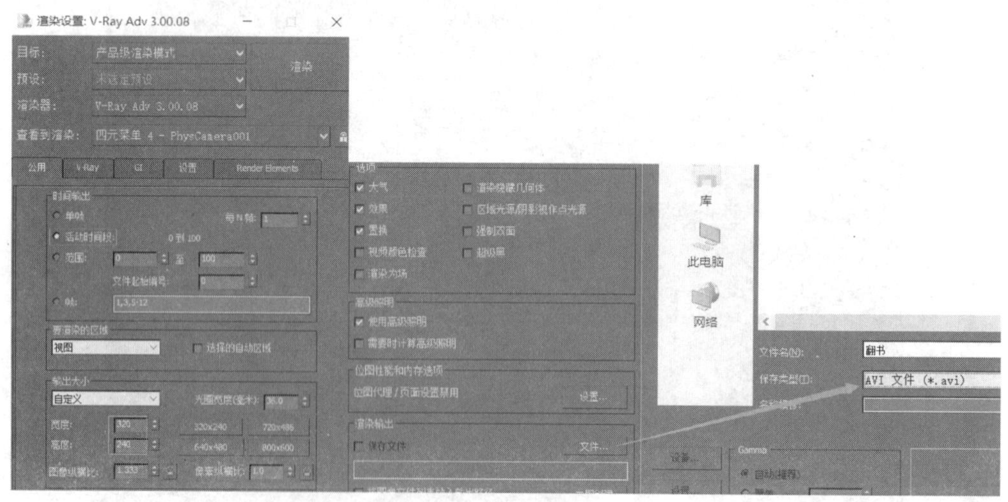

图 11-61　动画渲染设置

步骤 06　将【GI】的【发光贴图】设为【中（动画）】，【灯光缓存】细分设为 1000，渲染得到“光盘 \ 案例 \ 第 11 章 \ 翻书 .avi”效果。

知识与能力测试

一、填空题

1. 轨迹视图有__________和__________两种模式。
2. ______控制器可使对象按指定的路径进行运动。
3. 轨迹曲线中的切线类型有______种。
4. 渲染动画时最好把格式设为______。

二、选择题

1. 电影的标准速率为（　　）。

   A. 24帧/秒　　B. 25帧/秒　　C. 26帧/秒　　D. 30帧/秒

2. 单击（　　）按钮可打开轨迹视图窗口。

   A.　　B.　　C.　　D.

3. 如果用PAL制制作动画，那么5秒钟的动画需要设置（　　）帧。

   A. 150　　B. 120　　C. 125　　D. 60

4. 能随着声音的高低变形的动画控制器是（　　）。

   A. 噪波位置　　B. 音频位置　　C. Bezier位置　　D. 位置XYZ

5. 参数曲线超出范围类型有（　　）种。

   A. 3　　B. 4　　C. 5　　D. 6

6. 3ds Max中可以使用的声音文件格式为（　　）。

   A. mp3　　B. wav　　C. mid　　D. raw

7. 下列【轨迹视图】的切线为"突变"的是（　　）。

   A.　　B.　　C.　　D.

三、判断题

1. 3ds Max动画里不能添加声音文件。（　　）
2. 物体的运动轨迹可以转化为样条曲线，样条曲线也能转化为运动轨迹。（　　）
3. 漫游动画实际上是将摄影机加上一个【路径约束】的控制器。（　　）
4. 【路径变形绑定】修改器和【路径约束】控制器制作的动画是一样的。（　　）
5. 可以在【运动】面板里添加控制器，也可以在轨迹曲线里添加。（　　）
6. 3ds Max不能输出Gif格式的动画。（　　）
7. 只能在轨迹视图中给对象指定控制器。（　　）
8. 打开【设置关键点】按钮后，默认的情况下只能使用对象的轴心点进行变换。

   （　　）

3ds Max 2016

第12章 粒子系统与空间扭曲

空间扭曲和粒子系统实质是附加的建模工具。粒子系统能生成粒子子对象，从而达到模拟灰尘、雨、雪等效果的目的。空间扭曲是使其他对象变形的“力场”，从而创建出涟漪、波浪和风吹等效果。

学习目标

- 掌握各种常用粒子的使用技巧
- 掌握各种力学源、导向器及空间扭曲的用法

12.1 粒子系统

粒子系统主要用来模拟不规则的模糊形状物体，它们的几何外形不固定也不规则，它们的外观无时无刻不在无规律地变化。因此，它们无法用传统的建模方法来实现。在粒子系统中，不论是固态、液态、气态物体，都是由大量微小粒子图元作为基本元素构成的。

粒子系统基本原理是将大量相似的微小的基本粒子图元按照一定的规律组合起来，以描述和模拟一些不规则的模糊物体。属于粒子系统的每个粒子图元具有确定的【生命值】和各种状态【属性】，如【大小】、【形状】、【位置】、【颜色】、【透明度】、【速度】等。并且这些粒子都要经过“产生”“运动变化”和“消亡”这3个生命历程，所有存活着的粒子的生命值、形状大小等属性一直都在随着时间的推移而变化，其他属性都将在其限定的变化范围内随机变化，这些粒子各种属性变化就组成一幅连续变化的动态画面，从而充分模拟出了模糊物体的随机性和动态性。

选择【创建】→【几何体】→【粒子系统】命令，就可以看到1个事件驱动和6个非事件驱动粒子系统，如图12-1所示。这里以【喷射】与【雪】，【超级喷射】，【粒子云】和【粒子流源】为代表介绍一下粒子系统。

粒子流源	喷射
雪	超级喷射
暴风雪	粒子阵列
粒子云	

粒子流源	事件驱动粒子系统，可以获得最大的灵活性和可控性，用于复杂的爆炸、碎片、火焰和烟雾等效果
喷射	主要用于模拟雨水、喷泉等效果
超级喷射	【喷射】的加强版，可模拟更多的喷射效果
雪	主要模拟雪花、火花飞溅、纸片飞洒等效果
暴风雪	【雪】的加强版，可模拟任何翻滚与飞腾的效果，如暴风雪、火山等
粒子阵列	用于产生各种比较复杂的粒子群
粒子云	可以制作一些不规则排列运动的物体，如鸟群、人群等

图12-1　粒子系统的类型

12.1.1 喷射粒子与雪粒子

1．喷射粒子系统

【喷射】是一种设定相对简单的粒子，但其功能并不小，其参数如图12-2所示。它虽然只能发射垂直粒子流，但加入空间扭曲（如风）就可以改变方向。

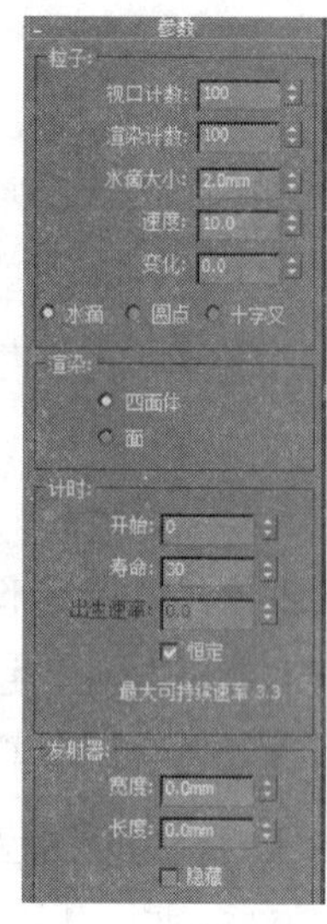

计数	设置视口中的数量和渲染中的数量，它们可以是各自独立的
水滴大小	粒子的尺寸
速度	每个粒子离开发射器时的初始速度
变化	改变粒子的初始速度和方向，值越大喷射越强，范围越广
计时	从第几帧开始，【寿命】即持续多少帧
形状	提供了【水滴】、【圆点】和【十字叉】3种，实际上形状是很多的
发射器	发射器的尺寸

图 12-2　喷射粒子的参数

创建及修改基本方法如下。

步骤 01　选择【创建】→【几何体】→【粒子系统】→【喷射】，在前视图中拖出一个方形，这就是喷射粒子系统，有条直线垂直于方形，表示粒子的运动方向。

步骤 02　目前场景中没有粒子，这是因为粒子的产生是一个动画的过程，拖动时间滑块就能看到粒子发射的过程，如图 12-3 所示。

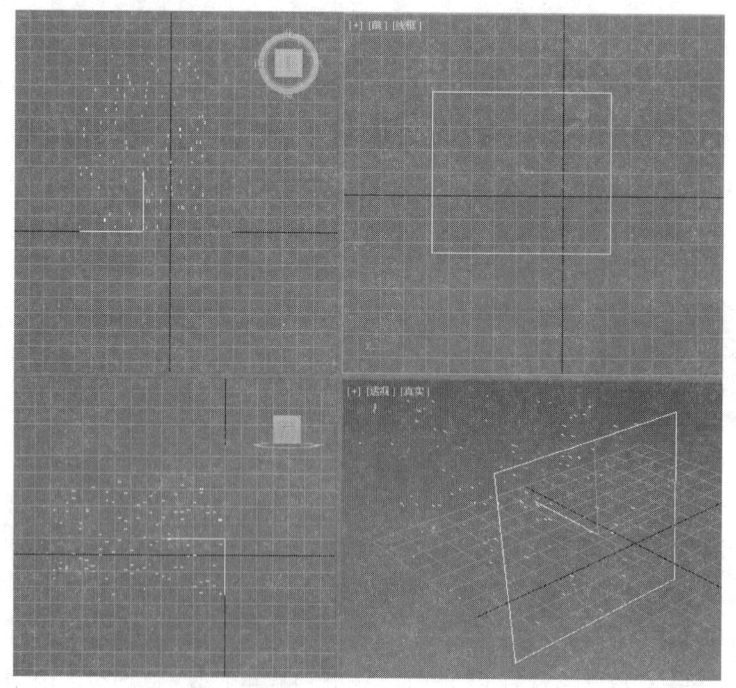

图 12-3　拖动时间滑块的效果

步骤 03　进入【修改】面板，调整后的参数设置与效果如图 12-4 所示。

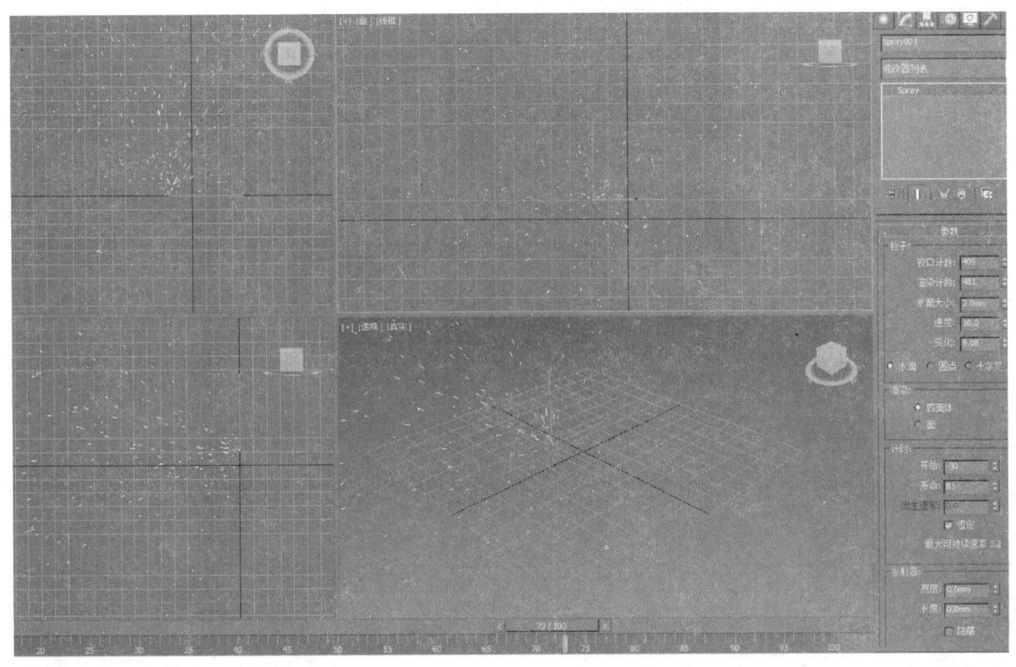

图 12-4 喷射粒子的修改效果

步骤 04 为粒子调制材质。选择粒子，进入【材质编辑器】，将【自发光】调为100，颜色调为淡蓝色，然后指定给粒子，如图 12-5 所示。

步骤 05 右击粒子，设置选择【对象属性】，设置【运动模糊】如图 12-6 所示。然后快速渲染，第 79 帧的效果如图 12-7 所示。

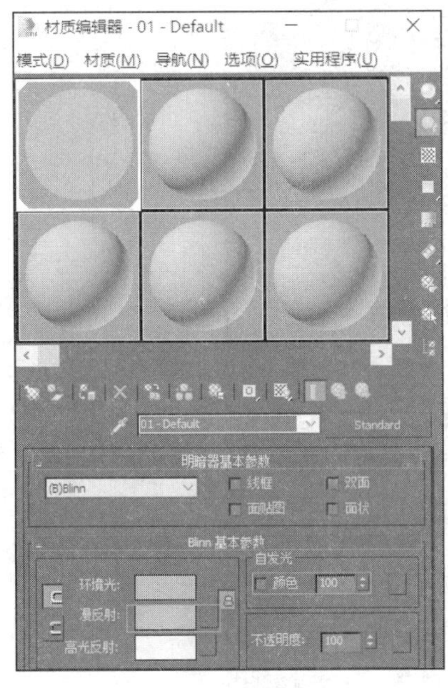

图 12-5 调制材质

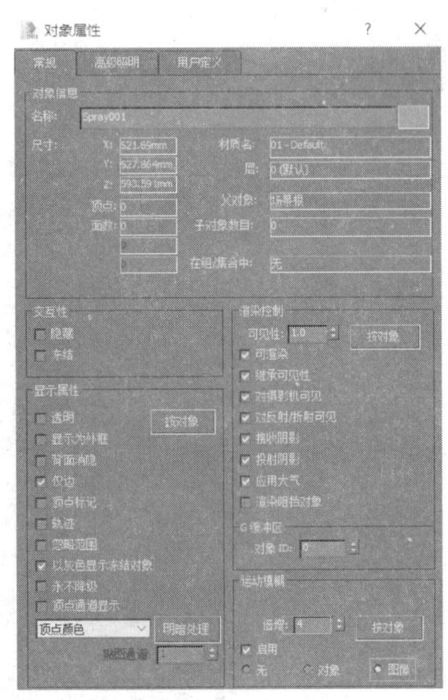

图 12-6 设置运动模糊

图 12-7　渲染效果

2. 雪粒子系统

雪粒子可以模拟雪花及碎片散落效果，与喷射粒子相似，主要增加了【六角形】形态和【翻滚】参数，读者可以自行尝试。

12.1.2 超级喷射粒子系统

【超级喷射】是【喷射】的加强版，其参数也较为丰富，发射粒子的形态不再局限于几种简单几何体，而是可以用任何三维模型作为粒子进行发射。有 8 个卷展栏，下面对其作一个简介。【基本参数】与【粒子生成】卷展栏如图 12-8 所示。

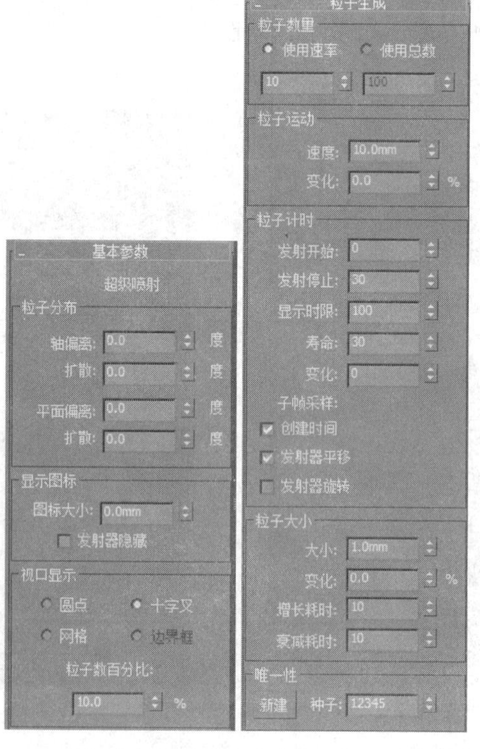

图 12-8　超级喷射粒子的基本参数及粒子生成卷展栏

粒子分布	轴偏移	影响粒子流与 Z 轴的夹角（沿着 x 轴的平面）
	扩散	影响粒子远离发射向量的扩散（沿着 x 轴的平面）
	平面偏移	影响围绕 Z 轴的发射角度。如果“轴偏离”设置为 0，则此选项无效
	扩散	影响粒子围绕“平面偏离”轴的扩散。如果“轴偏离”设置为 0，则此选项无效
粒子生成	粒子数量	使用速率：指定每帧发射的固定粒子数
		使用总数：指定在系统使用寿命内产生的总粒子数。使用微调器可以设置每帧产生的粒子数
	粒子运动	速度：粒子在产生时沿着法线的速度
		变化：对每个粒子的发射速度应用一个变化百分比
	粒子计时	开始停止：设置粒子开始在场景中出现的帧和最后一帧
		显示时限：指定所有粒子均将消失的帧
		寿命：设置每个粒子的寿命（以从创建帧开始的帧数计）
		变化：指定每个粒子的寿命可以从标准值变化的帧数
	粒子大小	大小：根据粒子的类型指定系统中所有粒子的大小
		变化：每个粒子的大小可以从标准值变化的百分比
		增长耗时：粒子从很小增长到“大小”值经历的帧数
		衰减耗时：粒子在消亡之前缩小到其“大小”设置的 1/10 时所经历的帧数

创建及修改超级喷射的基本方法如下。

步骤 01　选择【创建】→【几何体】→【粒子系统】→【超级喷射】，在前视图中拖出一个图标，这就是喷射粒子系统，拖动时间滑块就可以看到喷射效果，如图 12-9 所示。

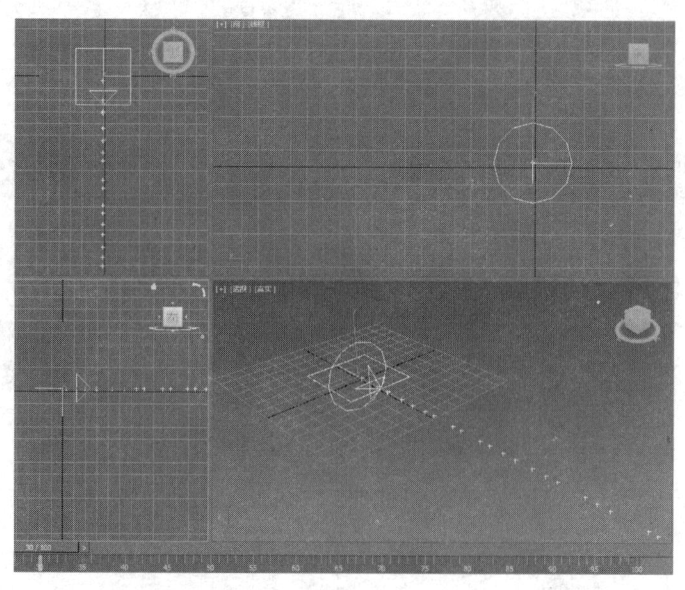

图 12-9　创建超级喷射粒子

步骤 02　修改【基本参数】，参数如图 12-10 所示，拖动时间滑块观察粒子运动。

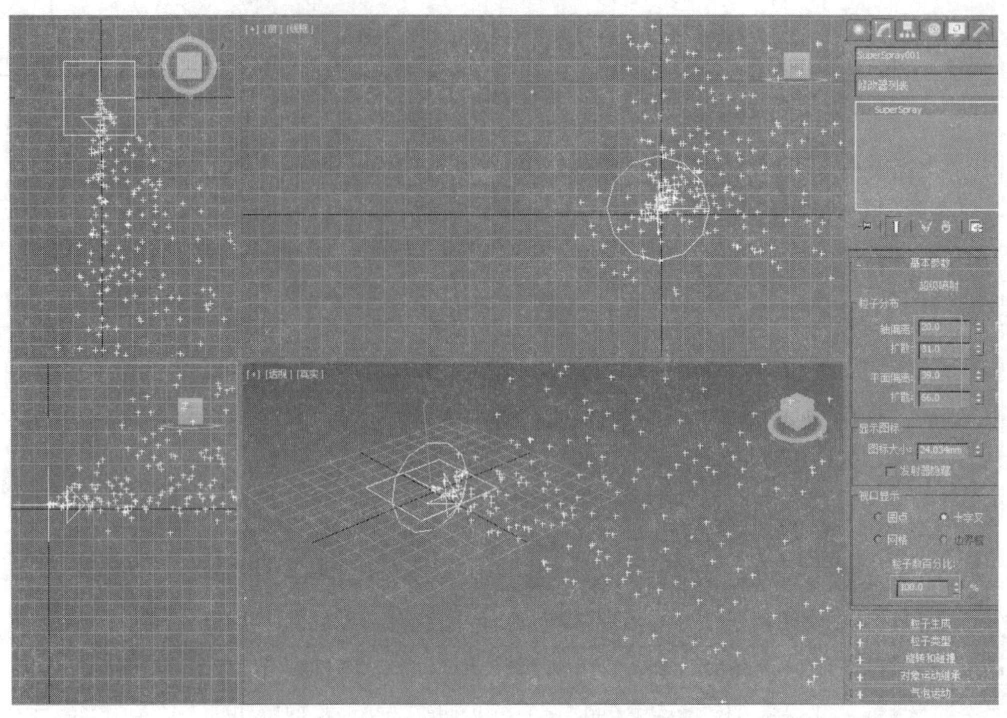

图 12-10　修改超级喷射的基本参数

步骤 03　修改【粒子生成】卷展栏参数，参数及效果如图 12-11 所示。

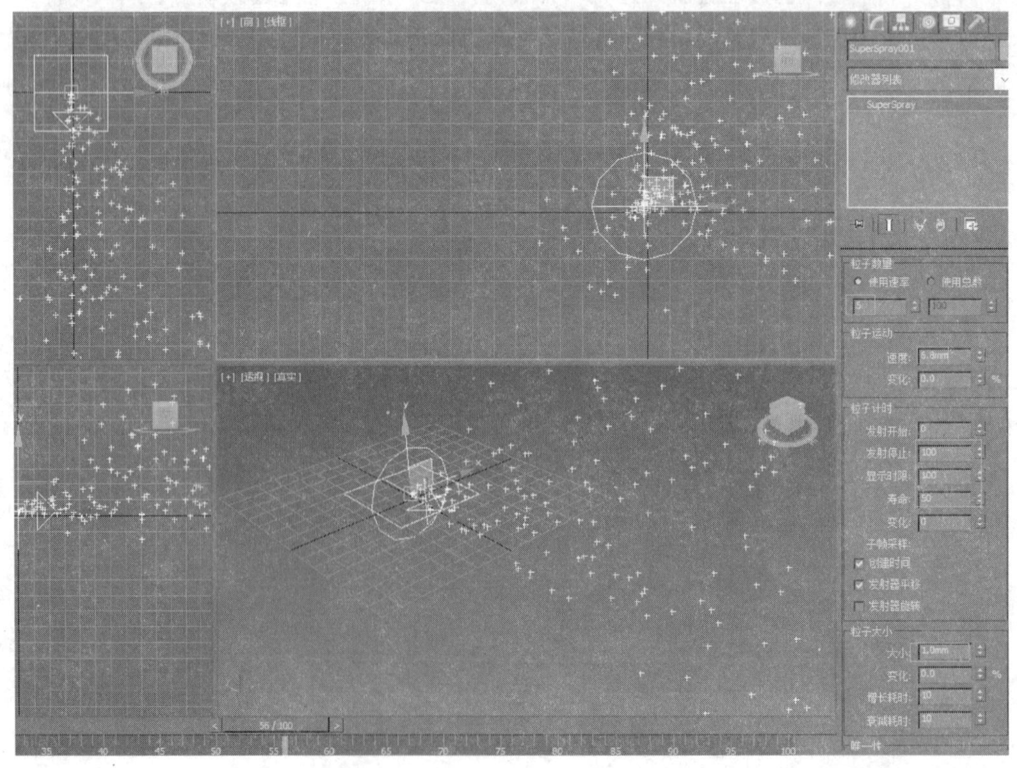

图 12-11　修改粒子生成卷展栏参数

【粒子类型】卷展栏下的选项指定粒子类型的三个类别中的一种。根据所选选项的不同，“粒子类型”卷展栏下部会启用不同的参数，如图 12-12 所示。标准粒子就是使用几种标准粒子类型中的一种。变形球粒子可将单独的粒子以水滴或粒子流形式混合在一起。实例几何体的粒子可以是对象、对象链接层次或组的实例，适合创建人群、畜群或非常细致的对象流。

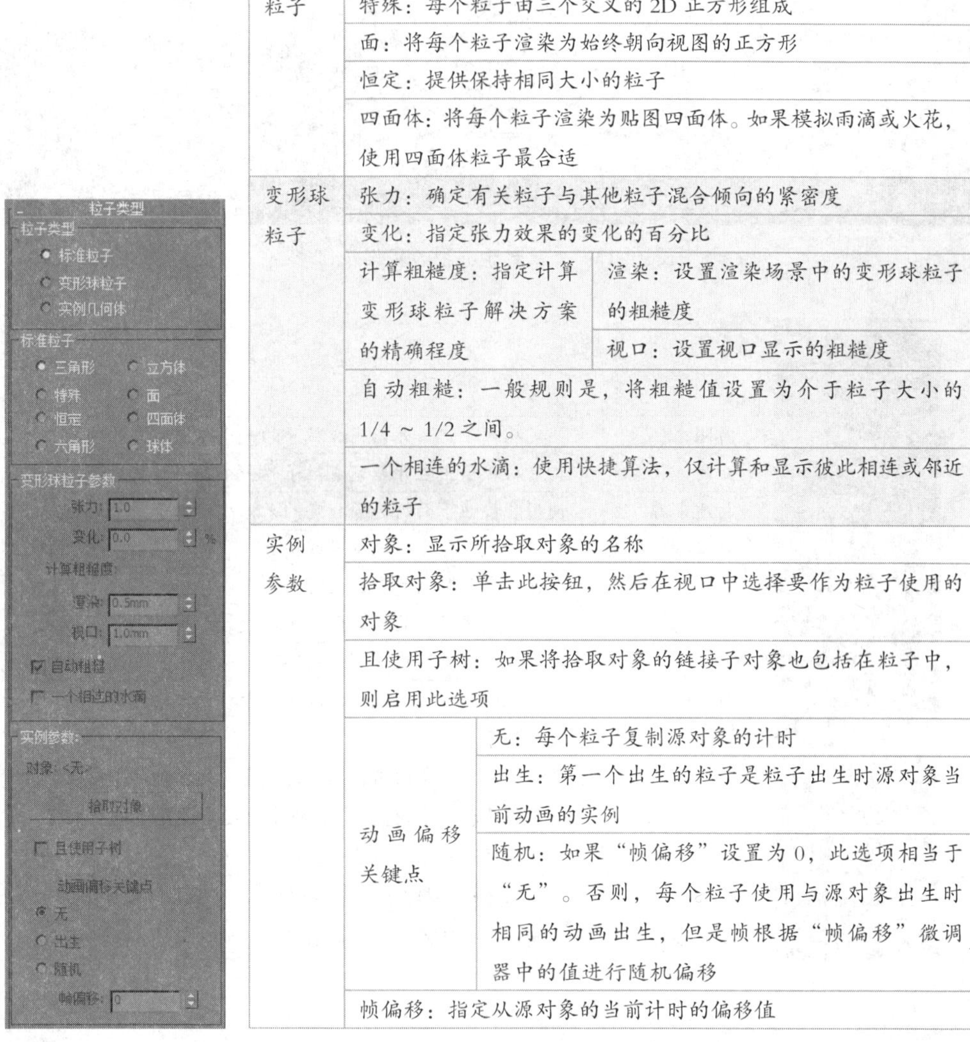

<table>
<tr><td rowspan="5">标准粒子</td><td colspan="2">三角形、立方体、球体、六角形：如字面意思</td></tr>
<tr><td colspan="2">特殊：每个粒子由三个交叉的 2D 正方形组成</td></tr>
<tr><td colspan="2">面：将每个粒子渲染为始终朝向视图的正方形</td></tr>
<tr><td colspan="2">恒定：提供保持相同大小的粒子</td></tr>
<tr><td colspan="2">四面体：将每个粒子渲染为贴图四面体。如果模拟雨滴或火花，使用四面体粒子最合适</td></tr>
<tr><td rowspan="6">变形球粒子</td><td colspan="2">张力：确定有关粒子与其他粒子混合倾向的紧密度</td></tr>
<tr><td colspan="2">变化：指定张力效果的变化的百分比</td></tr>
<tr><td rowspan="2">计算粗糙度：指定计算变形球粒子解决方案的精确程度</td><td>渲染：设置渲染场景中的变形球粒子的粗糙度</td></tr>
<tr><td>视口：设置视口显示的粗糙度</td></tr>
<tr><td colspan="2">自动粗糙：一般规则是，将粗糙值设置为介于粒子大小的 1/4 ~ 1/2 之间。</td></tr>
<tr><td colspan="2">一个相连的水滴：使用快捷算法，仅计算和显示彼此相连或邻近的粒子</td></tr>
<tr><td rowspan="7">实例参数</td><td colspan="2">对象：显示所拾取对象的名称</td></tr>
<tr><td colspan="2">拾取对象：单击此按钮，然后在视口中选择要作为粒子使用的对象</td></tr>
<tr><td colspan="2">且使用子树：如果将拾取对象的链接子对象也包括在粒子中，则启用此选项</td></tr>
<tr><td rowspan="3">动画偏移关键点</td><td>无：每个粒子复制源对象的计时</td></tr>
<tr><td>出生：第一个出生的粒子是粒子出生时源对象当前动画的实例</td></tr>
<tr><td>随机：如果“帧偏移”设置为 0，此选项相当于“无”。否则，每个粒子使用与源对象出生时相同的动画出生，但是帧根据“帧偏移”微调器中的值进行随机偏移</td></tr>
<tr><td colspan="2">帧偏移：指定从源对象的当前计时的偏移值</td></tr>
</table>

图 12-12　粒子类型卷展栏

步骤 04　在视图中创建一个【胶囊】体，选择超级喷射粒子，进入其修改面板，在【基本参数】卷展栏中选择显示方式为【网格】，然后在【粒子类型】卷展栏中选择【实例几何体】选项，拾取【胶囊】体，于是【胶囊】体就代替了原先的十字叉，如图 12-13 所示。

其他还有【材质贴图和来源】、【旋转和碰撞】等卷展栏参数，如图 12-14 所示。

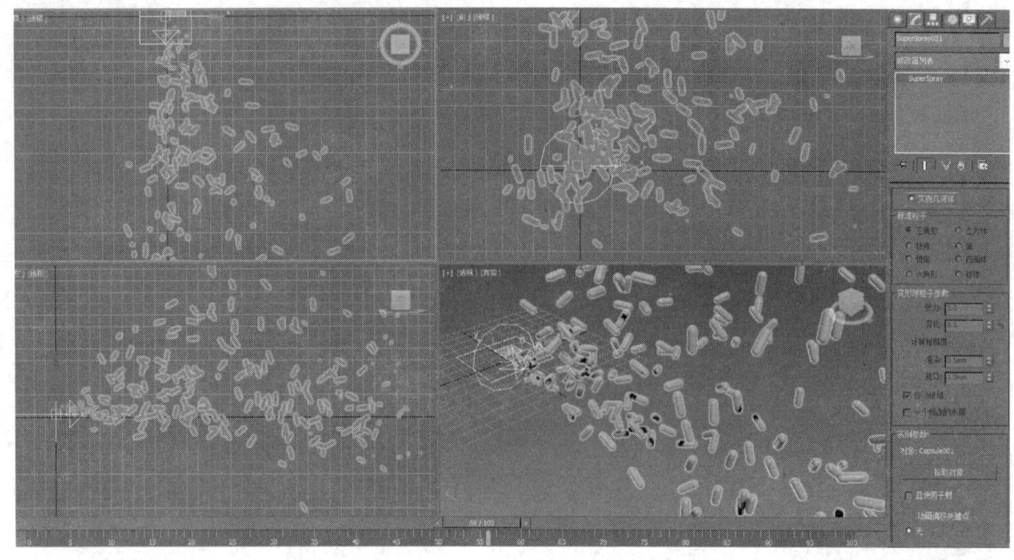

图 12-13　更改粒子类型为实例几何球

时间	指定从粒子出生开始完成粒子的一个贴图所需的帧数
距离	指定从粒子出生开始完成粒子的一个贴图所需的距离
材质来源	使用此按钮下面的选项指定的来源更新粒子携带的材质
自旋速度控制	自旋时间：粒子一次旋转的帧数
	变化：自旋时间的变化的百分比
	相位：设置粒子的初始旋转（以度计）
	变化：相位的变化的百分比
自旋轴控制	运动方向 / 运动模糊：围绕由粒子移动方向形成的向量旋转粒子
	拉伸：【拉伸】的值根据【速度】确定拉伸的百分比。如果将【拉伸】设置为 2，将【速度】设置为 10，粒子将沿着运动轴拉伸其原始大小的 20%
	用户定义：使用 x、y 和 z 轴微调器中定义的向量
粒子碰撞	启用：在计算粒子移动时启用粒子间碰撞

图 12-14　粒子材质贴图和来源及旋转和碰撞卷展栏

12.1.3 粒子云

粒子云是让粒子在一个三维模型内产生和发射器有类似形状的粒子团。与前面粒子相同的是可以是系统中指定的标准几何体、超级粒子或用三维模型做粒子原型；不同的是它不是从物体表面发出的，而是由系统中指定的立方体、球体或圆柱体等作为空间产生粒子云并且充满这个发射器空间。

创建粒子云的基本方法如下。

步骤 01 选择【创建】→【几何体】→【粒子系统】→【粒子云】，在【俯视图】中拖出一个图标，这就是粒子云发射器，进入【基本参数】卷展栏，将【粒子分布类型】改为【球体发射器】，如图 12-15 所示。然后在【基本参数】卷展栏里将【视口显示】选为【网格】。

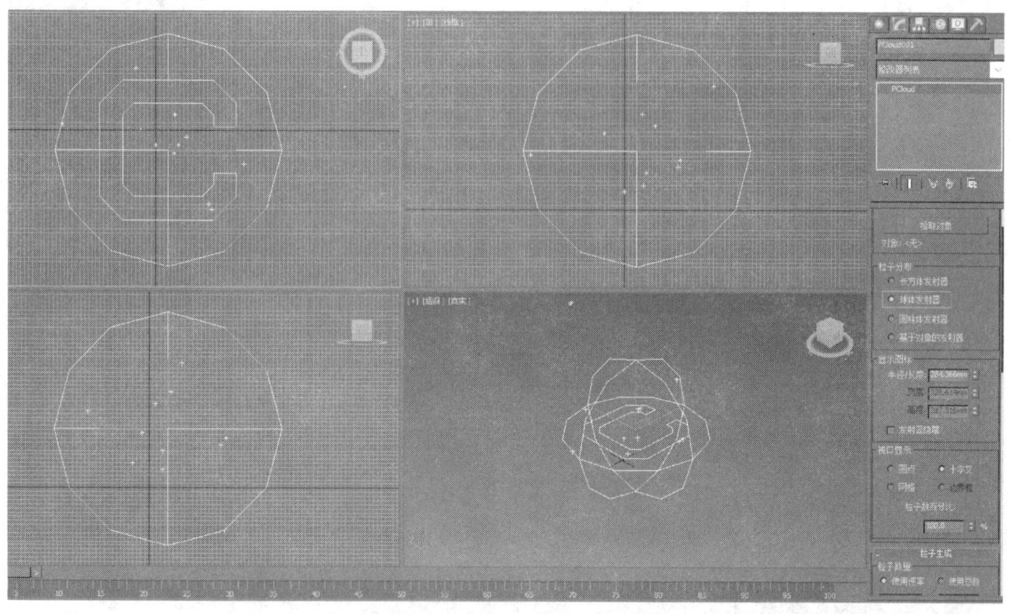

图 12-15 创建粒子云

步骤 02 绘制一个【切角长方体】，然后选择【粒子云】，进入修改面板，在【粒子类型】卷展栏里选择【实例几何体】，在视图中拾取长方体模型，单击 材质来源: 按钮，将长方体模型隐藏，如图 12-16 所示。

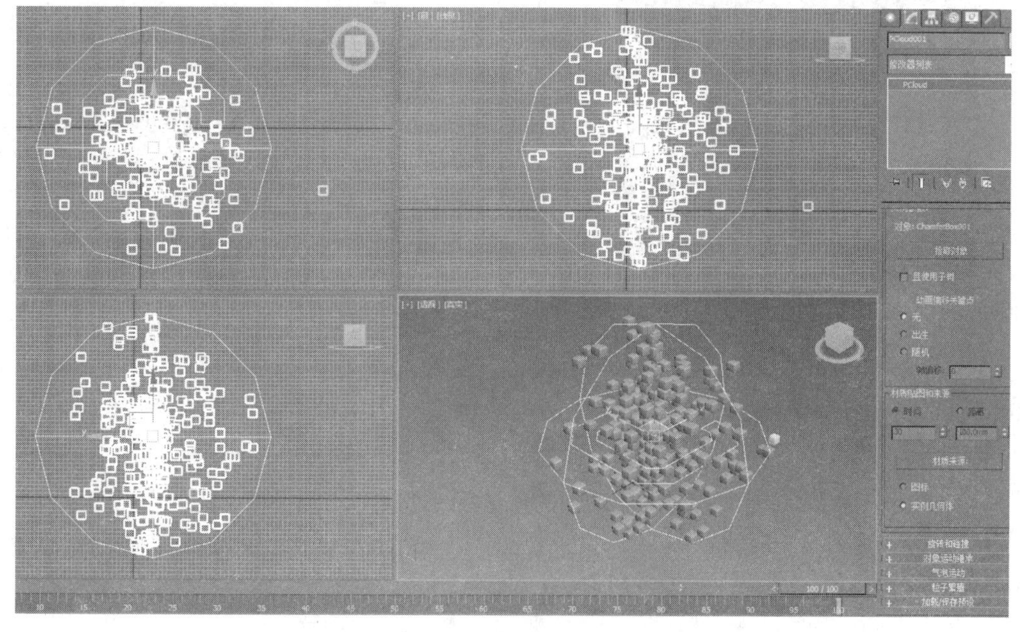

图 12-16 设定粒子云的类型

步骤 03 展开【旋转和碰撞】卷展栏，将【自旋速度控制】参数如图 12-17 进行设定，拖动时间滑块播放动画，可以看到立方体粒子云在球内翻动的动画。

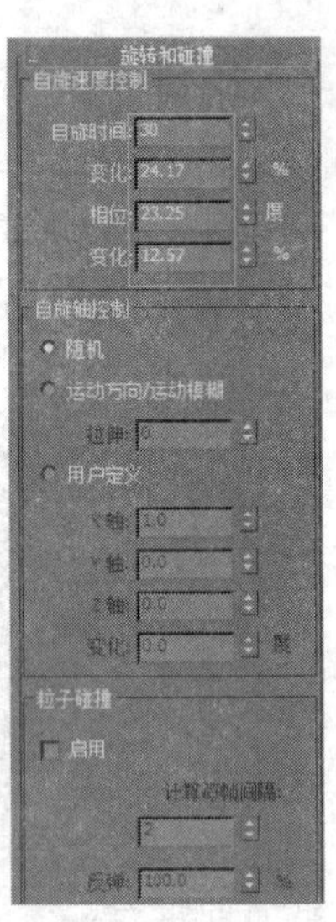

图 12-17 设置旋转和碰撞参数

12.1.4 粒子阵列

【粒子阵列】通过将选择对象为基于对象的发射器，并作为形成粒子源的几何体或用于创建类似对象碎片粒子源的几何体，一般用来做爆炸效果。粒子阵列粒子系统参数比较多，下面主要介绍粒子阵列粒子系统中特有的部分，如图 12-18 所示。

图 12-18 粒子阵列特有参数

粒子分布	在整个曲面：在基于对象的发射器的整个曲面上随机发射粒子
	沿可见边：从对象的可见边随机发射粒子
	在所有的顶点上：从对象的顶点发射粒子
	在特殊点上：在对象曲面上随机分布指定数目的发射器点
	总数：选择“在特殊点上”后，指定使用的发射器点数
	在面的中心：从每个三角面的中心发射粒子
对象碎片	厚度：设置碎片的厚度
	所有面：对象的每个面均成为粒子。这将产生三角形粒子
	碎块数目：对象破碎成不规则的碎片。下面的【最小值】微调框指定将出现碎片的最小数目
	平滑角度：碎片根据【角度】微调框中指定的值破碎

12.1.5 粒子流源

【粒子流源】系统是一种时间驱动型的粒子系统，它可以自定义粒子的行为，设置寿命、碰撞和速度等测试条件，每一个粒子根据其测试结果会产生相应的转台和形状。

在视图中创建【粒子流源】，单击【粒子视图】后就会弹出如图 12-19 所示粒子视图，可根据需要增删事件，然后单击事件，在右侧就能调整参数。

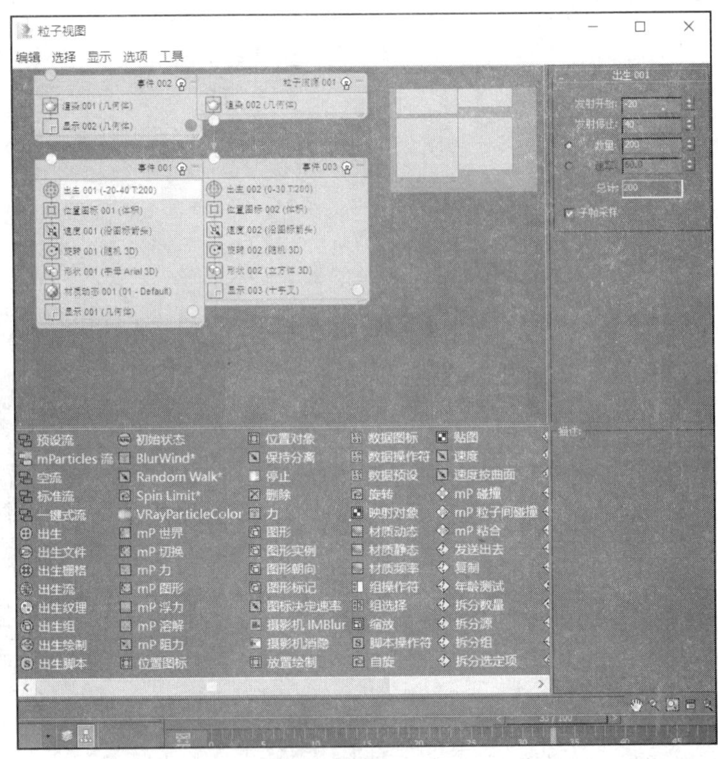

（a）

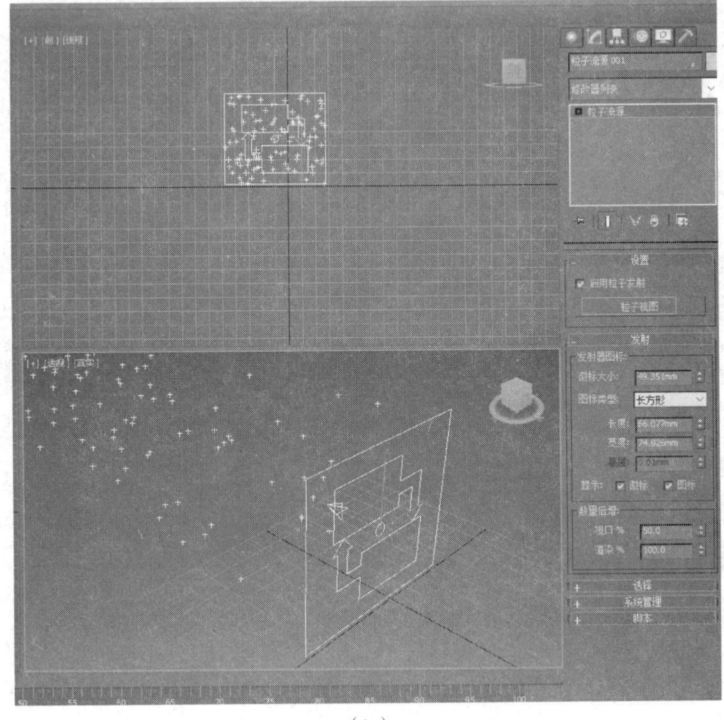

（b）

图 12-19　创建粒子流源

12.2 空间扭曲

空间扭曲能影响其他对象的外观，但其本身却不可渲染，如涟漪、波浪、重力和风等。

12.2.1 力

将【力】使用【绑定到空间扭曲】后就能作用于粒子系统，3ds Max 2016 还有其他空间扭曲，虽然用途不同，但用法相同。

步骤 01 打开“光盘\案例\第 12 章\超级喷射粒子 .max”，在【左视图】中选择【创建】→【空间扭曲】→【风】，然后单击【绑定到空间扭曲】按钮，选择粒子，拖动到风力上，风力就发挥了作用，如图 12-20 所示。

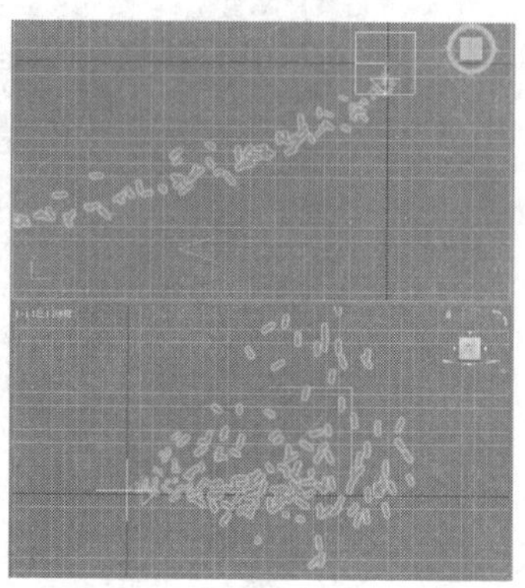

图 12-20 绑定到风力

步骤 02 选择风力，在【修改】面板里调整参数，参考参数如图 12-21 所示。

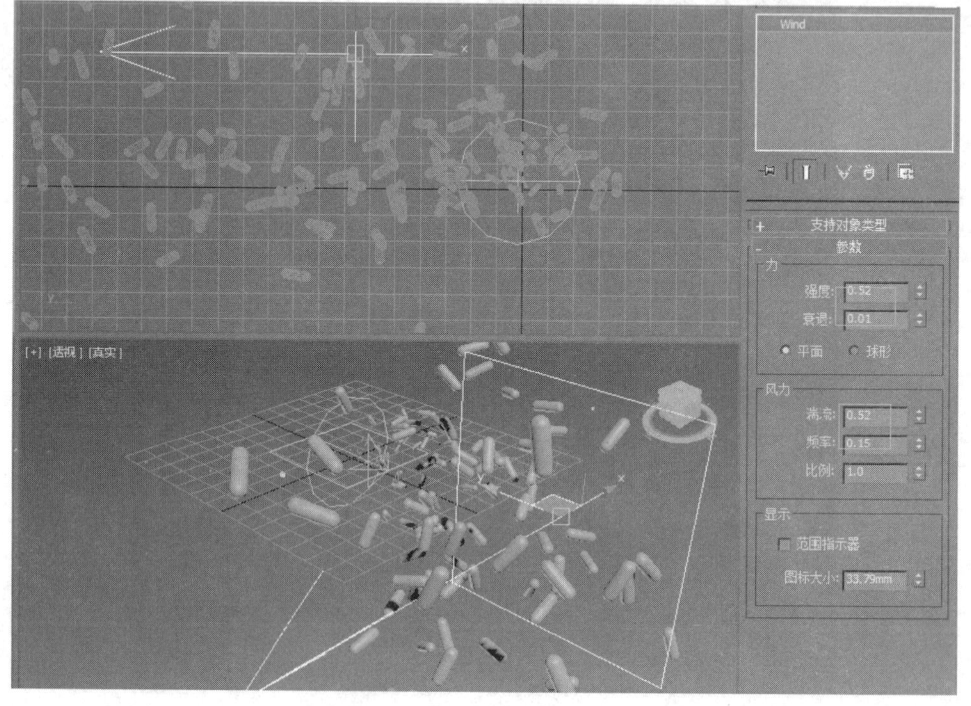

图 12-21 调整风力参数

12.2.2 导向器

【导向器】空间扭曲起着平面防护板的作用。例如，使用导向器可以模拟被雨水敲击的路面。将【导向器】空间扭曲和【重力】空间扭曲结合在一起可以产生瀑布和喷泉效果。具体使用方法将在后面的实例中介绍。

课堂范例——制作喷泉动画

步骤 01 打开“光盘\贴图及素材\第 12 章\喷水池 .max”，创建一个【喷射】粒子，参数如图 12-22 所示。

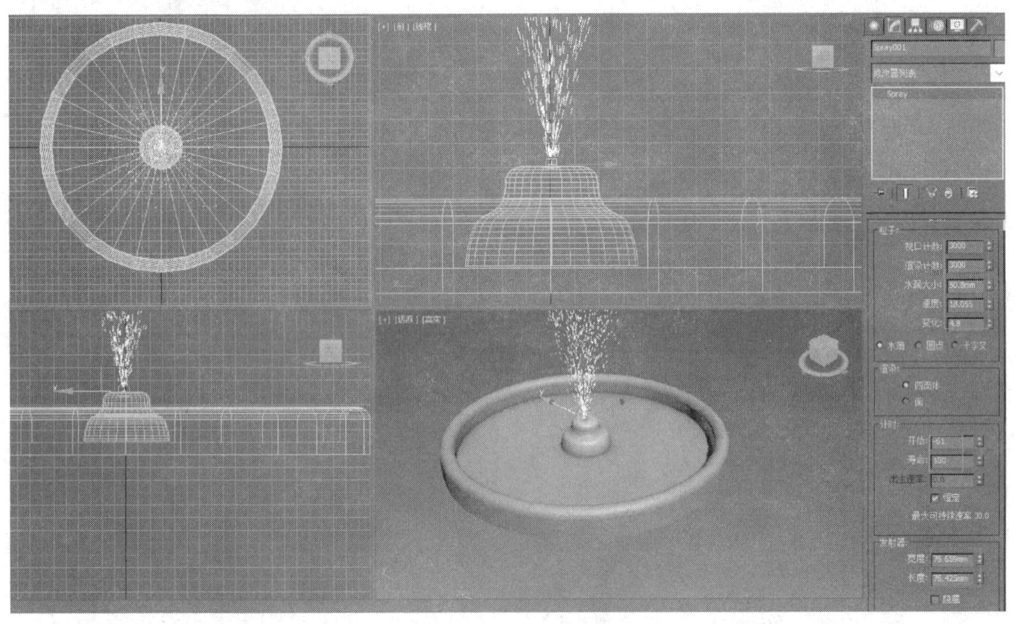

图 12-22 创建喷射粒子

步骤 02 选择【创建】→【空间扭曲】→【力】→【重力】，在【顶视图】中创建重力图标，然后单击【绑定到空间扭曲】按钮，选择粒子，拖动到重力上。然后选择【重力】，修改其参数如图 12-23 所示。

步骤 03 选择【创建】→【空间扭曲】→【导向器】→【导向板】，在【顶视图】中创建导向板图标。单击【绑定到空间扭曲】按钮，选择粒子，拖动到导向板上，如图 12-24 所示。

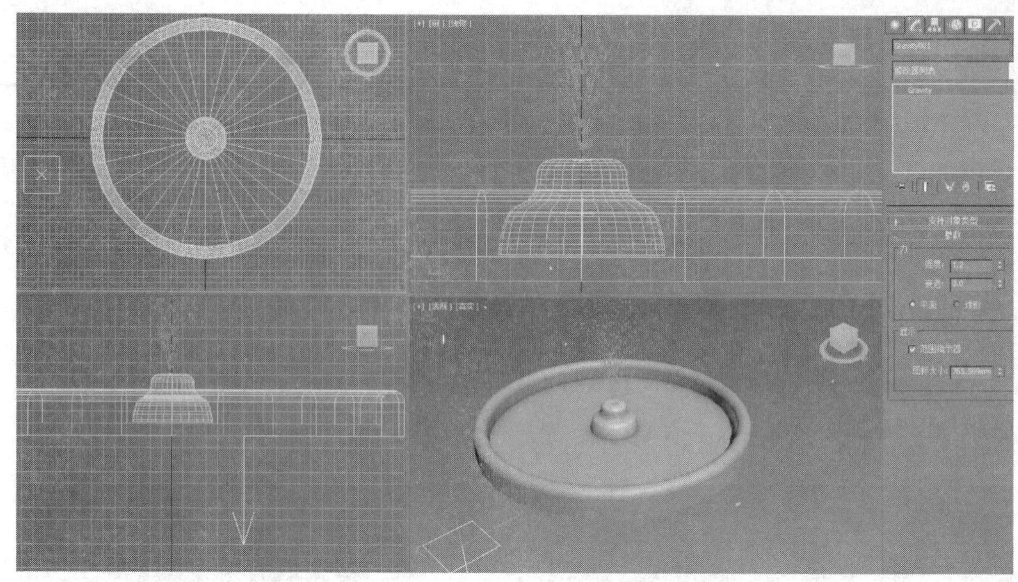

图 12-23　创建重力与粒子绑定

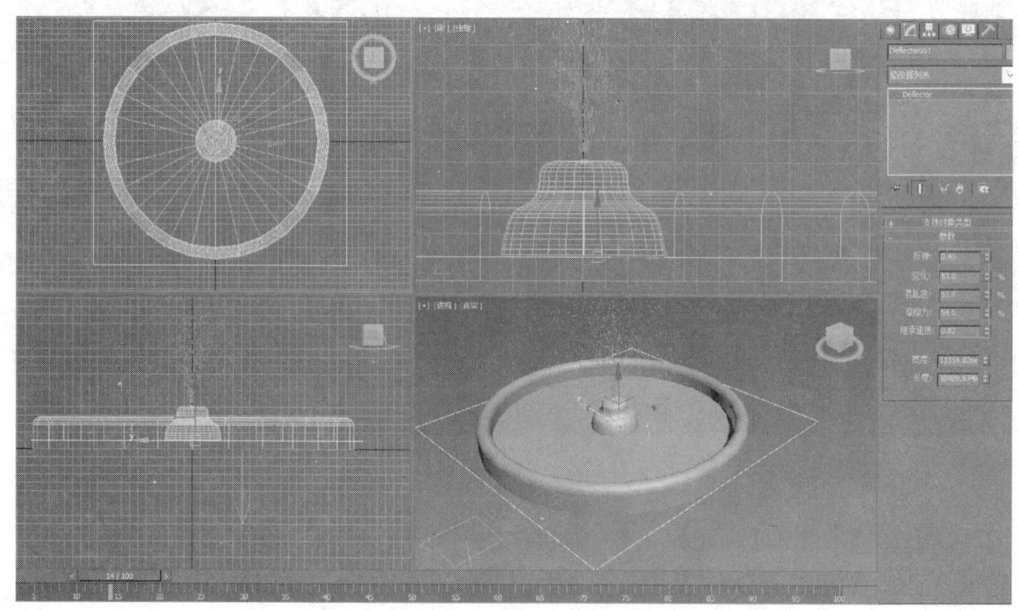

图 12-24　创建导向板与粒子绑定

步骤 04　调整透视图，按快捷键【Ctrl+C】匹配为相机视图。拖动时间滑块，粒子下落到导向板的效果基本合适。测试渲染，粒子太小太清晰，先修改水滴大小，再右击粒子选【对象属性】，将运动模糊改为如图 12-25 所示。然后再贴图渲染为动画即可。

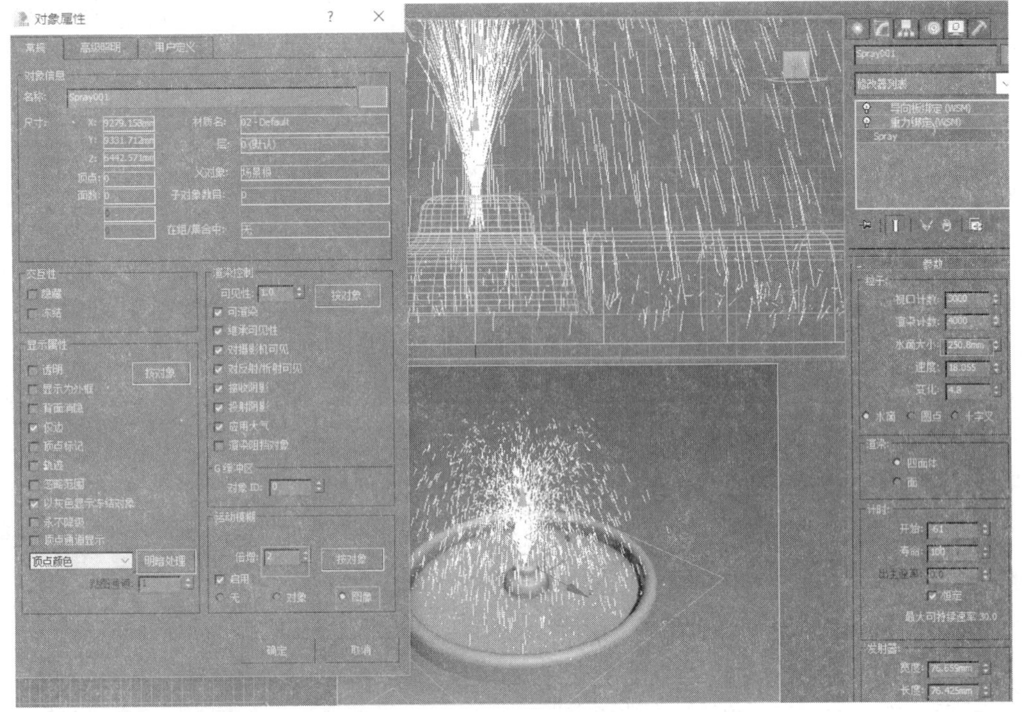

图 12-25 设置运动模糊

课堂问答

通过本章的讲解，对粒子系统和空间扭曲有了一定的了解，下面列出一些常见的问题供学习参考。

问题❶："绑定到扭曲"命令与"选择并连接"命令有什么区别？

答：这是两个完全没有任何相同之处的命令，只是碰巧两个命令图标紧邻在一起而已，【绑定到空间扭曲】，其实是主要面向粒子系统和空间扭曲修改器的链接命令。【选择并连接】，是将一个物体以父子关系链接到另一个物体上，注意，这个链接和编辑里面的合并完全不同，链接后，两个物体依然是两个物体，只是在层级关系上发生变化，父物体要对子物体产生影响。

问题❷：怎样才会使粒子系统中喷出像雾一样的水？

答：有两种方法，一是如课堂实例一样用【运动模糊】方法处理；二是用【超级喷射粒子】系统，它里面有个功能可以模拟水的粘性，不过计算很慢。当然也可以用 3ds Max 之外的插件。

问题❸：能否让发射的粒子沿着指定的路径运动？

答：可以的。先创建一个路径，再选择【创建】面板→【空间扭曲】→【力】→【路径跟随】，创建一个路径扭曲图标，然后选择【路径跟随图标】进入修改面板，单击【拾取图形对象】按钮拾取路径，如图 12-26 所示。最后将这个空间扭曲物体绑定到粒子发射器上面即可，如图 12-27 所示。

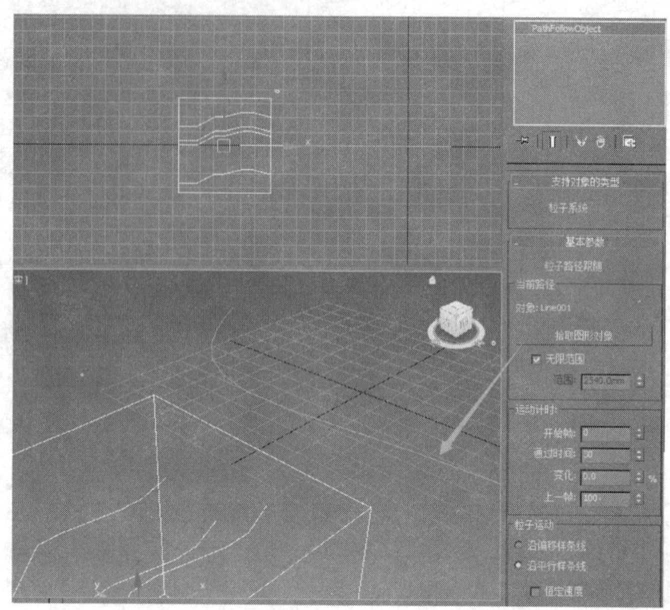

图 12-26　创建路径跟随空间扭曲

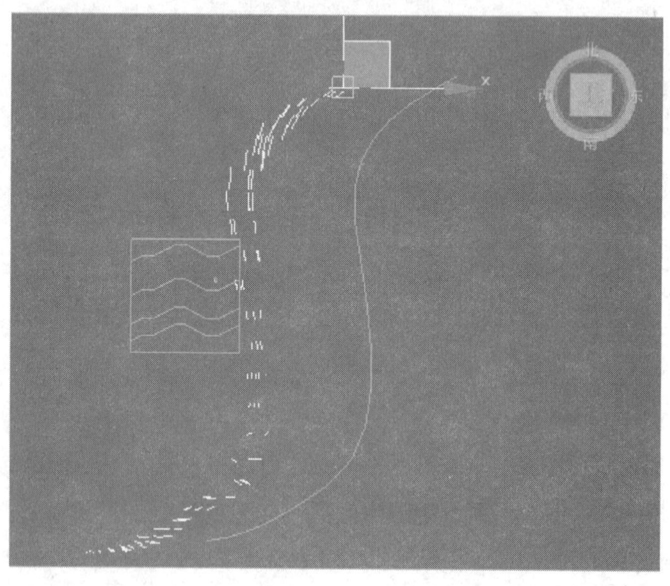

图 12-27　将粒子系统绑定到路径跟随空间扭曲

上机实战——制作爆炸动画

为了让读者能巩固本章知识点，下面讲解两个技能综合案例，使大家对本章的知识有更深入的了解。

以下效果分别是第 30、39、61 帧的动画截图，如图 12-28 所示。

效果展示

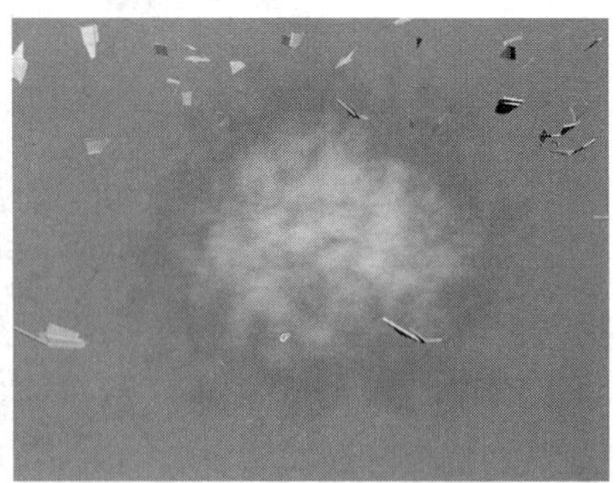

图 12-28 爆炸动画的效果截图

思路分析

此动画需要表现的有以下几点：一是旋转效果，用记录关键帧加编辑轨迹曲线即可；二是爆炸效果，用【粒子阵列】系统加【粒子爆炸】空间扭曲来制作；三是火效，在【环境和效果】里添加【火效】设置【爆炸】效果即可；四是碎片在地面反弹，创建【导向板】，将【粒子阵列】绑定到导向板即可。

制作步骤

步骤 01 创建一个【球体】，设置段数为 16，去掉【平滑】选项。然后转为【可编辑多边形】，选择【多边形】子对象，然后【按多边形】倒角，如图 12-29 所示。

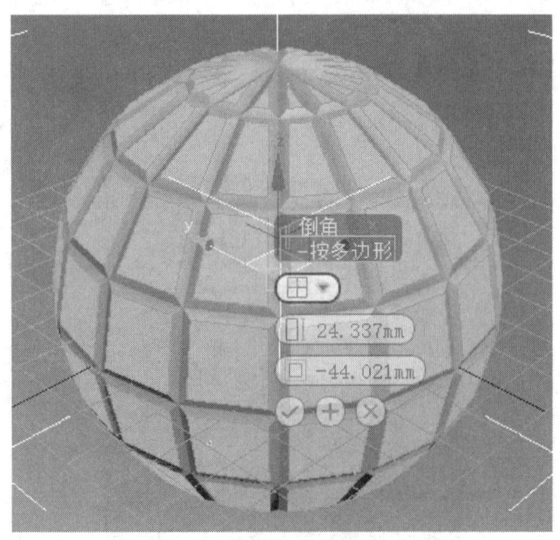

图 12-29 创建爆炸对象

步骤 02 选择【创建】面板→【粒子系统】→【粒子阵列】，创建一个粒子阵列图标，然后单击【拾取对象】按钮，指定爆炸物（球体）作为粒子阵列的发射器，其参数如图 12-30 所示。

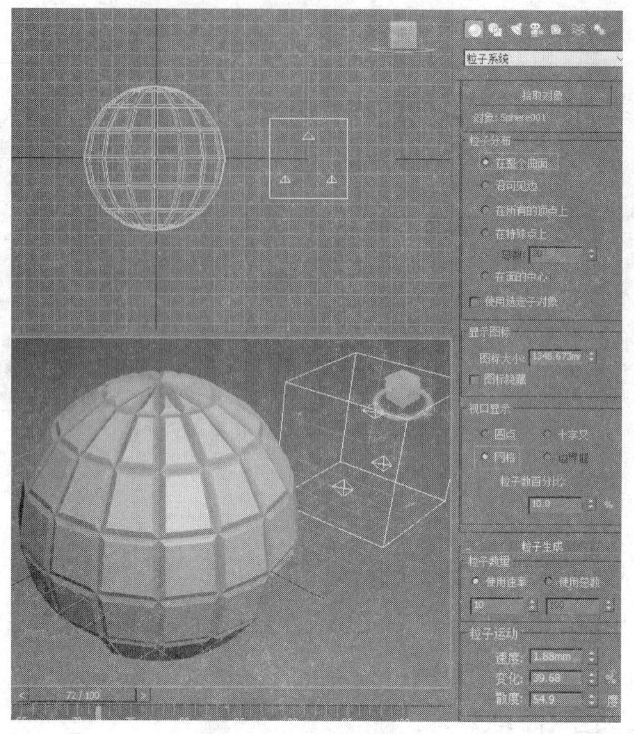

图 12-30　创建粒子阵列

温馨提示

用【粒子生成】里的【速度】、【变化】、【散度】也能制作出爆炸碎片的动画，读者可以自行实践。这里将其改为 0，为的是让读者了解另外一个空间扭曲——【粒子爆炸】。

步骤 03　设置【粒子生成】卷展栏里的【寿命】为活动时间长度，设置【粒子类型】为【对象碎片】，设置【碎片数目最小值】为 100，如图 12-31 所示。

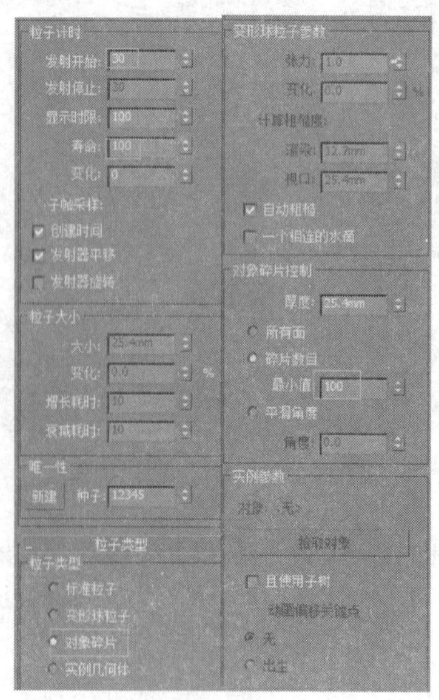

图 12-31　设置粒子寿命和类型

步骤 04 将【旋转与碰撞】的【自旋时间】设为 30，如图 12-32 所示。拖动时间滑块，原来的球体并未消失，所以必须将其隐藏，将时间滑块拖到第 30 帧，按快捷键【N】记录动画，将球体旋转 360°，右击球体选择【对象属性】，将可视性设为 0，如图 12-33 所示。

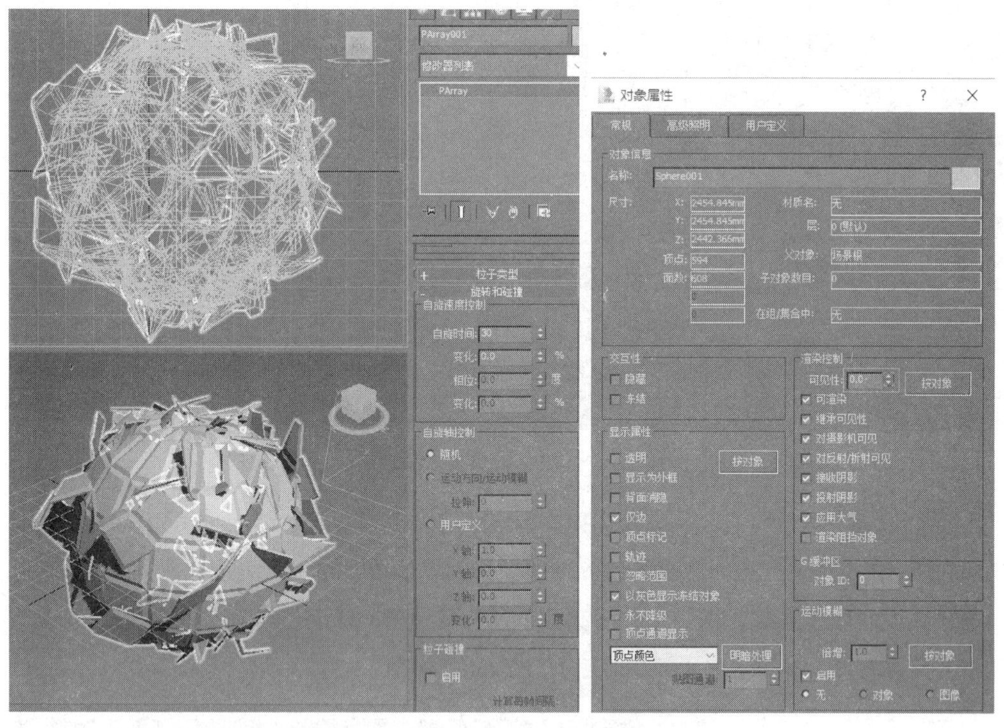

图 12-32 设置自旋时间　　图 12-33 设置球体可见性

步骤 05 按快捷键【N】停止记录动画，拖动时间滑块，发现球体是慢慢隐藏，这不符合现实规律。原因是轨迹曲线是渐变，只需改为突变即可，如图 12-34 所示。最好将旋转的轨迹曲线的切线改为直线，如图 12-35 所示。

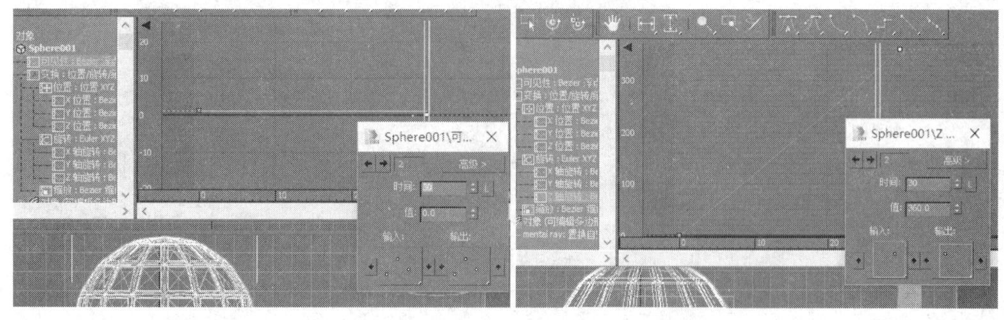

图 12-34 设置球体可见性轨迹曲线　　图 12-35 设置球体旋转的轨迹曲线

步骤 06 单击【创建】面板→【空间扭曲】→【力】→【粒子爆炸】，在顶视图中拖曳创建粒子爆炸图标，使用【绑定到空间扭曲】工具把粒子阵列图标和粒子爆炸图标绑定到一起。移动【粒子爆炸】空间扭曲图标至球心，进入【修改】面板，调整参数，拖动时间滑块到第 35 帧效果，如图 12-36 所示。

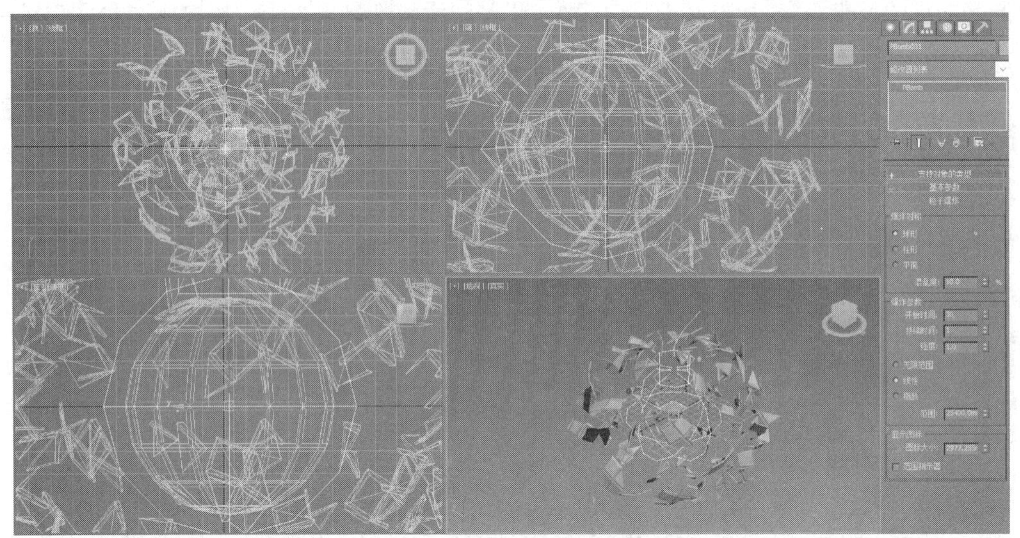

图 12-36　粒子爆炸效果

步骤 07　添加火效。选择【创建】面板→【辅助对象】→【大气装置】→【球体 Gizmo】，在视图中创建一个直径约为球体 3 倍的球体 Gizmo。然后按快捷键【8】在弹出的【环境和效果】对话框中添加【火效】，拾取球体 Gizmo，再勾选【爆炸】选项，单击【设置爆炸】按钮，将【开始时间】设为 30，如图 12-37 所示。

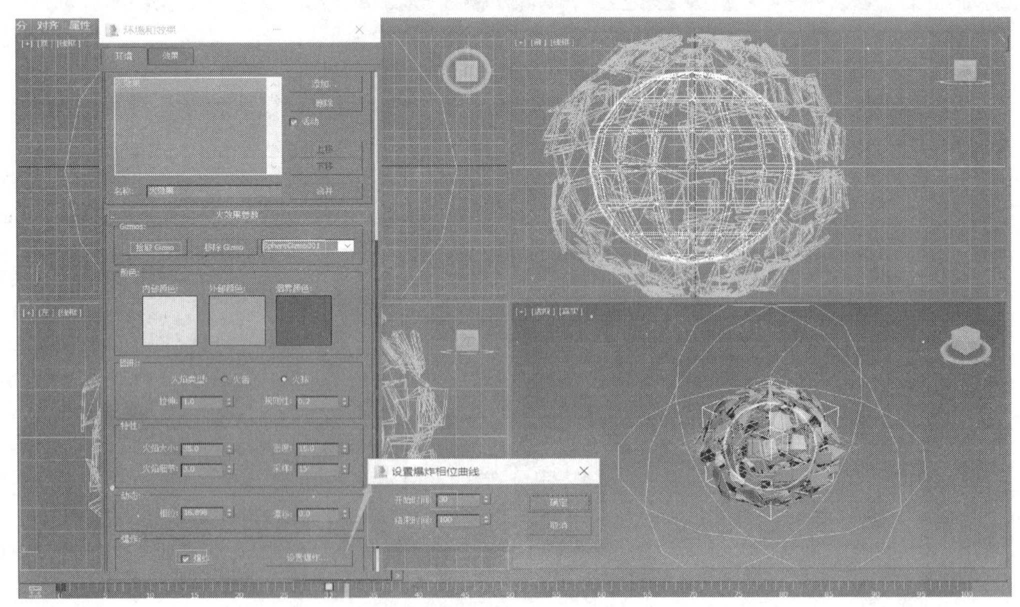

图 12-37　添加火效

步骤 08　绘制一个【平面】作为地板，对齐球体底部。然后选择【创建】面板→【空间扭曲】→【导向器】→【导向板】，创建一个导向板与平面对齐，将【粒子阵列】绑定到导向板上。再将【透视图】按快捷键【Ctrl+C】匹配为摄影机视图，如图 12-38 所示。

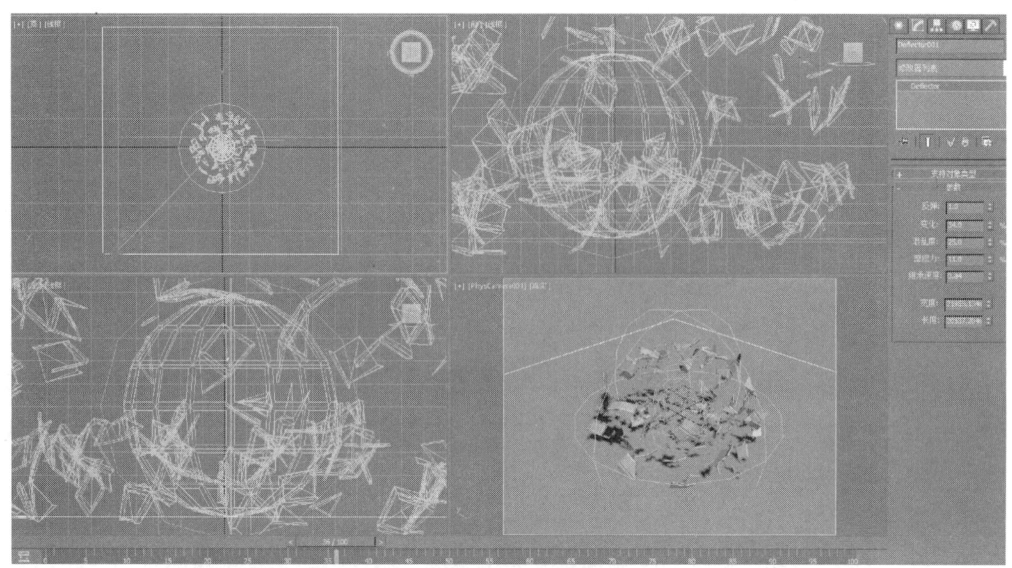

图 12-38 添加导向板

步骤 09 调制材质。在【粒子类型】卷展栏中将【材质贴图和来源】选为【拾取的发射器】，将【外表面材质 ID】设为 1，然后调制【多维 / 子对象】材质赋给粒子阵列，如图 12-39 所示。

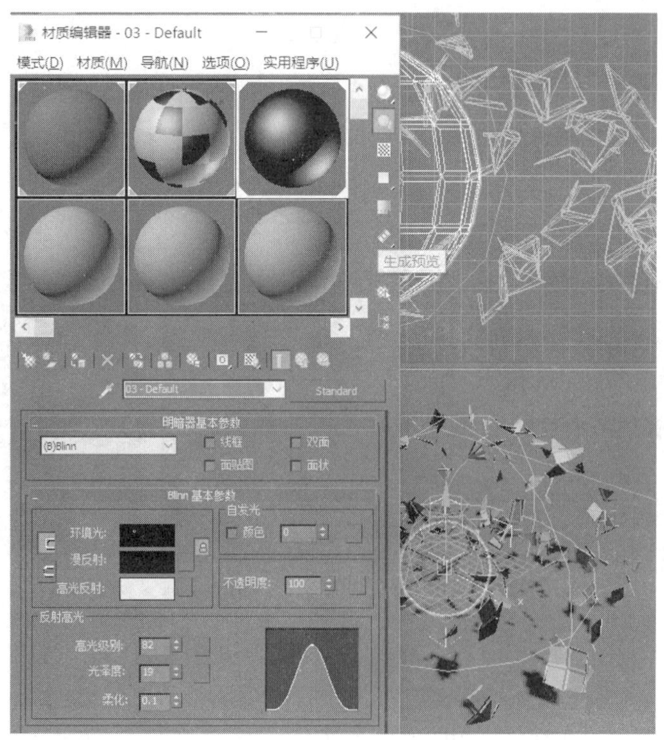

图 12-39 调制材质

步骤 10 渲染输出。按快捷键【F10】设置渲染参数如图 12-40 所示，渲染动画，爆炸动画制作完成。

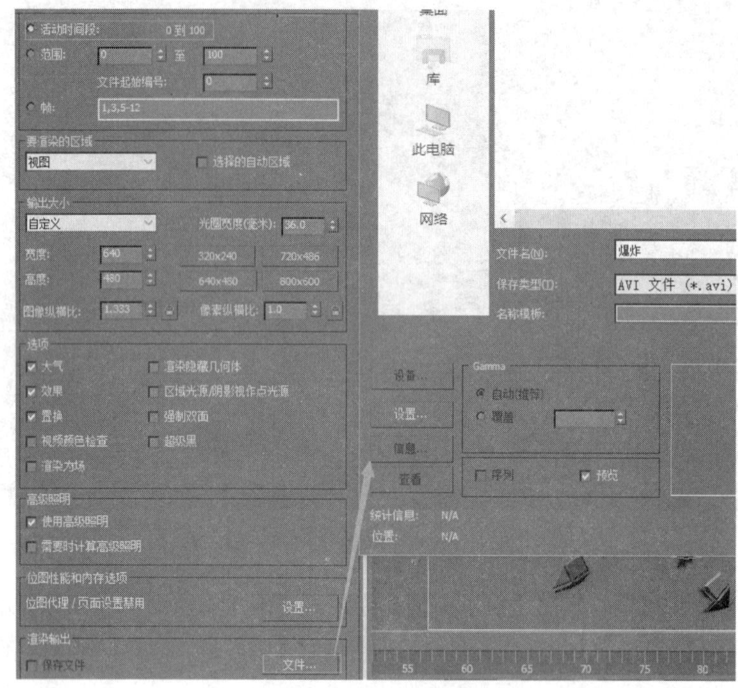

图 12-40 设置渲染

同步训练——制作烟花动画

制作烟花动画的图解流程如图 12-41 所示。

图解流程

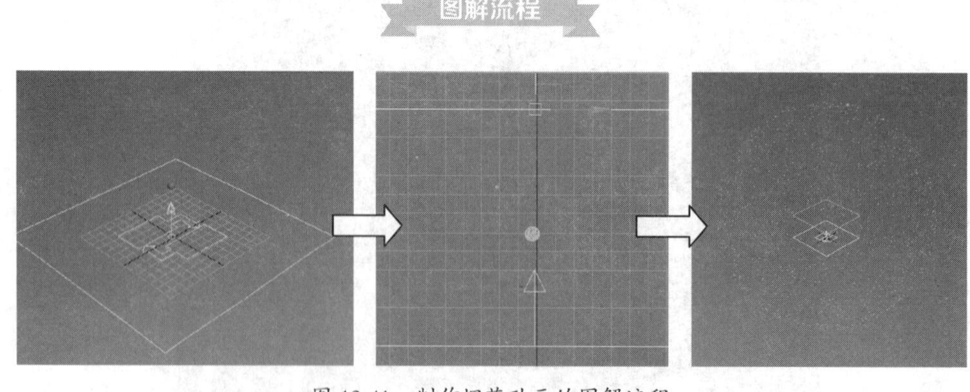

图 12-41 制作烟花动画的图解流程

思路分析

此动画主要思路是用粒子流源的方法来绘制。通过创建粒子流源图标，然后修改【出生】操作符参数、【显示】操作符参数、【形状】操作符参数。再添加【位置移动】操作符并在卷展栏参数中拾取球体；添加【碰撞】操作符并在卷展栏参数中拾取导向板。这样就完成了烟花爆炸动画的制作。

关键步骤

步骤 01 单击【创建】→【几何体】→【粒子系统】→【粒子流源】按钮，在【顶视图】中创建一个粒子流源；在【发射器图标】参数卷展栏下设置参数，如图 12-42 所示。

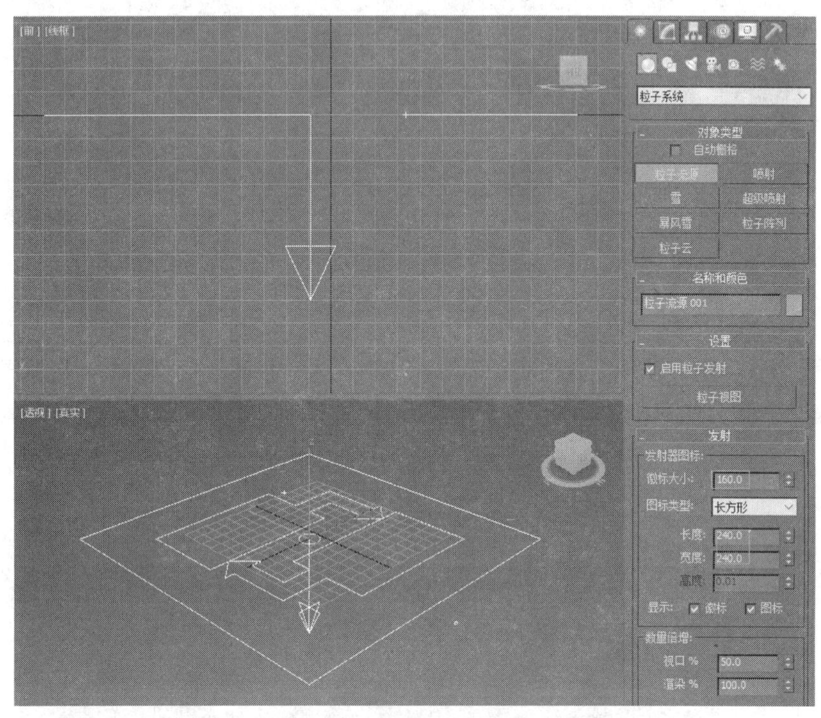

图 12-42 创建粒子流源图标

步骤 02 将粒子流源图标镜像，使发射方向朝上，如图 12-43 所示。

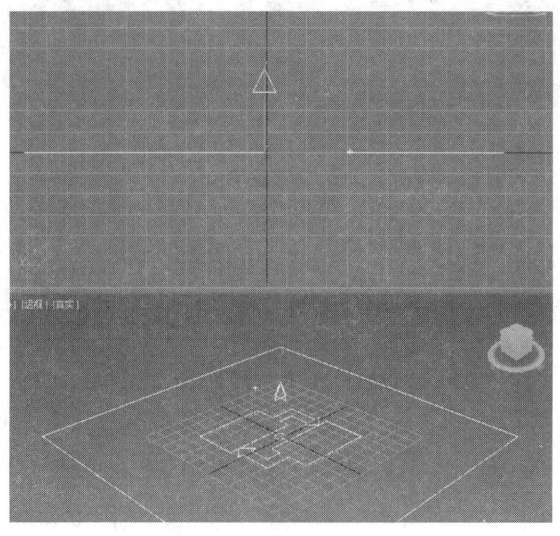

图 12-43 镜像粒子流源图标

步骤 03 在粒子源的上方创建一个球体，半径为 4，如图 12-44 所示。

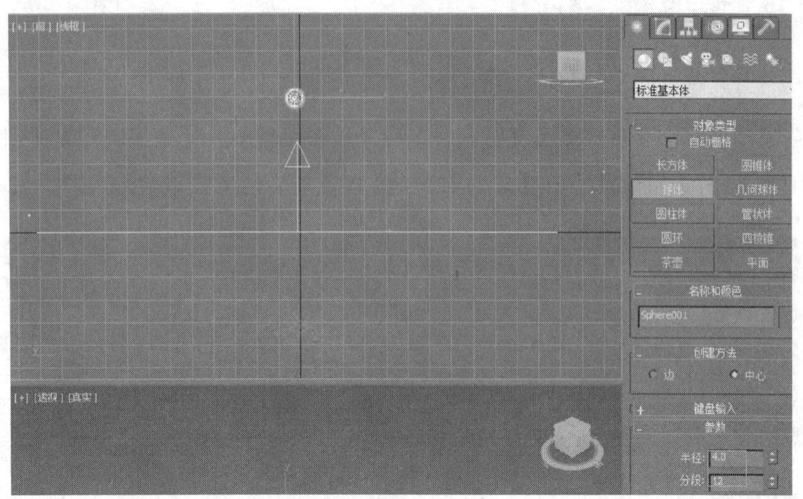

图 12-44 创建球体

步骤 04 选择球体下方的粒子流源，然后进入“修改”命令面板，在粒子流源参数“设置”卷展栏下单击【粒子视图】按钮，在打开的对话框中单击【出生 001】操作符，设置如图 12-45 所示。

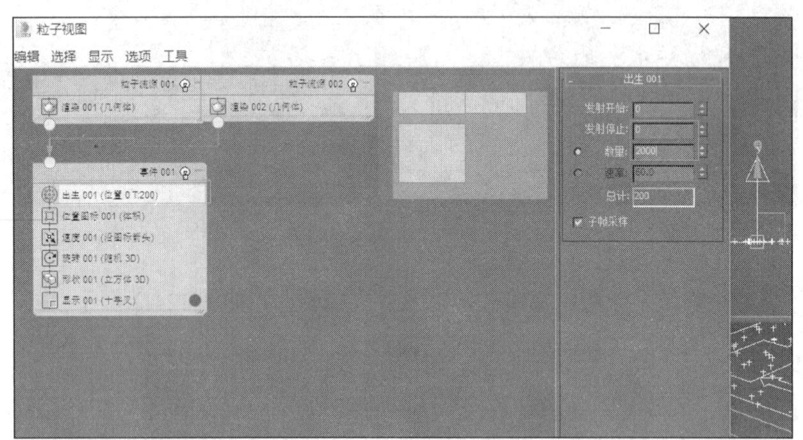

图 12-45 设置粒子流源出生参数

步骤 05 单击【形状 001】操作符，然后在【形状 001】卷展栏下设置【3D 类型】为 80 面球体，设置【大小】为 1.5，如图 12-46 所示。

步骤 06 单击【显示 001】操作符，然后再设置【类型】为【点】，设置【显示颜色】为淡蓝色，如图 12-47 所示。

步骤 07 将下方的【位置对象】按住鼠标左键拖动至【形状 001】操作符的下方，然后单击【位置对象 001】操作符，在【位置对象 001】卷展栏下单击【添加】按钮，在视图中拾取球体，将其添加到【发射器对象】列表中，如图 12-48 所示。

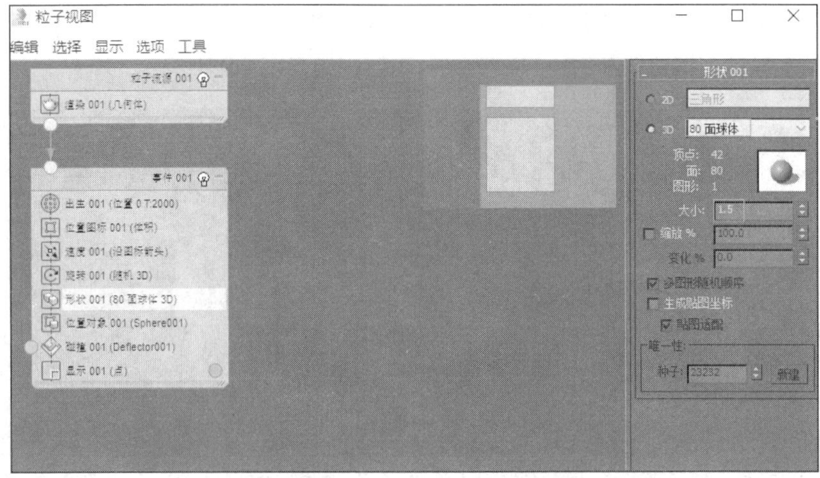

图 12-46 设置形状参数

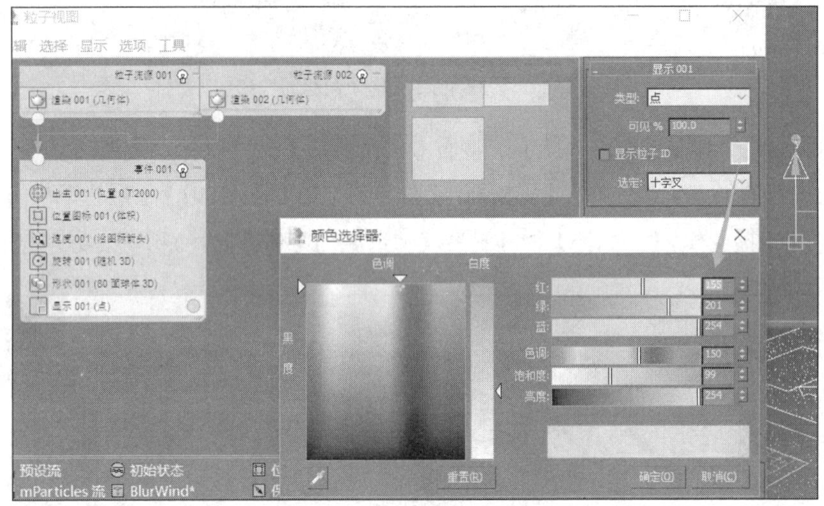

图 12-47 设置显示参数

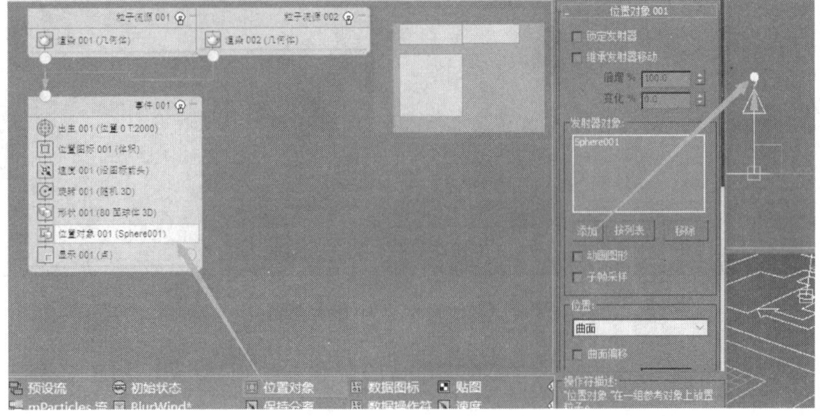

图 12-48 设置位置对象参数

步骤 08　单击【创建】→【空间扭曲】→【导向器】→【导向板】按钮，在【顶视图】中创建一个导向板，位置和大小与粒子流源相同，如图 12-49 所示。

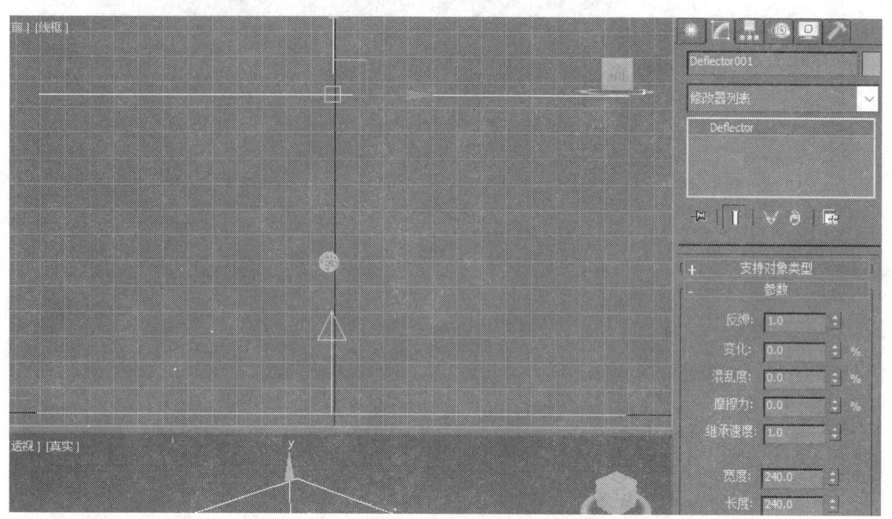

图 12-49　创建导向板

步骤 09　打开【粒子视图】，将下方的【碰撞】按住鼠标左键拖动至【位置对象 001】操作符的下方，然后单击【碰撞 001】操作符，在【碰撞 001】卷展栏下单击【添加】按钮，在视图中拾取【导向板】，并设置【速度】为【随机】，如图 12-50 所示。

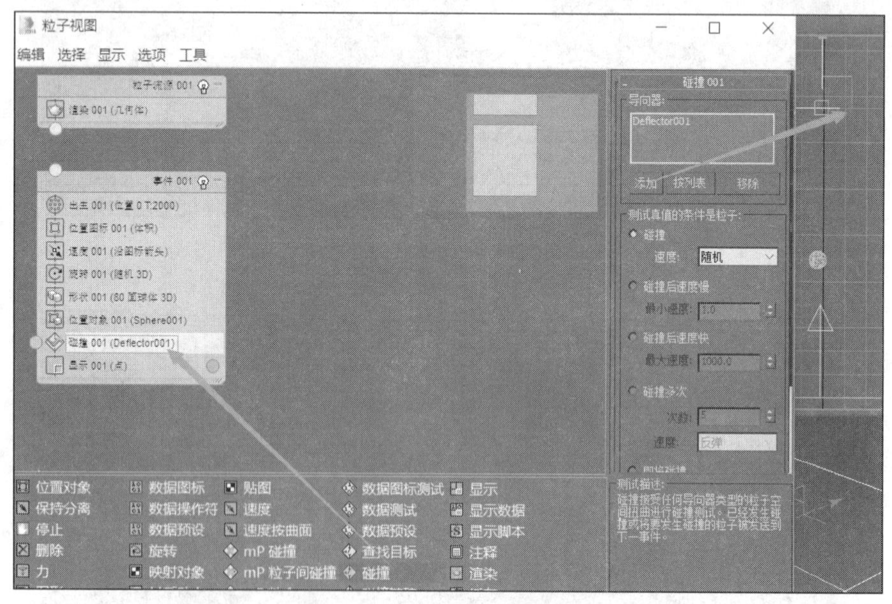

图 12-50　设置碰撞参数

步骤 10　隐藏球体，拖动时间滑块在视图中观看动画，烟花的动画效果基本完成，如图 12-51 所示。

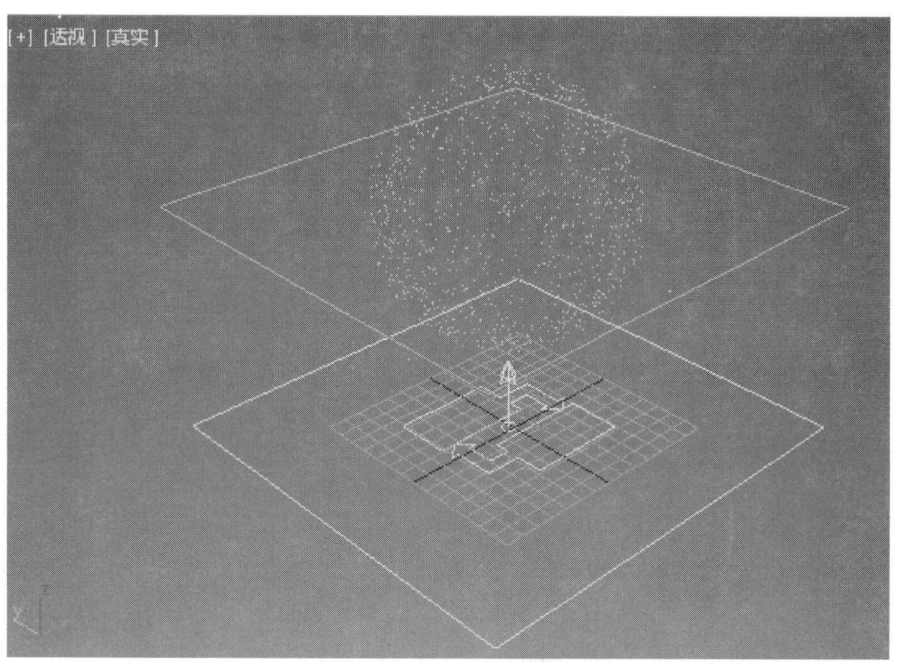

图 12-51　在视口中观察烟花粒子动画

知识与能力测试

一、填空题

1．3ds Max 2016 有________种粒子系统和________种空间扭曲力。

2．标准粒子有____种类型。

3．制作不规则排列物体可用______。

4．在 3ds Max 2016 粒子系统中，只有______属于事件驱动型粒子系统。

二、选择题

1．不属于粒子类型的是（　　）。

A．标准粒子　　B．实例几何体　　C．对象碎片　　D．扩展几何体

2．为了让粒子系统能更好地模拟礼花在空中下落的效果，我们必须配合空间扭曲中的哪一种来限定粒子？（　　）

A．风力　　B．漩涡　　C．马达　　D．重力

3．在粒子系统雪粒子的参数中，以下哪一项是我们不可以设定的？（　　）

A．粒子发射时间　　B．粒子寿命　　C．粒子发射速度　　D．粒子的繁殖

4．在场景中粒子的数量不能被以下哪一项决定？（　　）

A．速度　　B．粒子大小　　C．发射结束　　D．寿命帧

5．雪和超级喷射属于以下哪一项？（　　）

A．标准几何体　　B．扩展几何体　　C．空间扭曲物体　　D．粒子系统

6．以下哪一项不是空间扭曲面板中力的物体类型？（　　）

A．导向球　　B．路径跟随　　C．马达　　D．漩涡

7．【喷射】粒子和【雪】粒子极为相似，在【渲染】选项中共有的是（　　）。

A．面　　B．四面体　　C．六角形　　D．三角形

8．空间扭曲的导向器类型中不包括（　　）。

A．导向板　　B．导向球　　C．全导向球　　D．反射器

9．空间扭曲物体不包括（　　）部分内容。

A．力　　B．导向器　　C．粒子和动力学　　D．粒子衍生

10．粒子系统主要用于表现动画效果，但是不可以产生的效果是（　　）。

A．火花　　B．暴雨　　C．雪花　　D．森林

11．粒子系统中不存在的粒子是（　　）。

A．雪　　B．喷射　　C．超级喷射　　D．极度喷射

12．需要设置粒子在一定路径上运动，可以绑定到（　　）。

A．推力　　B．阻力　　C．漩涡　　D．路径跟随

13．粒子列阵的粒子类型不包括（　　）。

A．标准粒子　　B．变形球粒子　　C．实例几何体　　D．矩形

14．用粒子模拟水流，在地面上流动，需绑定到（　　）。

A．粒子爆炸　　B．置换　　C．导向球　　D．导向板

15．空间扭曲（力）中不包括（　　）。

A．风力　　B．重力　　C．弹力　　D．阻力

三、判断题

1．空间扭曲是无法渲染出来的。（　　）

2．暴风雪粒子系统可以设置烟雾升腾、火花迸射的效果。（　　）

3．雪粒子的大小只能由【粒子生成】卷展栏中的【雪花大小】来决定。（　　）

4．空间扭曲物体可以影响二维图形。（　　）

5．使用空间扭曲中的重力可以设置烟雾随风飘散的效果。（　　）

6．在粒子系统的【粒子类型】卷展栏中可设置茶壶为粒子的基本外形。（　　）

7．在场景中粒子的数量只能由粒子生成扩展栏中的粒子数量来确定。（　　）

8．对粒子的操作只能操作整个粒子系统，而不能单独编辑某一个粒子。（　　）

9．用于粒子系统发射源的三维模型一定要力求简化，否则会影响计算机速度。（　　）

3ds Max

第 13 章 商业案例实训

通过前面各章的学习，相信读者熟悉了 3ds Max 2016 的基本使用方法。这里再用几个商业项目对前面的知识和技能来一个大检阅。

学习目标

- 掌握室内效果图的绘制方法
- 掌握室外效果图的绘制方法

13.1 绘制某车膜专卖店效果图

这是为一个车膜施工店绘制的一张效果图，主要功能是宣传品牌、展示产品，专卖店尺寸为 4.5 米 ×6 米 ×3 米，最终结果如图 13-1 所示。

图 13-1　车膜专卖店效果图

13.1.1 绘制专卖店墙体及天棚

步骤 01　设置单位。选择【自定义】→【单位设置】，将显示单位和系统单位都设为毫米，如图 13-2 所示。

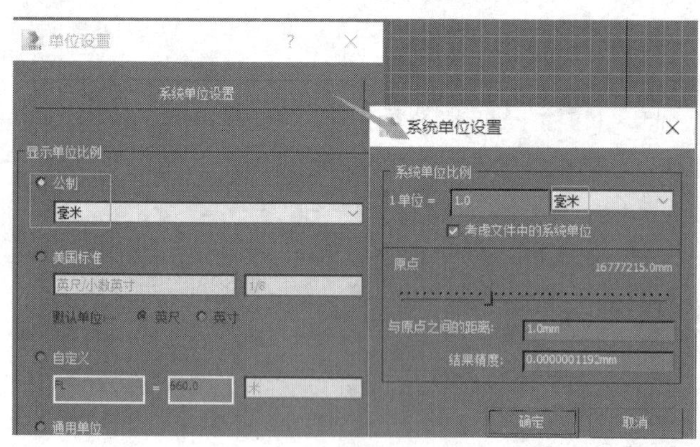

图 13-2　设置单位

步骤 02　在顶视图中绘制一个 6000×4500×3000 的【长方体】，按快捷键【Ctrl+Shift+Z】最大化显示，然后进入【修改】面板，添加一个【法线】修改器，最后再右击长方体选择【对象属性】，选中【背面消隐】选项，如图 13-3 所示。

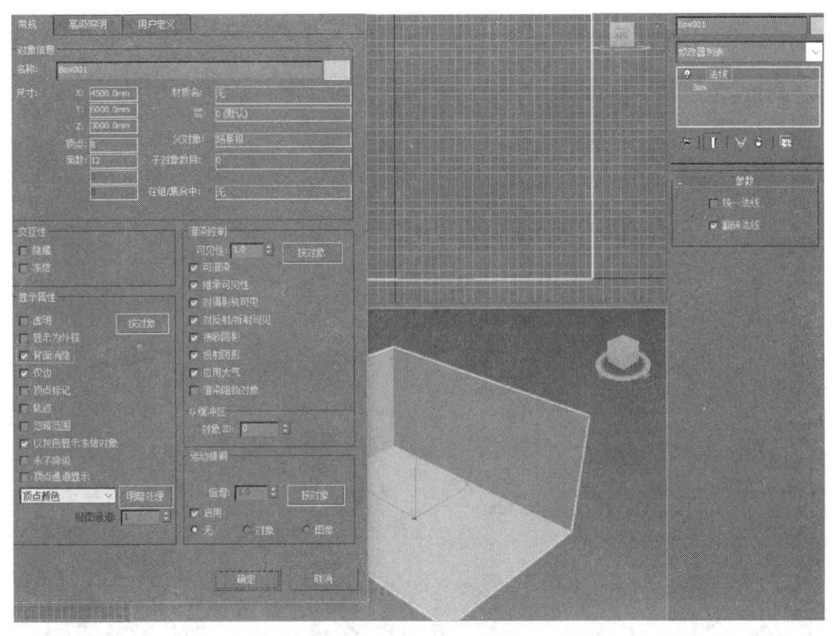

图 13-3 对长方体的处理

步骤 03 右击长方体，将其转为【可编辑多边形】，在【透视图】中按快捷键【F4】带边框显示，进入【多边形】子对象，选择门口多边形，如图 13-4 所示，将其删除。

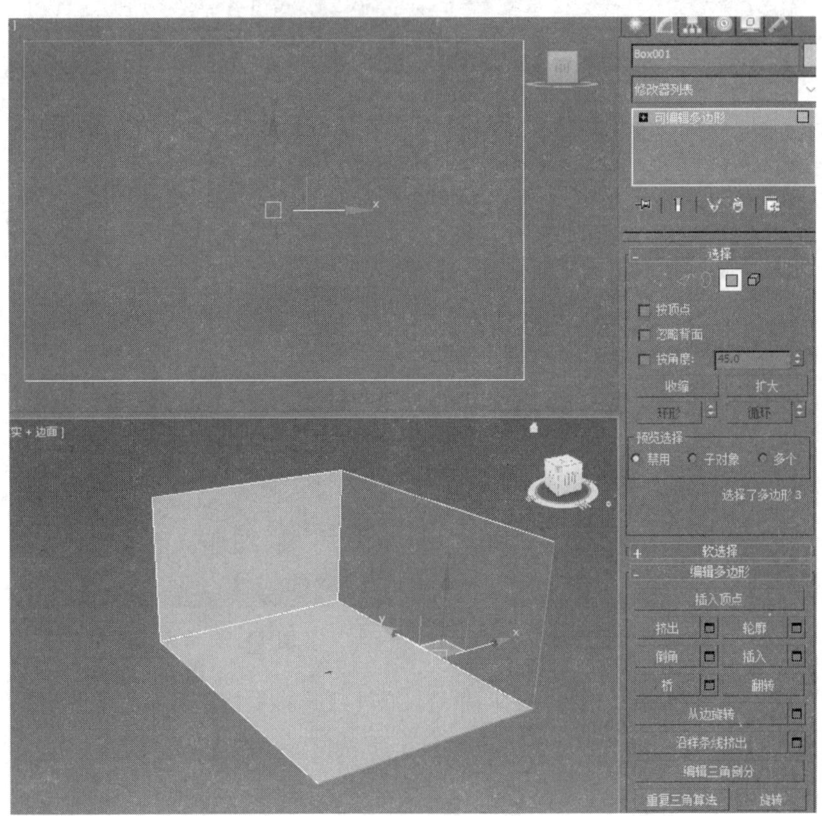

图 13-4 删除面

步骤 04 选择左、右、底 3 条边，挤出 -200 作为墙和地台的厚度，如图 13-5 所示。

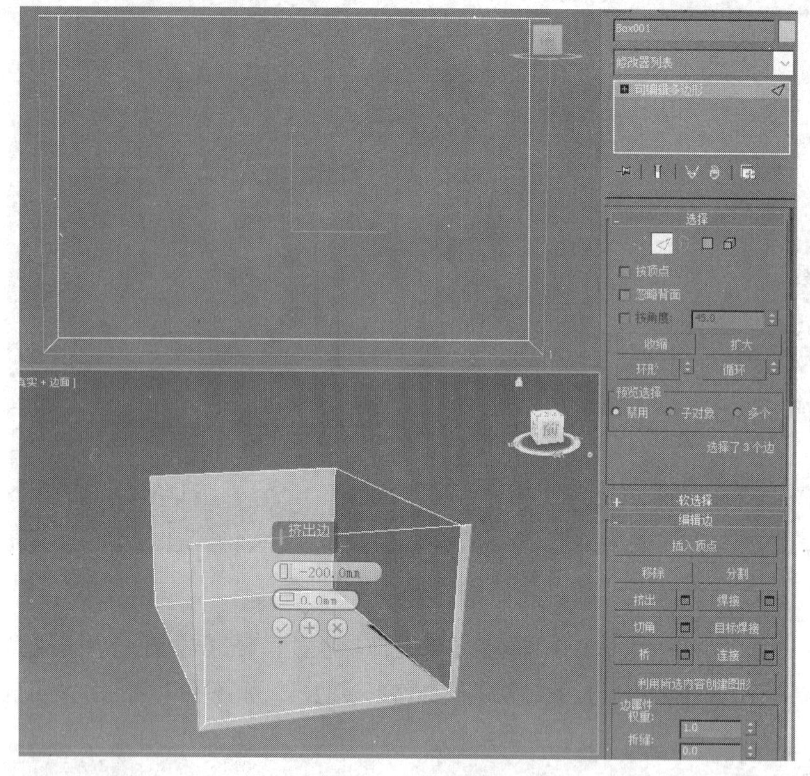

图 13-5 挤出边

步骤 05 发现左右的线未对齐。进入【顶点】子对象，选择左上的顶点，打开并右击【捕捉开关】，设置捕捉【顶点】，选中【启用轴约束】选项，如图 13-6 所示。

步骤 06 锁定 *X* 轴，拖动到捕捉到左下的点，顶点就对齐了，如图 13-7 所示，右侧顶点如法炮制。然后单击【捕捉开关】将其关闭。

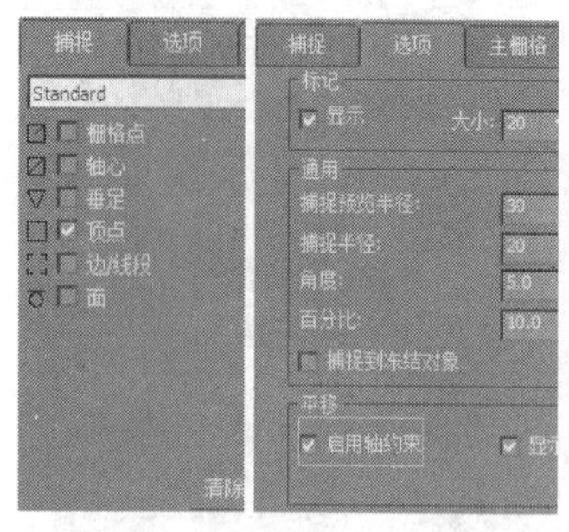

图 13-6 设置对象步骤

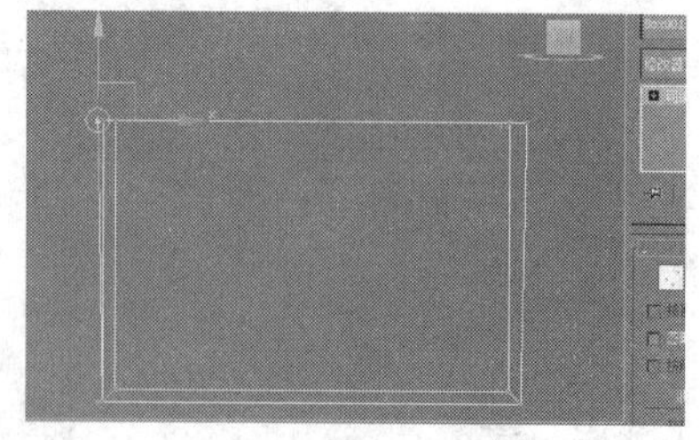

图 13-7 对齐顶点

步骤 07 绘制天蓬。选择左右两条边，单击【连接】按钮后面的【设置】按钮，设置如图 13-8 所示，然后单击【应用并继续】按钮，单击【确定】按钮，这样就造出了吊顶的面。

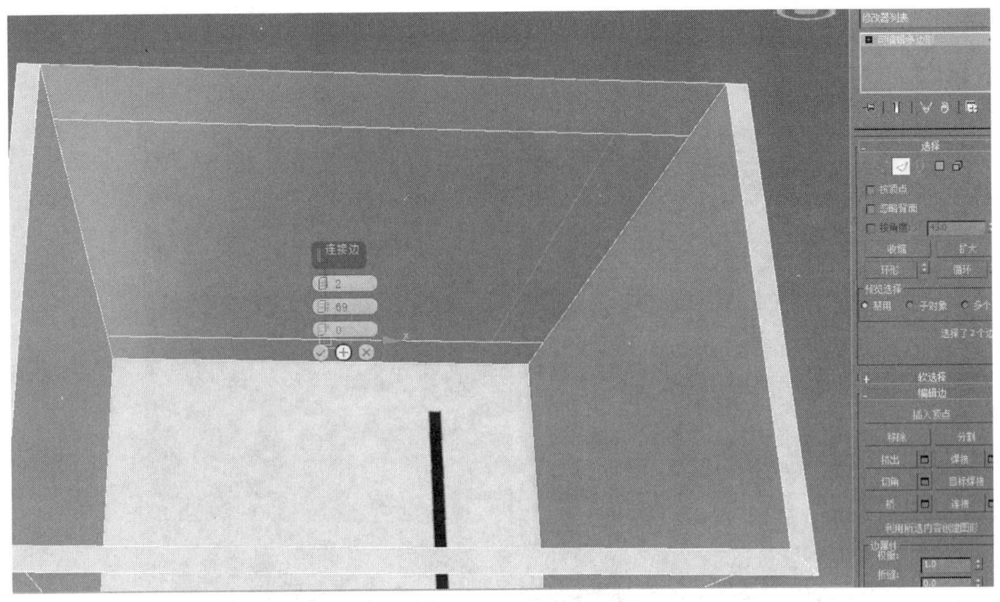

图 13-8　造出吊顶面

步骤 08　选择吊顶面，挤出 -300，如图 13-9 所示。

步骤 09　继续倒角 -400，如图 13-10 所示。确定后再倒角，参数如图 13-11 所示。

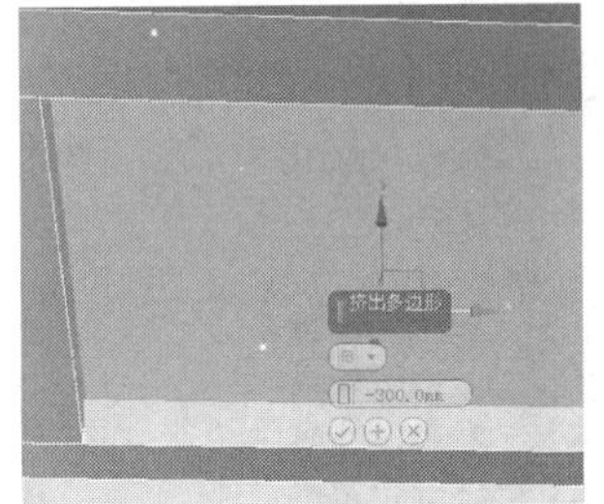

图 13-9　挤出吊顶

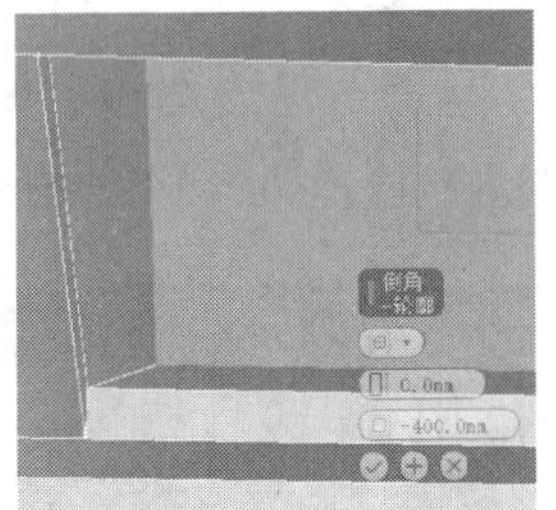

图 13-10　造出一级吊顶

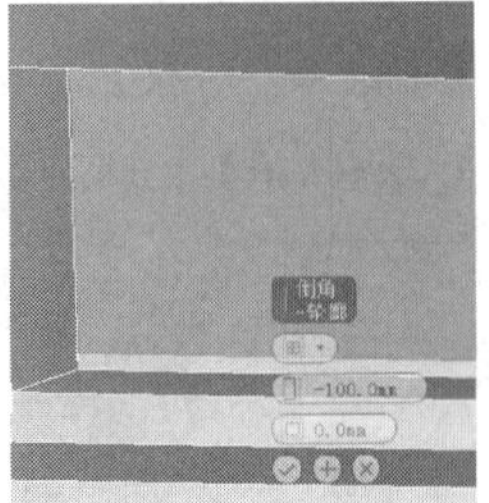

图 13-11　造出二级吊顶

步骤 10　指定材质 ID 号。墙及二级吊顶是白色乳胶漆，可设为 1 号，故进入【多边形】子对象全选设为 1；地板是白色地砖，可设为 2 号；一级吊顶为红色，可设为 3 号；最上层吊顶为 4 号；形象墙为 5 号，如图 13-12 所示。

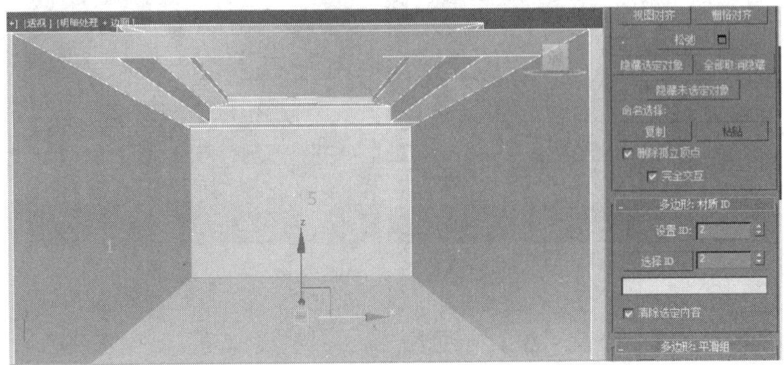

图 13-12　指定材质 ID 号

步骤 11　调制材质。按【F10】键切换渲染器为【V-Ray Adv 3.0】，打开【环境光】和【GI】，如图 13-13 所示。

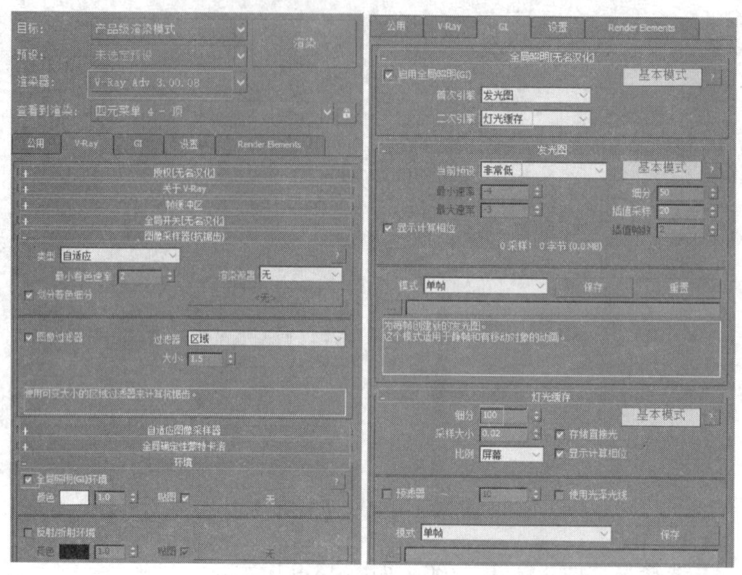

图 13-13　切换为 V-Ray 渲染器并设置草图渲染参数

步骤 12　按快捷键【M】调出【材质编辑器】，单击 Standard 按钮将材质类型切换为【多维 / 子对象】，设置数量为 5。单击 1 号材质，单击 Standard 按钮将材质类型切换为【VRayMtl】，然后将漫反射改为白色，如图 13-14 所示。

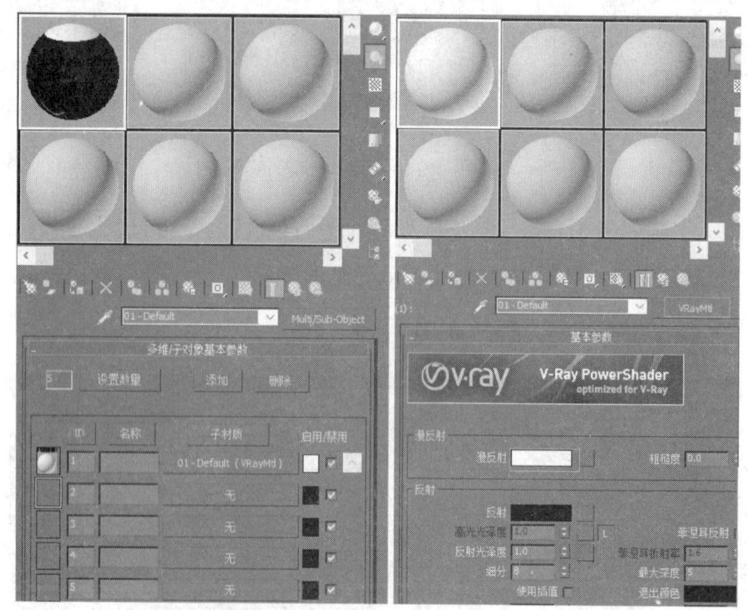

图 13-14　设置 1 号材质

步骤 13　单击【转到父对象】按钮，将 1 号材质拖动复制到 2、3、4、5 号材质，如图 13-15 所示。单击 2 号材质，在【漫反射】上贴一张“砖缝 .jpg”贴图，其设置如

图 13-16 所示。单击两次【转到父对象】按钮，将 3 号材质的漫反射调为红色（参考值为 R:179，G:3，B:7）；在 4 号材质的漫反射上贴上“天蓬 .jpg”贴图；将 5 号材质的参数调制如图 13-17 所示，然后在漫反射上贴上“车膜 .jpg”贴图。

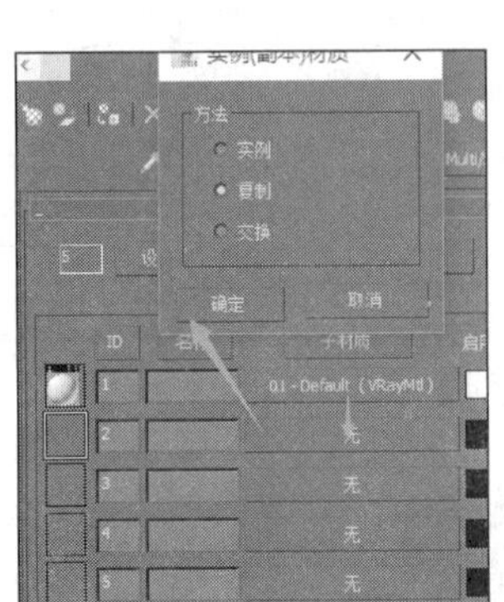

图 13-15　复制到其他材质

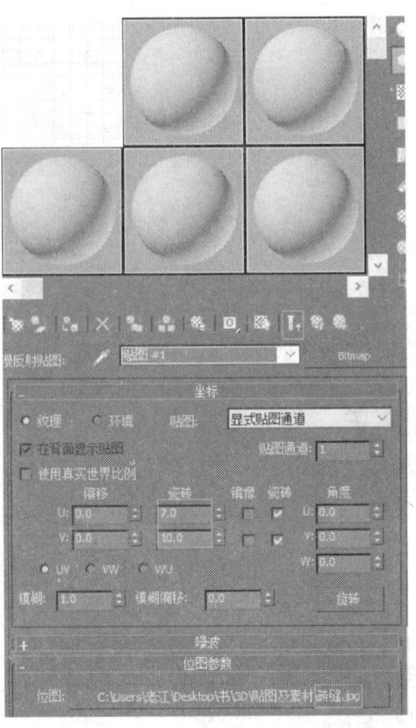

图 13-16　2 号材质贴图

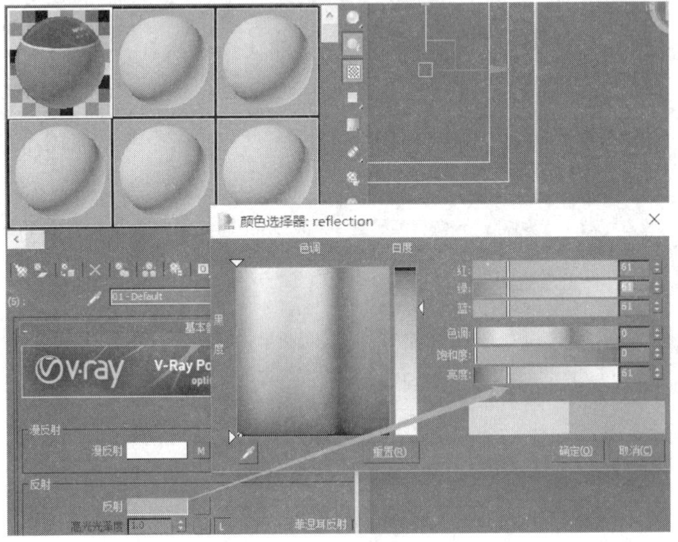

图 13-17　调制 5 号材质

步骤 14　将材质指定给模型，但在视图中仍看不到贴图，此时只需把每个子材质的【视口中显示明暗材质】按钮按下去即可，如图 13-18 所示。发现 5 号材质的贴图方向反了，只需单击贴图，勾选【镜像】，然后修改平铺和偏移值即可，如图 13-19 所示。

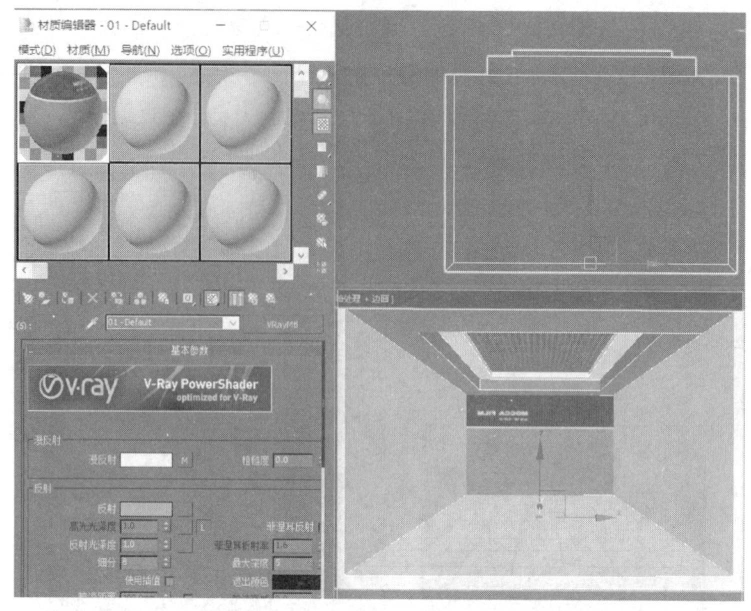

图 13-18　指定材质并显示贴图

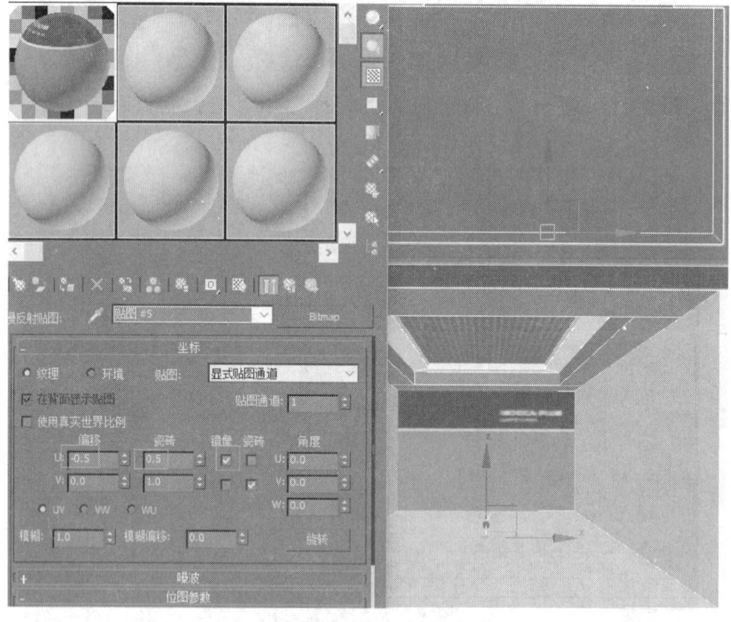

图 13-19　镜像贴图

13.1.2 绘制接待台

步骤 01　在顶视图中绘制如图 13-20 所示的两个矩形，右击其中一个【转换为可编辑样条线】，再次右击选择【附加】，将另一个矩形附加到一起。

步骤 02　按快捷键【3】进入样条线子对象，选择一个样条线，单击 布尔 ，然后拾取另外一个样条线将它们焊接到一起，删除中间的顶点，如图 13-21 所示。

步骤 03　添加【挤出】修改器，挤出 800，然后右击转为【可编辑多边形】，按快捷键【Alt+Q】单独显示，如图 13-22 所示。

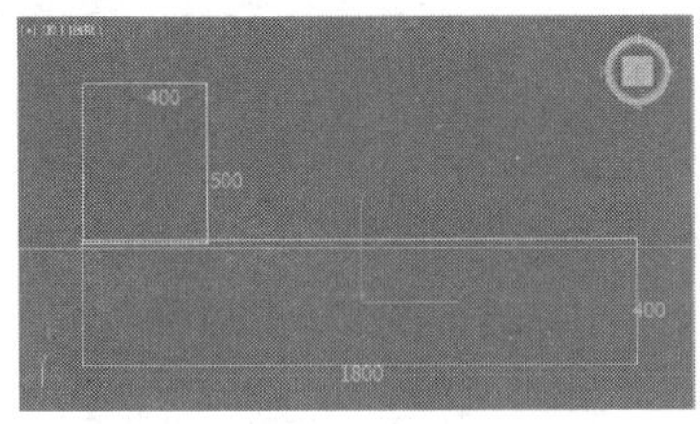

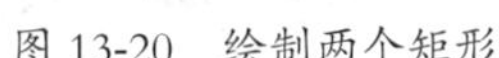
图 13-20　绘制两个矩形

图 13-21　布尔运算

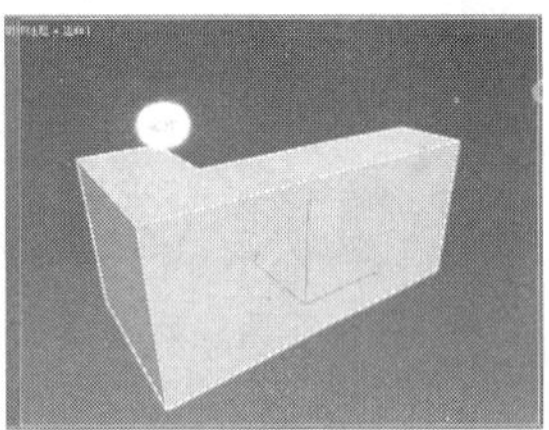
图 13-22　挤出接待台

步骤 04　进入【边】子对象，选择右上角的边，右击【选择并移动】图标，向 x 轴负方向移动 200，如图 13-23 所示。然后【切角】120，如图 13-24 所示，确定后再切角 60。

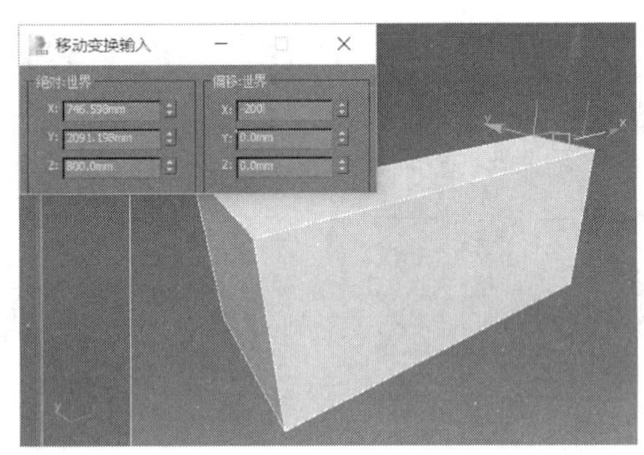

图 13-23　移动边

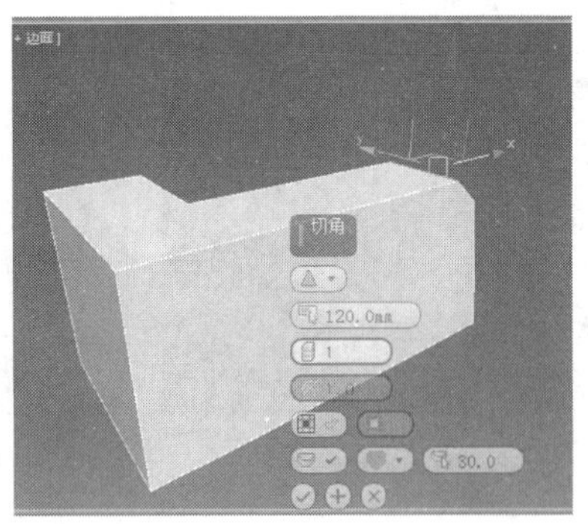

图 13-24　倒角边

步骤 05　继续绘制两个如图 13-25 所示的矩形，按照步骤 01 ～步骤 03 的方法挤出 50。

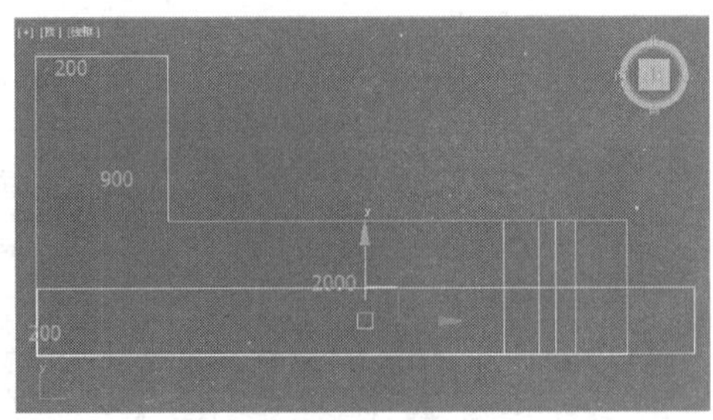

图 13-25　绘制两个矩形

步骤 06　将挤出的模型移动到接待台的上方，然后右击【转为可编辑多边形】，选择【元素】，单击 切片平面 ，用【选择并旋转】工具，按快捷键【A】锁定角度，在 y 轴上旋转 90°，如图 13-26 所示。然后用【选择并移动】工具，将切片平面移动到切角的位置，单击 切片 按钮，增加了一个段数。

步骤 07　切换到【点】子对象，在【前视图】中框选右侧顶点，拖到如图 13-27

所示的位置，然后选择如图 13-28 所示的边，分别切角 80、40。

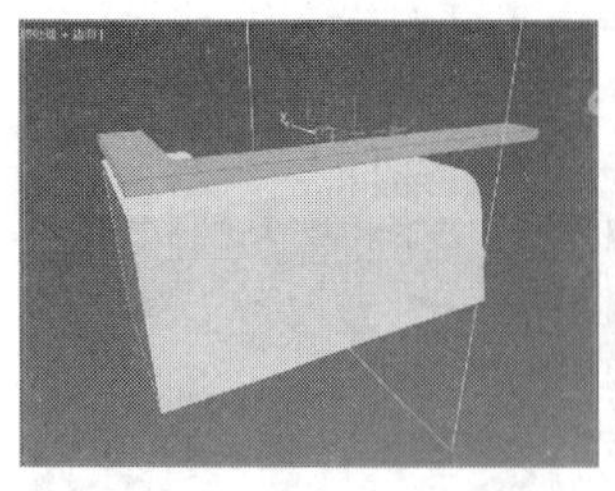

图 13-26 调整切片平面

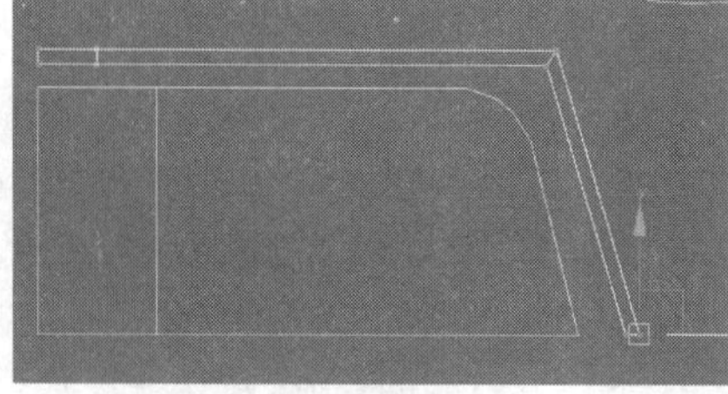

图 13-27 调整顶点位置

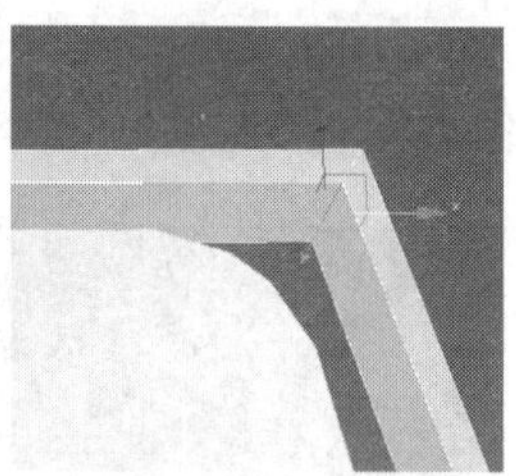

图 13-28 切角边

步骤 08 在【前视图】中选择如图 13-29 所示的边，然后单击 移除 将其移除，再选择如图 13-30 所示的边，分别切角 100、50。

步骤 09 可以看到目前的模型如图 13-31 所示产生了错误面，这时只需全选【多边形】单击 重复三角算法 即可。

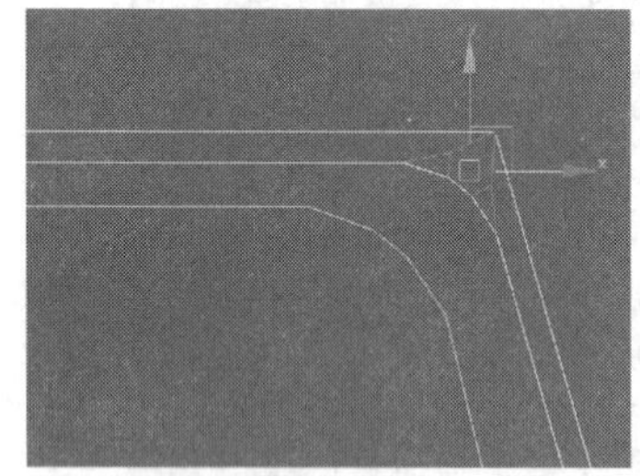

图 13-29 移除多余边

图 13-30 切角边

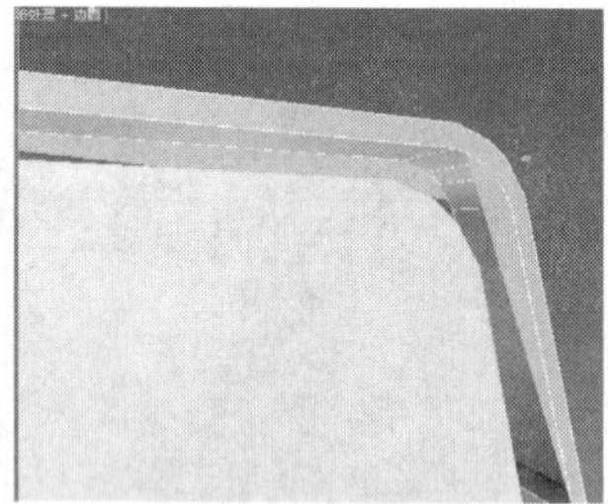

图 13-31 出现错误面

步骤 10 切换到【框选】模式，在【顶视图】中选择拐角的两条边，如图 13-32 所示。单击【切角】后的按钮，切角 120，如图 13-33 所示，单击【确定】按钮。再次单击【切角】后的按钮，切角 60，最终切角效果如图 13-34 所示。

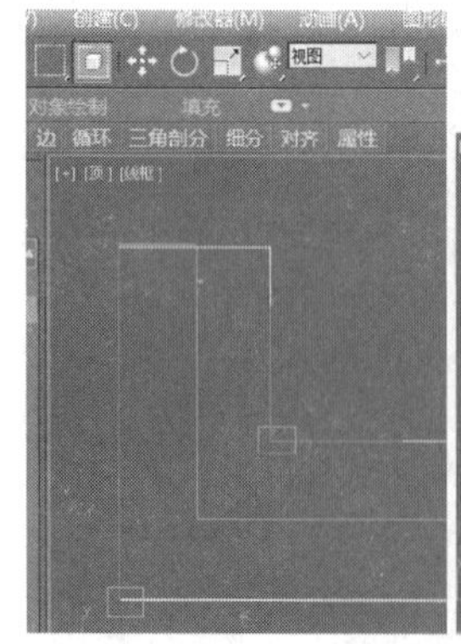

图 13-32 选择边

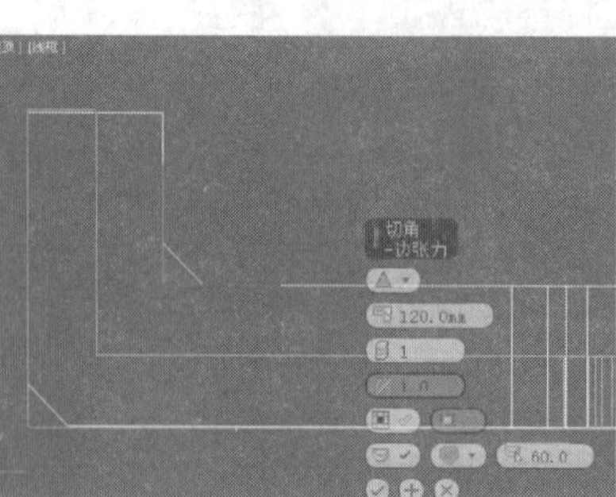

图 13-33 切角边

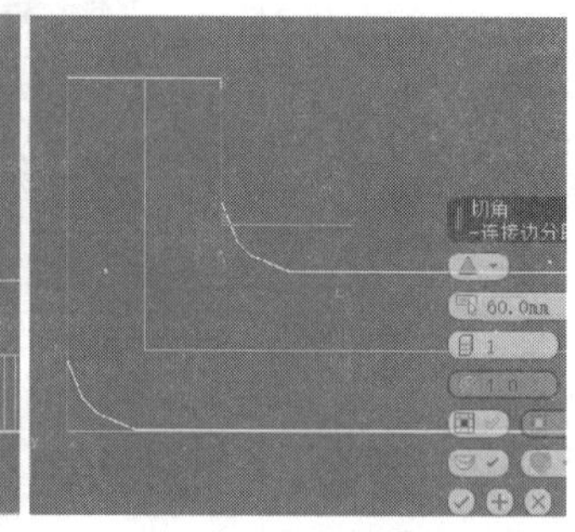

图 13-34 再次切角边

步骤 11 用同样的方法将台面拐角处切角。调出【材质编辑器】选择一个材质球，为其调制一个材质指定给台体和台面，如图 13-35 所示。

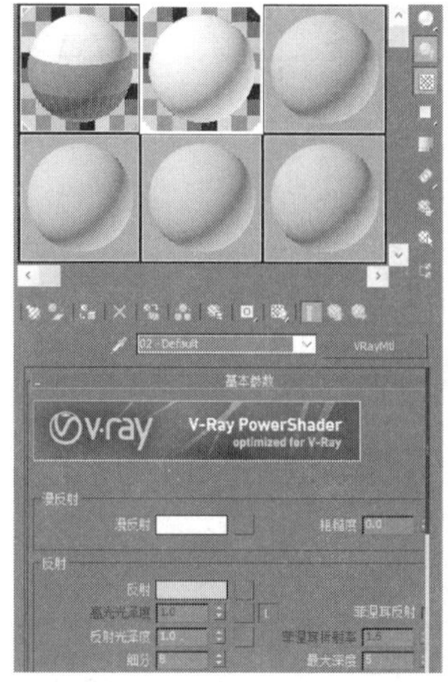

图 13-35 台面台体的材质

步骤 12 在【顶视图】中绘制一个如图 13-36 所示的圆柱体，指定如图 13-37 所示的金属材质，然后按住【Shift】键复制 3 个，接待台绘制完毕。

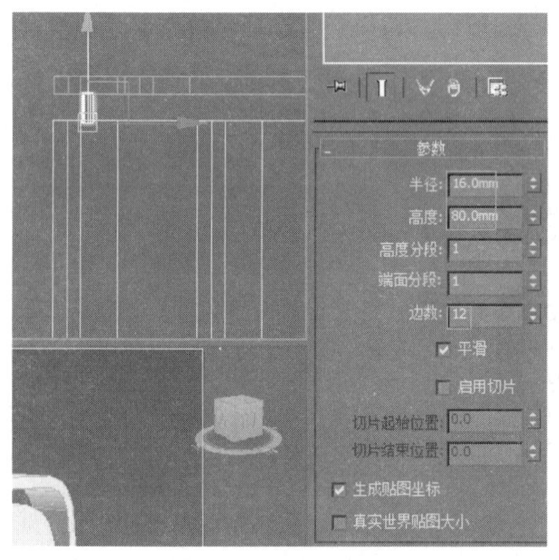

图 13-36 绘制支撑圆柱

图 13-37 调制圆柱材质

13.1.3 绘制展柜

步骤 01 右击视图【全部取消隐藏】，在【左视图】中绘制一个【长方体】，参数及位置如图 13-38 所示。

步骤 02 右击长方体将其【转为可编辑多边形】，按快捷键【Alt+Q】单独显示。进入【多边形】子对象，插入一个面，如图 13-39 所示。进入【边】子对象，通过连接移动等方法造出如图 13-40 所示的面，然后选择如图 13-41 所示的面挤出 -380。

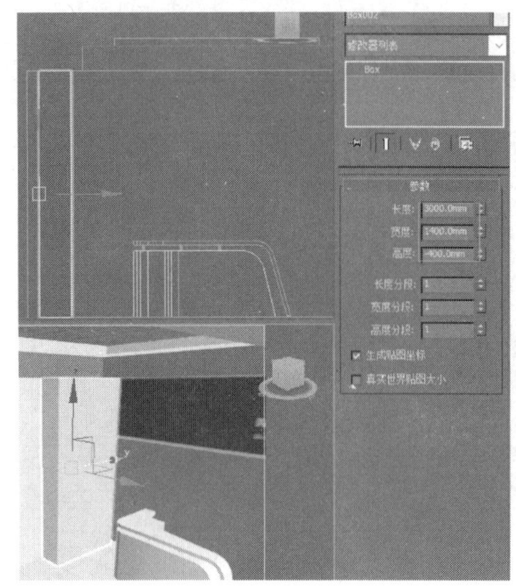
图 13-38　绘制长方体

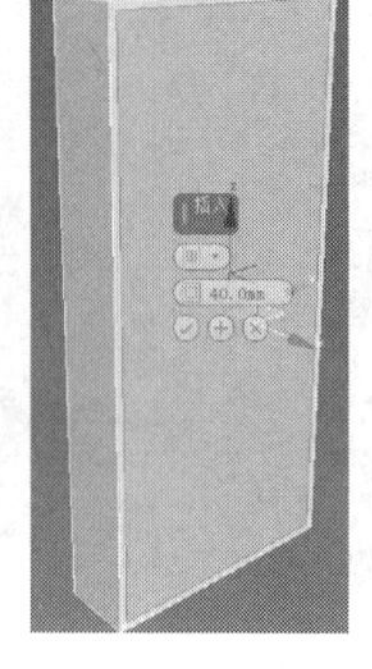
图 13-39　插入面

图 13-40　连接边

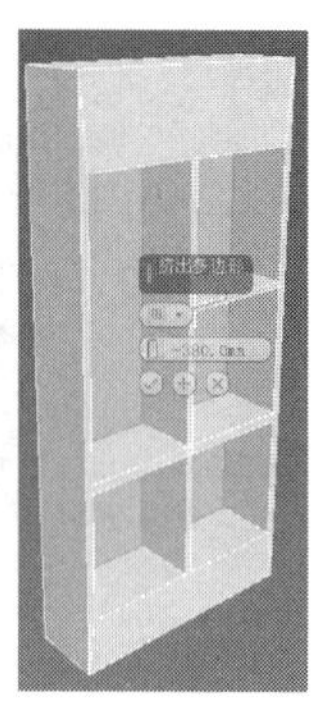
图 13-41　挤出面

步骤 03 按【Shift】键将刚才绘制的柜子锁定 *x* 轴复制一个，然后进入【多边形】子对象，切换到框选模式▣，选择下层的隔板，按住【Shift】键复制一层，如图 13-42 所示。

步骤 04 选择竖向隔板，单击 切片平面 按钮，切换到【选择并旋转】工具，开启【角度捕捉】，将切片平面沿 *x* 轴旋转 90°，如图 13-43 所示。然后分别向下移到两层隔板处单击 切片 按钮，添加出段数。

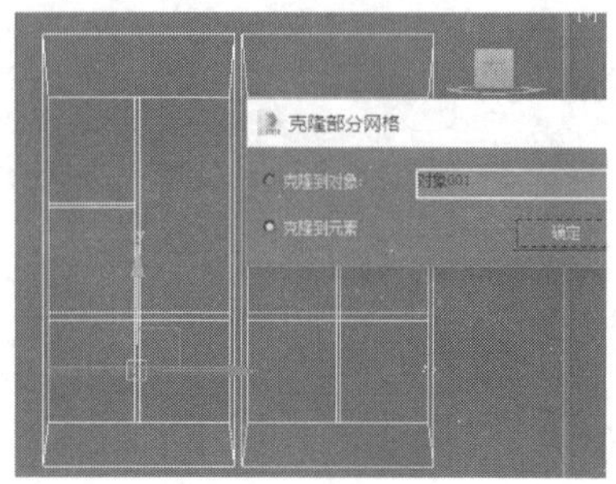

图 13-42　复制隔板

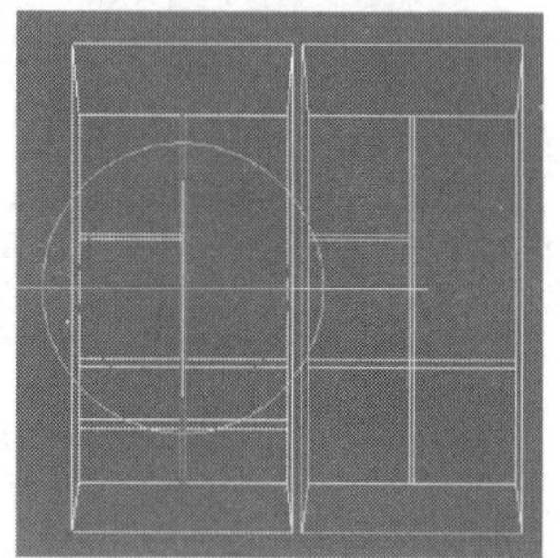
图 13-43　切片平面

步骤 05 选择如图 13-44 所示的多边形，单击 分离 ，如图 13-45 所示。

图 13-44　选择多边形

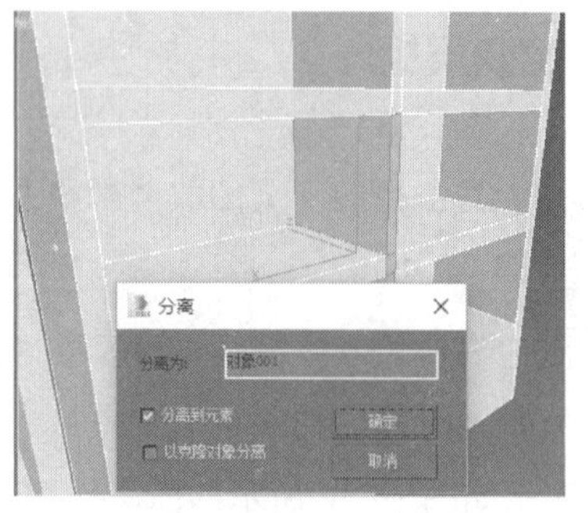

图 13-45　分离隔板

步骤 06　通过移动、复制得到如图 13-46 所示的造型。但原隔板处出现了破面，先按快捷键【3】进入【边界】子对象，选择破面处的边界，单击 封口 。然后进入【顶点】子对象，分别选择如图 13-47 所示的两组顶点，单击 连接 按钮将其连接起来。

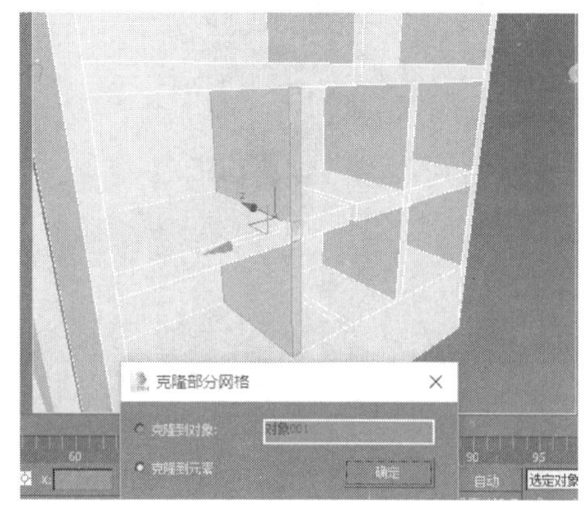

图 13-46　复制隔板

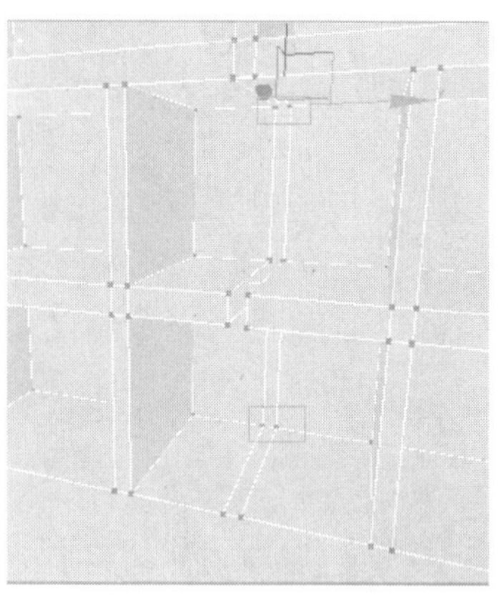

图 13-47　连接点

步骤 07　单击 目标焊接 如图 13-48 所示，拖动一个顶点到另外一个顶点上将其焊接起来，将破面的 4 对顶点全部焊接。打开【捕捉】开关，捕捉顶点绘制几个柜门，如图 13-49 所示。

步骤 08　绘制一个【长方体】作为广告牌，然后在【漫反射】上贴上“车膜 3.jpg”位图，如图 13-50 所示，复制到另一个柜子。然后调制如图 13-51 所示的材质指定给两个柜子。最后将两个柜子复制一份，左侧柜子绘制完毕，如图 13-52 所示。

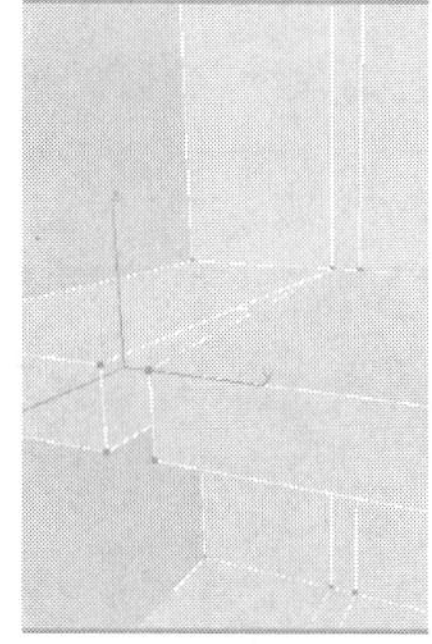

图 13-48　焊接点

图 13-49　绘制柜门

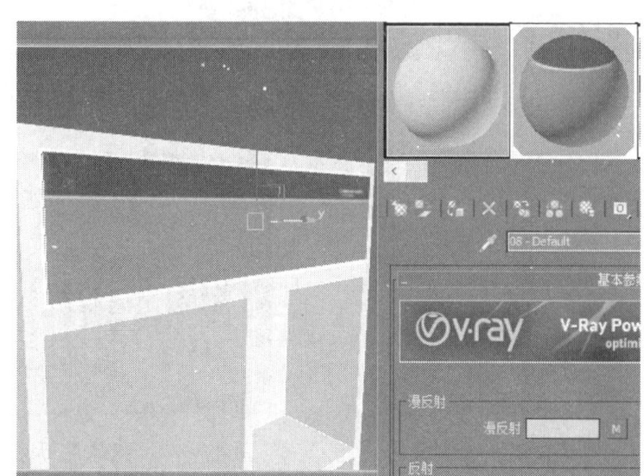

图 13-50　调制广告牌材质

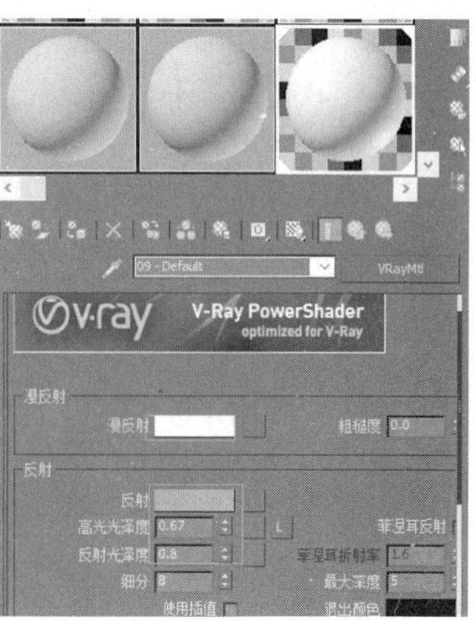

图 13-51　调制柜子材质

图 13-52　柜子效果

步骤 09　绘制右侧的柜子。先绘制一个如图 13-53 所示的【长方体】，指定柜子的材质，再复制广告牌，最后将广告牌和长方体同时选择，然后复制 3 个。

步骤 10　在【左视图】绘制一个长方体，参数如图 13-54 所示，然后右击【转为可编辑多边形】，通过插入面、移动顶点、挤出面等步骤绘制出如图 13-55 所示的柜子，将左侧柜子的材质指定给右侧柜子。

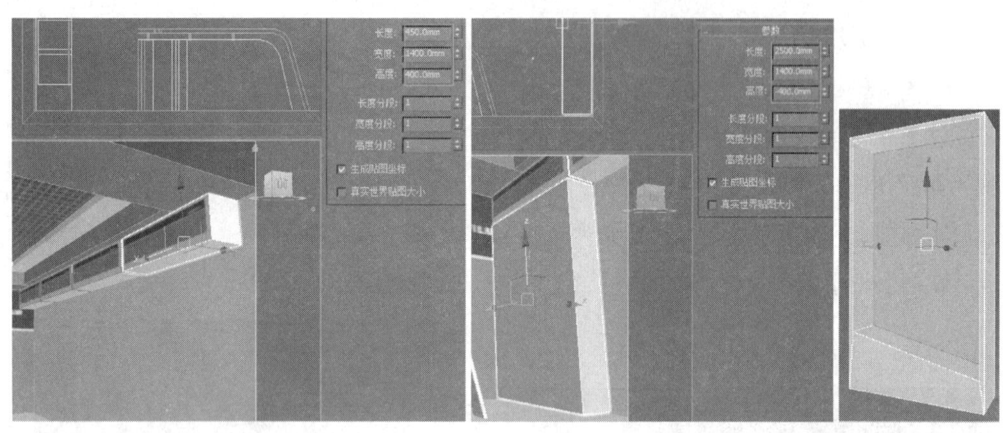

图 13-53　绘制形象柜　　图 13-54　绘制右侧柜　　图 13-55　编辑右侧柜

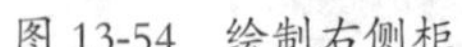

步骤 11　绘制一个高 950 半径 37 的圆柱体，贴上“车膜 2.jpg”的位图，如图 13-56 所示。然后按【Shift】键锁定 *xy* 轴在【左视图】沿着斜线复制 5 个。最后选择柜子和圆柱，镜像复制，如图 13-57 所示。

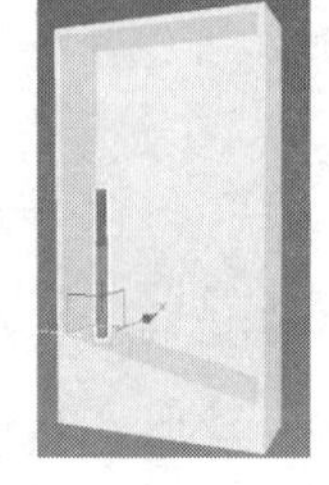

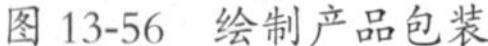

图 13-56　绘制产品包装

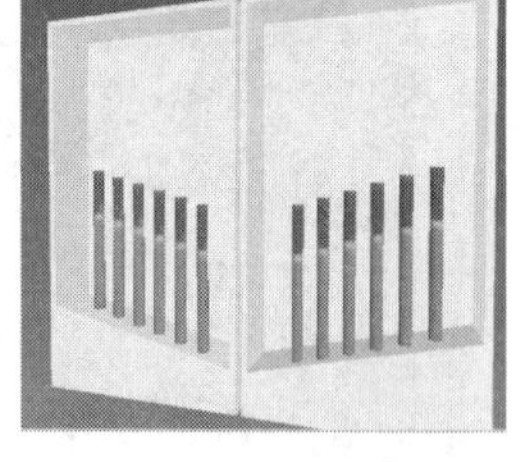

图 13-57　镜像展示柜

步骤 12　绘制展架。在【左视图】中绘制一个长 2500 宽 1400 的【矩形】，右击【转为可编辑样条线】，按快捷键【Alt+Q】单独显示，进入【线段】子对象，删除底下的段。再进入【样条线】子对象，添加【轮廓】50，如图 13-58 所示，然后添加一个【挤出】修改器，挤出 60。

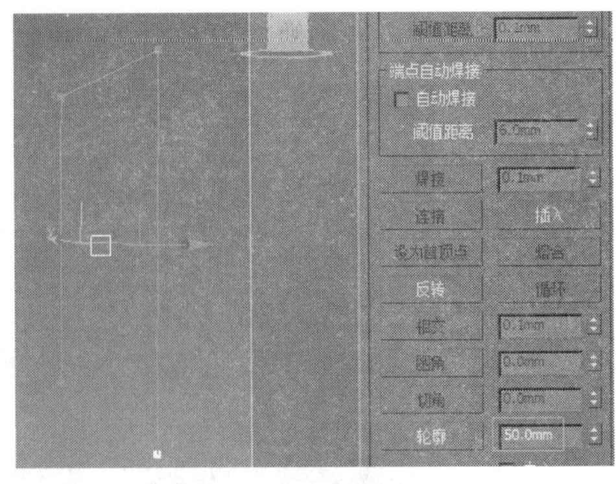

图 13-58　绘制展架轮廓

步骤 13　在【左视图】绘制一个 200×1290×30 的【长方体】，右击【转为可编辑多边形】，选择正面，插入一个面，如图 13-59 所示，再挤出 -5。指定【材质 ID 号】为 1，按快捷键【Ctrl+I】反选其他面，将【材质 ID 号】设置为 2。按快捷键【E】切换为【选择并旋转】工具，沿 x 轴旋转 15°，如图 13-60 所示。

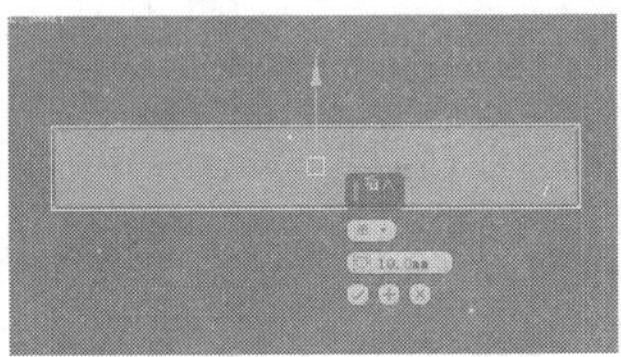
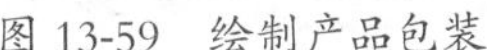
图 13-59　绘制产品包装

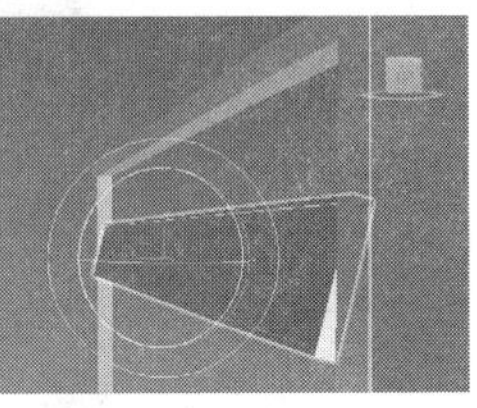
图 13-60　旋转 15°

步骤 14　打开【材质编辑器】，选择一个空白材质球，改为【多维 / 子对象】材质，两个子材质的参考参数如图 13-61 所示。然后将材质指定给对象。

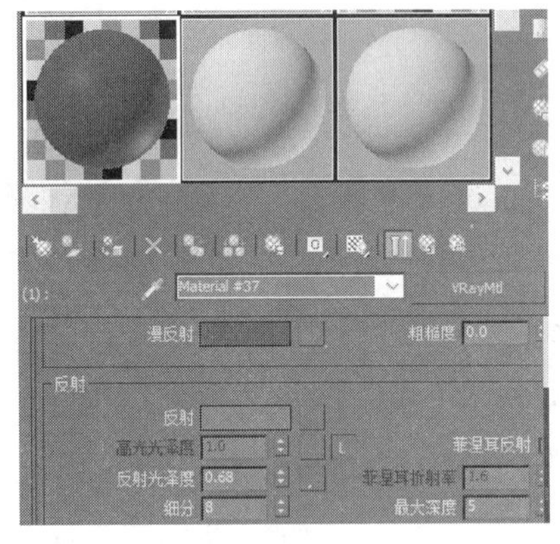

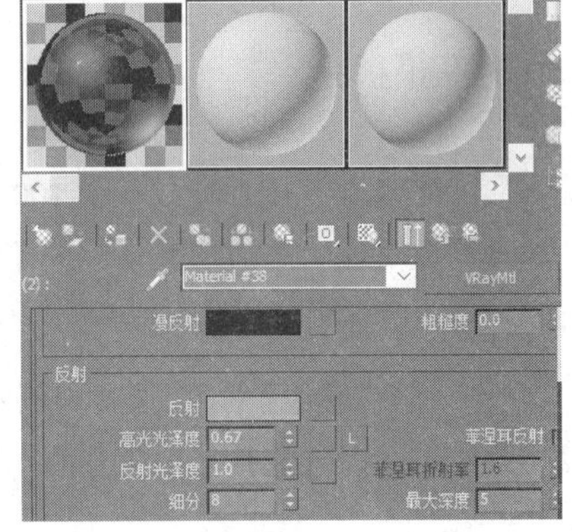

图 13-61　两个子材质参数

步骤 15　在【前视图】中选择长方体，按【Shift】键移动复制 8 个，如图 13-62 所示。在【顶视图】中绘制一个 1400×250×30 的【长方体】，与展架对齐，再绘制一个 20×20×200 的【长方体】，旋转一下作为底座与架体的支架，如图 13-63 所示。

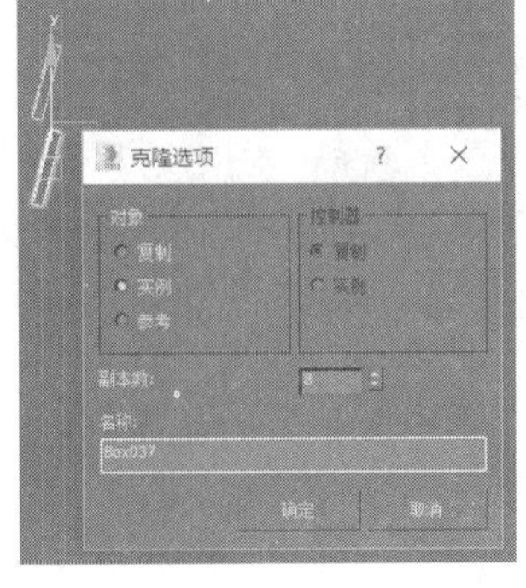

图 13-62　复制展板

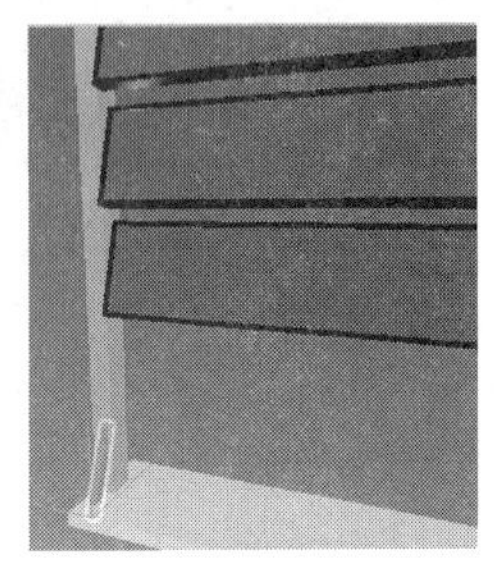
图 13-63　绘制支架

步骤 16 采用镜像复制、移动复制的方法把其他支架绘制好。将【多维 / 子对象】的 1 号材质拖动复制到一个新材质球上，然后指定给底座及支架，如图 13-64 所示。最后将展架全选群组，拖动复制一个，展架绘制完成。

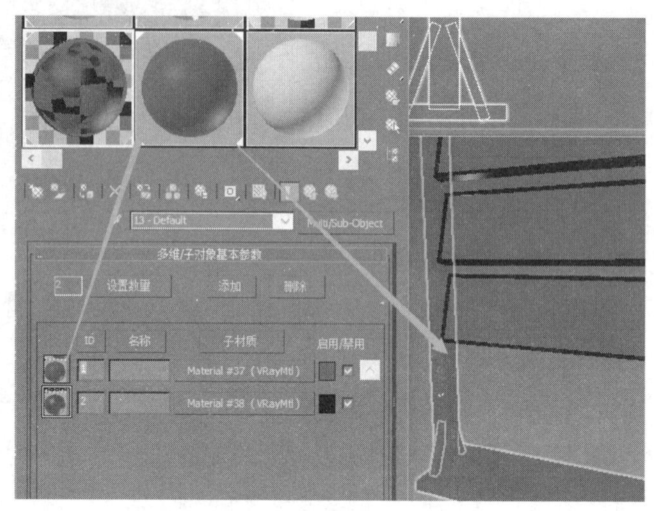

图 13-64 调整支架底座材质

13.1.4 绘制门头

步骤 01 在【前视图】绘制一个 1000×4600 的长方体，按快捷键【Alt+Q】单独显示，右击【转为可编辑多边形】，进入【多边形】子对象，选择正面，插入一个面，如图 13-65 所示，然后【挤出】-50。

步骤 02 进入【边】子对象，选择内侧两条边，【连接】两条边，参数如图 13-66 所示。再进入【多边形】子对象选择上下两个面，挤出 -10。全选多边形设置材质 ID 号为 1，其余的 ID 参考图 13-67 设置。

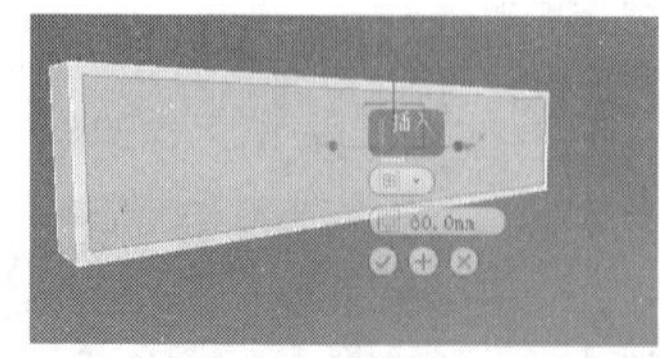

图 13-65 绘制门头长方体

图 13-66 连线造面

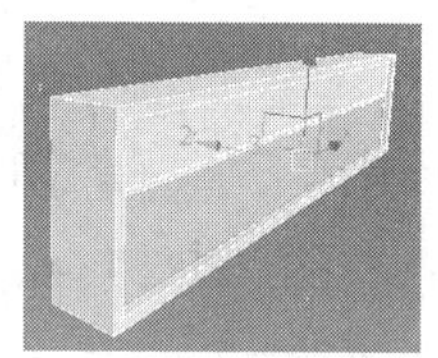

图 13-67 设置材质 ID 号

步骤 03 进入【材质编辑器】，选择一个空白材质球，切换为【多维 / 子对象】，设置 4 个子材质，其材质参考参数如图 13-68 所示，然后指定给门头。

步骤 04 如图 13-69 输入文字，然后添加【挤出】修改器，大字 50，小字 20，对齐招牌，指定门头外框同样的材质，全选群组，门头模型绘制完毕，如图 13-70 所示。

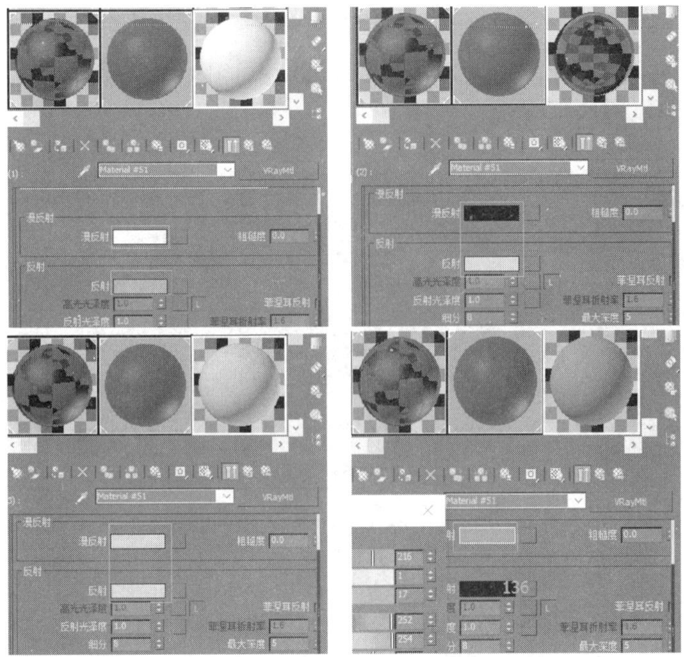

图 13-68　1、2、3、4 号子材质参考参数

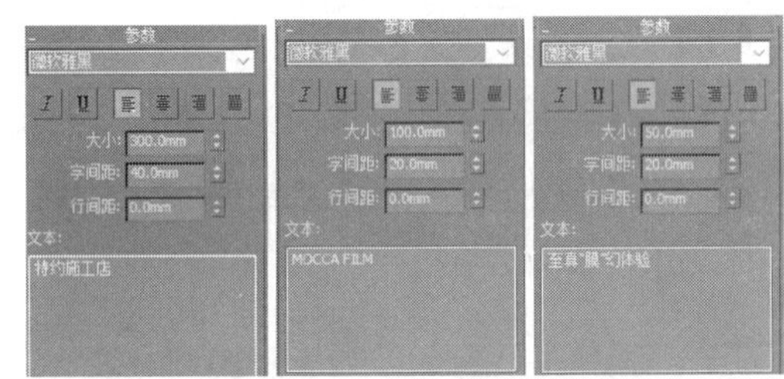

图 13-69　创建三行文字

图 13-70　门头模型

13.1.5 处理其他模型

步骤 01　选择【文件】→【导入】→【合并】，将“光盘\贴图及素材\第 13 章\桌椅组合 .max”文件合并到场景中，再移动到专卖店中间，如图 13-71 所示。

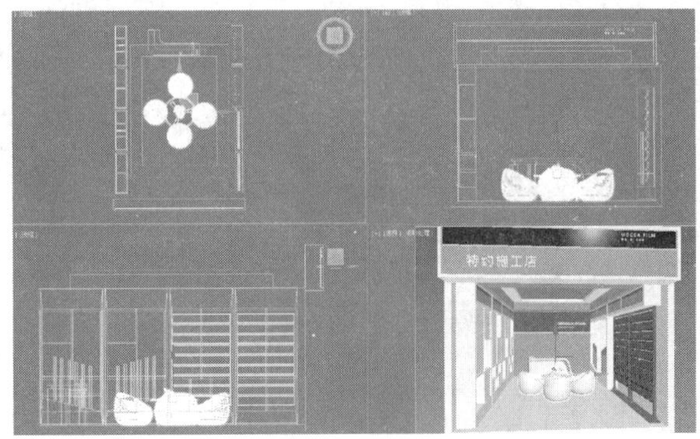

图 13-71　导入洽谈桌椅

步骤 02　绘制筒灯。在【顶视图】绘制一个半径 40 高 10 的【圆柱体】，指定【VR-灯光材质】，移动到二级吊顶处。然后【实例】克隆 4 个，如图 13-72 所示。然后继续克隆，如图 13-73 所示。建模部分完成。

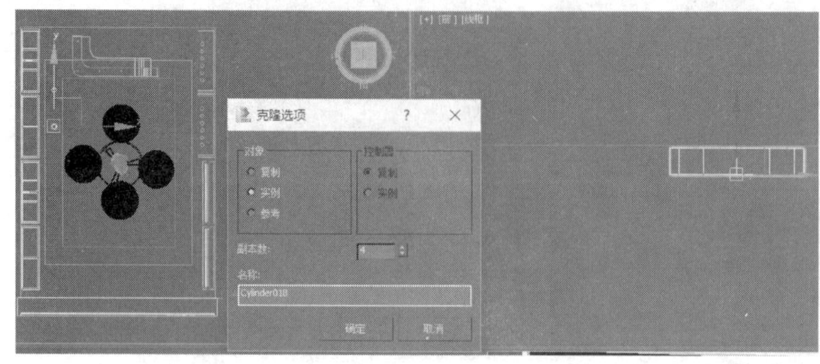

图 13-72　创建筒灯

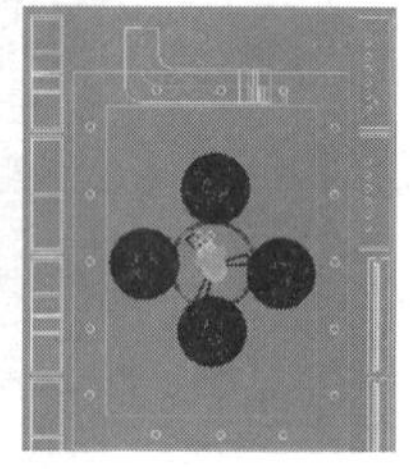

图 13-73　克隆筒灯

13.1.6 布置灯光与摄影机

步骤 01　由于该场景没有其他环境，所以在反射方面细节不够，因此这里用【VR-HDRI 贴图】进行处理。按快捷键【F10】设置渲染，在【环境】卷展栏里勾选【反射 / 折射】，在贴图按钮上贴上【VR-HDRI 贴图】，然后按快捷键【M】调出【材质编辑器】，将贴图拖动到一个空白材质球上，选择【实例】，再载入“光盘\贴图与素材\第 13 章\A001.hdr”文件，选择【角度】类型，如图 13-74 所示。

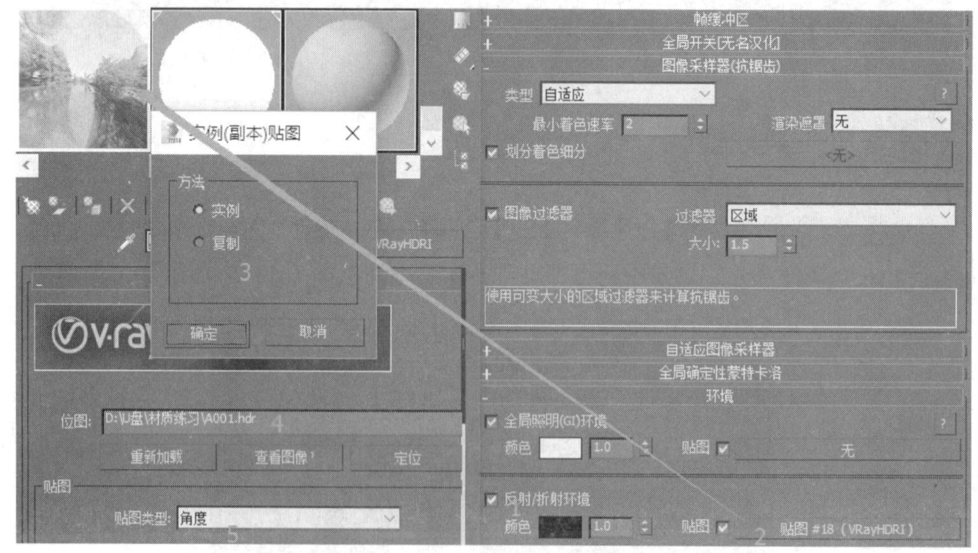

图 13-74　创建 HDRI 反射贴图

步骤 02　测试渲染，如图 13-75 所示，自然光已足够，下面需要布置人工光。

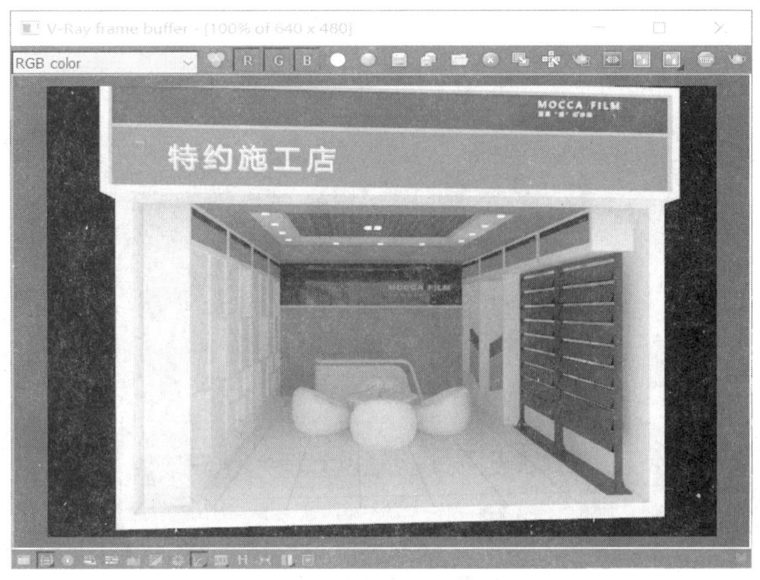

图 13-75 天光渲染效果

步骤 03 在一个筒灯处创建一个【光度学】灯光，选择【目标灯光】，从筒灯处拉到地面上，然后单击【修改】面板，选择【光度学 Web】灯光分布类型，然后载入素材文件夹里的“7.ies”光域网文件，如图 13-76 所示。

步骤 04 在【顶视图】中实例复制光域网，如图 13-77 所示。

温馨提示

为了不误操作，建议在选择过滤器中选择 L-灯光 。

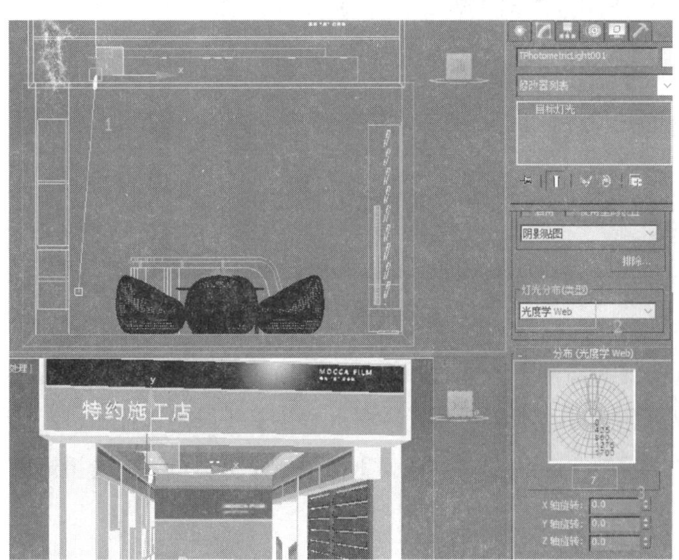

图 13-76 创建目标灯光

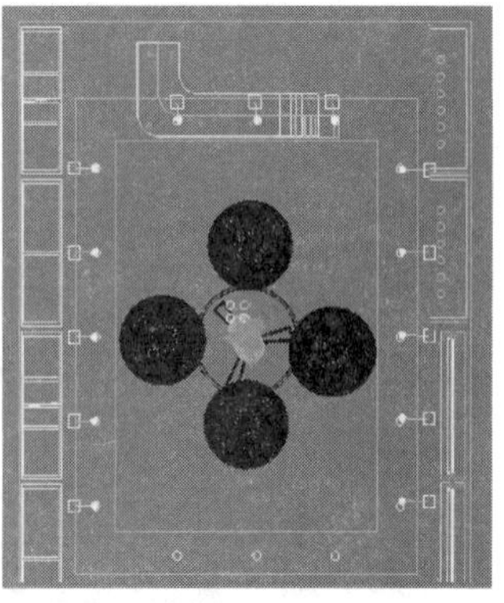

图 13-77 复制光域网

步骤 05 在中间灯处创建一个【VR- 灯光】，如图 13-78 所示。测试渲染，效果如图 13-79 所示。

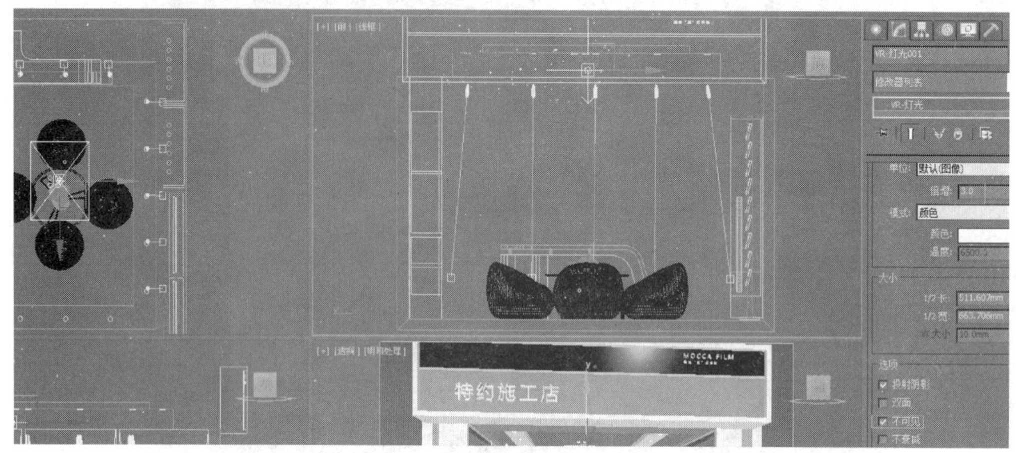

图 13-78　创建 VR- 灯光

图 13-79　加上人工光渲染效果

步骤 06 选择【创建】→【摄影机】→【目标】，在【顶视图】中创建一个目标摄影机，然后将选择过滤器切换为【摄影机】，用【选择并移动】工具选择相机，往上移动 1600 左右，如图 13-80 所示。然后选择【修改器】菜单→【摄影机】→【摄影机校正】，将摄影机校正。

步骤 07 创建一个【VR- 平面】作为地面，指定材质。再按【8】键为背景贴上【渐变】贴图，拖动到空白材质球上，选择【实例】，调制参数如图 13-81 所示。

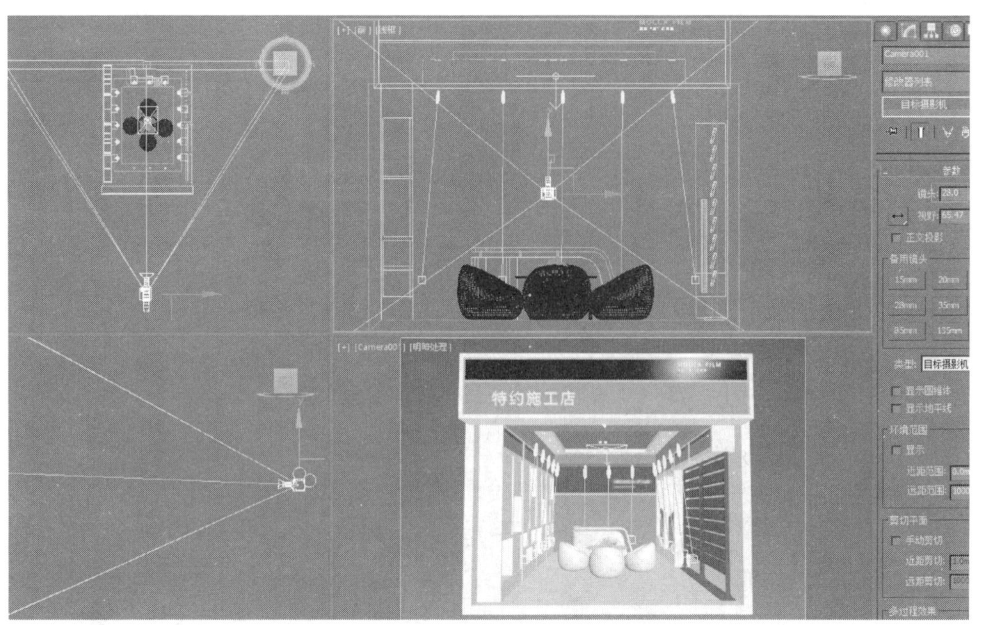

图 13-80　创建摄影机

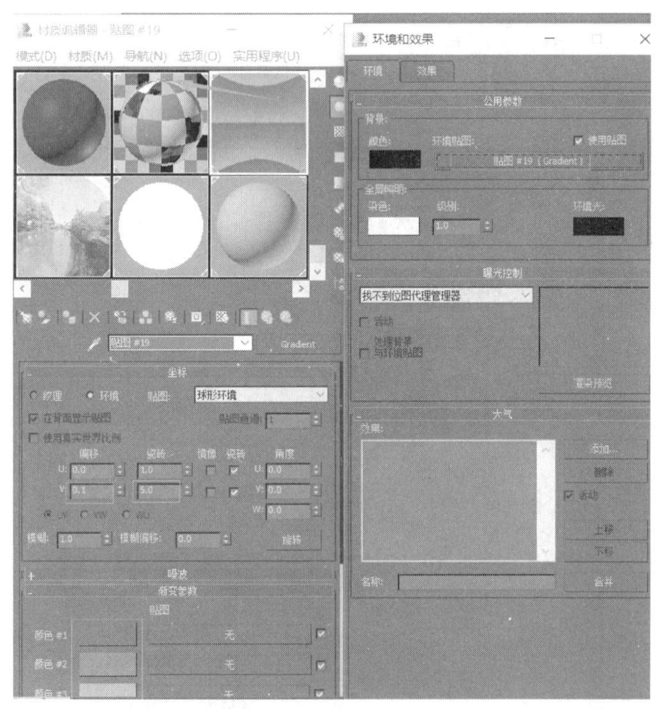

图 13-81　背景贴图

13.1.7 渲染出图

步骤 01　将【GI】卷展栏的参数调高如图 13-82 所示，然后渲染一次。渲染完毕后，将计算结果保存起来，如图 13-83 所示。

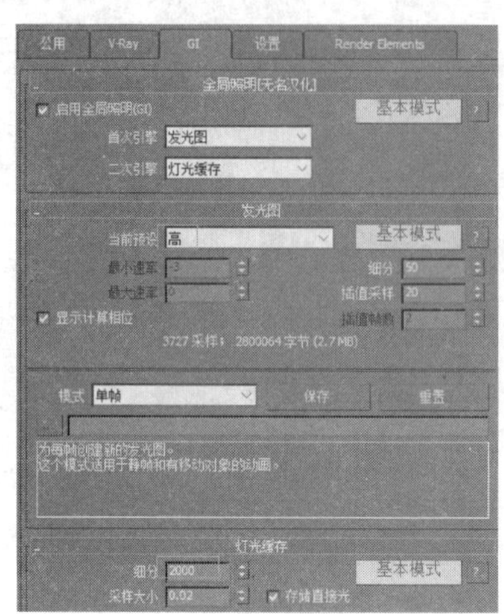

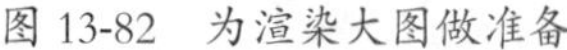

图 13-82　为渲染大图做准备

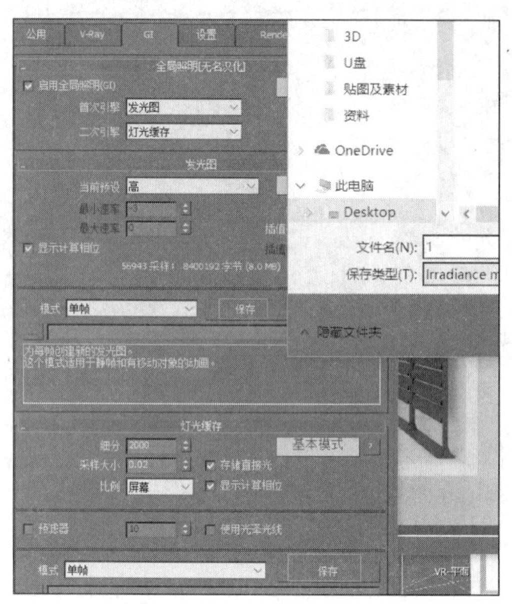

图 13-83　保存计算结果

步骤 02　在【公用】卷展栏里把尺寸改为 1600×1200，然后在【GI】卷展栏里载入刚刚保存的计算结果文件，如图 13-84 所示。

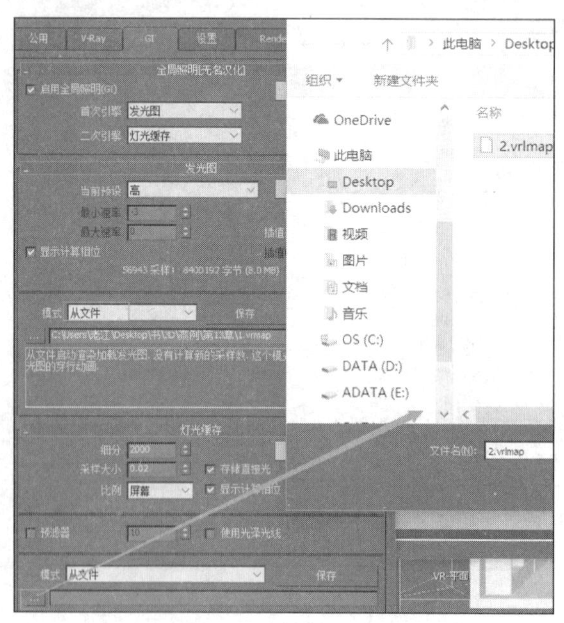

图 13-84　改大尺寸载入计算结果

步骤 03　再次渲染，就得到如图 13-1 所示的效果图。

13.2 绘制某单体建筑效果图

这是一个乡村别墅的设计效果图，分为三层，完成效果如图 13-85 所示。下面以这个项目为载体介绍一下单体建筑效果图的绘制方法。

图 13-85　最终效果图

13.2.1 导入 CAD 图纸并绘制墙体

设计图纸一般都是在一个文件里，对于这种简单的静帧效果图，其实把最重要的一层平面导入到 3ds Max，其他的根据图纸尺寸绘制即可（当然复杂的图纸还是需要导入进去捕捉顶点来绘制）。

步骤 01　打开“光盘\贴图及素材\第 13 章\别墅 .dwg”文件，选择一层平面图，如图 13-86 所示，输入【exp】命令导出，在对话框中选择【块（*.dwg）】。

步骤 02　打开 3ds Max 2016，将单位设为毫米，然后选择【文件】菜单→【导入】→【导入】，将 CAD 图纸导入 3ds Max 中，如图 13-87 所示。可以删除门，然后右击墙线将其冻结。

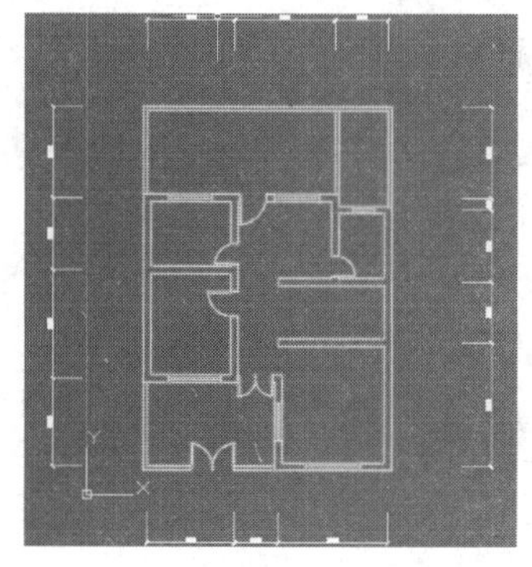

图 13-86　将一层平面图输出为块

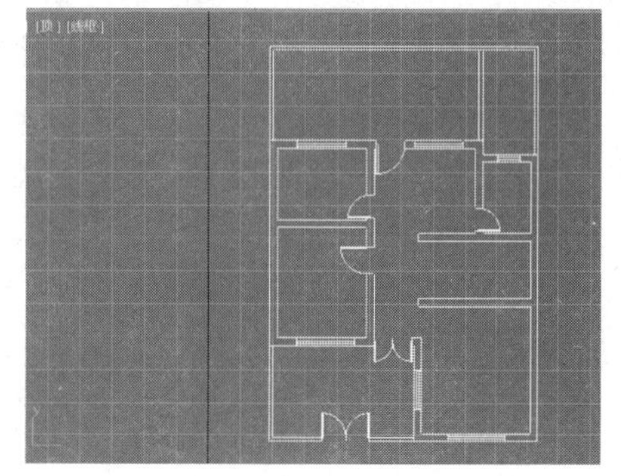

图 13-87　在 3ds Max 中导入块

步骤 03　开启捕捉，设置捕捉【顶点】，选中【捕捉到冻结对象】，如图 13-88 所示。然后捕捉外墙线绘制一个封闭的线，如图 13-89 所示。

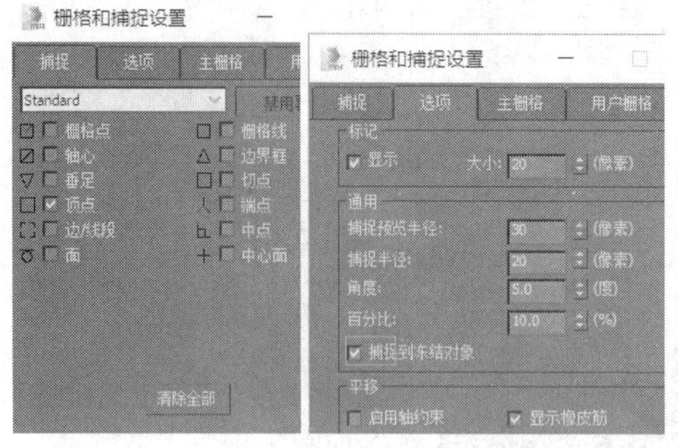

图 13-88　捕捉设置

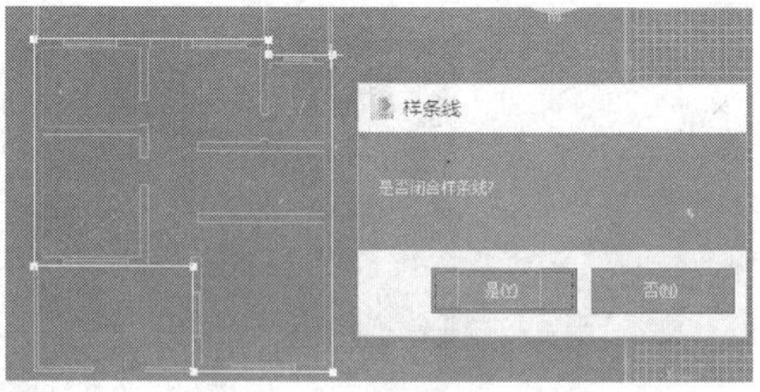

图 13-89　绘制外墙线

步骤 04　关闭捕捉，单击【创建】面板→【AEC 扩展】，选择【墙】，如图 13-90 设置，然后展开【键盘输入】卷展栏，单击【拾取样条线】按钮拾取刚才绘制的外墙线。1、2 楼的墙体绘制完成，如图 13-91 所示。

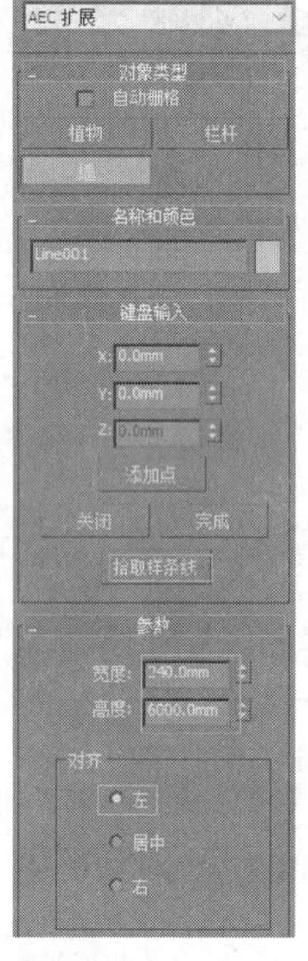

图 13-90　设置墙

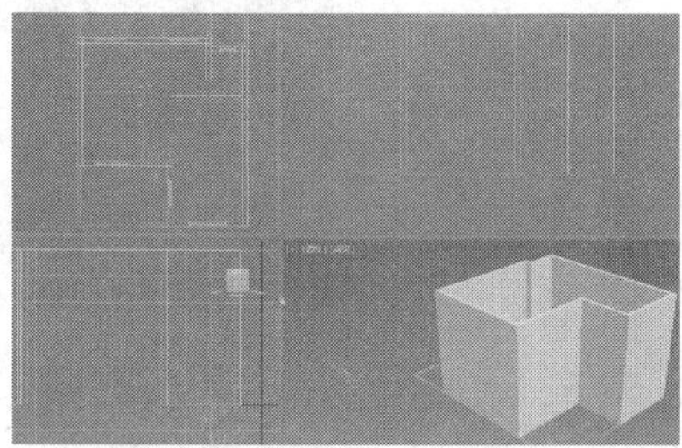

图 13-91　绘制墙体

步骤 05　单击【修改】面板，进入【分段】子对象，分别选择左右两段墙，单击【拆分】按钮，将它们分为两段，如图 13-92 所示。

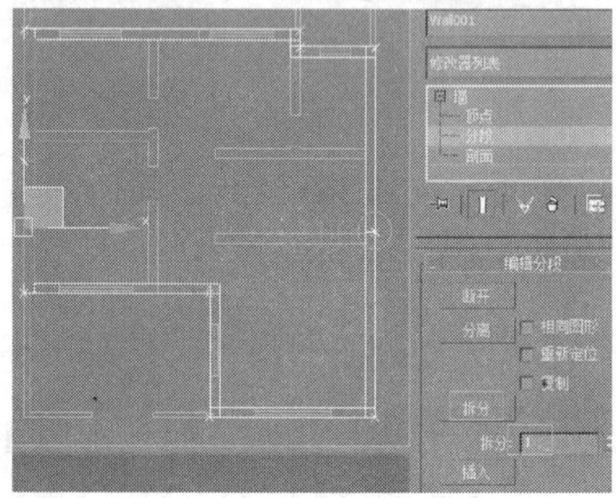

图 13-92　拆分墙体

步骤 06　进入【顶点】子对象，框选左墙中间的顶点，打开捕捉开关，右击捕捉图标，勾选【锁定轴约束】，用移动工具锁定 y 轴将其与右侧墙中间的顶点对齐，如图 13-93 所示。

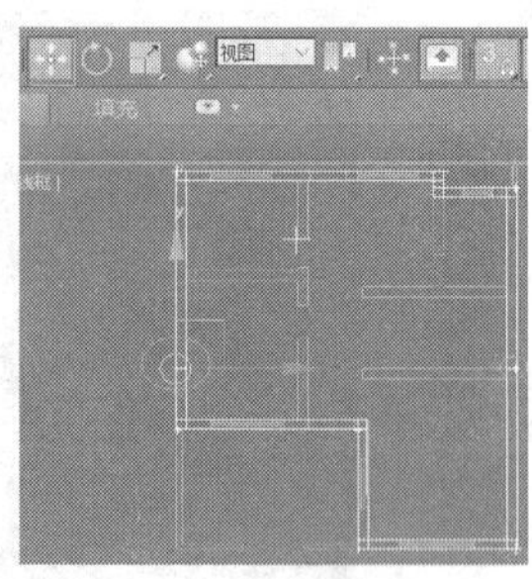

图 13-93　对齐顶点

步骤 07　进入【分段】子对象，选择如图 13-94 所示的分段，将其高度改为 8800。

步骤 08　选择最初绘制的封闭墙线，按快捷键【Ctrl+V】复制一份，然后右击【选择并移动】工具，在【偏移：屏幕】的 y 轴上移动 6000，然后按【Enter】键，如图 13-95 所示。再【挤出】-200 作为二楼楼板。

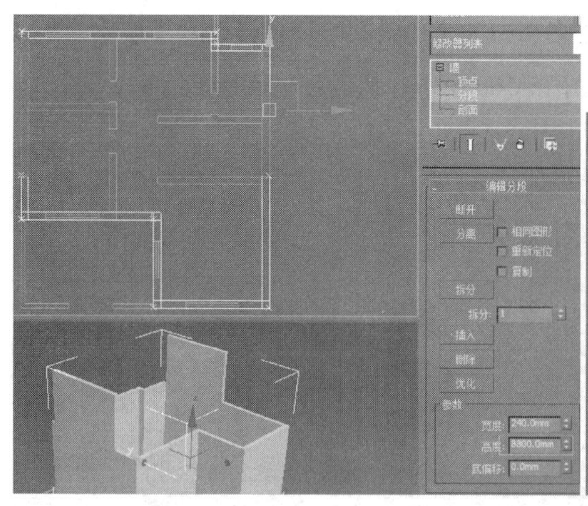

图 13-94 绘制三楼墙体

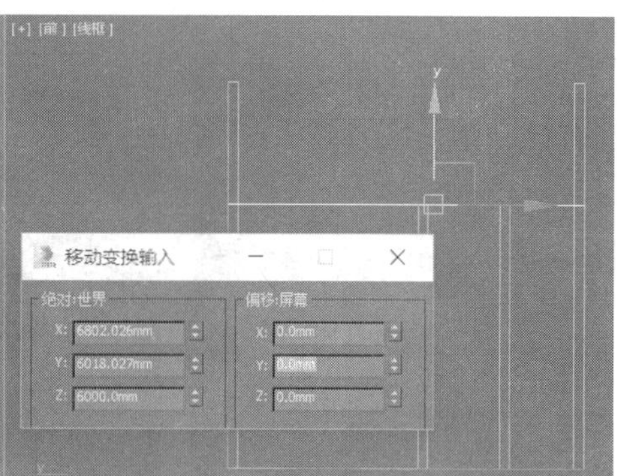

图 13-95 绘制二楼楼板

13.2.2 绘制门窗等构件

步骤 01 选择【创建】面板→【几何体】→【窗】→【推拉窗】，按快捷键【S】开启捕捉，在如图13-96所示的位置创建一扇推拉窗。

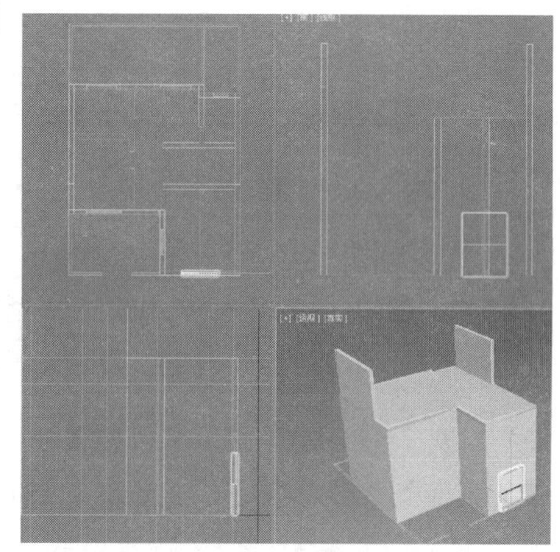
图 13-96 创建推拉窗

步骤 02 切换到【选择并旋转】工具，在【前视图】沿 z 轴旋转 90°。然后单击【修改】面板，将高度和宽度都改为 1800，然后右击【选择并移动】工具，将其绝对位置移动到 1800，如图 13-97 所示。

步骤 03 调制材质。根据下面的“技能拓展”描述，其实门窗最主要的材质就是 3 号。这里可以将 3 号调制为玻璃材质，其他调制为塑钢材质。打开材质编辑器，选择一个空白材质球，将其类型切换为【多维 / 子对象】，设置个数为 5，然后选择 1 号子材质，将其类型切换为【建筑】，选择模板为【绘制光泽面】，再将【漫反射颜色】改为白色，如图 13-98 所示。

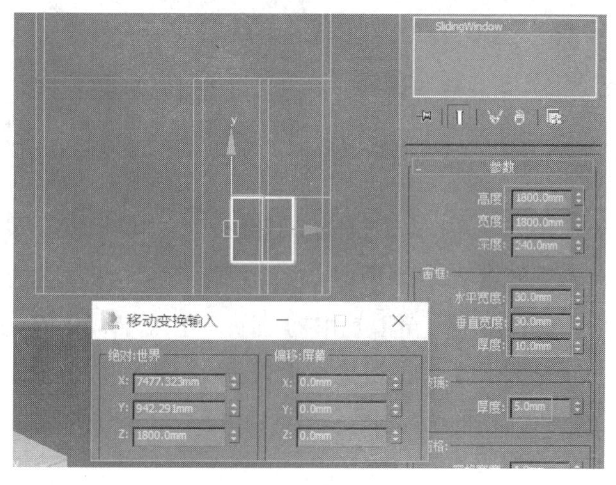

图 13-97 修改推拉窗

步骤 04 单击【转到父对象】按钮，将 1 号子材质拖动复制到 2、4、5 号子材质，如图

13-99 所示。然后单击 3 号子材质，将其类型切换为【建筑】，选择模板为【玻璃 - 半透明】，再将【漫反射颜色】改为白色，如图 13-100 所示。然后将材质指定给窗子。

图 13-98 调制前轨材质

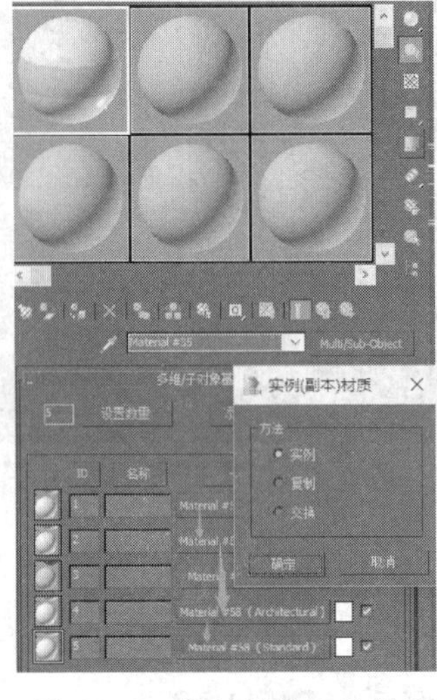

图 13-99 复制到其他子材质

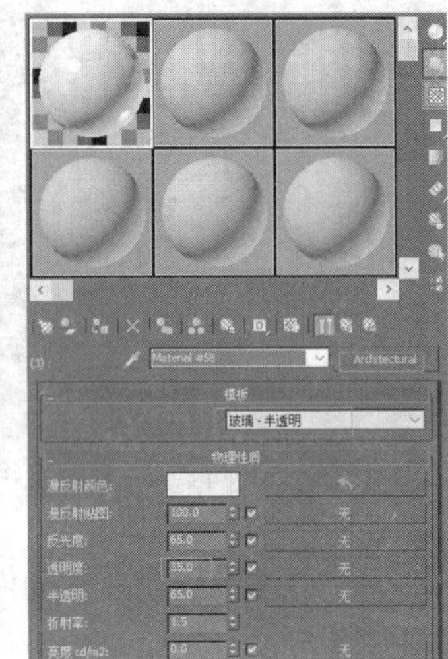

图 13-100 调制玻璃材质

技能拓展

3ds Max 内置门窗模型默认的子材质有 5 个，可以通过指定【多维 / 子对象】材质来调制。窗子的材质 ID 是：1. 前轨 2. 后轨 3. 面板（玻璃）4. 前框 5. 后框。门的材质 ID 是：1. 前 2. 后 3. 内部倒角 4. 帧 5. 内门。

步骤 05 选择窗子，按住【Shift】键移动【实例】克隆到 2 楼，将绝对位置改为 4500，如图 13-101 所示。

技能拓展

复制后在视图中看不到窗子，此时只需将窗子的【深度】略微调整即可。

步骤 06 按住【Shift】键移动复制其他窗子并调整，效果如图 13-102 所示。

步骤 07 单击【创建】面板→【几何体】→【门】→【枢轴门】，按快捷键【S】开启捕捉，在如图 13-103 所示的位置创建一扇枢轴门。

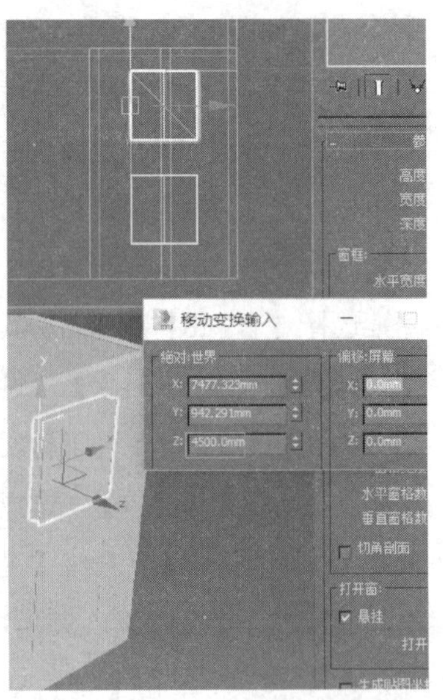

图 13-101 复制推拉窗

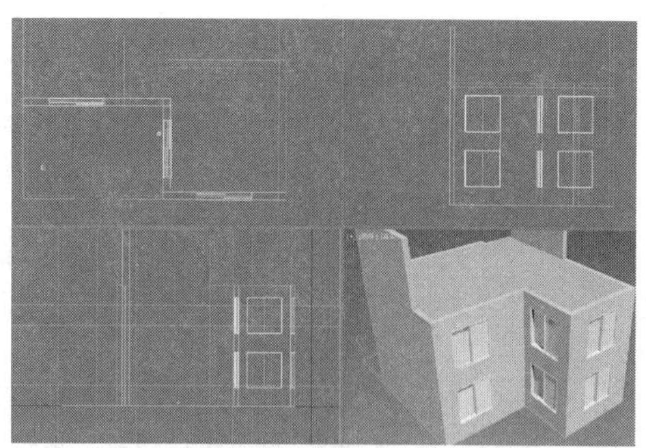

图 13-102 复制其他推拉窗

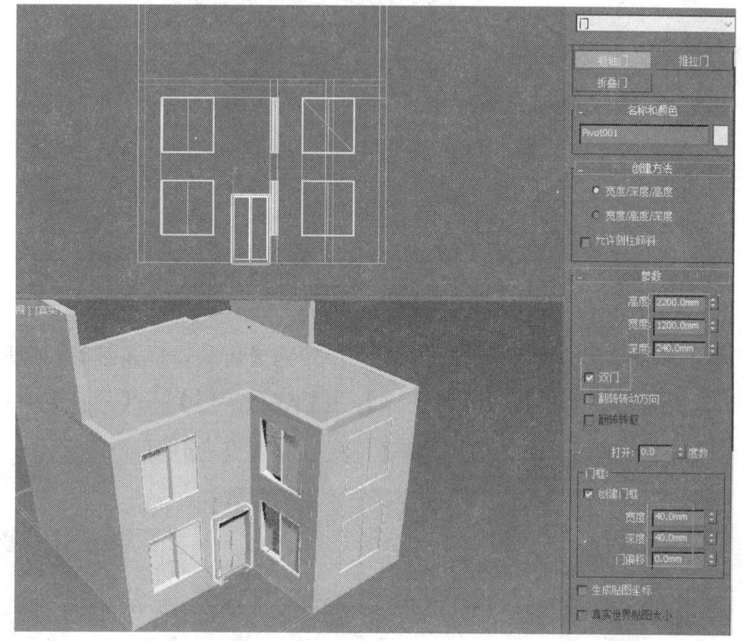

图 13-103 绘制枢轴门

步骤 08 打开【材质编辑器】，选择一个空白材质球，将其切换为【建筑】材质，选择【绘制光泽面】模板，将【漫反射颜色】改为浅灰，如图 13-104 所示，再指定给门。然后将门复制到二楼，与二楼材质顶对齐。

步骤 09 绘制阳台。在【顶视图】绘制一个【长方体】，放于二楼处，参数及效果如图 13-105 所示。

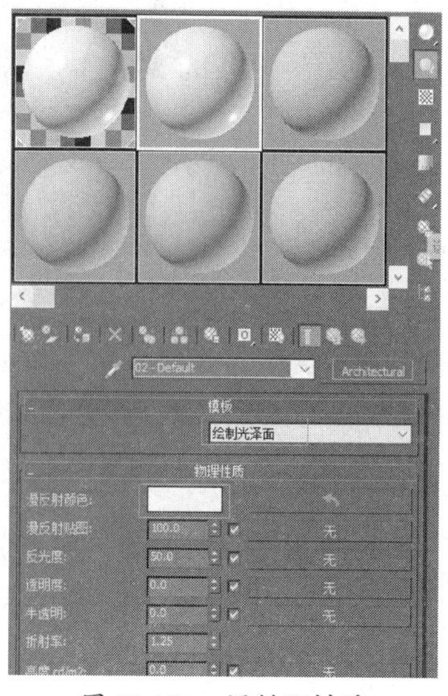

图 13-104 调制门材质

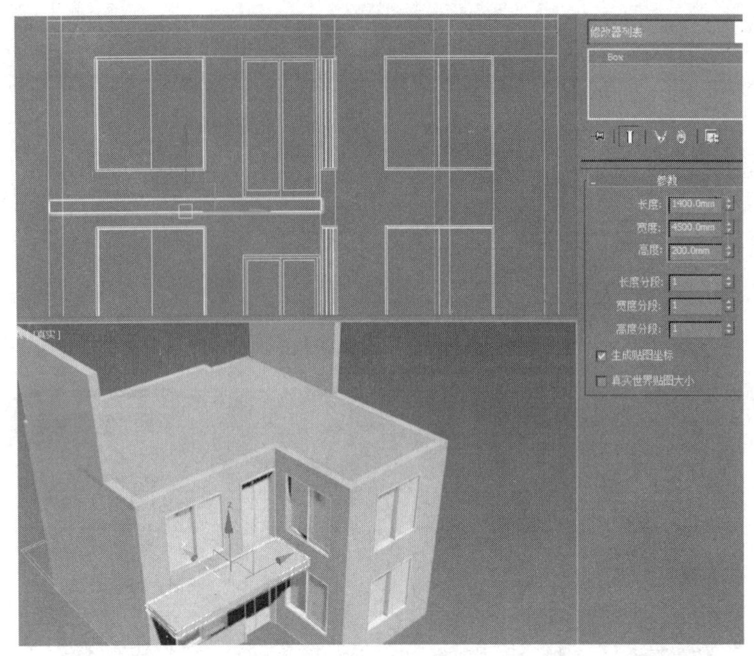

图 13-105 绘制阳台

步骤 10 捕捉【长方体】绘制一个矩形，转为【可编辑样条线】，删除靠墙的两个线段。然后选择【创建】面板→【几何体】→【AEC 扩展】→【栏杆】，拾取刚刚绘制的路径，参数设置如图 13-106 所示。将【栅栏】类型设为类型：(无)。

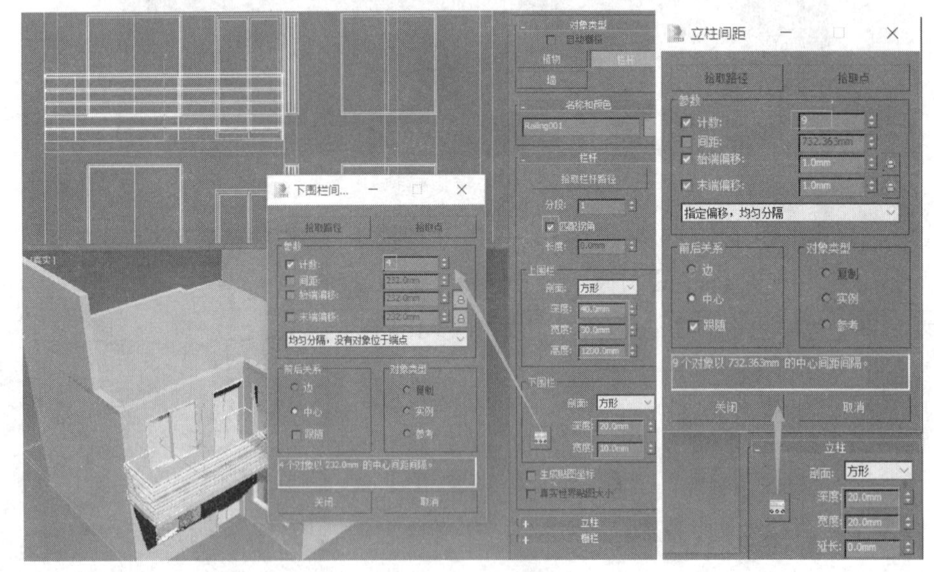

图 13-106 绘制栏杆

步骤 11 打开【材质编辑器】，选择一个空白材质球，切换为【建筑】材质，设置如图 13-107 所示，然后指定给阳台。再选择一个空白材质球，设置如图 13-108 所示，然后指定给栏杆。

图 13-107　调制阳台材质

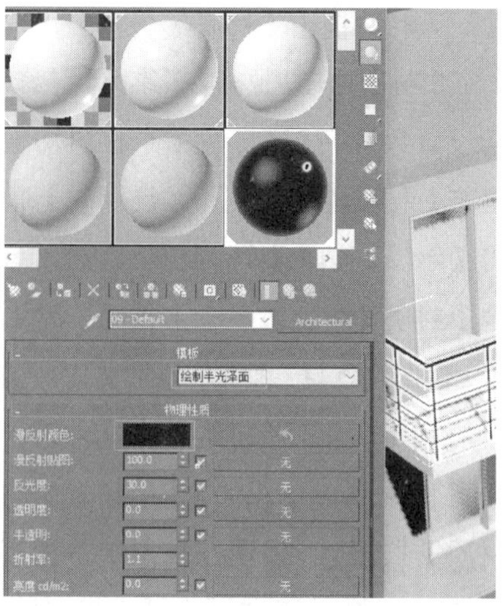

图 13-108　调制栏杆材质

步骤 12　绘制屋檐。在【左视图】绘制一个 400×600 的矩形，如图 13-109 所示。然后右击【转为可编辑样条线】，进入【顶点】子对象，删除右上角顶点。

步骤 13　进入【线段】子对象，选择线段，右击改为【线】，如图 13-110 所示。然后添加一个【挤出】修改器，挤出 -4500，再右击【转为可编辑多边形】，选择坡面，将【材质 ID 号】设为 1，如图 13-111 所示，然后按快捷键【Ctrl+I】反选，将【材质 ID 号】设为 2。

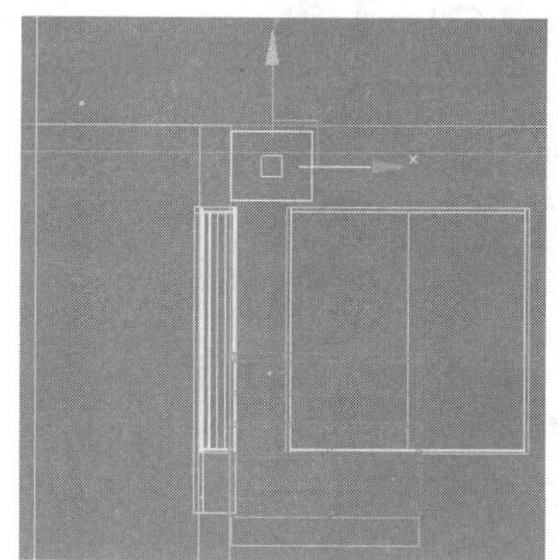

图 13-109　绘制矩形

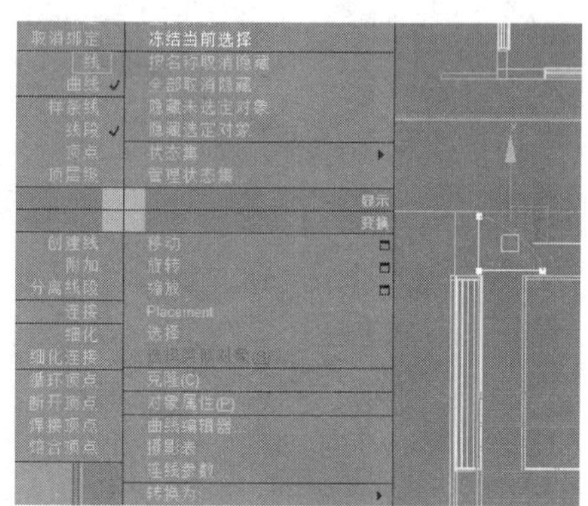

图 13-110　转为直线

图 13-111　设置屋檐材质 ID

步骤 14　调出【材质编辑器】，选择一个空白材质球，切换为【多维/子对象】材质，设置数量为 2，将两个子材质均设为【建筑】材质，选择【理想漫反射】模板且将【漫反射颜色】调为白色。然后单击 1 号子材质【漫反射贴图】按钮，贴上“光盘\贴图及素材\绿瓦.jpg”文件，如图 13-112 所示，然后指定给屋檐。

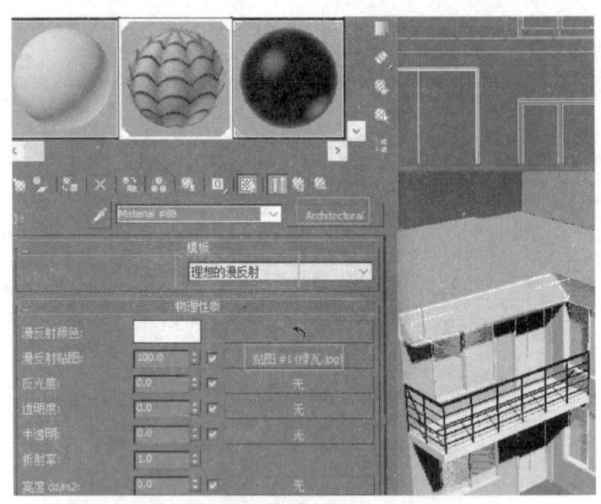

图 13-112　调制屋檐材质

步骤 15　单击【在视口中显示明暗处理材质】按钮，发现在视口中并没有显示出来，这时只需添加一个【UVW 贴图】修改器，设置如图 13-113 所示即可。

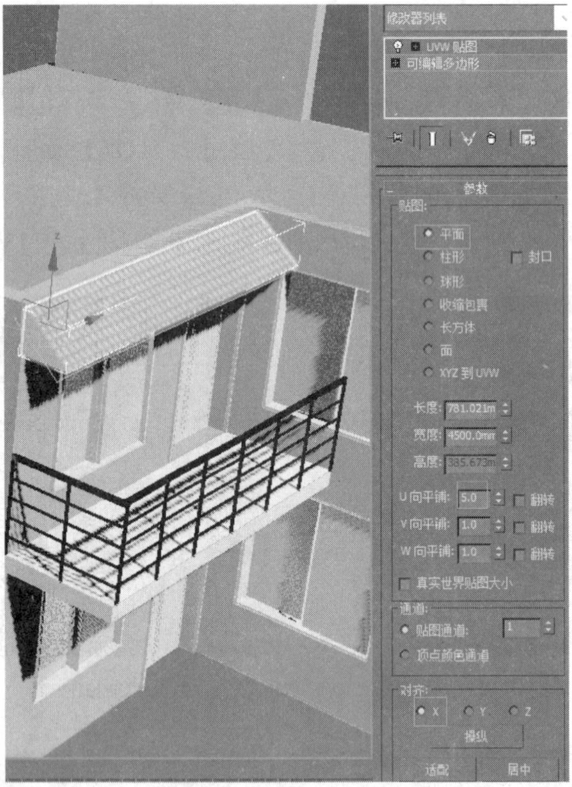

图 13-113　UVW 贴图修改

步骤 16　复制屋檐到其他地方，根据实际修改长度，效果如图 13-114 所示。

步骤 17　右击墙体【转为可编辑多边形】，选择侧面墙，根据阳台切片平面，如图 13-115 所示。然后将新造的面【材质 ID 号】设为 1，反选其他设为 2，再选择一个空白材质球切换为【多维/子材质】，同样用【建筑】材质，【理想漫反射】模板，将 1 号材质设为蓝灰色，2 号材质设为白色，然后指定给墙体。

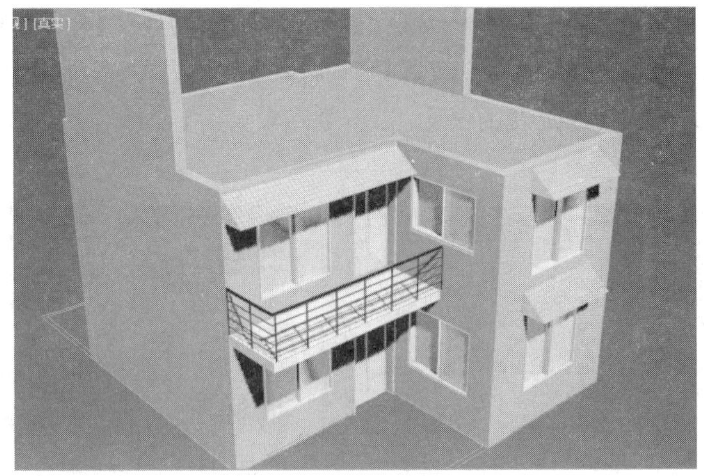

图 13-114 复制调整屋檐

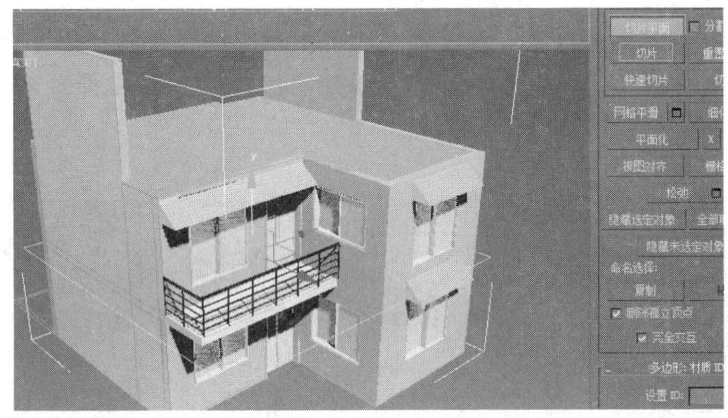

图 13-115 切片平面造面

13.2.3 绘制屋顶等构件

步骤 01 选择墙体，进入【顶点】子对象，在【左视图】中框选如图 13-116 所示的顶点，然后向下移动 600。

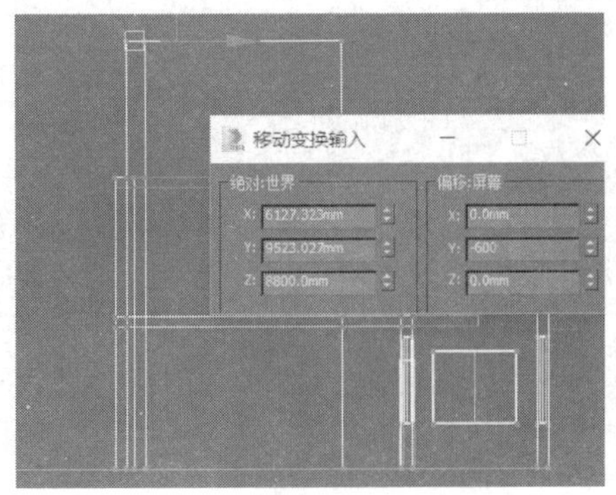

图 13-116 移动山墙顶点

步骤 02 沿着山墙绘制坡顶，如图 13-117 所示。然后进入【样条线】子对象，添加 120 的轮廓，再【挤出】10000。转为【可编辑多边形】，如处理屋檐同样的方法为其指定【材质 ID 号】并指定屋檐的材质，添加【UVW 贴图】修改器并调整。参考效果如图 13-118 所示。

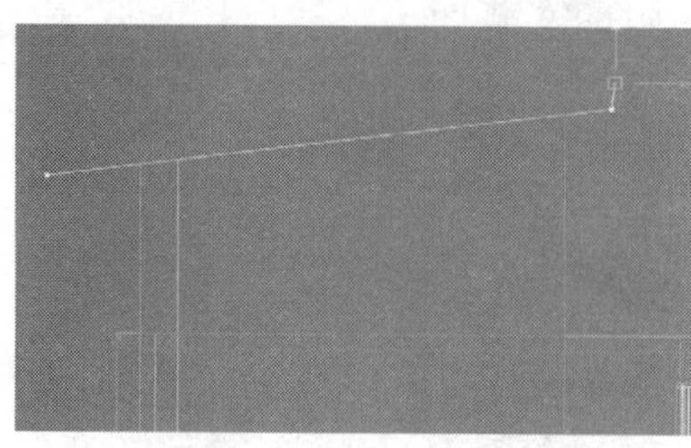

图 13-117 绘制屋顶造型

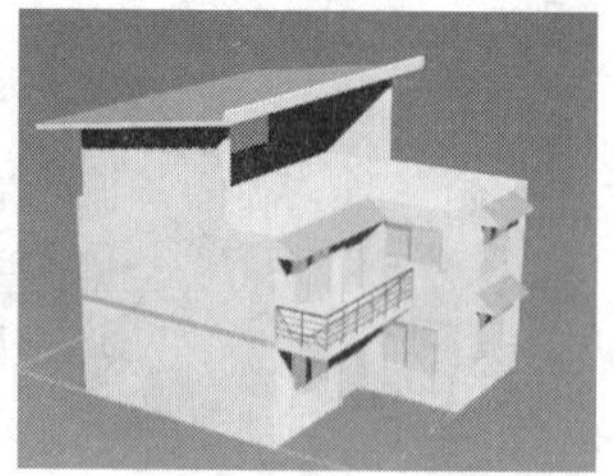

图 13-118 指定屋檐材质

步骤 03 在【左视图】中选择如图 13-119 所示的顶点，将其拖动到屋顶位置。

步骤 04 打开捕捉开关，在【顶视图】中捕捉墙线绘制一个【长方体】，如图 13-120 所示，然后右击转为【可编辑多边形】，框选左侧顶点，拖动到左侧墙处，效果如图 13-121 所示。

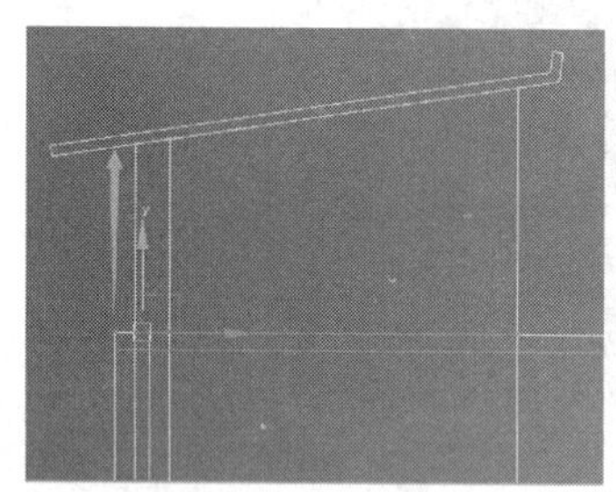

图 13-119 三楼顶点

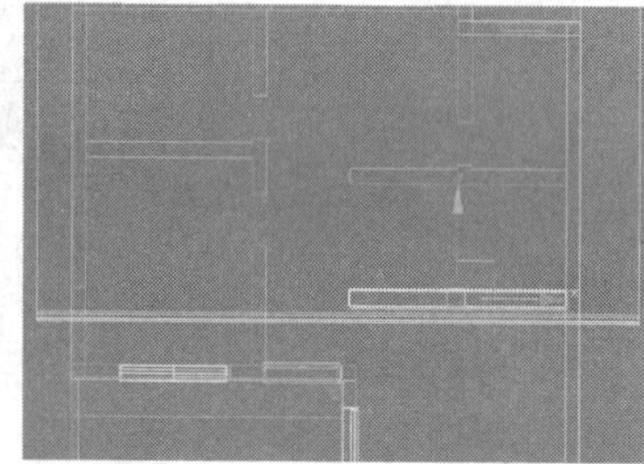

图 13-120 绘制三楼墙体

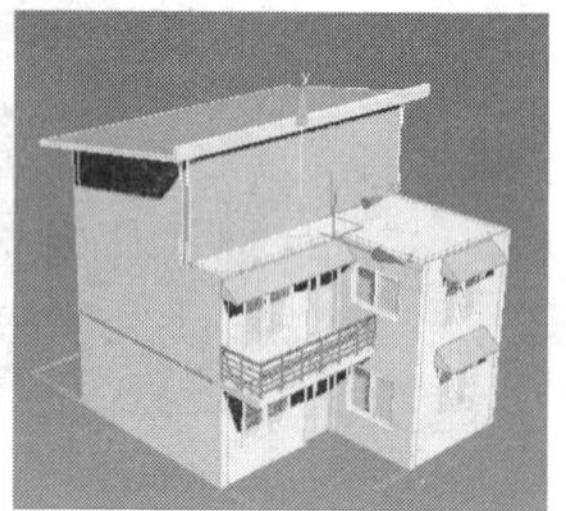

图 13-121 编辑三楼墙体

步骤 05 在【顶视图】绘制一个 800×2100 的长方体，然后在【前视图】中调整位置，再按【Shift】键复制一个，如图 13-122 所示。

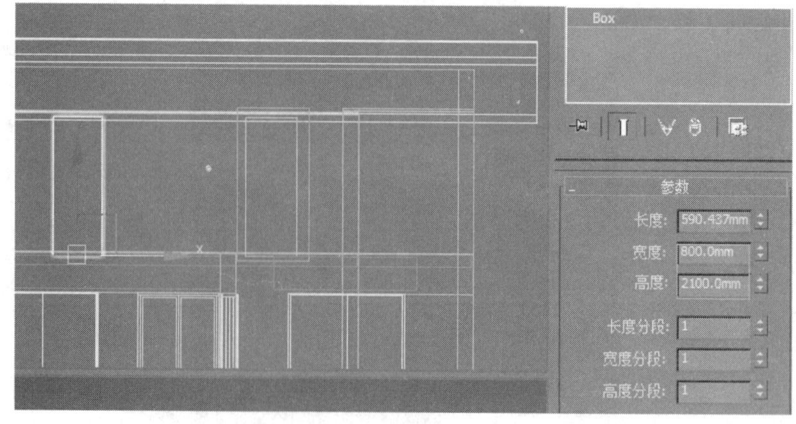

图 13-122 绘制挖门洞的长方体

步骤 06 选择新创建的墙体，单击【创建】面板→【几何体】→【复合对象】→ ProBoolean ，拾取刚才绘制的长方体，如图 13-123 所示，门洞就挖出来了。

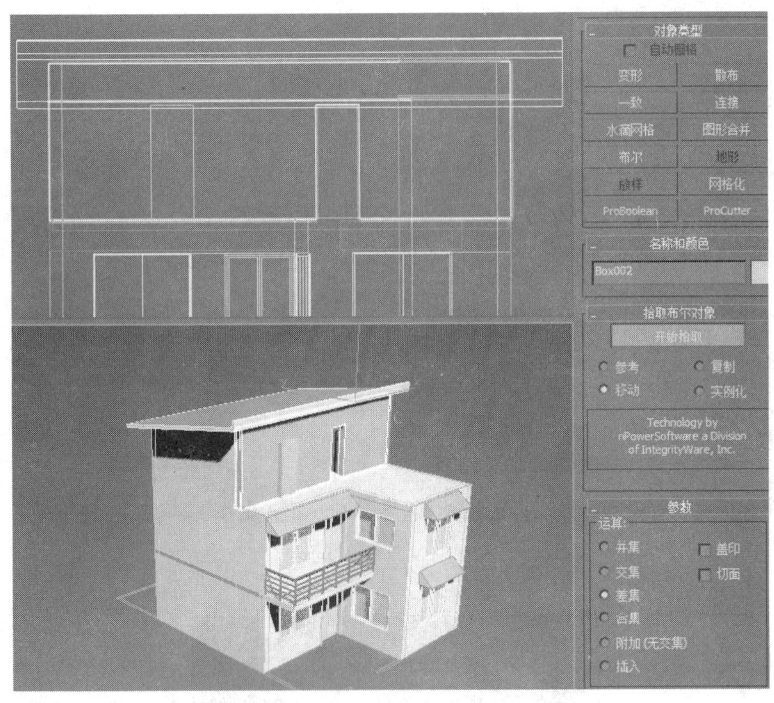

图 13-123 超级布尔挖门洞

步骤 07 捕捉门洞绘制【长方体】作为门，为它们指定材质，效果如图 13-124 所示。

步骤 08 参照绘制阳台栏杆的方法绘制三楼露台栏杆，效果如图 13-125 所示。

图 13-124 为三楼的门指定材质

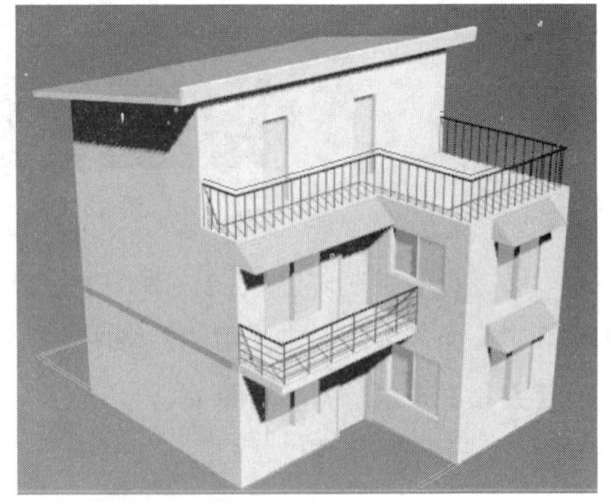
图 13-125 绘制露台栏杆

步骤 09 绘制地台。在【顶视图】中绘制一个【长方体】，如图 13-126 所示。然后右击【转为可编辑多边形】，如图 13-127 所示通过【连接】边和【挤出】多边形，绘制出三级台阶。

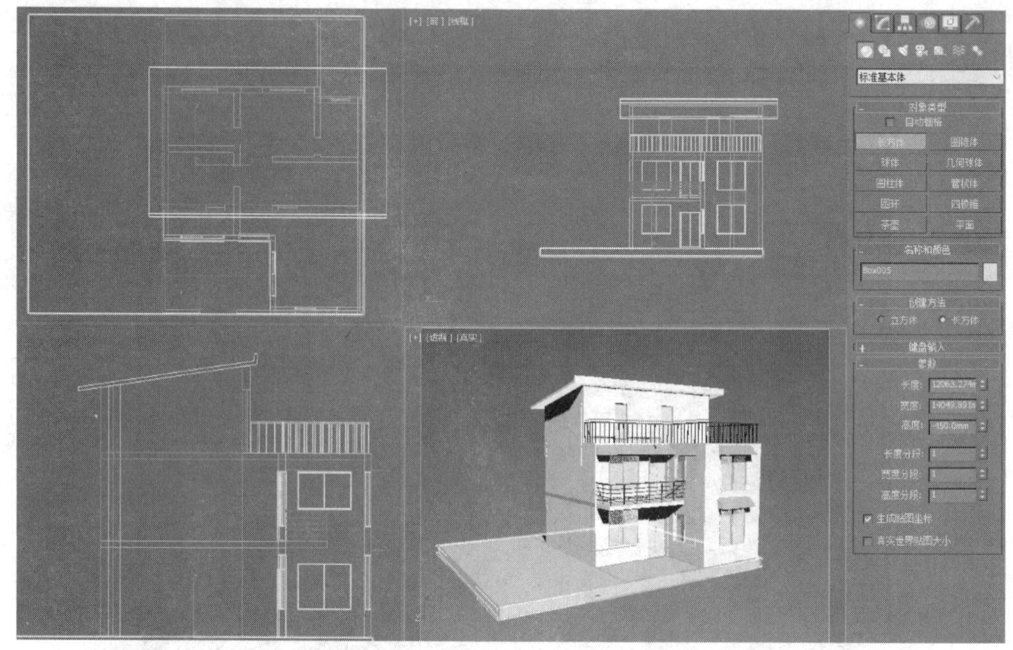

图 13-126　绘制地台

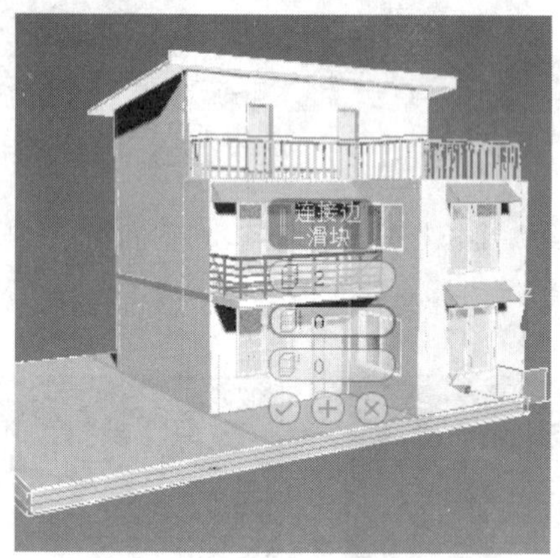

图 13-127　绘制台阶

步骤 10　绘制院门。在【左视图】中绘制一个矩形，如图 13-128 所示。然后右击【转为可编辑样条线】，右击【附加】将两个矩形附加起来，然后进入【样条线】，将它们进行【并集】布尔运算，如图 13-129 所示。再右击【细化】加上一个顶点，如图 13-130 所示。

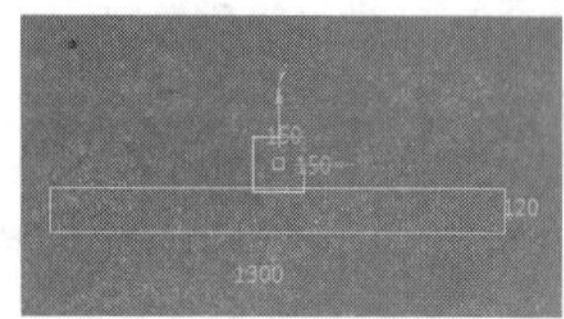

图 13-128　绘制两矩形

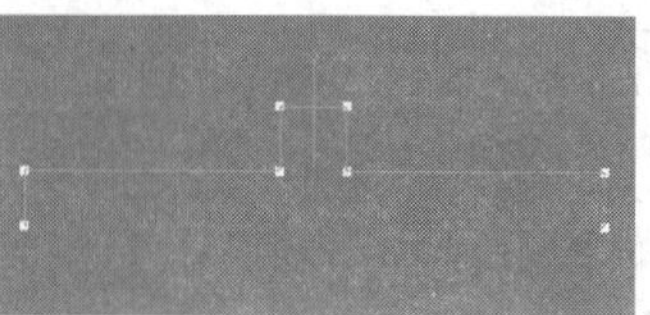

图 13-129　布尔运算

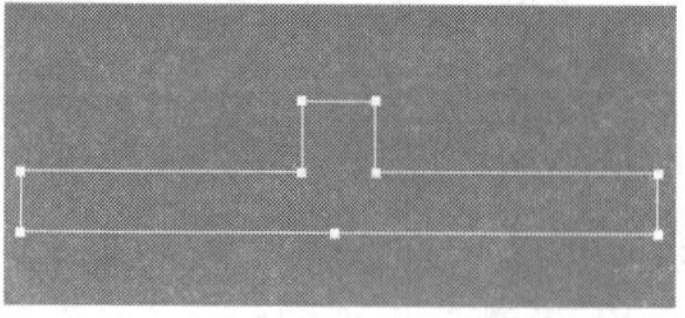

图 13-130　添加顶点

步骤 11 进入【顶点】子对象，选择中间顶点，沿 y 轴移动 200，如图 13-131 所示，然后进入【线段】子对象，右击转为【线】，如图 13-132 所示。挤出 1500，在【顶视图】移到 CAD 图的位置，再按快捷键【F12】将 z 轴移到 2200 的位置，如图 13-133 所示。

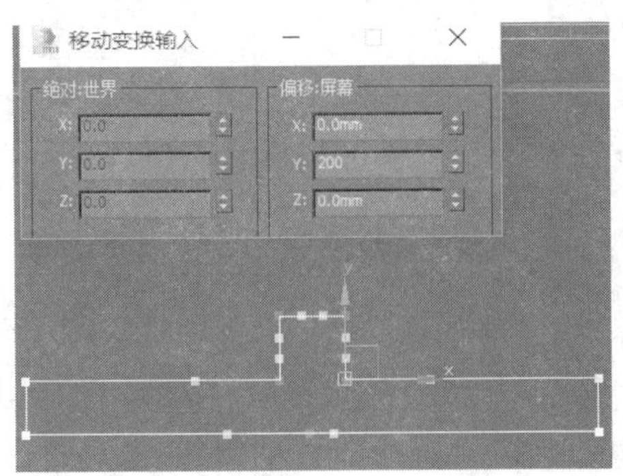

图 13-131 移动顶点

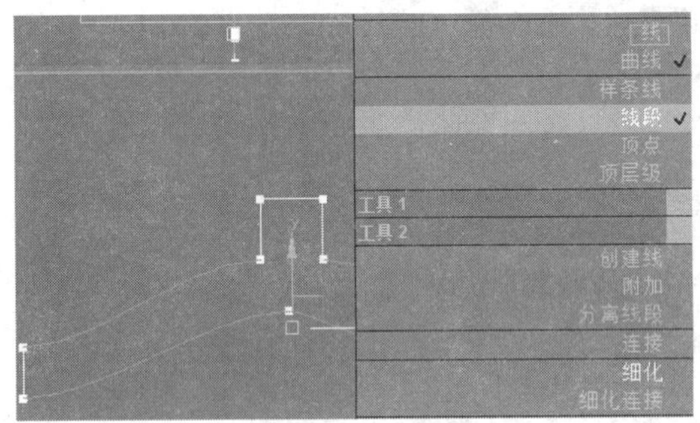

图 13-132 改线段类型

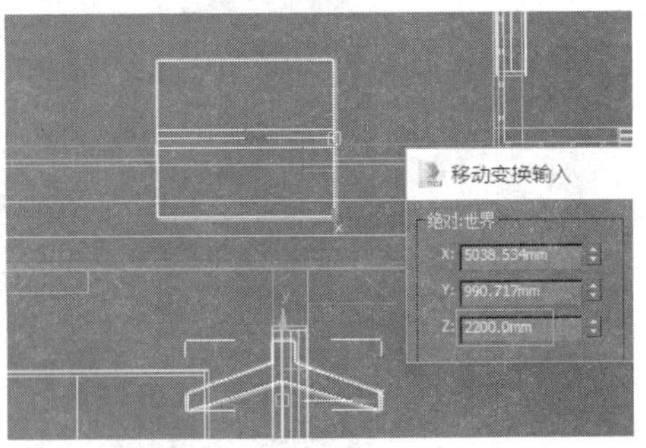

图 13-133 移动到准确位置

步骤 12 右击【转为可编辑多边形】，参照图 13-111 ～图 13-113 设置材质 ID 号并指定材质，效果如图 13-134 所示。

步骤 13 创建一个【枢轴门】，参数及效果如图 13-135 所示。

图 13-134 指定院门屋顶材质

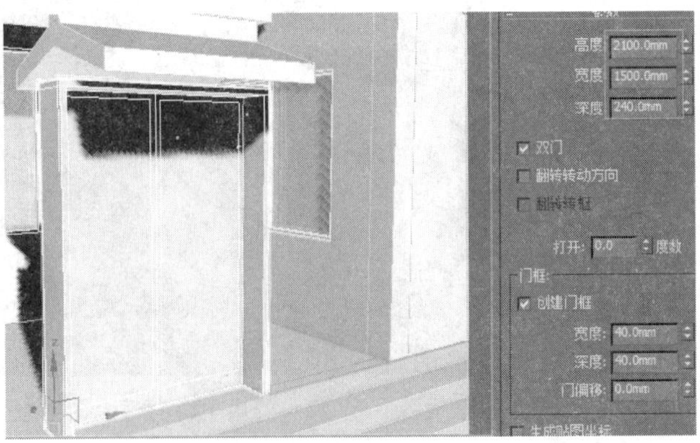

图 13-135 绘制院门

步骤 14　用绘制栏杆的方法为院落绘制栅栏，如图 13-136 所示。用同样的方法绘制右侧的栅栏，如图 13-137 所示，然后为地台、栅栏指定材质。

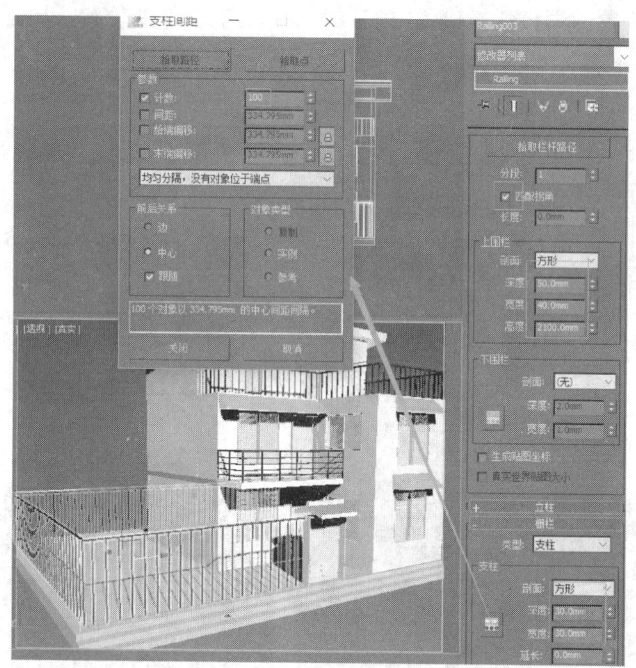

图 13-136　绘制栅栏

图 13-137　右侧栅栏

步骤 15　绘制道路。绘制两个矩形，右击【转为可编辑样条线】，然后【附加】、【并集布尔运算】，如图 13-138 所示，然后将路沿的【线段】分离，如图 13-139 所示。

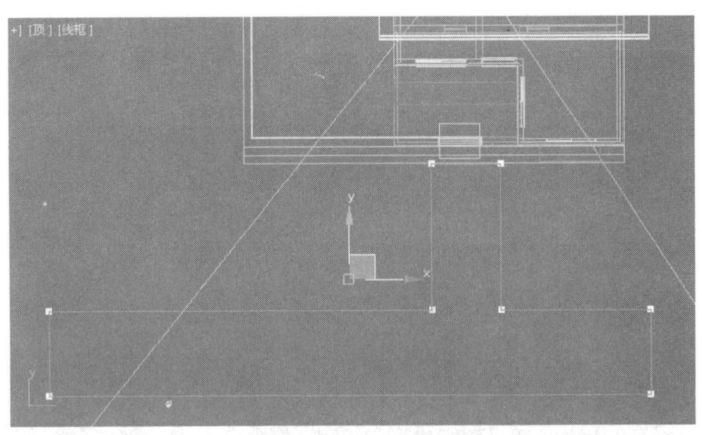

图 13-138 绘制路面

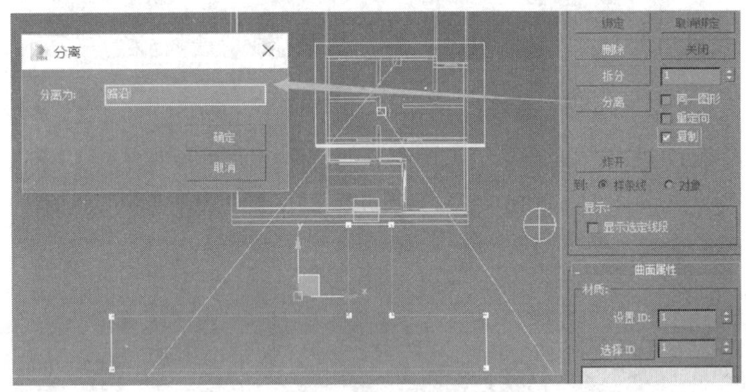

图 13-139 绘制路沿

步骤 16 将路面挤出 -20，再将路沿【轮廓】100 后挤出 120，如图 13-140 所示。最后对齐地台底部，调制灰色水泥材质，模型绘制完成，如图 13-141 所示。

图 13-140 挤出路面与路沿

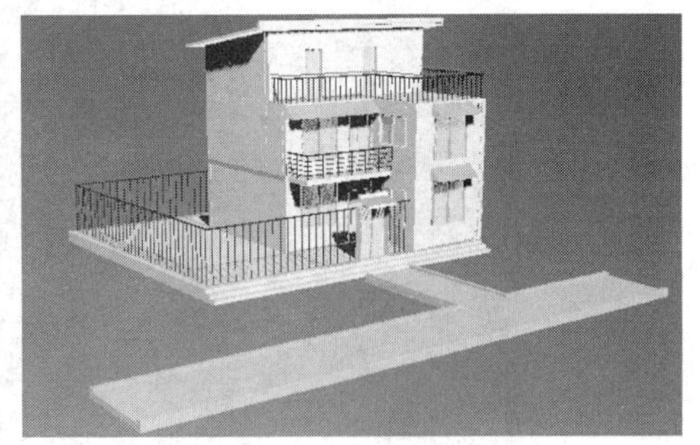

图 13-141 指定材质

13.2.4 布置灯光、摄影机及渲染

步骤 01 布置天光。单击【创建】面板→【灯光】→【标准灯光】→【天光】，设置淡蓝色，按快捷键【Shif+F】显示安全框，如图 13-142 所示。

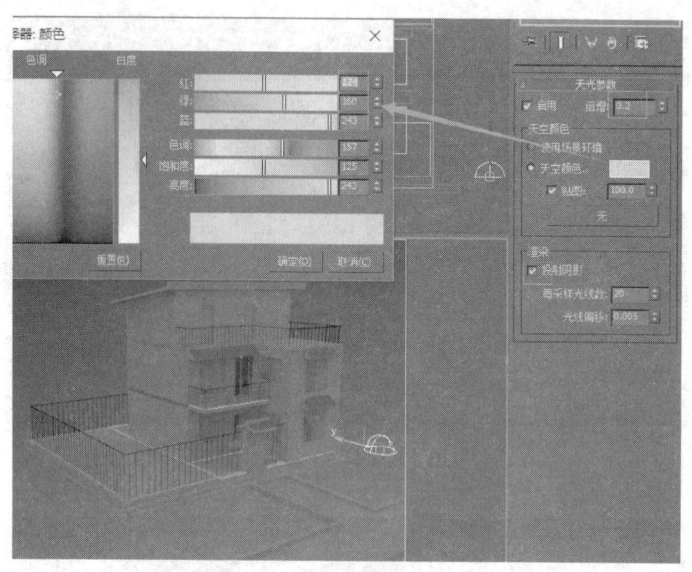

图 13-142　设置淡蓝色天光

步骤 02　创建太阳光。在【顶视图】中创建一个【目标平行光】，然后在【前视图】中把照射点往上移动与地面成 40° 左右角，再单击【修改】面板，如图 13-143 所示修改参数。

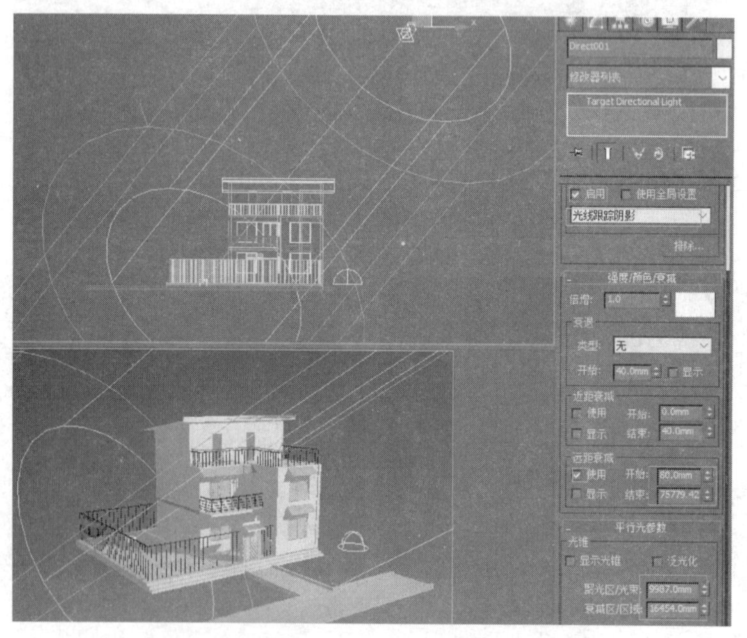

图 13-143　设置淡黄色目标平行光模拟日光

步骤 03　选择【创建】面板→【摄影机】→【目标摄影机】，在【顶视图】中创建一个目标摄影机，然后用移动工具在【前视图】中调整，再按快捷键【C】进入摄影机视图，参数及效果如图 13-144 所示。

步骤 04 选择【修改器】菜单→【摄影机】→【摄影机校正】，将摄影机校正。

步骤 05 按快捷键【F10】设置渲染参数如图 13-145 所示。渲染效果如图 13-146 所示。

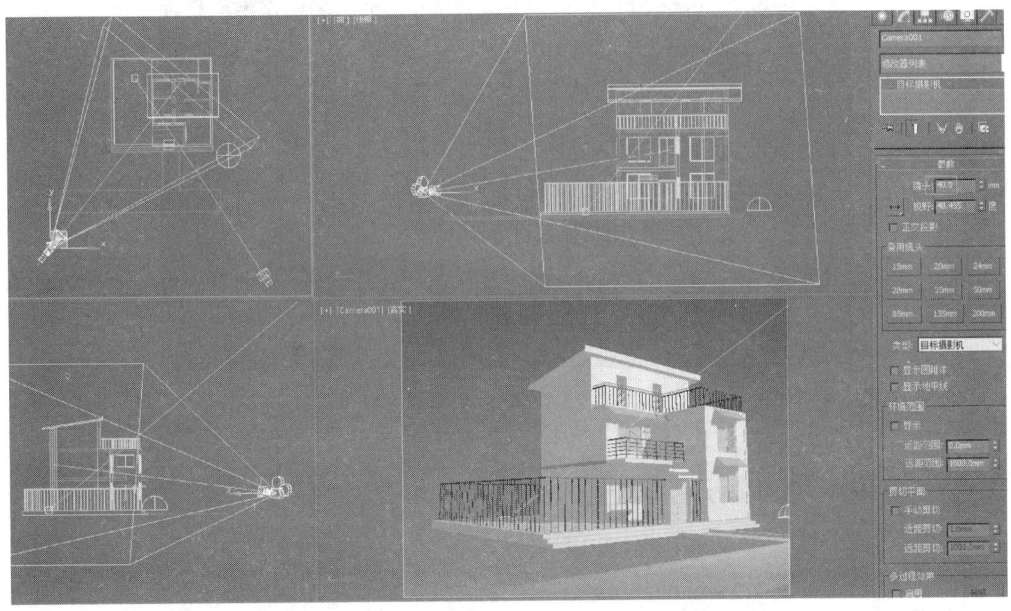

图 13-144 设置摄影机

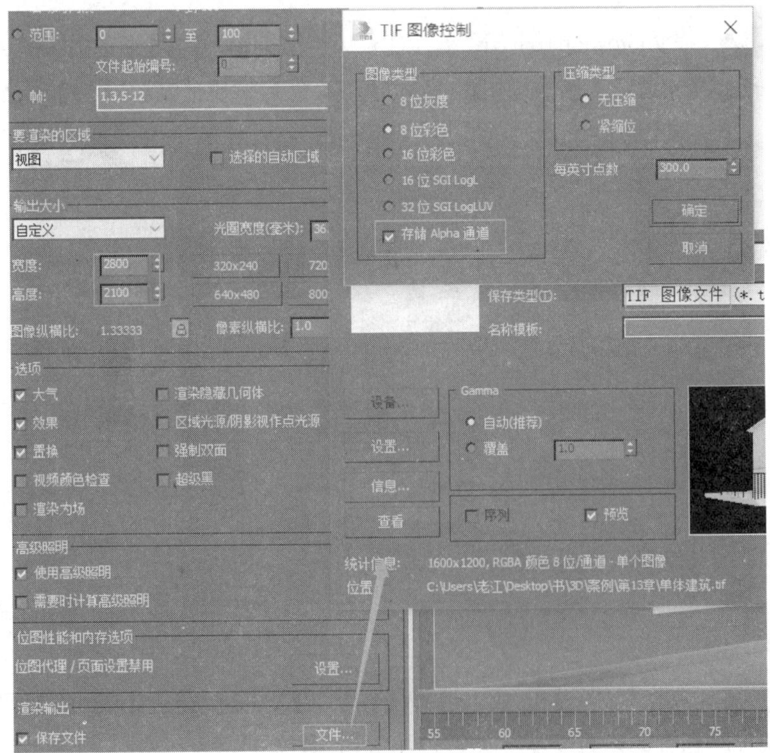

图 13-145 渲染设置

图 13-146　渲染效果

13.2.5 Photoshop 后期处理

如果说室内效果图的关键是灯光和材质，那么室外效果图的关键就是后期处理。其主要步骤是退底→调整亮度及色调→配景合成，下面就以此例介绍一下后期处理的基本流程和方法。

步骤 01　在 Photoshop 中打开"单体建筑 .tif"渲染图，单击【通道】面板，按住【Ctrl】键单击【Alpha 1】通道载入选区，如图 13-147 所示。然后按快捷键【Ctrl+J】单独复制一层。

图 13-147　载入 Alpha 1 通道选区

步骤 02　单击【图层】面板，选择【图层 1】，按快捷键【Ctrl+L】调整亮度，将白色滑块拖动到有像素的位置，如图 13-148 所示。

图 13-148 调整亮度

步骤 03 将第 13 章素材文件夹中的“天空”和“草地”拖到建筑的图层下面，如图 13-149 所示。再将“背景树”等素材拖入调整，如图 13-150 所示。

图 13-149 拖入天空和草地素材

图 13-150 拖入远景树素材

步骤 04 在背景树前再拖入一个“背景树 03.psd”及其他素材，如图 13-151 所示。

图 13-151 继续拖入远景树素材

技能拓展

一幅图需要有远景、中景和近景，这样才会有层次。其实效果图就是主题，为中景，后期处理需加上远景和近景来烘托中景，而远景也需要有较丰富的层次。

步骤 05 在草坪上拖入灌木素材，效果如图 13-152 所示。再拖入“灌木 2.psd”，按快捷键【Ctrl+T】沿路沿变换，如图 13-153 所示。

图 13-152 拖入灌木素材

图 13-153 拖入灌木 2 素材并变换

步骤 06 再拖入第 13 章素材文件夹中的其他素材，参考效果如图 13-154 所示。

图 13-154 拖入其他素材

步骤 07 在露台栏杆上拖入“藤蔓 .psd”并进行复制、变换处理，参考效果如图 13-155 所示。

图 13-155　拖入藤蔓素材并变换

步骤 08　再复制一层藤蔓到最远处的栏杆，如图 13-156 所示，可见藤蔓没有退到后面去，处理方法与整体退底类似：当前图层在藤蔓层，按住【Ctrl】键单击【图层 1】缩略图载入建筑的选区，如图 13-157 所示，然后单击【添加图层蒙版】按钮，按快捷键【Ctrl+I】将蒙版反相，藤蔓就退到后面去了，如图 13-158 所示。

图 13-156　复制藤蔓

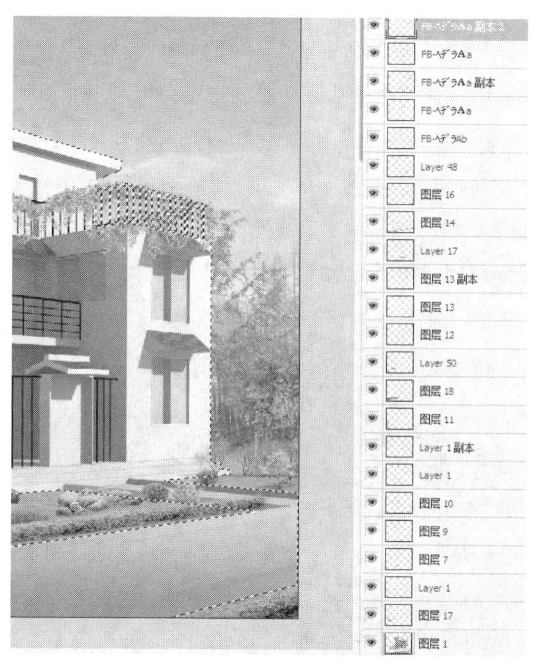

图 13-157 载入图层 1 选区

图 13-158 添加图层蒙版

步骤 09 拖入人物、近景树枝、飞鸟素材，效果如图 13-159 所示。最后进入“图层 1”，按快捷键【Ctrl+U】增加饱和度，如图 13-160 所示。

图 13-159 加入树枝、人物和飞鸟素材

图 13-160 调整建筑饱和度

3ds Max

2016

附录 A

3ds Max 2016 常用操作快捷键

文件命令	快捷键	文件命令	快捷键
改变到顶视图	T	显示 / 隐藏所选物体的定界框	J
改变到底视图	B	全选对象	Ctrl+A
改变到相机视图	C	取消选择	Ctrl+D
改变到前视图	F	反相选择	Ctrl+I
改变到等大的正交视图	U	点选对象	Q
改变到透视图	P	选择并移动	W
改变到灯光视图	Shift+4	选择并旋转	E
平移视图	Ctrl+P	选择并缩放	R
交互式平移视图	I	精确输入转变量	F12
当前视图暂时失效	D	循环改变选择方式	Ctrl+F
最大化当前视图（开关）	Alt+W	循环改变选择并缩放方式	Ctrl+E
环绕视图模式	Ctrl+R	选择父物体	PageUp
全部视图显示所有物体	Shift+Ctrl+Z	选择子物体	PageDown
视窗缩放到选择物体范围	Z	根据名称选择物体	H
缩放范围	Alt+Ctrl+Z	选择锁定（开关）	空格
放大镜工具	Z	撤销场景操作	Ctrl+Z
根据框选进行放大	Ctrl+W	回到上一次操作	Shift+A
视窗交互式放大	[	删除物体	Del
视窗交互式缩小	]	开关 Gizmo	Ctrl+Shift+X
专家模式全屏（开关）	Ctrl+X	调大 Gizmo	+
匹配到相机视图	Ctrl+C	调小 Gizmo	-
撤销视图操作	Shift+Z	在 *xy*/*yz*/*zx* 锁定中循环改变	F8
刷新所有视图	1	约束到 *x* 轴	F5
透明显示所选物体（开关）	Alt+X	约束到 *y* 轴	F6
减淡所选物体的面（开关）	F2	约束到 *z* 轴	F7
实体与线框模式切换	F3	对齐对象	Alt+A
带边框显示	F4	法线对齐	Alt+N
显示 / 隐藏相机	Shift+C	放置高光	Ctrl+H
显示 / 隐藏几何体	Shift+G	快速渲染当前视口	Shift+Q
显示 / 隐藏网格	G	用前一次的配置进行渲染	F9
显示 / 隐藏光源	Shift+L	渲染配置	F10
显示 / 隐藏粒子系统	Shift+P	保存文件	Ctrl+S
显示 / 隐藏空间扭曲物体	Shift+W	新的场景	Ctrl+N
显示 / 隐藏主要工具栏	Alt+6	打开一个 MAX 文件	Ctrl+O
显示 / 隐藏安全框	Shift+F	材质编辑器	M

续表

文件命令	快捷键	文件命令	快捷键
打开/关闭捕捉	S	进入第1、2、3、4、5个子对象分别是	1、2、3、4、5
角度捕捉（开关）	A	视图背景配置	Alt+B
百分比捕捉（开关）	Shift+Ctrl+P	动画模式（开关）	N
间隔工具	Shift+I	播放/停止动画	/
显示对象信息	7	前一时间单位	.
子物体选择（开关）	Ctrl+B	下一时间单位	,

3ds Max
2016

附录 B
综合上机实训题

为了强化学生的上机操作能力，专门安排了以下上机实训项目，老师可以根据教学进度与教学内容，合理安排学生上机训练操作的内容。

实训一：绘制凳子

在 3ds Max2016 中，制作如图 B-1 所示的凳子效果图。

素材文件	光盘 \ 综合上机实训 \ 素材文件 \1.jpg
结果文件	光盘 \ 综合上机实训 \ 结果文件 \ 凳子 .max

图 B-1　凳子

操作提示

在制作“凳子”效果图的实例操作中，主要使用了【切角方体】、【编辑多边形】、【V-rayMtl】等知识内容。主要操作步骤如下。

（1）新建一个长 300 宽 300 高 20 圆角 3 的【切角方体】。

（2）转为【可编辑多边形】，进入【边】子对象，【连接】造面。

（3）进入【面】子对象，用【桥】将造好的面连接起来。

（4）在【材质编辑器】里贴上 1.jpg 即可。

实训二：绘制香蕉

在 3ds Max2016 中，制作如图 B-2 所示的香蕉效果图。

素材文件	无
结果文件	光盘 \ 综合上机实训 \ 结果文件 \ 香蕉 . max

操作提示

在绘制“香蕉”效果图的实例操作中，主要使用了【多边形】、【线】、【放样】、

【渐变贴图】等知识。主要操作步骤如下。

（1）新建一个文件，绘制一个六边形并适当调整角半径，再绘制一个路径。

（2）放样，选择路径，拾取形状。

（3）选择放样体，单击【修改】，在【缩放】卷展栏里调整角点位置和类型。

（4）使用标准材质，在【漫反射】贴图里贴上【渐变贴图】，把颜色调为香蕉的颜色即可。

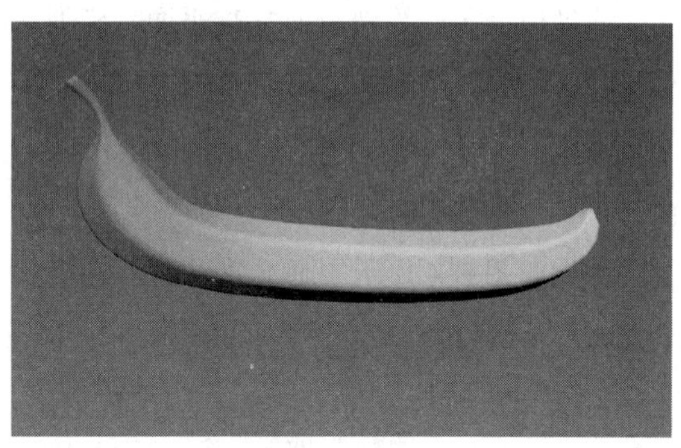

图 B-2　香蕉

实训三：绘制金属笔架

在 3ds Max2016 中，制作如图 B-3 所示的金属笔架效果图。

素材文件	光盘 \ 综合上机实训 \ 素材文件 \2.jpg、A001.hdr
结果文件	光盘 \ 综合上机实训 \ 结果文件 \ 金属笔架 .max

图 B-3　金属笔架

操作提示

在绘制“金属笔架”效果图的实例操作中，主要使用了二维线的创建与编辑、挤出、超级布尔、编辑多边形、VR- 平面 、VR- 材质、VR- 灯光、VR- 渲染等。主要操作步骤如下。

（1）设置网格距离为 10 毫米，在前视图捕捉网格绘制一个宽 100 高 50 的“S”型路径，将转角出圆角，再设置 2 毫米轮廓，挤出 80。

（2）转为【可编辑多边形】，选择边，将顶底 90 度的边选到，先【切角】4，再切角 2。

（3）绘制一个半径 8 的圆柱，复制 6 个；绘制一个矩形，圆角，挤出，转为【可编辑多边形】，与 6 圆柱附加。选择 S 型模型，单击【ProBoolean】，拾取附加对象，布尔运算完成。

（4）绘制一个半径为 3 高 140 的圆柱，转为多边形，选择最上的顶点，等比缩小，然后选择多边形，倒角两次做出笔芯；绘制一个 VR- 平面，模型完成。

（5）调制金属材质，在反射环境里贴上 VR-HDRI 贴图，为 VR- 平面贴上木纹，再打一盏 VR- 灯光，渲染即可。

实训四：绘制画框

在 3ds Max2016 中，制作如图 B-4 所示的画框效果图。

素材文件	光盘 \ 综合上机实训 \ 素材文件 \3.jpg、4.jpg
结果文件	光盘 \ 综合上机实训 \ 结果文件 \ 画框 . max

图 B-4　画框

操作提示

在制作“画框”效果图的实例操作中，主要使用了倒角剖面、编辑样条线、贴图等知识。主要操作步骤如下。

（1）在前视图绘制一个宽 1200、高 1000 的矩形，再绘制一个小矩形，将小矩形转为可编辑样条线，编辑为相框断面形状。

（2）选择大矩形，添加【倒角剖面】命令，拾取小矩形，然后选择小矩形进行微调。

（3）捕捉顶点绘制一【平面】。

（4）为相框的【漫反射】贴上 3.jpg 的红木贴图并调整高光级别和光泽度，为平面模型贴上 4.jpg，然后渲染，相框效果图绘制完成。

实训五：绘制救生圈效果图

在 3ds Max2016 中，制作如图 B-5 所示的救生圈效果图。

素材文件	光盘 \ 综合上机实训 \ 素材文件 \5.jpg
结果文件	光盘 \ 综合上机实训 \ 结果文件 \ 救生圈 . max

图 B-5 救生圈

操作提示

在制作“救生圈”效果图的实例操作中，主要使用了圆环、多维 / 子对象材质、天光等知识。主要操作步骤如下。

（1）绘制一个半径 1 为 360，半径 2 为 100 的圆环，再绘制一个平面对齐其下面，将其转为可编辑多边形，选择一些面设置材质 ID 为 1 号，再反选设为 2 号。

（2）使用多维 / 子对象材质，调制 1、2 号材质为红、白色并指定给对象。

（3）布置一盏天光，勾选【投射阴影】，渲染即可。

实训六：绘制官帽椅效果图

在 3ds Max2016 中，制作如图 B-6 所示的官帽椅效果图。

素材文件	光盘 \ 综合上机实训 \ 素材文件 \6.jpg
结果文件	光盘 \ 综合上机实训 \ 结果文件 \ 官帽椅 . max

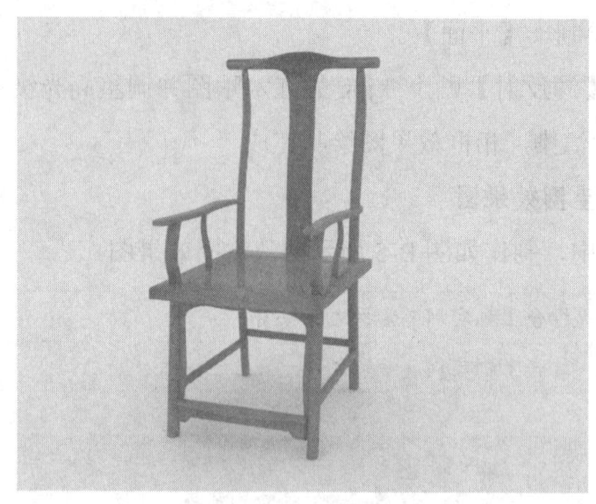

图 B-6　官帽椅

操作提示

在制作“官帽椅”效果图的实例操作中，主要使用了编辑样条线、放样、挤出及编辑多边形等知识。主要操作步骤如下。

（1）用编辑多边形绘制大边和搭脑及靠背，用编辑样条线加挤出的方法绘制券口及牙条，用放样的方法绘制椅腿、鹅脖、联帮棍等。用 VR- 平面绘制地面。

（2）为椅子调制 VrayMtl 材质，在【漫反射】上贴上 6.jpg，在 VR- 平面上调制 VrayMtl 材质将【漫反射】改为浅灰，再切换到【Vray 材质包裹器】，勾选【无光 / 阴影】，勾选【阴影】。将背景改为淡蓝色。

（3）直接用天光渲染即可。

实训七：绘制高尔夫球模型

在 3ds Max2016 中，制作如图 B-7 所示的高尔夫球模型。

素材文件	无
结果文件	光盘 \ 综合上机实训 \ 结果文件 \ 高尔夫球 . max

图 B-7　制作秋天黄叶效果

操作提示

在制作“高尔夫球”模型的操作中，主要使用了球形化、编辑多边形、涡轮平滑等知识。主要操作步骤如下。

（1）新建一个边长 100，段数为 8 的立方体，添加【球形化】修改器。

（2）转为多边形，选择所有面，按多边形插入 0.5 的面，再按多边形挤出 -0.5。

（3）添加一个【涡轮平滑】修改器，设置迭代次数为 2 即可。

实训八：制作篮球跳动动画

在 3ds Max2016 中，制作如图 B-8 所示的篮球效果图并制作跳动动画。

素材文件	光盘 \ 综合上机实训 \ 素材文件 \8.jpg
结果文件	光盘 \ 综合上机实训 \ 结果文件 \ 篮球 .max、篮球跳动 .avi

图 B-8　篮球跳动

操作提示

在制作“篮球跳动”的动画中，主要使用了凹凸贴图、记录关键帧、调整轨迹曲线、布置标准灯光等知识。主要操作步骤如下。

（1）创建球体半径 60，段数 64。调整高光级别 50，光泽度 42，在【漫反射】里贴入位图 8.jpg, 再到【凹凸】贴图里将值改为 60，贴【噪波】贴图，大小改为 60。

（2）开启自动记录关键帧，在第 0、20、40、60、80、100 的时候在 *z* 轴上移动，每次下落高度约为前次的 2/3，且沿着 *xy* 方向有一定移动和旋转。打开【轨迹曲线】，将落地的曲线设为快速和慢速。

（3）布置一盏【泛光】在顶部，设置衰减; 然后再布置一盏【天光】倍增 0.4，勾选【投射阴影。

（4）设置渲染为活动帧，格式为 avi，渲染即可。

实训九：制作地球仪动画

在 3ds Max2016 中，制作如图 B-9 所示的地球仪效果图并制作转动动画。

素材文件	光盘 \ 综合上机实训 \ 素材文件 \9.jpg、CHROMIC.JPG
结果文件	光盘 \ 综合上机实训 \ 结果文件 \ 地球仪 .max、地球仪 .avi

图 B-9　制作地球仪动画

操作提示

在制作“地球仪”动画的实例操作中，主要使用了绘制球体、圆环、编辑样条线、车削、真假混合贴图、记录动画、群组等知识。主要操作步骤如下。

（1）新建一个文件，绘制球体、圆柱、圆环、绘制矩形编辑样条线车削，组成地球仪。

（2）为地球仪贴上 9.jpg 贴图，为其他贴上【金属】材质，在【反射】贴图通道里贴上真假混合反射。

（3）选择所有对象，以球体为准对齐网格，记录动画，拖到 100 帧，将地球仪旋转 360°，然后在【曲线编辑器】里将切线全改为“线性”，群组所有对象，以基座为准对齐网格。

（4）设置渲染为活动帧，格式为 avi，渲染即可。

实训十：制作挂钟模型

在 3ds Max2016 中，制作如图 B-10 所示的挂钟模型。

素材文件	无
结果文件	光盘 \ 综合上机实训 \ 结果文件 \ 挂钟 . max

图 B-10 绘制挂钟模型

操作提示

在制作“挂钟模型”的实例操作中，主要使用了编辑多边形、阵列、多维 / 子对象材质等知识。主要操作步骤如下。

（1）创建一个长 300、宽 300、高 40 的长方体，旁边绘制一个切角长方体，对齐后复制 2 个，再复制到另外一边。

（2）将长方体转为可编辑多边形，插入 20 的面，挤出 -20，附加切角方体，指定表盘材质 ID 为 1，反选设为 2。调制多维 / 自对象材质并指定给挂钟

（3）用阵列的方法绘制刻度、数字与指针，模型绘制完成。

3ds Max 2016

附录 C

知识与能力总复习题 1

一、单项选择题（共30小题，每题1分，共30分）

1．3ds Max 2016这个功能强大的三维动画软件出品公司为（　　）。

A．Discreet　　B．Adobe　　C．AutoDesk　　D．Corel

2．下面（　　）工具可以同时复制多个相同的对象，并且使得这些复制对象在空间上按照一定的顺序和形式排列。

A．镜像　　B．散布　　C．阵列　　D．克隆

3．以下不属于几何体的对象是（　　）。

A．球体　　B．平面　　C．粒子系统　　D．螺旋线

4．下列哪些菜单选项是3ds Max默认的菜单栏中所没有的？（　　）

A．文件　　B．修改　　C．渲染　　D．格式

5．在3ds Max中，最大化视图与最小化视图切换的快捷方式默认为（　　）。

A．F9　　B．1　　C．Alt+W　　D．Shift+A

6．3ds Max材质编辑器中最多可以显示的样本球个数为（　　）。

A．9　　B．13　　C．8　　D．24

7．快速渲染当前视口的快捷键是（　　）。

A．F9　　B．F10　　C．Shift+Q　　D．F11

8．【编辑多边形】中有几个子对象？（　　）

A．5　　B．4　　C．3　　D．6

9．以下不属于【编辑样条线】顶点子对象下操作的按钮为（　　）。

A．连接　　B．焊接　　C．打断　　D．拆分

10．3ds Max中默认情况下是以（　　）视图方式显示。

A．1　　B．2　　C．3　　D．4

11．以下不属于放样变形的修改类型的是（　　）。

A．缩放　　B．噪波　　C．拟合　　D．扭曲

12．以下不属于群组中使用的操作命令的是（　　）。

A．组　　B．附加　　C．炸开　　D．塌陷

13．以下哪一个为Max默认的渲染器？（　　）

A．线扫描　　B．Mentalray　　C．VRay　　D．LightScape

14．以下说法正确的是（　　）。

A．弯曲修改器的参数变化不可以形成动画

B．【编辑网格】中有3种子对象类型

C．放样是使用二维对象形成三维物体

D．缩放放样我们又称为适配放样

15．以下不属于 3ds Max 标准材质中贴图通道的是（　　）。

A．凹凸　　B．反射　　C．漫反射　　D．菲涅尔折射率

16．以下哪一个不属于 3ds Max 中默认灯光类型？（　　）

A．泛光　　B．目标聚光灯　　C．自由平行光　　D．目标灯光

17．下列视图不是 3ds Max 的 4 个默认视图窗口之一的为（　　）。

A．顶视图　　B．右视图　　C．前视图　　D．透视图

18．下列（　　）工具可以结合到空间扭曲，使物体产生空间扭曲效果，可以在编辑修改器堆栈中取消绑定。

A．链接工具　　B．复制工具　　C．变换工具　　D．绑定工具

19．3ds Max 中默认的对齐对象快捷键为（　　）。

A．W　　B．Shift+J　　C．Alt+A　　D．Ctrl+D

20．火焰 / 雾 / 光学特效效果可以在以下哪个视图中正常渲染？（　　）

A．顶视图　　B．前视图　　C．摄影机视图　　D．后视图

21．【编辑样条线】中可以进行正常布尔运算的子对象层级为（　　）。

A．顶点　　B．边　　C．线　　D．样条线

22．以下不属于标准三维空间捕捉的类型是（　　）。

A．顶点　　B．边　　C．多边形　　D．轴心

23．材质编辑器的默认快捷键为（　　）。

A．V　　B．G　　C．Y　　D．M

24．按名称选择的默认快捷键为（　　）。

A．H　　B．F　　C．Q　　D．Ctrl+P

25．对于同一条路径在不同位置可以放置（　　）截面。

A．1 个　　B．2 个　　C．3 个　　D．多个

26．要想把两个 3ds 文件放置到同一个场景中，则需要使用的菜单是（　　）。

A．导入文件　　B．合并文件

C．组合文件　　D．复制一个文件粘贴到另一个文件中

27．能同时缩放 4 个视图的按钮是（　　）。

A．　　B．　　C．　　D．

28．要想对一个圆柱添加弯曲修改器，则有一个参数不能为 1，这个参数是（　　）。

A．长　　B．高　　C．网格数　　D．分段

29．车削工具制作的模型中间有黑色发射状区域，取消这个区域可使用的参数是（　　）。

A．光滑　　B．焊接内核　　C．翻转法线　　D．调整轴线

30. 下列不属于布尔运算的类型的是（　　）。

A. 切割　　B. 并集　　C. 交集　　D. 相加

二、多项选择题（共 10 题，每题 2 分，共 20 分）

1. 以下可以应用于三维物体的修改器的有（　　）。

A. 弯曲　　B. 锥化　　C. 倒角　　D. 编辑多边形

2. 以下属于 Max 自带的材质类型的有（　　）。

A. 混合　　B. VR- 灯光　　C. 光线追踪　　D. 标准

3. 以下属于捕捉类默认快捷键的是（　　）。

A. S　　B. A　　C. G　　D. V

4. 以下属于标准几何体的有（　　）。

A. 长方体　　B. 球体　　C. 茶壶体　　D. 异面体

5. 3ds Max 属于（　　）。

A. 三维动画制作软件　　B. 三维建模软件

C. 文字处理软件　　D. 网页制作软件

6. 以下属于 Loft 放样变形类型的有（　　）。

A. 倒角　　B. 拟合　　C. 图形　　D. 缩放

7. 以下属于对齐中的对齐方式的有（　　）。

A. 最大值　　B. 最小值　　C. 轴心　　D. 中心

8. 以下属于 MAX 中的视图类型的有（　　）。

A. 正交　　B. 后　　C. 摄影机　　D. 右

9. 3ds Max 支持的图片输出类型有（　　）。

A. tga　　B. png　　C. gif　　D. bmp

10. 能够影响 VR- 灯光强度的参数有（　　）。

A. 倍增　　B. 大小　　C. 双面　　D. 不可见

三、填空题（共 10 小题，每空 1 分，共 35 分）

1. 变换线框使用不同的颜色代表不同的坐标轴：红色代表 ______ 轴、绿色代表 ______ 轴、蓝色代表 ______ 轴，当对某一轴进行操作时会变成 ______ 色。

2. 3ds Max 的 4 个默认视图窗口分别是 ______、______、______ 和 ______，其对应的快捷键为 ______、______、______ 和 ______。

3. 命令面板包括 ______、______、______、______、______。

4. 3ds Max 提供了 3 种缩放工具：______，______，选择并挤压。

5. 摄像机主要分为 3 种：______、______ 和 ______。

6. 直接按键盘上的 ______ 键，就可以将当前视图区转换为摄影机视图；按

_______ 键就能将透视图匹配为摄影机视图；按 _______ 键就能显示安全框。

7．VRay 3.0 的灯光有 _______、_______、_______ 和 _______4 种类型。

8．克隆选项有 3 种方式：_______、_______ 和 _______。

9．放样的两要素是 _______ 和 _______。

10．修改矩形时，在命令面板中可修改半径的参数有一个是圆角半径，那么修改星形时，可修改半径的参数有 ___ 个。

四、判断题（共 15 小题，每题 1 分，共 15 分）

1．Max 的线框材质中的线框不可以调节粗细。（ ）

2．在 Max 中，移动的默认快捷方式是【W】。（ ）

3．自由摄像机是由投形点和目标点两个部分组成。（ ）

4．我们可以通过按快捷键【F3】来切换物体的边框与实体显示。（ ）

5．打开记录关键帧动画按钮的快捷方式默认为【N】。（ ）

6．Max 中默认最近打开文件列表最大值为 10。（ ）

7．放样中的路径型可以有若干个。（ ）

8．【编辑样条线】中子对象移动，在不添加任何其他修改器的情况下可以做成动画。（ ）

9．我们可以通过在材质的反射通道中施加位图，表现物体真实的反射效果。（ ）

10．当前活动的视图带有红色线框。（ ）

11．聚光灯是向四面八方发射光。（ ）

12．捕捉点工具只有捕捉三维点和捕捉二维点两种。（ ）

13．在 3ds Max 中，复制的快捷键是【Shift】，加选的快捷键是【Alt】，减选的快捷键是【Ctrl】。（ ）

14．胶囊是标准几何物体中的一员。（ ）

15．解组是将组（包括子组）全部分解。（ ）

附录 D　知识与能力总复习题 2（内容见光盘）

附录 E　知识与能力总复习题 3（内容见光盘）